Nordrhein-Westfalen



# Spektrum Physik

Gymnasium

9/10

Schroedel

**Spektrum Physik 9/10**
Nordrhein-Westfalen

**Bearbeitet von**
Thomas Appel
Jürgen Bissel
Frank Eiselt
Frank Küchenberg
Prof. Dr. Hansjoachim Lechner
Dr. Michael Müller
Rainer Serret
Reinhard Stumpf
Petra Ullrich
Thea Wolf

**Beratung**
Elisabeth Frank
Dr. Heiner Schwarze
Jürgen Wulftange

ISBN 3-507-**86305**-7



Druck A $^{5\ 4\ 3}$ / Jahr 2008 2007 2006 2005

Alle Drucke der Serie A sind im Unterricht parallel verwendbar, da bis auf die Behebung von Druckfehlern untereinander unverändert. Die letzte Zahl bezeichnet das Jahr dieses Druckes.

Fotos: Michael Fabian, Frank Küchenberg, Reinhard Stumpf, Hans Tegen

Grafik: Liselotte Lüddecke, Karin Mall, Günter Schlierf

Grundlayout: Atelier *tiger*color Tom Menzel

Umschlagentwurf: Cordula Hofmann

Satz/Repro: O&S Satz GmbH, Hildesheim

Druck: westermann druck GmbH, Braunschweig

# Inhaltsverzeichnis

## Kräfte



## Energie

## Druck



## Innere Energie – Wärmeenergie

## Elektrische Energie



## Schall; Schwingungen und Wellen

## Radioaktivität und Kernenergie

## Bildquellen

action press, Hamburg: 17.3 A; 47.2; 53.1; 57.1; 88.1 – ADAC, München: 23.1 – AKG, Berlin: 29.1; 29.2; 47.1; 55.1; 55.2; 77.2; 129.3; 129.4; 138.3; 138.7; 139.1; 163.1; 241.2; 259.1 – T. Appel, Northeim: 73.3; 132.1 – Astrofoto B. Koch, Leichlingen: 26.1 – Badenwerk AG, Karlsruhe: 252.1 – Bavaria, Gauting: 16.1; 44.1; 48.1; 70.1; 86.1; 86.3; 111.3 – BFA Education Media, New York, USA: 199.2 – Bildarchiv preußischer Kulturbesitz, Berlin: 37.6 – Bildarchiv Steffens, Mainz / Bridgeman Art Library © Victoria & Albert Museum, London, UK: 219.3 – Bilsom International GmbH, Lübeck: 217.1 B/C/D – BMW AG, München: 128.1 A – Bugsier GmbH, Hamburg: 18.1; 127.3 – Bundesamt für Strahlenschutz, Salzgitter: 245.2; 245.3 – Burgess, Marten, Taylor, „Mikrokosmos", Spektrum der Wissenschaft Verlagsgesellschaft mbH, Heidelberg: 223.2 B – c't Magazin für Computertechnik, Verlag Hans Heise, Hannover: 159.1 – Canon Euro Photo, Willich: 159.3 – DaimlerChrysler AG, Stuttgart: 8.2; 22.1; 138.5; 139.3; 169.3; 179.3 – „Das Große ADAC-Autobuch", Verlag Das Beste, Stuttgart: 128.1 B; 128.2 – „Das große Wilhelm-Busch-Album", Fackelträger Verlag Hannover: 42.3 – „Das wundersame Haus", ECON, Düsseldorf: 222.5 B – DAV, München: 181.5 – DB-Museum im Verkehrsmuseum, Nürnberg: 124.1 – Deutsches Museum, München: 28.2; 37.1; 37.3; 37.4; 37.5; 46.3; 76.1; 94.2; 121.1; 129.1; 129.2; 138.2; 138.8; 139.2; 163.2; 163.3; 219.4; 232.1; 258.1; 208.3 – „Die Physik der Musikinstrumente", Spektrum der Wissenschaft Verlagsgesellschaft mbH, Heidelberg: 199.1 – „Die Technik", Westermann, Braunschweig: 138.1; 138.6 – dpa, Frankfurt/Main: 37.2; 62.3; 83.3; 116.1; 188.2 – E.ON Energie AG, München: 144.1; 180.1; 181.1; 181.3 – Ekato, Schopfheim: 91.2 – D. van Eupen, Hemmingen: 156.1 – FH Brandenburg/Physikalische Ingenieurwissenschaften/Forschungsgruppe Thermografie: 105.2 – Fissler GmbH, Idar-Oberstein: 103.1 – Florian Karly, München: 14.3 A – Forschungszentrum für Technik und Umwelt, Karlsruhe: 246.1 – Fotodesign Minkus, Isernhagen: 190.1 – FRD, Berlin: 183.2; 237.1 – Gentner, Maier-Leibnitz, Bothe, „Atlas typischer Nebelkammerbilder", Springer Verlag, Berlin: 228.3; 232.2 B – W. Göbel, Spielberg: 51.1; 51.3 – O. Gremblewski, Hannover: 62.1 – heliocentris Energiesysteme GmbH, Berlin: 176.2; 181.4 – IFA, München: 79.2; 110.1 – Informationskreis Kernenergie, Berlin: 208.2; 252.3 – IZE, Frankfurt/Main: 180.2; 180.3; 254.2 – KWG, Grohnde: 255.1 – P. Lancier GmbH & Co KG, Münster: 67.1 – Dr. H. Lechner, Berlin: 158 ZV – Leybold Didactic GmbH, Köln: 238 ZV; 248.1 – J. Lieder, Ludwigsburg: 14.3 B – Mauritius, Mittenwald: 9.1; 74.2; 104.3; 106.1; 109.1; 111.1; 111.4; 122.1; 210.1 – Meckes © eye of science, Reutlingen: 95.2 A – L. Menz, Hannover: 62.2 – Motor Presse, Stuttgart: 84.1 – W. Neeb © Stern 29/92: 240.2 – Norddeutsche Seekabelwerke GmbH & Co KG, Nordenham: 221.1 – Nordex GmbH, Norderstedt: 167.1; 167.2 – NP Hannover: 172.2 A – NP, Hannover © AFP: 203.1 – NT-Systemboden GmbH, Oldenburg: 115.1 – H. Reinhard/Okapia, Frankfurt/Main: 15.3 – L. F. Postl/Okapia, Frankfurt/Main: 15.4 – Oventrup, Olsberg: 101.3 – Physikalisch-Technische Bundesanstalt Braunschweig: 25.3 – pm-magazin, München: 199.3 – prima nota GmbH, Korbach: 211.2; 211.3; 211.5 – Prinz, Sunter, „Vokalmusik", Ernst Klett Verlag, Stuttgart: 211.1 – Racal Arbeitssicherheit GmbH, Dietzenbach: 217.1 A – RWE AG, Essen: 123.1; 134.1; 174.1 – Saaten-Union, Hannover: 139.4 – Seiko GmbH, Willich: 173.2 – Senckenberg Naturmuseum, Frankfurt/Main: 240.3 – Siemens AG, Erlangen: 185.1; 206.2; 228.1; 228.2; 233.2; 250.2; 252.2 – Siemens AG, München: 173.1; 248.3 – Siemens Solar GmbH, München: 179.1 – Siemens-Nixdorf, Augsburg: 139.5 – Silit GmbH, Riedlingen: 113.1 – Silvestris, Kastl: Titel-Hintergrund; 15.1; 15.2; 104.1; 104.2; 104.4; 111.2 – M. Simper, Wennigsen: 172.2 B – Stadtwerke Braunschweig GmbH: 8.1 – Stiftung Warentest, Berlin: 97.2 – Superbild Bach, München: 11.2; 48.2; 52.1; 56.1; 63.1; 79.3 – M. Thom, Hemmingen: 35.1 – B. Trambauer, Hemmingen: 27.3 ; 222.1 – Ullstein, Berlin: 138.4 – ÜSTRA, Hannover: 179.2 – Valvo, Hamburg: 171.1 A – VEKA AG, Sendenhorst: 217.2 – Volkswagen AG, Wolfsburg: 23.2; 51.2 – Wehninger, „Hörpartitur zu G. Ligetis <Artikulation>", Schott Musik International, Mainz: 211.4 – Zeppelin Baumaschinen GmbH, Garching: 66.1

Es war nicht in allen Fällen möglich, die Inhaber der Bildrechte ausfindig zu machen und um Abdruckgenehmigung zu bitten. Berechtigte Ansprüche werden selbstverständlich im Rahmen der üblichen Konditionen abgegolten.

Die Firmen Brinkmann, Hannover; ELWE GmbH, Klingenthal; LEYBOLD DIDACTIC GmbH, Köln und PHYWE AG, Göttingen stellten freundlicherweise Geräte für Versuchsaufbauten bzw. Illustrationsfotos zur Verfügung.

# Kräfte

**Mit vereinten Kräften gewinnt die Football-Mannschaft das Tauziehen gegen die Straßenbahn und zieht sie durch die Straße. Welche Kraft muss jeder Spieler aufbringen? Wie lassen sich Kräfte messen? Welche Wirkungen können Kräfte haben?**

Ein Unfall mit dem Auto kann schlimme Folgen haben: Welche Kräfte wirken hier? Warum sind sie so zerstörerisch? Wie können sich Insassen vor den Folgen des Crashes schützen?

Der Sprung vom Boot kann leicht schief gehen.
Warum treibt das Boot weg, wenn wir uns von ihm abstoßen?

# Kraftwirkungen

**Beim Volleyball-Spiel ist der Ball ständig in Bewegung: Er wird schneller oder langsamer oder in eine andere Richtung umgelenkt – aber nur, wenn die Spieler ihn berühren.**
**Diese Beeinflussung des Balles durch die Spieler wird in der Physik mithilfe des Begriffes „Kraft" beschrieben. Woran erkennen wir, dass Kräfte ausgeübt werden? Welche Wirkungen haben sie?**

## Bewegungsänderungen

Da ein Volleyball sehr schnell ist, untersuchen wir das Verhalten anhand eines langsameren Medizinballes.

● Um einen ruhenden Ball in Bewegung zu versetzen, müssen wir ihn mit der Kraft unserer Muskeln anstoßen. Der Ball wird dabei schneller. Wir sagen:
**Kräfte können Körper beschleunigen.**

● Aber auch zum Abbremsen des Balls ist Kraft nötig. Wir spüren es, wenn wir versuchen, den Ball zu fangen. Dabei wird er langsamer und kommt schließlich zur Ruhe.
**Kräfte können die Bewegung eines Körpers verzögern.**

● Ein scharf geworfener Ball bewegt sich geradeaus. Um die Richtung zu ändern, muss ein Spieler seitlich dagegen schlagen – dann fliegt er in eine andere Richtung.
**Zur Änderung der Bewegungsrichtung sind Kräfte nötig.**

Warum kommt jeder bewegte Ball schließlich einmal zur Ruhe?
Auch hier sind es Kräfte, die ihn abbremsen und zum Anhalten zwingen. Zwischen Ball und Luft wirken Reibungskräfte, die immer auftreten, wenn sich zwei Körper berühren und gegeneinander bewegen.

Beim Fahrradfahren spüren wir die Reibung als „Gegenwind". Außerdem drehen sich die Achsen der Räder in den Lagern und verursachen Reibungskräfte, ebenso die Reifen auf dem Asphalt, sodass wir treten müssen, wenn wir nicht langsamer werden wollen. Ohne Reibung könnten wir uns – wenn wir einmal in Fahrt sind – ewig so weiter bewegen, weil uns keine Kräfte zum Anhalten bringen!
**Um einen Körper gegen Reibungskräfte in Bewegung zu halten, benötigen wir ständig Kraft.**

Kräfte können
- Körper beschleunigen,
- Körper verzögern,
- die Bewegungsrichtung von Körpern ändern.

### Aufgaben

**1** In welchen Situationen wird beim Weitsprung, Sprint, Skifahren, Segeln eine Bewegungsänderung hervorgerufen?

**2** Gib Beispiele an, wo Reibung und Luftwiderstand einen Körper zum Stillstand bringen.

**3** Wie kann man die Bewegung beim Fahrradfahren beschleunigen bzw. verzögern?

## Formänderungen

Wenn wir seitlich gegen einen großen Sitzball drücken, rollt er weg. Wenn wir dagegen von oben darauf drücken, dann bewirkt unsere Kraft keine Bewegungsänderung. Aber Folgen hat unser Einwirken schon: Der Ball wird zusammengedrückt.
**Durch Kräfte können Körper ihre Form ändern.**
Dabei hängt es von den Eigenschaften des Körpers ab, ob diese Verformung zurückgeht, wenn die Kraft nicht mehr wirkt, oder bestehen bleibt.

**Zentraler Versuch**

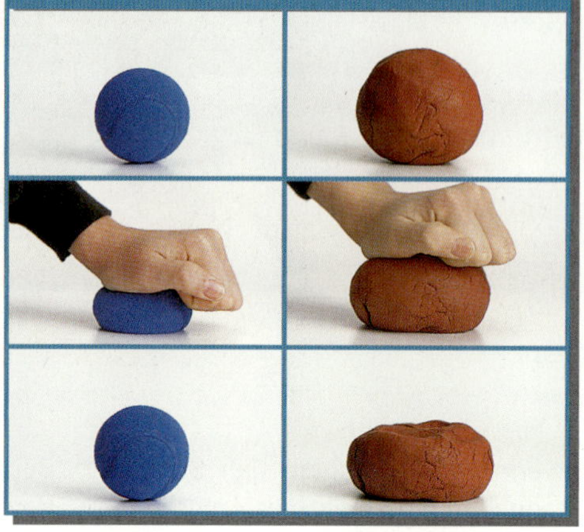

Da der Gummiball im Versuch seine ursprüngliche Form wieder annimmt und rund wird, wenn die Kraft nicht mehr auf ihn wirkt, liegt eine **elastische Verformung** vor.
Die Knetkugel dagegen behält die veränderte Form bei, wenn die Hand nicht mehr darauf drückt. Diese Verformung wird als **plastisch** bezeichnet.

Elastische Verformung tritt bei Körpern aus Gummi und einigen Kunststoffen auf und bei bestimmten Stofffasern (Elastan, Lycra); aber auch Körper aus Stahl, Glas oder Holz können elastisch verformt werden. Überschreitet allerdings die einwirkende Kraft bestimmte Grenzen, dann kann der Körper sich plastisch verformen (genutzt wird das beim Verformen von Stahlblechen) oder er geht kaputt (die Fensterscheibe ...).

Kräfte können Körper
- zeitweilig verformen (elastisch),
- dauerhaft verformen (plastisch).

### Aufgaben

**1** Beschreibe die Formänderungen
**a)** beim Spannen eines Bogens,
**b)** beim Biegen einer Eisenstange,
**c)** beim Ziehen an einem Strumpf,
**d)** beim Ziehen an einem dünnen Wollfaden.

**2** Wo hast du schon plastische und elastische Formänderungen in deiner Umgebung beobachtet? Nenne je drei Beispiele.

**3** Nenne Beispiele für Verformungen in der Industrie und im Haushalt.

**Streifzug**

## Federn überall

Federn finden wir nicht nur beim Geflügel. Der Begriff „Feder“ bezeichnet auch viele Körper, die elastisch verformbar sind und in der Technik Anwendung finden.
Da gibt es die **Biege-** oder **Blattfedern,** die sich in elektrischen Schaltern befinden, wo sie Kontakte öffnen oder schließen. Sehr starke Blattfedern halten Eisenbahnwaggons oder LKW beim Fahren ruhig.
In Schneckenform aufgewickelt setzen sie mechanische Uhren oder aufziehbare Spielzeugautos in Bewegung.

Im Kugelschreiber befindet sich eine **Schraubenfeder,** die die Mine zurück ins Gehäuse drückt. Im Sessel, in der Couch, in der Bettmatratze werden ebenfalls Spiralfedern verwendet. Auch die Federungen am PKW und am Motorrad bestehen aus dicken Schraubenfedern.
Als Drittes gibt es die **Stofffedern.** Das sind Federn, bei denen die elastischen Eigenschaften des Materials im Vordergrund stehen. Zu nennen sind hier die Gummifüße an Kühlschränken, Geschirrspülern oder Waschmaschinen, die das Vibrieren dämpfen sollen, oder die Gummiaufhängungen bei Motor, Getriebe und Auspuff am PKW.

## Kraft braucht Partnerschaft

Wenn wir eine Bootspartie unternehmen, drücken wir uns beim Losfahren vom Steg ab; beim Rudern „stoßen" wir uns am Wasser ab. Und wenn wir unseren Freunden in einem zweiten Boot begegnen, können wir uns nach einem kleinen Schwatz von ihrem Boot wieder abschieben.
Bei all diesen Beispielen sehen wir, dass immer zwei Partner beim Wirken einer Kraft beteiligt sind. Ohne den Steg, das Wasser, das andere Boot könnten wir uns nicht in Bewegung versetzen.

Kein Körper kann eine Kraft auf sich selbst ausüben, sondern nur auf einen zweiten Körper. Für das Auftreten von beobachtbaren Kraftwirkungen, egal ob Bewegungs- oder Formänderung, sind also stets mindestens zwei Körper erforderlich.

Das Beispiel der Boote in Abb. 1 macht deutlich, dass „Kraft ausüben" keine einseitige Sache ist. Drückt sich das Mädchen im einen Boot am anderen ab, dann wird auch das zweite Boot weggeschoben. An beiden Booten ist die beschleunigende Wirkung der Kraft zu erkennen. Drücken wir uns am Steg ab, werden wir ebenfalls beschleunigt. Den Steg allerdings können wir nicht wegschieben, denn der ist fest mit der Erde verbunden! Unsere Hand drückt mit ihrer Muskelkraft auf den Steg. Der Steg wirkt auf uns zurück und gibt uns die erwünschte Geschwindigkeit in die entgegengesetzte Richtung.

Wirkungen von Körpern aufeinander durch Kräfte können nicht nur bei der direkten Berührung auftreten.

**1** ***Hier wirken immer zwei Kräfte in unterschiedliche Richtungen***

**2** ***Rudern erfordert Kraft – nur eine?***

Auch über größere Entfernungen können Kräfte wirken. Das kennen wir von den Magnetkräften, wenn eine Kugel aus Stahl von einem Magneten über eine größere Entfernung und ohne direkten Kontakt angezogen wird.
Gleichzeitig zieht aber auch die Kugel den Magneten an – also auch hier wieder zwei Körper, die beteiligt sind, und zwei Kräfte, die entgegengesetzt wirken.

> Kräfte treten immer zwischen mindestens zwei Körpern auf, die gegenseitig auf sich einwirken. Wenn ein Körper auf einen anderen eine Kraft ausübt, dann wirkt dieser mit einer gleich großen, entgegengesetzten Kraft auf ihn zurück.

### Aufgaben

**1** **a)** Stelle dir vor, du willst von einem Ruderboot, das nicht festgemacht ist, auf den Steg springen. Was passiert wohl? Erkläre.
**b)** Warum sieht die Sache anders aus, wenn das Boot am Steg festgemacht ist?

**2** Welche Funktion haben die Startblöcke beim Sprint? Vergleiche das mit dem Versuch, auf Glatteis schnell loszulaufen.

**3** Der als „Lügenbaron" bekannte Münchhausen behauptete, er hätte sich selbst an seinem Zopf aus dem Sumpf gezogen. Was meinst du dazu?

**4** Warum muss man ein Gummiband an beiden Seiten festhalten, wenn man es auseinander ziehen will?

**5** Kein Körper kann eine Kraft auf sich selbst ausüben. Was ist aber, wenn du mit deiner Hand auf deinen Bauch drückst?

**Wie stark jemand ist, kann man z. B. beim Tauziehen oder beim Expanderziehen feststellen – aber eine Messung ist das nicht. Denn wir können nicht sagen, wie groß die Kraft ist, mit der gezogen wird.**
**Diese Aussage ist erst dann möglich, wenn wir ein Messverfahren und eine Einheit für die Größe „Kraft“ haben. Außerdem sollten wir Kräfte auch grafisch darstellen können.**

## Wie groß ist eine Kraft?

Kräfte werden in der Einheit Newton (1 N) angegeben – nach dem englischen Physiker ISAAC NEWTON (1643–1727), der um 1700 wichtige Theorien und mathematische Methoden für die Mechanik und die Optik entwickelt hat.
Das Formelzeichen *F* ist abgeleitet vom englischen Wort für Kraft: force.
Eine Kraft von 1 N ist nicht sehr groß. Sie ist etwa nötig, um eine Tafel Schokolade anzuheben.
Deshalb benutzt man zur Beschreibung größerer Kräfte die Einheiten Kilonewton (kN) und Meganewton (MN).
Zur Messung einer Kraft nutzt man ihre verformende Wirkung: Bei einem Expander dehnt eine größere Kraft eine Schraubenfeder stärker aus als eine kleine. Wenn wir wissen, um wie viel eine bestimmte Kraft eine Feder verlängert, dann können wir andere Kräfte messen, indem wir die Verlängerungen dieser Feder durch diese Kräfte bestimmen.
Je größer die Kraft ist, desto mehr wird die Feder ausgedehnt. Dies ist das Messprinzip eines **Federkraftmessers.**
Durch die Verwendung von unterschiedlich starken Federn kann man Federkraftmesser für verschieden große Kräfte herstellen.

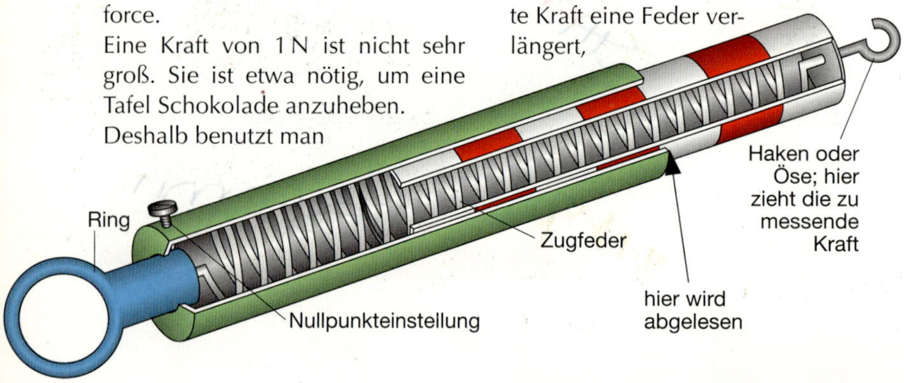


Wichtig bei der Arbeit mit dem Federkraftmesser:
- Vor der Messung den Nullpunkt exakt einstellen.
- Den aufgedruckten Messbereich nicht überschreiten.

Definition / Einheiten

**Kraft**

Die Einheit ist 1 N (Newton).
Das Formelzeichen ist *F*.

Weitere Einheiten:
Millinewton: 1 mN = $\frac{1}{1000}$ N
Kilonewton: 1 kN = 1000 N
Meganewton: 1 MN = 1000 kN = 1 000 000 N

**Aufgaben**

**1** Lies die Federkraftmesser im Bild unten ab.

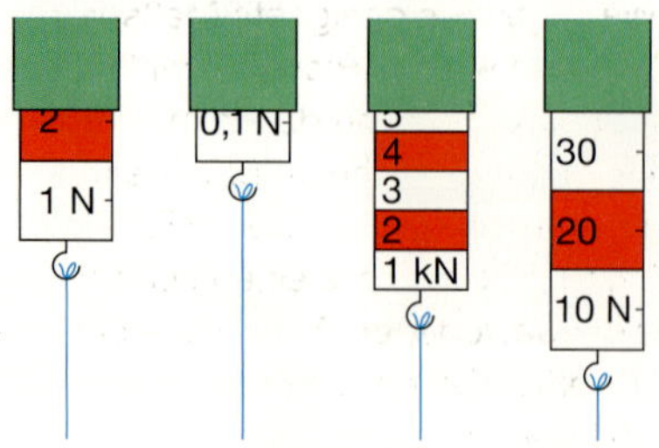


**2** **a)** Rechne in N um:
4 kN; 0,73 MN; 3076 kN; 765 mN.
**b)** Rechne in kN um:
0,64 N; 400 MN; 645 N; 0,53 MN.

**3** Wie viele Menschen (Schubkraft jeweils ca. 500 N) sind nötig, um dieselbe Schubkraft zu erreichen wie
**a)** der Motor eines PKW (5 kN),
**b)** eine Lok (0,2 MN),
**c)** das Space Shuttle (20 MN)?

## Kraft hat eine Richtung

Wovon hängt es ab, welche Folgen ein und dieselbe einwirkende Kraft für den Körper hat? Die Abb. 1 zeigt Beispiele:

- **Von der Größe:** Eine kleine Kraft drückt den Saftkarton weniger zusammen als eine große.

- **Vom Angriffspunkt,** also der Stelle, an der die Kraft einwirkt: Bei derselben Kraft wird der Tetrapack einmal geschoben, wenn die Kraft unten angreift; greift sie dagegen oben an, dann kippt der Karton um.

- **Von der Richtung:** Wirkt die Kraft von oben, wird der Karton verformt; wirkt sie dagegen seitlich ein, dann wird er beschleunigt.

> Die Wirkung einer Kraft ist abhängig
> - von ihrer Größe,
> - von ihrer Richtung,
> - von ihrem Angriffspunkt.

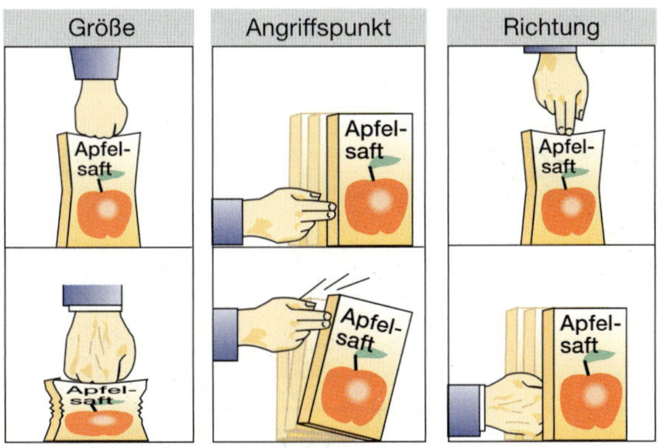


*1 Unterschiedliche Wirkungen einer Kraft*

## Kraftdarstellung durch Pfeile

Wenn wir die Temperatur eines Körpers angeben, dann nennen wir den Zahlenwert und die Einheit dieser Größe, z. B. 14 °C. Damit ist die Größe Temperatur vollständig erfasst. Für die Beschreibung der Kraft reicht die Angabe $F = 3$ N nicht aus, da sie nichts über die Richtung und den Angriffspunkt der Kraft aussagt. Deshalb stellen wir Kräfte als Pfeile dar, an deren Richtung wir die Richtung der jeweiligen Kraft erkennen können. Das Pfeilende (Angriffspunkt) liegt meist an der Stelle, an der die Kraft jeweils am Körper angreift.
Die Länge des Pfeils sagt etwas über die Größe der Kraft aus. Sie lässt sich sogar zahlenmäßig erfassen, wenn wir einen entsprechenden Maßstab (z. B. 1 cm ≙ 2 N) festlegen. In unserem Beispiel gehört zu einer Pfeillänge von 6,3 cm eine Kraft von 12,6 N.

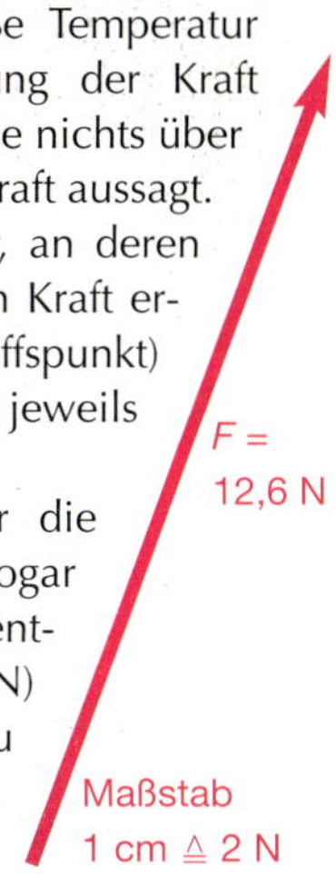


> Kräfte werden durch Pfeile dargestellt.

*2 Kraftdarstellung durch Pfeile*

**4** Beschreibe, was mit dem Schwamm passiert, wenn nacheinander die Kräfte $F_1$, $F_2$, $F_3$, und $F_4$ auf ihn wirken.

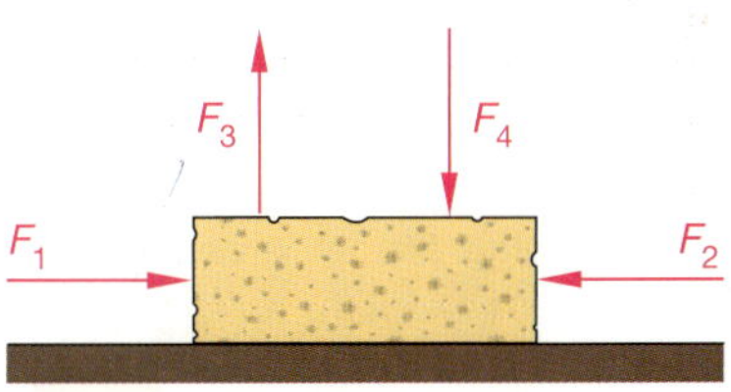


**5** Zeichne folgende Kräfte in dein Heft: 0,8 mN; 1,5 N; 108 kN; 83 MN. Wähle jeweils geeignete Maßstäbe.

**6** **a)** In welche Richtung wirkt die Muskelkraft, wenn du einen Einkaufskorb anhebst bzw. dein Fahrrad schiebst, mit dem Fahrrad bergauf fährst oder einen waagerecht geworfenen Ball auffängst?
**b)** Fertige jeweils eine Skizze an und zeichne die Kraftpfeile ein.

**7** Ein Kunstspringer steht
**a)** am Ende,
**b)** in der Mitte des Brettes.
Vergleiche die Verformungen.
**c)** Wie ändert sich das Ergebnis, wenn eine leichtere Springerin seinen Platz einnimmt?

**8** Nenne weitere Beispiele, bei denen die Wirkung einer Kraft von ihrer Größe, ihrer Richtung oder ihrem Angriffspunkt abhängt.

**Streifzug**

## Wie verformbar ist ein Mensch?

Kunstturnerinnen und Zirkusakrobaten verblüffen uns immer wieder durch ihre erstaunliche Gelenkigkeit. Aber was macht unseren Körper eigentlich so beweglich?

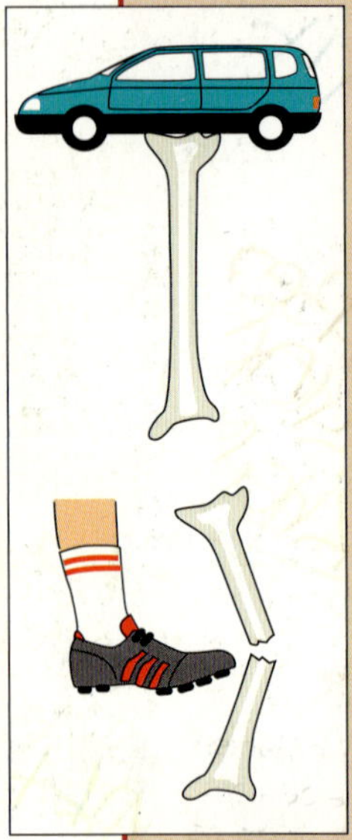

Das menschliche Skelett besteht aus etwa 200 Knochen; es stützt den Körper wie Pfosten ein Haus. Die Knochen sind enorm belastbar – stärker als Stahlbeton. Stahlstäbe der gleichen Festigkeit würden das Vierfache wiegen! Unsere Knochen sind elastisch verformbar, aber nur bis zu bestimmten Grenzen. Wirken Kräfte aus der falschen Richtung ein oder sind sie zu groß, dann können die Knochen brechen. Im Gegensatz zu anderen Gegenständen aber können sie sich nach einem Bruch selbst reparieren. Sie bilden neues Gewebe und wachsen so nach einiger Zeit, in der sie durch einen „Gips“ oder Schienen ruhig gestellt werden müssen, wieder zusammen.

Für die Beweglichkeit des Skeletts sorgen viele Gelenke, die wie Scharniere wirken. Damit nicht ein Knochen direkt auf einen anderen trifft, sind sie an den Berührstellen mit ganz glatten Knorpeln überzogen. Die Gelenkschmiere dazwischen vermindert die Reibung noch erheblich. Die Bänder halten das Gelenk zusammen; sie sind elastisch, halten aber ebenfalls erstaunliche Zugkräfte aus. Die Bänder und die Form des Gelenks lassen Bewegungen nur in bestimmten Richtungen zu. Deshalb können wir unser Knie zum Beispiel nur in einer Richtung beugen.

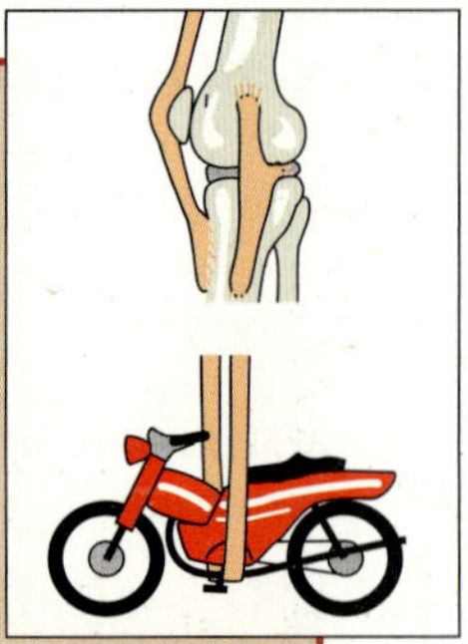

Über 600 Muskeln bewegen die Knochen. Sie ermöglichen das Laufen und Bücken, das Aufrechtstehen und Greifen, aber auch solche kleinen Veränderungen wie das Mienenspiel. Durch starke, unelastische Sehnen wird die Muskelkraft auf die Knochen übertragen.
Ein einzelner Muskel ist nur in der Lage, sich zusammen zu ziehen. Weil er sich zwar entspannen, aber von selbst nicht verlängern kann, muss ihn ein zweiter Muskel wieder auseinander ziehen. Bekannt sind der Bizeps im Oberarm, der den Arm beugt, und der Trizeps auf der Rückseite, der den Bizeps und damit auch den gesamten Arm wieder streckt.
Eine einzelne Muskelfaser kann zwar nur eine Kraft von etwa 0,0004 N aufbringen. Aber da die Muskeln aus tausenden von Fasern gebildet werden, können sie enorme Kräfte entwickeln.

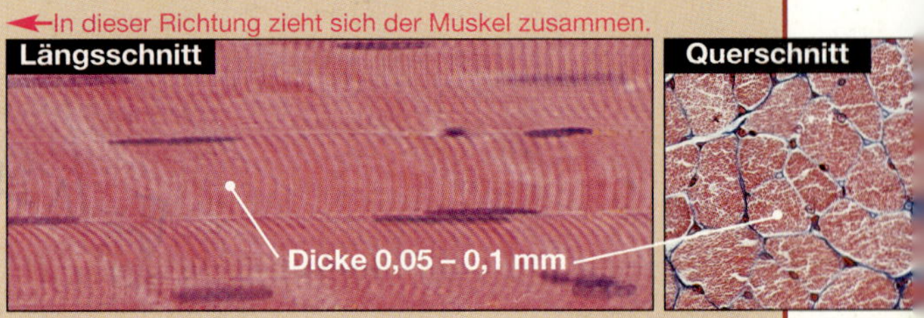


**Versuche und Aufträge**

## Kraftwirkungen und Kraftmessung

**V1** Lasst einen Medizinball rollen. Stoßt ihn dann aus unterschiedlichen Richtungen an und beobachtet seine Bewegung.

**V2** Untersuche verschiedene Gegenstände auf plastische und elastische Verformbarkeit bzw. Zerstörbarkeit und ordne sie in einer Tabelle. Gibt es Körper, die mehrfach auftauchen?

**V3** Lege ein Buch auf einen glatten Tisch und lasse einen schweren Ball gegen verschiedene Stellen des Buches rollen. Wie verhält sich das Buch? Begründe.

**V4** Baue aus einer Kugelschreiberfeder, etwas Draht und selbst geklebten Papphülsen einen Federkraftmesser. Eiche ihn mit einer 100 g-Tafel Schokolade (entspricht 1 N) und bestimme die Gewichtskräfte einiger Körper.

**V5** Nimm das *s-F*-Diagramm eines Gummibandes auf. Du benötigst dazu vier oder fünf gleich schwere Körper, die du an das Gummiband hängst (erst einen, dann zwei usw.). Miss dann die jeweilige Verlängerung und zeichne das Diagramm.

## KRÄFTE BEI PFLANZEN

Die im Mittelmeergebiet heimische **Spritzgurke** füllt sich während der Reifezeit mit einer schleimigen Flüssigkeit und wird prall. Die Kraft wird schließlich so groß, dass sich die Gurke vom Stiel löst und durch den Rückstoß bis zu 6 m weit geschleudert wird. Aus dem vom Stiel hinterlassenen Loch an der Gurke werden dann die Samen verteilt.

Ähnlich funktioniert die Verteilung der Samen in einer im Südwesten der USA heimischen **Mistelart**. Die etwa 3 mm großen Samen sitzen in kleinen Beeren, die während des Wachstums in sich einen hohen Druck aufbauen. Ist die Beere reif, löst sie sich explosionsartig ab und katapultiert den Samen aus sich heraus – bis zu 15 m weit!

Bei ihrem Wassertransport zu den Blättern müssen die Bäume erstaunliche Leistungen vollbringen. Eine Birke pumpt an einem heißen Tag bis zu 400 l Wasser in ihre Blätter – das sind 40 Putzeimer voll! Ein Riesen-eukalyptus pumpt mehrere hundert Liter täglich durch Stamm, Äste und Zweige in Höhen von fast 100 m.

Das einheimische **Springkraut** hat seine Samen in länglichen Kapseln, die bei Reife so unter Spannung stehen, dass eine leichte Berührung reicht, um sie aufspringen zu lassen. Die Samen können dann bis zu 5 m weit geschossen werden.

**Natur siegt über Asphalt**

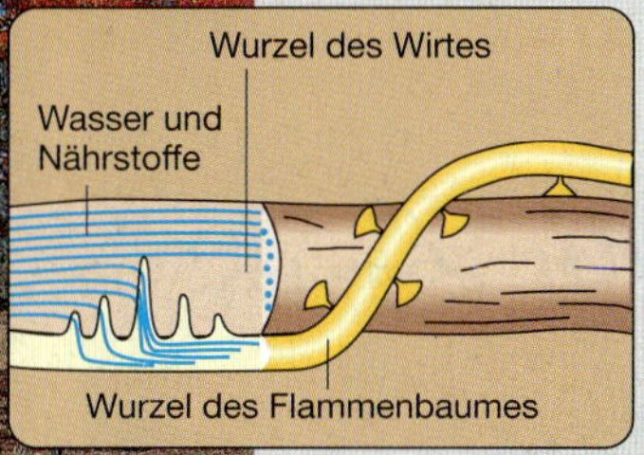


Der australische **Flammenbaum** ist ein Wasserdieb. Treffen seine Wurzeln auf die einer Nachbarpflanze, dann bilden sie zunächst kleine Saugnäpfe aus, die die andere Wurzel immer mehr umschließen. Daraus wird nach einiger Zeit eine Art hölzerner Keil, der sich in die fremde Wurzel bohrt und dort die wasserführenden Gefäße anzapft. Bis zu 100 m weit um den Baum können sich die Wurzeln ausbreiten. Auch die Telefongesellschaften Westaustraliens bekamen Probleme mit den Flammenbäumen: Ihre Kabel wurden Angriffsziele der räuberischen Wurzeln!

# Die Gewichtskraft

**Bungeespringen – ein tolles Erlebnis: drei bis fünf Sekunden im freien Fall in die Tiefe, gesichert und abgebremst durch ein starkes Gummiseil!**

**Wir wissen alle, dass Körper nach unten fallen, wenn sie nicht festgehalten werden. Was aber setzt diese Körper in Bewegung? Welche Kraft ist dafür verantwortlich? Wer übt sie auf die fallenden Körper aus?**

## Körper werden von der Erde angezogen

Beim Besteigen eines hohen Turmes spüren wir, dass wir schwer sind. Es bereitet uns Mühe, unseren eigenen Körper über die vielen Stufen hochzuschleppen.

Unser eigener Körper, die Eisenkörper im Bild rechts und die Bungeespringerin – sie alle werden von der Erde angezogen. Die stets wirkende Kraft, die die Erde auf alle Körper ausübt, heißt **Erdanziehungskraft** oder *Schwerkraft.* Sobald wir Körper anheben oder gehoben halten, müssen wir die Schwerkraft überwinden. Die Kraft, mit der ein Körper dabei an unserer Hand zieht bzw. auf sie drückt, ist die **Gewichtskraft.**

Die Eisenkörper im Bild rechts drücken mit ihrer Gewichtskraft auf das Brett. Wir erkennen dies an der Wirkung, dem Durchbiegen des Brettes. Die verschiedenen Eisenkörper wurden im Experiment jeweils auf das gleiche Brett gestellt. Wir sehen, dass das Brett sich durch die Einwirkung der Gewichtskraft um so stärker durchbiegt, je größer der Eisenkörper ist. Aus der Erfahrung wissen wir, dass der größere Eisenkörper auch der schwerere ist, er hat die größere Gewichtskraft.

Die Zeichnung unten zeigt, dass die Äpfel den Ast, an dem sie hängen, nach unten ziehen. Auch hier wirkt die Gewichtskraft. Der Treppenstufe sehen wir an, dass sie durch die Gewichtskraft der Frau durchgebogen wird.

**Zentraler Versuch**

> Jeder Körper drückt mit seiner Gewichtskraft auf seine Unterlage bzw. zieht mit ihr an seiner Aufhängung.

## Die Richtung der Gewichtskraft

Unser Körper ist an die Wirkung der Erdanziehungskraft gewöhnt. Die Richtung dieser Kraft empfinden wir als „unten", auf die Erdoberfläche zu. Da die Gewichtskraft eine Folge der Erdanziehungskraft ist, stimmen die Richtungen beider Kräfte überein. Die Gewichtskraft ist also auch „nach unten" gerichtet.

Betrachten wir die Richtung der Gewichtskraft aber von außerhalb der Erde aus, so sehen wir: Die Gewichtskraft hat an den unterschiedlichen Punkten der Erde jeweils eine andere Richtung. Wir stellen aber fest, dass die Richtungen der verschiedenen Gewichtskräfte eine Gemeinsamkeit aufweisen: Sie zeigen alle – unabhängig vom Ort – auf den Erdmittelpunkt.

Für alle Orte auf der Erdoberfläche gilt: Die Gewichtskraft ist stets zum Erdmittelpunkt hin gerichtet.

### Aufgaben

**1** Nenne jeweils fünf Beispiele, in denen ein Körper durch seine Gewichtskraft an einer Aufhängung zieht bzw. auf seine Unterlage drückt.

**2** Australien liegt auf der Erdkugel „unter uns". Warum fallen die Australier nicht von der Erde herunter?

**3** Ein Apfel fällt vom Ast ab und nach unten ins Gras, wenn er reif ist. Wie kannst du vorhersagen, an welcher Stelle er ins Gras fallen wird?

**4** Welchen Winkel bildet ein Faden, an dem ein Körper hängt, mit einer Wasseroberfläche? Wo nutzt man dies?

**5** **a)** Begründe, warum Erdanziehungskraft und Gewichtskraft nicht das Gleiche ist.

**b)** Welche Erscheinungen können mit den physikalischen Größen „Schwerkraft" bzw. „Gewichtskraft" exakt beschrieben werden.

## Schwerelosigkeit

**Streifzug**

Auch wenn die Erdanziehung immer wirkt, gibt es Situationen, in denen wir sie nur noch teilweise oder gar nicht mehr spüren. In einem Fahrstuhl beim Beginn der Fahrt nach oben fühlen wir uns kurzzeitig etwas schwerer. Beim Anhalten dagegen etwas leichter. Durch die Bewegungsänderung wirkt auf unseren Körper jeweils eine weitere Kraft ein, wodurch sich unsere Gewichtskraft vorübergehend verändert.

Befänden wir uns in einem Raumschiff in der Erdumlaufbahn, so ist keine Gewichtskraft mehr vorhanden. Hier spricht man von Schwerelosigkeit.

Astronauten müssen auf die Schwerelosigkeit bei Raumflügen gut vorbereitet werden. Eine Möglichkeit dazu bietet ein Flugzeug, welches kurzzeitig so fliegt, als würde es ungebremst auf die Erde stürzen. Diese Situation ist im untenstehenden Bild dargestellt. Für einige Sekunden befinden sich die zukünftigen Astronautinnen in der Schwerelosigkeit und können sich mit diesem Zustand vertraut machen. Denn neben biologischen Veränderungen, die in unserem Körper in der Schwerelosigkeit geschehen, ist es nun z. B. auch unmöglich zu entscheiden, was „oben" und was „unten" ist.

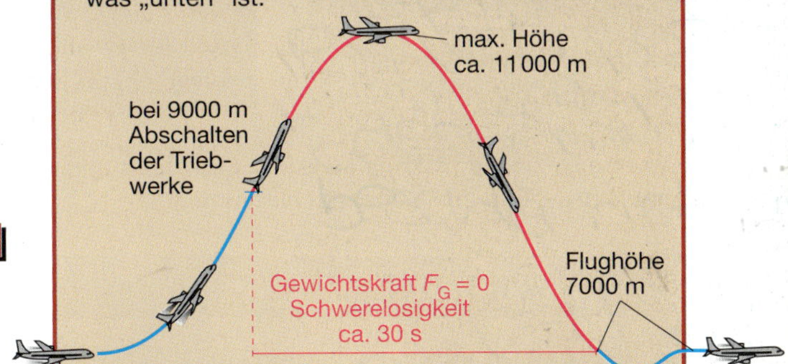

# Zusammensetzen und Zerlegen von Kräften

**Mithilfe von Schleppern wird der Ozeanriese auf seinen Anlegeplatz im Hafenbecken gezogen, weil die Schlepper den Untergrund weniger aufwirbeln und manövrierfähiger sind. Ihre Kräfte wirken aus unterschiedlichen Richtungen auf das große Schiff ein. Wie verhält sich ein Körper, auf den mehrere Kräfte einwirken? Welche Rolle spielt es dabei, wie groß die Kräfte sind und welche Richtung sie haben? Lassen sich Kräfte aufteilen?**

## Zwei Kräfte – eine Wirkung

Im Bild rechts teilt sich die Gewichtskraft des Körpers auf zwei Federkraftmesser auf. Jeder Kraftmesser zeigt den Anteil seiner Kraft an, die zum Festhalten des Körpers erforderlich ist.
Natürlich reicht auch nur eine einzige Kraft zum Halten des Körpers aus. Auch sie hebt die Wirkung seiner Gewichtskraft auf, sodass er in Ruhe bleibt.
Die zwei Kräfte lassen sich also durch eine einzige Kraft mit derselben Wirkung ersetzen, der **Ersatzkraft $F_E$.**

**Zentraler Versuch**

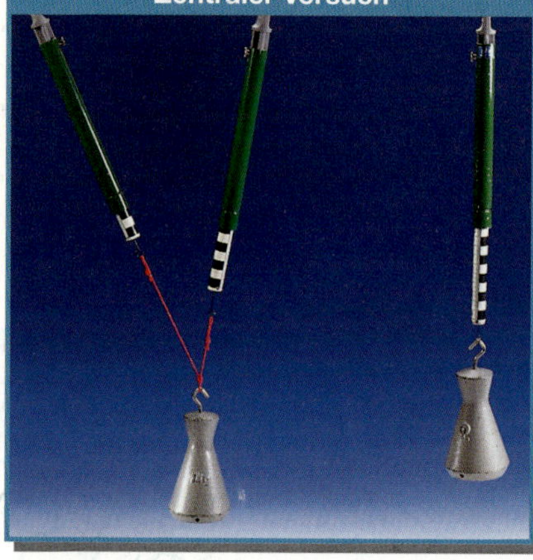

Sicher ist:

- Die Richtung der Ersatzkraft liegt zwischen den Richtungen der Einzelkräfte.
- Die Größe der Ersatzkraft ist größer als Null aber kleiner als die Summe der beiden Einzelkräfte.

Die genaue Ermittlung von Größe und Richtung der Ersatzkraft erfolgt durch **Kräfteaddition** in einem *Kräfteparallelogramm,* wie es die Grafik unten zeigt.

Lassen sich Größe und Richtung der Ersatzkraft auch ohne Versuch, nur mathematisch bestimmen?

Auf diese Weise lassen sich auch mehrere Kräfte schrittweise zu einer Ersatzkraft zusammensetzen.

Die Wirkung mehrerer Kräfte auf einen Körper kann durch eine einzige Kraft (Ersatzkraft) beschrieben werden.

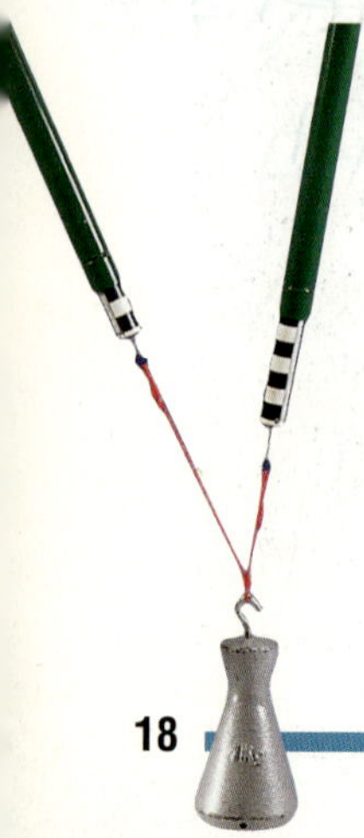

**Parallelverschiebung** oder **Kräfteparallelogramm**

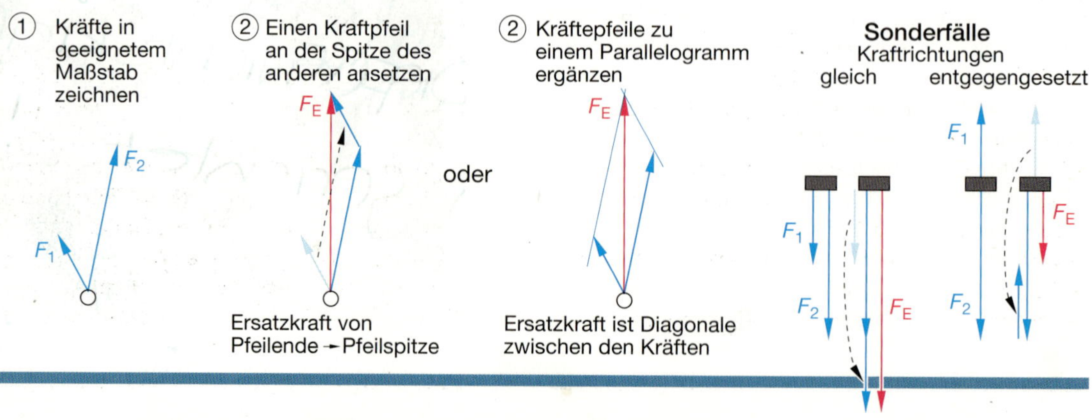

Mittels Kräfteaddition kann die Ersatzkraft natürlich auch für Kräfte mit gleicher und entgegengesetzter Richtung bestimmt werden:

**Gleiche Richtung:** An die Spitze der ersten Kraft wird der Pfeil für die zweite Kraft angesetzt. Dann ist die Länge des Pfeils der Ersatzkraft die *Summe* der beiden Einzelkräfte. Die Ersatzkraft hat die gleiche Richtung wie $F_1$ und $F_2$. Das geht auch bei mehreren Kräften.

Die beiden Teams ziehen in entgegengesetzte Richtungen. Es wird wohl die Mannschaft gewinnen, welche die größere Kraft aufbringen kann. Der „Kraftüberschuss“, den das stärkere Team gegenüber dem anderen hat, bewegt das Seil und die Mannschaften in eine Richtung.

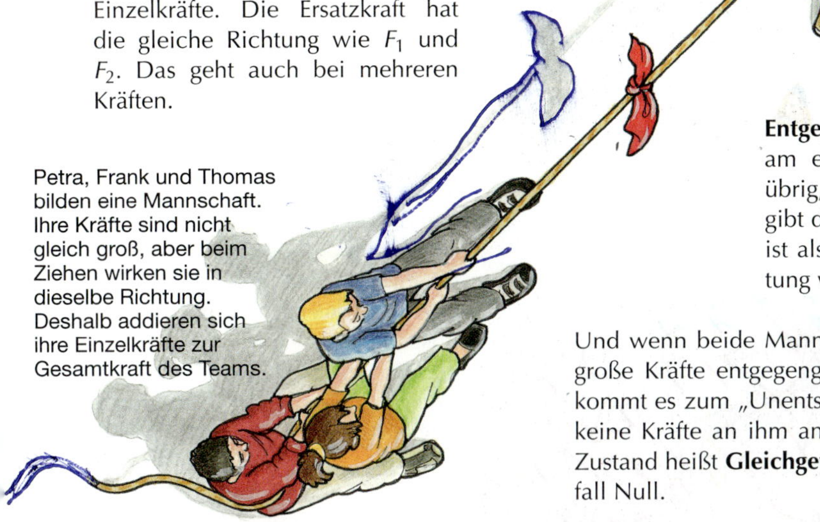

Petra, Frank und Thomas bilden eine Mannschaft. Ihre Kräfte sind nicht gleich groß, aber beim Ziehen wirken sie in dieselbe Richtung. Deshalb addieren sich ihre Einzelkräfte zur Gesamtkraft des Teams.

**Entgegengesetzte Richtung:** Der zweite Pfeil läuft am ersten zurück. Es bleibt ein kleines Stück übrig, die *Differenz* der beiden Einzelkräfte. Sie gibt die Größe der Ersatzkraft an. Wenn $F_1$ größer ist als $F_2$, dann hat die Ersatzkraft dieselbe Richtung wie $F_1$, im umgekehrten Fall wie $F_2$.

Und wenn beide Mannschaften gleich stark sind, also zwei gleich große Kräfte entgegengesetzt auf denselben Körper wirken? Dann kommt es zum „Unentschieden“: Der Körper verhält sich so, als ob keine Kräfte an ihm angreifen würden – er bleibt in Ruhe. Dieser Zustand heißt **Gleichgewicht.** Die Ersatzkraft ist im Gleichgewichtsfall Null.

## Aufgaben

**1** Suche weitere Beispiele, wo zwei Kräfte auf denselben Körper wirken. Ordne sie den verschiedenen Fällen zu. Zeichne das Kräfteparallelogramm und ermittle die Ersatzkraft.

**2** Die Kräfte $F_1 = 30$ N und $F_2 = 50$ N bilden einen Winkel von 0°, 30°, 45°, 90°, 120° und 180°.
**a)** Ermittle jeweils die Ersatzkraft. Wann ist sie am kleinsten, wann am größten?
**b)** $F_3$ ist 40 N. Konstruiere die Ersatzkraft, wenn zwischen den drei Kräften jeweils ein Winkel von 45° ist.

**3** Was bedeutet der Ausdruck „Das Gleichgewicht halten“?

**4** Setze das Abschleppen des Ozeanriesen mit je zwei Schleppern in Kräfteparallelogramme um. Unterscheide die Fälle **a)** beliebige, **b)** gleiche und **c)** entgegengesetzte Richtung.
**d)** Welche Wirkung hat der jeweilige Fall auf die Bewegung des Ozeanriesen?

**5** Die Mitglieder der roten Mannschaft ziehen mit 286 N, 315 N und 290 N am Seil, die blaue Mannschaft mit 325 N, 255 N und 288 N.
**a)** Wer wird das Tauziehen gewinnen?
**b)** Begründe deine Antwort.
**c)** Überprüfe deine Antwort durch Konstruktion.

## Versuche und Aufträge

**V1** Befestigt an einem schweren Getränkekasten o. Ä. an einer Stelle zwei Seile. Haltet die Seile so, dass sie Winkel von 0°, 30°, 90° und 180° bilden.
**a)** Versucht jeweils, die Kiste zu ziehen, und vergleicht die dazu nötigen Kräfte.
**b)** Stellt den Versuch mittels Kraftpfeilen dar und ermittelt die Ersatzkräfte.

**V2** Ein Bollerwagen wird an der Deichsel geschoben. Welchen Winkel zum Untergrund muss die Deichsel bilden, damit das Schieben besonders einfach bzw. ziemlich schwer ist? Erkläre.

**A3** Besorge dir drei gleiche Schraubenfedern. Verbinde sie an einem Ende und befestige das andere Ende einer Feder an einem Nagel in der Wand. Diese Feder zeigt die Ersatzkraft an.
**a)** Spanne die beiden anderen Federn mit beliebigem Winkel. Miss den Winkel und die Verlängerungen der Federn. Trage die Werte in eine Tabelle ein.
**b)** Zeichne die Situation mit Kraftpfeilen.

## Eine Kraft – mehrere Komponenten

Zwei oder mehrere Kräfte lassen sich zu einer Ersatzkraft zusammensetzen. Lässt sich auch eine Kraft in Teilkräfte zerlegen – zum Beispiel wenn wir wissen wollen, mit welcher Kraft wir einen Gepäckwagen an einer geneigten Ebene festhalten müssen, damit er nicht wegrollt?

Wenn ein Körper wie der Wagen im Foto rechts nach unten fällt, dann wird er aufgrund der Anziehungskraft der Erde immer schneller. Auf einer geneigten Ebene erhöht er ebenfalls beim Herabrollen seine Geschwindigkeit. Offensichtlich wirkt auch hier eine beschleunigende Kraft in Bewegungsrichtung. Die Anziehungskraft der Erde wirkt aber senkrecht nach unten!

Wenn die Größe der Teilkräfte, der so genannten *Komponenten* der Kraft, bestimmt werden soll, muss die Richtung bekannt sein, in welche die Komponenten wirken. Die Geraden, welche die Kraftrichtungen darstellen, heißen *Wirkungslinien.* Sie sind durch die jeweilige Situation vorgegeben. Im Foto oben verläuft die Wirkungslinie parallel zur Ebene, weil der Wagen nur in dieser Richtung rollen kann.

**Zentraler Versuch**

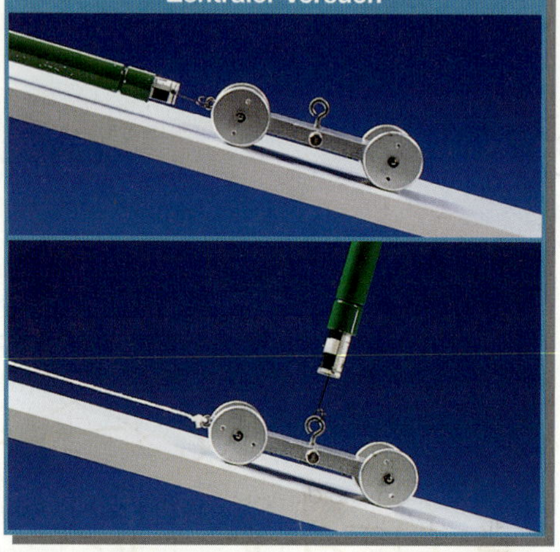

Nur ein bestimmter Anteil, nämlich die Komponente der Anziehungskraft parallel zur Oberfläche der geneigten Ebene bewirkt die Geschwindigkeitserhöhung. Es ist die **Hangabtriebskraft $F_H$.** Fassen wir die Anziehungskraft als Ersatzkraft auf, dann muss wegen der Kräfteaddition neben der Hangabtriebskraft noch eine zweite Kraft vorhanden sein. Diese zweite Komponente ergibt sich aus der Verbindung der Spitzen von $F_G$ und $F_H$. Diese Komponente heißt **Normalkraft $F_N$** und ist senkrecht zur Unterlage gerichtet. Nur so kann sie keine weitere Beschleunigung oder Verzögerung des Wagens bewirken, sondern ihn nur gegen die Unterlage drücken und Reibung verursachen.

Eine Kraft lässt sich in Komponenten entlang von Wirkungslinien zerlegen. Die Zusammensetzung der Komponenten ergibt die ursprüngliche Kraft.

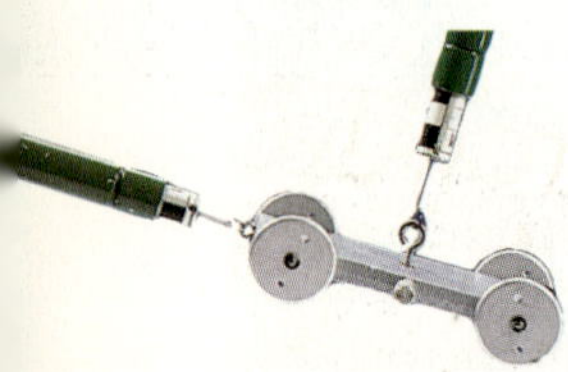

**Wirkungslinien**

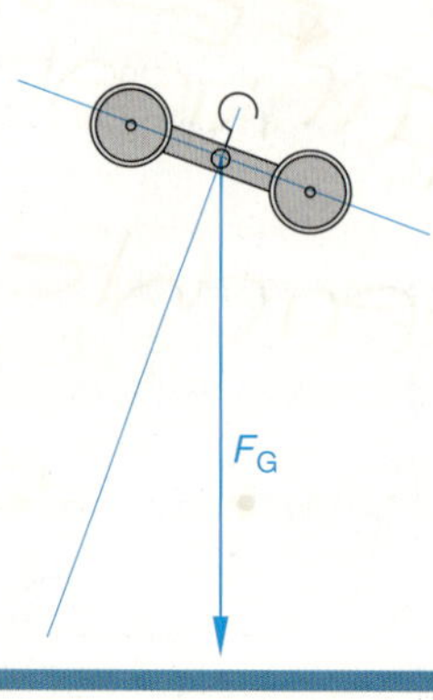


**Zerlegung in Komponenten**

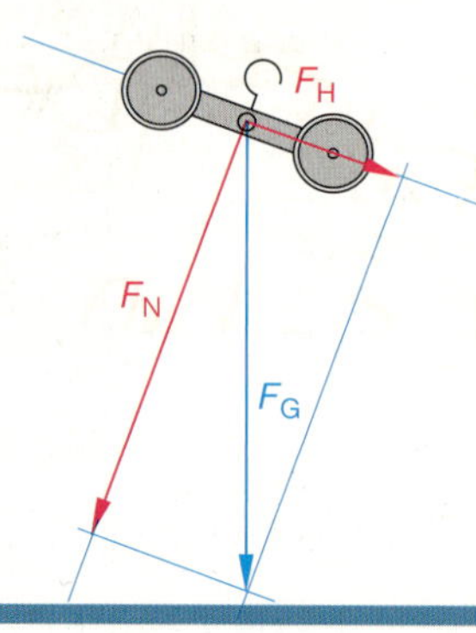


### Aufgaben

**1** Gegeben sind geneigte Ebenen mit den Neigungswinkeln 20°, 40° und 60°.

**a)** Ermittle die Hangabtriebskraft und die Normalkraft für einen 5 kg schweren Körper. Was stellst du fest?

**b)** Formuliere eine allgemeine Aussage.

**2** Wie groß sind $F_H$ und $F_N$, wenn die geneigte Ebene senkrecht bzw. parallel zur Erdoberfläche ist?

**3** In der Mitte einer Wäscheleine hängt ein Wäschestück. Konstruiere die Verteilung der Gewichtskraft des Wäschestücks auf die beiden Teile der Leine, wenn diese

**a)** straff gespannt ist (Winkel 170°),

**b)** stark durchhängt (50°).

**c)** Übertrage deine Erkenntnisse auf das Verlegen von schweren Freilandleitungen für die Stromversorgung.

**4** Erkläre das Ziehen eines Bollerwagens bei unterschiedlichen Deichselstellungen mithilfe von Skizzen, welche die Kraftzerlegung zeigen.

**5** Zeichne die Wirkungslinien der Kraftkomponenten

**a)** bei einer Stehleiter,

**b)** bei einer Leiter, die an einen Baum gelehnt ist.

**Wo sind die Wirkungslinien?**
Wirkungslinien verlaufen immer entlang von Seilen, Stützmauern, Streben, Armen, Deichseln usw., sind also durch die jeweilige Anordnung vorgegeben.

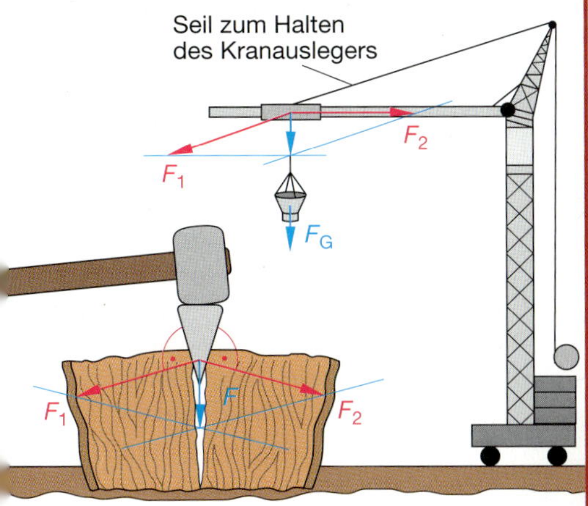


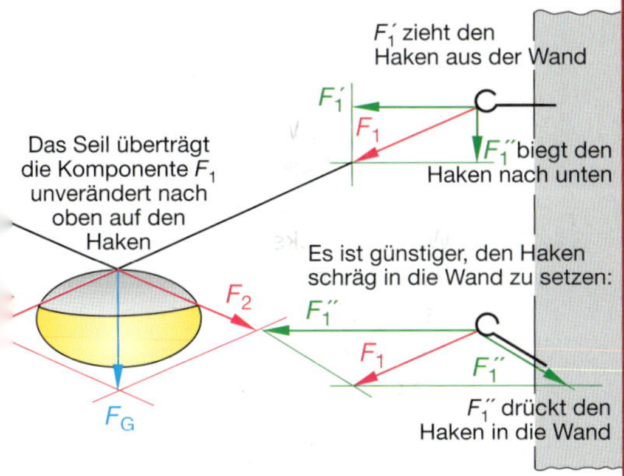


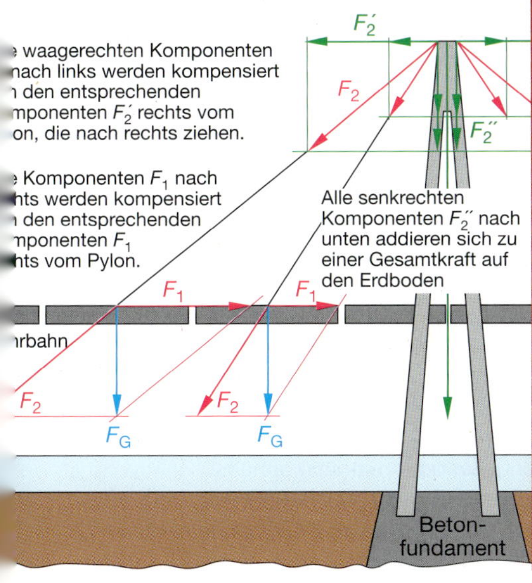


## Segeln gegen den Wind

**Streifzug**

Der Wind weht meist nur aus einer Richtung – und trotzdem kann man mit dem Segelboot (fast) jeden gewünschten Kurs steuern. Wichtig ist dabei die Stellung des Segels und die Richtung der Kiellinie des Schiffes.

Wenn der Wind auf das Segel trifft, wird seine Kraft in zwei Komponenten zerlegt:

- Die eine ($F_1$) verläuft parallel zum Segel, sie hat für die Bewegung des Bootes keine Bedeutung.
- Entscheidend ist die Wirkung von $F_2$ senkrecht zum Segel, denn sie bestimmt die Bewegungsrichtung des Segels.

Wird der Winkel zwischen Wind und Segel verändert, dann ändert sich damit auch $F_2$. In diese Richtung würde sich das Segel und durch die Kraftübertragung mittels Mast und Seilen auch das Boot bewegen.

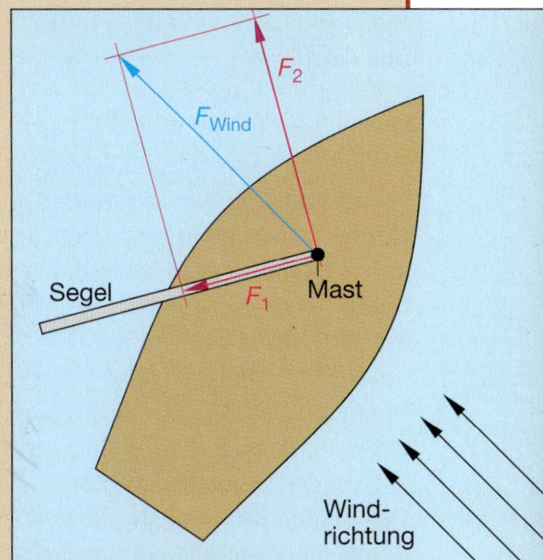


Einen entscheidenden Einfluss auf die Fahrtrichtung des Bootes hat jedoch die Stellung des Kieles, also die Kiellinie des Schiffes, denn nur in diese Richtung kann es leicht vorangleiten. $F_2$ wird durch den Kiel nochmals in zwei rechtwinklige Komponenten zerlegt:

- $F_3$ wirkt senkrecht zur Kiellinie. In diese Richtung kann sich das Schiff nicht bewegen, weil der lange und tiefe Kiel auf den großen Widerstand des Wassers trifft.
- $F_4$ wirkt parallel zur Kiellinie – und das ist die Kraft, die letztendlich das Segelboot vorantreibt.

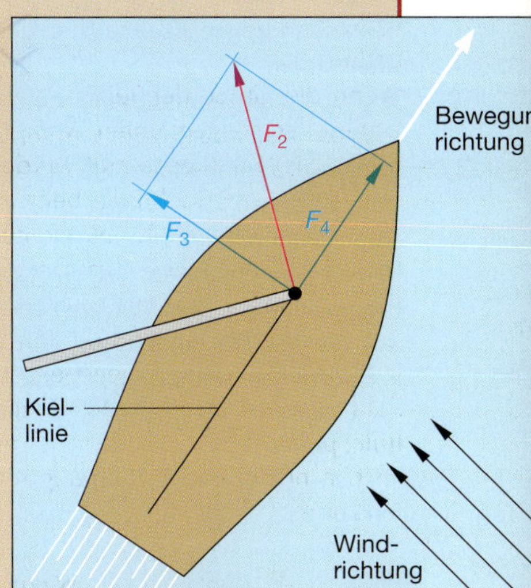


Bei einer bestimmten Stellung von Segel und Kiel kann das Boot sogar „gegen den Wind" segeln, d. h. mit dem kleinstmöglichen Winkel von 22° zwischen Wind und Fahrtrichtung. Um dabei ein anvisiertes Ziel zu erreichen, muss der Skipper einen Zick-Zack-Kurs einschlagen – er „kreuzt" mit seinem Boot **gegen den** Wind.

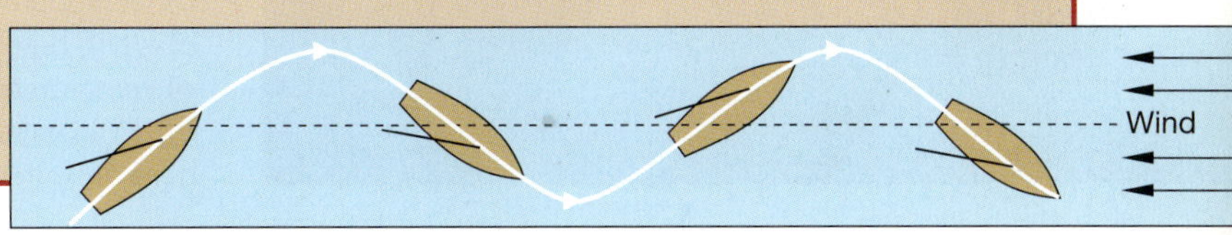

## ... und wenn keine Kräfte wirken?

„Bitte festhalten!" steht in der Straßenbahn – und wir alle haben bereits die Erfahrung gemacht, wie berechtigt das ist. Der Halt ist wichtig beim Anfahren, beim Abbremsen oder wenn die Bahn in die Kurve fährt.
Aber was zwingt unseren Körper zu diesem Verhalten? Wieso spüren wir diese Wirkungen nicht, wenn die Straßenbahn mit gleichbleibender Geschwindigkeit geradeaus fährt?

- Im Foto rechts fällt die Kugel hinten vom Wagen, wenn wir ihn anschieben. Um einen Körper in Bewegung zu versetzen, ist eine Kraft erforderlich. Diese Kraft wirkt aber nicht auf die Kugel, weil sie nur lose auf dem Wagen liegt. Sie bleibt auf ihrem ursprünglichen Platz in Ruhe, während der Wagen unter ihr wegfährt.
Die zweite Kugel zeigt ein anderes Verhalten: Da sie am Wagen befestigt ist, wird die beschleunigende Kraft auf sie übertragen.
- Auch zum Anhalten ist eine Kraft nötig. Diesmal rollt die lose Kugel nach vorn entsprechend der Bewegung, die sie innehatte: Sie bewegt sich weiter geradeaus, während der Wagen und die an ihm befestigte Kugel stehen bleiben.
- Bei Kurvenfahrten hat die Kraft, welche die Richtungsänderung des Wagens bewirkt, keinen Einfluss auf die lose Kugel. Da sie sich weiter geradeaus bewegt, rollt sie seitlich vom Wagen herunter.

**Zentraler Versuch**

Die Eigenschaft jedes Körpers, in Ruhe oder in geradliniger Bewegung zu bleiben, wird als **seine Trägheit** bezeichnet. Die Trägheit eines Körpers bewirkt, dass der Körper, wenn keine Kräfte auf ihn einwirken, entweder in Ruhe bleibt oder er sich ständig mit gleichbleibender Geschwindigkeit geradlinig weiter bewegt.

Die Erfahrung zeigt aber das Gegenteil: Ein Fahrrad kommt schließlich zum Stillstand, wenn wir nicht mehr in die Pedale treten. Müsste es nicht aufgrund seiner Trägheit ewig weiter rollen?
Bei dieser Argumentation vergessen wir aber, dass ständig Kräfte auf das Fahrrad wirken: Reibungskräfte in den Achsen, zwischen Reifen und Straße, Luftwiderstand usw. Sie wirken der Bewegung des Rades und des Fahrers entgegen und bremsen beide ab. Um sie zu überwinden, muss eine Kraft in Bewegungsrichtung aufgebracht werden. Nur wenn diese so groß ist wie die Reibungskraft, dann bewegt sich das Fahrrad mit konstanter Geschwindigkeit.

> Ein Körper bleibt in Ruhe oder geradliniger Bewegung mit konstanter Geschwindigkeit, solange er nicht durch Kräfte gezwungen wird, seinen Bewegungszustand zu ändern.
> Reibungskräfte verzögern jeden bewegten Körper.

### Aufgaben

**1** Ein leerer und ein voller Einkaufswagens verhalten sich beim Anschieben, Anhalten oder beim Ändern der Schieberichtung unterschiedlich.
Beschreibe und erkläre.

**2** Lege einen Tennisball o. Ä. auf ein Buch.
Beobachte und beschreibe die Bewegung des Balles,
**a)** wenn du das Buch langsam bzw. ruckartig anschiebst;
**b)** wenn du es gleichmäßig über die Tischplatte ziehst;
**c)** wenn du es langsam oder ruckartig anhältst;
**d)** wenn du mit dem Buch eine „Kurvenfahrt" ausführst.

**3** Warum rutscht im Foto links das Auto ohne ABS geradlinig in das Hindernis hinein?

## Verkehrssicherheit

Streifzug

### Gut festgemacht

„Gurtmuffel“ sind doppelt dumm dran: Zum einen riskieren sie eine Geldstrafe, zum anderen ihr Leben. Denn schon bei einer Geschwindigkeit von 50 $\frac{km}{h}$ entspricht ihr Aufprall auf das Lenkrad bei einem Frontalzusammenstoß einem Fall aus 10 m Höhe. Bei 100 $\frac{km}{h}$ wären das sogar rund 40 Meter! Die Kräfte, die bei einem Aufprall mit 100 $\frac{km}{h}$ auftreten, sind so groß, als wollte man gleichzeitig 20 Menschen in die Höhe stemmen!

Ohne **Sicherheitsgurt** würde unser Körper wegen seiner Trägheit mit dieser Geschwindigkeit auf das Lenkrad treffen und es verformen; das Lenkrad aber würde zurückwirken und seinerseits den Brustkorb des Fahrers verformen. Quetschungen und Brüche wären die Folge von Zusammenstößen, wenn nicht durch den etwas dehnbaren Gurt der Mensch ebenfalls abgebremst werden würde, weil er durch Gurt und Sitz fest mit dem Auto verbunden ist.

Voraussetzung ist allerdings ein richtig angelegter, straff sitzender Gurt, der über drei Punkte des Körpers führt: links und rechts am Becken, einmal an der Schulter. Ein zu lockerer Gurt kann auch schwere Verletzungen verursachen, wenn der Körper mit seiner hohen Geschwindigkeit plötzlich gegen den Gurt knallt.

Für Kinder gibt es spezielle Sitze, damit der für sie viel zu weite und zu hoch liegende Erwachsenengurt ihren Körper richtig festhalten kann.

### Gut abgefedert

Eine weitere wirksame Sicherheitsmaßnahme ist der **Airbag:** Ein großer Ballon, der sich zusammengefaltet im Lenkrad, beim Beifahrersitz hinter dem Armaturenbrett oder in den seitlichen Türen befindet und bei einem Aufprall in einer Zehntelsekunde mit Luft gefüllt wird.

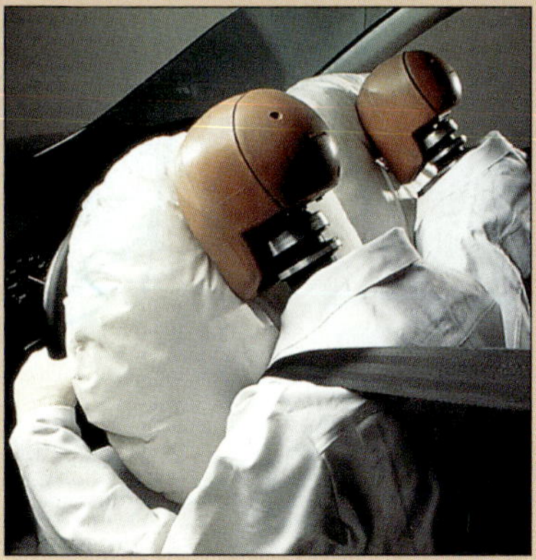

Durch mechanische oder elektrische Signale wird eine kleine Sprengladung zur Zündung gebracht und der Airbag mit 35 bis 70 Litern Luft gefüllt. Die Insassen des PKW können so nicht mehr gegen Lenkrad oder Armaturenbrett geschleudert werden und sich verletzen, da sie durch das Luftkissen sanft abgebremst werden.

### Gut behütet

Auch bei Fahrradunfällen sterben in Deutschland täglich zwei Menschen; die Zahl der Toten steigt von Jahr zu Jahr. Viele von ihnen könnten noch am Leben sein, wenn sie einen Helm getragen hätten. Was bewirkt ein solcher Helm und wie ist er aufgebaut?

Eine harte Außenschale dient der größeren Haltbarkeit des Helms und schützt den Kopf und die weiche Innenschale des Helms vor spitzen Gegenständen. Die zwischen den beiden Schalen liegende Dämmschicht soll harte Aufpralle abfedern. Sie besteht aus Hartschaum.
Die Dämmschicht darf nicht zu weich sein, weil sonst der Kopf bis zur Hartschale durchschlägt. Aber auch eine zu harte Schicht kann den Kopf nicht schützen. Nur ein Material, das sanft abbremst, ist wirklich hilfreich.

Ein Riemen sorgt dafür, dass der Helm immer in der richtigen Position bleibt und nicht vom Kopf rutscht. Fahrradhelme sollen sorgfältig aufgesetzt und zugeschnallt werden. Sie müssen in der Größe passen, sonst schützen sie nicht.

# Die Masse

**Mit dem Tennisball oder dem Handball 5 m weit zu werfen, ist einfach. Schwieriger wird es schon mit der kleinen Stoßkugel. Mit der großen Stoßkugel der Männer die 5 m-Marke zu übertreffen, ist für die Kinder nicht mehr zu schaffen.**
**Warum können wir einen leichten Körper weiter werfen als einen schweren? Welche Körpereigenschaft verbirgt sich dahinter?**

## Körper sind schwer

Die Bälle bzw. Kugeln, mit denen die Kinder im Bild oben hantieren, werden von der Erde angezogen. Das Wirken der Gewichtskraft spüren wir, wenn wir sie anheben wollen. Dies ist uns bekannt.
Natürlich ist das keine Besonderheit der Bälle oder Kugeln. Bei allen anderen Gegenständen ist dies ebenso. Wenn wir einen Eimer mit Wasser anheben wollen, so fassen wir kräftig zu, weil wir wissen, dass er schwer ist. Auch die beiden Eisenquader im Bild rechts sind schwer. Natürlich ist der größere der beiden Eisenkörper auch der schwerere.

Ganz gleich, welchen Körper wir auch betrachten, wir kommen immer zum gleichen Ergebnis:
Alle Körper sind schwer.

Zentraler Versuch

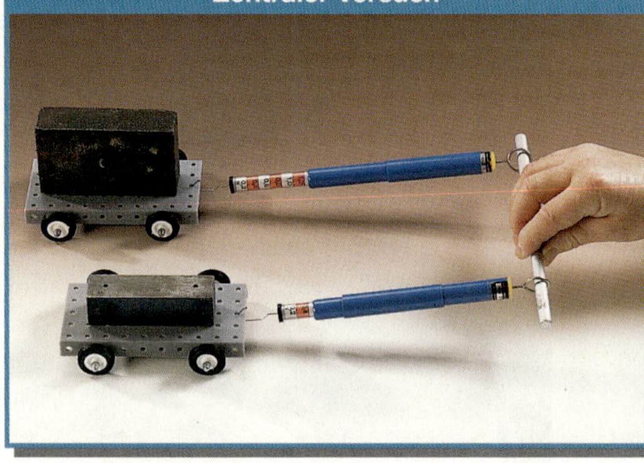

## Körper sind träge

Im Bild unten werden beide Wagen gleichzeitig beschleunigt. Die dafür benötigte Kraft ist für beide Wagen aber unterschiedlich. Für den Wagen mit der größeren Last benötigen wir die größere Kraft, um ihn in Bewegung zu versetzen. Entsprechendes gilt für das Abbremsen.
Nun wird auch klar, warum es schwieriger ist, die Eisenkugel fünf Meter weit zu stoßen: Weil sie schwerer ist, benötigen wir eine größere Kraft, um sie genauso weit zu werfen wie einen leichten Ball.
Jeder Körper setzt einer Bewegungsänderung einen Widerstand entgegen. Wir benötigen eine Kraft, um ihn abzubremsen, ihn zu beschleunigen oder seine Bewegungsrichtung zu ändern. Diese Körpereigenschaft kennen wir schon. Wir haben sie Trägheit genannt.

Alle Körper sind schwer, weil sie von der Erde angezogen werden.

Jeder Körper ist träge. Er setzt der Änderung seines Bewegungszustandes einen Widerstand entgegen.

Trägheit und Schwere sind Grundeigenschaften aller Körper. Jeder Körper ist schwer und auch träge. Beides sind Eigenschaften, die wir mit der neuen physikalischen Größe **Masse** beschreiben wollen.

Die Masse eines Körpers gibt an, wie schwer bzw. wie träge er ist.

## Wir bestimmen Massen

„400 g Mehl, 100 g Zucker…" sind Angaben aus Kochbüchern. Das „g" steht für Gramm und ist eine Einheit für die Masse. Die Basiseinheit ist das Kilogramm (kg). Zur Bestimmung von Massen, also beim „Wiegen" benutzen wir eine Balkenwaage (Abb. 1). Auf die eine Waagschale legen wir den Körper, dessen Masse wir bestimmen wollen. Auf die andere Waagschale legen wir so lange Wägestücke, bis sich die Waage im Gleichgewicht befindet.

*1* ***Massenbestimmung mit einer Balkenwaage.*** *Zum Wiegen benötigt man stets mehrere Wägestücke, die in einem Wägesatz zusammengestellt sind.*

Nun haben wir auf beiden Seiten die gleiche Masse, denn keine Seite ist schwerer. Wir müssen nur noch alle Massen der Wägestücke addieren, dann erhalten wir die Masse des Körpers.
Wir haben also die Masse des zu wiegenden Körpers mit uns bekannten Massen, den Wägestücken, verglichen.

> Definition / Einheiten
>
> **Masse**
>
> Die Einheit ist 1 kg (Kilogramm).
> Das Formelzeichen ist $m$.
>
> Weitere Einheiten:
>
> Tonne: 1 t = 1000 kg
>
> Gramm: 1 g = $\frac{1}{1000}$ kg
>
> Milligramm: 1 mg = $\frac{1}{1000}$ g = $\frac{1}{1\,000\,000}$ kg

### Aufgaben

**1** Zwei Kinder sitzen auf einer Wippe im gleichen Abstand zur Mitte. Welche drei Möglichkeiten zum Einstellen der Wippe gibt es dabei? Welche Schlussfolgerung kannst du dann jeweils bezüglich der Massen der Kinder ziehen? Begründe.

**2** Nenne Beispiele, wo bei verschiedenen Körpern unterschiedliche Trägheit aufgrund unterschiedlicher Massen zu beobachten ist.

**3** Welche Wägestücke des Wägesatzes unten werden zum Einstellen des Gleichgewichts benötigt, wenn Körper folgender Massen auf der Balkenwaage liegen: 138 g; 25 g; 69 g; 11 g; 8 g; 113 g

**4** Warum sind alle Wägestücke des Wägesatzes unten, die als erste Ziffer eine „2" aufgedruckt haben, doppelt vorhanden?

## Das Urkilogramm

**Streifzug**

Auch wenn man die Balkenwaage schon lange kannte und benutzte, so war das Wiegen früher doch recht schwierig – es gab keine einheitlichen Wägestücke. Jedes Land, jede Stadt hatte eigene Wägesätze. Zum Verzollen musste die Ware an jeder Grenze neu abgewogen werden, da jede Stadt oder jedes Land für sich eine andere Norm bestimmt hatte. Und Wiegen bedeutet wie jeder Messvorgang Vergleichen mit einer Norm.

Eine solche Norm ist eine Festlegung. So wie für jede physikalische Größe eine Einheit vereinbart werden muss, ist es auch notwendig festzulegen, was diese Einheit bedeutet, also eine Norm für sie aufzustellen.

Erst im Jahre 1875 begann man, übereinstimmende Maßeinheiten zu vereinbaren. Auf einer Konferenz in Paris wurden für die ersten Maßeinheiten einheitliche Werte festgelegt. Seit dieser Zeit existiert das Urkilogramm in Paris, von dem jedes Land, welches das internationale Einheitensystem (**SI** = **S**ystème **I**nternational d' Unités) anerkennt, eine Kopie besitzt. Das deutsche Urkilogramm befindet sich in Braunschweig. Kopien hiervon erhält jedes Eichamt und jedes Werk, welches Wägestücke oder Waagen herstellt. Mit diesem „Normkilogramm" eichen sie die Waagen bzw. vergleichen sie die hergestellten Wägestücke. Außerdem werden alle Waagen regelmäßig von den Eichämtern überprüft. Damit ist gewährleistet, dass die Waagen genau messen.

## Masse und Gewichtskraft

Bei den Exkursionen auf dem Mond hatten die Astronauten einen großen Tornister auf dem Rücken. In ihm befanden sich all die Geräte, die für sie zum Leben notwendig waren. Diese Tornister waren schwer. Ihre Masse betrug etwa 80 kg. Und trotzdem waren die Astronauten in der Lage, auf dem Mond mit dem Gepäck noch zu springen. Warum geht das auf dem Mond, nicht aber auf der Erde?

Wenn wir den Tornister auf dem Mond auf eine Balkenwaage stellen, so erhalten wir als Masse wieder 80 kg. Die Masse ist die gleiche wie auf der Erde.
Anders verhält es sich mit der Gewichtskraft. Das Bild rechts zeigt, dass der Federkraftmesser für den gleichen Körper unterschiedliche Gewichtskräfte angibt. Die Gewichtskraft ist auf jedem Himmelskörper anders.
Die Astronauten konnten sich so leicht bewegen, weil ihre Gewichtskraft auf dem Mond viel geringer ist als auf der Erde.

Hängen verschiedene Wägestücke an einem Federkraftmesser, so erkennt man, dass ein Körper mit doppelter (dreifacher) Masse am gleichen Ort auch die doppelte (dreifache) Gewichtskraft hat. Masse und Gewichtskraft sind also proportional: $F_G \sim m$.
Beide Größen sind deshalb so eng miteinander verknüpft, weil die Anziehung der Körpermasse durch die Erde die Ursache für die Gewichtskraft des Körpers ist.

Um aus der Masse die Gewichtskraft berechnen zu können, benötigen wir einen Proportionalitätsfaktor. Dieser wird mit $g$ bezeichnet und auch **Ortsfaktor** genannt, da er ortsabhängig ist. Mit seiner Hilfe wird aus der Proportionalität $F_G \sim m$ die Gleichung:
$\boldsymbol{F_G = m \cdot g}$.

Da die Unterschiede der Gewichtskräfte eines Körpers an verschiedenen Orten der Erde gering sind, können wir sie vernachlässigen und für die Erde den einheitlichen Ortsfaktor $9{,}81\ \frac{\text{N}}{\text{kg}}$ als Mittelwert nehmen. Oft reicht für Überschlagsrechnungen der gerundete Wert $10\ \frac{\text{N}}{\text{kg}}$.
Für den Mond gilt ein anderer Wert: $1{,}62\ \frac{\text{N}}{\text{kg}}$, also etwa $\frac{1}{6}$ des Erdwertes.

Mithilfe der Gleichung $F_G = m \cdot g$ können wir auch die Masse berechnen, wenn wir für einen Körper mit dem Federkraftmesser die Gewichtskraft bestimmt haben. Die meisten Waagen nutzen diese Methode der Massebestimmung.

**Zentraler Versuch**

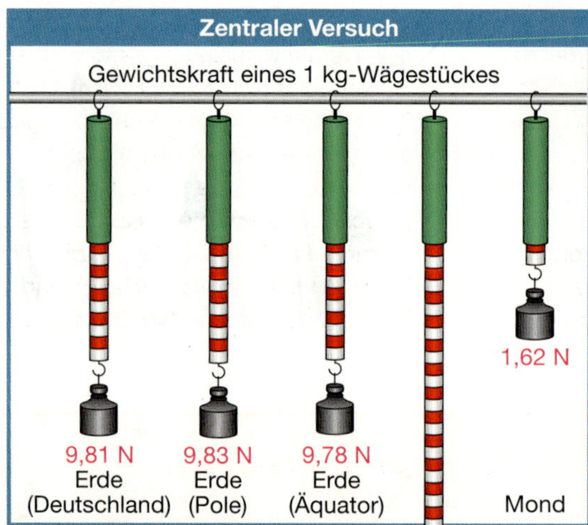

**Rechenbeispiel**

**1.** Mit welcher Kraft kannst du einen Spaten in die Erde drücken, wenn du dich darauf stellst?

Geg.: $m = 45\,\text{kg};\ g = 9{,}81\ \frac{\text{N}}{\text{kg}}$
Ges.: $F_G$

Lösung: $F_G = m \cdot g$
$F_G = 45\ \text{kg} \cdot 9{,}81\ \frac{\text{N}}{\text{kg}}$
$F_G = 441{,}45\ \text{N}$

Deine Gewichtskraft beträgt rund 440 N. Mit ihr drückst du den Spaten in den Boden.

**2.** Wie groß ist die Masse einer Schultasche?

Geg.: $F_G = 65{,}5\,\text{N};\ g = 9{,}81\ \frac{\text{N}}{\text{kg}}$
Ges.: $m$

Lösung:
Aus $F_G = m \cdot g$ folgt
$m = \frac{F_G}{g} = \frac{65{,}5\ \text{N}}{9{,}81\ \text{N/kg}}$
$m = 6{,}68\ \text{kg}$

Die Schultasche hat eine Masse von rund 6,7 kg.

Die Masse ist vom Ort unabhängig, die Gewichtskraft dagegen ist ortsabhängig.

Die Gewichtskraft lässt sich berechnen als Produkt aus der Masse $m$ und dem ortsabhängigen Faktor $g$: $F_G = m \cdot g$
Der Ortsfaktor hat auf der Erde den Wert $g = 9{,}81\ \frac{\text{N}}{\text{kg}}$.

## Aufgaben

**1** Berechne für folgende Massen die zugehörigen Gewichtskräfte:
1 Stück Butter (250 g);
1 Tafel Schokolade (100 g);
LKW (7,5 t); Gewichtheber (120 kg);
Schülerin (42 kg).

**2** Berechne die Massen der Körper, die folgende Gewichtskräfte haben: PKW (12 kN); 1 Tüte Mehl (9,8 N); Blauwal (1,3 MN).

**3** Begründe, warum zum Start der gleichen Raumsonden vom Mond aus viel weniger Treibstoff notwendig wäre als zum Start von der Erde.

**4** Haben zwei Körper gleicher Masse auch auf dem Mond die gleiche Gewichtskraft?

**5** Um den bemannten Flug zum Mars zu meistern, ist eine Raumstation im Orbit um die Erde als Montage- und Startbasis geplant. Welche Vorteile hat diese im Vergleich zum Start von der Erde aus?

**6** Wie groß ist der Fehler (in Prozent), wenn du dich mit einer für Deutschland geeichten Personenwaage am Äquator bzw. am Pol wiegst? Werte dein Ergebnis.

## Masse und Gewichtskraft

**Versuche und Aufträge**

**V1** Benutze alle Waagen bei euch zu Hause und vergleiche ihre Genauigkeit. Als Körper zum Wiegen kannst du z. B. eine Getränkepackung, ein Glas Wasser und einen Bleistift o. Ä. nehmen. (Achtung! Beachte die Angaben auf der Waage und stelle keinen Körper mit einer für die Waage zu großen Masse darauf – sie könnte zerstört werden.)

**V2** **a)** Wiege verschiedene Gegenstände mit den Waagen bei euch zu Hause ab (z. B. Schultasche, Koffer, dich selbst oder deinen Hund).
**b)** Überprüfe die Masseeinteilung für Mehl und für Zucker auf einem Messbecher durch Wiegen.

**V3** **Balkenwaage zum Aufhängen:** Du benötigst einen Holzstab, der in der Mitte und im gleichen Abstand von der Mitte an den Enden eingekerbt wird, festen Zwirn und zwei gleiche Deckel aus Kunststoff als Waagschalen. Die Deckel werden am Rand an drei Punkten durchstochen und mit je drei Fäden an den äußeren Kerben befestigt. Nimm als Wägestücke die Riegel einer Schokoladentafel. Miss zunächst in der Einheit „1 Schoko“.
**a)** Teste die Genauigkeit deiner Waage, indem du berechnest, welcher Masse „1 Schoko“ entspricht.
**b)** Wiege dann Gegenstände dir bekannter Masse ab.

**V4** **a)** Verkürze bei deiner selbst gebauten Waage den Abstand zwischen der Mitte des Holzstabes und der Aufhängung der Waagschale für die Schokostücke auf die Hälfte.
**b)** Teste auch diese Waage und beschreibe den Unterschied.

## Wie genau nehmen wir es mit Zahlen?

**Streifzug**

Wenn du das Rechenbeispiel 2 nachrechnest, so wirst du feststellen, dass dein Taschenrechner das Ergebnis 6,6768603 kg ausgibt.

Anders als in der Mathematik müssen wir aber in der Physik stets beachten, dass unsere Größen Messwerte und somit fehlerbehaftet sind. Ein Ergebnis genauer anzugeben als die Werte, aus denen es gewonnen wurde, ist nicht sinnvoll.
Am Beispiel dieser Aufgabe wollen wir dies verdeutlichen:

- Der Federkraftmesser hat als kleinste Skaleneinteilung 1 N. Der Wert 65,5 N in der Rechnung ist also nur geschätzt. Die tatsächliche Gewichtskraft liegt aber mit Sicherheit zwischen 65,0 und 66,0 N.
- Unsere gegebenen Größen $F_G$ bzw. $g$ hatten drei Stellen. Das richtige Ergebnis ist dann sinnvollerweise nur dreistellig: 6,68 kg.

66,0 : 9,81 =

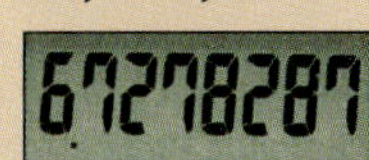

65,0 : 9,81 =

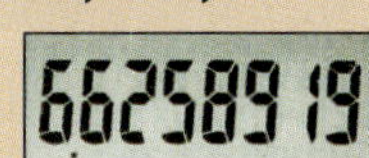

Als allgemeine Regel gilt:
**Das Ergebnis darf nur mit so vielen Stellen angegeben werden, wie bei den gegebenen Größen mindestens vorhanden sind.**

Streifzug

## Alle Körper ziehen einander an

Die Erdanziehungskraft wirkt nicht nur auf uns, wenn wir auf dem Boden stehen. Sie wirkt genauso, wenn wir uns mit einem Flugzeug in der Luft befinden. Mit zunehmender Höhe nimmt die Kraftwirkung durch die Erde zwar ab, sie wirkt aber unendlich weit – auch im Weltall. Diese Kraft wird **Gravitationskraft** genannt.

Da jeder Planet eine Masse hat, wirken zwischen allen Planeten Gravitationskräfte. Die Sonne mit ihrer unvorstellbar großen Masse von $2 \cdot 10^{30}$ kg = 2 000 000 000 000 000 000 000 000 000 000 kg übt die stärkste Kraft im Planetensystem auf alle Körper aus. Eine Kraft von $3{,}5 \cdot 10^{22}$ N ist dafür verantwortlich, dass unsere Erde auf ihrer Bahn um die Sonne gehalten wird.

Sich gegenseitig anzuziehen ist aber keine besondere Eigenschaft der Sonne bzw. der Planeten. Da die Ursache für die Anziehungskraft einzig und allein die Masse ist, ziehen sich alle Körper gegenseitig an, denn jeder Körper besitzt eine Masse.
Im Vergleich zur Masse von Himmelskörpern sind die Massen von Gegenständen auf der Erde aber verschwindend klein. Deshalb sind die hier auftretenden Anziehungskräfte extrem gering.
Auch wenn wir vor einem großen Schiff mit einer Masse von 100 000 t stehen, beträgt die Anziehungskraft zwischen dem Schiff und uns weniger als ein tausendstel Newton. Selbst die Anziehungskraft zwischen zwei solchen Riesenschiffen, die unmittelbar nebeneinander liegen, übersteigt noch nicht die Muskelkraft eines Menschen.
Wie du von der Erde angezogen wirst, so ziehst du also auch deinen Banknachbarn oder deine Mitschülerin neben dir an. Allerdings ist die Anziehungskraft so gering, dass du sie nicht spürst.

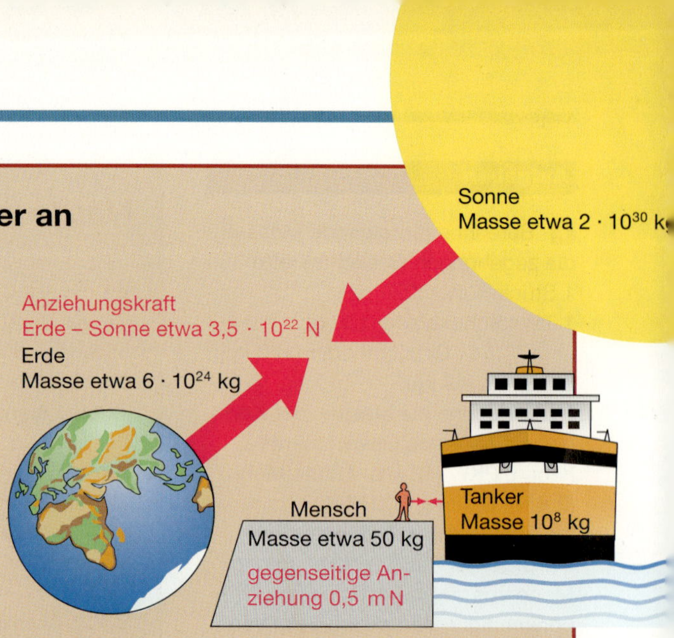


### Wie groß ist die Gravitationskraft?

Als Ursache für diese Anziehungskraft zwischen zwei Körpern erkannte ISAAC NEWTON (1643–1727) die Masse der beiden Körper. Auf ihn geht auch die Bezeichnung **Gravitationskraft** zurück. In den Jahren zwischen 1670 und 1680 leitete NEWTON aus den Gesetzen der Planetenbewegungen um die Sonne das allgemeine Gravitationsgesetz theoretisch her. Demzufolge ist die Gravitationskraft proportional zur Masse $m_1$ und $m_2$ der beteiligten Körper und nimmt mit wachsendem Abstand $r$ zwischen ihnen immer mehr ab.
Die mathematische Formulierung des Gravitationsgesetzes lautet:

$$F_{grav} = \gamma \cdot \frac{m_1 \cdot m_2}{r^2}.$$

Die Gravitationskonstante $\gamma$, die NEWTON in der Gleichung als Proportionalitätsfaktor brauchte, war ihm vom Wert her aber nicht bekannt. Diese Konstante $\gamma$ zu bestimmen ist sehr schwierig, da selbst die zwischen zwei schweren Körpern wirkenden Gravitationskräfte äußerst klein sind.

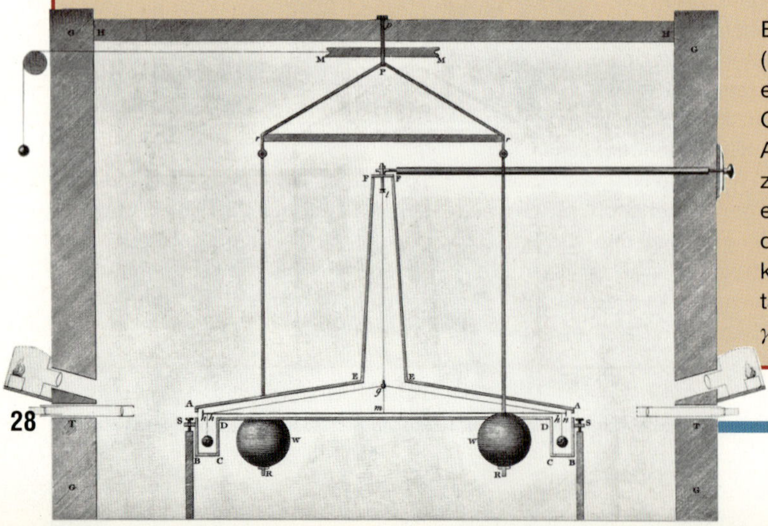

Es ist das Verdienst von HENRY CAVENDISH (1731–1810), diese Naturkonstante 1798 experimentell ermittelt zu haben. Mit seiner Gravitationsdrehwaage bestimmte er die Anziehungskraft zwischen zwei großen und zwei kleinen Bleikugeln aus der Verdrillung eines Torsionsfadens. Da die Massen und der Abstand ebenfalls bekannt waren, konnte er den Wert der Gravitationskonstante bestimmen:
$\gamma = 6{,}67 \cdot 10^{-11} \, \frac{N \cdot m^2}{kg^2}$

Pinnwand

## Wägen gestern und heute

Schon im 6. Jahrtausend v. Chr. baute man in Mesopotamien einfache Waagen aus Holz. In ägyptischen Bildern sind Balkenwaagen dargestellt, welche sehr genaue Messungen erlaubten.

Für die Masse von Diamanten oder Brillanten wurde eine besondere Einheit festgelegt, das Karat: 1 Karat = 200 mg.

Der größte, je gefundene Diamant ist der Cullinan mit 3106 Karat. Er wurde in 105 Stücke zerteilt, von denen die größten in Zepter, Krone und Ring der englischen Könige eingesetzt wurden.

Mit der Spezialisierung bei allen Arbeiten in der Jungsteinzeit (vor etwa 10 000 Jahren) entwickelte sich auch der Handel. Um Waren tauschen zu können, war es notwendig, die Menge der Ware zu bestimmen. Eine Methode dazu ist die Volumenmessung z. B. mit einem Messbecher. Früher wurde ein solches Messinstrument *Scheffel* genannt.

Aber nicht alle Waren lassen sich so mengenmäßig bestimmen. Bei Goldklumpen oder Steinsalzstücken ist dies nicht möglich, da zwischen den Stücken viel Luft mitgemessen würde. Dies war der Grund für die Entwicklung von Waagen.

### Laufgewichtswaage

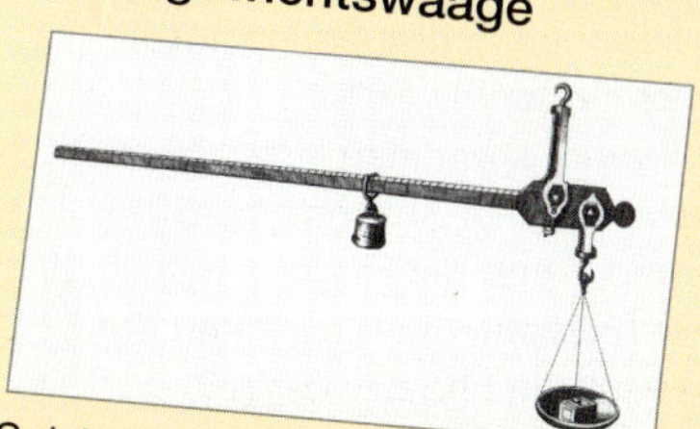

Solche einfachen, in der Hand zu haltenden Waagen gibt es seit Jahrhunderten. Heute finden wir sie noch auf Märkten.

Sackwaage und Küchenwaage sind Beispiele für Federwaagen. Sie arbeiten nach dem gleichen Prinzip wie ein Federkraftmesser, nur dass ihre Skalen schon in g oder kg geeicht sind.

Die modernen elektronischen Waagen in Supermärkten haben keine Federn mehr, sondern Messstreifen, die verbogen werden. Die Verbiegung wird in elektrische Signale umgewandelt und weiter verarbeitet.

# Hebel

**Warum kippt die Bank? Hat ihre Konstruktion etwas damit zu tun oder die Stelle, auf die sich der Mann gesetzt hat?**

## Was ist ein Hebel?

Als Hebel wird jeder starre Körper bezeichnet, der um einen Punkt drehbar ist *(Drehpunkt)*. In der einfachsten Form sind es gerade Stangen; aber es gibt in unserer Umwelt Hebel in vielerlei Formen. Allen gemeinsam ist, dass immer eine Kraft an einem Punkt des Hebels angreift, wir dagegen mit unserer Muskelkraft an einer anderen Stelle und dadurch versuchen, diese Kraft zu überwinden.

**Zentraler Versuch**

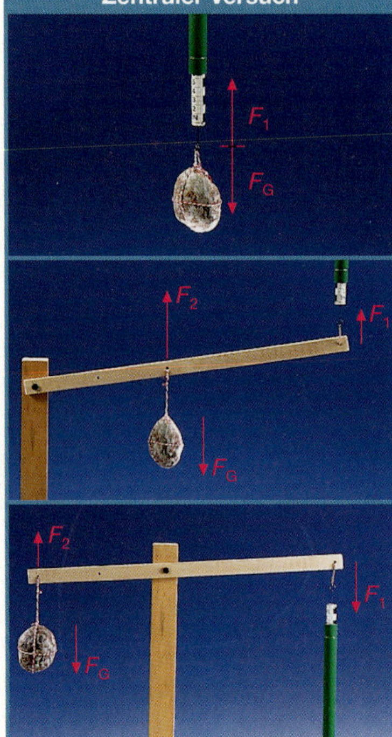


- Wenn die Gewichtskraft des Körpers $F_G$ und unsere Muskelkraft $F_1$ (am Federkraftmesser abzulesen) auf derselben Seite des Drehpunktes wirken, dann haben wir es mit einem **einseitigen Hebel** zu tun.
Der Hebel erzeugt an der Stelle, an der $F_G$ angreift, eine nach oben gerichtete Kraft $F_2$, die $F_G$ entgegengesetzt ist und den Stein nach oben bewegt. $F_2$ hat die Richtung von $F_1$.

- Liegt der Drehpunkt zwischen den Angriffspunkten der Kräfte $F_G$ und $F_1$, dann ist es ein **zweiseitiger Hebel.**
Die vom Hebel erzeugte Kraft $F_2$ ist entgegengesetzt zu $F_1$, wirkt also wieder der Gewichtskraft $F_G$ entgegen und hebt den Stein.

Die Betrachtung der Größen der Kräfte $F_1$ und $F_2$ beim einseitigen Hebel zeigt, dass durch den Hebel die Muskelkraft $F_1$ verstärkt an anderer Stelle wieder auftritt. Hebel sind also **Kraftwandler.** (Dies gilt natürlich auch für zweiseitige Hebel.) Bei anderen Angriffspunkten können auch kleinere Kräfte $F_2$ entstehen. Entscheidend für die Kraftwandlung sind die Abstände des Drehpunktes zum Angriffspunkt der jeweiligen Kräfte, die *Hebelarme* $l_1$ und $l_2$.

> Hebel sind Kraftwandler. Mit ihnen können die Wirkungen vorhandener Kräfte vergrößert oder verkleinert werden.

**Aufgaben**

**1** **a)** Vergleiche verschiedene Scherenarten in ihrem Aufbau.
**b)** Begründe die unterschiedliche Länge der Griffe und Schneiden.

**2** **a)** Um welche Hebelart handelt es sich bei einer Pinzette?
**b)** Wo muss sie angefasst werden, wenn an der Spitze eine große bzw. eine kleine Kraft wirken soll?

**3** Warum werden mit zunehmender Größe der Muttern die zugehörigen Schraubenschlüssel immer länger?

**4** Warum kann man sich in dem Spalt zwischen Anschlagseite der Tür und Zarge die Finger gefährlicher quetschen als zwischen der Schlossseite und der Zarge?

**5** **a)** An einem Hebel ist $F_1 = 25$ N und $l_1 = 8$ cm. Wie groß ist jeweils $F_2$ für den Fall $l_1 = l_2$, $l_1 < l_2$ und $l_1 > l_2$?
**b)** Zeichne für einen einseitigen und einen zweiseitigen Hebel.

**6** Zeichne einen Handnussknacker, eine Pinzette und eine Zange; trage Hebelarme und Kräfte ein.

**7** Erkläre den Spruch: „Es ist besser am längeren Hebel zu sitzen.“

## Kräfte am Hebel

Ein Schrank soll mithilfe eines Hebels angehoben werden, um Möbelrollen unterzulegen. Es wird also eine größere Kraft benötigt als die der Muskeln, denn mit der Muskelkraft allein kann die Gewichtskraft des Schranks nicht überwunden werden. Ein Hebel hilft in dieser Situation weiter. Aber wovon hängt die auf den Schrank übertragene Kraft ab?

**Zentraler Versuch**

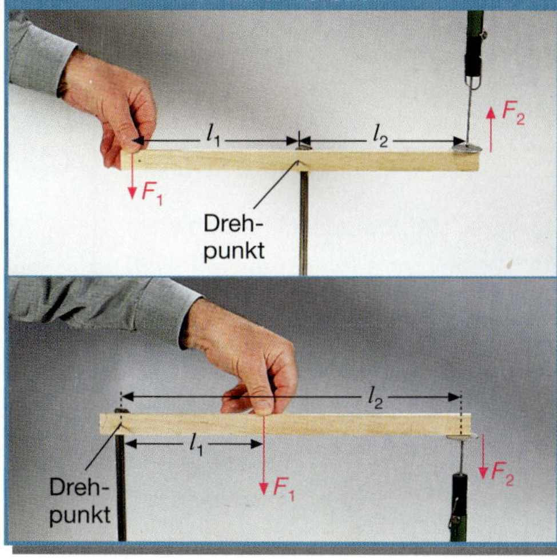


- Aus Erfahrung wissen wir, dass die gesuchte Kraft $F_2$ größer wird, wenn stärker auf den Hebel gedrückt wird, also $F_1$ vergrößert wird: $F_2 \sim F_1$.
- Aber auch die Länge der Hebelarme spielt eine Rolle:

① $F_2$ wird größer, wenn die Kraft $F_1$ weiter vom Drehpunkt entfernt angreift, also $l_1$ größer wird: $F_2 \sim l_1$.

② Wenn Kraft und Hebelarm auf der ersten Seite unverändert bleiben, dann nimmt $F_2$ zu, je näher der Übertragungspunkt zur Drehachse rückt, je kleiner also $l_2$ wird: $F_2 \sim \frac{1}{l_2}$.

Die Durchführung des Versuchs für den einseitigen Hebel ergibt dieselben Zusammenhänge. Daraus können wir ein Gesetz für die Berechnung von $F_2$ ableiten, das sich auch mit zahlenmäßigen Messungen bestätigen lässt:

$$\boldsymbol{F_2 = F_1 \cdot \frac{l_1}{l_2}}$$

Für die Kraft $F_2$ am einseitigen und am zweiseitigen Hebel gilt: $F_2 = F_1 \cdot \frac{l_1}{l_2}$

### Versuche und Aufträge

**V1** Baue einen Hebel aus einem Lineal, unter dessen Mitte ein Bleistift als Drehpunkt liegt. Stelle einen Körper auf eine Seite des Hebels und hebe ihn aus unterschiedlichen Entfernungen $l_2$ an. Vergleiche.

**V2 Der Arm – ein Hebel:** Hänge eine mit mehreren Flaschen gefüllte Einkaufstasche an verschiedene Stellen des waagerecht gehaltenen Armes. Bestimme die Zeiten, die du die Tasche halten kannst, und damit die zum Halten nötige Kraft. Was stellst du fest?

**V3** Betätige den Bremshebel am Fahrrad in unterschiedlichen Abständen vom Drehpunkt. Vergleiche die Kräfte auf die Felge.

**V4** Zerbrich einen Zahnstocher in immer kleinere Teilstücke. Zerreiße ein Blatt Papier in immer kleinere Fetzen. Was fällt dir auf?

### Rechenbeispiel

Welche Kraft ist nötig, um den Bücherschrank (Masse 213 kg; Breite 3,6 m) anzuheben?

Die Unterkante des Schrankes ist ein einseitiger Hebel. Da der Schwerpunkt des Schrankes in der Mitte liegt, zieht seine „volle" Gewichtskraft $F_G$ = 2130 N in der Mitte des „Hebels" nach unten; der zugehörige Hebelarm ist $l_1$ = 1,8 m. Um den Schrank auf der anderen Seite anzuheben (Hebelarm $l_2$ = 3,60 m) ist folgende Kraft nötig:

$$F_2 = 2130\ \text{N} \cdot \frac{1{,}8\ \text{m}}{3{,}6\ \text{m}} = 1065\ \text{N}$$

Zum Anheben sind also mindestens 1065 N nötig – was aber immer noch zu viel ist.

Das Anheben gelingt, wenn zum Heben ein Hebel benutzt wird. Wird ein stabiles, 1,5 m langes Rohr ($l_2$) so unter den Schrank geschoben, dass der Schrank in 30 cm Entfernung ($l_1$) zum Drehpunkt aufliegt, dann ist zum Anheben folgende Kraft nötig:

$$F_2 = 1065\ \text{N} \cdot \frac{0{,}3\ \text{m}}{1{,}5\ \text{m}} = 213\ \text{N}$$

Das entspricht in etwa der Kraft zum Anheben eines 21 kg schweren Körpers.

Streifzug

## Das Hebelgesetz experimentell

Die bisherigen Versuche zeigten, dass die Größe der von einem Hebel erzeugten Kraft $F_2$ von drei Faktoren abhängt:

- von der Größe der einwirkenden Kraft $F_1$;
- von der Länge des Hebelarms $l_2$;
- von der Länge des Hebelarms $l_1$.

Wir haben Proportionalitäten unterstellt und diese zu einer Gleichung für die Kraftverstärkung von Hebeln zusammengefasst:

$F_2 = F_1 \cdot \frac{l_1}{l_2}$

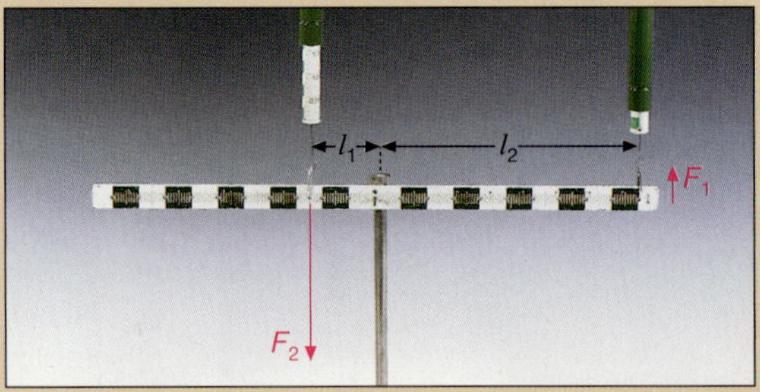


Gilt die Gleichung tatsächlich? Dazu können natürlich nicht alle drei Größen rechts vom Gleichheitszeichen gleichzeitig geändert werden, um ihren Einfluss auf $F_2$ zu untersuchen. Zwei müssen jeweils konstant gehalten werden. Wir erleichtern uns die Überprüfung, indem wir die Gleichung umformen in $\frac{F_2}{F_1} = \frac{l_1}{l_2}$.

**① $F_1$ wird verändert**

$l_1$ und $l_2$ sind konstant

| $F_1$ | 0,20 N | 0,40 N | 0,60 N |
|---|---|---|---|
| $F_2$ | 0,78 N | 1,59 N | 2,35 N |
| | $l_1$ = 20 cm; $l_2$ = 5 cm | | |

Die Quotienten $\frac{F_2}{F_1}$ und $\frac{l_1}{l_2}$ haben den gleichen Wert, nämlich vier. Die Gleichung ist also bestätigt.

**② $l_2$ wird verändert**

$F_1$ und $l_1$ sind konstant

| $l_2$ | 10 cm | 20 cm | 30 cm |
|---|---|---|---|
| $\frac{l_1}{l_2}$ | 2 | 1 | 0,67 |
| $F_2$ | 2,1 N | 1,0 N | 0,7 N |
| $\frac{F_2}{F_1}$ | 2,1 | 1 | 0,7 |
| | $F_1$ = 1,0 N; $l_1$ = 20 cm | | |

Es gilt offensichtlich $\frac{F_2}{F_1} \approx \frac{l_1}{l_2}$

**③ $l_1$ wird verändert**

$F_1$ und $l_2$ sind konstant

| $l_1$ | 10 cm | 20 cm | 30 cm |
|---|---|---|---|
| $\frac{l_1}{l_2}$ | 0,33 | 0,67 | 1 |
| $F_2$ | 0,18 N | 0,32 N | 0,51 N |
| $\frac{F_2}{F_1}$ | 0,36 | 0,64 | 1 |
| | $F_1$ = 0,50 N; $l_2$ = 30 cm | | |

Wieder gilt $\frac{F_2}{F_1} \approx \frac{l_1}{l_2}$

Weitere Versuche mit anderen Werten von $F_1$, $l_1$ und $l_2$ zeigen, dass das Verhältnis der Längen der Hebelarme und der Größen der Kräfte jeweils gleich ist. Die Gleichung ist also im Rahmen der Messgenauigkeit bestätigt.

### Was heißt Messgenauigkeit?

Bei unseren Versuchen ergeben sich nie genau gleiche Verhältnisse sondern immer nur ein „≈". Trotzdem sagen wir, die Gleichung sei bestätigt. Wieso dürfen wir das? Wie entstehen die Abweichungen?

Zum Einen haben wir es wie in jedem Versuch mit Messwerten zu tun, die wegen der konstruktionsbedingen Ungenauigkeit der Messgeräte (Federkraftmesser, Lineal) nie ganz exakt bestimmt werden können:

- Das Lineal misst nur auf einen Millimeter genau, sodass $l_1$ bei abgelesenen 20 cm zwischen 19,95 cm und 20,05 cm betragen konnte.
- Der Federkraftmesser hat eine Genauigkeit von 0,02 N: $F_1$ liegt bei abgelesenen 0,2 N zwischen 0,19 N und 0,21 N.
- Auch bei der Messung von $l_1$ tritt eine Ungenauigkeit von 1 mm auf.

Im ungünstigsten Fall hätten wir $F_1$ und $l_1$ zu klein und $l_2$ zu groß gemessen. Das ergäbe dann

$F_2 = 0{,}19\,\text{N} \cdot \frac{19{,}95\,\text{cm}}{5{,}05\,\text{cm}} = 0{,}75\,\text{N}.$

Genauso ungünstig wäre $F_1$ und $l_1$ zu groß, $l_2$ zu klein, was $F_2$ = 0,85 N ergeben würde.
Aufgrund der Messungenauigkeiten könnte also der Wert für $F_2$ um insgesamt 0,1 N nach oben bzw. unten vom eigentlich richtigen Wert 0,8 N abweichen. Deshalb müssten wir ihn so angeben:
$F_2 = (0{,}80 \pm 0{,}05)\,\text{N}$.
Meist wird aber aus Bequemlichkeits- oder Platzgründen auf diese exakte Schreibweise verzichtet. Aber sie darf bei der Angabe oder Betrachtung von Messwerten nicht vergessen werden.

Ein anderer Fehler entsteht dadurch, dass der Hebel eine Gewichtskraft besitzt, die die Messwerte von $F_1$ und $F_2$ je nach Angriffspunkt unterschiedlich beeinflusst. Dies können wir allerdings hier nicht erfassen.

## ÜBERALL HEBEL

### Im Haushalt

Alle diese Hebel haben die Aufgabe, die Kraft, die wir aufbringen können, zu verstärken, oder den Hebelarm, an dem die Kraft angreifen muss, für unsere Hände oder Finger passend zu vergrößern.

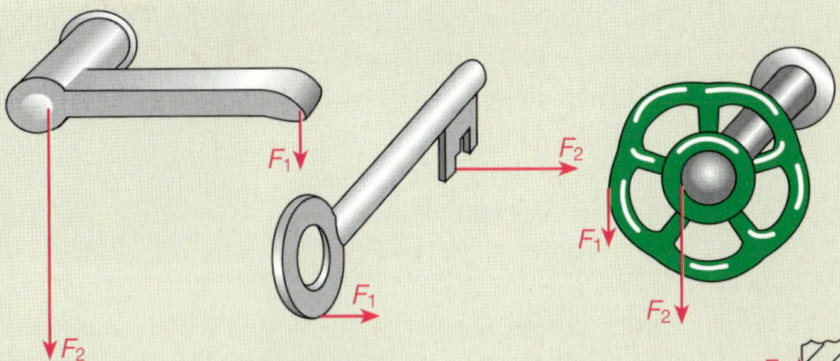


Um einen fest sitzenden Nagel zu ziehen, benutzt man eine Zange. Sie ist ein zweiseitiger Hebel. Auf der Griffseite wird sie zusammengedrückt, dadurch wird auf der kurzen Seite der Nagel mit großer Kraft gefasst. Dann wird die Zange um eine der beiden gebogenen Schneiden nach unten oder oben gedrückt, wodurch der Nagel meist recht einfach aus der Wand „gehebelt" wird.

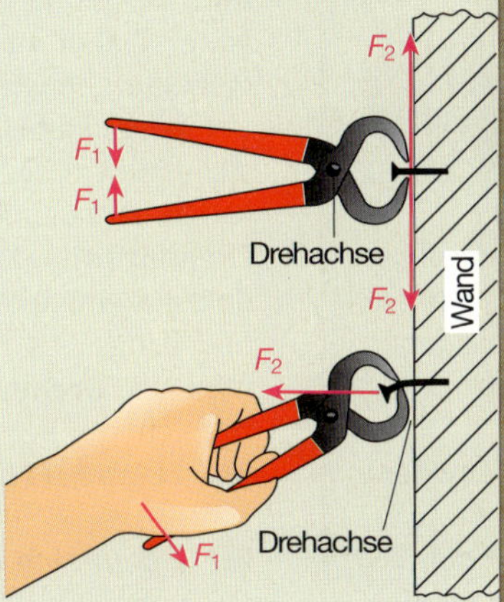

Die Öffner an Getränkedosen sind zweiseitige Hebel. Sind die Flaschen mit einem Kronenkorken verschlossen, lassen sie sich mit bloßen Fingern nicht öffnen. Flaschenöffner sind einseitige oder zweiseitige Hebel und verstärken die Kraft unserer Finger. Ganz „Gewiefte" klemmen den Kronenkorken irgendwo ein und hebeln mit der Flasche. Aber Vorsicht: Unfreiwillige Duschen oder Verletzungsgefahr beim Abrutschen oder Abbrechen des Flaschenhalses drohen!

## TRICK 17

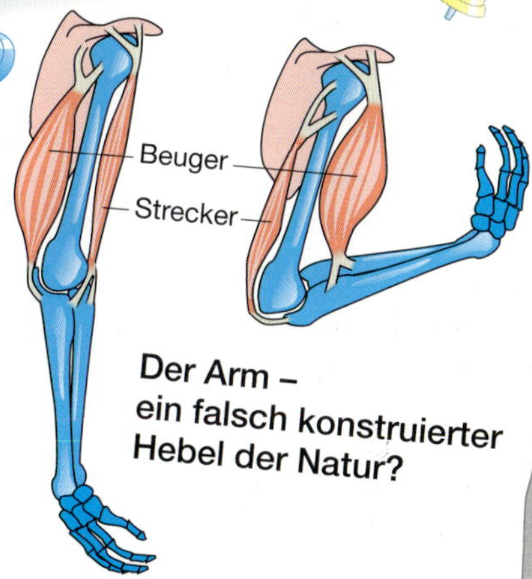


**Der Arm – ein falsch konstruierter Hebel der Natur?**

### Die Kralle von Katzen

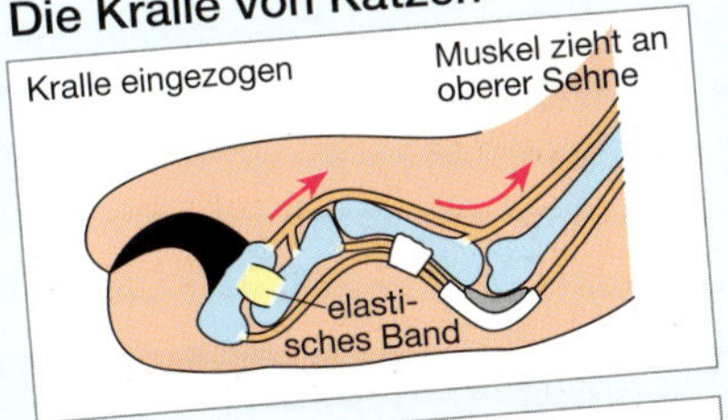


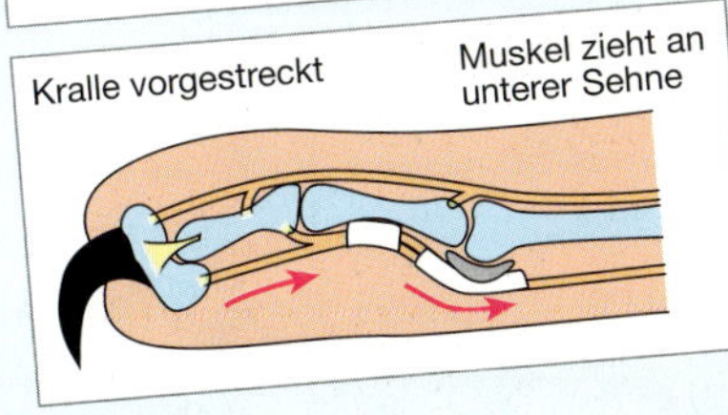

**Streifzug**

## Fahrradbremsen sind Hebel!

Der erste Hebel bei Fahrradbremsen befindet sich am Lenker: Der Bremshebel ist ein abgeknickter einseitiger Hebel, bei dem in etwa 1 cm Abstand vom Drehpunkt der Bowdenzug befestigt ist. Wenn die Hand in 10 cm Entfernung mit einer Kraft von 200 N am Handbremshebel zieht, wirkt auf den Bowdenzug eine Kraft von 2 kN.

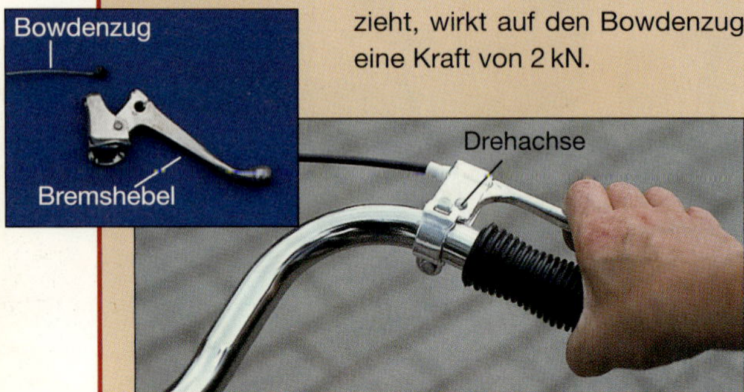


Auch die Bremse an der Radfelge ist ein einseitiger Hebel. Ihr Drehpunkt ist an der Fahrradgabel befestigt. Der Bowdenzug drückt die Bremsbacke gegen die Felge. Wenn die Länge des Hebelarms zur Bremsbacke etwa ein Drittel des Hebelarms zum Bowdenzug beträgt, wird hier eine dreimal so große Kraft erzeugt. Also wirkt auf die Felge eine Bremskraft von etwa 6 kN. Eine zweite Bremsbacke wirkt von der anderen Seite des Rades dagegen.

Die Kraft der Hand wird durch die beiden Hebel „Bremsgriff" und „Bremsbacke" äußerst wirkungsvoll verstärkt. Das merkst du, wenn du einen sich drehenden Reifen mit zwei Fingern (Zangengriff) abbremsen willst. Versuche es mal!

## Das Drehmoment

Ein Hebel führt um seine Drehachse eine Drehbewegung aus.

- Zieht auf der linken Seite eines Hebels eine Kraft nach unten, dreht sich der Hebel links herum.
- Zieht eine Kraft auf der rechten Seite nach unten, bewirkt sie das Gegenteil, eine Drehung rechts herum. Nur wenn sich diese beiden Wirkungen aufheben, ist der Hebel in Ruhe.

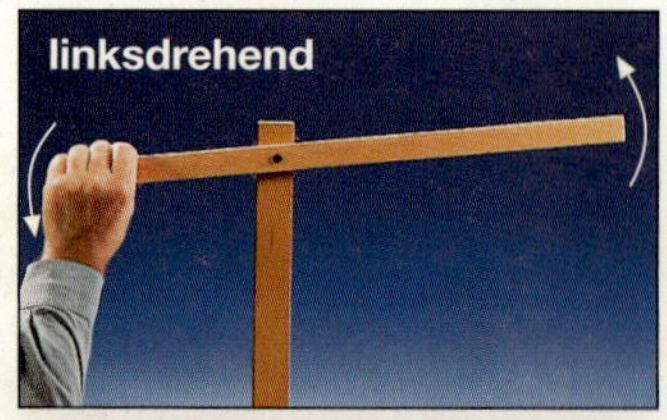

Mit einer größeren Kraft erzeugen wir eine stärkere Wirkung. Dabei muss die Kraft immer senkrecht zum Hebelarm einwirken, sonst hört die Drehung bald auf. Bei jedem Hebel hängt die Wirkung der Kraft vom Abstand zur Drehachse ab. In größerer Entfernung ist eine kleinere Kraft für dieselbe Drehung nötig. Das Produkt aus einwirkender Kraft und Länge des Hebelarms wird als **Drehmoment *M*** bezeichnet. Seine Einheit ist 1 N · m = 1 Nm.

> Definition / Einheiten
>
> **Drehmoment**
>
> Die Einheit ist 1 Nm.
> Das Formelzeichen ist *M*.

Bei jedem sich nicht drehenden Hebel treten zwei Drehmomente $M_1 = F_1 \cdot l_1$ und $M_2 = F_2 \cdot l_2$ auf. Der Hebel ist im Drehmomentengleichgewicht, wenn sich rechtsdrehendes und linksdrehendes Drehmoment aufheben. Überwiegt ein Drehmoment, dann führt der Hebel eine Drehung in dieser Richtung aus.

> Ein Drehmoment, das auf einer Seite eines Hebels angreift, erzeugt ein gleich großes Drehmoment auf der anderen Hebelseite.
> Die Größe des Drehmoments hängt ab von der Größe der Kraft und der Hebelarmlänge: $M = F \cdot r$.

### Aufgaben

**1** **a)** Der Mann setzt sich auf das Ende der Parkbank. Berechne die Drehmomente auf der Seite des Mädchens und der Seite des Mannes.
**b)** Erkläre mithilfe deiner Ergebnisse, warum die Bank umkippt.

**2** Die Radmuttern eines PKW wurden mit einem Drehmoment von 100 Nm festgezogen. Wie groß muss die Kraft zum Lösen der Muttern mit einem 20 cm langen Schraubenschlüssel mindestens sein?

## Sportliche Hebeleien

Streifzug

### Zu Fall gebracht …

Tori und Uke betreten die Tatami. Sie verbeugen sich voreinander. Dann ergreift Tori die Jacke von Uke – Sekunden später liegt Uke am Boden.

Beim Judo – der Kunst der waffenlosen Selbstverteidigung – ist Ziel jeder Übung, dass der eine Judoka, Tori genannt, nur mit der Geschicklichkeit und Kraft seines Körpers den anderen Judoka, Uke, zu Fall bringt und ihn dann in einer kampfunfähigen Position am Boden festhält. Dabei muss nicht immer derjenige der Sieger sein, der über die größeren Körperkräfte verfügt. Geschicklichkeit und Schnelligkeit spielen auf der Matte (Tatami) eine viel größere Rolle.

Jeder Wurf beginnt damit, dass Tori das Gleichgewicht von Uke stört. Das kann durch Ziehen, Drehen, Heben usw. geschehen. Beim nachfolgenden Wurf spielen dann die Hebelgesetze eine entscheidende Rolle: Die Körper der Judokas berühren sich an einer Stelle. Diese ist dann der Drehpunkt eines Hebels. Beim Wurf O-Soto-Gari liegt der Drehpunkt beispielsweise in den Kniekehlen. Wenn Uke aus dem Gleichgewicht gebracht ist, braucht Tori aufgrund des langen Hebelarms (Kniekehle bis Schulter) nur noch wenig Kraft, um Uke zu Fall zu bringen.

Bei einem Schulterwurf wie dem Seoi-Nage kommt es darauf an, den Schwerpunkt des Gegners möglichst nahe an den Drehpunkt „Schulter" zu bringen, damit dann am langen Hebelarm, dem Arm des Gegners eine geringe Kraft aufgewendet werden muss, um den Gegner „auszuhebeln".

### Auf dem Wasser …

Mithilfe von Hebeln werden Boote auf dem Wasser in Bewegung gesetzt. Was beim Angelkahn oft „Ruder" genannt wird, heißt in der Fachsprache der Ruderer „Riemen" oder „Skull". Er ist ein Hebel. Die Erklärung seiner Wirkungsweise hängt allerdings vom Betrachter ab.

Der Ruderer sitzt im Boot mit dem Rücken zur Fahrtrichtung. Er zieht den Riemen mit der Kraft $F_1$ zu sich heran. Für den Ruderer ist der Drehpunkt seines Hebels die Halterung, mit der der Riemen am Boot befestigt ist. Er hat also einen zweiseitigen Hebel in der Hand. Zieht er auf seiner Seite mit $F_1$, dann erzeugt er am gegenüberliegenden Hebelarm – also am Blatt – eine Kraft $F_2$. Sie wirkt auf das Wasser und schiebt es nach hinten. Mit dem Wasser wandert auch der Grund und das Ufer nach hinten – das Boot kommt voran.

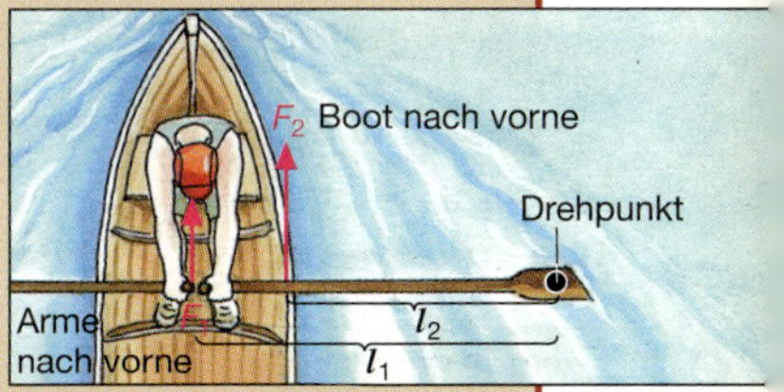


Für einen Zuschauer am Ufer stellt sich die Situation interessanterweise anders dar: Er sieht, dass das eingetauchte Blatt sich aufgrund des großen Wasserwiderstandes kaum vom Platz bewegt. Für ihn ist der Riemen ein einseitiger Hebel mit dem Drehpunkt im Wasser. Auf derselben Hebelseite wirkt die Kraft $F_1$ des Ruderers, weiter innen tritt die (größere) Kraft $F_2$ an der Halterung des Riemens auf. $F_2$ bewegt also das gesamte Boot. Der Ruderer zieht den Riemen, die Halterung und damit das Boot in Fahrtrichtung. Je größer dabei die Strecke ist, um die sich seine Hände bewegen, umso größer auch der Weg, den das Boot zurücklegt. Deshalb haben Sportboote einen Sitz, der vor- und zurückgleiten kann, um den Weg der einwirkenden Kraft zu vergrößern.

Welche Erklärung wir für seine Bewegung nehmen, wird den Ruderer in seinem Kahn kaum interessieren. Wichtig für ihn ist: Er kommt vorwärts!

# Getriebe

**Dieses Wort hat jeder schon gehört. Man findet Getriebe zur Kraftübertragung in Maschinen, in Kraftfahrzeugen, aber auch am Fahrrad.**
**Wie kann mit dem Getriebe die Kraftübertragung an der Bohrmaschine beeinflusst werden? Wovon hängt es ab, wie schnell sich der Bohrer dreht und welche Kraft er hat? Welche Arten von Getrieben gibt es überhaupt?**

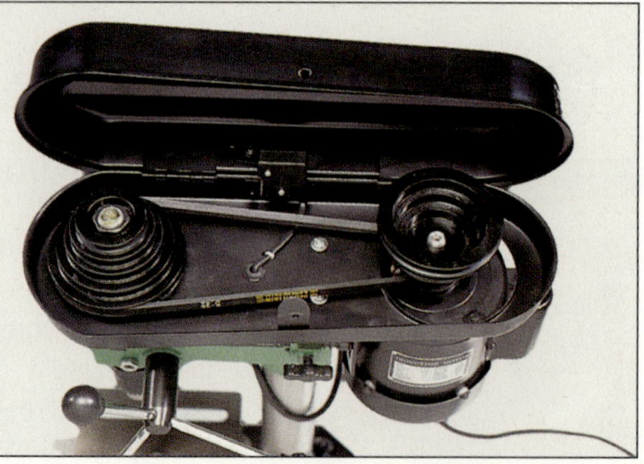

## Wellräder

Das Getriebe der Ständerbohrmaschine im Foto oben besteht aus zwei Riemenscheiben, zwei drehbaren Wellen und einem Riemen. Zunächst soll nur ein Teil des Getriebes untersucht werden, nämlich eine Welle und die darauf befestigte Riemenscheibe. Beide bilden ein **Wellrad.**

Zentraler Versuch

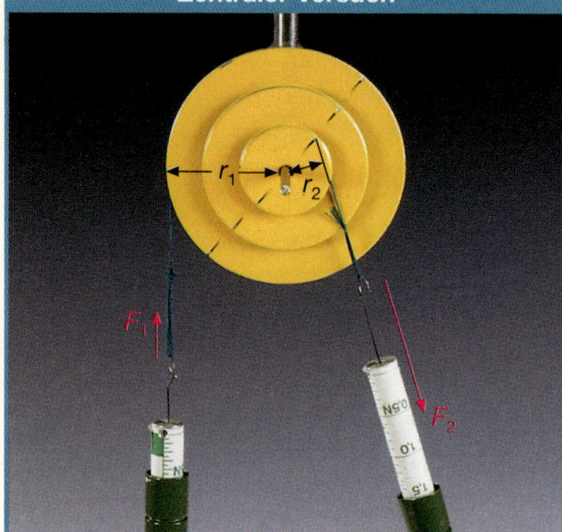


Greifen zwei Kräfte an einem Wellrad wie im Foto rechts an, dann sind die beiden Angriffspunkte durch das Wellrad fest miteinander verbunden. Der Abstand dieser Punkte vom Drehpunkt ist verschieden. Die Richtung der Kräfte steht immer senkrecht auf der Verbindungslinie Drehpunkt-Kraftangriffspunkt.
Das Produkt aus diesem Abstand *r* und der Kraft *F* ist das **Drehmoment** $M = F \cdot r$ mit der Einheit Nm.

Definition / Einheiten

**Drehmoment**

Die Einheit ist 1 Nm.
Das Formelzeichen ist *M*.

Definition / Einheiten

**Drehzahl**

Die Einheit ist $\frac{1}{s}$.
Das Formelzeichen ist *n*.

Weitere Einheiten: $\frac{1}{min} = \frac{1}{60\,s}$

Die Messwerte zeigen, dass das Drehmoment durch ein Wellrad nicht verändert wird. Da mit einer kleineren Kraft am Rad eine größere Kraft an der Welle erzeugt wird, ist jedes Wellrad ein *Kraftwandler.*

Da das Rad fest mit der Welle verbunden ist, ist natürlich die Anzahl der Umdrehungen pro Sekunde, die **Drehzahl *n*,** für beide gleich. (Die Einheit der Drehzahl ist $\frac{1}{s}$.) Die Drehzahl wird somit durch ein Wellrad nicht verändert.

Für viele technische Anlagen ist jedoch die Kraftwandlung allein nicht ausschlaggebend. Häufig sind es gerade Drehzahl und Drehmoment, welche verändert werden müssen.

Wellräder sind Kraftwandler. Beim Wellrad bleiben Drehmoment und Drehzahl erhalten.

**Aufgaben**

**1** Begründe, dass das Drehmoment durch ein Wellrad nicht verändert wird.

**2** Die Welle eines Wellrades an einem alten Brunnen hat einen Durchmesser von 10 cm. Auf ihr ist das Seil aufgewickelt.
Der Kurbelgriff (der zweite Angriffspunkt der Kraft) ist im Abstand von 30 cm vom Drehpunkt entfernt angebracht.
Berechne die Kraft, die beim Hochziehen eines vollen 10-Liter-Eimers am Kurbelgriff aufgebracht werden muss.

**3** Begründe, warum auch das Lenkrad eines Pkw, der Lenker am Fahrrad und ein Rollo Wellräder sind.

**4** Ist die Kraftwandlung beim Wellrad davon abhängig, welche Winkel die wirkenden Kräfte einschließen? Begründe.

# HISTORISCHE WELLRÄDER UND GETRIEBE

Pinnwand

## Hammerwerk

Die Kraft, mit der das Wasser auf das Wasserrad einwirkt, wird durch die Welle auf den Hammer übertragen. Durch die vorstehenden Zapfen (Nocken) wird der Hammer immer wieder hoch gehoben.

## Laufräder

Ohne Motoren ist die Muskelkraft von Menschen oder Tieren neben der Wasser- und Windkraft die einzige Antriebsmöglichkeit für Maschinen. Durch die Gewichtskraft der im Rad stets weiter kletternden Menschen wird z. B. Wasser geschöpft.

***Pferdegöpel*** *(so genannte „Rossmühle")*

## Historisches Wellrad

## Der Hafner.

Den Leymen tritt ich mit meim Fuß
Mit Har gemischt/ darnach ich muß
Ein klumpen werffen auff die Scheiben
Die muß ich mit den Füssen treiben/
Mach Krüg/ Häffen/ Kachel vñ Scherbē
Thu sie denn glassurn vnd ferben/
Darnach brenn ich sie in dem Feuwer/
Corebus gab die Kunst zu steuwer.

## Windmühle

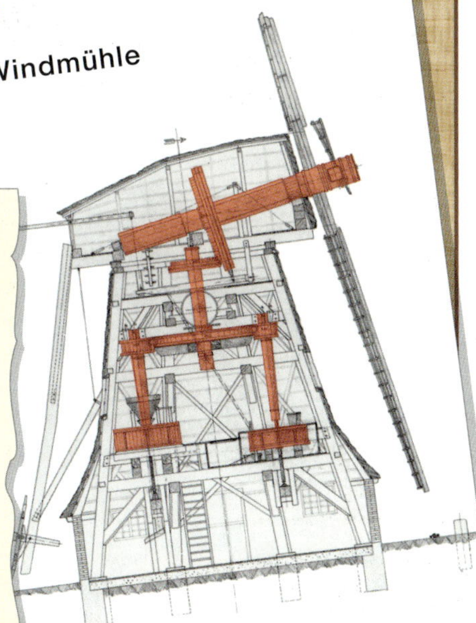

In einer Windmühle sind mehrere Wellräder verborgen. Sowohl die Flügel als auch die Mühlsteine sind Teile von Wellrädern.

## Getriebe ändern Drehzahlen und Drehmomente

Mit Wellrädern lassen sich Kräfte mittels Drehbewegungen einfach übertragen. Dabei kann die erzeugte Kraft bezogen auf die aufgewandte vergrößert oder verkleinert werden. Drehzahl und Drehmoment sind dagegen konstant. Müssen diese beiden Größen geändert werden, so ist eine Verbindung von zwei oder mehr Wellrädern notwendig. Eine solche Anordnung, bei der Wellräder, die auf voneinander unabhängigen Achsen sitzen, miteinander gekoppelt sind, heißt **Getriebe.**

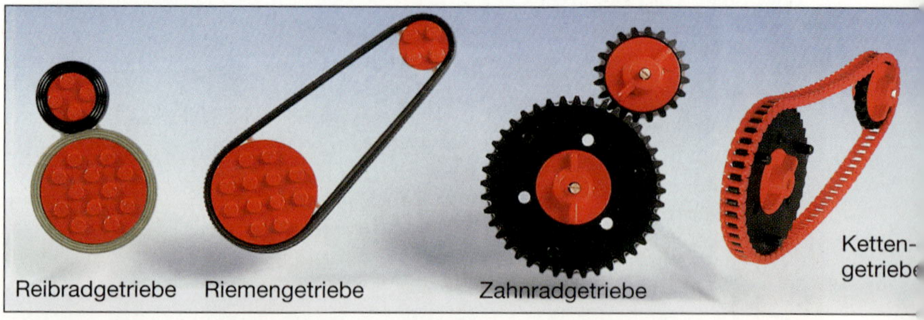


Neben dem einfachen *Reibradgetriebe* und dem *Riemengetriebe,* bei denen die Kraftübertragung zwischen den Rädern nur aufgrund von Reibung geschieht, finden in der Technik vor allem *Zahnrad-* und *Kettenradgetriebe* Verwendung.

Die beiden Zahnräder im Foto unten haben unterschiedliche Durchmesser. Der jeweils wirksame Durchmesser der Zahnräder ist nicht der Außendurchmesser, sondern der Durchmesser des Kreises, der durch die Berührung der Zähne der beiden Räder gebildet wird. Auf diesen Kreisen rollen die Zahnräder aufeinander ab. Da die Zähne ineinander greifen ist die Geschwindigkeit, mit der sich die Zähne beider Zahnräder bewegen, gleich. Weil der Umfang verschieden groß ist, muss sich das kleinere Rad schneller drehen. Folglich hat das kleinere Zahnrad die größere Drehzahl.

Diese Drehzahländerung wird **Übersetzung *i*** genannt. Berechnet wird sie als Quotient aus den beiden Drehzahlen:

$i = \frac{n_1}{n_2}$.

Dabei ist $n_1$ die Drehzahl der treibenden Welle, $n_2$ die der getriebenen.

Da die Zahnräder aufeinander abrollen, Durchmesser und Umfang proportional zueinander sind und das Zahnrad mit dem kleineren Durchmesser die größere Drehzahl hat, gilt:

$i = \frac{d_2}{d_1}$.

Die Kraftmesser zeigen, dass die Kräfte, mit denen die Zahnräder aufeinander einwirken, gleich groß sind. Aus der Verschiedenheit der Radien und der Gleichung $M = F \cdot r$ für das Drehmoment folgt, dass auch die Drehmomente der Zahnräder verschieden sein müssen. Bei gleicher Kraft und größerem Radius hat das größere Zahnrad somit das größere Drehmoment. Seine Drehzahl ist jedoch kleiner.

Getriebe sind deshalb überall dort sinnvoll, wo Drehzahlen und Drehmomente verändert werden sollen. Für einen optimalen Lauf und einen wirtschaftlichen Betrieb eines Kfz-Motors ist es sinnvoll, dass der Motor möglichst in einem bestimmten, relativ kleinen Drehzahlbereich arbeitet. Er hat dann auch ein beinahe konstantes Drehmoment. Mit dem Getriebe können Drehmoment und Drehzahl der Räder an die jeweilige Fahrsituation – langsame Bergfahrt mit großem Drehmoment für die Antriebsräder oder schnelle Autobahnfahrt – angepasst werden.

Zu beachten ist, dass in jedem Getriebe ein Teil der zugeführten Energie durch Reibung verloren geht.

Getriebe sind Drehmomentwandler, wenn der Durchmesser der Räder verschieden ist.
Für die Übersetzung gilt:
$i = \frac{n_1}{n_2} = \frac{d_2}{d_1}$

Streifzug

## Wechselgetriebe eines Pkw

Getriebe für Autos sind sehr kompliziert aufgebaut. Die meisten Zahnräder rotieren stets mit und sind deshalb nicht dauernd fest mit der Kurbelwelle oder der Antriebswelle verbunden.

Beim Schalten wird jeweils ein *Passstück,* welches durch Nuten mit der Welle verbunden ist, auf der Welle verschoben. Es rastet dann in ein lose auf der Welle sitzendes Zahnrad ein. Dadurch ist dieses Zahnrad nun fest mit der Welle verbunden. Vor dem Einrasten haben Passstück und Zahnrad unterschiedliche Drehzahlen. Damit es beim Schalten nicht zu Schäden an den Getriebeteilen kommt, wird die Drehzahl während des Schaltvorgangs vor dem Einrasten über *Synchronringe* angeglichen. Andere Zahnräder laufen stets mit ihrer Welle mit, sind aber auf ihr verschiebbar. Beim Schalten werden sie direkt verschoben. Auch hier wirken vorher die Synchronringe.

In den Abbildungen ist ein Viergang-Wechselgetriebe mit Rückwärtsgang dargestellt. Das kleine, linke obere Zahnrad ① wird vom Motor angetrieben. Es ist mit der oberen Welle, die die Räder antreibt, nicht fest verbunden. Die untere Welle läuft durch die Verbindung der beiden linken Zahnräder ① und ⑤ stets mit kleinerer Drehzahl mit.

**Erster Gang:**
Das kleine Zahnrad ⑧ der unteren Welle treibt das größte ④ der oberen Welle an. Die Drehzahl wird stark untersetzt.

**Zweiter Gang:**
Das Passstück zwischen den Zahnrädern ③ und ④ wird nach links verschoben. Die Drehzahl der oberen Welle wird größer, da der Durchmesser der Zahnräder ③ und ⑦ weniger voneinander abweicht als der von ④ und ⑧.

**Dritter Gang:**
Die obere Welle wird durch Verschieben des Passstückes mit dem Zahnrad ② verbunden.

**Vierter Gang:**
Durch Verschieben des Passstückes zwischen ① und ② nach links wird die Antriebswelle direkt mit der Kurbelwelle verbunden. Nun ist die Drehzahl am größten, der Energieverlust durch Reibung am geringsten.

**Rückwärtsgang:**
Ein Zahnrad ⑨ auf der Antriebswelle wird über ein zusätzliches drittes Zahnrad ⑩ angetrieben. Dadurch wird die Drehrichtung der Antriebswelle geändert.

### Aufgaben

**1** Erläutere die Veränderung von Drehzahl und Drehmoment bei einem Kettengetriebe.

**2** Wie groß ist der wirksame Durchmesser eines Kettenrades? Zeichne dazu ein Kettenrad.

**3** An einem Fahrrad hat das vordere Kettenrad (an den Pedalen) einen Durchmesser von 20 cm. Am Hinterrad ist ein Block mit fünf Kettenrädern der Durchmesser 9 cm, 8 cm, 7 cm, 6 cm und 5 cm angebracht.
**a)** Berechne die fünf Übersetzungen, die bei diesem Fahrrad möglich sind?
**b)** Wie ändern sich jeweils die Drehmomente?

**4** **a)** Überlege, wie sich die Drehrichtungen der Wellräder bei den verschiedenen Getriebearten verhalten.
**b)** Wie könnte die Drehrichtung nur eines Wellrades jeweils geändert werden?
**c)** Bei welchen Getrieben ist dies unmöglich? Warum?

## Versuche und Aufträge

**V1 a)** Erstelle für die Gangschaltung deines Fahrrades eine Tabelle wie im Streifzug rechts.
**b)** Bocke dein Fahrrad auf und überprüfe experimentell deine Berechnungen.

Falls du keinen Kraftmesser hast, kannst du einen Wassereimer und ein kleines Gefäß verwenden. Deren Gewichtskräfte kannst du über ihre Masse bestimmen.
**c)** Diskutiere die Ergebnisse von a) und b) und führe eine Fehlerbetrachtung durch.

**A2 a)** Bestimme bei deinem Fahrrad die Radien von Vorderrad und Dynamo-Rädchen. Berechne daraus Drehzahl- und Drehmomentenänderung.
**b)** Erkläre den Zweck dieser Wandlungen.

**A3** Zeichne ein Zahnradgetriebe mit zwei unterschiedlich großen Zahnrädern.
(Zum Zeichnen: nur Kreise mit $\varnothing_1 = 3$ cm; $\varnothing_2 = 5$ cm).
**a)** Zeichne in jedes Zahnrad einen geraden zweiseitigen Hebel so ein, dass die Hebel am Berührungspunkt der Zahnräder aneinander stoßen.
**b)** Erkläre die Drehmomentveränderung des Getriebes mithilfe des Hebelgesetztes.

## Wellrad und Getriebe am Fahrrad

Die Kraftübertragung am Fahrrad von den Pedalen auf die Straße geschieht über Wellräder und das Kettengetriebe. Zusätzlich haben viele Fahrräder noch extra Schaltgetriebe am Hinterrad oder in der Nabe des Hinterrades. Mithilfe dieser Getriebe können die Änderungen von Drehzahl bzw. Drehmoment noch stärker variiert und den Erfordernissen der Fahrt angepasst werden.

Die Messwerte in der Tabelle wurden rechnerisch ermittelt. Zur Vereinfachung wurde angenommen, dass die Kraft auf das Pedal im rechten Winkel wirkt, die Pedale also waagerecht stehen.

| Kraftwirkung auf | Radius | Kraft | Drehmoment | Weg |
|---|---|---|---|---|
| Pedal | 18 cm | 120 N | 2160 Ncm | 10 cm |
| Kettenrad vorn | 9 cm | 240 N | 2160 Ncm | 5 cm |
| Kettenrad hinten 1. Gang | 6 cm | 240 N | 1440 Ncm | 5 cm |
| Straße / Reifenumfang 1. Gang | 36 cm | 40 N | 1440 Ncm | 30 cm |
| Kettenrad hinten 6. Gang | 3 cm | 240 N | 720 Ncm | 5 cm |
| Straße / Reifenumfang 6. Gang | 36 cm | 20 N | 720 Ncm | 60 cm |

Als Ergebnis stellen wir fest:
- Im ersten Gang beträgt die Kraft, mit der der Reifen auf die Straße wirkt, nur $\frac{1}{3}$ der Kraft, mit der auf das Pedal gedrückt wird. Der abgewickelte Radumfang ist aber dafür dreimal so groß wie die Bewegung der Füße an den Pedalen.
- Im sechsten Gang ist das Verhältnis $\frac{1}{6}$ bei den Kräften bzw. wird der sechsfache Weg vom Rad zurückgelegt.

Bei gleicher Kraftwirkung auf die Pedale wirkt im ersten Gang die größere Kraft vom Hinterrad auf die Straße und ermöglicht eine Bergfahrt. Der jeweils zurückgelegte Weg wird aber kleiner, die Fahrt bei gleicher Tretfrequenz langsamer.
Im sechsten Gang wird die Fahrt bei gleicher Drehzahl an den Pedalen viel schneller. Dafür reicht die Kraft, die das Rad auf die Straße ausüben kann, nur noch zur Überwindung von Luftwiderstand und Reibung auf gerader Strecke oder bergab.

Rennräder oder Mountain-Bikes haben vorne an der Tretkurbel nicht nur ein Kettenblatt, sondern zwei oder drei. Weil diese größeren oder kleineren Durchmesser haben als das „normale" Kettenblatt sind mit ihnen viel extremere Drehzahl- und Kraftverhältnisse zu erzielen. Wird bei einem Mountain-Bike z. B. vorne das kleinste und hinten das größte Kettenblatt benutzt, wird die Kraft etwa 1:1 auf die Straße übertragen – ideal für steile Berge. Dafür muss man für wenige Meter aber oft die Pedalkurbel durchdrehen!

**Streifzug**

Beide Kettenräder bilden mit der Kette ein Kettengetriebe. Da der Durchmesser des treibenden vorderen Kettenrades größer als der des hinteren ist, kommt es am Hinterrad zur Vergrößerung der Drehzahl (auf das 1,5fache bzw. Dreifache) und zur Verkleinerung des Drehmoments (auf $\frac{2}{3}$ bzw. $\frac{1}{3}$).

Ein zweites Wellrad bilden hinteres Kettenrad und Hinterrad. Das Kettenrad ist wiederum die Welle, das Hinterrad das äußere Rad des Wellrades. Da nun das Wellrad über die Welle getrieben wird und somit die Kraft von der Welle mit dem kleinen Durchmesser auf das Rad mit dem großen Durchmesser übertragen wird, wird der Weg jetzt stark vergrößert (versechs- bzw. verzwölffacht), die Kraft aber stark verkleinert (auf $\frac{1}{6}$ bzw. $\frac{1}{12}$). Die gleich große Gegenkraft zu dieser Kraft ist die Kraft, die die Straße auf den Reifen ausübt. Sie beschleunigt das gesamte Fahrrad nach vorne.

Die Pedale als Kurbel und das vordere Kettenrad bilden das erste Wellrad. Die Pedallänge entspricht dem äußeren Radius des Wellrades, das Kettenrad bildet die Welle. Durch das Kettenrad wird die Kraft der Beine auf die Pedale verdoppelt auf die Kette übertragen. Der Weg wird halbiert.

## Aufgaben

**1** Berechne für einen weiteren Gang in der Tabelle links Drehmoment und Weg, wenn das hintere Kettenrad einen Radius von 4 cm hat.

**2** Erstelle für eine Rennrad-Gangschaltung mit einem zusätzlichen vorderen Kettenrad mit 22 cm Durchmesser eine Tabelle für Kräfte und Wege in den verschiedenen Gängen.

**3** Mountain-Bikes besitzen Gangschaltungen mit einem Block von sieben Kettenrädern hinten (Radien 2 cm; 2,5 cm; ...; 5 cm) und drei Kettenrädern vorn (6 cm; 12 cm; 18 cm).

**a)** Berechne für alle möglichen Kombinationen das Übersetzungsverhältnis.

**b)** Solche Schaltungen werden als „Schaltung mit 21 Gängen" bezeichnet. Ergeben die 21 Kettenblatt-Kombinationen wirklich 21 unterschiedliche Kraft- bzw. Drehzahlverhältnisse?

**c)** Zeichne die für 21 Gänge nötigen Verläufe der Kette bei einigen Kombinationen. Welche Kombinationen sollten nicht verwendet werden?

**4** Nenne weitere Wellräder bzw. Getriebe am Fahrrad und erläutere ihre Wirkung.

## Prüfe dein Wissen

# Kräfte

**A1 a)** Beantworte zu den Merkzettel-Begriffen folgende Fragen: Was bedeutet der Begriff? Wie und in welcher Einheit wird diese Größe gemessen? Gibt es Formeln dafür? Gibt es sonst noch Wissenswertes über diesen Begriff?
**b)** Wenn du die Fragen nicht auf Anhieb beantworten kannst, dann lies die entsprechenden Seiten im Buch noch einmal gründlich durch.
**c)** Notiere auf der Vorderseite von Karteikarten den Begriff, auf der Rückseite die Erläuterung.

**A2 a)** Erstelle eine Übersicht für die Wirkungen einer Kraft. Unter welcher Bedingung kommt es zur jeweiligen Kraftwirkung?
**b)** Welche Winkel müssen Kraftrichtung und Bewegungsrichtung jeweils zueinander haben, damit ein Ball beschleunigt oder verzögert oder aus seiner Bewegungsrichtung abgelenkt werden kann?
**c)** Welche Formänderungen sind in der Grafik dargestellt? Begründe.

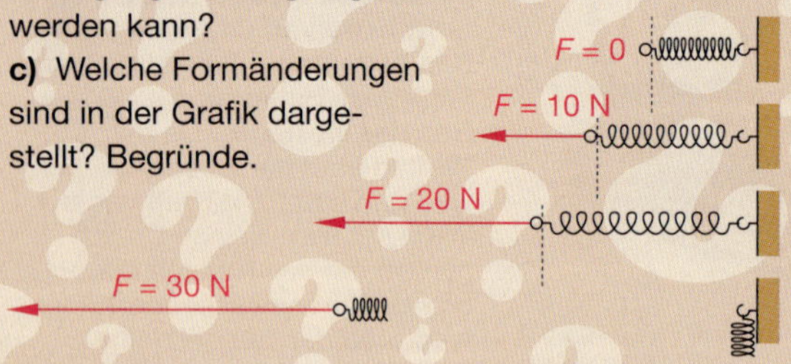


**A3 a)** Beschreibe den Bau eines Federkraftmessers.
**b)** Erläutere, was bei der Messung mit einem Federkraftmesser alles zu beachten ist.
**c)** Vergleiche die beiden Graphen.
**d)** Lies jeweils zwei Wertepaare ab und berechne die Federkonstante. Was stellst du fest?

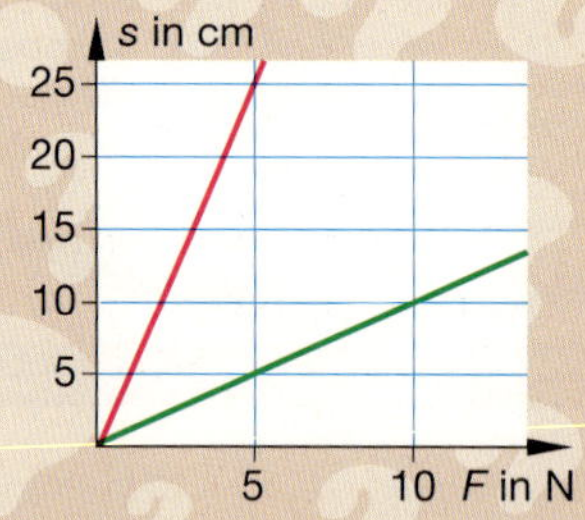


**A4 a)** Wenn eine Kraft entgegen der Bewegungsrichtung wirkt, wird der Körper abgebremst. Was geschieht, wenn die Kraft über den Stillstand des Körpers hinaus weiter wirkt?
**b)** Wirkt eine Kraft in Bewegungsrichtung auf einen Körper, wird er beschleunigt. Warum fährt dann ein PKW auf der Autobahn mit konstanter Geschwindigkeit, obwohl durch den Motor dauernd eine Kraft in Bewegungsrichtung wirkt?

**A5** In einem ihrer Streiche verfüttern Max und Moritz an die Hühner der Witwe Bolte Brot, das an Fäden zusammengebunden ist.

Hahn und Hühner schlucken munter
Jedes ein Stück Brot hinunter;

In die Kreuz und in die Quer
Reißen sie sich hin und her,

**a)** Wie groß müssen die Kräfte sein, mit der die Hühner ziehen, damit der Knotenpunkt in Ruhe bleibt? Begründe für die Fälle, dass jeweils zwei gegenüber liegende Fäden eine Gerade bilden mit dem Schnittwinkel 90° bzw. beliebigem Winkel.
**b)** Die Fäden bilden jeweils rechte Winkel. Konstruiere die resultierende Kraft, wenn der Hahn mit 8 N und die Hennen jeweils mit 6 N ziehen.

**A6** Gegeben sind die Kräfte $F_1 = F_2 = 10\,\text{N}$.
**a)** Ermittle die resultierende Kraft für $0° < \alpha < 180°$ in Zehn-Grad-Schritten.
**b)** Erstelle daraus ein $\alpha$-$F_R$-Diagramm.
**c)** Bei welchem Winkel ist $F_R = F_1 = F_2$?

**A7 a)** Erkläre die Stabilität von Wellpappe.
**b)** Bei Fachwerkhäusern sieht man schräge Stützbalken. Welche Aufgabe haben sie?

**A8** Zwei Spannseile ziehen an der Feder ($D = 500\,\frac{\text{N}}{\text{m}}$). Um wie viel dehnt sie sich aus?

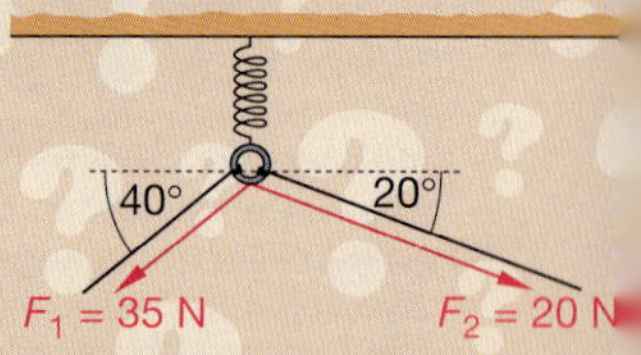


**A9 a)** Wodurch entsteht die Gewichtskraft?
**b)** Berechne deine Gewichtskraft auf der Erde (Pol, Äquator), auf der Sonne, auf dem Mond. Stelle die Gewichtskräfte mit Kraftpfeilen dar. Vergiss den Maßstab nicht. Gib auch jeweils deine Masse an.
**c)** Beschreibe die Veränderung deiner Gewichtskraft bei einer Fahrstuhlfahrt.
**d)** Astronauten, die im Raumschiff die Erde umkreisen, haben keine Gewichtskraft mehr. Wirkt auf sie keine Erdanziehungskraft mehr?
**e)** Welche Masse würde eine Personenwaage während der verschiedenen Phasen einer Fahrstuhlfahrt jeweils anzeigen?
**f)** Würde eine Balkenwaage das gleiche Beobachtungsergebnis wie die Personenwaage in Aufgabe e) liefern? Begründe.

**A10 a)** Was geschieht, wenn eines der Kinder bzw. beide am Seil ziehen? Begründe.

**b)** Was geschieht, wenn nur ein Kind auf einem Skateboard steht und das andere auf der Straße? Begründe.

**c)** Was geschieht, wenn sich ein Kind mit seiner Muskelkraft
- von einer Wand
- von einem auf der Wäscheleine hängenden Laken abdrückt?

## Die wichtigsten Begriffe



**A11** Thomas möchte mithilfe eines Hebels einen Stein ($m$ = 0,15 t) wegrollen. Der Stein liegt 15 cm vom Drehpunkt entfernt auf.

**a)** Berechne ob Thomas das gelingt, wenn er in 1 m Entfernung mit seiner ganzen Kraft (150 N) drückt.

**b)** Da der Hebel lang genug ist, kann Petra helfen. Mit welcher Kraft muss sie in 1,5 m Entfernung zusätzlich drücken?

**c)** Wohin müsste Thomas den Drehpunkt des 1,65 m langen Hebels verschieben, damit er den Stein alleine bewegen kann?

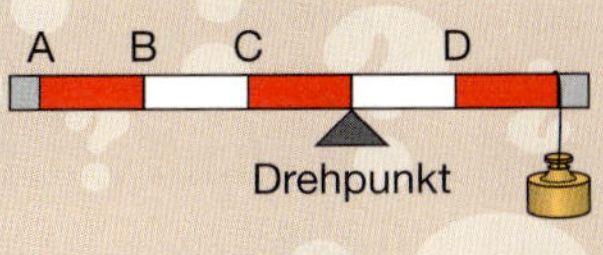


**A12** Ein 100 g-Wägestück hängt an dem gezeichneten Hebel in 40 cm Entfernung vom Drehpunkt.

Berechne und zeichne die Kräfte ein, die jeweils in den Punkten A, B, C und D einwirken müssen, um den Hebel im Gleichgewicht zu halten.

**A13 a)** Beschreibe die Wirkung des Hebelgesetzes bei folgenden Geräten:
- Nussknacker
- Schubkarre
- Bremshebel am Fahrrad
- Kneifzange
- Pinzette
- Schraubendreher

**b)** Fertige jeweils eine Zeichnung an und trage die wirkenden Kräfte ein.

**A14** Eine Radmutter am Auto muss mit einem Drehmoment von 100 Nm angezogen werden.

**a)** Mit welcher Kraft darf der Automechaniker am 25 cm langen Schraubenschlüssel höchstens drücken?

**b)** Welche Folgen könnte ein zu großes bzw. ein zu kleines Drehmoment haben?

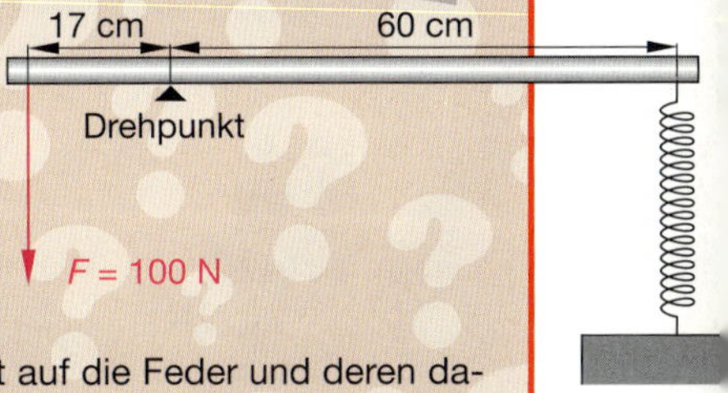


**A15 a)** Um wie viel dehnt sich die Feder aus, wenn sie bei einer einwirkenden Kraft von 7 N um 1 cm länger wird?

**b)** Wie groß ist die Kraft auf die Feder und deren daraus resultierende Verlängerung, wenn die Feder schräg befestigt ist und mit dem Hebel einen Winkel von 60° bildet? Konstruiere.

**A16 a)** Beschreibe den Aufbau der Wellräder und Getriebe am Fahrrad.

**b)** Erläutere die Funktionsweise der Wellräder und Getriebe am Fahrrad.

**c)** Berechne für ein Fahrrad mit der Pedallänge 17 cm, mit den Kettenrädern vorn 10 cm und hinten 7 cm Radius und 26-Zoll-Rädern (1 Zoll = 2,54 cm) die Kraftwandlung und die Veränderung des Weges sowie die Übersetzung.

**d)** Auch der Dynamo und der Reifen des Vorder- bzw. Hinterrades bilden ein Getriebe. Begründe den Aufbau dieses Getriebes.

**e)** Warum kann die Funktion des Dynamos bei Regen oder Schnee beeinträchtigt werden?

**A17** Nenne und erläutere Anwendungen von Wellrädern und Getrieben.

# Energie

Unsere Muskelkraft ist begrenzt. Wie können wir trotzdem schwere Lasten heben? Nach welchem Prinzip funktionieren die Maschinen, die uns das Heben erleichtern?

**Wasser hat früher Mühlen und Hammerwerke angetrieben; heute erzeugt es in Wasserkraftwerken „Strom“.**
**Wie kann es das? Was ist überhaupt die Voraussetzung dafür, dass die unterschiedlichsten Vorgänge in unserer Umwelt ablaufen, dass z. B. Lampen Licht aussenden, dass Öfen Wärme abgeben, dass Autos lange Entfernungen zurücklegen und wir hohe Berge erklimmen können?**

Uhren zeigen uns, was die Stunde geschlagen hat. Warum müssen alte Standuhren aufgezogen werden? Warum brauchen moderne Uhren Batterien?

## Seilmaschinen

**An den Fitness-Geräten sollen die unterschiedlichsten Muskeln trainiert werden. In vielen Fällen sind dazu waagerechte Bewegungsabläufe günstig für die Muskulatur – aber richtig anstrengen muss man sich ja nur beim Hochheben von Körpern, also bei senkrechten Bewegungen.**

**Eine Möglichkeit, beides miteinander zu verbinden, sehen wir im Bild: Gewichte werden hochgehoben, obwohl waagerecht gezogen wird.**

**Welche Funktion haben hierbei die Seile und Rollen? Was verändern sie an der Zugkraft?**

### Seile und Rollen helfen Lasten heben

Es gibt zwei Verwendungsarten von Rollen. Die linke Rolle im folgenden Bild ist an der Aufhängung befestigt – daher der Name *feste Rolle*. Da die rechte Rolle nur in der Seilschlaufe hängt, bezeichnet man sie als *lose Rolle*.

**Zentraler Versuch**

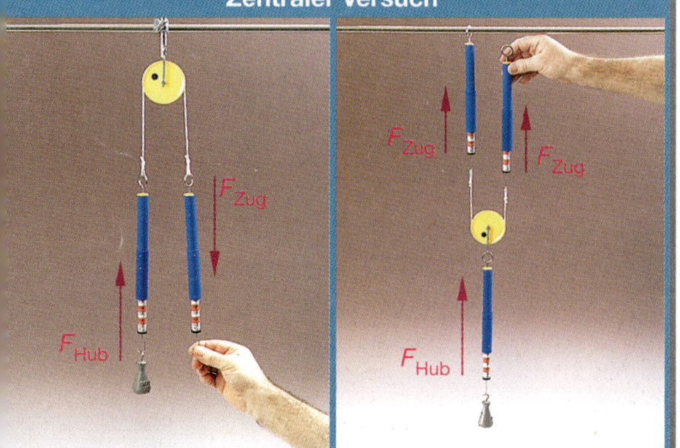


● Bei der **festen Rolle** wird das Seil nur in eine andere Richtung umgelenkt. Beide Federkraftmesser zeigen den gleichen Wert an. Die Zugkraft $F_{Zug}$, mit der am Seil gezogen wird, und die Hubkraft $F_{Hub}$, mit der der Körper angehoben wird (sie muss mindestens so groß sein wie die Gewichtskraft des Körpers), sind gleich groß.

Wenn wir auf der einen Seite am Seil ziehen, so bewegt sich die gleiche Länge Seil an der anderen Seite hinauf. Mit der festen Rolle können wir also nur die Richtung der Kraft ändern.

● Bei der **losen Rolle** zeigen die beiden oberen Federkraftmesser den gleichen Wert an. Diese Kraft $F_{Zug}$ ist aber jeweils nur etwa halb so groß wie die Hubkraft $F_{Hub}$ für die zu hebende Last (Federkraftmesser unten). Da das Seil an einer Seite am Haken befestigt ist, müssen wir nur mit der halben Kraft am anderen Ende des Seiles ziehen.

Für die Seillängen stellen wir Folgendes fest: Holen wir das Seil 20 cm weit ein, so werden die beiden Seilteile links und rechts der losen Rolle nur um je 10 cm verkürzt. Die lose Rolle mit dem zu hebenden Körper wird also nur um 10 cm angehoben. Wir müssen deshalb doppelt so viel Seil einholen wie wir die Last anheben wollen.

**Feste Rolle**
Zugkraft und Hubkraft sind gleich: $F_{Zug} = F_{Hub}$
Zugweg und Hubweg sind gleich: $s_{Zug} = s_{Hub}$

**Lose Rolle**
Die Zugkraft ist halb so groß wie die Hubkraft: $F_{Zug} = \frac{1}{2} F_{Hub}$
Der Zugweg ist doppelt so groß wie der Hubweg: $s_{Zug} = 2\, s_{Hub}$

**Aufgaben**

**1** Nenne Beispiele, wo du feste oder lose Rollen schon einmal gesehen oder selbst genutzt hast.

**2** Welchen Vorteil bietet die gemeinsame Nutzung von fester und loser Rolle? Skizziere.

**3** Bei der festen Rolle muss man die gleiche Kraft aufwenden wie beim Anheben des Körpers ohne Rolle. Warum wird die feste Rolle dann trotzdem z. B. auf Baustellen häufig genutzt?

**4** Mithilfe einer losen Rolle wird ein Mörteleimer (Masse 25 kg) hoch gezogen. Die lose Rolle hat selbst eine Masse von 2 kg. Berechne die notwendige Zugkraft.

## Der Flaschenzug

Häufig ist es notwendig, schwere Lasten hochzuheben. Nicht immer sind dafür aufwendige Maschinen notwendig. Auch eine sinnvolle Zusammenstellung von mehreren Rollen und einem Seil kann ausreichen, wie wir auf dem Bild rechts sehen.

**Zentraler Versuch**

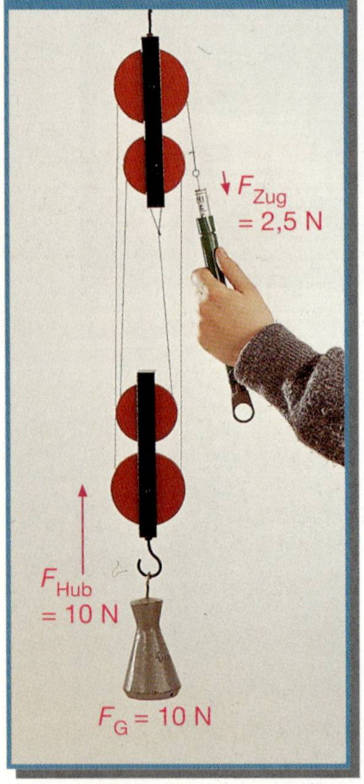


Die oberen zwei festen Rollen lenken die Kräfte nur um. Die zwei losen Rollen an der Unterseite bewirken für uns die Krafteinsparung. Eine solche Anordnung von Rollen und Seilen heißt **Flaschenzug.**

Von jeder losen Rolle gehen zwei Seile nach oben. Dies sind die *tragenden Seile*.
Die Hubkraft verteilt sich also auf vier Seile. Wir müssen nur mit $\frac{1}{4}$ der Kraft ziehen, die zum Anheben des Körpers sonst notwendig wäre.
Gleichzeitig müssen wir aber alle vier tragenden Seile um den Weg verkürzen, den der Körper gehoben werden soll. Wir haben also die vierfache Länge an Seil zu ziehen.

Der Aufbau der Flaschenzüge kann verschieden sein. Entscheidend ist nur die Anzahl $n$ der tragenden Seile. Damit können wir die Gleichungen für alle Flaschenzüge allgemein formulieren.

> Für einen Flaschenzug mit $n$ tragenden Seilen gilt:
> Die Zugkraft beträgt den $n$-ten Teil der Hubkraft.
> Der Zugweg beträgt das $n$-fache des Hubweges.
> $F_{Zug} = \frac{1}{n} F_{Hub}$ $\qquad s_{Zug} = n\, s_{Hub}$

Der Name „Flaschenzug" geht auf das ursprüngliche Aussehen der Vorrichtungen zurück, in denen die festen bzw. die losen Rollen eingebaut waren. Diese hatten die Form einer Flasche.

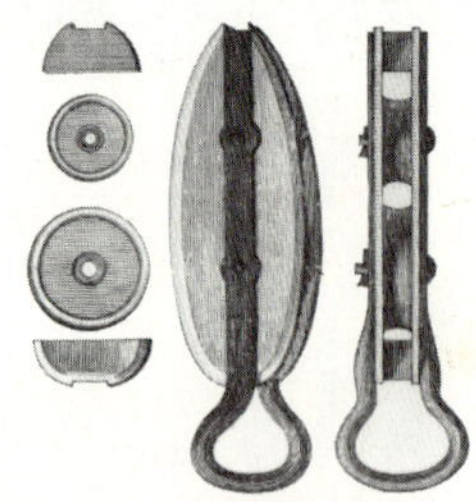

**Rechenbeispiel**

Mit einem Flaschenzug mit drei losen Rollen soll ein Eimer mit Beton (Masse 23 kg) an einem Gerüst 5 m in die Höhe gezogen werden.
Mit welcher Kraft muss am Seil gezogen werden?
Wie viele Meter Seil müssen eingeholt werden?

Geg.: $n = 6$; $s_{Hub} = 5$ m; $m = 23$ kg; $g = 9{,}81\,\frac{\text{N}}{\text{kg}}$

Ges.: $F_{Zug}$; $s_{Zug}$

Lösung:
$$F_{Hub} = m \cdot g = 23\text{ kg} \cdot 9{,}81\,\frac{\text{N}}{\text{kg}} \approx 226\text{ N}$$
$$F_{Zug} = \frac{1}{6} F_{Hub} = \frac{1}{6} \cdot 226\text{ N} \approx 38\text{ N}$$
$$s_{Zug} = 6\, s_{Hub} = 6 \cdot 5\text{ m} = 30\text{ m}$$

Mit einer Kraft von rund 38 N müssen 30 m Seil gezogen werden.

**Aufgaben**

**1** Stelle die Gleichungen für einen Flaschenzug mit drei bzw. vier losen Rollen auf.

**2** Mit einem Flaschenzug (sechs tragende Seile) soll ein Eimer Mörtel ($m$ = 20 kg) 6 m angehoben werden.
**a)** Welche Zugkraft ist erforderlich?
**b)** Wie lang muss das Seil mindestens sein?

**3** Einen Körper welcher Masse kannst du höchstens mit einem Flaschenzug mit zwei losen Rollen anheben?

**4** Ein Flaschenzug mit sechs tragenden Seilen wurde mit einem einfachen Strick gebaut. Dieser reißt bei einer Kraft von 110 N. Kann mit diesem Flaschenzug ein Körper der Masse 25 kg hochgezogen werden?

## Die Goldene Regel der Mechanik

Die Einsparung der Kraft bei der losen Rolle bzw. beim Flaschenzug ist sehr hilfreich. Dafür müssen wir aber im selben Verhältnis Seil, also Weg, investieren.
Der Zusammenhang zwischen der Krafteinsparung und der Wegverlängerung wurde schon vor langer Zeit in einem Satz zusammengefasst, den man die „Goldene Regel der Mechanik" nennt:
**Was man an Kraft einspart, muss man an Weg zusetzen.**

Gleichzeitig müssen wir bei Rolle oder Flaschenzug aber auch noch die losen Rollen mit anheben. Dafür ist zusätzlich Kraft notwendig. Die Krafteinsparung ist aber viel wichtiger als dieser geringe Nachteil.
*Anmerkung:* Rollen und Seile sind sehr nützlich. Doch bei jeder Bewegung tritt Reibung auf. Deshalb gelten die Gleichungen für die Kräfte bei Rollen und Flaschenzug nur dann, wenn wir die Reibung so klein halten, dass wir sie vernachlässigen können.

## Seilmaschinen früher und heute

**Streifzug**

Eine der wichtigsten Erfindungen der Menschheit ist das Rad. Der Einsatz des Rades hatte Auswirkungen auf viele Bereiche des Lebens.
Wann die erstmalige Nutzung eines Rades auf einer Welle zur Umlenkung eines Seiles und damit die Erfindung der festen Rolle stattfand, ist nicht mehr nachweisbar. Die Erfindung des Flaschenzuges wird griechischen Technikern des 7. oder 8. Jahrhunderts v. Chr. zugeschrieben.

Um effektiv Lasten heben zu können, war die Konstruktion von Kranen notwendig. Die ersten einfachen Krane wurden im 1. Jahrhundert gebaut.
Auch heute finden wir noch sehr viele Anwendungen von Rollen und Seilen. An jedem Kran auf einer Baustelle erkennen wir über dem Kranhaken eine lose Rolle und am Ausleger feste Rollen. Bei Autokranen befinden sich an dieser Stelle meist Flaschenzüge.
Aber auch in der Seefahrt hat der Flaschenzug schon seit Jahrhunderten seinen festen Platz auf allen Segelschiffen. Um die Taue, die dem Setzen der Segel dienen, im Wind zu spannen, sind sehr große Kräfte erforderlich.

Dazu werden Flaschenzüge eingesetzt. Die Seefahrer nennen sie *Talje* und die Taue *laufendes Gut.* Auch an den kleinen Kranen auf dem Schiff, den Ladebäumen, finden wir Flaschenzüge.

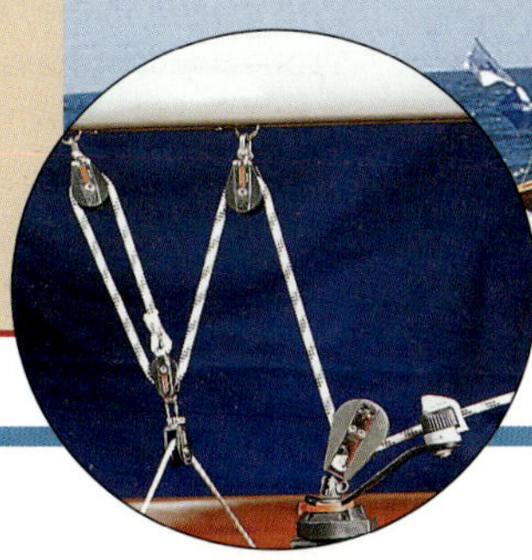

# Mechanische Energie

**Der Meteoritenkrater von Arizona: Er hat einen Durchmesser von über einem Kilometer und wurde vermutlich vor 40 000 Jahren von einem 25 Meter großen Eisenbrocken geschlagen, der mit einer Geschwindigkeit von 54 000 $\frac{km}{h}$ auf den Wüstenboden stürzte. Dabei wurde dieselbe Energie frei wie bei der Explosion einer 4-Megatonnen-Bombe. Was ist „Energie"? Woher bekommt ein Körper Energie? Kann sie gemessen werden?**

## Bewegungsenergie

Der Wind bewegt die Flügel einer Windmühle. Früher trieben die Menschen z. B. Mühlsteine damit an; heute nutzen wir ihn, um Windräder zu betreiben und elektrischen Strom zu erhalten. Auch ein Tornado ist bewegte Luft – aber seine Wirkungen sind verheerend: Dicke Bäume werden umgeknickt; Dächer werden abgedeckt und über große Strecken mitgenommen. Luft kann also etwas bewirken, was wir nutzen können oder was uns schadet: Sie hat Energie.

Weil die Energie der Luft in ihrer Bewegung steckt, spricht man von **Bewegungsenergie.** Immer, wenn sich ein Körper bewegt, hat er diese Form der Energie, die auch als *kinetische Energie* bezeichnet wird.

Wie groß die Bewegungsenergie eines Körpers sein kann, erkennen wir am Beispiel des Meteoriteneinschlags. Der eingeschlagene Körper fiel nicht nur mit einer enormen Geschwindigkeit vom Himmel, sondern muss auch eine Masse von vielen Tonnen gehabt haben.

Die Bewegungsenergie eines Körpers ist umso größer, je größer seine Masse und je größer seine Geschwindigkeit ist. Deshalb hat ein Tornado eine größere Wirkung als „normaler" Wind.

Jeder bewegte Körper hat Energie.
Sie wird Bewegungsenergie genannt.

## Lageenergie

Ein ruhender Körper kann ebenfalls Energie besitzen: Bei einem Pumpspeicherwerk wird mit billigem Nachtstrom Wasser in das obere Staubecken gepumpt. Nun haben diese Wassermassen Energie, weil sie höher liegen als vorher. Deshalb können sie tagsüber dann die Turbinen im Wasserkraftwerk antreiben.

Alle Körper, die angehoben wurden, besitzen Energie: Ein Hammer kann einen Nagel einschlagen; eine Kuckucksuhr erhält ihre Energie, wenn die Gewichte an der Kette herabsinken; ein Stein kann uns auf den Fuß fallen.

All diese Körper besitzen Energie, weil sie sich in gehobener Lage befinden. Man spricht von **Lageenergie,** auch *potentielle Energie* genannt.

Die Gewichte an der Uhr macht man möglichst schwer und zieht sie so hoch, wie es geht, weil dann ihre Lageenergie am größten ist. Lageenergie kann aber auch zerstörerisch wirken, z. B. wenn im Gebirge im Frühjahr die Schneemassen auf den Bergen ins Rutschen kommen und als Lawinen zu Tal stürzen.

Die Lageenergie eines Körpers ist umso größer, je größer seine Masse und je größer die Höhe ist, auf die er gehoben wurde.

Jeder hochgehobene Körper hat Energie.
Sie wird Lageenergie genannt.

## Spannenergie

Eine Kuckucksuhr mit ihren Gewichten kann man nicht am Handgelenk tragen, sie ist zu groß. So erfand im Jahr 1510 der Uhrmacher PETER HENLEIN einen anderen Energielieferanten für das Uhrwerk: eine elastisch verformte Feder. Wird die Uhr aufgezogen, dann verformt sich die Feder und kann später die gespeicherte Energie als Antrieb für die Uhr freigeben.

Elastische Verformungen kennen wir aus dem Sport: Die Federn am Trampolin, die sich beim Aufspringen dehnen; der Bogen, mit dem man den Pfeil abschießt; das Sprungbrett beim Sprung über den Kasten. Weil diese Körper elastisch verformt wurden, haben sie ebenfalls Energie, in diesem Fall **Spannenergie.** Sie ist umso größer, je stärker der Körper verformt wurde.

> Jeder elastisch verformte Körper hat Energie.
> Sie wird Spannenergie genannt.

## Energieumwandlung

**Ausgangsposition**
Lageenergie maximal
Bewegungsenergie null
Spannenergie null

Woher hat die Lawine, die zu Tal donnert, ihre Bewegungsenergie? Wir untersuchen das anhand eines Gummiballs:

Wenn er oben ist, hat er Lageenergie. Lassen wir ihn los, so fällt er herunter und hat Bewegungsenergie. Kommt er auf dem Boden an, dann wird er verformt – Spannenergie.

**Ball fällt**
Lageenergie nimmt ab
Bewegungsenergie nimmt zu
Spannenergie null

Das heißt: Aus Lageenergie wird Bewegungsenergie und aus dieser Spannenergie.

Dann springt der Ball wieder hoch. Dabei geht diese Energieumwandlung „rückwärts“: Nach dem Aufprall wird aus der Spannenergie wieder Bewegungsenergie, die den Ball hochspringen lässt. Und schließlich ist aus Bewegungsenergie Lageenergie geworden, wenn der Gummiball seinen höchsten Punkt erreicht hat.

**Umkehrpunkt**
Lageenergie null
Bewegungsenergie null
Spannenergie maximal

**Ball steigt**
Lageenergie nimmt zu
Bewegungsenergie nimmt ab
Spannenergie null

**Endposition**
Lageenergie maximal
Bewegungsenergie null
Spannenergie null

Energie ist also etwas, das ein Körper durch seine Lage, seine Bewegung oder seine Verformung besitzt. Wenn Energie abgegeben wird, bewirkt sie etwas: Sie kann z. B. einen anderen Körper bewegen (einen Pfeil, eine Turbine) oder verformen (Autocrash) und mehr. Sie geht dabei auch auf andere Körper über und wandelt sich in andere Formen um.

> Lageenergie, Bewegungsenergie und Spannenergie können sich ineinander umwandeln.
> Sie sind die drei mechanischen Formen der Energie.

### Aufgaben

**1** Welche Energieformen haben ein gespannter Expander, ein davoneilender Radfahrer oder eine Person auf einer Leiter? Begründe.

**2** Welche Energieformen haben ein Flugzeug beim Start bzw. ein Flugzeug in 5000 m Höhe?

**3** **a)** Beschreibe Vorgänge, bei denen Energie von einem Körper auf einen anderen übertragen wird (z. B. von einem gespannten Bogen auf den Pfeil).
**b)** Wo bekam der Körper, der Energie abgab, seine Energie her?

**4** Begründe, dass das Wasser im Stausee, ein fliegender Fußball und ein gespanntes Gymnastikband Energie besitzen.

**5** Welche Energieumwandlungen geschehen beim Springen auf einer Hüpfburg?

## Energie wird gemessen

Wenn ein Körper Energie hat, kann er etwas bewegen, anheben, verformen, beleuchten, erwärmen oder andere Wirkungen hervorrufen. Aus der Größe dieser Wirkung lässt sich auf die Größe der Energie des Körpers schließen.
Soll z. B. ein Haus auf sumpfigem Untergrund gebaut werden, dann werden zuerst Pfähle in die Erde getrieben, um die nötige Festigkeit für das Fundament zu schaffen. Diese Arbeit erledigt eine Pfahlramme, bei der ein schwerer Klotz immer wieder auf den Pfahl herunterfällt und ihn so allmählich in den Boden treibt. Wie lässt sich seine Energie, die das bewirkt, berechnen?

Im Bild rechts treibt ein fallender Tonnenfuß Nägel in einen Styroporklotz. Aus der Eindringtiefe der Nägel können wir schließen, wie groß die Lageenergie des hochgehobenen Fußes war:

- Je größer die Höhe *h* ist, aus der der Körper fällt, desto weiter wird der Nagel hineingetrieben. Bei doppelter Höhe geht der Nagel auch etwa doppelt so tief hinein; also ist die Lageenergie auch doppelt so groß gewesen.
- Je größer die Gewichtskraft $F_G$ des Körpers ist, desto tiefer dringt der Nagel ein. Ein Tonnenfuß mit doppelter Masse *m* hat auch die doppelte Lageenergie.

Die Höhe *h*, die ein Körper hat, und seine Gewichtskraft $F_G = m \cdot g$ bestimmen also die Größe seiner Lageenergie. Es gilt der einfache Zusammenhang:
$\mathbf{E_{Lage} = F_G \cdot h = m \cdot g \cdot h}$.

**Zentraler Versuch**

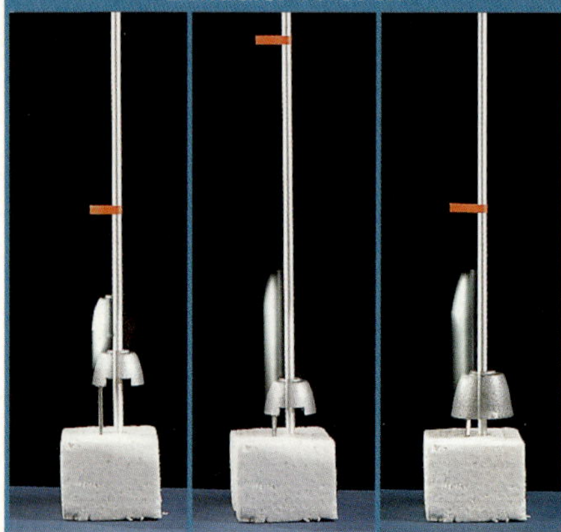

Bei der Betrachtung der Einheiten in der Formel stellen wir fest, dass sich als Einheit für die Lageenergie die Einheit von „Kraft x Weg“ ergibt, also N · m. 1 Nm ist aber auch die Einheit für Drehmomente. Um beide unterscheiden zu können, wird „1 Nm Energie“ durch 1 J (Joule) ersetzt. Diese Einheit ist nach dem englischen Physiker JAMES PRESCOTT JOULE (1818–1889) benannt.

1 J ist eine sehr kleine Einheit. So viel Lageenergie hat z. B. eine Tafel Schokolade in 1 m Höhe über dem Erdboden. Deshalb verwendet man häufig die größeren Einheiten Kilojoule (kJ) und Megajoule (MJ).
Der Energiegehalt von Lebensmitteln, der beim Verdauen im Körper freigesetzt wird, wird oft auch noch in der veralteten Einheit Kilokalorie (kcal) angegeben: 1 kcal = 4,2 kJ.

Definition / Einheiten

**Energie**

Die Einheit ist 1 J (Joule).
Das Formelzeichen ist *E*.

Weitere Einheiten:

| | | |
|---|---|---|
| Millijoule: | 1 mJ | $= \frac{1}{1000}$ J |
| Kilojoule: | 1 kJ | = 1 000 J |
| Megajoule: | 1 MJ | = 1 000 kJ |
| | | = 1 000 000 J |

Die Lageenergie eines Körpers hängt ab von seiner Höhe gegenüber der Umgebung und seiner Gewichtskraft:
$E_{Lage} = F_G \cdot h = m \cdot g \cdot h$

**Rechenbeispiel**

Der Rammklotz einer Pfahlramme mit der Masse 450 kg fällt aus einer Höhe von 3,9 m herab. Wie groß war seine Lageenergie?

Geg.: $m = 450$ kg; $h = 3{,}9$ m; $g = 9{,}81\ \frac{N}{kg}$
Ges.: $E_{Lage}$

Lösung:
$$E_{Lage} = m \cdot g \cdot h = 450\ kg \cdot 9{,}81\ \frac{N}{kg} \cdot 3{,}9\ m = 17\,200\ Nm = 17\,200\ J = 17{,}2\ kJ$$

Die Lageenergie des Rammklotzes betrug 17,2 kJ.

**Aufgaben**

**1** Wie hoch müsste man einen gefüllten 10-Liter-Wassereimer heben, damit er dieselbe Energie wie der Rammklotz im Rechenbeispiel hat? (1 l Wasser ≙ 1 kg; Masse des Eimers 360 g)

**2** Im Pumpspeicherwerk Markersbach im Erzgebirge beträgt der Höhenunterschied zwischen den beiden Wasserbecken 300 m. Wie groß ist die Lageenergie der 6 Mio. $m^3$ Wasser im oberen Speicherbecken, die im Kraftwerk unten in elektrische Energie umgewandelt werden kann?

**3** Wie verändert sich die Lageenergie eines Körpers, wenn sich die Höhe verdreifacht und die Masse verdoppelt?

## Energie auf der Straße

Streifzug

Zwischen Fahrzeugen kommt es leider immer wieder zu Zusammenstößen. Treffen dabei zwei Autos mit je einer Geschwindigkeit von 80 $\frac{km}{h}$ aufeinander, dann ist es genau so, als würde jedes der beiden Fahrzeuge aus einer Höhe von 100 Metern fallen. Beim Zusammenprall der zwei Fahrzeuge wird diese Bewegungsenergie umgewandelt, die Karosserie der PKW verformt sich.
Dabei wird nicht nur die Stelle eingedrückt, an der sich die Autos berühren, sondern die gesamte Karosserie wird in Mitleidenschaft gezogen. Damit nun aber bei einem möglichen Aufprall die Insassen weitestgehend geschützt bleiben, werden die Autos speziell konstruiert. Der Motorraum ist bewusst leicht verformbar gemacht und kann stark eingedrückt werden. Man bezeichnet ihn deshalb auch als „Knautschzone". Er nimmt einen großen Teil der Energie auf.
Die Fahrgastzelle dagegen ist durch eingebaute Träger und Streben so stabil, dass sie sich kaum verändert. So ist die Gefahr für die Insassen, eingeklemmt zu werden, geringer. Auch die Türen lassen sich noch öffnen, weil sie nicht verklemmen können.

In Crashtests wird untersucht, wie sich ein Fahrzeug bei einem solchen Zusammenstoß verhält und welche Folgen sich für die Mitfahrer ergeben könnten. Dabei werden die Fahrzeuge auf ein entsprechendes Hindernis geschleudert oder gegen eine Betonwand gefahren; die auftretenden Verformungen werden registriert. Häufig hat das Fahrzeug auch einen oder mehrere „Passagiere" – lebensgroße Puppen, die mit Messgeräten und Sensoren vollgestopft sind, um die Auswirkungen auf menschliche Insassen vorhersagen zu können.
Bei diesen Versuchen erkennt man sehr deutlich, dass die Energie eines Fahrzeuges umso größer ist, je schneller es fährt und je schwerer es ist. Zum Beispiel ist die Bewegungsenergie eines Autos, das mit mehr als 210 $\frac{km}{h}$ fährt, etwa 10mal so groß wie bei 70 $\frac{km}{h}$. Die Auswirkungen des Aufpralls eines voll beladenen LKW auf ein Hindernis oder ein anderes Auto sind viel schlimmer als die eines gleich schnellen PKW, weil der LKW etwa 30mal schwerer ist als der PKW.

Kinder sind im Straßenverkehr besonders gefährdet. Wenn sie in ihr Spiel vertieft sind, laufen sie mitunter unachtsam auf die Straße. Kann ein Fahrzeug dann noch rechtzeitig zum Stehen kommen?
Während der Bremsweg nach dem Erkennen der Gefahr bis zum Anhalten des Fahrzeugs bei 30 $\frac{km}{h}$ etwa 13 Meter beträgt, ist er bei einer Geschwindigkeit von 50 $\frac{km}{h}$ schon fast dreimal so lang, nämlich 31 Meter! Ist die Fahrbahn nass, ergeben sich für diesen PKW sogar 18 bzw. 45 Meter. Aus diesem Grund werden in immer mehr Wohngebieten „Tempo-30-Zonen" eingerichtet.
Aber die „Tempo-30-Zonen" machen nur dann Sinn, wenn sich die Autofahrer an die vorgeschriebene Höchstgeschwindigkeit halten und aufmerksam die Straßenränder beobachten. Aber auch die Fußgänger können durch vernünftiges Verhalten zur Verbesserung der Sicherheit im Verkehr beitragen: Gefährlich wird es, wenn sie zwischen parkenden Fahrzeugen oder vor einem haltenden Bus auf die Fahrbahn gehen, weil sie dann von ankommenden Autos erst spät bemerkt werden.

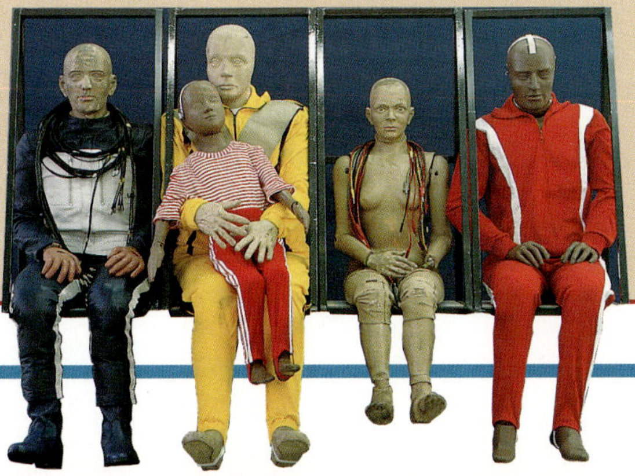

## Ewige Energie?

**Damit die Achterbahn ohne zusätzlichen Antrieb durch den Looping kommt, wird sie vorher mittels Aufzug auf eine bestimmte Höhe gebracht und fährt dann von allein. Warum muss dieser Startpunkt ein Stück über dem höchsten Punkt des Loopings liegen, damit die Wagen ohne Risiko für die Passagiere den Looping passieren können?**

## Das „Energiekonto"

Ein Versuch für mutige Experimentatoren ist im Foto rechts dargestellt. Wird das Wägestück die Uhr berühren oder sogar zerstören?
Wir stellen fest, dass das Wägestück auf der rechten Seite genau so hoch schwingt, wie es auf der linken Seite gestartet war – also keine Gefahr für unsere Uhr, solange wir das Wägestück nicht höher heben als wir die Uhr halten. Warum?

Zuerst, in gehobenem Zustand, besitzt der Pendelkörper Lageenergie, die sich nach dem Loslassen in Bewegungsenergie umwandelt. Dabei wird die Lageenergie immer kleiner (da die Höhe abnimmt) und die Bewegungsenergie größer. Am tiefsten Punkt besitzt der Pendelkörper nur noch Bewegungsenergie. In der Summe ist die Menge der beiden Energien zu jedem Zeitpunkt gleich.

**Zentraler Versuch**

Dies gilt auch für das Hochschwingen. Jetzt wandelt sich Bewegungsenergie wieder in Lageenergie um. Der Pendelkörper hat auf der rechten Seite nicht mehr Energie als auf der linken, deshalb kann er nur wieder dieselbe Höhe erreichen.

Die mechanischen Energieformen wandeln sich hier also ständig ineinander um, ohne dass Energie verschwindet oder dazukommt. Diese Gesetzmäßigkeit, die bei allen Energieumwandlungen gilt, bezeichnet man als das **„Prinzip von der Erhaltung der Energie".**
Wir können uns dieses Erhaltungsprinzip vorstellen wie bei unserem Taschengeld: Solange wir kein Geld ausgeben, sondern es nur in der Geldbörse, Hosentasche oder Sparbüchse haben, bleibt der Gesamtbetrag an Geld immer gleich, nur verteilt ist er unterschiedlich.

Energie kann nicht von selbst entstehen oder verloren gehen. Sie kann sich nur von einer Form in eine andere umwandeln.

## Versuche und Aufträge

### Energie und Energieumwandlung

**V1** Baue eine Loopingbahn aus einem langen, durchsichtigen Plastikschlauch. Lasse dann eine Kugel aus unterschiedlichen Höhen in den Looping hineinrollen. Welche Höhe muss die Kugel mindestens haben, damit sie den Looping schafft?

**V2 a)** Untersuche, wie sich ein Pendel verhält, wenn du es einmal auslenkst und dann frei schwingen lässt.
**b)** Was geschieht, wenn du es immer wieder anstößt (wie bei einer Schaukel)?
**c)** Erkläre den Unterschied.

**V3** Halte bei einem Fadenpendel ein Hindernis in den Weg des Fadens, sodass dieser dagegen schlägt, der Pendelkörper auf der anderen Seite aber weiter schwingt. Welche Höhe erreicht er rechts? Erkläre.

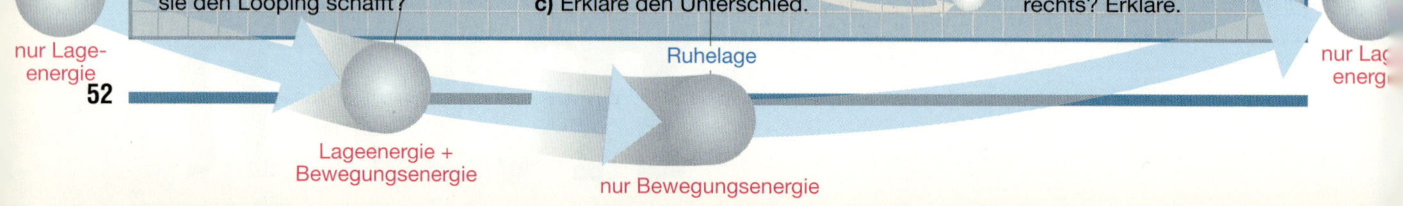

## Reibung

Beobachten wir ein Pendel über einen längeren Zeitraum, dann stellen wir fest, dass es nicht mehr in seine Ausgangshöhe zurückkehrt, sondern im Laufe der Zeit immer mehr an Höhe verliert. Schließlich kommt es ganz zur Ruhe. Wo ist seine Energie geblieben? Gilt das Gesetz der Energieerhaltung hier nicht mehr?

Betrachten wir die Bewegung eines Holzklotzes, der wie im Bild rechts zunächst angestoßen wird und danach auf einer geraden Strecke weiter rutscht:
Durch das Anstoßen bekommt der Klotz Bewegungsenergie. Nach unserem Wissen über Energieerhaltung und Trägheit der Körper müsste sich der Klotz auf der Waagerechten endlos mit gleicher Geschwindigkeit geradeaus bewegen, da sich seine Bewegungsenergie weder in Lage- noch in Spannenergie umwandelt.
Wir sehen aber, dass der Klotz schließlich zur Ruhe kommt. Die Ursache ist Reibung zwischen ihm und seiner Unterlage! Durch sie nimmt seine Bewegungsenergie immer mehr ab, bis sie letztlich Null ist und der Klotz liegen bleibt.

Doch die Reibung ist kein „Energievernichter", sie formt die Energie nur um!

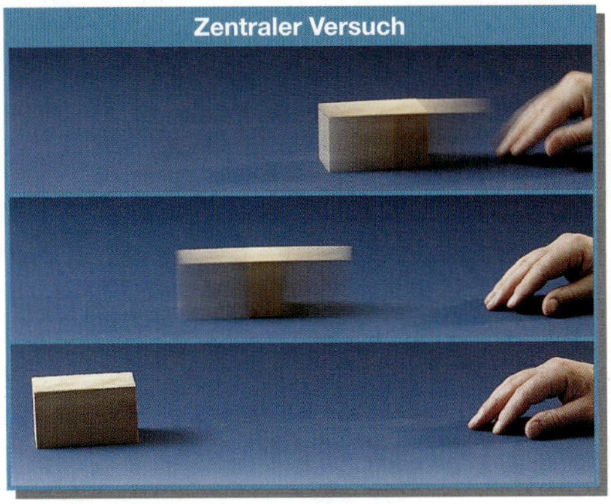


Aus der Bewegungsenergie wird Wärmeenergie, wie man durch Temperaturmessungen mit empfindlichen Geräten an der Unterseite des Körpers und der Unterlage nachweisen kann.
Wie viel Wärmeenergie bei Reibungsvorgängen entstehen kann, merkst du beim Abbremsen deines Fahrrads, wenn du aus Höchstgeschwindigkeit mit der Rücktrittbremse bremst und dann die Hinterradnabe berührst.

Auch der Pendelkörper des Fadenpendels reibt an der Luft und verliert auf diese Art allmählich seine mechanische Energie, die als Wärmeenergie an die Umgebungsluft abgegeben wird. Wir können den Verlust an mechanischer Energie beim Fadenpendel dadurch ausgleichen, dass wir es wie eine Schaukel anstoßen und somit immer wieder Energie zuführen. Dann kann es wieder seine Ausgangshöhe erreichen oder sich sogar darüber hinaus bewegen.

In unser Taschengeldbeispiel übersetzt lautet das: Wir geben diesmal von unserem Geld etwas aus, aber das Geld ist trotzdem nicht verschwunden. Es befindet sich in der Kasse des Supermarktes oder des Eismannes oder auf dem Konto des Energiebetriebes usw. Nur für uns ist es weg. Aber wir haben dafür etwas anderes bekommen: Äpfel, Eis oder Gas.

Bei Reibungsvorgängen wird mechanische Energie in Wärmeenergie umgewandelt und an die Umwelt abgegeben.

### Aufgaben

**1** Beschreibe die Umwandlung der Energie bei folgenden Vorgängen:
**a)** Abschießen eines Pfeiles mit dem Sportbogen;
**b)** Bremsen eines Fahrzeugs auf gerader Straße;
**c)** Glattschleifen eines Brettes mit Sandpapier.

**2** Warum springt ein Ball, den man kräftig nach unten wirft, über seine Ausgangslage hinaus?

**3** Über welche Energieform verfügst du beim Fahrradfahren? Warum musst du ständig treten, um nicht stehen zu bleiben?

**4** Nenne Beispiele, wie man versucht, den „Energieverlust" durch Reibung möglichst gering zu halten.

## Verwandlungskünstlerin Energie

Energie – das ist mehr als mechanische Energie! Aus dem Kraftwerk, an das über Fernleitungen unsere Steckdosen angeschlossen sind, aber auch aus Batterien oder einem Fahrraddynamo erhalten wir **elektrische Energie.** Mit ihr können wir etwas bewegen, erwärmen, beleuchten usw.
Neben der mechanischen und der elektrischen Energie gibt es noch andere Formen, in denen uns Energie begegnet:

- **Wärmeenergie,** die z. B. von der Herdplatte in den Suppentopf übergeht.
- **Lichtenergie,** die von Solarzellen in Taschenrechnern und Armbanduhren genutzt wird.
- **Chemische Energie,** die in den Nahrungsmitteln steckt, aber auch in Brennstoffen wie Holz und Benzin und die durch Verbrennung frei wird.
- **Kernenergie,** die in Atomkernen steckt und im Kernkraftwerk letztlich in elektrische Energie umgewandelt wird.

Die vielen Formen, in denen uns Energie begegnet, zeigen ihre Wandlungsfähigkeit. Eine Solarzelle wandelt Licht in elektrische Energie um, die mit elektrischem Strom betriebene Glühlampe gibt Licht ab, die Naben oder Felgen am Fahrrad werden beim Bremsen heiß.

Energie gibt es fast nie für sich allein, sie benötigt in den meisten Fällen einen Träger, eine Art Transportmittel. So ist z. B. Wärmeenergie an heiße Luft gebunden (Föhn) oder Bewegungsenergie an fließendes Wasser (Fluss). Mithilfe dieser **Energieträger** strömt Energie von einem Körper zu einem anderen. Wir sprechen von einem *Energiestrom:* Die heiße Luft des Föhns transportiert Wärmeenergie von der Heizspirale zu unserem Haar. Nur Lichtenergie benötigt keinen materiellen Träger, denn die Photonen sind ja reine Energie.

Die Sonne, die Batterie, die Wärmflasche – sie alle liefern Energie. Aber sie erzeugen sie nicht, sondern haben sie nur für einen bestimmten Zeitraum gespeichert. Man bezeichnet sie als **Energiespeicher** bzw. **Energiequellen.**

Gelangt ihre Energie zu einem anderen Körper, so kann er sie aufnehmen und umwandeln: In der Solarzelle wird aus Licht Strom, in der Glühlampe aus Strom Licht. Diese Körper heißen daher **Energiewandler.**
Die Umwandlung der Energieformen und ihr Strömen von einem Wandler bzw. Speicher zu einem anderen lässt sich in einem *Energiefluss-Schema* (Bild 1 rechts) darstellen.

*1 Mini-Kraftwerk …*

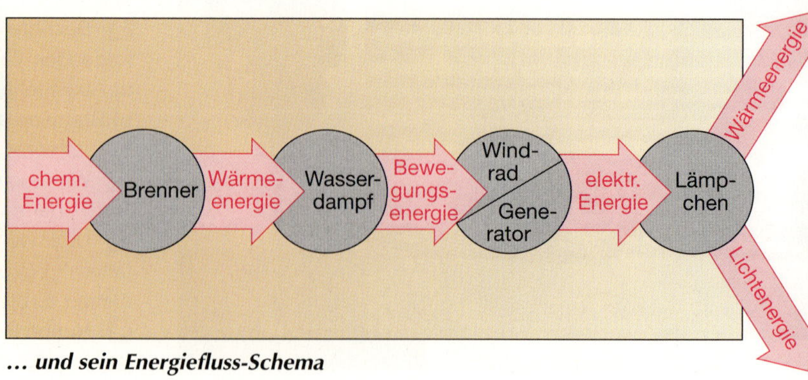


*… und sein Energiefluss-Schema*

## Aufgaben

**1** Nenne Beispiele für Energiespeicher und für Energiewandler.

**2** Zeichne ein Energiefluss-Schema für
**a)** einen Wasserkocher,
**b)** einen Solartaschenrechner,
**c)** ein Fahrrad beim Anfahren und beim Abbremsen.

**3** Suche Beispiele für die Umwandlung von elektrischer Energie in Lichtenergie, Wärmeenergie, chemische Energie, mechanische Energie und elektrische Energie. Warum hat die elektrische Energie eine so große Bedeutung in unserer heutigen Welt?

**4** „Wenn ich mein Auto bremse, dann ist seine Energie weg." Stimmt das? Begründe.

**5** Welche Folgen entstehen für Natur und Umwelt durch die Nutzung der verschiedenen Energieformen? Bedenke: Es finden nicht nur Energieumwandlungen statt!

**6** Energiearten, die von der Natur immer nachgeliefert werden und dem Menschen scheinbar unbegrenzt zur Verfügung stehen, nennt man regenerativ. Gib Beispiele für solche Energieformen.

**7** Eine geniale Idee fürs Fahrrad: Ein Elektromotor treibt das Hinterrad an und wird selbst vom Dynamo am Vorderrad mit Strom versorgt. Warum wird die Konstruktion als Antrieb versagen?

**8** Erkläre, wie das Perpetuum mobile unten aus dem Jahre 1230 funktionieren soll.

## Und es bewegt sich ewig?

**Streifzug**

„La construction d'un mouvement perpetuel est absolument impossible." (Der Bau einer sich ständig bewegenden Maschine ist absolut unmöglich.) Mit diesen Worten beschloss die Pariser Akademie der Wissenschaften 1775, keine Patentvorschläge für Maschinen mehr zu prüfen, die ein „Perpetuum mobile" sein sollten, also ein Apparat, der sich „ewig bewegt". Damit waren Geräte gemeint, die aufgrund ausgeklügelter Konstruktionen immerfort laufen sollten, wenn sie einmal in Gang gesetzt waren.

Die Kombination Wasserrad – schraubenförmiges Rohr aus dem 17. Jahrhundert ist ein Beispiel dafür: Auf der rechten Seite treibt das aus dem oberen Becken herabstürzende Wasser ein Rad an. Dieses setzt auf der anderen Seite das schraubenförmige Rohr in Bewegung, das das Wasser wieder hinaufbefördert, damit es wieder herabfließen und das Wasserrad in Bewegung halten kann.
Schöne Idee, und nicht besonders neu. Schon LEONARDO DA VINCI (1452–1519), der geniale Erfinder und Träumer, beschrieb Perpetua mobila – und die Unmöglichkeit, sie zu bauen. Die Erfinder scheiterten aber nicht an technischen Unzulänglichkeiten, sondern an den Grundsätzen der Physik: Genauso viel Energie, wie das herabfließende Wasser an das Rad abgibt, wird auch benötigt, um das Wasser wieder hochzuheben – die Energie bleibt gleich. Dabei ist aber noch gar nicht berücksichtigt, dass ja auch noch mechanische Energie „verloren geht" – durch die Reibung der Achsen von Eimerkette und Wasserrad in den Lagern!
Außerdem sollte dieses Perpetuum mobile noch Energie abgeben können als Antrieb, z. B. für eine Schleifscheibe. Das heißt aber, dass aus der Konstruktion mehr Energie herauskommt, als sie selbst besitzt – eine Verletzung des Prinzips der Energieerhaltung.
Allerdings setzte sich erst im 19. Jahrhundert die physikalische Erkenntnis durch, dass die Konstruktion eines Perpetuum mobile unmöglich ist.

Es gibt trotzdem bis heute Menschen, die immer wieder bei den Patentämtern entsprechende Erfindungen einreichen oder in Fernsehshows vorstellen – aber wenn nicht irgendwo versteckte Batterien, Solarzellen oder Ähnliches eingebaut sind, bleiben sie alle irgendwann stehen!

# Mechanische Leistung

**233 m lang, 147 m hoch und gebaut aus 2,3 Mio. Steinquadern! Über 20 Jahre benötigten vor 4500 Jahren die Bauarbeiter, um die Cheops-Pyramide in Gizeh (Ägypten) aufzurichten. Welch eine Leistung! Der Begriff „Leistung“ wird aber auch verwendet, um die „Stärke“ eines Motors, einer Herdplatte oder einer Glühbirne anzugeben. Was verstehen wir in der Physik unter der „Leistung“? Wie können wir sie messen? Welche Einheit hat sie?**

Soll ein Paket Dachziegel auf ein Gerüst gehoben werden, geschieht das am einfachsten mithilfe von Rollen. Die nötige Zugkraft kann sowohl von einem Bauarbeiter als auch von einem Motor aufgebracht werden.

**Zentraler Versuch**

In beiden Fällen wird Energie auf die Ziegel übertragen: einmal durch den Menschen, einmal durch den Motor. Die Menge der übertragenen Energie ist jeweils gleich, denn wenn die Ziegel oben sind, haben sie in beiden Fällen die gleiche Lageenergie.

Und doch gibt es Unterschiede: Während der Mensch zum Hochheben der Ziegel z. B. 15 Sekunden benötigt, schafft der Motor das in 3 Sekunden. Er überträgt also die Energie auf die Ziegel in einer kürzeren Zeit. Diese Energieübertragung pro Zeit nennen wir Leistung. Sie ist umso größer, je mehr Energie übertragen wird und je kürzer die dazu benötigte Zeit ist.

Die Einheit der Leistung ist das Watt; benannt nach dem Erfinder der Dampfmaschine JAMES WATT (1736–1819). Die Leistung 1 W liegt vor, wenn z. B. in einer Sekunde eine Energie von 1 J übertragen wird. Größere Einheiten sind Kilowatt und Megawatt; mitunter findet man auch noch die früher gebräuchliche Einheit Pferdestärke (PS).

> Definition / Einheiten
>
> **Leistung**
>
> Die Einheit ist 1 W (Watt).
> Das Formelzeichen ist *P*.
>
> Weitere Einheiten:
> Kilowatt: 1 kW = 1 000 W
> Megawatt: 1 MW = 1 000 kW = 1 000 000 W
> Pferdestärke: 1 PS = 735 W = 0,735 kW

> Die Leistung hängt ab von der übertragenen Energie *E* und der zur Übertragung benötigten Zeit *t*:
> $P = \frac{E}{t}$

**Rechenbeispiel**

Wie groß ist die Leistung eines Motors, der 30 kg Dachziegel in 3 s auf 4,3 m Höhe hebt?

Geg.: $m = 30\text{ kg}$; $h = 4{,}3\text{ m}$; $t = 3\text{ s}$; $g = 9{,}81\ \frac{\text{N}}{\text{kg}}$
Ges.: $P$

Lösung:

$$E_{\text{Lage}} = m \cdot g \cdot h$$
$$= 30\text{ kg} \cdot 9{,}81\ \frac{\text{N}}{\text{kg}} \cdot 4{,}3\text{ m} = 1266\text{ Nm}$$
$$= 1266\text{ J}$$
$$P = \frac{E_{\text{Lage}}}{t} = \frac{1266\text{ J}}{3\text{ s}} \approx 420\ \frac{\text{J}}{\text{s}} = 420\text{ W}$$

Die Leistung des Motors beträgt 420 W.

**Aufgaben**

**1** In einer Sportstunde klettern Iris (47 kg) und Susanne (53 kg) an der Stange hoch. Beide schlagen nach 7 s in 5 m Höhe an. Der Sportlehrer meint, beide hätten dieselbe Leistung erbracht, und gibt beiden dieselbe Zensur. Was meinst du dazu?

**2** Ein mit 10 l Wasser gefüllter Eimer hat eine Masse von etwa 10 kg. Wie oft musst du ihn 1 m hochheben, um die Energie, die in 200 g Erdnüsse steckt, wieder abzuarbeiten? (100 g Erdnüsse enthalten 2641 kJ.)

**3** Suche Beispiele für die Verwendung der Worte „Leistung“ und „geleistet“ in unserer Alltagssprache und überlege, was damit gemeint ist. Ist es immer eine Leistung im physikalischen Sinne?

## Was leistet ein Mensch?

Streifzug

Der menschliche Erfindergeist ist zu gewaltigen Leistungen fähig. Betrachten wir dagegen die körperliche Leistungsfähigkeit des Menschen, dann ist das Resultat eher dürftig: Die Dauerleistung beträgt etwa 75 Watt, das entspricht der Energieaufnahme einer mittleren Glühlampe! In besonderen Situationen, z. B. in Lebensgefahr, kann unser Körper erhebliche Reserven mobilisieren und seine Leistung kurzfristig auf über 1 Kilowatt steigern – das entspricht einer voll aufgedrehten Herdplatte!

Durch intensives körperliches Training und entsprechende Ernährung können wir unsere Leistungsfähigkeit erhöhen. Wenn ein untrainierter Mensch eine Dauerleistung von 100 Watt erbringen soll, kann sein Herzschlag bis zu 180 Schlägen pro Minute ansteigen (im Ruhezustand sind es 70 Schläge pro Minute). Ein sehr gut trainierter Sportler erreicht diese Herzfrequenz erst bei einer Belastung von 400 Watt. Das beste Alter für körperliche Höchstleistungen liegt bei etwa 25 Jahren; aber auch ältere Menschen können durch Training ihr Leistungsvermögen erheblich verbessern.

Angesichts der geringen Leistungsfähigkeit des menschlichen Körpers ist es immer wieder erstaunlich, zu welchen Ergebnissen Sportler fähig sind. In einem der härtesten Wettkämpfe der Welt, dem Triathlon, wird der „Iron Man" (Eisenmann) gesucht. Das ganze Jahr über trainieren die Sportlerinnen und Sportler für diesen Wettkampf. Die Besten schaffen es, in einer Zeit unter zehn Stunden 3,8 km zu schwimmen, 180 km mit dem Rad zu fahren und 42 km zu laufen.

Da Frauen meist kleiner und leichter sind als Männer, ein kleineres Herz und damit eine geringere Sauerstoffaufnahme besitzen, können sie oft nicht dieselben Spitzenresultate erreichen wie männliche Sportler. Berücksichtigt man allerdings diese Unterschiede, so sind sie der Leistung der Männer ebenbürtig, im Ausdauerbereich sogar oft überlegen. In Nepal arbeiten zierliche Frauen als Trägerinnen: Sie schleppen Gepäck, z. B. zwei schwere Seesäcke von 15 kg am Tag acht Stunden lang über einen Höhenunterschied von 2000 Metern! Und auch der „Iron Man" in der Schweiz war 1997 eine Frau.

Damit der Mensch rennen, springen, werfen, aber auch auf geistigem Gebiet tätig sein kann, braucht er Energie. Die nimmt er mit der Nahrung auf; sie ist die Quelle aller seiner Leistungen. Verspüren wir Hunger, bekommen wir signalisiert, dass wir Energie zuführen sollen. Eine erwachsene Frau benötigt bei mittelschwerer Arbeit etwa 10 000 kJ täglich, ein Mann 12 000 kJ, Jugendliche im Alter von 14 Jahren etwa ebenso viel. Ein Zuviel an zugeführter Energie speichert der Körper in Form von Fett, das in den Fettzellen gelagert wird. Damit legt er sich Reserven an für schlechte Zeiten, falls zu wenig Nahrung zur Verfügung stehen sollte.

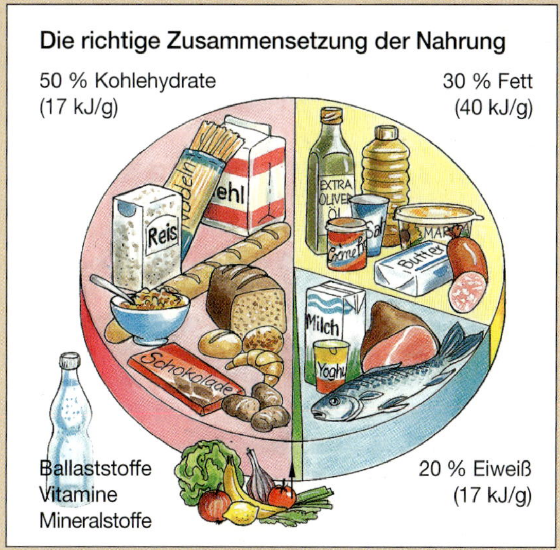

**Streifzug**

# Alle Energie kommt von der Sonne

Ohne Sonne wäre das Leben auf der Erde unmöglich. Sie sendet uns Licht und wärmende Strahlung; ohne sie wäre es dunkel und kalt.
Unser Leben wird aber nicht nur von der derzeitigen Strahlung der Sonne beeinflusst, sondern auch von ihrer Strahlung vor Millionen von Jahren. Denn ein beachtlicher Teil der Sonnenenergie wurde und wird auf der Erde gespeichert.

Pflanzen sind in der Lage, in ihren grünen Blättern aus Licht, Kohlenstoffdioxid und Wasser energiereichen Traubenzucker aufzubauen. Solange sie wachsen, speichern sie somit immer mehr Energie in sich ein. Stirbt eine Pflanze ab, so bleibt die von der Sonne aufgenommene Energie als chemische Energie in ihr enthalten, solange sie nicht zersetzt wird. Im Laufe von Jahrmillionen sind aus Pflanzen und Kleinstlebewesen riesige Energiespeicher in Form von Kohle-, Erdöl- und Erdgaslagerstätten entstanden.

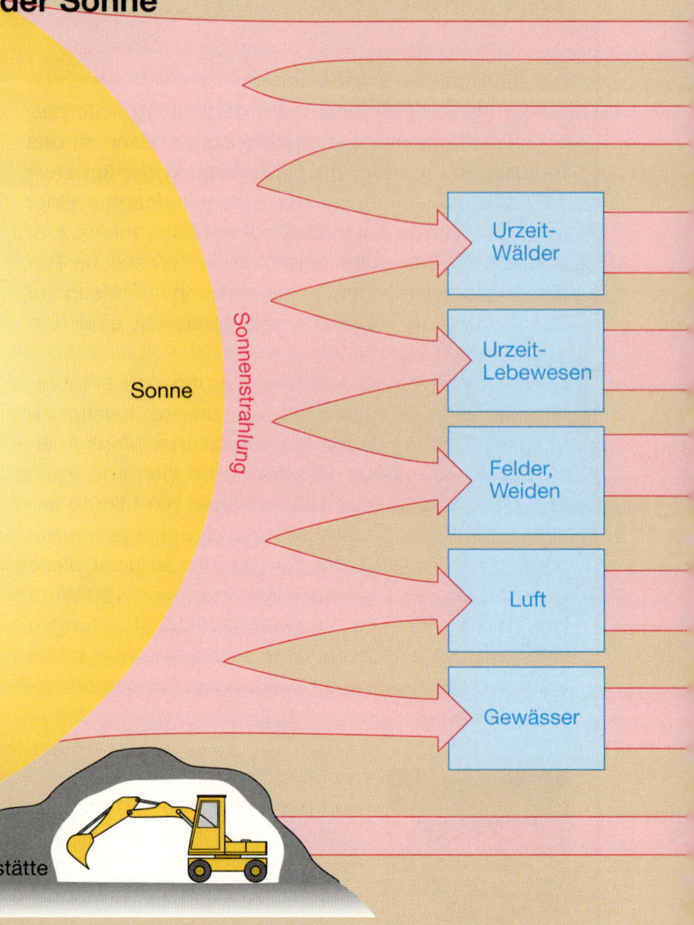


Die drei traditionellen Energieträger – Kohle, Erdgas und Erdöl – sind für uns heute noch von größter Bedeutung. Denn unser gesamtes Leben beruht sehr stark auf der Nutzung der elektrischen Energie, die in den Kraftwerken hauptsächlich aus den fossilen Energieträgern Kohle, Öl oder Gas gewonnen wird. In jüngster Zeit wird elektrische Energie zunehmend auch aus den *regenerativen Energiequellen* Sonne, Wind und Wasserkraft gewonnen, die aber allesamt ohne die Sonne nicht arbeiten könnten.
Die durch die Sonneneinstrahlung entstehenden Hoch- und Tiefdruckgebiete sind die Ursache für den Wind; die Verdunstung durch die Sonneneinstrahlung ist die Ursache für die Wolkenbildung über den Meeren. Der Wind treibt die Wolken auf das Festland, wo sie abregnen. Das Regenwasser sammelt sich zu Rinnsalen, Bächen und Flüssen. Werden die Flüsse angestaut, kann man unter Nutzung der Lageenergie des Wassers ein Wasserkraftwerk an dieser Stelle betreiben.

Unsere Nahrung wiederum ist meist ein direktes Produkt der Sonnenstrahlung. In ihr ist Sonnenenergie gespeichert. Die Pflanzen auf den Feldern entziehen unter Nutzung des Sonnenlichts alle Stoffe, aus denen sie bestehen, dem Boden. Mithilfe von Luft und Wasser machen sie daraus Blätter, Früchte, Halme oder Stämme.

Die Tiere als Pflanzen-, Fleisch- oder Allesfresser nutzen direkt oder indirekt über die Nahrungskette die in den Pflanzen gespeicherte Energie, um selbst leben zu können. In ihrem Fleisch ist ein Teil der von ihnen mit der Nahrung aufgenommenen Energie gespeichert.
Wir benötigen Energie, um wachsen zu können, um uns zu bewegen, um atmen zu können. Wir nutzen Energie aber auch für die Fahrt mit dem Auto, um unsere Wohnung zu heizen, um in einem Werk etwas herzustellen.

Der Mensch bezieht somit die für sein Leben notwendige Energie einerseits aus Pflanzen und Tieren, aus Wind und Wasser, andererseits auch aus Öl, Kohle und Gas. Letztendlich stammt fast die gesamte von uns genutzte Energie aus der Strahlung der Sonne.
Es gibt nur einen Energiewandler, der nicht direkt oder indirekt auf der Strahlung der Sonne beruht – die Kernkraftwerke. Sie nutzen die Energie, die bei der Entstehung der Erde schon in den Atomkernen von Uran und Plutonium vorhanden war.

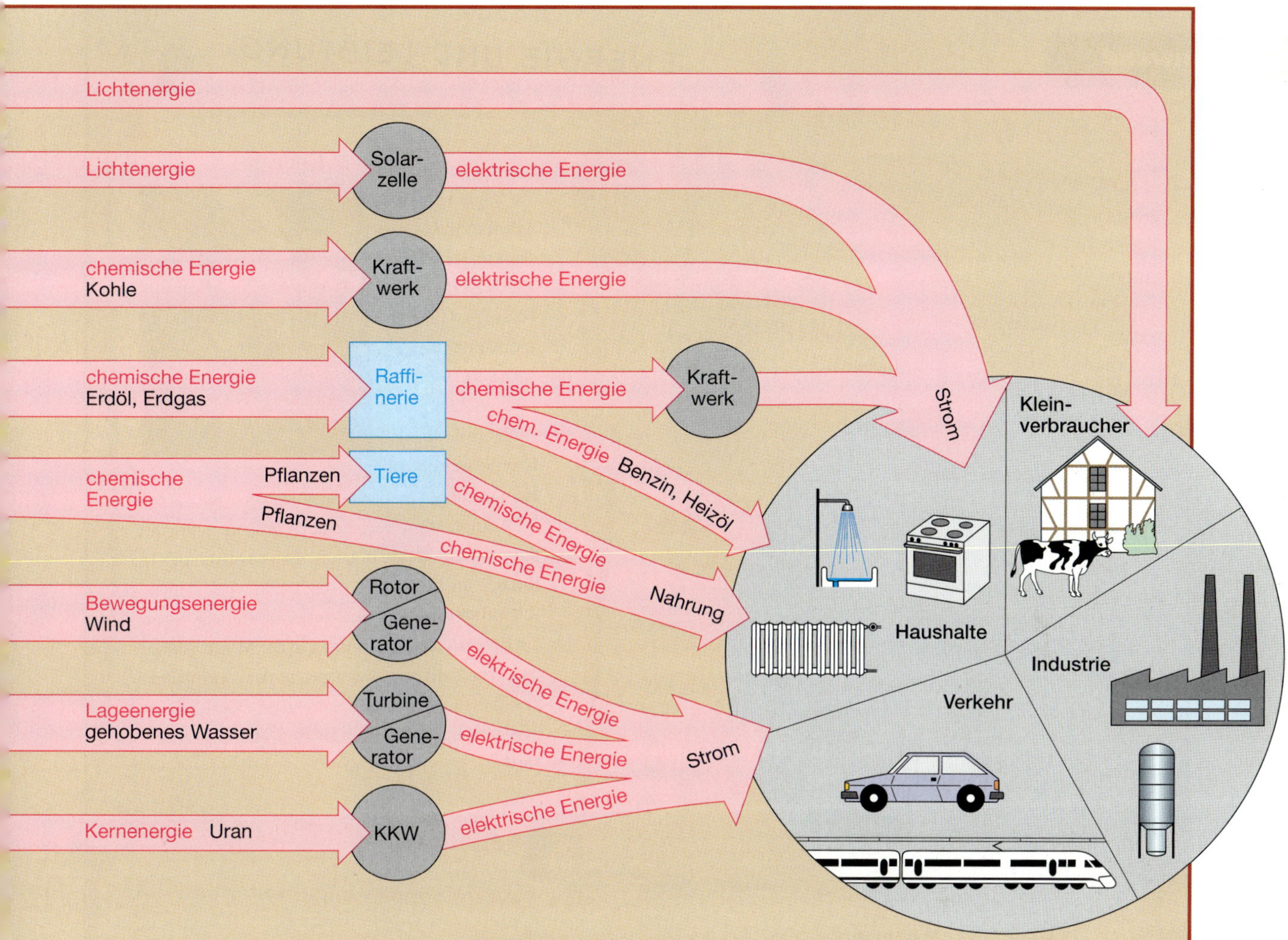


## Wie kam die Energie in die Energieträger Kohle, Erdöl und Erdgas?

Sonnenenergie bewirkt, dass Pflanzen wachsen. Vor Millionen von Jahren starben Bäume und Pflanzen ab, vermoderten und wurden überlagert von Erdschichten, Gestein und Geröll. Der Druck auf die Pflanzenschichten wurde mit der Zeit ungeheuer groß – aus ihnen wurde Kohle.

Erdöl und Erdgas haben sich aus Kleinstlebewesen, die vor Urzeiten im Meer lebten und abgestorben sind, gebildet.

Im Laufe vieler Millionen Jahre entstand so der Energieschatz der Menschheit. All dies aber wäre nicht möglich gewesen ohne die Sonnenenergie.

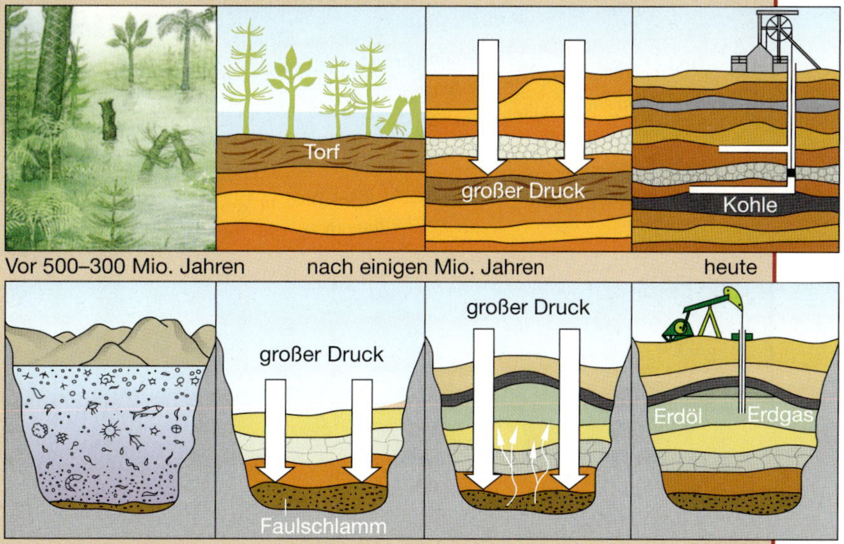

Pinnwand

# ENERGIE UND LEISTUNG

**Mit einer Dauerleistung von 75 Watt**
- kann ein Mensch (60 kg) in 10 Minuten einen 75 m hohen Turm besteigen;
- kann man eine 75 W-Glühlampe zum Leuchten bringen;
- kann man einen kleinen Handmixer betreiben.

Die Dauerleistung von 13 Menschen wäre nötig, um ein Bügeleisen (1000 W) zu betreiben!

## Wie leistungsfähig?

| | | |
|---|---|---|
| Mensch | (Dauerleistung ) | 75 W |
| | (Höchstleistung) | 2 kW |
| Pferd | (Dauerleistung) | 450 W |
| | (Höchstleistung) | 750 W |
| Wal | (Schwanzflosse) | 350 kW |
| PKW | | 80 kW |
| LKW | | 250 kW |
| E-Lok | | 3,5 MW |
| Schiff | | 15 MW |
| Flugzeug | | 60 MW |

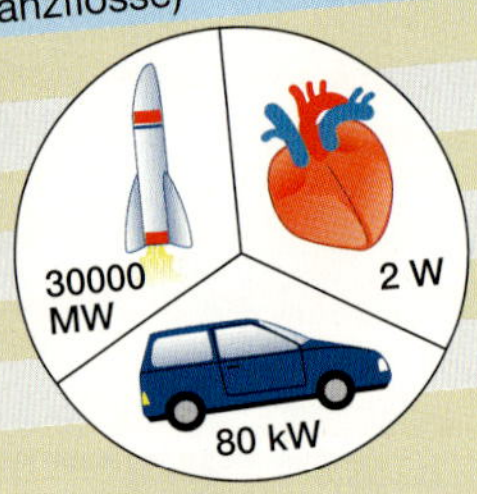


## Masse ≡ Energie

Zu Beginn unseres Jahrhunderts entdeckte ALBERT EINSTEIN, dass Masse und Energie ineinander umgewandelt werden können. Ganz geringe Teile dieser Energie werden bei Kernreaktionen (z. B. der Spaltung von Atomkernen im Kernreaktor) freigesetzt. Würde es gelingen, die gesamte Masse eines Körpers vollständig in Energie umzuwandeln, dann hätten wir fast unerschöpfliche Energiequellen zur Verfügung. Denn die Energie, die zum Beispiel in der Masse (400 g) eines Fußballs steckt, entspricht der elektrischen Energie, die von allen Kraftwerken Deutschlands in einem halben Monat erzeugt und abgegeben wird.

$$E = mc^2$$

Lichtgeschwindigkeit
Masse

## Wärmekraftwerke

Sie nutzen die in Erdöl, Kohle oder Gas gespeicherte chemische Energie und setzen sie durch Verbrennung frei. Mithilfe von Generatoren erfolgt eine Umwandlung in elektrische Energie. Beim Verbrennen entstehen schädliche Abgase, die man nicht alle mit Filtern zurückhalten kann. Besonders das abgegebene Kohlenstoffdioxid führt durch den von ihm verursachten Treibhauseffekt zu einer Erwärmung der Erdatmosphäre und damit zur Veränderung des Klimas und unserer Lebensbedingungen.

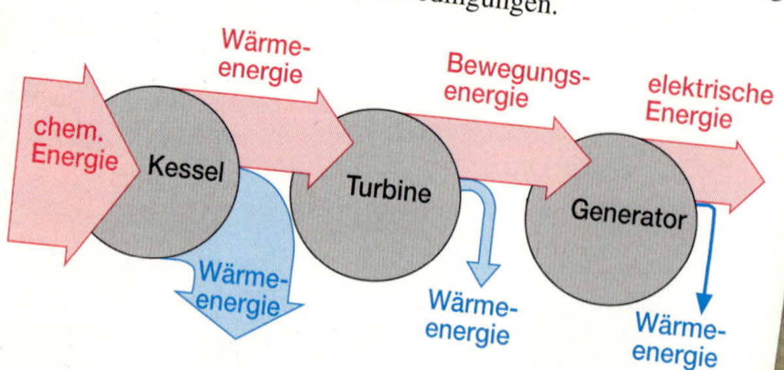


## Energiegehalt einiger Lebensmittel

| | |
|---|---|
| *Mineralwasser* | *0 kJ* |
| *1 Dose Cola* | *607 kJ* |
| *1 Apfel* | *315 kJ* |
| *1 Kugel Eiscreme* | *344 kJ* |
| *100 g Möhren* | *172 kJ* |
| *1 Hamburger* | *2452 kJ* |
| *1 Schokokuss* | *294 kJ* |
| *1 Becher Pudding* | *697 kJ* |
| *100 g Magerquark* | *323 kJ* |
| *100 g Edamer Käse* | *1432 kJ* |
| *100 g Salami* | *2202 kJ* |
| *100 g Seelachsfilet* | *369 kJ* |
| *1 paniertes Kotelett* | *2386 kJ* |
| *100 g Pommes frites* | *525 kJ* |

## Energie

**Prüfe dein Wissen**

**A1 a)** Beantworte zu den Merkzettel-Begriffen folgende Fragen: Was bedeutet der Begriff? Wie und in welcher Einheit wird diese Größe gemessen? Gibt es Formeln dafür? Gibt es sonst noch Wissenswertes über diesen Begriff?
**b)** Wenn du die Fragen nicht auf Anhieb beantworten kannst, dann lies die entsprechenden Seiten im Buch noch einmal gründlich durch.
**c)** Notiere auf der Vorderseite von Karteikarten den Begriff, auf der Rückseite die Erläuterung.

**A2 a)** Physikalisch kann sich Münchhausen nicht selbst am Zopf aus dem Sumpf ziehen. Begründe.
**b)** Wieso wäre es ihm aber mithilfe eines Seiles und eines festen Astes an einem Baum gelungen?

**A3** Auf einer Baustelle wird ein Flaschenzug mit vier tragenden Seilen verwendet. Unten hat ein Bauarbeiter einen leeren Eimer der Masse 2,5 kg angehängt. Auf dem Gerüst in 8 m Höhe hängt ein anderer Bauarbeiter seinen Hammer der Gewichtskraft 10 N an das Zugseil unmittelbar unter die Rollen, damit es straff bleibt.
**a)** Skizziere den Flaschenzug.
**b)** Berechne, ob die Gewichtskraft des Hammers ausreicht, um den Eimer nach oben zu ziehen.
**c)** In welcher Höhe bleibt der Eimer hängen, wenn der Hammer den Eimer nach oben zieht?
**d)** Wie viele Meter Seil sind mindestens für diesen Flaschenzug verwendet worden?
**e)** Wie viele Liter Wasser müssten in den Eimer mindestens gegossen werden, damit er nicht durch den Hammer nach oben gezogen wird? (Ohne Reibung)
**f)** Statt über die festen Rollen des Flaschenzuges könnte man auch das Seil jeweils über eine Stange des Gerüstes laufen lassen. Welchen Vorteil bieten die Rollen? Begründe.

**A4 a)** Erläutere die „Goldene Regel der Mechanik".
**b)** Sie wird auch angewendet, wenn Fässer auf eine Verladerampe hoch geschafft werden sollen. Erkläre.
**c)** Begründe, warum Gebirgsstraßen oft als Serpentinen gebaut werden.

**A5** Bei einem Verkehrsunfall werden durch die Bewegungsenergie des Fahrzeugs bestimmte Karosserieteile verformt.
**a)** Warum ist es wichtig, dass auch Fahrzeuge mit einer großen Masse im Frontbereich nicht zu stabil gebaut sind, sie sich also ebenfalls leicht verformen lassen?
**b)** Ein 1,2 t schweres Auto hat bei einer Geschwindigkeit von 80 $\frac{km}{h}$ eine Bewegungsenergie von 300 kJ. Bei einem Unfall würde diese Energie umgewandelt werden. Aus welcher Höhe müsste das Fahrzeug fallen, um die gleiche Energie zu besitzen?

**A6** Zeichne ein Energiefluss-Schema für das Bogenschießen vom Spannen des Bogens bis zum Steckenbleiben des Pfeiles in der Zielscheibe. Wo bleibt die mechanische Energie?

**A7** Der Motor einer Seilwinde hat eine Leistung von 2 kW. Wie lange braucht er, um eine 59 kg schwere Kiste um 4,3 m anzuheben?

**A8** Ein Wasserkraftwerk am Stausee entnimmt dem Wasserkreislauf Energie, die uns schließlich im Haushalt als elektrischer Strom zur Verfügung steht.
**a)** Zeichne das Energiefluss-Schema vom Stausee bis zur Steckdose.
**b)** Wodurch wird die dem Kreislauf entnommene Energie ersetzt?

**A9** Welche Energieumwandlungen finden bei einem schwingenden Fadenpendel und einem bewegten Federschwinger statt, die schließlich zur Ruhe kommen?

**A10 a)** Auf einen Berg welcher Höhe könntest du klettern, wenn du die gesamte mit der Nahrung an einem Tag aufgenommene Energie (12 000 kJ) zum Bergsteigen verwenden könntest?
**b)** Warum benötigst du aber in Wirklichkeit mehr Energie?

### Die wichtigsten Begriffe

- feste Rolle S. 45
- lose Rolle S. 45
- Flaschenzug S. 46
- Goldene Regel der Mechanik S. 47
- Bewegungsenergie S. 48
- Lageenergie S. 48
- Spannenergie S. 49
- Energieumwandlungen S. 49, 54
- Energieerhaltung S. 52, 53
- mechanische Leistung S. 56

# Druck

**Druck herrscht überall: unter Wasser, in der Luft, in den Tiefen der Erde, in einem aufgeblasenen Luftballon, in der Wasserleitung, in der Colaflasche, … . Gibt es Druck aber auch im Weltall oder in Räumen, in denen nichts mehr drin ist, nicht einmal Luft? Wie können wir den Zustand, den wir Druck nennen, beschreiben und wie sein Zustandekommen erklären? Wie messen wir Drücke?**

Was nicht schwimmt, geht im Wasser unter – nur im Wasser? Was sind die Bedingungen für „Schwimmen“ und „Sinken“? Gibt es Vergleichbares auch in Luft? Was hat der Druck mit Schwimmen und Sinken zu tun?

Mit dem Presslufthammer geht das Aufreißen der Straße viel leichter als mit einer Spitzhacke. Die nötige Druckluft wird von einem Kompressor in einiger Entfernung erzeugt. Wie entsteht Druckluft? Verliert sie ihre Kraft auf dem Weg vom Kompressor zum Presslufthammer? Wovon hängt die Kraft ab, mit der der Stahlmeißel in den Beton getrieben wird?

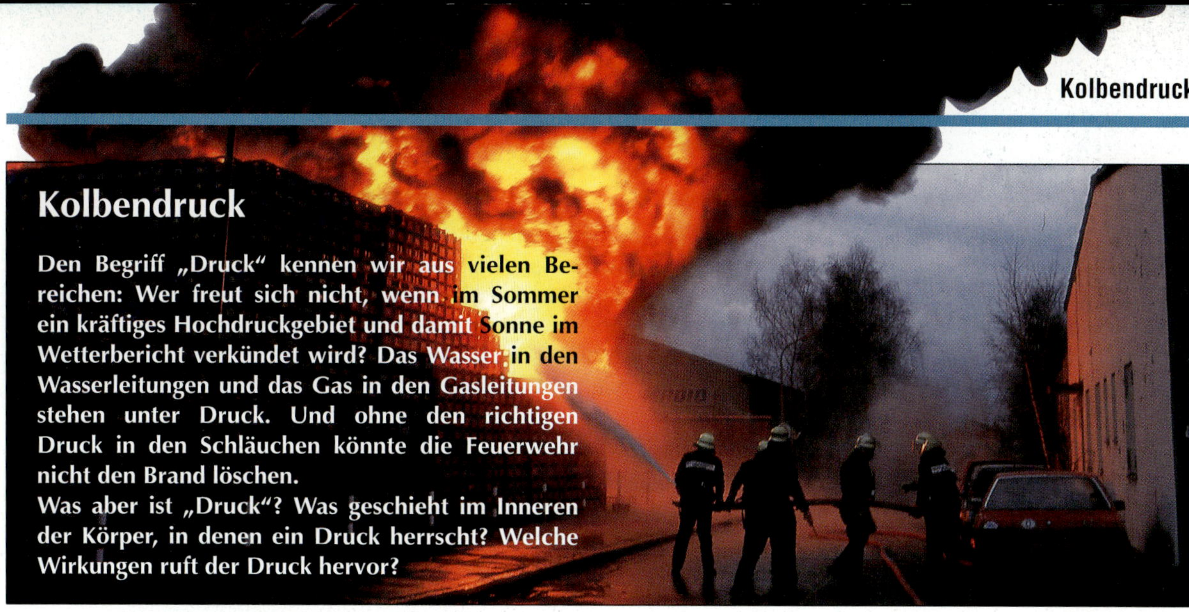

# Kolbendruck

**Den Begriff „Druck" kennen wir aus vielen Bereichen: Wer freut sich nicht, wenn im Sommer ein kräftiges Hochdruckgebiet und damit Sonne im Wetterbericht verkündet wird? Das Wasser in den Wasserleitungen und das Gas in den Gasleitungen stehen unter Druck. Und ohne den richtigen Druck in den Schläuchen könnte die Feuerwehr nicht den Brand löschen.**
**Was aber ist „Druck"? Was geschieht im Inneren der Körper, in denen ein Druck herrscht? Welche Wirkungen ruft der Druck hervor?**

## Druck in Flüssigkeiten

Im Bild rechts sehen wir, dass durch die Kraft auf den Kolben die abgeschlossene Flüssigkeitsmenge die Folie nach oben drückt.
Wir wissen, dass zur Verformung eines Körpers eine Kraft notwendig ist. Die Flüssigkeit wirkt also mit einer Kraft auf die Gefäßwände ein. Diesen Zustand der Flüssigkeit bezeichnet man mit dem Begriff **Druck.** Man sagt: In der Flüssigkeit herrscht ein Druck. Erzeugt wird dieser Druck durch die Kraft auf den Kolben. Wir erkennen den Druck an der Kraftwirkung auf die Gefäßwände.

Zentraler Versuch

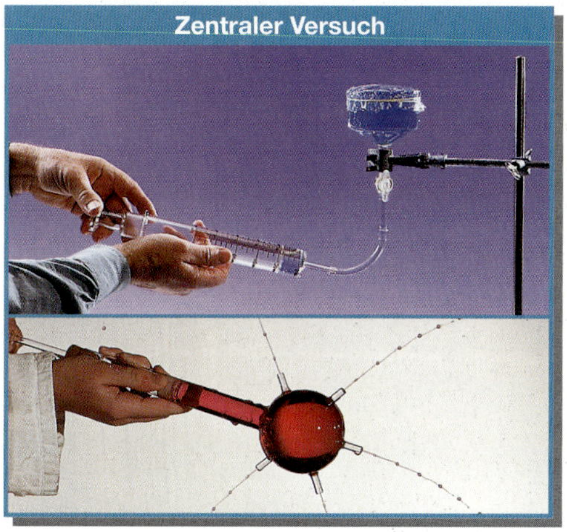

Die Kugelspritze im unteren Foto zeigt uns, dass die Kraft des Kolbens zwar nur in eine Richtung wirkt, das Wasser aber nach allen Seiten gleichmäßig heraus spritzt. Daraus können wir folgenden Schluss ziehen:
Wenn durch die Kraftwirkung auf den Kolben im Inneren von abgeschlossenen Flüssigkeiten ein Druck entsteht, so herrscht in der Flüssigkeit an allen Stellen der gleiche Druck.

Im Teilchenbild können wir uns das so vorstellen:
In einer Flüssigkeit sind die Teilchen gegeneinander verschiebbar. Sie füllen den Raum bis an die Gefäßwände vollständig aus. Das Volumen einer Flüssigkeit kann man deshalb durch äußere Kräfte nicht verkleinern. Flüssigkeiten sind inkompressibel.
Wenn nun durch das Verschieben des Kolbens der für die Teilchen verfügbare Raum plötzlich verkleinert wird, so drücken die Teilchen die Gefäßwand nach außen, um den für sie notwendigen Platz zu erhalten und üben somit Kräfte auf die Gefäßwände aus. Die Summe dieser Kräfte verformt die Gefäßwände. An dieser Wirkung ist der Druck erkennbar.

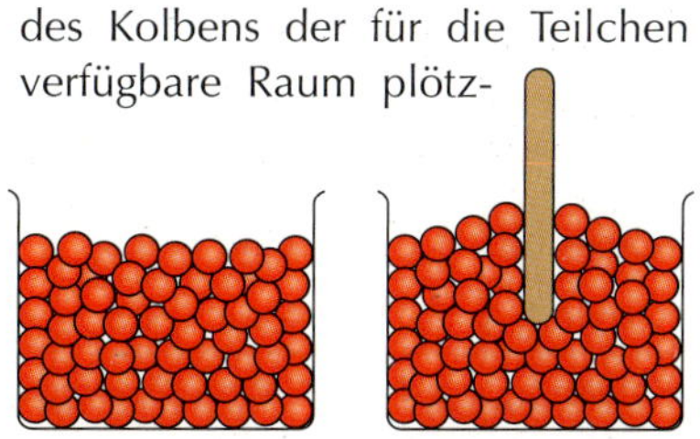

Wird eine abgeschlossene Flüssigkeitsmenge durch einen Kolben zusammen gepresst, so üben die Teilchen eine Kraft senkrecht auf alle Gefäßwände aus – in der Flüssigkeit herrscht ein Druck.
Der Druck ist überall in der Flüssigkeit gleich groß.

**Aufgaben**

**1** Erläutere im Teilchenbild, warum bei einem Wasserrohrbruch nur noch wenig Wasser aus dem Wasserhahn läuft.
**2** Impfnadeln sind heute äußerst dünn. Der Einstich ist kaum zu spüren. Warum schmerzt die Impfstelle hinterher dennoch stark?
**3** Erläutere die Funktionsweise einer Wasserspritzpistole.
**4** Was passiert, wenn ein Fahrradreifen mit Wasser gefüllt würde?

## Druck, Kraft und Fläche

Die auf der vorhergegangenen Seite genannten Eigenschaften des Druckes

- sich allseitig auszubreiten
- an allen Stellen gleich groß zu sein

lassen sich auch für seine Messung nutzen:
Um den Druck in einer Flüssigkeit zu ermitteln, ist es nur notwendig, den Druck an einer einzigen Stelle zu messen. Auch eine Verbindung vom Messgerät, dem **Manometer,** zur Flüssigkeit über ein im Prinzip beliebig langes Rohr ist ausreichend.
Wird der Druck in der Flüssigkeit erhöht, so erhöht sich der Druck im Manometer ebenfalls. Die Flüssigkeit im Manometer drückt dann auf die Membran, die verformt wird. Die Stärke der Verformung ist abhängig von der Größe der wirkenden Kraft und damit direkt vom Druck. Die Membran bewegt dabei über das Gestänge ein Zahnradsegment. Dieses Zahnradsegment dreht über das kleine Zahnrad den Zeiger weiter. Die Teile sind so aufeinander abgestimmt, dass eine kleine Auslenkung der Membran eine große Bewegung des Zeigers ergibt.

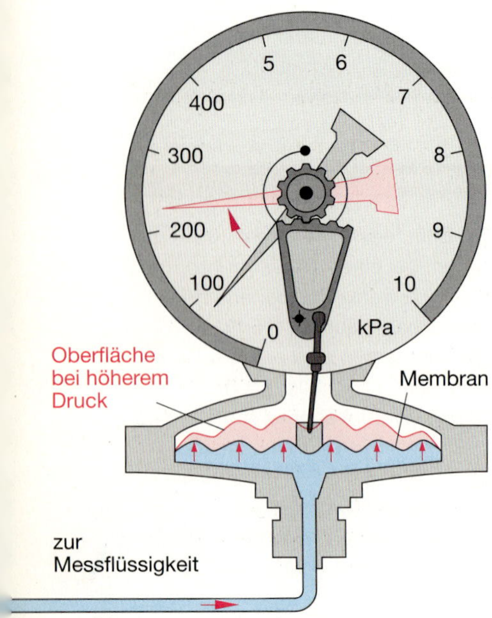


Um das Manometer eichen zu können, also zur Festlegung, was die **Einheit des Druckes 1 Pa** (Pascal) bedeutet, müssen wir wissen, von welchen physikalischen Größen der Druck wie abhängt.

Im Experiment erzeugen wir durch die Gewichtskraft der Wägestücke auf den linken Kolbenprober ① einen Druck in der Flüssigkeit. Durch die nun auf alle Gefäßwände wirkenden Kräfte werden die anderen Kolben nach oben gedrückt. Um deren Aufwärtsbewegung zu verhindern, legen wir auf sie so viele Wägestücke, dass jeder Kolben wieder in Ruhe ist. Dann herrscht Gleichgewicht zwischen der Gewichtskraft der Wägestücke und der Kraft, die durch den Druck in der Flüssigkeit auf die Kolben wirkt.
Der Druck ist in der gesamten Flüssigkeit gleich groß. Trotzdem liegen auf den Kolben unterschiedlich viele Wägestücke, um dieses Kräftegleichgewicht zu erzeugen. Die Messwerte in der Tabelle zeigen auch die Ursache dafür: Jeder der Kolben besitzt eine andere Grundfläche. Der Quotient aus der wirkenden Kraft und der Fläche, auf die die Kraft wirkt, ist in allen Fällen gleich. Deshalb wird er als Maß für den Druck verwendet. Für die Einheit des Druckes wurde festgelegt:
$1 \text{ Pa} = 1 \frac{\text{N}}{\text{m}^2}$.

**Zentraler Versuch**

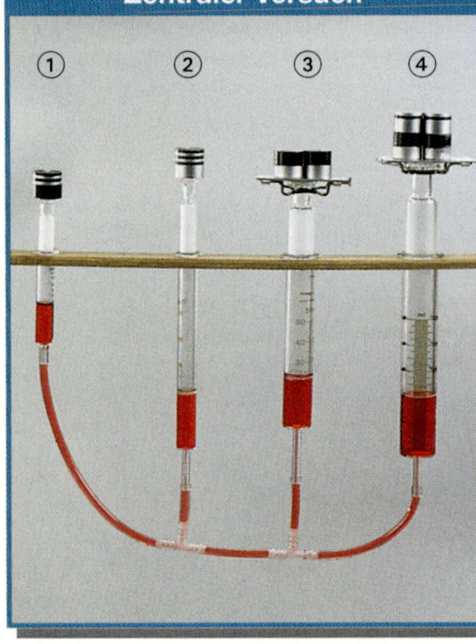


| | Kraft | Fläche | $\frac{F}{A}$ |
|---|---|---|---|
| Kolben ② | 1,0 N | 2 cm² | $0{,}5 \frac{\text{N}}{\text{cm}^2}$ |
| Kolben ③ | 2,0 N | 4 cm² | $0{,}5 \frac{\text{N}}{\text{cm}^2}$ |
| Kolben ④ | 3,4 N | 7 cm² | $0{,}49 \frac{\text{N}}{\text{cm}^2}$ |

**Definition / Einheiten**

**Druck**

Die Einheit ist 1 Pa (Pascal).
$1 \text{ Pa} = 1 \frac{\text{N}}{\text{m}^2}$
Das Formelzeichen ist $p$.

Weitere Einheiten:

| | | |
|---|---|---|
| Hektopascal: | 1 hPa = | 100 Pa |
| Kilopascal: | 1 kPa = | 1000 Pa |
| Bar: | 1 bar = | 100 kPa |

Somit kann der Druck neben der direkten Messung mit einem Manometer auch über die Berechnung aus wirkender Kraft und Fläche bestimmt werden.

Betrachten wir nun den den Druck erzeugenden Kolben ① in unserem Experiment. Auch für ihn erhalten wir als Quotient aus wirkender Kraft und der Fläche, auf die die Kraft einwirkt, den gleichen Zahlenwert. Der erkannte Zusammenhang gilt somit für jeden der vier Kolben.

| | Kraft | Fläche | $\frac{F}{A}$ |
|---|---|---|---|
| Kolben ① | 0,9 N | 1,8 cm² | $0{,}5 \frac{\text{N}}{\text{cm}^2}$ |

Der Druck lässt sich bestimmen als Quotient aus der auf eine Fläche senkrecht wirkenden Kraft und der Größe dieser Fläche:
$p = \frac{F}{A}$

## Druck in der Medizin

**Streifzug**

Im Ruhezustand schlägt unser Herz zwischen 60 und 80 mal pro Minute. Mit jedem Herzschlag pumpt es Blut durch unseren Körper. Während der *Systole,* dem Zusammenziehen des Herzmuskels, wird vom Muskel auf die gesamte Gefäßwand der linken Herzkammer eine Kraft ausgeübt. Dadurch steigt der Druck des Blutes im Herzen und in allen Arterien an – wir spüren den Pulsschlag: Das Blut wird durch die engen Kapillargefäße gepresst. Danach nimmt der Druck in den Arterien wieder ab. Wenn sich der Herzmuskel entspannt, wird das Herz wieder mit Blut gefüllt. Während diese Phase, der *Diastole,* ist der Druck im Blut geringer.

Beim Blutdruckmessen werden die Druckwerte während der Systole und der Diastole ermittelt. Dafür wird der Oberarm oder das Handgelenk mit einer Manschette versehen. Wird die Manschette mit Luft aufgeblasen, so entsteht in ihr ein Druck. Die Wand der Manschette drückt den Arm zusammen. Wenn die Druckkraft groß genug ist, wird der Blutfluss unterbrochen. Dann wird die Luft langsam abgelassen. Bald ist der Puls wieder zu hören. Zu diesem Zeitpunkt ist der Druck in der Manschette etwa gleich dem Blutdruck. Auf dem an der Manschette angeschlossenen Manometer kann der Blutdruck der Systole abgelesen werden. Ist der Puls dann nicht mehr zu hören, fließt das Blut wieder ungehindert unter der Manschette hindurch. Jetzt kann der Druck während der Diastole abgelesen werden.

Der Blutdruck kann uns aber auch in Gefahr bringen. Wenn eine Ader platzt, so fließt Blut in das angrenzende Gewebe. Dies geschieht so lange, bis dieses Gewebe so gedehnt ist, dass der Druck im Gewebe eine gleich große Gegenkraft zur Kraft des Blutes auf das Gewebe aufbringt – die Blutung kommt zum Stehen, das Blut gerinnt. Nach Abheilung der Wunde wird das Blutgerinsel vom Körper abgebaut – der blaue Fleck verschwindet langsam wieder.
Platzt eine Ader im Gehirn, so wird durch das austretende Blut das Gehirn immer mehr zusammengedrückt und stirbt wegen mangelnder Durchblutung in diesen Regionen ab. Deshalb muss bei einer Blutung im Gehirn schnellstens dafür gesorgt werden, dass das Blut abfließen kann.

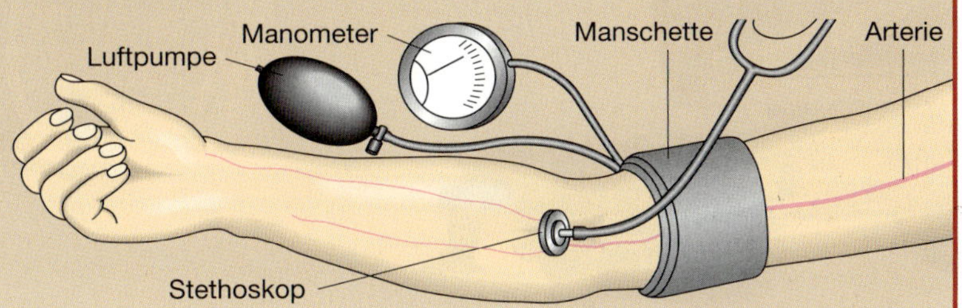


**Rechenbeispiel**

Auf den Kolben einer Luftpumpe ($A$ = 5 cm$^2$) wirkt eine Kraft von 70 N. Unter welchem Druck strömt die Luft in den Reifen?

Geg.: $F = 70$ N; $A = 5\ \text{cm}^2 = 0{,}0005\ \text{m}^2$

Ges.: $p$

Lösung: $p = \frac{F}{A} = \frac{70\ \text{N}}{0{,}0005\ \text{m}^2}$
$= 140\,000$ Pa
$= 140$ kPa

Die Luft strömt unter einem Druck von 140 kPa in den Reifen.

**Aufgaben**

**1** Der Kolben einer Spritze hat einen Durchmesser von 1 cm. Auf ihn wirkt eine Kraft von 15 N. Mit welchem Druck wird das Serum gespritzt?

**2** In einer Wasserleitung herrscht ein Druck von 6,5 bar. Welche Kraft ist erforderlich, um einen geöffneten Wasserhahn mit der Hand zuzuhalten, wenn seine Öffnung 2 cm Durchmesser hat?

**3** In einem Quader mit den Kantenlängen 3 cm, 4 cm und 5 cm wird eine Flüssigkeit mit dem Druck 5 bar eingeschlossen. Welche Kräfte wirken auf die Begrenzungsflächen?

**4** Die Pumpe eines Springbrunnens erzeugt für eine hohe Fontäne im Wasser einen Druck von 20 bar. Wie groß darf die Öffnung, durch die das Wasser austritt, höchstens sein, damit du sie durch die Wirkung deiner Gewichtskraft allein durch Darauf-Stellen abdichten kannst?

**5** Der Druck in einer Arterie liegt normalerweise bei etwa 120 mm Quecksilbersäule $\triangleq$ 0,16 bar. Welche Kraft ist nötig, um die Arterie mit einem Finger ($A \approx 4$ cm$^2$) abzudrücken?

## Hydraulische Anlagen

Bei der Herleitung der Gleichung zur Berechnung des Druckes haben wir festgestellt: Bei gleichem Druck in der Flüssigkeit war für das Kräftegleichgewicht am Kolben mit der kleineren Querschnittsfläche eine kleinere Kraft notwendig als am Kolben mit der größeren Querschnittsfläche. Aus der Kenntnis dieses Zusammenhanges zwischen Kraft und Fläche beim Druck entstand eine sehr wichtige Art von Kraft umformenden Maschinen – die **hydraulischen Anlagen.**

Die auf den Arbeitskolben wirkende Kraft lässt sich leicht berechnen: Der Druck in der Hydraulikflüssigkeit ist der Quotient aus der Kraft auf den Pumpkolben und seiner Fläche:

$p = \frac{F_P}{A_P}$.

Der gleiche Druck herrscht am Arbeitskolben. Deshalb gilt (wegen $p = \frac{F_A}{A_A}$ für den Arbeitskolben):

$$\frac{F_P}{A_P} = \frac{F_A}{A_A} \Rightarrow F_A = F_P \cdot \frac{A_A}{A_P}$$

Die Kraftwirkung am Arbeitskolben ist immer mit einer Bewegung des Arbeitskolbens verbunden. Um ihn eine bestimmte Strecke zu verschieben, muss der Pumpkolben einen viel größeren Weg zurücklegen (Goldene Regel der Mechanik).

Durch hydraulische Anlagen werden Kräfte übertragen und verändert. Für die Kraft am Arbeitskolben gilt: $F_A = F_P \cdot \frac{A_A}{A_P}$

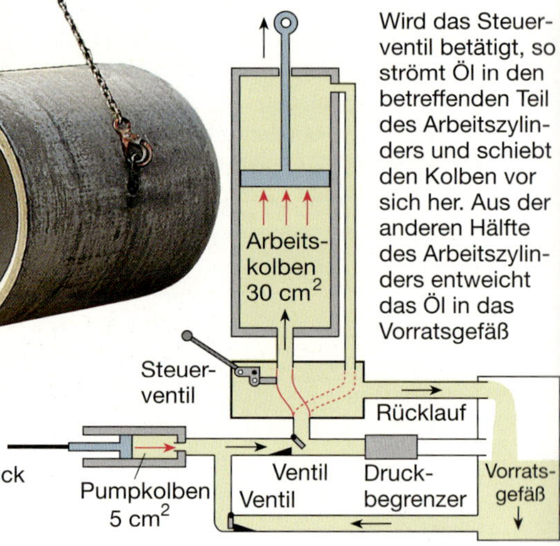


Wird das Steuerventil betätigt, so strömt Öl in den betreffenden Teil des Arbeitszylinders und schiebt den Kolben vor sich her. Aus der anderen Hälfte des Arbeitszylinders entweicht das Öl in das Vorratsgefäß

Ein kleiner Pumpkolben, der vom Motor des Baggers angetrieben wird, erzeugt den Druck im Öl der gesamten Hydraulik-Anlage. Über feste Metallrohre und biegsame Schläuche wird die Kraft des Pumpkolbens auf die verschiedenen Arbeitskolben übertragen.

### Aufgaben

**1** Beschreibe den Aufbau einer Hebebühne und erläutere ihre Funktionsweise.

**2** Stelle eine Gleichung für die Wege der Kolben an hydraulischen Anlagen auf.

**3** Kolben hydraulischer Anlagen sind meist kreisförmig. Entnimm die Verhältnisse der Kolbenflächen beim Bagger dem Bild und bestimme die Kraftverstärkung.

**4** **a)** Warum wird bei hydraulischen Anlagen Öl und nicht Wasser benutzt?

**b)** Werden Bagger in Wasserschutzgebieten eingesetzt, so wird teures Rapsöl für die Hydraulik benutzt. Begründe diese Maßnahme.

**5** Der Arbeitskolben einer Hebebühne hat einen Durchmesser von 20 cm, der Pumpkolben von 3 cm. Mit welcher Kraft muss der Pumpkolben heruntergedrückt werden, um ein Fahrzeug der Masse 1,5 t anzuheben?

**6** Bei einem hydraulischen Wagenheber hat der Pumpkolben den Durchmesser 1 cm. Er wird mit einem einseitigen Hebel heruntergedrückt (Hebelarmlängen 5 cm und 50 cm). Am Hebel wirkt eine Kraft von 100 N. Welche Fläche muss der Arbeitskolben haben, wenn zum Anheben des Fahrzeugs eine Kraft von 7 kN notwendig ist?

# HYDRAULISCHE ANLAGEN

*Hydraulische Anlagen besitzen gegenüber anderen Kraft umformenden Einrichtungen wie Hebeln oder Getrieben zwei wesentliche Vorteile: Neben der möglichen sehr großen Kraftvergrößerung kann der Druck und damit die Kraftwirkung über Rohrleitungen und Schläuche auch über größere Strecken „transportiert" werden.*
*Die Anwendungsmöglichkeiten für hydraulische Anlagen sind deshalb äußerst vielfältig. Man erkennt ihren Einsatz meist sofort an dem typischen Gestänge mit den geschliffenen Arbeitskolben und den flexiblen Schläuchen.*

## Bremsanlage Pkw

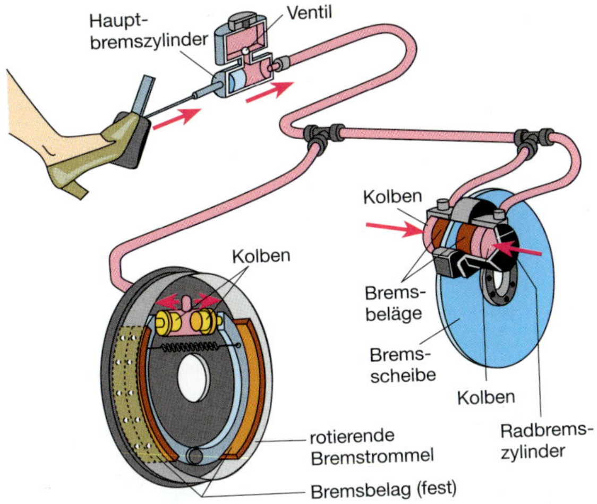

Bei der Bremsanlage eines Pkw wird durch den Tritt auf das Bremspedal über den Pumpkolben ein Druck in der Bremsflüssigkeit erzeugt. Die Bremsflüssigkeit drückt auf die Kolben der Bremszylinder und damit auf die Bremsklötze. Diese werden mit einer dem Verhältnis der beteiligten Kolbenflächen entsprechenden Kraft gegen Bremsscheiben oder -trommeln gepresst. Durch die Reibung zwischen ihnen und den Bremsbelägen wird die Bewegung des Fahrzeugs verzögert.

## Rettungsgerät Feuerwehr

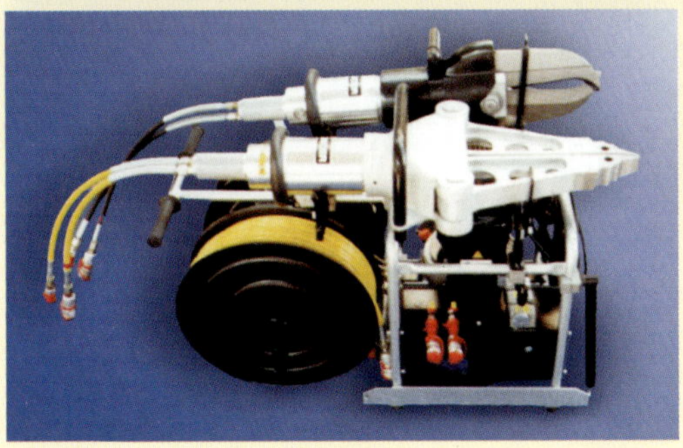

*Bei Verkehrsunfällen sind zum Bergen von Unfallopfern aus deformierten Fahrzeugen oft sehr große Kräfte erforderlich. Das hydraulische Rettungsgerät der Feuerwehr zerschneidet die Karosserie mühelos.*

Mit Hydraulik werden die Ladeflächen von Autotransportern gehoben oder gesenkt oder die Visiere bzw. Auffahrrampen an Fähren bewegt.

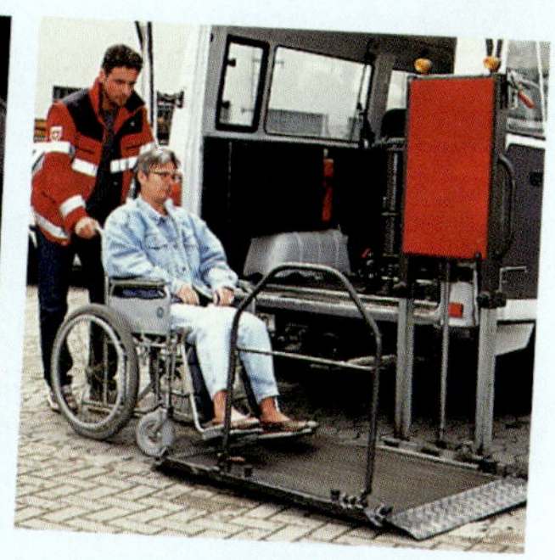

Auch die Rampe zum Auffahren für Rollstuhlfahrer wird über eine Hydraulik bewegt.

## Druck in Gasen

In einem Gas können sich die Teilchen völlig frei bewegen. Sie stoßen dabei auch gegen die Gefäßwände und üben somit Kräfte auf die Gefäßwände aus. Dieser Wirkung haben wir bisher als Ursache den Kolbendruck zugeschrieben. In Gasen herrscht somit stets ein Druck, auch ohne einen drückenden Kolben. Dies gilt natürlich auch für Flüssigkeiten. Jedoch ist dort der Kolbendruck gegenüber dem Innendruck stets so groß gewesen, dass wir den Innendruck vernachlässigen konnten.

Wenn wir eine Luftmenge in einer Papiertüte locker einschließen, so verändert sich die Tütenform danach nicht weiter. Die Tüte muss sich demzufolge im Kräftegleichgewicht befinden. Ursache dafür sind die Gasteilchen außerhalb der Tüte. Im Gas außen herrscht der gleiche Druck wie innen. Deshalb stoßen von außen und von innen im Mittel gleich viele Teilchen gleich heftig gegen die Tüte.

Anders als Flüssigkeiten lassen sich Gase aber zusammenpressen (komprimieren), d. h. die gleiche Anzahl von Teilchen lässt sich auch in einem kleineren Raum unterbringen. Werden nun mehr Teilchen in die Tüte hinein gepustet, so wird die Tüte prall und fest. Im Inneren der Tüte sind dann pro Volumenanteil mehr Teilchen als außerhalb. Deshalb stoßen jetzt mehr Teilchen pro Flächenstück gegen die Wände, sie üben eine größere Kraft auf die Innenseite der Tüte aus, während sich an dem Zustand außen nichts verändert hat. Der Druck in der Tüte ist also größer als der Außendruck. Makroskopisch bemerken wir dies am Ausbeulen der Tüte.

Wie ändern sich Druck und Volumen einer bestimmten Luftmenge, wenn die Luft komprimiert wird?

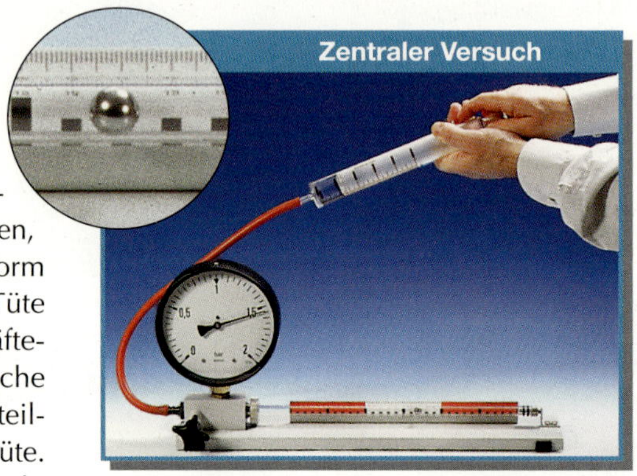


Die Kugel in der Glasröhre des Fotos oben trennt die beiden eingeschlossenen Gasmengen. Wenn sich die Kugel nicht bewegt, so ist die Summe aller auf sie einwirkenden Kräfte Null. Dann herrscht in beiden Gasmengen der gleiche Druck, der vom Manometer angezeigt wird. Das Volumen der rechten Gasmenge können wir mithilfe der Skala genau messen.

Wird nun der Kolben in den Zylinder hinein geschoben, so steigt der Druck auf der linken Seite. Denn jetzt sind mehr Teilchen je Volumenelement vorhanden; es stoßen also mehr Teilchen gegen die Begrenzungen, also auch gegen die Kugel. Dadurch wird die Kugel verschoben, bis der Druck in beiden Gasvolumen wieder ausgeglichen ist, sodass von beiden Seiten in der gleichen Zeit wieder gleich viele Teilchen gegen die Kugel prallen.

Aus den Messwerten erkennen wir nicht nur, dass mit steigendem Druck in der Gasmenge das Volumen abnimmt, sondern auch, dass das Produkt aus dem Druck in der abgeschlossenen Gasmenge und dem zugehörigen Volumen für alle Wertepaare gleich ist. Beide Größen sind umgekehrt proportional zueinander. Im Diagramm erkennen wir diesen Zusammenhang an dem charakteristischen fallenden Kurvenverlauf.

Dieser Zusammenhang heißt nach seinen Entdeckern ROBERT BOYLE (1627–1691) und EDMÉ MARIOTTE (1620–1684) **Boyle-Mariotte'sches Gesetz.**

Für eine abgeschlossene Gasmenge gilt:
Das Produkt aus Druck und Volumen ist stets konstant.
$p_1 \cdot V_1 = p_2 \cdot V_2 = \text{konstant}$

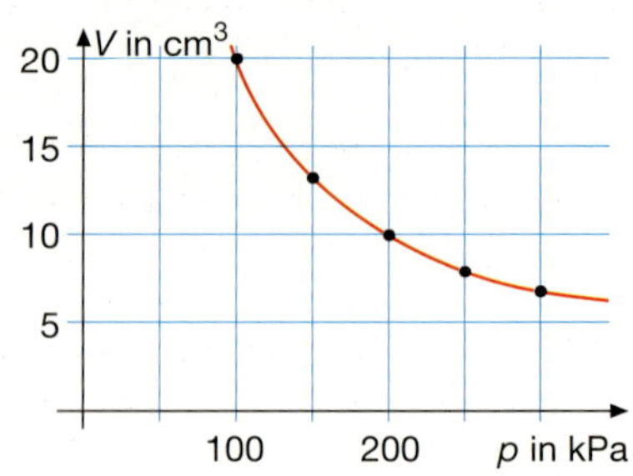


| **Druck $p$** | 100 kPa | 150 kPa | 200 kPa | 250 kPa | 300 kPa |
|---|---|---|---|---|---|
| **Volumen $V$** | 20 $cm^3$ | 13,3 $cm^3$ | 10 $cm^3$ | 8 $cm^3$ | 6,7 $cm^3$ |
| **$p \cdot V$** | $2 \cdot 10^3$ kPa·$cm^3$ | $2 \cdot 10^3$ kPa·$cm^3$ | $2 \cdot 10^3$ kPa·$cm^3$ | $2 \cdot 10^3$ kPa·$cm^3$ | $2 \cdot 10^3$ kPa·$cm^3$ |

**Rechenbeispiel**

Die Druckluftflasche eines Tauchers hat ein Volumen von 5,0 Litern. Der Druck in der Flasche beträgt 200 bar. Wie viel Liter Atemluft kann der Taucher in 20 m Wassertiefe aus der Flasche entnehmen, wenn dort zum Atmen ein Druck von 3 bar notwendig ist?

Geg.: $V_1 = 5{,}0$ l; $p_1 = 200$ bar; $p_2 = 3$ bar

Ges.: $V_2$

Lösung: Aus $p_1 \cdot V_1 = p_2 \cdot V_2$ folgt

$$V_2 = \frac{p_1 \cdot V_1}{p_2} = \frac{200\ \text{bar} \cdot 5{,}0\ \text{l}}{3\ \text{bar}} = 330\ \text{l}$$

Der Taucher kann 325 Liter Luft aus der Flasche entnehmen, denn 5 Liter verbleiben in der Flasche. (Diese Luftmenge reicht für einen Tauchgang von etwa 15 min.)

## Aufgaben

**1** Für Schweißarbeiten werden Druckgasflaschen mit Sauerstoff benötigt. Ihr Innenvolumen beträgt 25 Liter. Der Innendruck 15 000 kPa. Beim Schweißen tritt der Sauerstoff unter einem Druck von 200 kPa aus.
**a)** Wie viel Liter Sauerstoff können zum Schweißen aus der Flasche entnommen werden?
**b)** Wie viel Liter Sauerstoff mit einem Druck von 1000 hPa wurden vorher in die Flasche gepumpt?

**2** Weit abgelegene Häuser haben meist eine eigene Wasserversorgung durch einen Brunnen. Das Wasser des Brunnens wird in einen Druckbehälter als Speicher gepumpt. Erkläre die Funktionsweise des Druckbehälters.

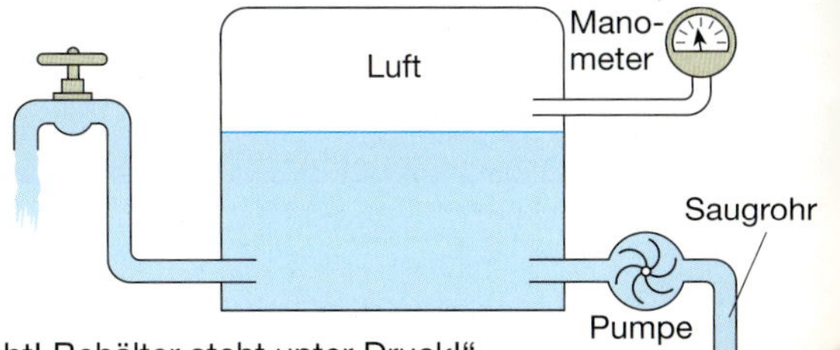


**3** Auf Spraydosen steht: „Vorsicht! Behälter steht unter Druck!"
**a)** Beschreibe die Funktionsweise der Spraydose mithilfe der Abbildung rechts.
**b)** Warum sind Spraydosen nie vollständig gefüllt?
**c)** Warum kann man nach Beenden des Sprühens zum Reinigen der Düse den Kopf nach unten halten und kurz drücken?
**d)** Was kann geschehen, wenn die Düse zu oft gereinigt wird bzw. wenn beim Reinigen das Ventil zu lange gedrückt wird?

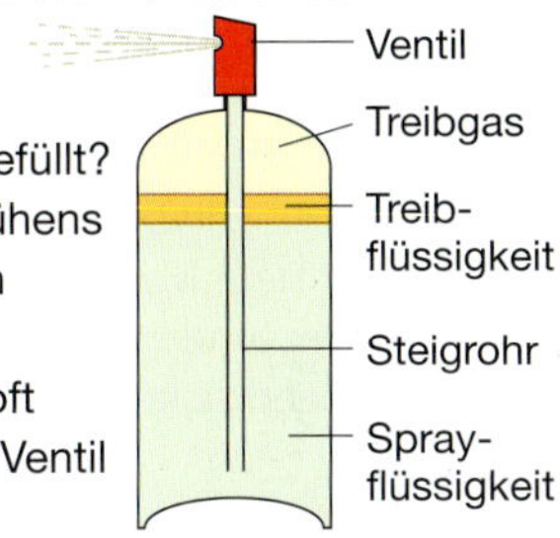


## Kolbendruck

**Versuche und Aufträge**

**V1 a)** Blase zwei Luftballons verschieden stark auf und verbinde sie über ein Rohr miteinander. Halte dabei die Ballons stets zu. Gib jetzt die Verbindung über das Rohr frei. Beobachte und erläutere den nun folgenden Vorgang.
**b)** Ziehe Schlussfolgerungen über den Druck in den Ballons und vergleiche sie mit Beobachtungen beim Aufpusten.

**V2 Gesetz von Boyle-Mariotte am Fahrradreifen:**
**a)** Lasse die Luft vollständig aus dem Schlauch ab und pumpe ihn wieder auf. Zähle die Kolbenbewegungen und berechne den Druck im Reifen.
**b)** Kontrolliere den Druck mit einem Manometer und führe eine Fehlerbetrachtung durch.

**V3 Druck in der Wasserleitung:** Nutze einen Wasserhahn im Garten, der einen dünnen Ansatz zum Aufstecken eines Schlauches besitzt.
**a)** Dichte den Ansatz mit einer Gummihaut (z. B. alter Fahrradschlauch) ab. Baue alles so wie in der Skizze auf. (Leiste und Brett sind ein Hebel.) Drehe nun den Wasserhahn auf und entferne so lange Sand aus dem Eimer, bis Wasser aus dem Hahn austritt.
**b)** Schätze mithilfe der Masse des Eimers, dem Hebelgesetz und der Fläche des Wasserhahns den Wasserdruck ab.

**V4** Verklebe eine leere Tintenpatrone oder verschließe sie wieder mit einer kleinen Kugel. Öffne sie nun am Boden. Gib etwas Backpulver hinein und anschließend einen Tropfen Wasser. Verschließe die Patrone wieder fest und stelle sie weg. Beobachte und erkläre.

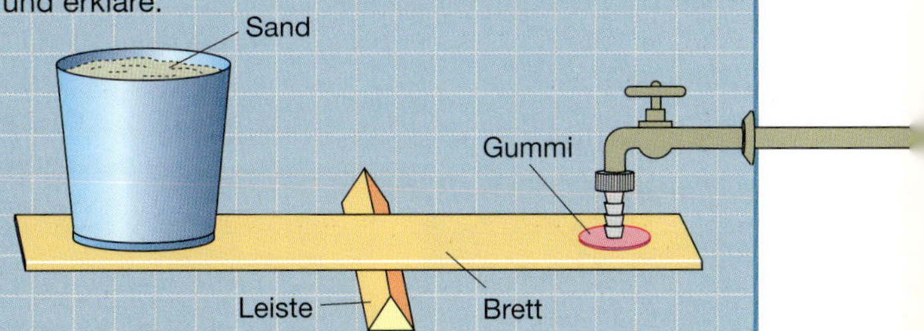

# Schweredruck in Flüssigkeiten

**Beim Tauchen spüren wir den Druck auf die Ohren. Arbeiter, Forscher oder U-Boote, die tief unter der Wasseroberfläche agieren, müssen sich durch dicke Panzerungen gegen den Druck im Wasser schützen. Fische dagegen kommen offenkundig ohne solchen Schutz aus.**
**Woher kommt die Kraft, die diesen Druck unter Wasser erzeugt? Wie kann man den Druck in Wasser bestimmen und wie groß ist er? Weshalb muss der Taucher einen so festen „Anzug" tragen, Fische dagegen nicht?**

## Entstehung des Schweredruckes

Die Membran an der Dosenöffnung im Foto rechts wird
- umso stärker eingedrückt, je tiefer der Trichter eingetaucht wird;
- in gleicher Tiefe von den Seiten, von oben und von unten gleich stark eingedrückt.

Im Wasser nimmt der Druck also mit der Eintauchtiefe zu; die Druckkräfte sind in einer bestimmten Wassertiefe in alle Richtungen gleich groß.

Mit dem Manometer können wir den Druck in Abhängigkeit von der Tiefe bestimmen. Das Ergebnis zeigt die Tabelle. Eintauchtiefe $h$ und Druck $p$ sind proportional: $\boldsymbol{p \sim h}$.

| $h$ | $p$ | $\frac{p}{h}$ |
|---|---|---|
| 10 cm | 1001 Pa | 100,1 $\frac{\text{Pa}}{\text{cm}}$ |
| 20 cm | 1997 Pa | 99,9 $\frac{\text{Pa}}{\text{cm}}$ |
| 30 cm | 3004 Pa | 100,1 $\frac{\text{Pa}}{\text{cm}}$ |
| 40 cm | 3998 Pa | 100,0 $\frac{\text{Pa}}{\text{cm}}$ |

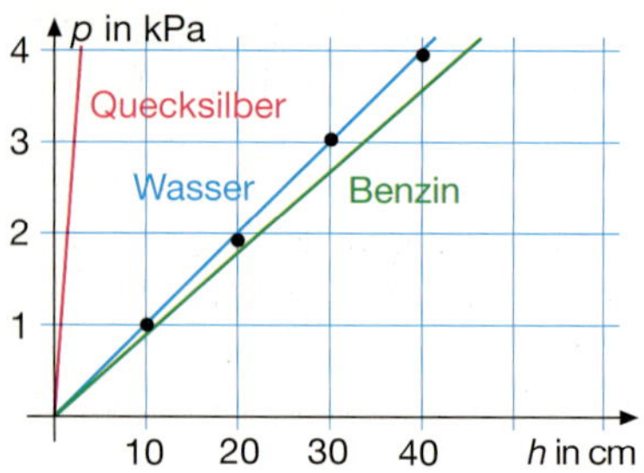


**Zentraler Versuch**

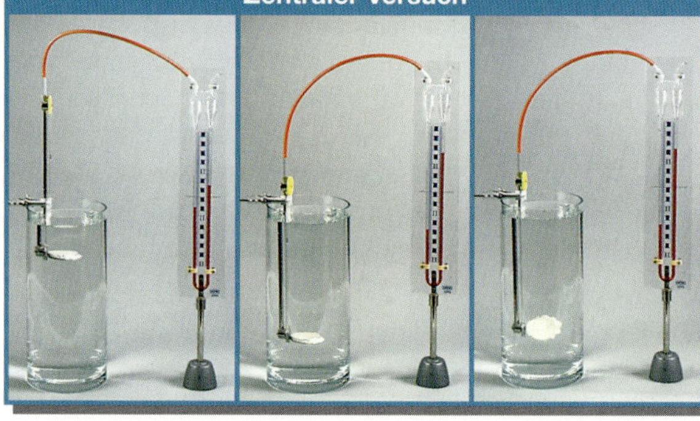

**Das U-Rohr-Manometer**
In der Luft des linken U-Rohr-Schenkels herrscht der zu messende Druck. Die Luft übt daher eine Kraft auf die linke Flüssigkeitsoberfläche aus. Diese Kraft verschiebt die Flüssigkeitssäule nach rechts. Die unterschiedlichen Flüssigkeitsstände in den beiden Schenkeln sind um so größer, je größer der Druck im linken Schenkel ist.

Um die Entstehung des Druckes zu verstehen, schneiden wir in Gedanken eine Wassersäule aus und ermitteln die Gewichtskraft, mit der sie auf die untere Begrenzungsfläche drückt. Die Eigenschaft der Wassersäule, schwer zu sein, bewirkt ja gerade den Druck im Wasser. Er wird deshalb **Schweredruck** genannt.

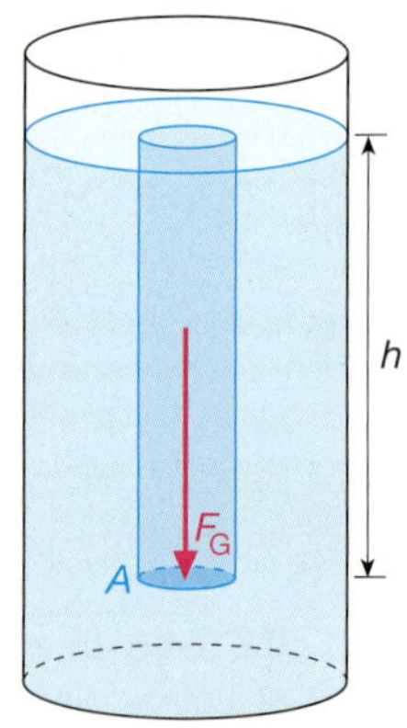


Für die Gewichtskraft der Wassersäule gilt: $F_G = m \cdot g$. Sie hat das Volumen $V = A \cdot h$ und die Masse $m = \rho \cdot V$. Es gilt deshalb für den Schweredruck $p$

$$p = \frac{F_g}{A} = \frac{m \cdot g}{A} = \frac{\rho \cdot V \cdot g}{A} = \frac{\rho \cdot A \cdot h \cdot g}{A}$$

$$\boldsymbol{p = \rho \cdot g \cdot h}$$

Der Schweredruck in einer Flüssigkeit hängt also nur ab von der Art der Flüssigkeit (Dichte $\rho$ als spezifische Größe der Flüssigkeit) und der Eintauchtiefe $h$. Von der Fläche $A$, auf der die Wassersäule steht, ist er unabhängig. Die Formel bestätigt auch die in der Messreihe gefundene Proportionalität zwischen Eintauchtiefe und Schweredruck, denn $\rho$ und $g$ sind Konstanten und ergeben zusammen den Proportionalitätsfaktor zu $p \sim h$.

Je steiler die Geraden im Diagramm links verlaufen, desto mehr nimmt der Schweredruck mit der Tiefe zu. Für unterschiedliche Flüssigkeiten gilt: Je dichter die Flüssigkeit, desto größer der Schweredruck in gleicher Tiefe.

Wenn die senkrecht nach unten gerichtete Gewichtskraft den Schweredruck hervorruft, weshalb wird die Membran auch seitlich oder sogar von unten eingedrückt, wenn wir sie entsprechend halten?

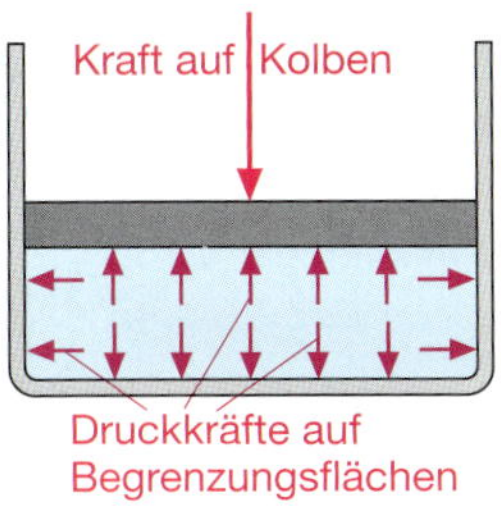


In einer allseitig eingeschlossenen Flüssigkeit wird eine Kraft, die auf einen die Flüssigkeit zusammendrückenden Kolben wirkt, gleichmäßig auf alle Begrenzungsflächen übertragen. An jeder Stelle in der Flüssigkeit ist deshalb der vom Kolben erzeugte Druck gleich groß ist.

Eine Flüssigkeit in einem oben offenen Gefäß wird von keinem Kolben zusammengedrückt. Aber jede obere Wasserschicht lastet auf den jeweils darunter liegenden wie ein drückender Kolben. Dadurch stellen sich in den unteren Wasserschichten Druckverhältnisse ein, wie sie vom Kolbendruck her bekannt sind. Die Weitergabe der Gewichtskraft der Teilchen an die unter ihnen liegenden und ihre Verschiebbarkeit gegeneinander führen dazu, dass in einer Flüssigkeit der Schweredruck an einer Stelle immer zu allen Seiten vorhanden und gleich groß ist.

In jeder Flüssigkeit herrscht ein Schweredruck.
- Er entsteht durch die Gewichtskraft der Flüssigkeit.
- Er nimmt proportional zur Eintauchtiefe zu.
- Die Druckkräfte in der Flüssigkeit sind in einer bestimmten Tiefe in allen Richtungen gleich groß.

**Rechenbeispiel**

Wie groß ist der Schweredruck in 10 m Wassertiefe?

Geg.: $h = 10\ \text{m} = 100\ \text{dm}$; $\rho = 1\ \frac{\text{g}}{\text{cm}^3} = 1\ \frac{\text{kg}}{\text{dm}^3}$
Ortsfaktor $g = 9{,}81\ \frac{\text{N}}{\text{kg}}$

Ges.: Schweredruck $p$

Lösung: $p = \rho \cdot h \cdot g$

$= 1\ \frac{\text{kg}}{\text{dm}^3} \cdot 100\ \text{dm} \cdot 9{,}81\ \frac{\text{N}}{\text{kg}}$

$= 981\ \frac{\text{N}}{\text{dm}^2} = 98\,100\ \frac{\text{N}}{\text{m}^2} = 98\,100\ \text{kPa}$

$= 0{,}981\ \text{bar} \approx 1\ \text{bar}$

In 10 m Wassertiefe beträgt der Schweredruck etwa 1 bar.

## Aufgaben

**1** Berechne den Druck, dem die Titanic nach ihrem Untergang in 3775 m Tiefe ausgesetzt war. Vergleiche diesen Druck mit dem, der in einem Autoreifen herrscht (ca. 2,0 bar). (Dichte von Meerwasser $\rho = 1{,}02\ \frac{\text{kg}}{\text{dm}^3}$)

**2** Welche Kraft wirkt auf ein Handflächen großes Stück (ca. 1 $\text{dm}^2$) einer U-Bootwand in 350 m Tiefe?

**3** Treten wir am Strand auf den Sand, von dem gerade das Wasser der letzten Welle abläuft, so können wir beobachten, wie seitlich vom Fuß das restliche Wasser aus dem Sand gedrückt wird. Die Kraft des Fußes hat aber nur senkrecht gewirkt.
**a)** Erkläre diese Beobachtung.
**b)** Erkläre an diesem Beispiel auch das Zustandekommen der nach oben gerichteten Druckkräfte.

## Versuche und Aufträge

**V1** **a)** Bohre in eine große Plastikflasche mit einer heißen Stricknadel Löcher an den angegebenen Stellen. Fülle die Flasche über einer Wanne mit Wasser und beobachte.
**b)** Erläutere deine Beobachtungen mit den Eigenschaften des Schweredruckes.
**c)** Berechne den Druck an den verschiedenen Löchern.

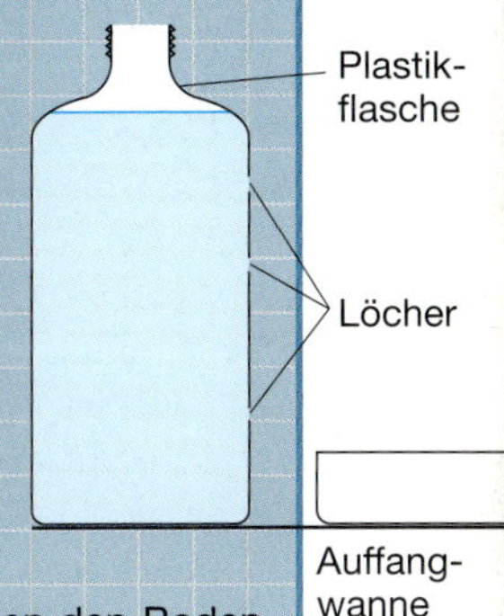


**V2** Schneide von einem Filmdöschen den Boden ab und drücke in den Deckel eine Münze.
**a)** Setze den Deckel lose auf und tauche die Dose mit dem Deckel voran unter Wasser. Beobachte, wie das Wasser allmählich eindringt, bis der vom Döschen unter Wasser gedrückte Deckel abfällt.
**b)** Weshalb fällt er genau in dem beobachteten Moment ab?
**c)** Gib den Druck in Pa an, den das Wasser im Moment des Abfallens auf den Deckel ausübt.

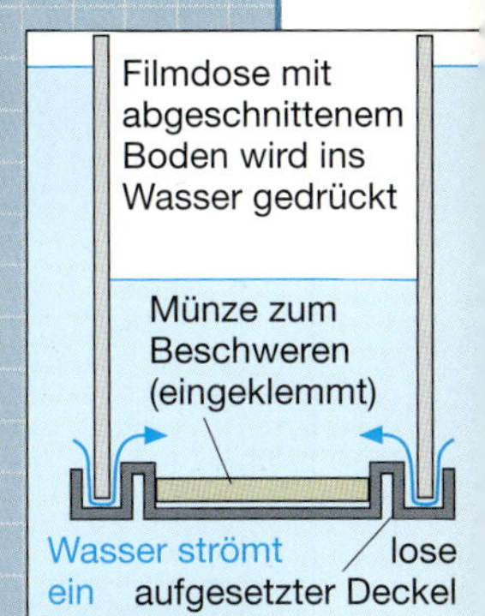


**V3** Verschließe ein Wasserglas mit einem lose aufgelegten Papierdeckel und drücke es umgekehrt unter Wasser. Was beobachtest du? Erläutere deine Beobachtung.

## Druck und Gefäßform

„Viel Wasser im großen Gefäß – großer Druck am Boden; wenig Wasser im kleinen – kleiner Druck am Boden“, so meinen viele. Der Hebelarm aber zeigt etwas Anderes: In allen Gefäßen herrscht bei gleichen Wasserständen auch immer ein gleich großer Druck am Boden. Diese Erscheinung wird in der Physik als **hydrostatisches Paradoxon** (griech. „das Unerwartete“) bezeichnet.

**Zentraler Versuch**

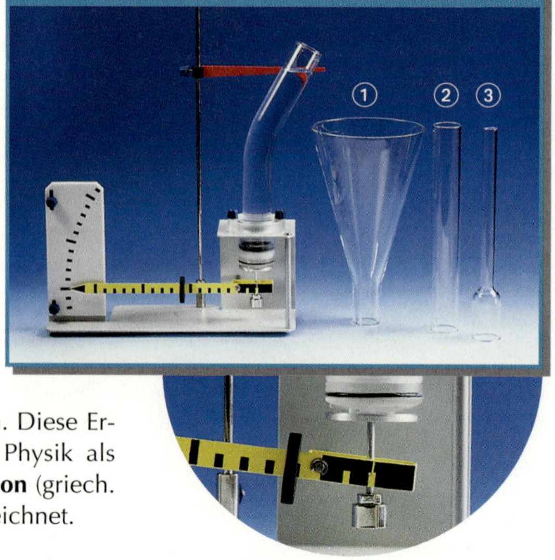


Tatsächlich ist es doch mehr als verwunderlich, dass die größere Menge Wasser im Gefäß ① (mit einer größeren Gewichtskraft als im Gefäß ②!) mit der gleichen Kraft auf die Membran drückt wie jene in der schmalen Röhre ②.

Den Schlüssel zur Erklärung finden wir in der Formel für den Schweredruck, in der die Grundfläche nicht enthalten ist:
$p = \rho \cdot g \cdot h$.

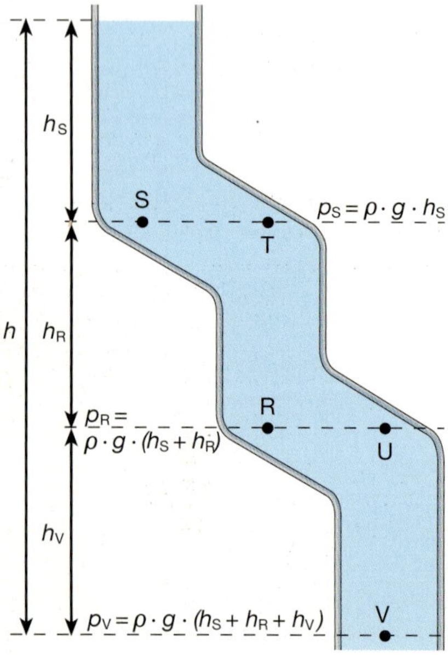


In dem gestuften Rohr im Bild links herrscht an der Stelle S ein Druck $p_S = \rho \cdot g \cdot h_S$. In der Horizontalen ändert sich der Druck von S zu T nicht, so dass in T der Druck ebenso groß ist wie in S. Erst von T zu R ändert er sich wieder, weil die Höhe größer wird:
$p_R = \rho \cdot g \cdot (h_S + h_R)$.
Entsprechendes gilt für die Punkte U und V:
$p_V = \rho \cdot g \cdot (h_S + h_R + h_V)$.
Die Summe der Teilhöhen ist gleich der Höhe $h$, dem Abstand zwischen Oberfläche und dem Punkt V. Somit gilt
$p_V = \rho \cdot g \cdot h$,
d. h. die Teilsäulen können ersetzt werden durch eine einzige senkrechte Säule mit der Höhe $h$. Der Schweredruck in einer Flüssigkeit hängt also nur ab von dem Abstand des Messpunktes von der Oberfläche – und natürlich von der Dichte der Flüssigkeit.

Der Schweredruck in einer Flüssigkeit ist unabhängig von der Gefäßform.
Er hängt nur ab von der Höhe des Flüssigkeitsstandes.

### Aufgaben

**1** Höhlenforschern versperrt manchmal ein unterirdischer Wasserlauf das weitere Vordringen. Dann müssen sie durch den schmalen, gebogenen Siphon zur anderen Seite hindurchtauchen.

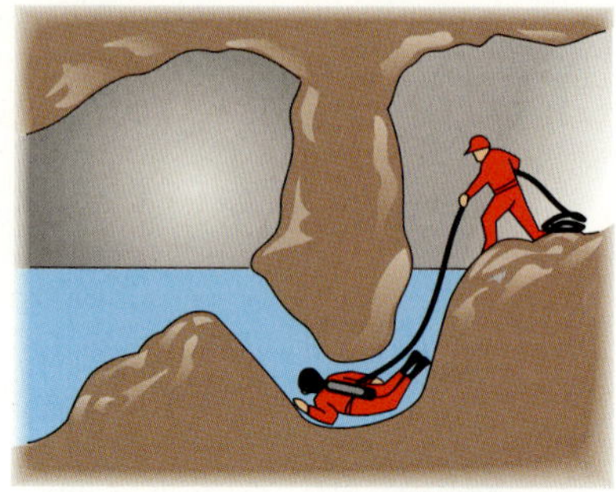

**a)** Welchem Druck ist ein Höhlenforscher an der tiefsten Stelle des Siphons ausgesetzt?
**b)** Übertrage das Ergebnis von a) auf einen Fisch unter einem Korallenriff in 56 m Meerestiefe und 1,5 m unter dem Riff. Zeichne auch.

**2** BLAISE PASCAL, ein französischer Philosoph, Mathematiker und Naturforscher (1623–1662), hat – so wird berichtet – mit einigen wenigen Gläsern Wein ein ganzes Fass zum Bersten gebracht – sehr zur Verblüffung seiner Zeitgenossen. Begründe, warum diese Anordnung tatsächlich zu einer erheblichen Erhöhung des Druckes im Fass führt.

**3** Ein Schlauch ist an einem geschlossenen Wasserhahn auf einem Rohbau befestigt. Er ist noch mit Wasser gefüllt. Mit seinem freien Ende wird er in den vierten Stock gebracht. Plötzlich spritzt das Wasser aus einer brüchigen Stelle gleich vor dem Wasserhahn.
**a)** Begründe, wie das Malheur passieren konnte.
**b)** Berechne den Druck bei einer Stockwerkshöhe von 2,58 m und einer Deckenstärke von 0,18 m.

## Verbundene Gefäße

Wird der Hahn zwischen den beiden Gefäßen im Foto rechts geöffnet, strömt Wasser aus dem kleinen Gefäß so lange in das große, bis sich die Flüssigkeitsoberflächen auf gleicher Höhe einstellen.

**Zentraler Versuch**

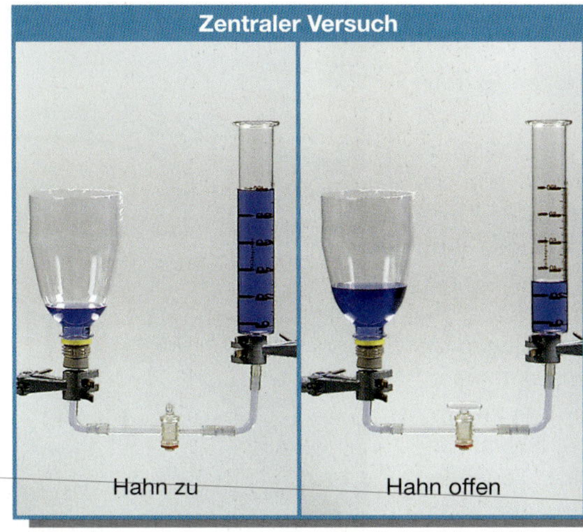


Die Erklärung für diesen Niveauausgleich finden wir durch folgende Überlegung: Ein gedachter Probekörper befinde sich in der Mitte des Verbindungsrohres. Auf ihn wirken die Kräfte $F_1$ und $F_2$.

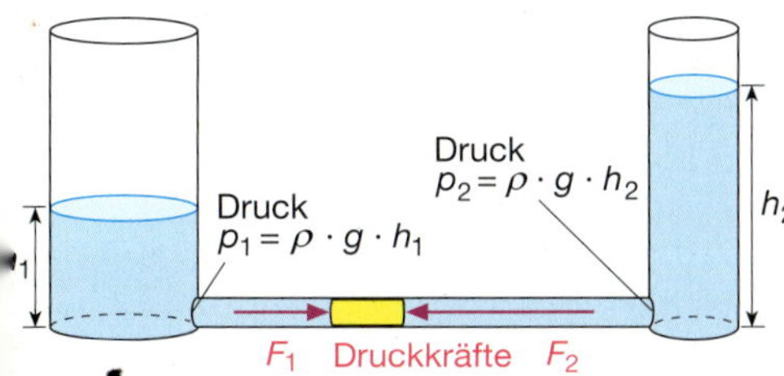


Weil in unserer Anordnung $h_1 < h_2$ ist, ist auch $F_1 < F_2$. Der Körper wird sich also so lange nach links bewegen, bis die beiden auf ihn wirkenden Kräfte gleich groß sind. Dies tritt ein, wenn die Wasserstände bei $h_1 = h_2$ ausgeglichen sind.

Das Ergebnis unseres Versuches lässt sich verallgemeinern: Wenn zwei oder mehrere Gefäße miteinander verbunden sind, gleichen sich die Flüssigkeitsstände zwischen ihnen so lange aus, bis sie in allen Gefäßen gleich sind. Voraussetzung ist allerdings, dass sich in den Gefäßen gleiche Flüssigkeiten befinden und die Gefäßdurchmesser nicht zu eng sind. Sind die Flüssigkeiten unterschiedlich, so müssen die Faktoren $\rho_1 \cdot h_1$ und $\rho_2 \cdot h_2$ gleich sein, damit $F_1 = F_2$ ist.

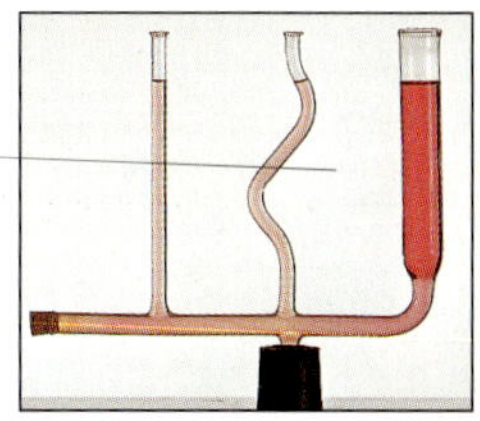

Das Foto rechts zeigt, dass das Ergebnis unserer Überlegungen richtig ist: Unabhängig von der Form der Gefäße stellt sich bei verbundenen Gefäßen ein gleiches Flüssigkeitsniveau ein.

In verbundenen Gefäßen stehen Flüssigkeiten immer gleich hoch. Die Oberflächen sind waagerecht und auf gleicher Höhe.

### Aufgaben

**1** Das folgende Foto zeigt die Wasserversorgung eines Hauses im tropischen Afrika.
**a)** Regenwasser fließt zunächst in das linke Fass hinein und wird von dort in das rote Fass rechts oben gepumpt. Wie hoch sind die Wasserstände in den anderen drei unteren Fässern verglichen mit dem im linken Fass? Begründe deine Antwort.

**b)** Könnte auch das Dachgeschoss so mit Wasser versorgt werden, dass man sich dort duschen kann? Begründe deine Antwort.
**c)** Schätze ab, wie hoch der Wasserdruck an einem Waschbecken im Erdgeschoss bei vollem bzw. fast leerem oberen Fass ist.

**2** Zwei Gefäße sind am Boden verbunden. Eines ist mit Wasser ($\rho = 1\ \frac{kg}{dm^3}$), das andere mit Benzin ($\rho = 0{,}88\ \frac{kg}{dm^3}$) gefüllt.
**a)** In welchem der beiden Gefäße wird die Flüssigkeit höher stehen?
**b)** Berechne die Füllhöhe des Gefäßes mit dem Benzin, wenn das Wassergefäß 36 cm hoch gefüllt ist.

**3** **a)** Beschreibe den rechts fotografierten Versuch.
**b)** Welche Anwendungen oder Beispiele fallen dir dazu ein?

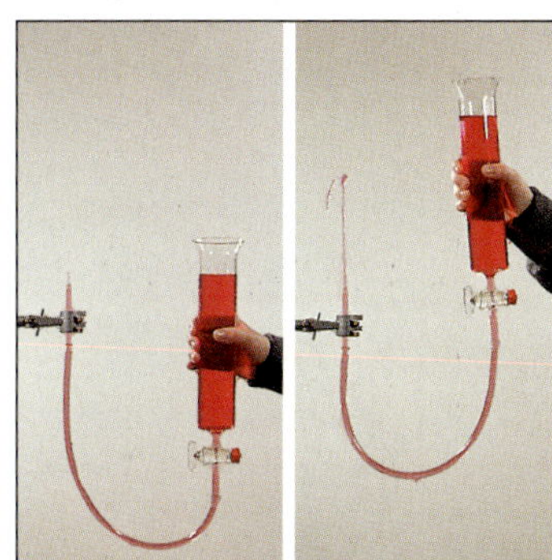

**4** Mit einer Schlauchwaage lässt sich das Niveau von A so nach B übertragen, dass die Verbindungslinie AB waagerecht verläuft. Begründe. Nenne mögliche Anwendungen.

**Streifzug**

## Staudämme

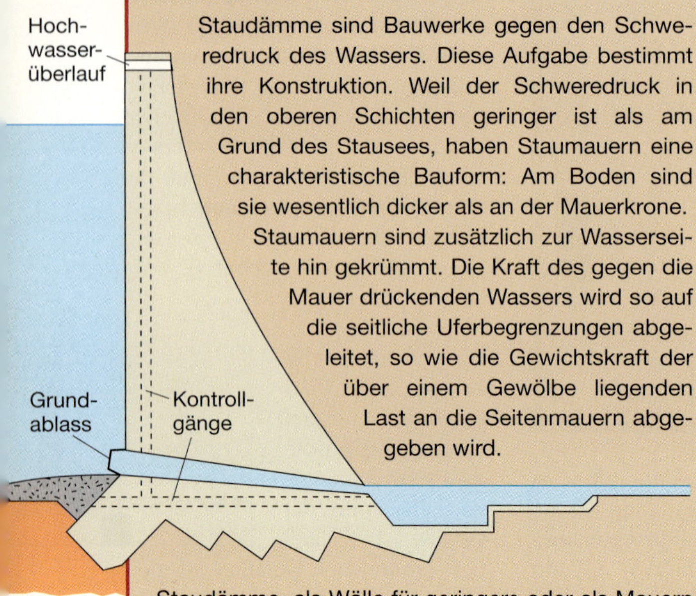


Staudämme sind Bauwerke gegen den Schweredruck des Wassers. Diese Aufgabe bestimmt ihre Konstruktion. Weil der Schweredruck in den oberen Schichten geringer ist als am Grund des Stausees, haben Staumauern eine charakteristische Bauform: Am Boden sind sie wesentlich dicker als an der Mauerkrone. Staumauern sind zusätzlich zur Wasserseite hin gekrümmt. Die Kraft des gegen die Mauer drückenden Wassers wird so auf die seitliche Uferbegrenzungen abgeleitet, so wie die Gewichtskraft der über einem Gewölbe liegenden Last an die Seitenmauern abgegeben wird.

Staudämme, als Wälle für geringere oder als Mauern für größere Stauhöhen ausgeführt, stauen z. T. riesige künstliche Seen auf. Der größte auf der Erde ist der Staudamm von Itaipu zwischen Brasilien und Paraguay, der einen See von der $2\frac{1}{2}$-fachen Größe des Bodensees staut. In China wird es bald einen noch größeren Stausee geben.

Die Ausdehnung solcher Seen hat jedoch keinen Einfluss auf die Dicke des Stauwerkes. Weil der Schweredruck nur von der Höhe der darüber liegenden Wassersäule abhängt und nicht von ihrer Fläche, hängt der Querschnitt des Stauwerkes an seiner Basis nur von der Tiefe des Stausees am Damm oder an der Mauer ab. Deshalb ist die höchste Staumauer der Erde, der Hoover-Damm mit 220 m (zum Vergleich: Kölner Dom 157 m) in Nevada, USA auch das Stauwerk mit der dicksten Mauer.

**Versuche und Aufträge**

## Schweredruck

**V1** Fülle einen Luftballon vollständig mit Wasser. Befestige ein Kunststoffrohr an seiner Öffnung.
**a)** Halte das Rohr zu und tauche den Ballon bis auf den Boden eines Eimers. Öffne nun das Rohr und beobachte.
**b)** Erkläre deine Beobachtungen.

**V2** Bohre in einen Gartenschlauch, der an einem Ende mit einem Stopfen verschlossen ist, kurz über dem Stopfen ein Loch; setze einen Trichter auf das obere Ende. Gib dem oberen Teil unterschiedliche Formen. Miss die Höhen und erkläre die Spritzweiten des Wassers.

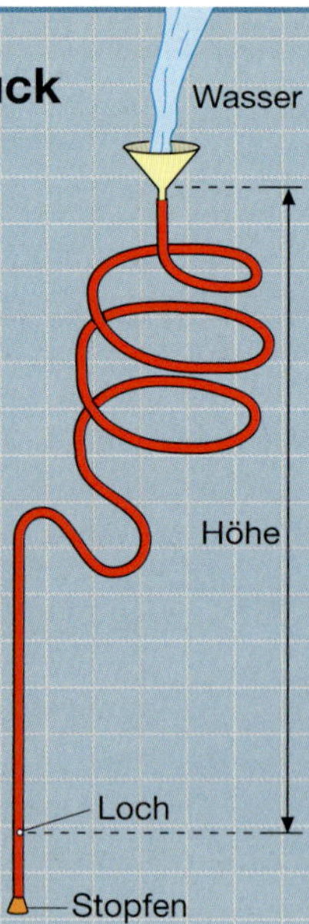


**V3** Mit nebenstehendem Gerät kannst du in einem Eimer oder in der Badewanne die allseitige Richtung der Druckkräfte in Wasser nachweisen.
**a)** Erkläre die Wirkungsweise des Gerätes.
**b)** Ergründe auch die Druckverhältnisse unter einem Überhang.

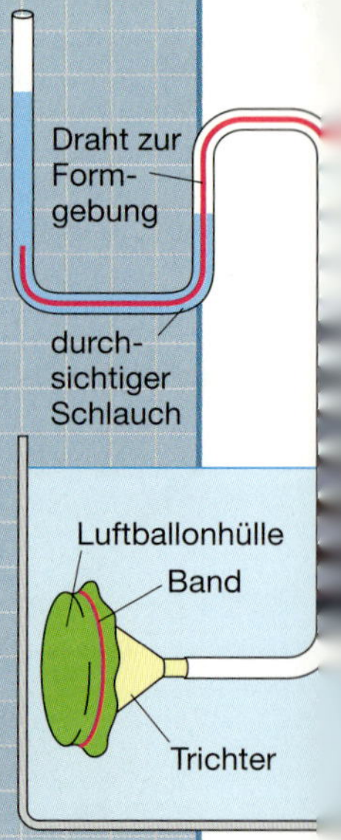

**Streifzug**

# Trinkwasserversorgung

Die Großstadt Bremen entnahm ihr Trinkwasser bis 1935 ausschließlich der Weser. Als diese infolge der Kaligewinnung im Einzugsbereich ihres thüringischen Oberlaufes zunehmend versalzte, musste eine neue Quelle für das Trinkwasser der Stadt gefunden werden. Sie lag nicht vor den Stadttoren sondern über 200 km entfernt im Harz. 1934 wurde eine Wasserleitung von der Sösetalsperre im Südharz bis an die Weser gebaut.

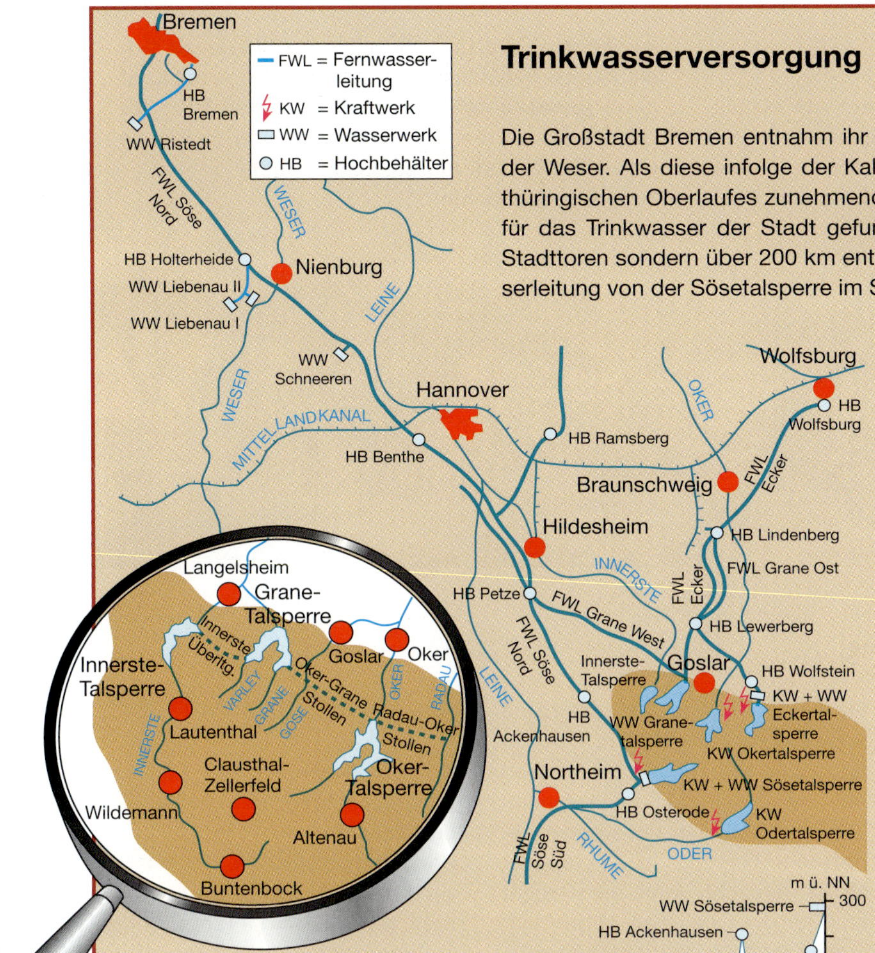


Weil der Wasserstand im Hochbehälter höher liegt als die Zapfstellen in den Wohnungen, fließt das Wasser von selbst aus der Leitung. Nur in sehr hohen Hochhäusern muss gepumpt werden.

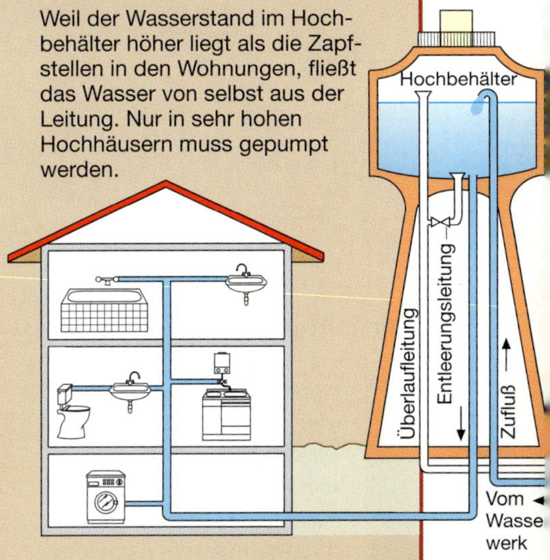


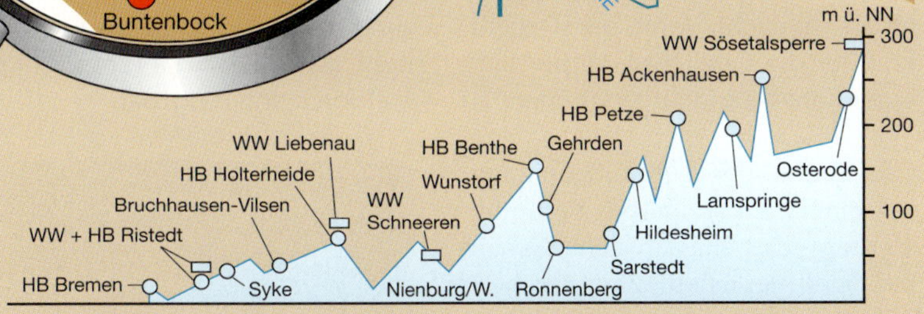


Im Harz entstanden im Laufe der Jahre drei weitere Talsperren an den Nordharzabflüssen Innerste, Grane und Oker. Diese drei Talsperren sind untereinander durch Stollen verbunden. Talsperren, Hochbehälter in der Leitung und Endverbraucher bilden ein großes verbundenes Gefäß. In ihm sorgen die Höhenunterschiede des Wassers in den Nachbargefäßen für den erforderlichen Druck und damit für das natürliche Fließen des Wassers ohne Pumpen. Nur im Sommer wird bei hoher Wasserentnahme an der Sösetalsperre gepumpt.

Die Stollen zwischen den drei Westharztalsperren sind die Verbindungsröhren dieser großen Wasserreservoirs. Sie liegen auf unterschiedlichem Niveau, sodass von der Oker- zur Granetalsperre freies Fließen des Wassers möglich ist. Zwischen Innerste- und Granetalsperre muss dagegen gepumpt werden. Ein Stollen vom Flüsschen Radau zapft dessen Wasser für das ganze System an. Auch von hier gelangt das Wasser im natürlichen Gefälle zur Granetalsperre.

Mehrere kleine Kraftwerke am Fuße der Talsperren wandeln die Lageenergie des aufgestauten Wassers in elektrische Energie um.

Die Wasserwerke mischen Wasser aus umliegenden Quellen dem Harzwasser bei, bereiten es auf und versorgen die umliegenden Regionen mit Trinkwasser.

Neben der Trinkwasserversorgung dienen die Harztalsperren auch dem Hochwasserschutz des Umlandes. Sie sammeln das Wasser der starken Schnee- oder Regenfälle und geben es verzögert als Trinkwasser wieder ab.

## Schweredruck in Luft

**OTTO VON GUERICKE, Bürgermeister von Magdeburg, schrieb 1663 zu seinem Experiment: „Mit dem Lederring als Zwischenlage wurden nun diese Halbkugeln aufeinandergepasst und die Luft rasch ausgepumpt. Da sah ich, mit wie viel Gewalt sich die beiden Schalen gegen den Ring pressten! Und diesergestalt hafteten sie unter der Einwirkung des Luftdruckes so fest aneinander, dass 16 Pferde sie gar nicht oder nur mühsam auseinander zu reißen vermochten.“**

## Der Luftdruck und seine Messung

Wie von Geisterhand wird der verschlossene stabile Metallkanister im Foto links zusammengedrückt, wenn der Dampf des in ihm erhitzten Wassers nach dem Übergießen mit kaltem Wasser kondensiert. Woher kommt diese große Kraft?

In kondensierter Form nimmt das Wasser ein wesentlich geringeres Volumen ein als der Dampf, aus dem es entstanden ist. Im Kanister gibt es dadurch einen Raum, in dem weniger Wasserteilchen vorhanden sind als zuvor. Von außen kann Luft in diesen Raum nicht einströmen, weil der Kanister verschlossen ist.
Die den Kanister umgebende Luft ist schwer. Sie hat deshalb eine Gewichtskraft. Und aufgetürmt ist sie über dem Kanister auch, wie das Wasser über einem Stein am Meeresgrund. Die mehrere Kilometer hohe, nach oben nicht abgeschlossene Luftsäule über dem Kanister erzeugt einen Schweredruck am Boden. Die Luft drückt die Wand des Kanisters also mit ihrer Gewichtskraft zusammen. Weil innen wegen des Kondensierens des Dampfes ein geringerer Druck herrscht, fehlt die Gegenkraft für die Gewichtskraft der Luft – der Kanister kracht zusammen.

Die Größe des Luftdruckes kann mit einem Kolbenprober bestimmt werden: Ziehen wir den Kolben bei verschlossenem Zylinder heraus, so entsteht innen ein Vakuum – von dort drückt nichts auf den Kolben. Von der anderen Seite aber drückt nach wie vor die Außenluft auf ihn. Am Kraftmesser lesen wir ab, dass das mit 80 N geschieht. Die Kolbenfläche ist 8 $cm^2$ groß. Der Luftdruck ergibt sich daraus zu

$$p_{\text{Luft}} = \frac{80\ \text{N}}{8\ \text{cm}^2} = 10\ \frac{\text{N}}{\text{cm}^2} = 1\ \text{bar}.$$

**Zentraler Versuch**

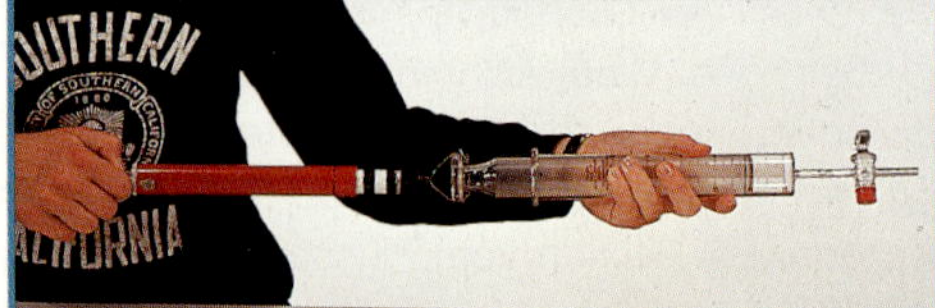

Als Schweredruck ist der Luftdruck abhängig von der Höhe der Luftsäule über dem Messpunkt. Als Bezugspunkt für die Höhenmessung des Luftdruckes wird Meereshöhe genommen. Dort herrscht ein Luftdruck von ca. 1 bar.

> Der Druck der uns umgebenden Luft beträgt normalerweise $1\ \text{bar} = 1000\ \text{hPa} = 10^5\ \frac{\text{N}}{\text{m}^2}$.
> Der Luftdruck ist auf gleicher Höhe gleich groß. Er nimmt mit zunehmender Höhe ab.

**Aufgaben**

**1** Berechne für Meereshöhe die Höhe der Wassersäule, deren Gewichtskraft der Kraft des Luftdruckes das Gleichgewicht hält.

**2** Bei nicht ganz dichten Thermoskannen ist ein leichtes Zischen zu hören, wenn eine heiße Flüssigkeit in ihr langsam abkühlt. Wie kommt das Zischen zustande?

Die Beobachtung, die bei dem Experiment im Foto links gemacht werden kann, kennt jeder: Heben wir ein Glas verkehrt herum aus dem Abwaschwasser, so bleibt das Glas so lange gefüllt, wie die Öffnung unter Wasser bleibt, obwohl doch die Wasseroberfläche außerhalb viel tiefer liegt. Auf die Wasserfläche außen drückt die Luft und das Wasser wird in das Glas gedrückt. Erst wenn die Wassersäule im Glas so hoch ist, dass ihre Gewichtskraft der Gewichtskraft der Luft das Gleichgewicht hält, wird beim weiteren Hochziehen das Wasser vom Glasboden abreißen.

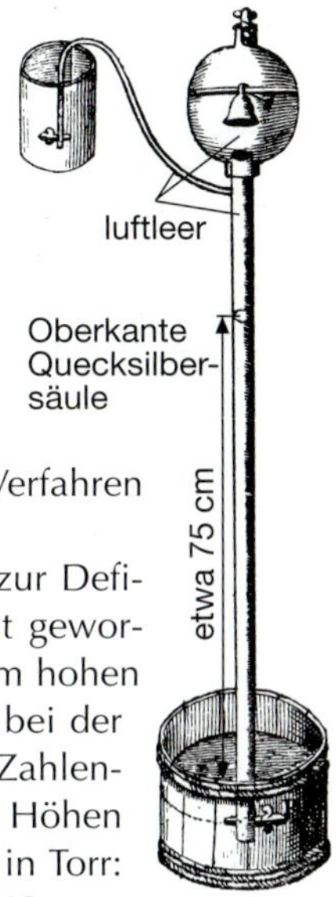


Ein ähnliches Experiment haben VIANI und TORRICELLI 1643 mit Quecksilber durchgeführt. Sie stellten fest, dass die Säule um eine mittlere Höhe von 760 mm schwankt. Bei schönem Wetter war sie höher, bei schlechtem etwas niedriger. Die Gewichtskraft der Quecksilbersäule hält der Gewichtskraft der Luft das Gleichgewicht. Die Höhe der Säule ist ein sehr genaues Maß für die Druckkraft, die von der Luft auf das Quecksilber im Gefäß ausgeübt wird. Mit diesem Verfahren kann also der Luftdruck gemessen werden.
Das Versuchsergebnis von VIANI und TORRICELLI ist zur Definition einer heute nicht mehr zulässigen Druckeinheit geworden: Als 1 Torr bezeichnete man den Druck einer 1 mm hohen Quecksilbersäule bei 0 °C auf Meereshöhe. Nur noch bei der Blutdruckmessung begegnen wir dieser Einheit: Die Zahlenwerte für den Blutdruck, den der Arzt misst, sind die Höhen einer entsprechenden Quecksilbersäule, also Angaben in Torr: z. B. 120 : 80 oder 100 : 60 oder gefährlich hoch 200 : 140.

**Versuche und Aufträge**

## Luftdruck

**V1** Lege auf ein randvolles Glas Wasser ein festes Papier. Halte es mit der flachen Hand fest und drehe das Glas um. Nimm die Hand weg. Erkläre deine Beobachtung.

**V2** Schiebe den Kolben einer Einmalspritze ohne Nadel ganz hinein. Halte dann die Öffnung, auf die die Nadel gesteckt wird, mit dem Finger zu und zieh den Kolben wieder heraus. Erkläre deine Beobachtung.

**A3 a)** Jeder Luftdruckmesser (Barometer) ist als Höhenmesser verwendbar. Erkläre diese zweite Verwendung. Beschreibe die Veränderungen, die an dem Barometer vorgenommen werden müssen, um es als Höhenmesser verwenden zu können.
**b)** Gehe mit einem Barometer in den Keller eines Hochhauses und in das oberste Stockwerk. Vergleiche die Barometerstände. Begründe die unterschiedlichen Anzeigen.
**c)** Je höher man steigt, desto dünner wird die Luft in der Atmosphäre. Welchen Einfluss hat dies auf die Skala eines als Höhenmesser geeichten Barometers?

**Aufgaben**

**1** **a)** Rechne die Druckeinheit Torr in die heute gebräuchliche Einheit bar um. ($\rho_{Hg} = 13{,}59\ \frac{g}{cm^3}$)
**b)** Rechne die Blutdruckwerte eines Patienten von 120 : 80 in bar um.

**2** Welche Kraft übt der Luftdruck von 1 bar auf eine Fläche von 1 dm$^2$ (etwa Handflächengröße) auf den menschlichen Körper aus?

**3** Ein gleiches Volumen Wasser enthält unter hohem Druck die gleiche Teilchenzahl wie unter geringem. In Luft dagegen befinden sich bei hohem Druck viel mehr Teilchen in einem gleichen Volumen als bei niedrigem Druck. Im Schaubild symbolisiert jeder Punkt und jedes Quadrat eine gleiche Teilchenzahl (in Wasser viel mehr als in Luft).

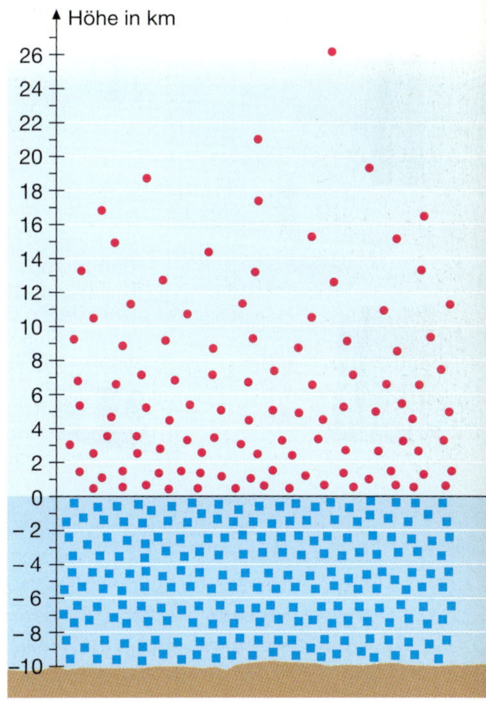


**a)** Zähle die Punkte in den einzelnen Schichten aus und übertrage die Zahlenwerte in ein Höhen (*y*-Achse)-Teilchen (*x*-Achse)-Diagramm.
**b)** Schließe auf die Druckdiagramme für Wasser bzw. Luft.
**c)** Vergleiche die Änderungen der Schweredrücke in beiden Stoffen.

## Wasserpumpen – Tricks mit dem Luftdruck

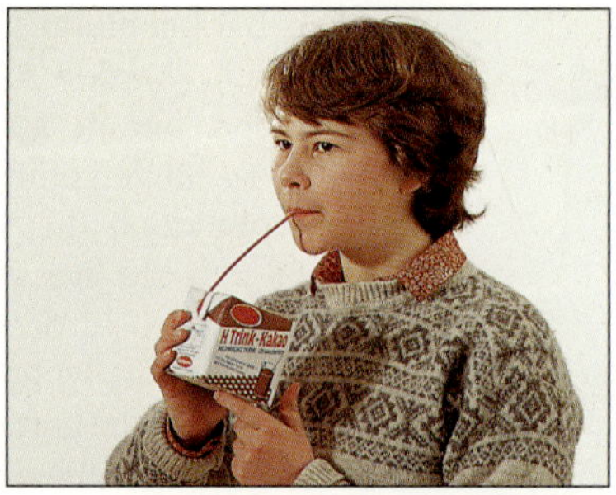

Mit dem Trinkhalm saugen wir Flüssigkeit aus der Flasche. Wir erzeugen dabei durch die Erweiterung des Lungenvolumens im Mund und damit auch im Trinkhalm und über der Flüssigkeit einen geringeren Druck als der, den die Luft an der Oberfläche des Getränkes hat. Die Gewichtskraft der Außenluft drückt dann die Flüssigkeit in den Mund.
Saugen bedeutet also, an einem Ende einer Leitung einen geringeren Druck herstellen als am anderen Ende. Die Gewichtskraft der Außenluft drückt dann die Flüssigkeit durch die Leitung.

**Stechheber:** Durch Verschließen der oberen Öffnung wirkt auf die Flüssigkeit im Innern nicht mehr die Gewichtskraft der 10 km hohen atmosphärischen Luftsäule, sondern nur die geringe Gewichtskraft der eingeschlossenen Luft. Am unteren Rohrende dagegen drückt die Außenluft mit ihrer ganzen Gewichtskraft auf die Flüssigkeit im Rohr nach oben und hindert sie am Herausfließen.

**Saugheber:** Im rechten Gefäß wird die Luft abgepumpt. Die Außenluft, die auf das Wasser im linken Gefäß drückt, presst es in das höher gelegene leere Gefäß.

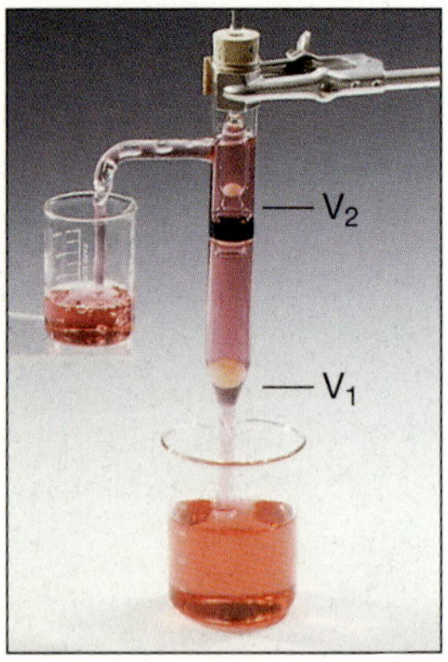


**Saugpumpe:** Beim Heben des Kolbens entsteht im Zylinder ein Unterdruck. Die Luft drückt über Ventil 1 Flüssigkeit nach. Beim Senken schließt sich $V_1$ und $V_2$ öffnet sich. Flüssigkeit gelangt über den Kolben und wird beim nächsten Heben ausgestoßen.

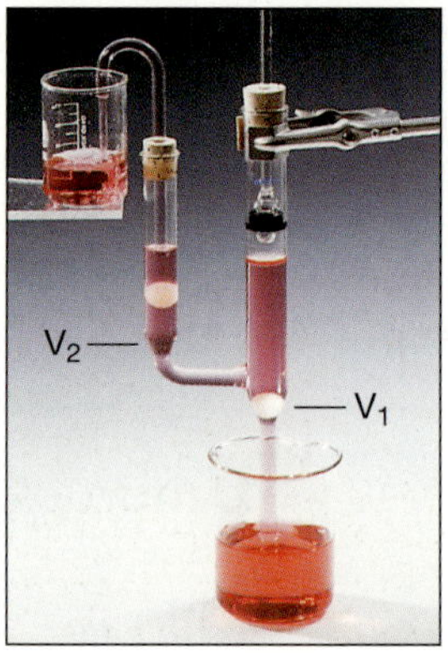


**Druckpumpe:** Beim Heben des Kolbens entsteht im Zylinder Unterdruck, sodass die Außenluft Wasser durch Ventil $V_1$ in den Zylinder drückt. Beim Senken des Kolbens öffnen sich Ventil $V_2$. Dadurch wird Wasser über das Steigrohr ausgestoßen.

Um Flüssigkeiten zu heben, ist bei den vier oben dargestellten Geräten der Luftdruck immer in der Weise genutzt worden, dass nach Erzeugen einer Druckdifferenz die Gewichtskraft der Luft die Flüssigkeit in einen Raum mit geringerem Druck befördern konnte. Bei den Pumpen wird der Flüssigkeit dann mittels eines Ventils der Rückzug versperrt. Danach ist ein Weiterbefördern der eingeschlossenen Flüssigkeitsmenge über ein zweites Ventil möglich.

Saugpumpen haben nur eine begrenzte Förderhöhe: Der Luftdruck ist nur so groß, dass er einer Wassersäule von ca. 10 m Höhe das Gleichgewicht hält. Druckpumpen haben diese Begrenzung nicht.

> Zum Heben von Flüssigkeiten wird in Pumpen, Stech- oder Saughebern ein Unterdruck erzeugt, sodass die Gewichtskraft der Umgebungsluft die Flüssigkeit auf ein höheres Niveau drücken kann.

### Aufgaben

**1** In englischen Bergwerken des 18. Jahrhunderts konnten sich die Bergleute nicht erklären, warum die zur Entwässerung eingesetzten Saugpumpen nur eine maximale Förderhöhe von ca. 10 m hatten.
Erkläre dieses Phänomen.

**2** **a)** Begründe, weshalb zwei Löcher in die Milchdose gestochen werden müssen, damit die Milch richtig ausläuft.
**b)** Was muss man tun, wenn nur ein Loch vorhanden ist?

## Atmen und Tauchen

**Streifzug**

Wenn um einen offenen Luftballon die ihn außen umgebende Luft abgepumpt wird, bläht er sich auf: Die Außenluft drückt gegen die Innenwand des Ballons. Da es keine oder nur eine geringe Gegenkraft vom Unterdruckbereich her gibt, nimmt sein Volumen zu. Umgekehrt verhält es sich, wenn der Luftdruck von außen wieder erhöht wird.
In nebenstehendem Foto wird der Druck der in der Plastikflasche eingeschlossenen Umgebungsluft des Ballons dadurch geändert, dass die Flasche zusammen gedrückt bzw. wieder losgelassen wird. Der Umgebungsluft wird also ein kleineres und dann wieder ein größeres Volumen zur Verfügung gestellt.
Vergleichbar arbeitet die Lunge: Die Lungenbläschen sind über die Luftröhre mit der Außenluft verbunden; deshalb herrscht in ihnen normaler Luftdruck. Das Körperinnere ist ein abgeschlossenen Raum. Beim Atmen wird sein Volumen durch Muskelbewegung des Brustkorbs oder des Zwerchfells abwechselnd vergrößert und verkleinert. Beim Vergrößern strömt infolge des Unterdruckes im Körper Luft in die Lunge. Bei Volumenverringerung entsteht ein Überdruck – die Luft strömt aus der Lunge.

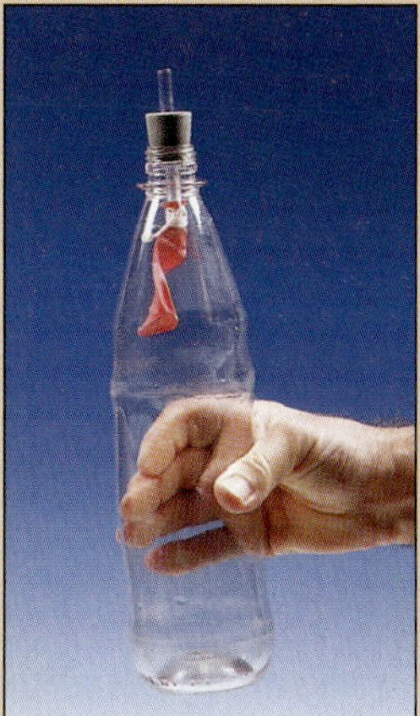

**Ausatmen:** Volumen verkleinern Luft strömt aus

**Einatmen:** Volumen vergrößern Luft strömt ein

Bei allen Landlebewesen ist der Körperinnendruck ungefähr so groß wie der normale äußere Luftdruck. So können sie ohne Hilfsmittel am Grunde des Luftmeeres existieren.
Anders, wenn sie sich unter Wasser begeben: Dann presst das umgebende Wasser den Brustkorb von außen zusammen. Gegen diesen äußeren Druck im Wasser muss die Atemluft unter gleichem Druck in die Lunge hineingebracht werden. Dies gelingt mit einem offenen Rohr und ohne sonstige technischen Hilfen nur bis zu einer Tiefe von etwa 1,5 m.

**Schnorcheln:** Das Wasser drückt so stark auf den Brustkorb, dass er schon in 1,5 m Tiefe nicht mehr ausgedehnt werden kann, sodass Luft in die Lunge strömen könnte.

**Tauchen mit Gerät:** Atemluft kommt aus der Flasche. Der Wasserdruck wird durch den höheren Druck in der Flasche ausgeglichen.

Beim Tieftauchen muss die Atemluft in stählernen Luftflaschen mitgenommen werden. Ein Druckanpassungsgerät lässt die Luft genau mit dem Druck in die Lunge einströmen, der im Wasser außerhalb in der jeweiligen Tiefe herrscht.

Ab ca. 15 m Tiefe, also etwa ab 1,5 bar Druck, nimmt unser Blut mehr Stickstoff auf als unter Normaldruck. Beim Auftauchen, also bei Druckverringerung, perlt der Stickstoff wieder gasförmig aus. Durch dieses Überangebot an Stickstoff entsteht ein rauschartiger Zustand, die *Taucherkrankheit,* die u. A. das Urteilsvermögen stark einschränkt. Deshalb können Taucher aus größeren Tiefen nicht schnell und „in einem Zug" auftauchen, sondern nur langsam und mit Stopps in bestimmten Tiefen.

### Aufgaben

**1** Eine leere, verschlossene und an einem Stein angebundene Flasche wird in der Tiefe des Meeres zerdrückt. Ist sie offen, sinkt sie unbeschädigt bis auf den tiefsten Grund. Erkläre.

**2** Weshalb muss beim Tauchen der Druck der eingeatmeten Luft gleich dem Wasserdruck sein?

# Auftrieb in Flüssigkeiten und Gasen

**Im Wasser ist die Freundin viel leichter auf den Arm zu nehmen als außerhalb des Wassers. Ein unter Wasser gedrückter und dort losgelassener Ball schießt mit viel Schwung aus dem Wasser heraus.**

**Wie kommt es zu der dafür erforderlichen Kraft gegen die Gewichtskraft? Wo und unter welchen Bedingungen tritt sie auf? Wie misst man sie? Kann man die Größe dieser Kraft berechnen? Und was hat das alles damit zu tun, dass manche Körper schwimmen und andere sinken?**

## Die Auftriebskraft in Flüssigkeiten

Auf jeden in eine Flüssigkeit eingetauchten Körper wirkt eine Kraft, die der Gewichtskraft entgegen gerichtet ist. Diese Kraft heißt **Auftriebskraft $F_A$.** Sie kann auf experimentellem Wege oder durch theoretische Herleitung bestimmt werden.

### Experimentelle Herleitung

Bei der linken Waage hält der Kraftmesser der Gewichtskraft des Steins das Gleichgewicht.
Nach dem Eintauchen wirkt die Auftriebskraft nach oben auf den Stein; er wird leichter. Jetzt genügt eine kleinere Kraft am Kraftmesser für das Gleichgewicht.

Zentraler Versuch

Der Unterschied der beiden Kraftmesser-Anzeigen ist die Auftriebskraft $F_A$. Sie ist genau so groß wie die Gewichtskraft des übergelaufenen Wassers.

### Theoretische Herleitung

Wir denken uns einen Quader in eine Flüssigkeit eingetaucht und betrachten die Kräfte, die das Wasser wegen des Schweredrucks auf die Begrenzungsflächen des Quaders ausübt:
Die seitlich auf den Körper wirkenden Kräfte heben sich gegenseitig auf. Wegen des größeren Druckes in der Tiefe $h_2$ gegenüber dem Druck in der Tiefe $h_1$ sind die an diesen Stellen auf den Körper wirkenden Kräfte unterschiedlich. Die Differenz der Kräfte $F_1$ auf die Deckfläche und $F_2$ auf den Boden ist die Auftriebskraft $F_A$, die auf den Körper wirkt: $F_A = F_2 - F_1$.

Wegen $p = \frac{F}{A}$ und $p = \rho \cdot g \cdot h$ gilt
$F_1 = p_1 \cdot A = \rho \cdot g \cdot h_1 \cdot A$ und $F_2 = p_2 \cdot A = \rho \cdot g \cdot h_2 \cdot A$
$F_A = F_2 - F_1 = \rho \cdot g \cdot A \cdot (h_2 - h_1) = \rho \cdot g \cdot A \cdot h$
$F_A = \rho \cdot g \cdot V$
Gewichtskraft der Flüssigkeit : $F_{Fl} = \rho \cdot g \cdot V$
Also $\mathbf{F_A = F_{Fl}}$

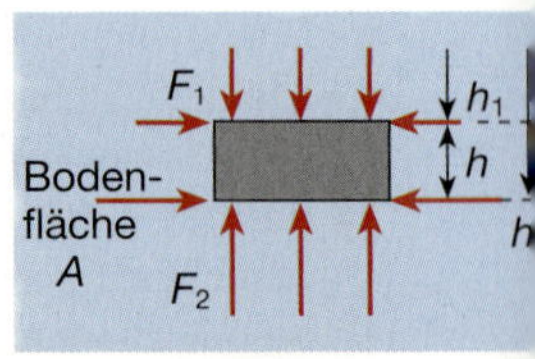


Damit ist die Größe der Auftriebskraft nur aus dem Wissen über den Schweredruck hergeleitet. Nach einer solchen allgemeinen Herleitung muss ein Experiment zeigen, dass die Überlegung sich in der Realität auch bewährt, d. h. zu identischen Ergebnissen führt. Das Experiment links zeigt, dass dies der Fall ist. Andere Probekörper und andere Flüssigkeiten führen zum gleichen Ergebnis.

ARCHIMEDES von Syrakus (285–212 v. Chr.) hat diesen Sachverhalt als erster formuliert. Deshalb spricht man auch vom **Archimedes'schen Gesetz.** Die Legende berichtet, dass ihm diese Erkenntnis beim Baden gekommen sei.

Die Auftriebskraft eines Körpers ist gleich der Gewichtskraft der von ihm verdrängten Flüssigkeit.
Die Auftriebskraft ist der Gewichtskraft des Körpers entgegen gerichtet.

## Auftrieb in Gasen

Auch Gase unterliegen einem Schweredruck. Gibt es dann auch in ihnen einen Auftrieb?

**Zentraler Versuch**

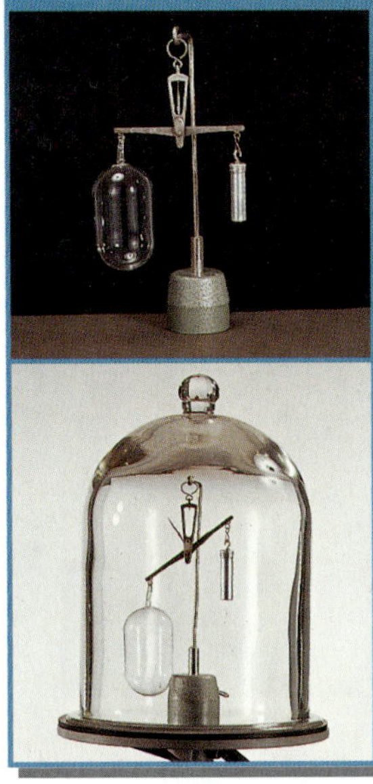

Die Balkenwaage – zunächst im Gleichgewicht – senkt sich auf die Seite des größeren Körpers, wenn die Luft abgepumpt wird. Der große Körper hatte ein größeres Luftvolumen verdrängt als der kleine. Diese Luftmenge besaß eine größere Gewichtskraft als die kleine Menge Luft. Nach ARCHIMEDES erfährt deshalb der große Körper eine größere Auftriebskraft als der kleine. Der Auftrieb entfällt, wenn die umgebende Luft abgepumpt ist. Deshalb senkt sich die Waage auf der Seite des großen Körpers.

Die Auftriebskraft in Luft ist viel geringer als in Wasser, da bei gleichem Volumen die Gewichtskraft der verdrängten Luft ja viel kleiner ist als die von Wasser.

Auch in Gasen erfahren Körper eine Auftriebskraft.

### Aufgaben

**1** Berechne nach dem Archimedes'schen Gesetz die Auftriebskraft deines Körpers
**a)** in Süßwasser ($\rho = 1\ \frac{kg}{dm^3}$),
**b)** in Meerwasser ($\rho = 1{,}02\ \frac{kg}{dm^3}$),
**c)** in Luft ($\rho = 1{,}3\ \frac{kg}{m^3}$).
**d)** Vergleiche die Ergebnisse.
*Hinweis:* Bei 60 kg Masse beträgt das Volumen etwa $V = 75\ dm^3$; für je 6 kg mehr oder weniger kommen 5 $dm^3$ dazu oder werden abgezogen.

**2** Begründe, weshalb die Auftriebskraft in 5000 m Wassertiefe nicht größer ist als in 5 m Tiefe.

**3** **a)** Durch Eintauchen eines an einem Kraftmesser hängenden Körpers von 1 $dm^3$ in eine Flüssigkeit wird deren Dichte bestimmt. Beschreibe das Verfahren.
**b)** Bestimme die Dichte der Flüssigkeiten, in denen mit diesem Körper folgende Auftriebskräfte gemessen werden: 8,63 N; 9,8 N; 133,42 N.
**c)** Welche Flüssigkeiten sind es vermutlich?

## Methoden der Erkenntnisgewinnung

**Streifzug**

Wir haben den Satz des ARCHIMEDES auf zwei verschiedenen Wegen gefunden:

Bei der **experimentellen Herleitung** haben wir
- *beobachtet;*
- nachgedacht, gefragt und daraus eine *Vermutung* – wissenschaftlich: eine *Hypothese – formuliert;*
- die Hypothese *experimentell überprüft;*
- und zum Schluss ein *Gesetz formuliert;*
- das Ergebnis auf andere Körper und Flüssigkeiten übertragen, also *verallgemeinert.*

Dabei haben wir von dem Einzelfall des untersuchten Körpers in der Flüssigkeit „Wasser" auf alle anderen Flüssigkeiten geschlossen, dass für alle Körper und alle Flüssigkeiten das Gesetz auch gilt. Es gibt keinen Anlass anzunehmen, dass dies nicht so ist.

Bei der **theoretischen Herleitung** haben wir:
- das Wissen über den Schweredruck *angewandt;*
- es – mathematisch – *fortentwickelt;*
- mit dem Ergebnis haben wir eine *Prognose aufgestellt;*
- und daraus ein Gesetz *formuliert;*
- dann haben wir im *Experiment geprüft,* ob die Prognose sich bestätigt und damit das Gesetz gilt.

Beide Wege sind die in den Naturwissenschaften gängigen Verfahren, zu Erkenntnissen zu gelangen:
- Der erste Weg ist das **induktive Verfahren.** Bei ihm schließt man von vielen Einzelbeobachtungen und Experimentalergebnissen auf ein allgemeines Gesetz.
- Beim zweiten Weg, dem **deduktiven Verfahren,** wird aus vorhandenem Wissen und seiner meist mathematischen Weiterentwicklung ein allgemeines Gesetz formuliert. Es gilt aber erst dann, wenn es sich im Experiment bewährt hat.

Im induktiven Verfahren wird von vielen Einzelfällen auf eine allgemein gültige Aussage geschlossen.
Im deduktiven Verfahren wird eine theoretisch hergeleitete Voraussage im Experiment auf ihre Gültigkeit in der Realität überprüft.

## Schwimmen oder sinken?

Das Papierboot schwimmt an der Oberfläche des Wassers, der Stein sinkt nach unten. Den Wasser gefüllten Luftballon haben wir in der Schwebe zwischen Oberfläche und dem Grund des Wassers postiert.

Das Verhältnis der Gewichtskräfte der Körper zu den jeweiligen Auftriebskräften ist so unterschiedlich, dass die drei verschiedenen Körper im Wasser ganz unterschiedliche Verhaltensweisen zeigen: Einer *schwimmt,* der andere *schwebt,* der dritte *sinkt* oder *steigt.*

Die Auftriebskraft des steigenden Körpers bewegt ihn so lange aus der Oberfläche des Wassers heraus, bis der im Wasser verbleibende Teil nur noch ein so großes Volumen an Wasser verdrängt, dass dessen Gewichtskraft gleich der Gewichtskraft des Körpers ist. Der Körper „schwebt" an der Oberfläche – er schwimmt. Da der Auftrieb in einer Flüssigkeit von ihrer Dichte abhängt ($F_A = \rho_{Fl} \cdot g \cdot V_{verdrängt}$), kann ein und derselbe Körper in einer Salzlösung schwimmen, in Wasser schweben und in Spiritus zu Boden sinken, weil deren Dichten ja unterschiedlich sind.

Das Verhältnis von Gewichtskraft zu Auftriebkraft bestimmt, ob ein Körper

| | | |
|---|---|---|
| steigt: | $F_G < F_A$ | und $V_{Kör} = V_{Fl}$ |
| schwebt: | $F_G = F_A$ | und $V_{Kör} = V_{Fl}$ |
| (schwimmt: | $F_G = F_A$ | und $V_{Kör} > V_{Fl}$) |
| sinkt: | $F_G > F_A$ | und $V_{Kör} = V_{Fl}$ |

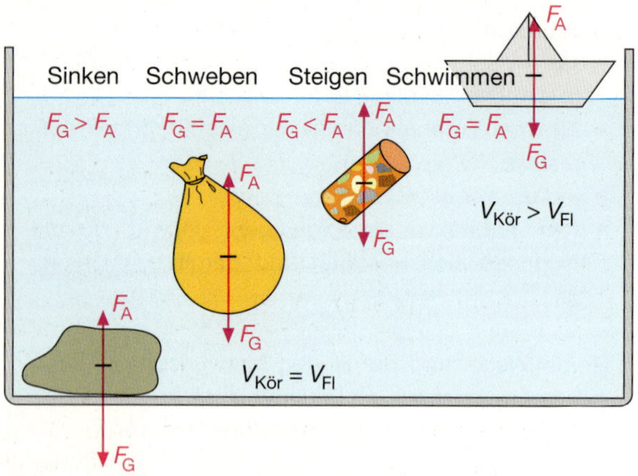


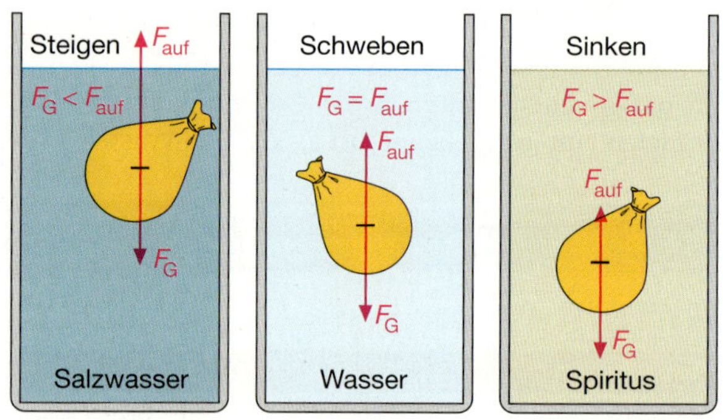


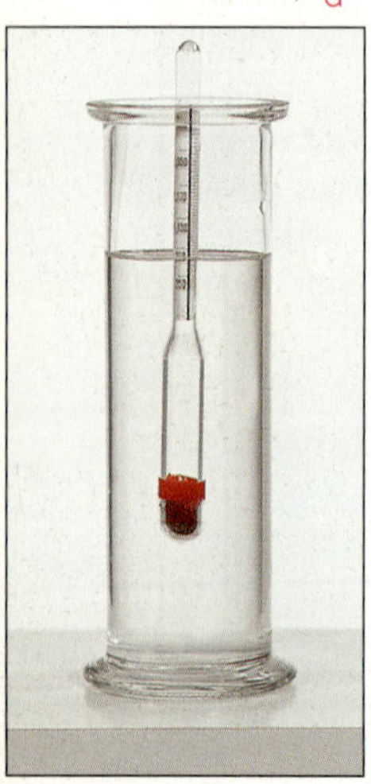

Die Eintauchtiefe eines schwimmenden Körpers hängt ab von der Dichte der Flüssigkeit, in der er schwimmt. Aus $F_A = F_G$ folgt

$\rho_{Fl} \cdot g \cdot V_{verdrängt} = \rho_{Kör} \cdot g \cdot V_{Kör}$

Für Zylinder oder Würfel gilt

$V = A \cdot h$ wobei $h$ < Eintauchtiefe / Körperhöhe ist.

Daraus ergibt sich

$h_{eintauch} = \frac{\rho_{Kör}}{\rho_{Fl}} \cdot h_{Kör}$ oder $\boldsymbol{h_{eintauch}} \sim \frac{1}{\rho_{Fl}}$

Die Eintauchtiefe eines Normkörpers kann also als Maß für die Dichte einer Flüssigkeit dienen. **Aräometer** sind solche Normkörper zur Dichtebestimmung.

### Aufgaben

**1** Gib die Dichte eines Körpers an, der in einer Flüssigkeit schwebt. Weshalb schwebt ein Wasser gefüllter Luftballon in Wasser ziemlich gut?

**2** Süßwasser und Meerwasser haben unterschiedliche Dichten. Schiffe tauchen deshalb unterschiedliche tief ein. Darum gibt es an ihren Bordwänden verschiedene Markierungen für den Tiefgang. Wie ändert sich die Eintauchtiefe bei einer Fahrt von Süßwasser zu Meerwasser?

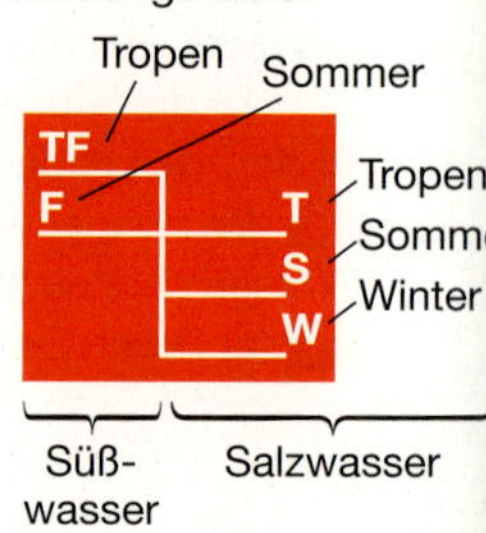


**3** Die Eintauchtiefe eines Bootes mit senkrechten Wänden beträgt in Süßwasser 50 cm. Wie tief taucht es in Meerwasser (Dichte $\rho = 1{,}02\ \frac{kg}{dm^3}$) ein?

## Familie PICCARD – Forschung und Abenteuer gegen den Schweredruck

Streifzug

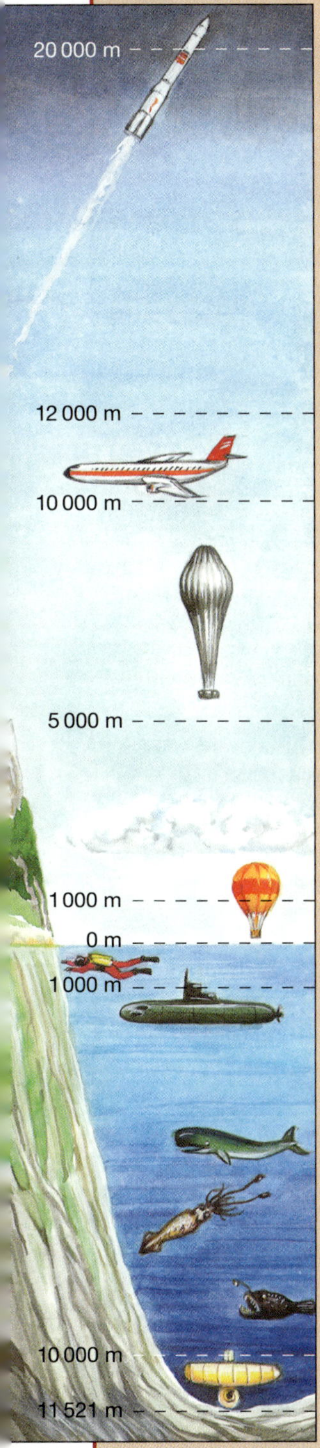


Die Schweizer Familie PICCARD hat es mit dem Schweredruck der Erde: Großvater AUGUSTE und Enkel BERTRAND stiegen und steigen in Ballons in die Lüfte, Sohn JACQUES forschte in den Tiefen der Meere.

Als 1931 ein Ballonfahrer in mehr als 10 000 m Höhe in seinem offenen Korb ohnmächtig wurde – er kam gleichwohl wieder unversehrt am Boden an –, war die Ballonfahrerei bereits 148 Jahre alt und bezüglich ihrer Höhenrekorde an eine deutliche Grenze gestoßen. Im offenen Korb, wie er bis dahin üblich war, konnten größere Höhen nicht mehr erreicht werden, weil der Luftdruck oberhalb der Troposphäre so gering ist, dass Atmung und Blutdruck lebensbedrohend gestört sind.

AUGUSTE PICCARD und PAUL KIPFER stiegen am 27.5.1932 als erste Menschen in einer Druckkabine in die Lüfte und gelangten damit bis in die Stratosphäre in eine Höhe von 15 781 m (Höhenrekord am Ende des 20. Jahrhunderts: 34 668 m). Sie führten erstmals wissenschaftliche Messungen der Strahlung aus dem Weltall durch. Außerdem wiesen sie nach, dass ein Aufenthalt in solchen Höhen in Druckkabinen möglich ist. Dies ist eine wichtige Voraussetzung der heutigen Luftfahrt, weil moderne Düsenflugzeuge in diesen Höhen fliegen und deshalb ihr Innenraum eine große Druckkabine sein muss.

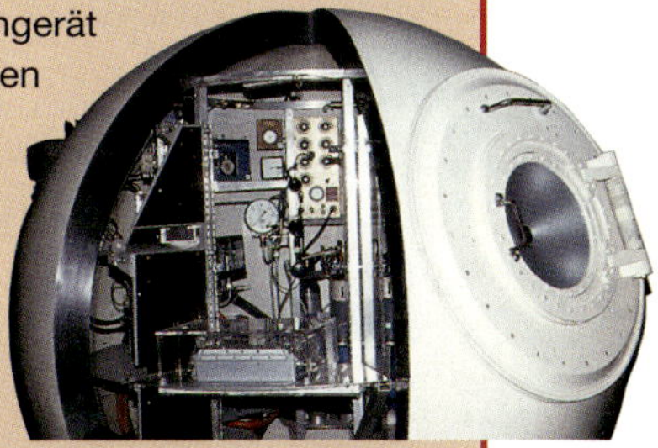

Mit den von AUGUSTE PICCARD konstruierten und immer weiterentwickelten Tauchkugeln gelangte dessen Sohn JACQUES PICCARD 1960 mit dem Tauchgerät „Trieste“ bis auf den tiefsten Grund des Meeres im Marianengraben westlich der Insel Guam im Pazifischen Ozean – Tiefe 11 521 m. Jeder Quadratdezimeter der Trieste musste dabei eine Wassersäule von 11,5 km Höhe tragen. Diese Säule hat eine Masse von 1,15 t. Das entspricht elf aufeinander getürmten Mittelklassewagen. Die 90 mm starken Wände der Tauchkugel von 2 m Durchmesser waren aus Chrom-Nickel-Molybdän-Stahl gefertigt.

Enkel BERTRAND PICCARD, den Sohn von JACQUES zog es wieder in die Lüfte: Er beteiligte sich Ende des 20. Jahrhunderts an den vielen Versuchen, die Erde mit einem Ballon im Non-Stop-Flug zu umrunden. Erfolgreich war er mit einer Zwitterkonstruktion aus einem geschlossenen Helium- und einem offenen Heißluftballon. In ihm ist in einer inneren Hülle Helium enthalten, das sich bei Sonneneinstrahlung kräftig ausdehnt. Nachts kühlt es sich ab und der Ballon würde sinken. Dies wird verhindert, indem in der äußeren Ballonhülle Luft mittels eines Brenners erwärmt wird (Heißluftballon). Am 20. 3. 1999 landete PICCARD mit seinem Partner BRIAN JONES nach 20-tägigem Flug um die Erde in der ägyptischen Wüste. Wie schon sein Großvater hatte er unter sein 55 m hohes Gefährt eine Druckkapsel gehängt, die auf engstem Raum alle notwendigen Gerätschaften enthielt. In der Reisehöhe von ca. 10 000 m hatte sie bei einem Innendruck, wie er auf einem 3000 m hohen Berg herrscht, weit weniger Druckunterschied auszuhalten als die Trieste seines Vaters in der Tiefsee.

Pinnwand

# AUFTRIEB IN NATUR UND TECHNIK

## Mit heißer Luft in die Lüfte

Im Heißluftballon ist nicht mehr drin als heiße Luft. Sie ist nicht einmal fest eingeschlossen, denn am unteren Ende ist dieser Ballontyp offen. Dort befindet sich ein Brenner, der die Luft in der ca. 25 m hohen Hülle erhitzt. Die Ballons, die wir meist sehen, enthalten bis zu 3600 $m^3$ Luft.

Durch das Erhitzen dehnt sich die Luft aus und strömt unten aus der Ballonhülle. Die Gewichtskraft des gesamten Ballons (also Hülle, Luftfüllung und Korb mit Insassen) wird deshalb kleiner, die Auftriebskraft durch das größere Volumen dagegen größer. Wird die Auftriebskraft schließlich größer als die Gewichtskraft, steigt der Ballon auf. Kühlt sich die Innenluft während der Fahrt ab, strömt kalte Luft von unten nach und erhöht die Gewichtskraft – der Ballon sinkt. Durch erneutes Aufheizen der Luft mit dem Brenner gewinnt er wieder an Höhe.

Ein Heißluftballon kann nur steigen und sinken. Eine seitliche Steuerung ist nicht möglich. Weshalb wohl erleben Ballonfahrer nur Windstille in ihrem luftigen Gefährt?

## U-Boote und Fische

Um den Schwebezustand, bei dem Gewichts- und Auftriebskraft gleich groß sind, zu verändern, muss durch einen geeigneten Mechanismus das Verhältnis beider zueinander geändert werden.

Die meisten Fische besitzen eine Schwimmblase. In diese können sie ein Sauerstoff-$CO_2$-Gemisch über das Blut hineinlassen oder daraus abgeben. Andere Fische führen der Schwimmblase Luft über den Verdauungstrakt zu bzw. lassen sie darüber auch wieder heraus. Dadurch ist es ihnen möglich, die Auftriebskraft gezielt zu verändern und im Wasser auf- oder abzusteigen. Zum Ausgleich des Schweredruckes von außen muss in der Schwimmblase immer etwa der gleiche Druck herrschen wie in der Umgebung des Fisches.
Fische ohne Schwimmblase wie z. B. Flundern, Makrelen oder Haie erzeugen die für das Steigen notwendige Gegenkraft zur Gewichtskraft durch Bewegung des Körpers und der Flossen.

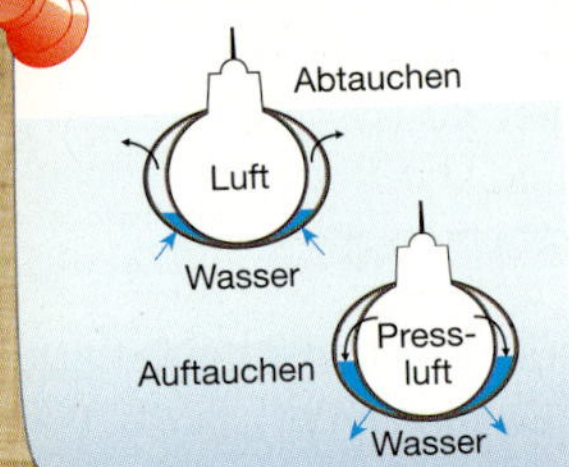


Beim U-Boot wird Wasser in spezielle Tanks eingelassen, damit es sinkt. Zum Aufsteigen wird dieses Wasser mit Pressluft aus den Tanks verdrängt.

## Hochdruck – Tiefdruck: Die Wettermaschine

Der atmosphärische Druck ist nicht gleich verteilt auf der Erde. Die starke Sonneneinstrahlung am Äquator bewirkt dort ein Aufsteigen der Luft, weil sie durch die Vergrößerung des Volumens leichter wird als die Umgebungsluft. Es entstehen Tiefdruckgebiete. Dort, wo die abgekühlte Luft wieder zur Erde zurückkehrt, in den Subtropen, entsteht höherer Luftdruck. Die im Sommer so heiß ersehnten Azorenhochs stammen von daher.

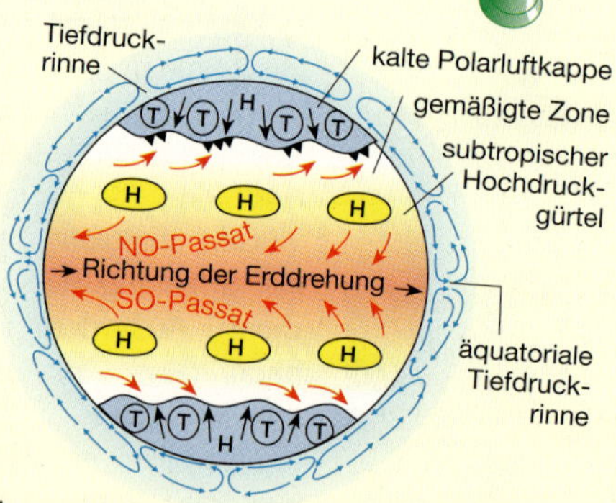


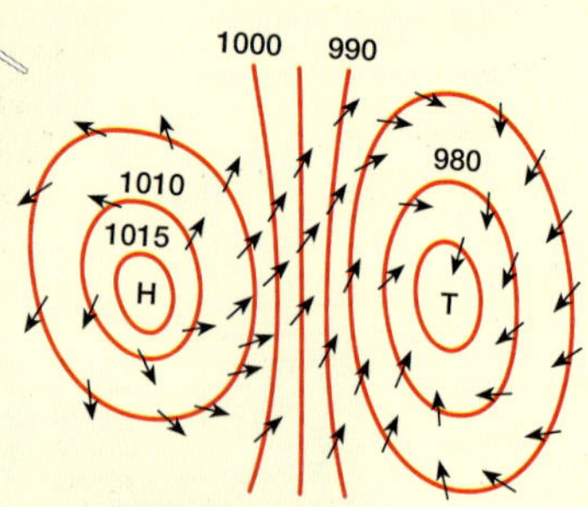


Aus einem Hochdruckgebiet strömt die Luft heraus in ein angrenzendes Tiefdruckgebiet. Luft höheren Druckes kann mehr Feuchtigkeit aufnehmen als Luft, die unter geringerem Druck steht. Deshalb bilden sich immer dann Wolken, wenn der Druck abnimmt, also in einem Tiefdruckgebiet; meist ist Regen eine Folge davon. Ursache des gesamten Wettergeschehens ist die Sonne, die die Energie für die ganze Wettermaschine liefert. Hinzu kommt die Erdrotation, die die Passatwinde nach Westen ablenkt. Dadurch werden die Hochs und Tiefs aus ihren Entstehungsgebieten heraus bewegt.

## Druck

**Prüfe dein Wissen**

**A1 a)** Beantworte zu den Merkzettel-Begriffen folgende Fragen: Was bedeutet der Begriff? Wie und in welcher Einheit wird diese Größe gemessen? Gibt es Formeln dafür? Gibt es sonst noch Wissenswertes über diesen Begriff?
**b)** Wenn du die Frage nicht auf Anhieb beantworten kannst, dann lies die entsprechenden Seiten im Buch noch einmal durch.
**c)** Notiere auf den Vorderseiten von Karteikarten den Begriff, auf der Rückseite die Erläuterung.

**A2** Beschreibe den Aufbau einer hydraulischen Hebebühne und erläutere die Funktionsweise ausführlich unter Nutzung des Teilchenbildes.

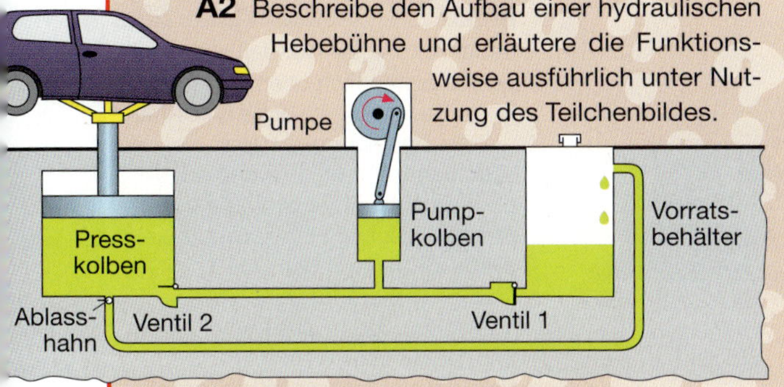


**A3** Vergleiche das Verhalten von Flüssigkeiten und Gasen in abgeschlossenen Gefäßen, wenn auf einen Kolben im Gefäß eine Kraft wirkt.

**A4** Bei einem Autokran wird der Ausleger über eine hydraulische Anlage bewegt. Der Pumpkolben hat eine Fläche von 0,3 cm², die zwei Arbeitskolben haben je 8 cm Durchmesser. Der Ausleger ist ein einseitiger Hebel, der Befestigungspunkt der Arbeitskolben ist $\frac{1}{3}$ vom Drehpunkt entfernt.
**a)** Bestimme den Druck in der Hydraulikflüssigkeit, wenn auf den Pumpkolben eine Kraft von 750 N wirkt.
**b)** Welche Last kann mit diesem Kran höchstens angehoben werden?
**c)** Erläutere, was passiert, wenn sich in einer hydraulischen Anlage Gaseinschlüsse befinden.

**A5** Ein Fahrradschlauch hat einen Durchmesser von 3 cm und einen Umfang von 190 cm. In ihm herrscht ein Überdruck von 2 bar gegenüber dem Luftdruck.
**a)** Wie viel Liter Luft mit Normaldruck sind hineingepumpt worden?
**b)** Wie oft musste dafür die Pumpe (Durchmesser des Kolbens 2 cm, Länge des Kolbenweges 30 cm) betätigt werden?

**A6** Der Baikalsee in Sibirien ist mit 1620 m der tiefste Süßwassersee der Erde. Berechne den Schweredruck an seiner tiefsten Stelle und vergleiche ihn mit dem Druck an einer gleich tiefen Stelle im Meer. (Dichte von Salzwasser $\rho = 1{,}02\ \frac{t}{m^3}$)

**A7** Auf jede Wasseroberfläche wirkt der Luftdruck.
**a)** Was sagst du zu der Berechnung des Schweredruckes in Wasser unter Einbeziehung des Luftdruckes über der Wasseroberfläche?
**b)** Berechne den wahren Druck in 10 m Meerestiefe.
**c)** Begründe, warum ein Lebewesen, das an der Erdoberfläche lebt, im Wasser nur den Schweredruck des Wassers aber nicht den der Luft spürt?

**A8** Luft hat auf Meereshöhe eine Dichte von $1{,}29\ \frac{g}{dm^3}$ und sie steht unter einem Druck von 1 bar. Berechne, wie hoch die Erdatmosphäre wäre, wenn die Luft in jeder Höhe so dicht liegen würde wie auf Höhe der Meeresoberfläche. Kommentiere dein Ergebnis.

**A9** Flusspferde bewegen sich plump auf dem Lande und leichtfüßig im Wasser. Begründe ihre Leichtfüßigkeit im Wasser und rechne dazu: Masse 3000 kg; Durchmesser des Körpers 1,1 m; Länge 2,5 m.

**A10** Ein Versuchsballon der NASA mit 140 m Durchmesser ist mit 1 436 026 m³ Helium gefüllt ($\rho_{He} = 178\ \frac{g}{m^3}$). Berechne die Auftriebskraft, die dieser Ballon am Erdboden auf Meereshöhe hat. (Dichte der Luft auf Meereshöhe: $\rho = 1293\ \frac{g}{m^3}$).
Der Gewichtskraft von wie vielen PKW (mit je 750 kg Masse) entspricht diese Auftriebskraft?

### Die wichtigsten Begriffe

- Gesetz von BOYLE-MARIOTTE S. 69
- hydraulische Anlagen S. 66/67
- Kolbendruck S. 63/64
- Schweredruck S. 70/71
- Hydrostatisches Paradoxon S. 72
- verbundene Gefäße S. 73
- Gasdruck S. 69
- Atmosphäre S. 83
- atmosphärischer Luftdruck S. 76/77
- Manometer S. 64
- Auftrieb S. 80/81
- Archimedes'sches Gesetz S. 80
- induktives – deduktives Verfahren S. 80/81
- schwimmen – schweben – sinken 82

# Innere Energie – Wärmeenergie

**Im Erdinneren herrschen so hohe Temperaturen, dass Metalle oder Gestein flüssig sind. Ins Meer stürzende Lavaströme erhitzen das Wasser, bis es siedet und verdampft; die Lava kühlt sich dabei ab und erstarrt zu bizarren Gebilden.**
**Was geschieht im Inneren von Körpern, wenn sich ihr Zustand ändert? Wie hängt die Temperatur der Körper mit ihrem Zustand zusammen? Unter welchen Voraussetzungen schmelzen, verdampfen bzw. erstarren Körper überhaupt? Und was hat das alles mit „Energie“ zu tun?**

Jeder Automotor wandelt wie selbstverständlich chemische Energie in Bewegungsenergie um. Aber welche Bedingungen müssen erfüllt sein, damit dieser Umwandlungsprozess ablaufen kann? Wie vollständig geschieht die Umwandlung? Heute spüren wir, dass die Erfindung dieser Maschinen für die Menschen, für ihr Zusammenleben und für die Umwelt nicht nur ein Segen war. Lassen sich die negativen Begleiterscheinungen verhindern oder abmildern?

Beim Löten wird elektrische Energie dazu verwendet, das Lötzinn zum Schmelzen zu bringen. Wo steckt diese Energie nachher, wenn die Lötstelle wieder kalt geworden ist? Wie viel Energie ist überhaupt zum Schmelzen nötig? Ist sie bei allen Stoffen gleich?
Die Heizwendel, in der die Wärmeenergie entsteht, ist einige Zentimeter von der heißen Lötspitze entfernt. Wie gelangt die Wärmeenergie dorthin? Wie kann sie überhaupt von einer Stelle zu einer anderen transportiert werden?

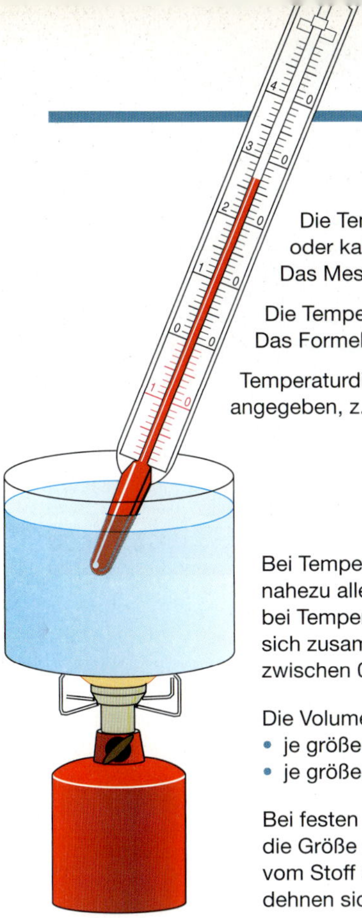

Die Temperatur gibt an, wie heiß oder kalt ein Körper ist. Das Messgerät ist das Thermometer.

Die Temperatur wird in °C angegeben. Das Formelzeichen ist $\vartheta$, z.B. $\vartheta = 27\ °C$.

Temperaturdifferenzen werden in K angegeben, z.B. $\Delta\vartheta = 27\ °C - 14\ °C = 13\ K$.

## Die wichtigsten Begriffe

- Körper – Stoff
- Zustandsformen
- Teilchenmodell der Materie
- Temperatur
- Thermometer
- Celsiusskala
- Thermische Ausdehnung
- Energieumwandlungen
- Energieerhaltung

Bei Temperaturerhöhung vergrößern nahezu alle Körper ihr Volumen; bei Temperaturerniedrigung ziehen sie sich zusammen (Ausnahme Wasser zwischen 0 °C und 4 °C).

Die Volumenzunahme ist umso größer
- je größer das Ausgangsvolumen
- je größer die Temperaturveränderung.

Bei festen und flüssigen Körpern ist die Größe der Volumenänderung auch vom Stoff abhängig. Gase dagegen dehnen sich alle gleich stark aus.

| | Zustandsformen | | |
|---|---|---|---|
| | **fest** | **flüssig** | **gasförmig** |
| **Form** | • bestimmte Form<br>• nur unter großer Krafteinwirkung veränderbar | • keine bestimmte Form<br>• Anpassung an Form des Behälters | • keine bestimmte Form<br>• Gas nimmt zur Verfügung stehenden Raum vollständig ein |
| **Volumen** | • bestimmtes Volumen<br>• auch unter Krafteinwirkung nahezu unveränderbar | • bestimmtes Volumen<br>• auch unter Krafteinwirkung nahezu unveränderbar | • kein festes Volumen<br>• durch relativ geringen Kraftaufwand veränderbar |
| **Übergänge** | 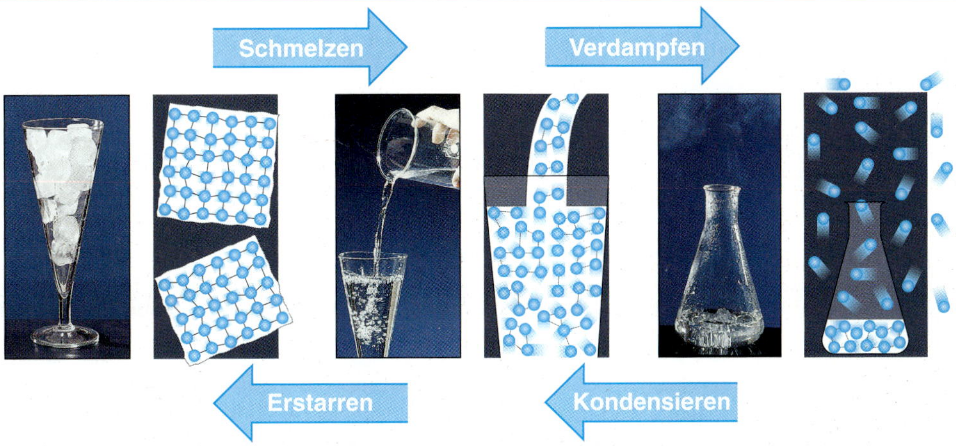 | | |



**Bei Energiezufuhr ändert sich die Temperatur eines Körpers oder seine Zustandsform.**

# Temperatur und innere Energie

**Um ein Fahrzeug anzuhalten, muss manchmal scharf gebremst werden. Bei Autorennen ist es dabei gar nicht so selten, dass die Bremsscheiben zu glühen beginnen. Auch die Wendel der Glühlampe im Scheinwerfer wird heiß und glüht, ohne dass sie mit einer Flamme erhitzt wurde. Beide Male hat sich die Temperatur des betreffenden Körpers geändert.**
**Welche Möglichkeiten gibt es, einen Körper zu erhitzen? Was passiert mit ihm, wenn er heiß wird? Und was geht dabei in ihm vor, wenn sich seine Temperatur erhöht?**

## Energieumwandlungen

Der Rennwagen hat wie jeder bewegte Körper Bewegungsenergie. Sie kann sich in die anderen mechanischen Energieformen Lageenergie (beim Hinauffahren auf einen Berg) oder Spannenergie (beim Crash) umwandeln.

Bei der Berechnung solcher Vorgänge sind wir davon ausgegangen, dass diese Umwandlungen ohne Verluste vonstatten gehen, haben also die Reibung vernachlässigt. Dürfen wir das?

**Zentraler Versuch**

Im Bild oben wird ein eingespannter Metallstab in einem fest darumgelegten Seil gedreht. Dem Stab wird also ständig Energie zugeführt. Die chemische Energie des Akkus wird zunächst zu elektrischer Energie und schließlich zur Bewegungsenergie des Stabes. Der Stab selbst bewirkt aber gar nichts: Er treibt nichts an, er bewegt keinen anderen Körper ... . Wo bleibt die Bewegungsenergie dann aber?

Früher haben wir einfach pauschal gesagt, es sei **Wärmeenergie** entstanden und an die Umgebung abgegeben worden. Dabei hat uns nicht interessiert, was mit der Wärmeenergie weiterhin geschehen ist. Das wollen wir jetzt etwas genauer betrachten:

Als einzige Wirkung der Bewegungsenergie beobachten wir eine Temperaturerhöhung des Stabes und des Seiles an der Stelle, wo sie aneinander reiben. Die Bewegungsenergie des Stabes muss sich also umgewandelt haben. Sie steckt jetzt in Form einer anderen Energie in Stab und Seil drin und hat deren Zustand verändert: Kennzeichnend für die Änderung dieser Energieform des Körpers ist, dass von außen eine Erhöhung der Temperatur des Körpers festgestellt werden kann.

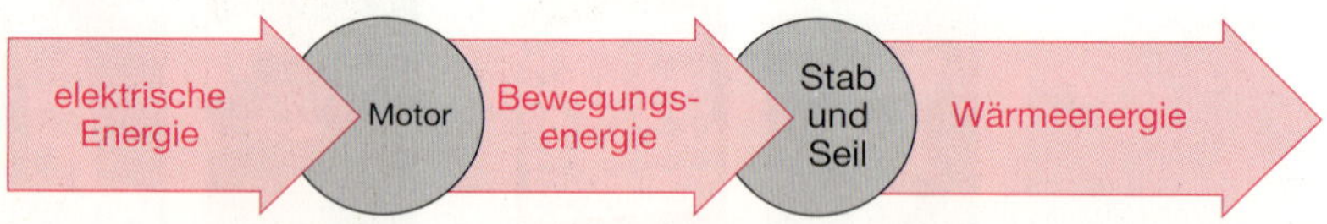


**Aufgaben**

**1** Warum reiben wir uns die Hände, wenn uns kalt ist?

**2** Aus einer vollen Wärmflasche wird die Hälfte des heißen Wassers ausgegossen. Was geschieht mit der Temperatur der Wärmflasche, was mit ihrer inneren Energie?

**3** Erläutere am Beispiel der Aufgabe 2 den Zusammenhang zwischen Temperatur und innerer Energie sowie den Unterschied zwischen den beiden Größen.

**4** Was meinen wir im physikalischen Sinn, wenn wir sagen: **a)** „Das Wasser ist warm.“; **b)** „Die Suppe wird warm gemacht.“; **c)** „Die Heizung gibt Wärme ab.“?

## Innere Energie

Beim Bohren werden das Werkstück und der Bohrer glühend heiß. Die Zufuhr von Bewegungsenergie lässt ihre Temperatur stark ansteigen. Weil Energie aber nur von einer Form in eine andere umgewandelt wird, muss die Energie, die in der Bewegung des Bohrers steckte, an anderer Stelle in anderer Form wieder auftauchen. Sie kann sich nur im heißen Bohrer und im Werkstück befinden. Energie, die *in* einem Körper gespeichert ist, bezeichnen wir als **innere Energie.** Die Bewegungsenergie des Bohrers wandelt sich also in innere Energie sowohl des Bohrers als auch des Werkstücks um und vergrößert deren innere Energien.

Zentraler Versuch

Äußerlich stellen wir bei diesem Vorgang nur fest, dass Bohrer und Werkstück eine höhere Temperatur haben. Je länger wir bohren, d. h. je mehr Energie wir zuführen, desto heißer werden die Körper. Ihre innere Energie nimmt immer mehr zu. Innere Energie und Temperatur eines Körpers sind also eng miteinander verknüpft.

Aber Achtung! Wenn wir bei einem größeren Werkstück genauso lange bohren wie bei einem kleineren aus dem gleichen Material, führen wir ihm dieselbe Energieportion zu. Seine innere Energie wächst also um den gleichen Betrag wie die des kleineren Werkstücks. Aber seine Temperatur steigt bei Weitem nicht so stark an. Temperatur und innere Energie sind also verschiedene Größen mit unterschiedlicher Bedeutung: Die Temperatur beschreibt nur den Wärmezustand des Körpers, also wie heiß oder kalt er ist. Sie sagt nichts über seinen Gehalt an innerer Energie aus.

Wie groß die gesamte innere Energie eines Körpers ist, können wir nicht angeben. Es lässt sich nur sagen, dass ein und derselbe Körper bei einer höheren Temperatur mehr innere Energie enthält als bei niedrigerer Temperatur, da er für die Temperaturzunahme Energie aufgenommen haben muss.

Es gibt sehr unterschiedliche Möglichkeiten, einem Körper Energie zuzuführen, die dann in innere Energie umgewandelt wird:

- *Mechanische Vorgänge:* Zufuhr von Bewegungsenergie bei Reibungsvorgängen führt zu einer Vergrößerung der inneren Energie. Auf diese Art werden die Bremsscheiben von Rennwagen heiß.
- *Verbrennungsvorgänge:* Beim Erhitzen mit einem Gasbrenner wird dem Körper Wärmeenergie zugeführt. Auch dabei erhöht sich seine innere Energie und meist auch seine Temperatur.
- *Elektrische Vorgänge:* Fließt elektrischer Strom durch die Glühwendel einer Lampe, so wird diese so stark erhitzt, dass sie glüht und Licht(energie) aussendet. Die Zufuhr von elektrischer Energie vergrößert die innere Energie des Glühdrahtes.
- *Optische Vorgänge:* Fällt intensives Sonnenlicht auf einen Licht absorbierenden Körper, so steigt dessen Temperatur. Lichtenergie wird dabei in innere Energie umgewandelt.

Innere Energie ist Energie, die *in* einem Körper gespeichert ist. Vergrößerung der inneren Energie kann zu einer Temperatursteigerung des Körpers führen.

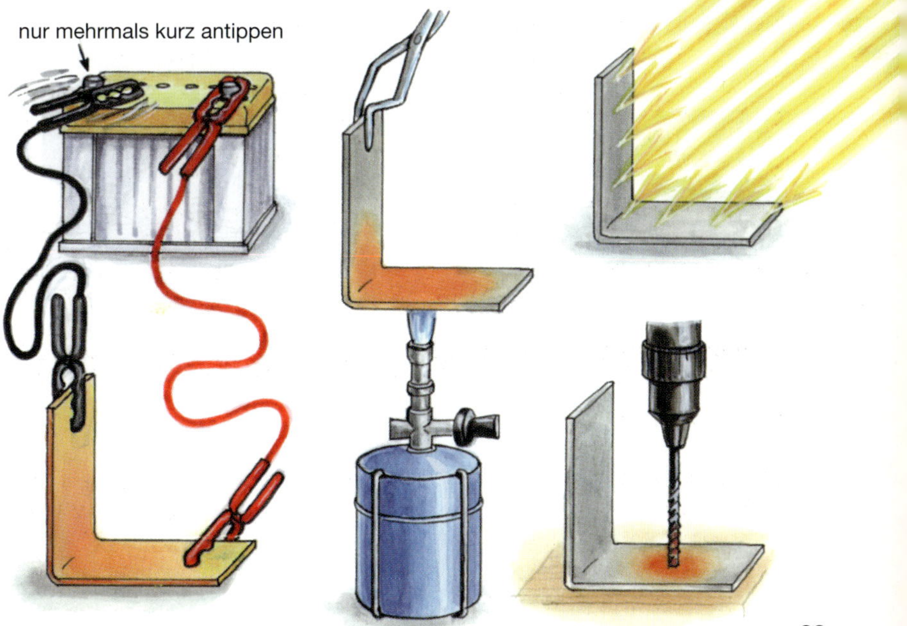

## Veränderung der inneren Energie

Um das heiß gewordene Werkstück weiter bearbeiten zu können, müssen wir es abkühlen. Dazu wird es z. B. in ein Gefäß mit kaltem Wasser gegeben. Nach einiger Zeit stellen wir fest, dass sich nicht nur das Werkstück abgekühlt hat, sondern dass auch die Temperatur des Wassers gestiegen ist. Diese Temperaturveränderungen zeigen, dass sich die inneren Energien beider Körper geändert haben.

- Die Wassertemperatur ist gestiegen. Das Wasser hat also Energie aufgenommen und seine innere Energie vergrößert.
- Diese zugeführte Energie kann nur aus dem Werkstück stammen. Offensichtlich hat es Energie abgegeben und dadurch seine innere Energie verringert, wobei seine Temperatur gesunken ist.

$\vartheta_1 > \vartheta_2$

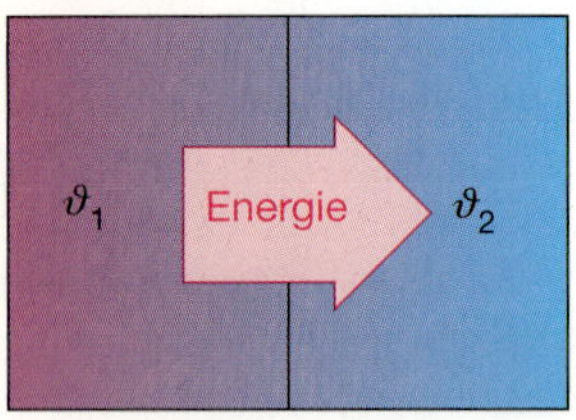


$\vartheta_1$ sinkt, $\vartheta_2$ steigt

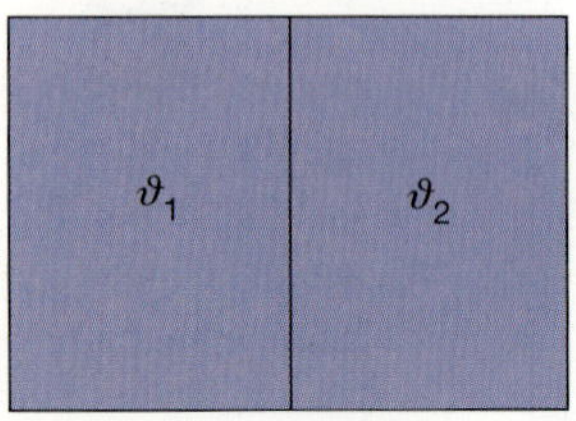


$\vartheta_1 = \vartheta_2$

Durch den Energiefluss vom Werkstück zum Wasser haben beide Körper ihre innere Energie und damit auch ihre Temperatur geändert.

**Zentraler Versuch**

Dieser Energieübergang vom wärmeren zum kälteren Körper erfolgt von selbst – ohne unser Zutun. Selbstständige Energieströme von warm nach kalt finden in unserer Umgebung laufend statt:

- Die Heizkörper geben Energie an die Raumluft ab und würden dabei selbst abkühlen, wenn nicht laufend heißes Wasser nachströmen würde; die Temperatur der Raumluft steigt durch die Energiezufuhr.
- Eine heiße Brühe wird von selbst kälter, weil sie Energie an die Zimmerluft abgibt, deren Temperatur dadurch geringfügig steigt. Ein kaltes Glas Saft nimmt dagegen Energie aus der Raumluft auf und wird wärmer.

Dass Energie von selbst nur von einem wärmeren auf einen kälteren Körper übergeht, ist ein wichtiges Naturgesetz.

Den umgekehrten Vorgang, dass Energie von selbst vom kälteren auf den wärmeren Körper übergeht, dass also das Werkstück noch heißer und das Wasser noch kälter wird, wenn beide in Kontakt kommen, wird man nie beobachten.

In den genannten Beispielen wird durch die Energie, die ein Körper abgibt, ein anderer erwärmt. Es lassen sich aber auch andere Wirkungen der abgegebenen Energie herbeiführen. Eine davon wird bei der Dampfmaschine genutzt. Hier hebt heißer Wasserdampf einen Kolben an und kühlt sich selbst dabei ab. Die innere Energie des Wasserdampfes nimmt ab, weil ihm ein Teil seiner inneren Energie entzogen wird und in Lageenergie oder Bewegungsenergie des Kolbens umgewandelt wird.

> Innere Energie kann einem Körper entzogen und in andere Energieformen umgewandelt werden. Dadurch kann seine Temperatur gesenkt werden.

### Aufgaben

**1** Beschreibe weitere Beispiele für den Energieübergang zwischen zwei Körpern, bei denen sich die Temperaturen ändern.

**2** Beschreibe weitere Beispiele, wo ein heißer Körper etwas bewegt und sich selbst dabei abkühlt.

**3** Warum wird es im Badezimmer kühler, wenn die Wanne mit kaltem Wasser gefüllt wird?

**4** Erkläre was geschieht, wenn ein Kühlakku mit Raumtemperatur in den Gefrierschrank gelegt und nach einiger Zeit zum Kühlen einer Prellung benutzt wird.

**5** Wieso umfassen Artisten im Zirkus das Tau mithilfe einer Ledermanschette, bevor sie an ihm herunter rutschen?

**6** **a)** Welche verschiedenen Möglichkeiten gibt es, die Temperatur eines Körpers zu verändern?
**b)** Welche Energieumwandlungen finden dabei statt?

## Beim Rühren wird's warm

**Streifzug**

Wird eine Flüssigkeit oder eine zähe Masse längere Zeit kräftig durchgerührt, dann steigt ihre Temperatur messbar. Die Ursache ist die Erhöhung der inneren Energie der Flüssigkeit durch die zugeführte Bewegungsenergie. Diese Erscheinung ist bereits beim Mixen von Flüssigkeiten mit der Küchenmaschine feststellbar. Während sie aber dort keine Probleme bereitet, muss sie beim Mischen großer Mengen in der Industrie berücksichtigt werden.

Viele kosmetische Artikel wie Cremes oder Lotionen werden aus Wasser und Ölen hergestellt, die sich nur schwer vermengen lassen und lange gerührt werden müssen, damit sie ein einheitliches Gemisch ergeben. Ähnlich verhält es sich bei der Herstellung von Farben oder Lacken. Die dabei durch das Rühren zugeführte Energie, der sogenannte *Energieeintrag,* kann bis zu 20–30 $\frac{\text{kW}}{\text{m}^3}$ betragen. (Das heißt, dass sich in jeder Sekunde die innere Energie von 1 $m^3$ der zu vermischenden Stoffe um 20–30 kJ vergrößert!) 1 $m^3$ Wasser (1000 Liter) erwärmt sich mit dieser Energiezufuhr in jeder Sekunde um 0,007 K, in einer Stunde also um rund 26 K. Bei anderen Flüssigkeiten ist der Temperaturanstieg durch die zugeführte Energie noch stärker.

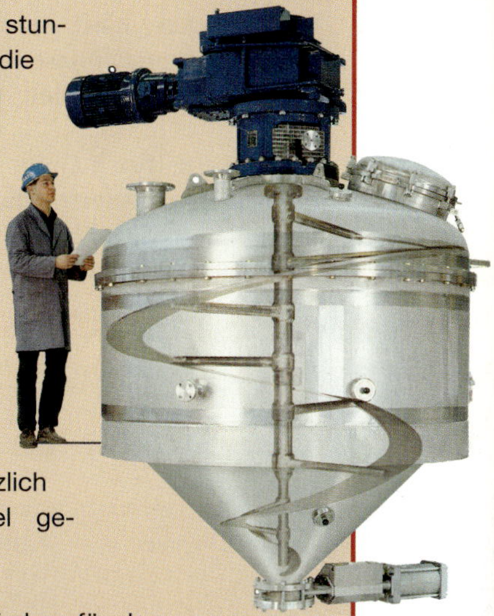

Da die Rührvorgänge oft stundenlang dauern, können die Temperaturen so hoch werden, dass sich kosmetische Produkte und Farben zersetzen und unbrauchbar werden. Deshalb werden die Rührer so konstruiert, dass sie zwar einerseits gut mischen, aber andererseits möglichst wenig Energie an die Füllung abgeben. Zusätzlich werden die Mischkessel gekühlt.

Bei der Herstellung von Farben für das Bedrucken von Papier oder zum Färben von Stoffen oder Lebensmitteln muss ebenfalls kräftig gerührt werden. Z. B. beträgt der Energieeintrag bei einem Reaktionskessel von 15 $m^3$ Inhalt etwa 15 MJ in jeder Sekunde! Auch die ablaufenden chemischen Reaktionen erhöhen die innere Energie der Farbstoffe und somit deren Temperatur, sodass eine gezielte Kühlung unumgänglich ist.

## Energieumwandlungen und innere Energie

**Versuche und Aufträge**

**V1 a)** Gib einen halben Liter Wasser in einen Topf und erwärme es eine Minute lang auf der Herdplatte. Miss die Temperaturveränderung.
**b)** Erwärme dann in demselben Topf (nach Abkühlung) die doppelte Menge Wasser auf derselben Herdplatte ebenfalls eine Minute und miss auch hier die Temperaturveränderung.
**c)** Vergleiche die Temperaturänderungen. Überlege, wie sich die innere Energie der beiden Wassermengen verändert hat. Erkläre das Ergebnis.

**V2** Spanne ein Seil (Wäscheleine o. Ä.) an beiden Enden fest. Wickle dann einen stangenförmigen Metallkörper einmal in die Leine ein und ziehe ihn mehrmals hin und her. Was stellst du fest, wenn du anschließend den Metallkörper an der Reibstelle anfasst?

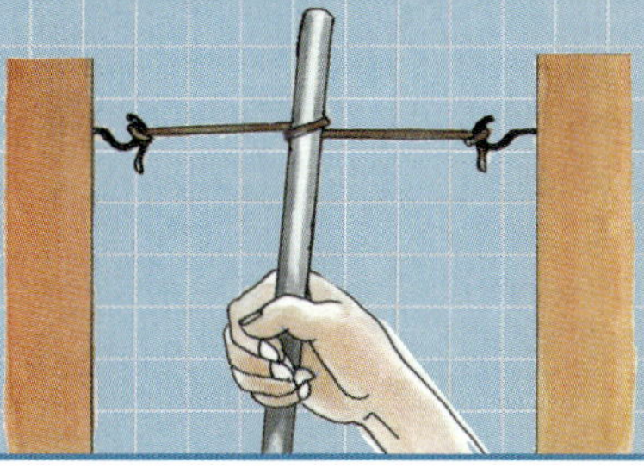

**V3** Überprüfe, ob sich Wasser durch Schütteln erwärmen lässt. Fülle dazu Wasser in einen dicht schließenden Plastikbehälter und schüttle ihn längere Zeit kräftig durch. (Du kannst auch einige kleine Körper, z. B. Murmeln o. Ä. mit in das Gefäß geben.)

**V4 a)** Reibe deine Hände fest gegeneinander. Was stellst du fest?
**b)** Wiederhole den Versuch mit dick eingeölten Handflächen.
**c)** Vergleiche deine Ergebnisse und erkläre den Unterschied.

# Körper im Teilchenbild

**Michael hat die Sahnetorte vom Geburtstag neben dem nicht eingepackten Käse im Kühlschrank stehen lassen. Jetzt schmeckt sie nach Käse. Und der Geruch hat sich im gesamten Innenraum ausgebreitet.**

**Wieso verteilt sich Geruch überall? Warum kann man bei warmem Wetter besser riechen als bei kaltem? Diese Beobachtungen können wir mithilfe der Teilchenvorstellung erklären. Ganz nebenbei wird auch klar, was innere Energie eigentlich ist.**

## Ein Blick ins Innere der Körper

Alle Körper bestehen aus kleinsten Teilchen (Atomen, Molekülen). Die Art der kleinsten Teilchen legt fest, um welchen Stoff es sich handelt: Ein Stahllöffel besteht aus anderen Teilchen als eine Wachskerze. Die Teilchen unterscheiden sich von Stoff zu Stoff in ihrer Masse, Größe und Anordnung.
In festem und in geschmolzenem Kerzenwachs und im Dampf der gelöschten Kerze ist immer die gleiche Teilchenart zu finden. Nur der Zusammenhalt und das Verhalten der Teilchen sind bei den drei Zustandsformen unterschiedlich.

Die Zustandsformen fest, flüssig und gasförmig von Körpern unterscheiden sich durch Anordnung und Abstand der Teilchen und durch die Kräfte zwischen ihnen.

### Aufgaben

**1** Erkläre mithilfe der Teilchenvorstellung, warum feste Körper meist eine große Dichte haben, Gase dagegen eine geringe.

**2** Warum lässt sich eine wassergefüllte Spritze fast gar nicht und eine luftgefüllte nur bis zu einem bestimmten Punkt zusammendrücken?

## Wie groß ist ein Teilchen?

**Streifzug**

Die Teilchen, aus denen Körper bestehen, sind so klein, dass wir sie auch mit einem sehr starken Lichtmikroskop nicht sehen und so ihre Größe bestimmen können. Aber der **Ölfleckversuch** lässt eine Größenabschätzung zu:
In diesem Versuch wird der Durchmesser von Ölteilchen bestimmt. Um eine möglichst kleine Menge Öl zu bekommen, wird das Öl mit Leichtbenzin gemischt, sodass z. B nur $\frac{1}{2000}$ der Mischung aus Öl besteht. Ein Tropfen dieser Mischung bildet auf einer Wasseroberfläche einen kreisförmigen Fleck, wie an den zur Seite geschobenen Blütensporen erkennbar ist. Weil das Leichtbenzin rasch verdunstet, bleibt ein dünner Ölfilm zurück. Den Durchmesser des Kreises können wir messen und daraus die Kreisfläche berechnen. Aber wie bekommen wir den Durchmesser oder das Volumen der Ölteilchen heraus?

Geben wir zwei oder drei Tropfen Ölgemisch auf das Wasser, so hat der Ölfleck die genau doppelte bzw. dreifache Größe. Das heißt aber, dass die Schicht immer dieselbe Dicke hat (wie die Kugelschicht in den Abbildungen links). Sie ist genauso hoch wie ein Ölteilchen (eine Kugel) selbst. Wir brauchen also nur die Dicke der Schicht zu ermitteln, um zu wissen, wie groß ein Teilchen ist.

### Auswertung

Das Volumen der Ölschicht ist genauso groß wie das des Ölanteils im Tropfen. Wir kennen also das Ölvolumen. Da die Schicht die Form eines sehr flachen Zylinders hat, können wir aus dem bekannten Volumen und dem gemessenen Durchmesser seine Höhe berechnen. Diese Höhe ist dann die Schichtdicke. Für eine angenommene Kugelform der Teilchen entspricht das der Teilchengröße.

Hier die Ergebnisse einer Messung: Ein Tropfen der Mischung enthält $V = 0{,}000\,01\ \text{cm}^3$ Öl. Er bildet auf dem Wasser einen Kreis von $d = 12$ cm Durchmesser. Das ergibt als Grundfläche des Zylinders

$$A = 3{,}14 \cdot \left(\frac{d}{2}\right)^2 = 113{,}1\ \text{cm}^2.$$

Teilen wir nun das Volumen des Öles durch die Kreisfläche, dann erhalten wir die Höhe und damit die Schichtdicke *h,* die ja dem Durchmesser eines Ölteilchens entspricht:

$$h = \frac{V}{A} = \frac{0{,}00001\ \text{cm}^3}{113{,}1\ \text{cm}^2} \approx 0{,}000\,000\,000\,9\ \text{m} = 9 \cdot 10^{-10}\,\text{m}$$

Untersuchungen an Teilchen anderer Stoffe führen zu ähnlichen Ergebnissen. Die Teilchengröße liegt also im Bereich eines zehnmilliardstel Meters. Sauerstoffteilchen sind z. B. $8 \cdot 10^{-11}$ m groß, Eisenteilchen $1{,}2 \cdot 10^{-10}$ m.
Die Abbildungen unten sollen eine Vorstellung von der Winzigkeit der Teilchen vermitteln.

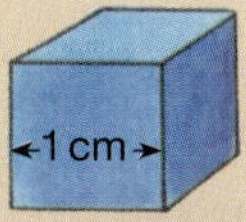


Wenn alle Wasserstoffatome, die in einem 1 cm³-Würfel Platz haben, in einer Kette aufgereiht würden,

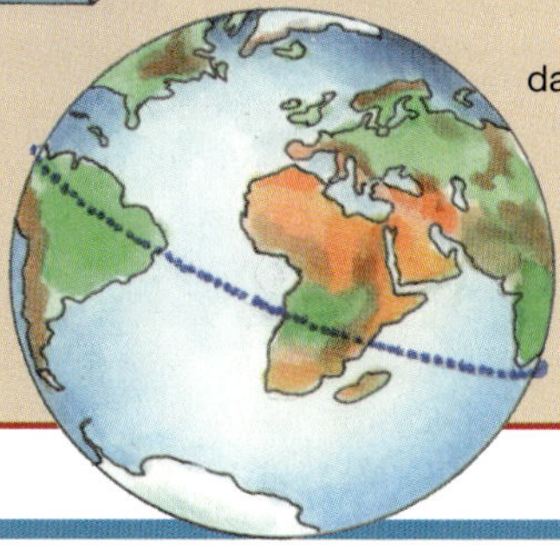

dann ließe sich die Kette eineinhalb Millionen mal um den Äquator wickeln.

Wenn ein 1,75 m großer Mensch auf die Entfernung Erde-Mond vergrößert würde,

dann wären seine Atome 2 cm groß.

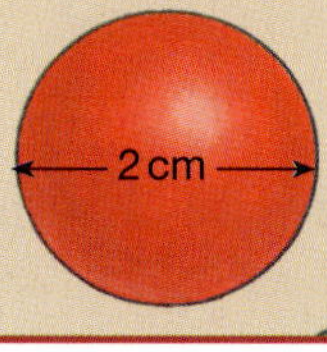

## Brown'sche Teilchenbewegung

Zentraler Versuch

Im Foto rechts ist feiner Aluminiumstaub in einem mit Wasser gefüllten Glas verrührt. Deutlich sind die Staubteilchen zu erkennen, die sich regellos durcheinander bewegen. Eigentlich müssten sie doch aufgrund der Erdanziehungskraft nach unten sinken wie jeder andere Körper auch. Wodurch wird das lange Zeit verhindert?

Irgend etwas hält sie in der Schwebe und zwingt sie gleichzeitig zu diesen ziellosen Bewegungen in alle Richtungen. Ein Grund für diese Bewegungen ist zunächst nicht zu erkennen. Folgende „Theorie" hilft uns weiter:
Es sind die winzigen Teilchen des Wassers, die ja in ständiger Bewegung sind und dabei zwangsläufig mit dem Aluminiumstaub zusammenstoßen. So wird das (große) Staubkörperchen durch die (winzigen) Wasserteilchen regellos hin und her gestoßen. Damit wird verhindert, dass die Aluminiumteilchen sofort auf den Boden des Glases sinken.

Mit dieser „Theorie" wäre unsere Beobachtung erklärt. Sie ist von der Wissenschaft bestätigt worden. Die Erscheinung heißt **Brown'sche Bewegung.**

Die Brown'sche Bewegung können wir uns so vorstellen wie das Verhalten eines Papierschnipsels, den wir auf einen Ameisenhaufen fallen lassen: Der Schnipsel bewegt sich in alle Richtungen, denn die durcheinander wuselnden Ameisen tragen ihn hin und her. Aus größerer Entfernung erkennen wir nur noch die Bewegung des Schnipsels, aber nicht mehr die der Ameisen.

- Aus der Bewegung des Aluminiumstaubs erkennen wir die bislang nur angenommmene Eigenschaft der für uns nicht sichtbaren Wasserteilchen, sich ständig und regellos zu bewegen.
- Auch Gasteilchen sind in ständiger Bewegung. Im Lichtbündel eines Diaprojektors beobachten wir im abgedunkelten Raum „tanzende" Staubkörner, die von den sich bewegenden Luftteilchen angestoßen werden.
- Die Teilchen fester Körper können sich nicht so stark bewegen. Sie sind an ihren Platz gebunden und schwingen dort nur hin und her.

Als Brown'sche Bewegung bezeichnet man die regellose Bewegung kleinster Festkörper aufgrund der Zusammenstöße mit den sich ständig in Bewegung befindlichen Teilchen von Gasen oder Flüssigkeiten.
Die Brown'sche Bewegung ist ein Beleg für die ständige Bewegung der Teilchen aller Körper.

### Versuche und Aufträge

**V1** Richte das Licht einer starken Taschenlampe in einen abgedunkelten Raum und schüttle mit einem Lappen Kreidestaub oder Puder in das Lichtbündel. Beobachte genau das Verhalten der Kreideteilchen.

**V2** Schichte vorsichtig in ein Glas farbigen Getränkesirup und Wasser und in ein zweites Glas Öl und Wasser übereinander. Lasse die Gläser ruhig stehen und beobachte sie mehrere Tage lang. Beschreibe und erkläre.

Entdeckt wurde die nach ihm benannte Bewegung 1827 von dem schottischen Naturforscher ROBERT BROWN (1773–1858). Eigentlich wollte er Pflanzenzellen untersuchen, da machte er unter einem Mikroskop die erstaunliche Beobachtung, dass sich die Pollenkörner in der Flüssigkeit bewegen. Brown vermutete zuerst, dass die Pollen Lebewesen sind; aber auch verkohlter Pollen und sicherlich leblose Staubkörnchen verhielten sich so.
BROWN konnte die Beobachtung noch nicht deuten. Erst zu Beginn des 20. Jahrhunderts fand ALBERT EINSTEIN in der Teilchenbewegung die Ursache der Brown'schen Bewegung.

## Diffusion

**Zentraler Versuch**

Fallen einige Tropfen Tinte in ein Glas mit Wasser, so sinken sie aufgrund ihrer Gewichtskraft zuerst nach unten und bilden eine farbige Schicht auf dem Boden des Gefäßes. Nach einigen Stunden jedoch ist die gesamte Flüssigkeit rot gefärbt, obwohl niemand das Glas geschüttelt oder das Wasser umgerührt hat. Die Trennschicht zwischen den Flüssigkeiten Tinte und Wasser ist verschwunden, beide Körper haben sich vermischt.

Dies ist nur möglich, weil sich sowohl die Wasserteilchen als auch die Tintenteilchen bewegen. Sie dringen in das Gebiet der anderen Flüssigkeit ein, es kommt zur Durchmischung. Schließlich haben sich alle Teilchen gleichmäßig im gesamten Raum verteilt. Diese Durchmischung geschieht von selbst, ohne Umrühren oder einen anderen Anstoß von außen. Der Vorgang wird **Diffusion** genannt.

Gase durchmischen sich ebenfalls selbstständig. Da ihre Teilchen aber freier beweglich und die Kräfte zwischen ihnen geringer sind als bei Flüssigkeiten, erfolgt die Diffusion hier schneller. So riechen wir den gebratenen Fisch ebenso wie das Parfüm aus der geöffneten Flasche bald im gesamten Raum.

Wären die Gas- oder Flüssigkeitsteilchen in Ruhe, käme es nicht zur Durchmischung und die beiden Körper würden getrennt bleiben.

Durch Diffusion durchmischen sich zwei Flüssigkeiten oder Gase selbstständig aufgrund der ständigen Bewegung der Teilchen.

### Aufgaben

**1** Wie ist auf Seite 92 der Käsegeruch in die Sahnetorte gekommen?

**2** Warum schmeckt heißer Tee mit Zucker auch ohne Umrühren nach einiger Zeit süß?

**3** Was ist der Unterschied zwischen Brown'scher Bewegung und Diffusion? Gibt es Gemeinsamkeiten?

## Diffusion in der Natur

**Streifzug**

Ein Strauß frisch gepflückter Wiesenblumen lässt rasch „die Köpfe hängen“ – ins Wasser gestellt richten sich die Pflanzen schnell wieder auf, die Blätter werden wieder straff. Wie gelangt das Wasser aus dem Boden in die Pflanzen?

Diffusion, die selbstständige Durchmischung von Flüssigkeiten und Gasen aufgrund der Teilchenbewegung, kann auch durch bestimmte trennende Wände, so genannte *Membranen* erfolgen. Bei allen Lebewesen sind die Zellen von solchen Zellmembranen umgeben, die oft nur für bestimmte Teilchen durchlässig sind z. B. für Wassermoleküle. Die im Wasser gelösten Teilchen dagegen können diese Membranen nicht durchdringen, weshalb derartige Membranen auch *semipermeabel* (halbdurchlässig) genannt werden. Durch diese so genannte **Osmose** nehmen die Pflanzen das für sie lebenswichtige Wasser aus dem Boden auf. (Nährstoffe werden auf andere Art in die Pflanze hineingeschleust.)

Auch unser Leben wäre ohne Diffusion nicht möglich. Beim Einatmen gelangt Luft in die Lunge und füllt die Lungenbläschen. Die Sauerstoffmoleküle der Luft diffundieren durch die nur 1 µm dünnen Wände der Lungenbläschen in die Kapillargefäße und lagern sich dort größtenteils an den roten Blutkörperchen an. Über den Blutkreislauf wird der Sauerstoff dann zu den Zellen transportiert, wo die Sauerstoffmoleküle durch die Zellmembranen ins Zellinnere diffundieren. Genau so – nur in umgekehrter Richtung – läuft der Transport des bei Stoffwechselvorgängen in den Zellen entstehenden Kohlenstoffdioxids ab.

Je größer die Fläche der Lunge, desto mehr Gas kann ausgetauscht werden. Damit die bei jedem Atemzug inhalierten 1–5 l Luft auch sofort ins Blut gelangen, besteht die menschliche Lunge aus vielen kleinen Bläschen, die insgesamt eine Fläche von etwa 100 m$^2$ haben.

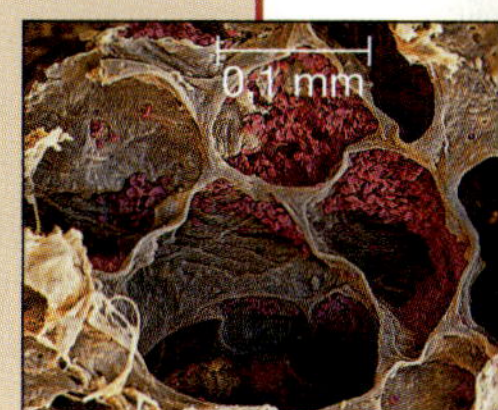



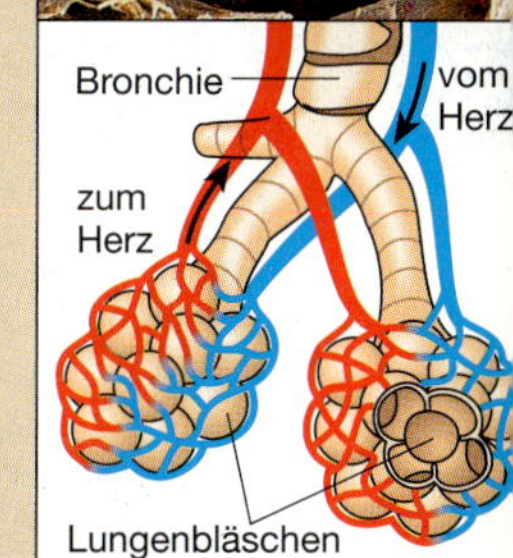



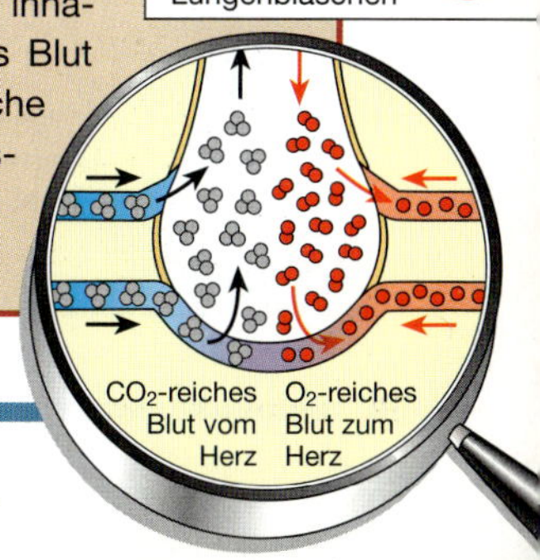

# Innere Energie und Teilchenbewegung

## Energiezufuhr und Temperaturänderung

Im Bild rechts hat sich die Tinte mit dem Wasser durch Diffusion vermischt. In heißem Wasser läuft dieser Vorgang schneller ab. Da die Ursache für die Durchmischung die Bewegung der Wasser- und der Tintenteilchen ist, müssen sich die Teilchen des heißen Wassers schneller bewegen als die des kalten. Nur dann erfolgt die Durchmischung rascher.

Die Bewegung der Teilchen eines Körpers und seine Temperatur hängen also zusammen: Je schneller sich die Teilchen bewegen, desto höher ist die Temperatur des Körpers.

**Zentraler Versuch**

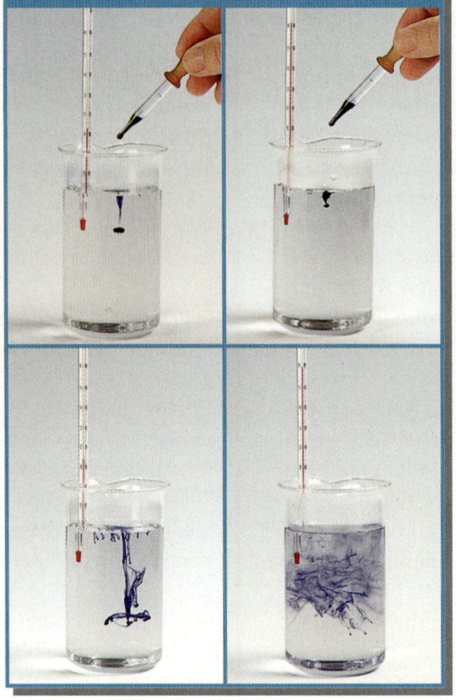

In der Luft bewegen sich die Teilchen so schnell, dass sie nahezu Schallgeschwindigkeit haben. Aber sie sind nicht alle gleich schnell. Es gibt in jedem Körper einige, die sich schneller bewegen, und einige, die langsamer sind. Deshalb lässt sich nicht die Geschwindigkeit eines einzelnen Teilchens angeben, sondern immer nur ein Mittelwert für alle.

Damit wird nun auch verständlich, wo die beim Erhitzen oder Reiben zugeführte Energie geblieben ist: Da sich die Teilchen bewegen, haben sie Bewegungsenergie. Bei Energiezufuhr nehmen sie Energie auf und wandeln sie in Bewegungsenergie um. Insgesamt wächst dadurch ihre Bewegungsenergie, sie bewegen sich schneller, die Temperatur des Körpers steigt.

Was geschieht nun beim Abkühlen eines Körpers? Der Körper gibt Energie ab. Die Teilchen werden langsamer, weil ihre Bewegungsenergie abnimmt, die Temperatur des Körpers sinkt.

Führt man diesen Energieentzug immer weiter fort, so müssen schließlich alle Teilchen zur Ruhe kommen, wenn sie ihre gesamte Bewegungsenergie abgegeben haben. Genaue Überlegungen zeigen, dass das bei –273,15 °C der Fall ist. Niedrigere Temperaturen kann es nicht geben, denn noch mehr Energie können die Teilchen nicht verlieren. Deshalb wurde diese tiefste erreichbare Temperatur als Nullpunkt für die **Kelvin-Temperaturskala** gewählt: –273,15 °C = 0 K sind der **absolute Nullpunkt.**

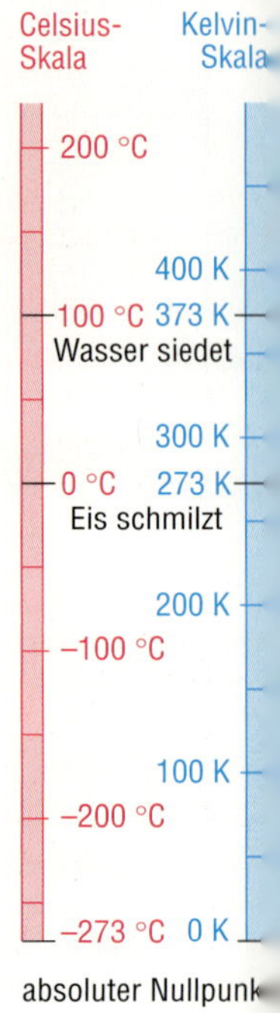


> Die Temperatur eines Körpers ist ein Maß für die Bewegungsenergie seiner Teilchen.
> Die tiefste mögliche Temperatur beträgt 0 K = – 273,15 °C

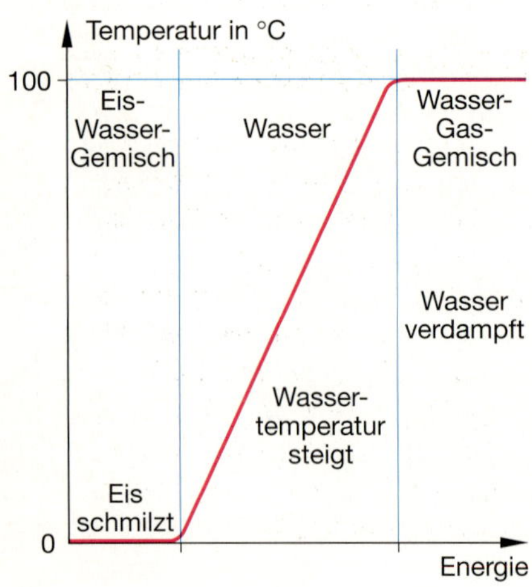


## Energiezufuhr und Zustandsänderung

Wenn Eis von 0 °C Energie zugeführt wird, dann erhöht sich seine Temperatur zunächst nicht, sondern es wird zu Wasser, es schmilzt. Energiezufuhr führt also nicht immer zu Temperatursteigerungen, sondern kann auch eine Änderung der Zustandsform bewirken. Durch die Energiezufuhr wird dabei der Zusammenhalt zwischen den Teilchen geändert: Sie schwingen heftiger und verlassen schließlich ihren Platz im Gitter – aus dem festen Körper ist eine Flüssigkeit geworden. Erst wenn sich im gesamten Körper die Bindungen zwischen den Teilchen gelöst haben, steigt die Temperatur (jetzt des Wassers) bei weiterer Energiezufuhr wieder an.

Ähnliches geschieht beim Verdampfen, wenn die Flüssigkeit gasförmig wird: Die Temperatur bleibt konstant, weil alle zugeführte Energie zum völligen Lösen der Bindungen zwischen den Teilchen gebraucht wird.

## Temperaturänderung ohne Energiezufuhr?

Ein „Kältepack“, der zum Kühlen einer Verletzung verwendet wird, verringert seine Temperatur, wenn er geknickt und geknetet wird. Dabei werden zwei vorher voneinander getrennte Körper, z. B. Wasser und das Salz Kalkammonsalpeter, vermischt.

Das Salz löst sich im Wasser auf. Dabei kühlt sich die Mischung ab, weil Energie benötigt wird, um die Salzteilchen aus dem festen Verbund des Kristallgitters herauszulösen.
Da von außen keine Energie zugeführt wird, kann sie nur den Wasser- und Salzteilchen entzogen werden. Dadurch verringert sich deren Bewegungsenergie, was eine Temperaturabnahme zur Folge hat.

Umgekehrt kann durch Lösen eines anderen Salzes in Wasser eine Temperaturerhöhung bewirkt werden, die sich zum Händewärmen im Winter, zum Erwärmen von Dosengerichten oder Getränken ohne Kochplatte nutzen lässt.

## Die Anteile der inneren Energie

- Innere Energie ist zum Einen die Bewegungsenergie der Teilchen. Führen wir einem Körper Energie zu, dann vergrößert sich die Bewegungsenergie der Teilchen. Sie ist der einzige Anteil der inneren Energie, dessen Zu- oder Abnahme wir messen können, weil sich dadurch die Temperatur des Körpers ändert.
- Ein weiterer Anteil der inneren Energie steckt im Zusammenhalt der Teilchen untereinander. Dieser Energieanteil ist dafür verantwortlich, welche Zustandsform der betreffende Körper hat. Durch Zufuhr oder Entzug von Energie kann dieser Energieanteil verändert werden, was zu den bekannten Änderungen der Zustandsformen „Schmelzen“, „Verdampfen“, „Kondensieren“ oder „Erstarren“ führt.

- Zur inneren Energie gehört aber auch die chemische Energie, die in den Bindungen verschiedener Teilchenarten aneinander steckt wie z. B. beim Wasser ($H_2O$) die Bindung zweier Wasserstoff- an ein Sauerstoffatom. Außerdem gehört zu diesem Energieanteil die nukleare Energie, die die Atome in sich zusammenhält.

## Wärmeenergie – innere Energie

Wenn sich ein heißer Körper abkühlt, gibt er einen Teil seiner Energie an andere Körper ab. Z. B. nimmt die innere Energie eines heißen Tees ab, die der Umgebungsluft dagegen steigt. Es ist also Energie unterwegs vom Tee zur Luft. Diesen von selbst entstehenden Energiestrom von einem heißeren Körper zu einem kälteren bezeichnet man als **Wärmeenergie.** Der Tee gibt also Wärmeenergie ab, die Luft nimmt sie auf.

Die **innere Energie** eines Körpers setzt sich aus verschiedenen Anteilen zusammen: Bewegungsenergie der Teilchen, Zustandsänderungsenergie und chemische bzw. nukleare Energie. Mit diesen Energieformen wird das Verhalten bzw. die Wechselwirkung der Teilchen untereinander beschrieben. Die Energie des Tees nimmt ab, weil die Teeteilchen Energie an die Luft abgeben. Die Bewegungsenergie der Teeteilchen wird geringer, die Teetemperatur sinkt; die Bewegungsenergie der Luftteilchen nimmt zu – der Körper Luft erhöht seine innere Energie und seine Temperatur. Diese übertragene Energieportion ist die „Wärmeenergie“.

Mit dem Wort „Wärmeenergie“ wird also der selbstständig ablaufende **Energietransport** zwischen zwei Körpern beschrieben, die unterschiedliche Temperaturen haben. Wärmeenergie kann also nie in einem Körper enthalten sein, sie ist immer unterwegs – genauso wie Lichtenergie.

Innere Energie ist die Energie, die im Zusammenhalt, der Anordnung und der Bewegung der Teilchen eines Körpers steckt.
Wärmeenergie ist die Energie, die von selbst von einem heißen Körper zu einem kalten strömt.

### Aufgaben

**1** 1 kg Eis wird erst geschmolzen und danach verdampft. Vergleiche die inneren Energien von Eis, Wasser und Wasserdampf.

**2** **a)** Beschreibe im Teilchenbild was geschieht, wenn ein Topf mit Wasser auf der Herdplatte erhitzt wird. Beachte auch den Topf!
**b)** Achte auf die richtige Verwendung der Begriffe „innere Energie“ und „Wärmeenergie“.

# Energietransport

**Im Winter sorgt die Heizung für mollige Wärme. Wie aber gelangt die Energie vom Heizkessel im Keller oder vom weit entfernten Heizkraftwerk in die Heizkörper und schließlich in die Zimmerluft? Wie können wir uns diese Vorgänge im Teilchenbild erklären?**

## Wärmemitführung

Wenn wir die „Heizung aufdrehen", wird der Heizkörper sofort warm und nach einiger Zeit die Luft im ganzen Zimmer. Das Wasser wurde im Kessel erhitzt und in die Heizkörper gepumpt. Die Temperatur des Wassers sinkt durch die Energieabgabe; das abgekühlte Wasser strömt zurück zum Heizkessel und wird wieder erwärmt.

Im Heizkessel wird bei der Verbrennung die chemische Energie des Brennstoffs frei. Sie wird in innere Energie des Wassers umgewandelt. Durch den Wasserkreislauf wird die Energie zu den Heizkörpern transportiert. Dort gibt das Wasser einen Teil seiner Energie an die kühlere Raumluft ab. Deren innere Energie nimmt zu, die Lufttemperatur steigt. Gleichzeitig nimmt die innere Energie des Wassers ab, seine Temperatur sinkt.

Energie ist also durch das strömende Wasser vom Kessel zum Heizkörper mitgenommen worden. Wenn Energie auf diese Weise transportiert wird, sprechen wir von **Wärmemitführung** oder Konvektion.

**Zentraler Versuch**

Das Versuchsfoto zeigt, dass es Wärmemitführung auch in Gasen gibt. Die Flamme der Kerze erhitzt die Luft. Durch diese Energiezufuhr nimmt die innere Energie der Luft zu. Die Luftteilchen bewegen sich heftiger, die Luft dehnt sich aus. Weil so weniger Luftteilchen im gleichen Volumen sind, ist dieses Luftvolumen leichter als die sie umgebende Luft. Die Warmluft steigt nach oben, kalte Luft strömt unten nach.

Der Energietransport durch Wärmemitführung braucht keinen Antrieb, er läuft immer selbstständig ab, sofern die Teilchen des betreffenden Körpers sich bewegen können.

Aber Vorsicht: Dabei wird nicht „Wärme mitgeführt", sondern innere Energie! Aber der Zusammenhang zwischen Wärmeenergie und innerer Energie wird jetzt ganz klar: Wärmeenergie ist „Bewegungsenergie der Teilchen unterwegs".

Bei Wärmemitführung wird Energie von strömenden Flüssigkeiten oder Gasen mitgenommen.

**Versuche und Aufträge**

## Energietransport

**V1 a)** Öffne die Tür von einem geheizten zu einem ungeheizten Raum einen Spalt weit. Untersuche nun mithilfe einer brennenden Kerze die Luftströmungen oben und unten am Türspalt.
**b)** Erkläre, wie die Strömungen zustande kommen.

**V2** Halte die Ecke eines wassergefüllten Teeglases über eine Kerze und lasse einen Tropfen Tinte hineinfallen. Wie verhält sich die Tinte?

**V3** Fasse die Leitungen am Heizkörper an (Vorsicht). Vergleiche die Temperaturen. Welche Leitung ist der Zulauf (Vorlauf) und welche der Rücklauf?

**V4 a)** Lege einen Löffel aus Metall und einen aus Kunststoff mehrere Stunden in den Kühlschrank und fasse sie dann an. Welche Beobachtung machst du?
**b)** Erkläre deine Beobachtung. Bedenke dabei, dass beide Löffel dieselbe Temperatur haben.

## Wärmeleitung

Werden Metallstäbe an einem Ende mit einem Gasbrenner erhitzt, so werden sie nach einiger Zeit auch am anderen Ende heiß. Wie wurde hier die Energie transportiert? Wärmemitführung kann es nicht gewesen sein, denn die Teilchen der festen Metallstäbe befinden sich ja nach wie vor an ihrem Platz. Wie geht es dann?

Zentraler Versuch

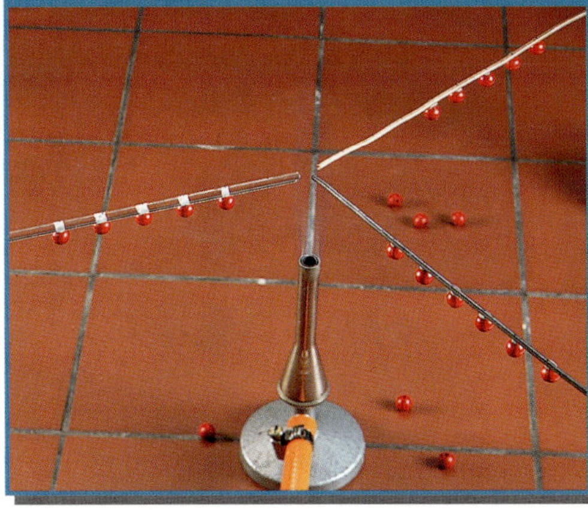

An der Stelle, an der die Flamme des Brenners auf die Stäbe trifft, nehmen deren Teilchen Energie auf und bewegen sich heftiger. Sie schwingen so stark, dass sie die benachbarten, noch langsamen Teilchen der kälteren Bereiche anstoßen und einen Teil ihrer Energie auf diese übertragen. Dadurch bewegen sich auch die Nachbarteilchen schneller, stoßen ihrerseits die daneben liegenden Teilchen an usw. Auf diese Art wird die Energie durch den gesamten Körper geleitet. Die Teilchen selber verlassen ihren Platz dabei nicht, sie schwingen nur heftiger. Diese Form des Energietransports heißt **Wärmeleitung.**

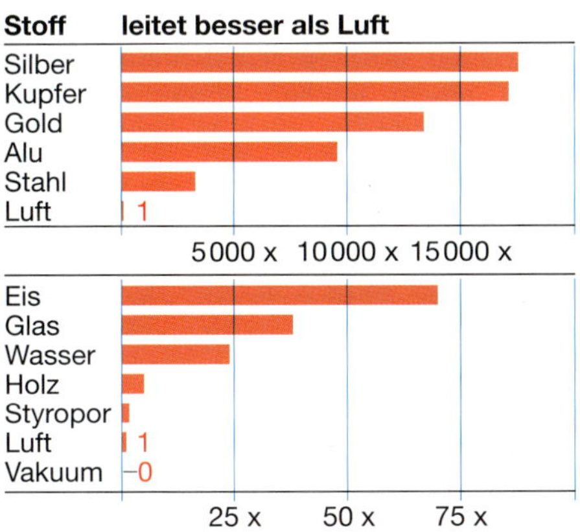


Dabei wird die Energie immer von dem Bereich, in dem sich die Teilchen schneller bewegen, an die Bereiche mit den langsameren Teilchen weitergegeben, also immer von heiß nach kalt.

Die festen Körper leiten nicht alle gleich gut, wie wir am unterschiedlichen Zeitpunkt des Abfallens der mit Wachs festgeklebten Kügelchen erkennen können. Wir unterscheiden bei festen Körpern *gute* und *schlechte Wärmeleiter.*

Im Gegensatz zu vielen festen Körpern sind Flüssigkeiten und Gase schlechte Wärmeleiter. So kann Wasser gleichzeitig sieden (100 °C) und Eis enthalten (0 °C). Das Wasser leitet die Energie so schlecht, dass dieser große Temperaturunterschied längere Zeit bestehen bleibt.

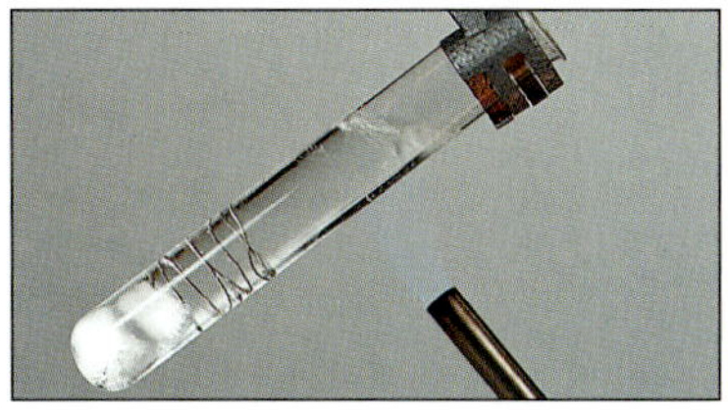

Luft ist – wie alle Gase – ein schlechter Wärmeleiter. Das erkennen wir in folgendem Bild, wo das Reagenzglas verhindert, dass die heißen Verbrennungsgase direkt an der Kerze vorbeiströmen.

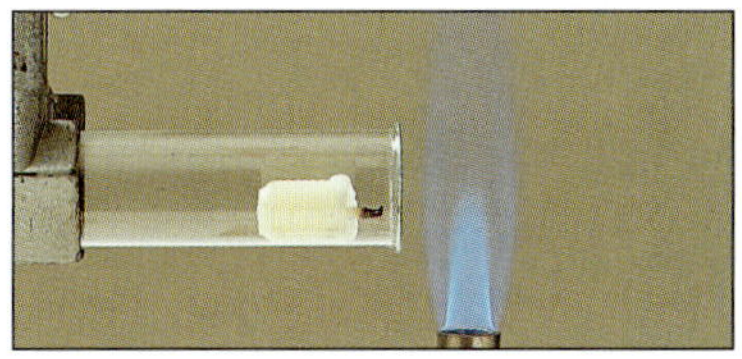

Bei Wärmeleitung wird die Energie innerhalb des Körpers übertragen, ohne dass Stoff transportiert wird.
Der Energieübergang erfolgt von selbst nur vom Bereich höherer Temperatur zum Bereich niedrigerer Temperatur.

### Aufgaben

**1** Was werden wir beim Versuch mit dem Eis und dem Wasser im Reagenzglas beobachten, wenn die Brennerflamme unten und das Eis oben ist?

**2** **a)** Warum sind Topfgriffe aus Holz bzw. Kunststoff?
**b)** Welche Aufgabe hat ein Topflappen?

**3** Warum bestehen Isolierglasfenster aus zwei Glasscheiben mit einer dünnen Luftschicht dazwischen und nicht aus einer einzigen dicken Glasscheibe?

**4** Warum können Trinkgläser mit dicken Wänden beim Einfüllen einer heißen Flüssigkeit zerspringen, dünnwandige aber nicht?

**5** Warum ist die Heizspirale im Wasserkocher unten?

**6** Du kannst eine Hand dicht neben oder unter eine heiße Flamme halten, aber nicht darüber. Begründe.

## Wärmestrahlung

Ein Raum kann sich im Winter auch ohne Heizung auf angenehme Temperaturen erwärmen, wenn die Sonne längere Zeit hineinscheint. Die Energie der Sonne kann aber weder durch Leitung noch durch Mitführung zu uns gelangen, denn es gibt fast keine Teilchen zwischen der Sonne und der Erde, die die Energie transportieren könnten.

**Zentraler Versuch**

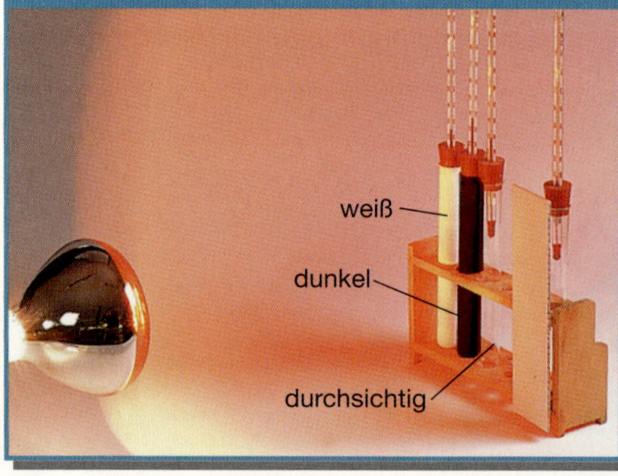


Es muss also noch eine dritte Möglichkeit für den Energietransport von einem heißen Körper zu einem anderen geben, ohne dass Teilchen dabei beteiligt sind. Es handelt sich um **Wärmestrahlung.**

Trifft Strahlung auf einen Körper, dann kann sie von ihm aufgenommen (absorbiert) werden. Dadurch vergrößert sich seine innere Energie. Wir stellen eine Temperaturerhöhung des Körpers fest.

Eigentlich ist der Begriff „Wärme"-strahlung nicht passend, denn den Begriff „Wärmeenergie" verwenden wir ja nur dann, wenn wir die Ausbreitung von Energie meinen, die in der ungeordneten Bewegung der Teilchen eines Körpers steckt. Der Energietransport durch Wärmestrahlung ist ein ähnlicher Vorgang wie die Ausbreitung von Lichtenergie, die ebenfalls nicht an einen Stoff gebunden ist.

Halten wir die Hand vor eine Rotlichtlampe, dann spüren wir die ankommende Energie. Ein Thermometer zeigt eine Temperaturerhöhung an. Vor einem Heizkörper spüren wir, dass er heiß ist – auch ohne ihn zu berühren. Alle Körper, die eine höhere Temperatur haben als ihre Umgebung, strahlen Energie ab.

Durch Wärmestrahlung erhöht sich die innere Energie der getroffenen Körper. Das Bild oben zeigt jedoch, dass sich die Temperatur in den verschiedenen Reagenzgläsern nicht im gleichen Maße ändert, obwohl dieselbe Energiemenge auf sie trifft:

- Helle, glänzende Körper werfen einen Großteil der Strahlung zurück, sie reflektieren sie. Da nur ein kleiner Teil der zugestrahlten Energie absorbiert wird, erhöht sich die Temperatur des reflektierenden Körpers nur wenig.
- Dunkle, raue Oberflächen nehmen dagegen die Energie gut auf. Ihre innere Energie und damit auch ihre Temperatur steigt stark an.
- Durchsichtige Körper wie Glas lassen die Strahlung fast ungemindert durch. Deshalb steigt die innere Energie bzw. die Temperatur von Körpern dahinter. Die bestrahlten Körper geben dann ihrerseits wieder Energie an die Umgebungsluft ab. Auf diese Weise können Zimmer im Winter auch ohne Heizung „geheizt" werden.
- Undurchsichtige Körper absorbieren oder reflektieren Strahlung nicht nur, sie schirmen die Strahlung auch ab. Im Schattenraum hinter einem solchen Körper ist von der Strahlung nichts mehr zu spüren.

Bei Wärmestrahlung gelangt Energie ohne Mitwirkung eines Stoffes von einem Ort zu einem anderen.

### Aufgaben

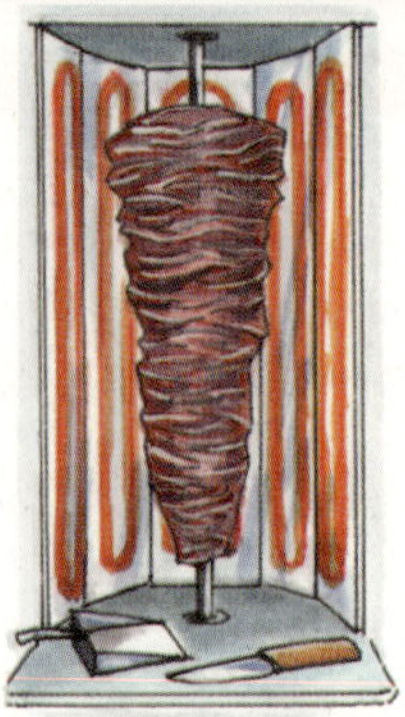

**1** Welche Farbe der Kleidung ist zu bevorzugen, wenn man in sonnigen Gegenden Urlaub macht? Begründe.

**2** Welche Formen des Wärmetransports finden beim Backen und Braten im Umluftbackofen, auf dem Gasherd, auf der Kochplatte des Elektroherdes, im Holzkohlegrill bzw. im Dönergrill Anwendung?

**3** Unter welchen Bedingungen kann es auch im Winter bei Sonnenschein im PKW heiß werden, selbst wenn die Heizung nicht angeschaltet ist?

**4** Frank hat seine Tafel Schokolade halb aus der Alufolie ausgepackt und auf dem Fensterbrett in der Sonne vergessen. Was stellt er nach einer Weile fest? Erkläre.

Streifzug

# Warmwasserheizung

Eine Solaranlage auf dem Dach nutzt Sonnenenergie zum Heizen oder für die Warmwasserversorgung.

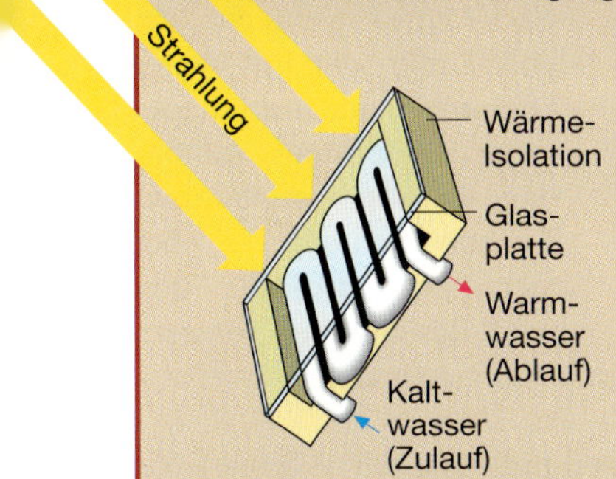


Über Rippen- oder Flachheizkörper wird die Energie an die Zimmerluft abgegeben.

Thermostate regeln die Raumtemperatur. Dazu messen sie mit einem Temperatursensor die Lufttemperatur. Dieser Istwert wird vom Regler mit einem vorher eingestellten Sollwert verglichen. Unterschreitet der Istwert den Sollwert, wird das Ventil geöffnet. Warmes Wasser strömt so lange durch den Heizkörper, bis Sollwert und Istwert wieder übereinstimmen. Dann wird das Ventil geschlossen, die Warmwasserzufuhr wird gestoppt. Es wird keine Energie mehr an die Zimmerluft abgegeben. Durch Wärmetransport nach draußen sinkt die Raumtemperatur, der Istwert fällt unter den Sollwert, das Ventil wird wieder geöffnet.

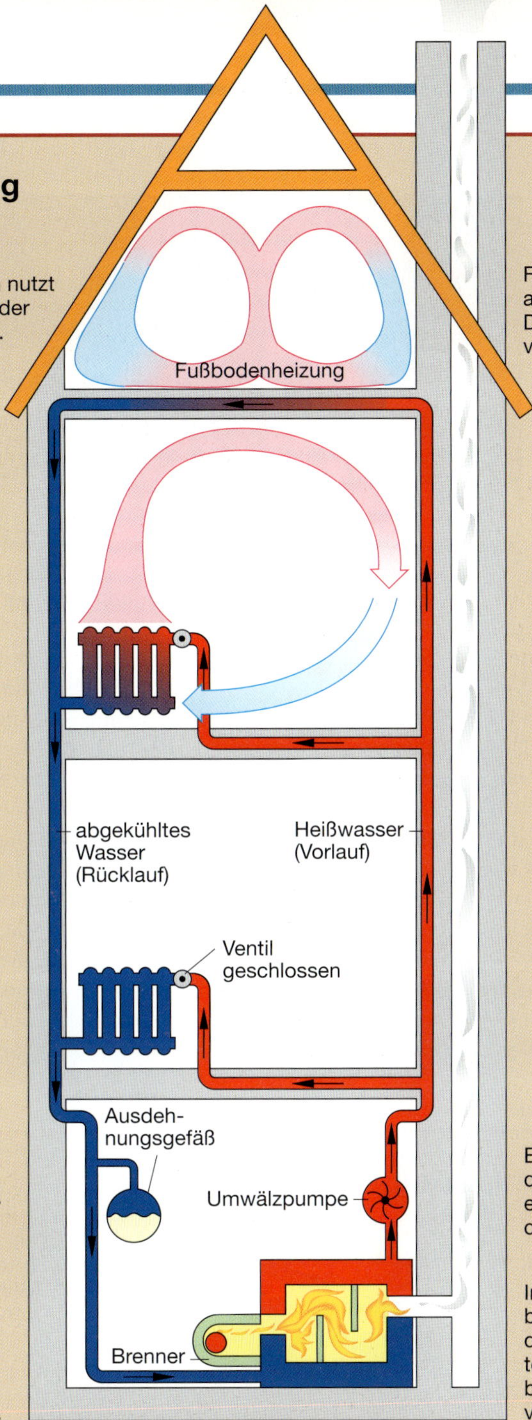


Fußbodenheizungen sorgen für angenehme Temperaturen. Die Fliesen nehmen die Energie vom Wasser auf und geben sie durch Wärmeleitung an die Zimmerluft weiter.

## Möglichkeiten zur Energieeinsparung

- Niedertemperaturheizungen (Vorlauftemperaturen von 55 °C bzw. 45 °C)
- Anpassung der Wassertemperatur an die Außentemperatur durch Messung mit einem Außenfühler (gleitende Kesselwasser-Temperaturregelung)
- Nutzung der bis zu 180 °C heißen Abgase am Kessel zum Erwärmen von Brauchwasser

Eine Umwälzpumpe befördert das Wasser vom Kessel zu den einzelnen Heizkörpern und von dort zum Kessel zurück.

In dem mit Heizöl oder Erdgas betriebenen Heizkessel wird das Wasser auf die Vorlauftemperaturen von 70 °C (Heizung) bzw. 40–60 °C (Warmwasserversorgung) gebracht.

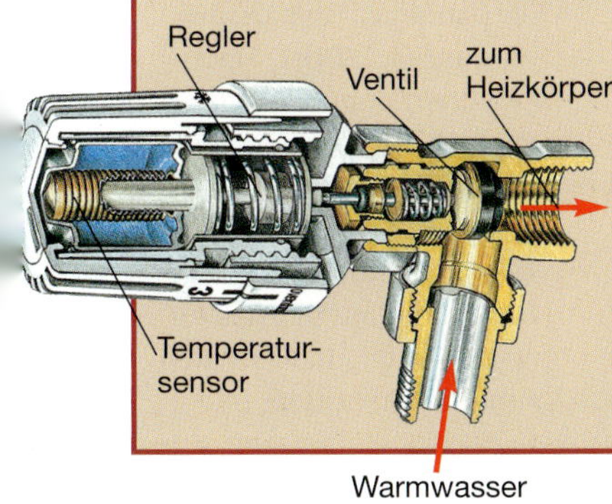


### Aufgaben

**1** Beschreibe den Heizungskreislauf und den Weg der Energie vom Kessel bis in die Zimmer.

**2** Welche Aufgabe hat das Ausdehnungsgefäß?

**3** Nenne weitere Möglichkeiten der Energieeinsparung beim Heizen und bei der Warmwasserversorgung.

**4** Welche Funktion hat die Umwälzpumpe? Würde die Heizung auch ohne sie arbeiten?

## Wärmedämmung

Aus der geheizten Wohnung soll die Energie nicht gleich wieder entweichen. Im Winter beim Spaziergang möchten wir nicht frieren. In allen solchen Fällen versuchen wir, den Energietransport von einem wärmeren Körper an die kältere Umgebung zu verhindern oder zumindest einzuschränken.

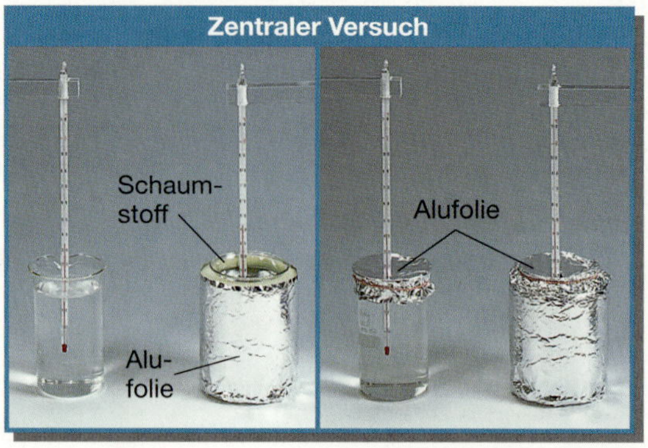


● **Verhinderung der Wärmeleitung:** Im Bild rechts zeigt sich, dass die Temperatur in den ummantelten Gläsern nach zehn Minuten weniger weit abgesunken ist als in den linken beiden. Die Schaumstoffschicht ist ein schlechter Wärmeleiter, denn sie enthält kleine Lufteinschlüsse, welche die Wärmeleitung verhindern. Da Gase schlechte Wärmeleiter sind, wirken Materialien, die solche Lufteinschlüsse enthalten, als Wärmedämmer. Aber auch durch feste Stoffe wie Holz, Kork oder Kunststoffe geht Wärmeenergie vergleichsweise schlecht hindurch. Sie können deshalb zur Wärmedämmung eingesetzt werden.

● **Verhinderung der Wärmemitführung:** Die Deckel auf den rechten Gläsern verhindern, dass die warme Luft über dem Wasser nach oben steigt und Energie vom Wasser wegtransportiert. Die Wärmemitführung lässt sich verringern, indem die Bewegung von Flüssigkeiten oder Gasen, die Energie in der Bewegung der Teilchen transportieren könnte, behindert wird.

Bei einem Fenster wirkt eine dünne Luft- oder Edelgasschicht zwischen den beiden Glasscheiben wärmedämmend. Noch größer ist der Effekt, wenn das Gas vollständig entfernt wird. Dadurch kann überhaupt keine Mitführung stattfinden. Die Erzeugung eines solchen Vakuums ist aber technisch aufwändig und wird deshalb bei Fenstern nur selten angewendet.

● **Verhinderung der Wärmestrahlung:** Um die rechten Gläser ist Aluminiumfolie gewickelt. Sie hat die Aufgabe, die durch Wärmestrahlung nach außen gehende Energie ins Innere zu reflektieren. Energieverluste durch Wärmestrahlung können unterbunden werden, indem die Körper in helle oder glänzende Oberflächen eingepackt werden, die die Strahlung reflektieren und so einen Energietransport in den Körper hinein oder aus ihm heraus vermindern.

**Streifzug**

### Die Thermoskanne hält dicht!

Die Thermoskanne ist ein besonders gutes Beispiel für Wärmedämmung. Sie hält die eingefüllten Flüssigkeiten lange heiß oder kalt.

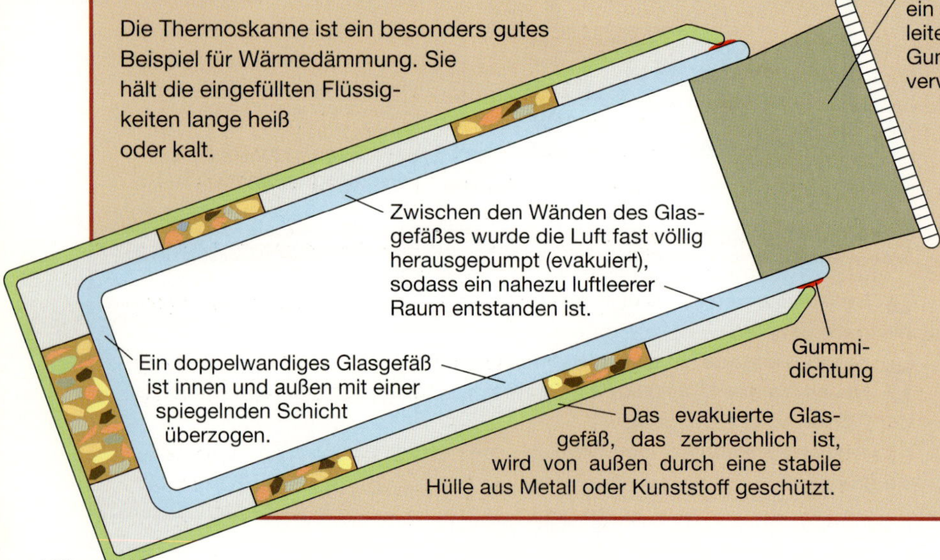


Statt des Glasgefäßes werden heute auch doppelwandige Stahlgefäße verwendet. Der Raum zwischen den zwei Wandungen ist mit Isoliermaterial ausgeschäumt, das kleine Lufteinschlüsse enthält. Zusätzlich wird das Stahlgefäß noch mit Isoliermanschetten umgeben.

Pinnwand

# AUF JEDEN TOPF PASST EIN DECKEL

Früher wurden Töpfe meist aus Kupfer, später aus Aluminium hergestellt. Beide sind sehr gute Wärmeleiter, aber sie haben auch große Nachteile: Aluminium ist zwar leicht, aber nicht sehr stabil und verbeult schnell. Kupfer dagegen wird von den Säuren in manchen Lebensmitteln angegriffen und kann seinerseits in die Lebensmittel übergehen. Außerdem muss es ständig geputzt werden, damit es keine Patina (Grünspan) ansetzt.

Die Verwendung von Eisen als Kochtopfmaterial ist problematisch, weil es an der Luft rostet. Deshalb werden die Töpfe mit einer Schicht aus luftundurchlässigem Emaille (eine Art Glas) überzogen. Das Emaille lässt sich in vielen Farben einfärben.
Aber auch das Emaillieren löst nicht alle Probleme: Wenn die Emailleschicht durch Schlag oder Stoß beschädigt wird, beginnt das Eisen darunter, an das nun Luft und Wasser herankommen, doch zu rosten.

Mit der Entwicklung von rostfreiem Stahl hielt dieses Material Einzug in die Topffertigung. Es ist nahezu unverwüstlich, pflegeleicht und stabil. Nur ein besonders guter Wärmeleiter ist Stahl nicht. Dieser Nachteil wird durch die Verwendung von „Sandwichböden" ausgeglichen: Im Edelstahlboden des Topfes ist ein gut leitender Kupferkern eingeschlossen.

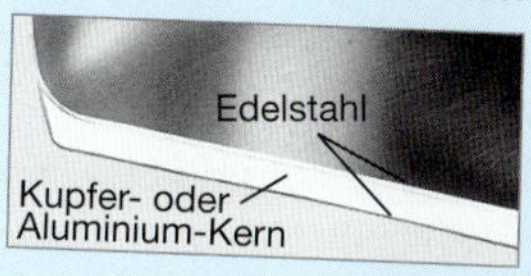


## Gewölbte Böden??

Der Topfboden sollte Wärmeenergie möglichst gut aufnehmen. Bei Elektrokochplatten und Ceranfeldern ist das der Fall, wenn der Boden plan auf der Platte aufliegt. Deshalb gibt es für diese Herde spezielle Töpfe, deren Boden leicht nach innen gewölbt ist. Beim Heißwerden dehnt er sich aus, wird eben und liegt plan auf der Kochplatte auf.

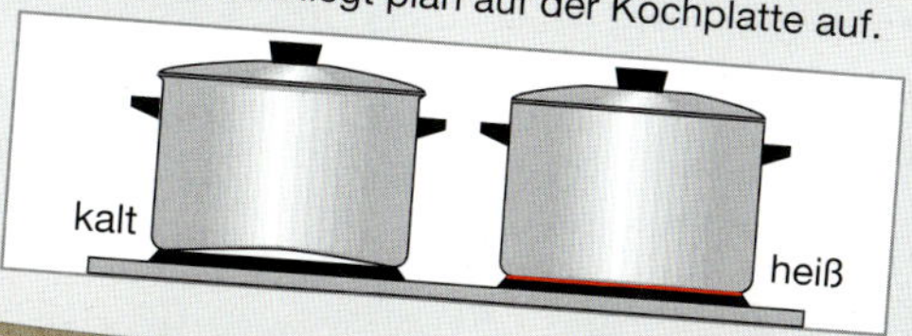


## Merke

- Töpfe mit gut schließenden Deckeln abdecken, um das Entweichen von heißem Wasserdampf und damit von Wärmeenergie zu verringern.
- Die Größen von Topfboden und Herdplatte müssen zueinander passen, damit möglichst keine Wärme daneben geht.

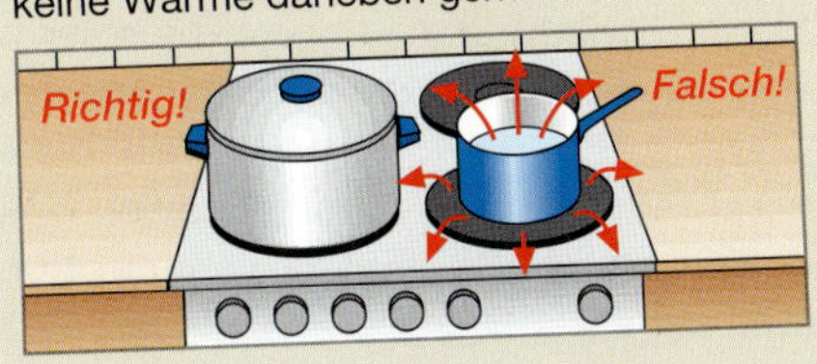


## Aufgaben

**1** **a)** Warum ist ein Topf mit geradem Boden nicht günstig für einen Elektroherd?
**b)** Warum kann man einen Topf mit zerbeultem Boden auf der Gasflamme benutzen, aber möglichst nicht auf einer Elektrokochplatte?

**2** Wenn ein Gefrierschrank abgetaut werden muss, sollen die eingefrorenen Lebensmittel in Zeitungspapier eingepackt und eine Decke darüber gelegt werden. Wieso wird dadurch das Auftauen verzögert?

**3** Die Tiefkühltruhen in Supermärkten sind oft oben offen. Wieso bleibt die Ware trotzdem kalt? Warum darf die Ware aber nicht zu hoch gestapelt werden?

**4** Welchen Zweck hat es, eine reflektierende Folie an die Wand hinter den Heizkörpern zu kleben?

**5** Erkläre aus energetischer Sicht, welche Funktion eine Markise bzw. ein Wintergarten am Haus erfüllen.

**6** Im Winter ist es günstiger, statt eines dicken Pullovers mehrere dünne Kleidungsstücke übereinander zu tragen. Erkläre diesen Trick.

**7** Warum frieren dünne Menschen schneller als dickere?

**8** Auf der Herdplatte kann Milchreis schnell anbrennen, während er gekocht wird. Erkläre folgende Garmethode, bei der das nicht geschehen kann: „Bringen Sie die Milch mit dem eingestreuten Reis zum Kochen und nehmen Sie den Topf von der Herdplatte. Wickeln Sie den Topf in dicke Tücher und lassen Sie ihn einige Stunden stehen."

**9** Erkläre, warum Herdplatte und Topfboden etwa den gleichen Durchmesser haben sollen.
Was geschieht, wenn der Topf **a)** zu klein, **b)** zu groß ist?

**10** Ordne die wärmedämmenden Maßnahmen bei der Thermoskanne den Arten des Energietransports zu, die sie verhindern sollen.

**11** Erkundige dich, wie die Wärmedämmung beim Kühlschrank bzw. bei der Backröhre des Küchenherdes beschaffen ist.

Streifzug

## Wärmedämmung bei Tieren

Viele Tiere müssen sich bei niedrigen Temperaturen vor zu starker Wärmeabgabe und damit Unterkühlung schützen. Deshalb besitzen Säugetiere ein Fell und Vögel ein Federkleid. Zwischen den dichten Haaren bzw. Federn wird die Luft gut festgehalten. Da Luft ein schlechter Wärmeleiter ist und hier kaum strömen kann, verringert sie auf diese Weise die Wärmeabgabe durch die Haut nach außen.

Das Winterfell der Tiere ist noch dichter als ihr Sommerkleid und enthält viel mehr kleine Härchen. Bei vielen Vögeln werden zusätzlich feine Flaumfedern gebildet (Daunen), die nach dem Winter wieder ausfallen. Vögel können sich außerdem „aufplustern“, wenn ihnen kalt ist. Sie bringen zusätzlich Luft unter ihr Federkleid, um die Dicke der dämmenden Luftschicht zu vergrößern.
Bei Wasservögeln sind die Federn mit einer wasserabweisenden Schicht versehen, damit sie sich nicht mit Wasser vollsaugen können. So bleibt die wärmedämmende Wirkung der eingeschlossenen Luft erhalten. Kormorane, die diese Schicht nicht besitzen, sitzen oft mit ausgebreiteten Flügeln, um die Federn zu trocknen.

Fett und Speck sind schlechte Wärmeleiter. Deshalb besitzen Tiere, die in kalten Gegenden leben, eine dicke Speckschicht. Besonders stark ist sie bei im Meer lebenden Säugetieren wie Delphinen, Walen und Seeelefanten ausgeprägt. Beim Schwimmen strömt ständig kaltes Wasser an ihrem Körper vorbei. Durch die Speckschicht wird die Energieabgabe und damit das Auskühlen verhindert.

Eisbären sind aufgrund ihrer geringen Wärmeabstrahlung von „Wärmekameras“ sehr schlecht zu fotografieren. Bei ihnen finden wir sehr effektive Methoden der Wärmedämmung: Sie haben zwar ein weißes Fell, um sich in ihrer Umgebung zu tarnen, aber darunter ist ihre Haut schwarz. So kann sie die Strahlung der Sonne gut absorbieren. Damit das Licht gut durch das Fell an die Haut gelangt, sind die Haare hohl und wirken wie ein Lichtleiter. Zusätzliche Wärmedämmung erreicht der Eisbär durch eine dicke Fettschicht.

Viele Tiere fressen sich „Winterspeck“ an, selbst wenn sie danach in Winterschlaf gehen. Weil sie im Winter nicht mehr genug Nahrung finden, verschlafen sie einfach die Zeit in ihrem warmen Bau oder ihrer Höhle. Der Winterspeck hat dabei zwei Funktionen: Er schützt sie vor der Kälte und er ist ihre Energiereserve, die sie während ihres Schlafs aufbrauchen. Im Frühling kommen die Tiere dann abgemagert ins Freie und beginnen zu fressen.

Ein Nest oder Bau hält zusätzlich warm. Die dicken Wände bzw. das Erdreich dienen der Wärmedämmung. Sie bieten Schutz vor dem Wind, der durch Wärmemitführung den Körpern Energie entzieht, und vor dem Regen.

## Wärmedämmung im Haus

Streifzug

Die Aufgabe eines Hauses besteht vorrangig darin, seine Bewohner vor Regen, Wind und Kälte zu schützen. So gehört eine Heizung unbedingt dazu, um auch bei niedrigen Außentemperaturen eine angenehme Temperatur im Innern zu schaffen. Die höhere Innentemperatur führt aber dazu, dass laufend Wärmeenergie nach außen abfließt – es muss ständig geheizt werden, um die Innentemperatur zu halten.
Durch verschiedene Maßnahmen beim Hausbau wird versucht, die Energieabgabe durch Wände, Fenster, Dach und Türen so gering wie möglich zu halten.

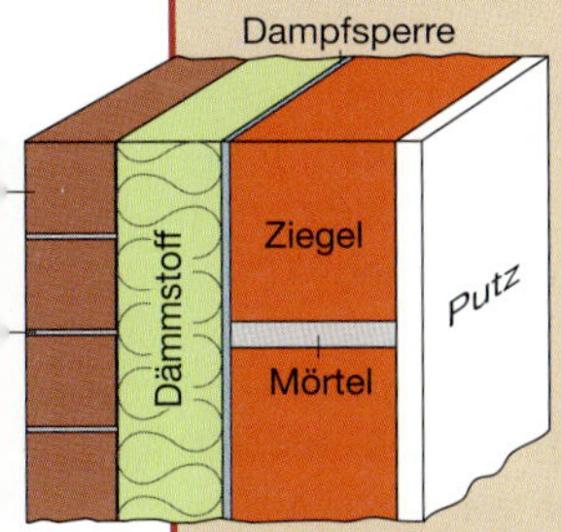


Je dicker die Wände sind, desto schlechter leiten sie die Energie weiter. Nun kann man aber die Wände auch nicht zu dick machen, weil sie dann zu schwer werden. Deshalb werden die Mauern mit Dämmputz versehen, der besser isoliert als ein einfacher Mörtelputz. Eine 24 cm dicke Ziegelwand mit 6 cm Dämmputz leitet Energie schlechter als eine 50 cm dicke Ziegelwand allein. Setzt man noch eine zweite Schicht in Form eines Wärmedämmverbundsystems davor, verringert sich die Wärmeleitung noch mehr.

Durch Fenster und Türen geht die meiste Energie aus einem Wohnhaus nach draußen. Über ein Drittel der Energieverluste eines Hauses kann auf das Konto schlecht isolierter Fenster kommen. Das liegt zum Einen daran, dass sie immer wieder geöffnet werden, und zum Anderen an den Materialien, die hier zum Einsatz kommen. Die wärmedämmende Wirkung der Fenster kann durch Rollläden oder Klappläden verbessert werden. In erster Linie kommt es aber darauf an, den Energietransport durch das Glas zu verringern. Denn Glas ist ein besserer Wärmeleiter als Ziegelsteine oder Beton. Deshalb bestehen Fenster aus zwei Glasscheiben mit Luft dazwischen. Die 6–16 mm dicke trockene Luftschicht zwischen den Scheiben verringert die Wärmeleitung und im Wesentlichen auch die Wärmemitführung. Eine solche Doppelverglasung heißt **Isolierglas.**

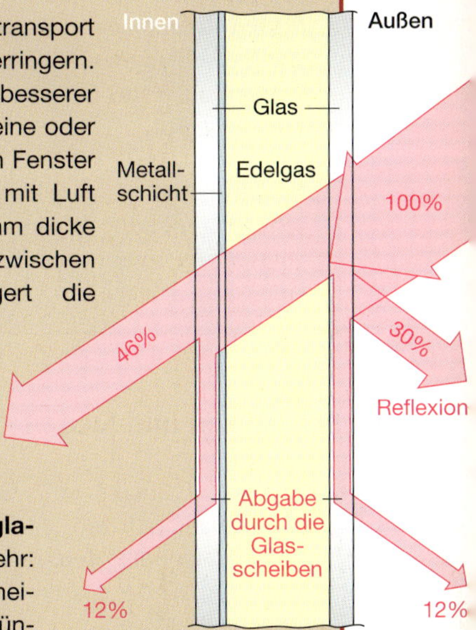

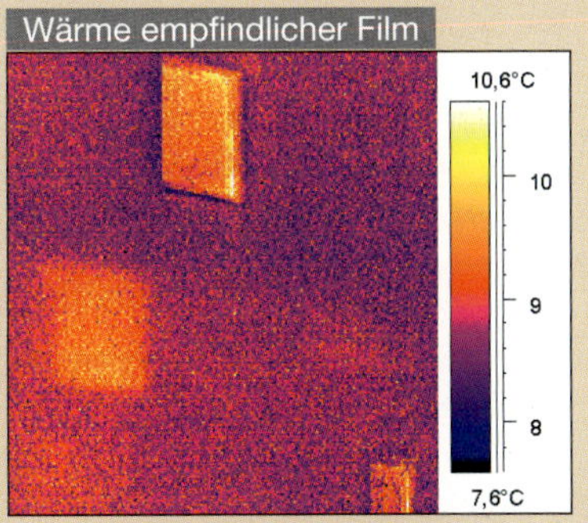


Eine **Wärmeschutzverglasung** bewirkt noch mehr: Bei ihr ist die innere Scheibe mit einer äußerst dünnen, reflektierenden Metallschicht aus Silber oder Gold bedampft. An ihr wird ein großer Teil der Wärmestrahlung, die aus dem Zimmer nach außen geht, zurückgeworfen. Zwischen den Scheiben befindet sich keine Luft, sondern ein Gas mit einer noch geringeren Wärmeleitfähigkeit, z. B. Argon. Ein solches Wärmeschutzglasfenster aus zwei 4 mm starken Glasscheiben mit 16 mm Zwischenraum, einer Silberbeschichtung und einer Argonfüllung lässt nur ein Drittel der Energie – im Vergleich zu einem einfachen doppelverglasten Fenster – nach außen.

Große Fensterflächen können auch als Heizung dienen. Im Winter kann durch die Sonneneinstrahlung der Verlust durch das Abfließen von Wärmeenergie nach außen ausgeglichen werden. Im Frühjahr oder Herbst ist sogar ein Energiegewinn möglich. Im Sommer müssen allerdings geeignete Maßnahmen (Jalousien, Markisen o. Ä.) gegen Überhitzung eingesetzt werden.

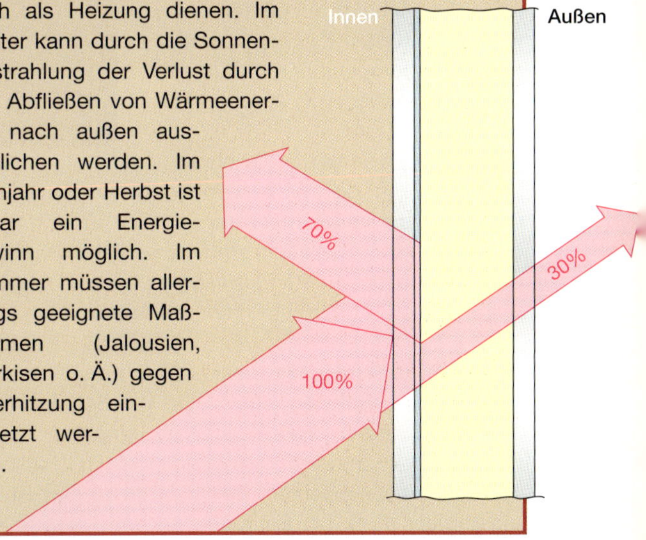

# Zustandsänderungen

**Wasser ist für unser Leben eine der wichtigsten Grundlagen. Es begegnet uns in drei verschiedenen Formen – als flüssiges Wasser, als festes Eis oder als gasförmiger Wasserdampf.**

**Wovon hängt es ab, welchen Zustand das Wasser annimmt? Wann wechselt es von einer Form in die andere? Welche Vorgänge laufen dabei im Wasser ab?**

## Schmelzen und Sieden

Wenn im Frühjahr die Sonne wieder länger scheint, dauert es bei nun steigenden Temperaturen nicht lange, bis das Eis der Teiche und Bäche taut.

Im Bild rechts ist dieser Schmelzvorgang nachgebildet. Als Wärmequelle dient eine Kochplatte, mit der das Wasser nach dem Schmelzen noch weiter erhitzt wird. Im Diagramm rechts oben ist das Ergebnis dargestellt.

- Die Temperatur des Eises erhöht sich gleichmäßig, bis es 0 °C, seine **Schmelztemperatur,** erreicht hat. Zur Übertragung der entsprechenden Energie benötigt die Kochplatte wenige Sekunden.
- Trotz weiterer Energiezufuhr bleibt die Temperatur nun längere Zeit konstant bei 0 °C, bis alles Eis geschmolzen ist.
- Erst wenn alles Eis geschmolzen ist, steigt die Wassertemperatur wieder gleichmäßig bis zur **Siedetemperatur** von 100 °C an.
- Wenn 100 °C erreicht sind, vergeht sehr viel Zeit, bis alles Wasser vollständig verdampft ist. Das gasförmige Wasser ist allerdings nicht sichtbar.

**Zentraler Versuch**

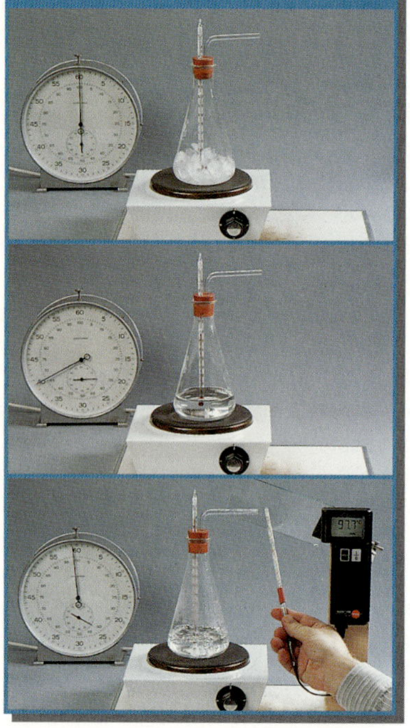

Jeder Stoff hat eine ganz spezifische Schmelz- und Siedetemperatur (Tabelle rechts). Da die Schmelz- und Siedetemperaturen von Wasser in Bereichen liegen, die uns leicht zugänglich sind, ist es einfach, alle drei Zustände zu beobachten. Bei anderen Stoffen ist dies schwieriger. Z. B. hat Eisen eine so hohe Siedetemperatur, dass wir es mit den Verfahren, die uns in der Schule zur Verfügung stehen, überhaupt nicht gasförmig machen können.

Bei dem Becherglas mit dem Eis dauerte es geraume Zeit, bis alles Eis geschmolzen war und die Temperatur dann wieder anstieg. Die gleiche Menge (d. h. Masse) Blei wäre bei gleicher Energiezufuhr viel schneller geschmolzen. Das heißt, dass jeder Stoff eine ganz bestimmte Energieportion zum Schmelzen benötigt, die **spezifische Schmelzenergie** $e_S$. In Tabellen stehen die entsprechenden Werte bezogen auf 1 kg des jeweiligen Stoffes. (Manchmal findet man auch noch den historisch bedingten Begriff Schmelz„wärme“ dafür.) Mit den Tabellenwerten lässt sich der Energiebetrag berechnen, der einem Körper aus einem bestimmten Stoff zugeführt werden muss, um ihn zu schmelzen: Wir müssen die spezifische Schmelzenergie nur mit der Masse des Körpers multiplizieren, um diesen Energiebetrag zu erhalten:

$E_S = m \cdot e_S$.

Zum Verdampfen benötigt 1 kg eines Stoffes ebenfalls eine ganz bestimmte Energiemenge, die **spezifische Verdampfungsenergie** $e_V$. Für die einem Körper zum Verdampfen zuzuführende Energie gilt analog zum Schmelzen:

$E_V = m \cdot e_V$.

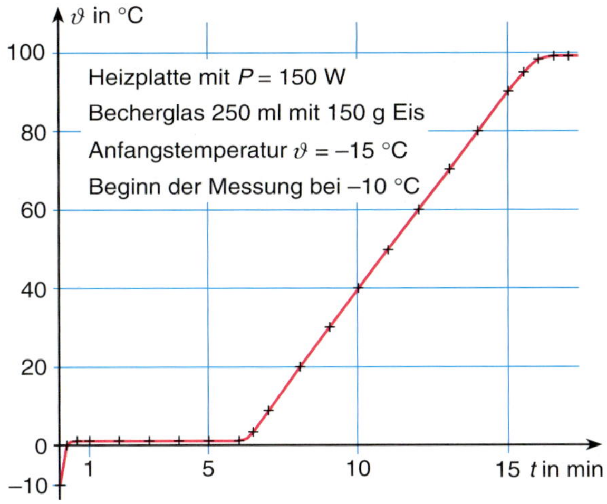


## Kondensieren und Erstarren

Im Foto links wurde dem Eis bzw. dem Wasser so viel Energie zugeführt, dass es schließlich verdampft ist. Kommt der Wasserdampf an die kalte Glasplatte, so gibt er Energie an diese ab. Dadurch sinkt seine Temperatur und er kondensiert zu Wasser, das als Wassertröpfchen an der Glasplatte sichtbar wird. Dieser Vorgang findet bei der **Kondensationstemperatur** statt. Für Wasser beträgt sie 100 °C. Die Kondensationstemperatur stimmt bei allen Stoffen mit der Siedetemperatur überein. Deshalb gibt es in Tabellen nur Angaben zur Siedetemperatur.
Kühlen wir das Wasser auf 0 °C ab und entziehen ihm weiter Energie, so erstarrt es zu Eis. Auch Schmelz- und Erstarrungstemperatur sind gleich.

Da Energie nicht vernichtet oder erschaffen werden kann, muss ein Körper beim Erstarren bzw. Kondensieren genau die gleiche Energiemenge $E_E$ bzw. $E_K$ abgeben, die er beim Schmelzen bzw. Verdampfen aufgenommen hat. Deshalb gilt:
$\boldsymbol{E_S = E_E}$ bzw. $\boldsymbol{E_K = E_V}$.

Bei der Schmelztemperatur geht ein Stoff vom festen in den flüssigen, bei der Siedetemperatur vom flüssigen in den gasförmigen Zustand über.
Die spezifische Schmelzenergie $e_S$ bzw. die Verdampfungsenergie $e_V$ eines Stoffes gibt die Energiemenge an, die einem Körper aus diesem Stoff mit der Masse 1 kg zugeführt werden muss, um ihn vollständig zu schmelzen bzw. zu verdampfen.
Schmelz- und Erstarrungstemperatur sowie Siede- und Kondensationstemperatur stimmen für einen Stoff jeweils überein. Gleiches gilt für die spezifischen Umwandlungsenergien.

| **Stoff** | **Schmelztemperatur** | **spezifische Schmelzenergie $e_S$** | **Siedetemperatur** | **spezifische Verdampfungsenergie $e_V$** |
|---|---|---|---|---|
| Alkohol | −114 °C | 108 $\frac{kJ}{kg}$ | 78 °C | 842 $\frac{kJ}{kg}$ |
| Quecksilber | −39 °C | 11 $\frac{kJ}{kg}$ | 357 °C | 285 $\frac{kJ}{kg}$ |
| Wasser | 0 °C | 334 $\frac{kJ}{kg}$ | 100 °C | 2260 $\frac{kJ}{kg}$ |
| Aluminium | 660 °C | 397 $\frac{kJ}{kg}$ | 2450 °C | 10540 $\frac{kJ}{kg}$ |
| Blei | 327 °C | 26 $\frac{kJ}{kg}$ | 1750 °C | 8600 $\frac{kJ}{kg}$ |
| Eisen | 1540 °C | 275 $\frac{kJ}{kg}$ | 3070 °C | 6340 $\frac{kJ}{kg}$ |
| Gold | 1063 °C | 65 $\frac{kJ}{kg}$ | 2700 °C | 1580 $\frac{kJ}{kg}$ |
| Kupfer | 1083 °C | 205 $\frac{kJ}{kg}$ | 2590 °C | 4790 $\frac{kJ}{kg}$ |
| Silber | 960 °C | 104 $\frac{kJ}{kg}$ | 2200 °C | 2360 $\frac{kJ}{kg}$ |
| Zinn | 232 °C | 59 $\frac{kJ}{kg}$ | 2650 °C | 2390 $\frac{kJ}{kg}$ |
| Sauerstoff | −219 °C | 14 $\frac{kJ}{kg}$ | −183 °C | 214 $\frac{kJ}{kg}$ |
| Stickstoff | −210 °C | 26 $\frac{kJ}{kg}$ | −196 °C | 198 $\frac{kJ}{kg}$ |

### Aufgaben

**1** **a)** Berechne die Energiemenge, die zum Schmelzen bzw. zum Verdampfen von 250 g Eis bzw. Wasser notwendig ist. Vergleiche sie miteinander.
**b)** Vergleiche auch für 700 g Blei und 400 g Zinn.

**2** Ein Stück hartes Fett wird in einem Topf so lange erhitzt, bis es verdampft ist. Beschreibe den gesamten Vorgang.

**3** Warum dauert es im Frühjahr zum Teil sehr lange, bis das Eis auf einem großen See vollständig geschmolzen ist?

**4** Wovon hängt es ab, ob Eisen bei 1536 °C in den festen oder in den flüssigen Zustand übergeht?

**5** Welche Wirkungen kann das Zuführen bzw. das Abführen von Energie für einen Stoff haben? Erstelle eine Übersicht.

**6** Begründe, warum sich Wasser höchstens für ein Zimmerthermometer als Thermometerflüssigkeit eignet. Warum sind Außenthermometer meist mit Alkohol, manchmal auch mit Quecksilber gefüllt?

**7** Nach einem Wohnungsbrand lag ein geschmolzener Aluminiumgegenstand neben unversehrtem Goldschmuck. In welchem Bereich hat die Temperatur während des Feuers an dieser Stelle gelegen?

**8** Erläutere, warum eine Brille beschlägt, wenn man
**a)** den Kopf über einen Topf mit „heißem“ Wasser hält;
**b)** im Winter von draußen in ein warmes Zimmer kommt.

### Gefahren beim Umgang mit Wasserdampf

Wasserdampf ist sehr gefährlich. Schon beim Nachschauen, ob die Kartoffeln gar sind, kann man sich leicht verbrühen. Beim Anheben des Deckels steigt der darunter befindliche Wasserdampf nach oben. Wenn die Hand in diesen Dampfstrom gerät, trifft der heiße Dampf die kalte Hand. Der Dampf gibt Energie an die Hand ab, seine Temperatur sinkt schlagartig auf die Kondensationstemperatur ab. Jetzt gibt der Dampf auch noch die sehr große Kondensationsenergie (= Verdampfungsenergie) an die Haut ab. Das ist der Grund, weshalb Verbrühungen mit Wasserdampf so gefährlich sind.

**Und wenn es doch passiert ist?**

- Kühle die betroffene Körperstelle unter fließendem kaltem Wasser etwa 10 Minuten lang ab, bis die Stelle vor Kälte schmerzt.
- Verwende keine Salben oder Ähnliches. Lasse die Stelle an der Luft trocknen und gehe gegebenenfalls zum Arzt.

## Zustandsänderungen im Teilchenbild

Das Schmelzen von Eis bzw. das Verdampfen von Wasser soll nun im Teilchenbild betrachtet werden. Dabei interessieren Bindungen und Bewegungen der Teilchen sowie die Änderungen der inneren Energie.

Die bei jeder Zustandsänderung bzw. jeder Zustandsform vorhandenen verschiedenen Anteile der inneren Energie sind jeweils unter den Teilchenbildern in der Grafik dargestellt. Dabei betrachten wir nur die Anteile, die für die Vorgänge „Zustandsänderung“ bzw. „Temperaturerhöhung“ wichtig sind und über die wir auch Aussagen machen können. Die Größe der gesamten inneren Energie können wir nicht angeben.

Die Wirkung der Energiezufuhr ist jeweils verschieden:

- Wird die zugeführte Energie in Bewegungsenergie umgewandelt, so bewegen sich die Teilchen schneller. Die Temperatur des Körpers steigt.
- Werden durch die Energiezufuhr die Bindungen zwischen den Teilchen verändert, dann ändert sich die Zustandsform des Körpers. Werden die Bindungen soweit gelockert, dass die Teilchen gegeneinander verschiebbar werden, dann schmilzt der Körper; werden die Bindungen völlig aufgebrochen, sodass die Teilchen frei beweglich werden, verdampft er.

Welcher Anteil der inneren Energie durch die Energiezufuhr von außen vergrößert wird, hängt von der Temperatur des Körpers ab:

- Hat der Körper Schmelz- oder Siedetemperatur, so wird alle zugeführte Energie in die Anteile „Schmelzenergie“ oder „Verdampfungsenergie“ umgewandelt.
- Hat der Körper eine andere Temperatur als die Schmelz- oder Siedetemperatur, so geht alle zugeführte Energie in den Anteil „Bewegungsenergie der Teilchen“ über.

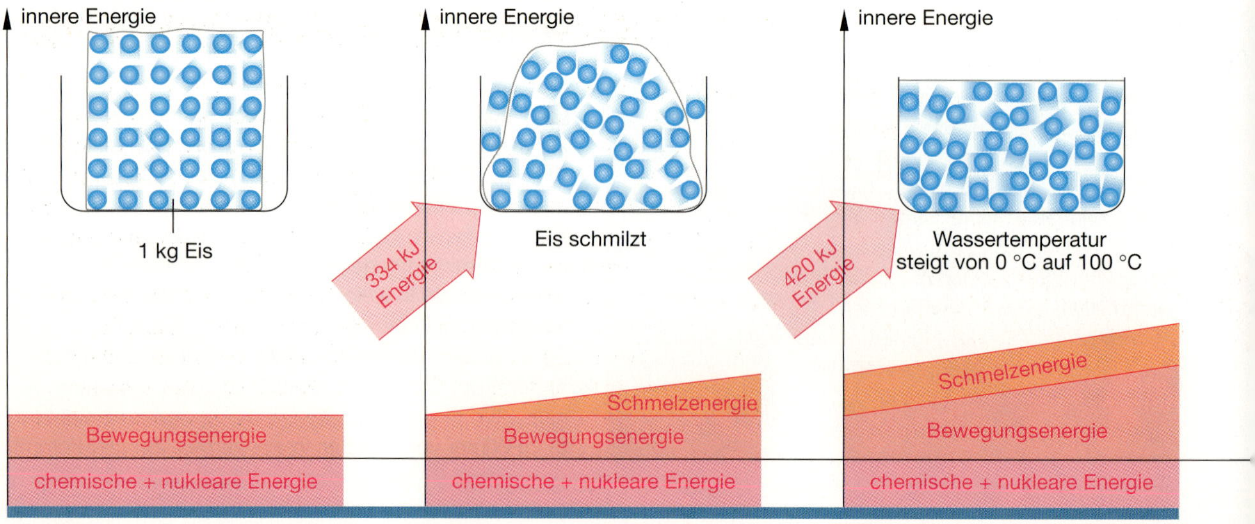

## Verdunsten und Sublimieren

Wasser siedet bei 100 °C. Doch so sehr die Sonne auch scheint, diese Temperatur wird die Wäsche auf der Leine ganz sicher nicht erreichen. Trotzdem wird sie trocken. Das Wasser kann also auch ohne Erreichen der Siedetemperatur in den gasförmigen Zustand übergehen. Dieser Vorgang heißt **Verdunsten.**

Im Teilchenmodell lässt er sich verstehen: Normalerweise haben die Wasserteilchen im Temperaturbereich unter 100 °C nicht die notwendige Energie, um die Bindungen ganz zu lösen und sich frei zu bewegen. Die Energie ist aber nicht gleichmäßig auf die Teilchen verteilt. Im Wasser gibt es stets langsamere Teilchen mit kleinerer Bewegungsenergie und sehr heftig schwingende Teilchen mit höherer Energie als der Durchschnitt. Letztere können ihre Bindungen lösen und die Flüssigkeit verlassen. Sie bilden dann eine Gasschicht über der Flüssigkeit.

Da die Teilchen mit der größten Bewegungsenergie das Wasser verlassen, sinkt dadurch die durchschnittliche Energie pro Wasserteilchen – die Temperatur des Wassers nimmt insgesamt ab. Deshalb ist in einer Schale, die offen im Zimmer steht, die Wassertemperatur stets geringer als die Lufttemperatur. Umgangssprachlich redet man von „Verdunstungskälte". Da das Wasser ständig Energie aus der umgebenden Luft aufnimmt, sinkt die Wassertemperatur beim Verdunsten nicht unter einen bestimmten Wert. Aus demselben Grund trocknet die Wäsche auf der Leine, wobei sie aber stets kühler ist als die Umgebungsluft.

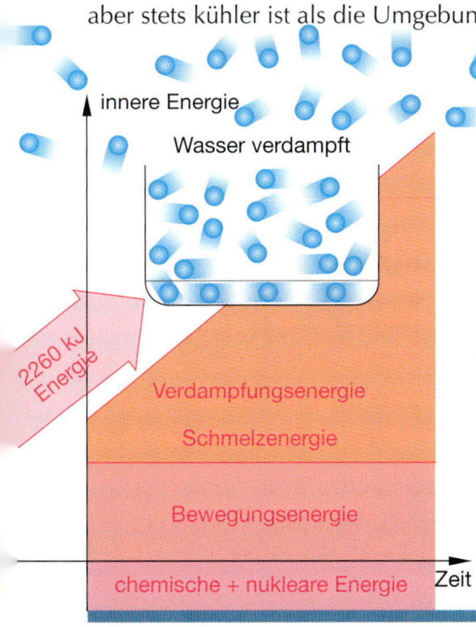


Im Bild oben trocknet die Wäsche auf der Leine auch im Winter – trotz Frost! Zunächst gefriert das in der Wäsche enthaltene Wasser, aber nach einiger Zeit ist alle Feuchtigkeit aus der Wäsche verschwunden. Offensichtlich kann Wasser auch direkt aus dem festen in den gasförmigen Zustand übergehen. Dieser Vorgang heißt **Sublimieren** oder **Sublimation.**
Auch im festen Zustand haben einige Teilchen des Eises so viel Bewegungsenergie, dass sie ihre Bindungen völlig lösen und das feste Eis verlassen können. Sie „überspringen" den flüssigen Zustand gleichsam.

Auch die Umkehrung ist möglich: Wasser kann direkt aus dem gasförmigen Zustand in den festen übergehen. Der Name für diesen Vorgang ist **Resublimieren.** Ein Beispiel dafür ist der Raureif auf Pflanzen.

Beim Verdunsten geht ein Stoff unterhalb der Siedetemperatur in den gasförmigen Zustand über.
Beim Sublimieren geht ein Stoff vom festen direkt in den gasförmigen Zustand über.

### Aufgaben

**1** Selbst an heißen Sommertagen muss man sich nach dem Baden schnell abtrocknen. Sonst beginnt man zu frieren – auch bei 30 °C im Schatten. Begründe.

**2** Warum soll nasse Badebekleidung schnell gewechselt werden?

**3** Beschreibe den Vorgang des Erhitzens von Eisen von 20 °C bis 1800 °C im Teilchenbild.

**4** Beschreibe den Vorgang, wenn Wasserdampf von 110 °C gleichmäßig abgekühlt wird, bis Eis der Temperatur –10 °C vorhanden ist.

**5** Jeder Stoff hat seine spezifischen Umwandlungsenergien. Was bedeutet dies im Teilchenbild?

**6** **a)** Beschreibe die unterschiedlichen Bindungen der Teilchen im Bild links.
**b)** Vergleiche die in den Diagrammen dargestellten Energiebeträge und begründe die Unterschiede.
**c)** Erläutere zu jedem Diagramm und Bildteil links, was die Energiezufuhr bewirkt.

## Versuche und Aufträge

# Zustandsänderungen

**V1** Wenn im Frühling während der Baumblüte Nachtfrost droht, werden die Bäume am Abend mit Wasser eingesprüht. Warum wird dadurch das Erfrieren der Blüten verhindert?

**a)** Überprüfe dies in einem Experiment. Lege dazu ein unter fließendem Wasser abgekühltes Thermometer auf den Rost im Gefrierfach und notiere 10mal im Minutenabstand die Temperatur, die das Thermometer anzeigt.

**b)** Führe das Experiment nochmals durch, umhülle jetzt aber das Thermometer mit etwas feuchtem Zellstoff. Halte es vorher wieder unter fließendes Wasser.

**c)** Vergleiche die Ergebnisse. Begründe sie.

**V2 a)** Nenne und erläutere mindestens ein (weiteres) Beispiel, wo im Haushalt, in der Natur oder in der Technik die Umwandlungsenergien bei Zustandsänderungen genutzt werden.

**b)** Teste es selbst.

**V3** Fieber kann auch ohne Medikamente gesenkt werden z. B. mit einem feuchten Tuch als Wadenwickel.

**a)** Teste die Wirkungsweise, indem du einen solchen Wickel um die Wade (oder den Unterarm) legst und dabei zur Temperaturkontrolle direkt über der Haut ein Thermometer mit einwickelst.

**b)** Erkläre die Funktionsweise des Wadenwickels.

**V4** Sommer, Sonne ... und hoffentlich ein kühles Getränk. In dieser Zeit ist der Kühlschrank unentbehrlich. Wie aber kann man sich beim Camping ohne elektrischen Kühlschrank behelfen? Es geht ganz einfach:

**a)** Stelle Getränkeflaschen oder -dosen in eine Schüssel mit Wasser; stelle eine Schale mit Wasser oben auf die Getränke. Verhülle alles so mit saugfähigen Tüchern (z. B. Wischlappen), dass diese stets durch das Wasser feucht gehalten werden. Fülle gegebenenfalls oben Wasser nach. Teste in der Sonne, wie hoch bzw. niedrig die Temperatur in deinem „Kühlschrank“ ist.

**b)** Erläutere die Funktionsweise dieses „Kühlschrankes“.

## Streifzug

# Schwitzen ist gesund

Bei Sport und Spiel oder bei körperlicher Arbeit kommen wir schnell ins Schwitzen. Das ist die natürliche Kühlfunktion unseres Organismus. Bei der Muskelbewegung wird Energie umgewandelt. Ein Teil davon wird benötigt, um die Körpertemperatur aufrecht zu erhalten. Steigt die Temperatur im Körper aber an, so funktioniert der Stoffwechsel nicht mehr richtig. Bei Temperaturen über 42 °C bricht unser Stoffwechsel zusammen. Bei schwerer körperlicher Arbeit oder beim Sport müssen wir also mehr Wärmeenergie an die Umgebung abgeben können als sonst.

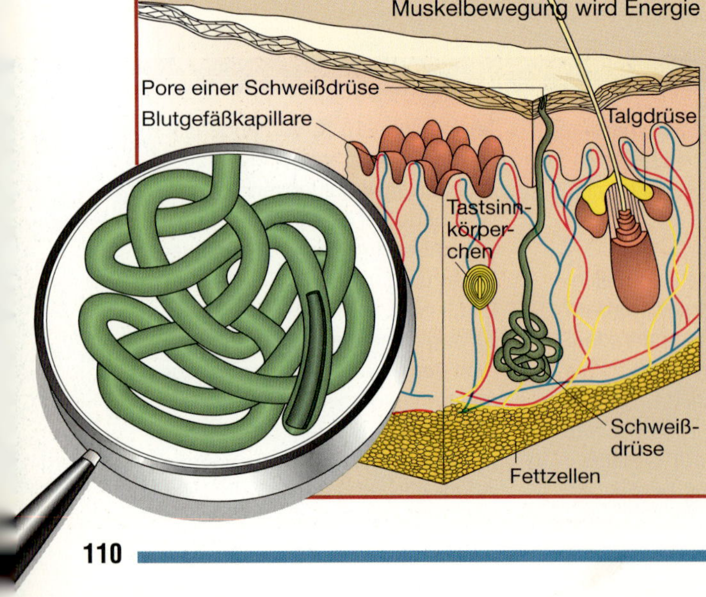


Unser Körper regelt diesen Vorgang automatisch. Die Schweißdrüsen sondern dann Flüssigkeit ab. Unsere Haut wird nass. Die verdunstende Flüssigkeit entzieht der Haut dann die zum Verdunsten notwendige Energie, die Körpertemperatur sinkt.

Damit wir durch den starken Flüssigkeits- und Mineralverlust keinen Schaden nehmen, ist es besonders wichtig, bei solchen Tätigkeiten ausreichend zu trinken. Immerhin können durch das Schwitzen schnell ein bis zwei Liter Flüssigkeit verdunsten.

Streifzug

## Hagel, Schnee und Raureif

Wenn im Sommer ein schweres Gewitter aufzieht, türmen sich mächtige Wolken auf, die mehrere Kilometer Höhe erreichen können. Sie bilden sich aus dem in der Luft befindlichen Wasserdampf, wenn dieser bei den niedrigen Temperaturen in diesen Höhen zu kleinen Tröpfchen kondensiert. In den Wolken herrschen starke Luftströmungen, die für die elektrische Aufladung der Wolke verantwortlich sind. Werden mit diesen Luftströmungen Wassertropfen nach oben getragen, so entstehen Eiskügelchen. An diesen Eiskügelchen resublimiert Wasserdampf, wodurch die Kügelchen immer größer werden. Sie fallen als **Graupel** oder **Hagel** zur Erde. Wenn sie in den Wolken mehrfach auf und ab bewegt werden, also immer wieder äußerlich auftauen, gefrieren und sich weiterer Wasserdampf an ihnen anlagert, so können die Kugeln durchaus Tischtennisballgröße erreichen. Fallen die Hagelkörner dann zur Erde, so können sie großen Schaden in der Landwirtschaft, aber auch bei Häusern, Fahrzeugen usw. anrichten.

In Regionen, in denen besonders oft mit Hagel zu rechnen ist, werden deshalb im Sommer bei drohenden Gewittern die Wolken von Flugzeugen aus mit kleinen Kondensationskeimen „geimpft". Dadurch bildet sich bevorzugt Regen aus und es entsteht kein Hagel.

Der erste Schneefall im Jahr ist wohl für jeden ein Erlebnis. Dabei ist das Faszinierendste am Schnee mit bloßem Auge gar nicht zu sehen: das Aussehen der Schneeflocken selbst.

Schnee, das sind verzweigte kleine Eiskristalle, die sich an Staubteilchen in der Atmosphäre bilden. Sie haben meist die Form von sechseckigen Plättchen

oder sechsstrahligen Sternchen und schweben in vielfältigen Variationen zur Erde. Oft verhaken sie sich zu größeren, lockeren Schneeflocken.

Die **Schneeflocken** sind sehr regelmäßig gebaut. Unzählige kleine Schneekristalle haben sich zu diesen wundervollen Schneeflocken verbunden.

Bei tiefen Temperaturen sind die Flocken klein. Es fällt *Pulverschnee.* Je näher die Temperatur aber dem Gefrierpunkt kommt, um so größer werden die Flocken. Auch wenn die Luft am Boden schon Temperaturen über 0 °C hat, kann es noch schneien, denn die Luftschichten darüber sind meist kälter. Nur ist der Schnee dann nass und eignet sich als *Pappschnee* besonders gut für eine Schneeballschlacht oder für den Bau von Schneefiguren.

An einem klaren Wintermorgen sieht die Landschaft manchmal wie verzaubert aus. Die Bäume und Sträucher haben überall einen weißen, glitzernden Überzug: **Raureif.** Dieser Niederschlag bildet sich im Laufe der Nacht, wenn sich die Luft abkühlt. Der Wasserdampf der Luft resublimiert dann zu Raureif. Überall an den Pflanzen wachsen kleine Eiskristalle, welche zusammen dann dieses prächtige Bild ergeben.

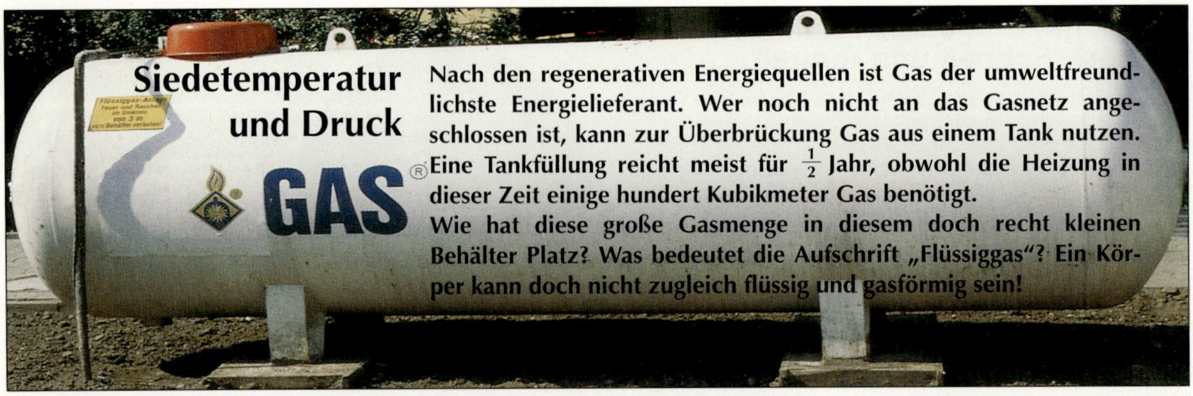


# Siedetemperatur und Druck

**Nach den regenerativen Energiequellen ist Gas der umweltfreundlichste Energielieferant. Wer noch nicht an das Gasnetz angeschlossen ist, kann zur Überbrückung Gas aus einem Tank nutzen. Eine Tankfüllung reicht meist für $\frac{1}{2}$ Jahr, obwohl die Heizung in dieser Zeit einige hundert Kubikmeter Gas benötigt.**
**Wie hat diese große Gasmenge in diesem doch recht kleinen Behälter Platz? Was bedeutet die Aufschrift „Flüssiggas"? Ein Körper kann doch nicht zugleich flüssig und gasförmig sein!**

Die letzte Frage lässt sich sehr leicht beantworten: In dem Behälter befindet sich der Brennstoff „Gas" im flüssigen Zustand. Wie aber kann ein Gas weit oberhalb seiner Verdampfungstemperatur flüssig sein?

**Zentraler Versuch**

Im Foto rechts ist die Situation nachgebildet: Im Topf herrscht eine wesentlich höhere Temperatur als die normale Siedetemperatur von Wasser (100 °C). Durch den höheren Druck im Topf kann das Wasser aber nicht verdampfen, es bleibt flüssig. Die Siedetemperatur hat sich erhöht. Die Tabelle unten zeigt, wie weit die **Siedetemperaturerhöhung** bei Überdruck gehen kann. Wird das Ventil am Topf geöffnet, so strömt Wasserdampf aus, denn hinter dem Ventil hat das Wasser bei normalem Luftdruck eine höhere Temperatur als seine Siedetemperatur von 100 °C, weshalb es sofort verdampft.

Im Teilchenbild lässt sich dies verstehen: Zunächst treten bei 100 °C Teilchen aus der Flüssigkeit in die Luft darüber aus. Weil der Topf verschlossen ist, sammeln sich immer mehr Teilchen in diesem Gasvolumen an. Sie trommeln nicht nur gegen die Topfwände, sondern auch auf die Flüssigkeitsoberfläche. Einige tauchen wieder in die Flüssigkeit ein, andere verhindern, dass weitere Teilchen die Flüssigkeit verlassen können. Erst wenn die Flüssigkeitstemperatur so weit gestiegen ist, dass die Bewegungsenergie der Flüssigkeitsteilchen ausreicht, um die Flüssigkeit gegen die von oben drückenden Gasteilchen doch verlassen zu können, siedet die Flüssigkeit.

Wenn hoher Druck über einer Flüssigkeit zu einer Erhöhung der Siedetemperatur führt, welche Auswirkung hat dann eine Druckverminderung? Das zweite Experiment, bei dem der Druck im Glaskolben verringert wird, zeigt eine **Siedetemperaturerniedrigung.**

Weil im Hochgebirge der Luftdruck mit steigender Höhe abnimmt und dann geringer ist als am Meer, siedet Wasser in großen Höhen schon bei Temperaturen weit unter 100 °C.

| Druck | Siedetemperatur |
|---|---|
| 10 kPa | 46 °C |
| 50 kPa | 81 °C |
| 200 kPa | 120 °C |
| 500 kPa | 152 °C |
| 1 000 kPa | 180 °C |
| 5 000 kPa | 264 °C |
| 10 000 kPa | 311 °C |
| 20 000 kPa | 366 °C |

| Höhe über NN | Druck | Siedetemperatur |
|---|---|---|
| 0 m | 101 kPa | 100,0 °C |
| 1 000 m | 89 kPa | 96,6 °C |
| 2 000 m | 79 kPa | 93,2 °C |
| 3 000 m | 70 kPa | 89,8 °C |
| 4 000 m | 61 kPa | 86,6 °C |
| 5 000 m | 54 kPa | 83,4 °C |
| 6 000 m | 48 kPa | 80,3 °C |
| 7 000 m | 42 kPa | 77,2 °C |

Die Siedetemperatur eines Stoffes hängt ab von dem Druck, der über der Flüssigkeit herrscht.

**Aufgaben**

**1** Erläutere, warum bei heißem Automotor der unter hohem Druck stehende Kühlwasserkreislauf nicht geöffnet werden darf.

**2** Der Druck in der Venusatmosphäre ist 95mal so groß wie auf der Erde. Kann es auf der Venus (Temperatur 450 °C) flüssiges Wasser geben? Begründe.

**3** Erkläre die Siedetemperaturerniedrigung bei verringertem Druck im Teilchenbild.

# Wasser unter Druck

Streifzug

## Schnellkochtopf

Den Zusammenhang zwischen der Siedetemperatur einer Flüssigkeit und dem auf sie wirkenden Druck nutzt man häufig in der Technik. Aber auch im Haushalt gibt es eine einfache Anwendung: Wird in einem dicht verschlossenen Topf Wasser zum Sieden gebracht, erhöht sich der Druck im Topf. Dadurch steigt die Siedetemperatur des Wassers bis auf 120 °C an und folglich auch die Temperatur der Speisen, die im Wasser liegen. Sie sind deshalb in viel kürzerer Zeit gar.

Mit einem solchen Schnellkochtopf lässt sich Energie und Zeit sparen. Die Kochzeit beträgt meist nur etwa $\frac{1}{4}$ der Garzeit im normalen, offenen Topf. Durch die verkürzte Zubereitungszeit werden die Speisen weniger ausgelaugt und es bleiben auch mehr Vitamine erhalten. Im Schnellkochtopf gibt es mehrere Einsätze, in denen die Speisen übereinander gestapelt werden können. Das wenige Wasser erzeugt genügend Dampf, um alle Speisen zu erhitzen. Damit der Druck im Topf nicht gefährlich hoch werden kann, besitzt der Topf ein Überdruckventil auf dem Deckel. Je höher der Druck im Topf ist, um so weiter wird der Stift vom Ventil heraus gedrückt. An diesem Stift sind Rillen als Markierungen angebracht. Meist müssen zwei sichtbar sein, damit der richtige Druck im Topf herrscht. Steigt der Druck zu weit an, wird über das Ventil etwas Dampf abgelassen. Ab welchem Druck und damit ab welcher Temperatur dies geschieht, lässt sich bei den meisten Töpfen einstellen.

## Meerwasserentsalzungsanlagen

Neben der Problematik der zur Neige gehenden Energievorräte steht die Menschheit vor einer weiteren sehr ernsten Schwierigkeit – der ausreichenden Versorgung mit Trinkwasser. Für viele Länder, vor allem in Wüstengebieten, wird es immer schwieriger, genügend Trinkwasser zu bekommen. Dabei liegen viele dieser Länder am Meer. Aber Meerwasser kann erst als Trinkwasser genutzt werden, wenn das darin gelöste Salz entfernt wurde. Dies ist schwierig und energieaufwändig. Eine sehr gute Lösung ist in der Grafik rechts dargestellt.

Eine Pumpe in dem oben abgeschlossenen Behälter pumpt die Luft über dem Wasser heraus. Dadurch wird das Wasser in den Behälter hineingesaugt. Gleichzeitig verringert sich der Druck über der Wasseroberfläche, sodass die Siedetemperatur des Wassers auf Meerwassertemperatur sinkt. Das Meerwasser beginnt zu sieden. Eine Pumpe saugt den entstehenden Wasserdampf ab. Da nur Wasser verdampft, das Salz aber zurückbleibt, entsteht im Kondensator, wo der abgepumpte Dampf bei normalem Luftdruck wieder verflüssigt wird, reines Wasser. Nach Zugabe von etwas Meerwasser wegen der Mineralstoffe entsteht daraus gutes Trinkwasser.
Die gesamte Anlage wird mit elektrischer Energie betrieben, die von Windrädern geliefert wird. Dadurch ist sie besonders umweltfreundlich und kann auch unabhängig vom elektrischen Versorgungsnetz betrieben werden.

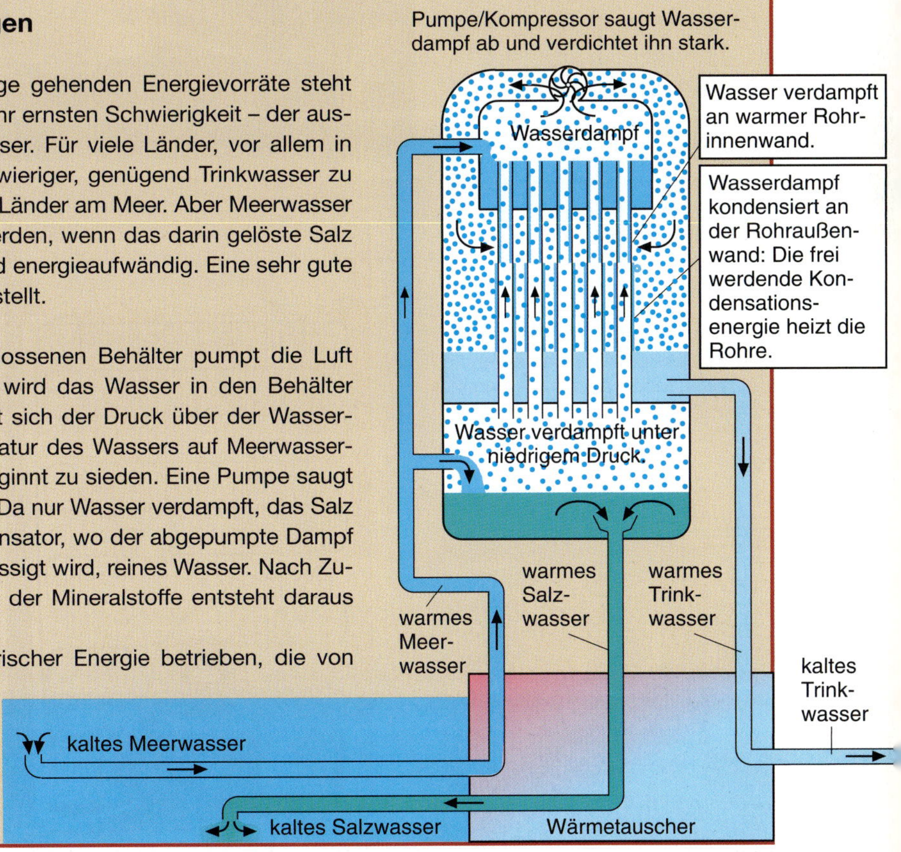

## Der Kühlschrank – eine Wärmepumpe

Zentraler Versuch

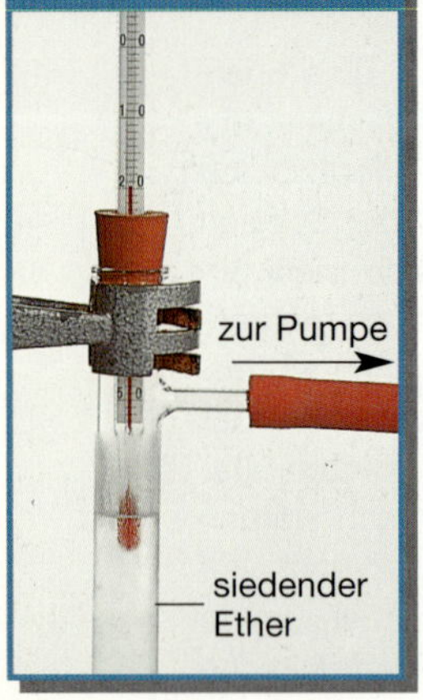


Ether siedet wie Wasser unterhalb seiner Siedetemperatur (bei Normaldruck 35 °C), wenn der immer vorhandene Dampf über der Oberfläche der Flüssigkeit abgepumpt und dadurch der Druck dort verringert wird. Die für das Sieden erforderliche Energie kommt zunächst aus dem Vorrat der inneren Energie des flüssigen Ethers. Aber nach einiger Zeit siedet der Ether bei gleichbleibend niedriger Temperatur weiter. Jetzt entzieht er die zum Sieden nötige Verdampfungsenergie der Umgebungsluft.

Der Etherversuch ist umkehrbar: Wird Butan, das Gas im Feuerzeug, zusammengepresst, dann steigt zunächst seine Temperatur, weil sich die Teilchen des Butangases jetzt auf engerem Raum heftiger bewegen als vorher. An den kalten Gefäßwänden kann das Butangas Energie durch dauernde Stöße der Teilchen gegen die Wände an diese abgeben und kondensieren. Die vormals zum Verdampfen erforderliche Verdampfungsenergie wird beim Kondensieren wieder frei und als Wärmeenergie an die kältere Umgebung abgegeben. Durch das Verflüssigen unter Druck erfolgte also ein Energietransport vom Butan in die Umgebung.

Zentraler Versuch

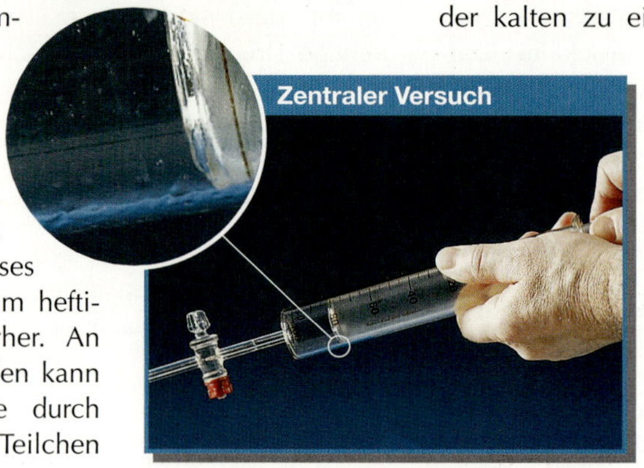

Werden die Vorgänge „Sieden durch verringerten Druck" und „Kondensieren unter höherem Druck" mit der gleichen Flüssigkeit nacheinander ausgeführt, so entsteht ein Kreislauf. Durch ihn wird die Umgebungstemperatur an der Stelle der Druckerniedrigung („Sieden") geringer und an der Stelle der Druckerhöhung („Komprimieren") höher.

Es findet also ein ständiger Energietransport von der kalten zu einer warmen Stelle des Kreises statt. Dies scheint dem Naturgesetz, dass Energie von selbst nur von warm nach kalt strömt, zu widersprechen. Aber von selbst geht es ja auch gar nicht: Energie muss für den Betrieb der Pumpe und des Kompressors in das System hineingesteckt werden. Der Energietransport von kalt nach warm gelingt nur, wenn dazu Energie aufgewendet wird.

### Kompressorkühlschrank

Durch den Kreislauf des Kühlmittels, das im Verdampfer unter niedrigem Druck siedet und dessen Dampf im Kondensator unter hohem Druck wieder verflüssigt wird, wird laufend Energie vom kalten Innenraum in die bereits warme Zimmerluft transportiert. Die elektrische Pumpe des Kompressors hält diesen Energiestrom aufrecht.

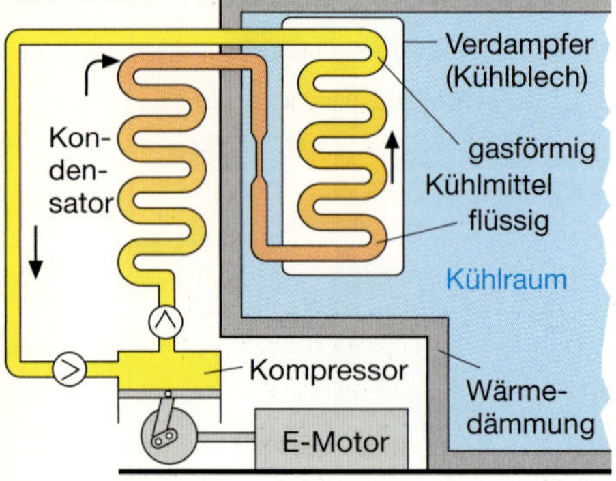


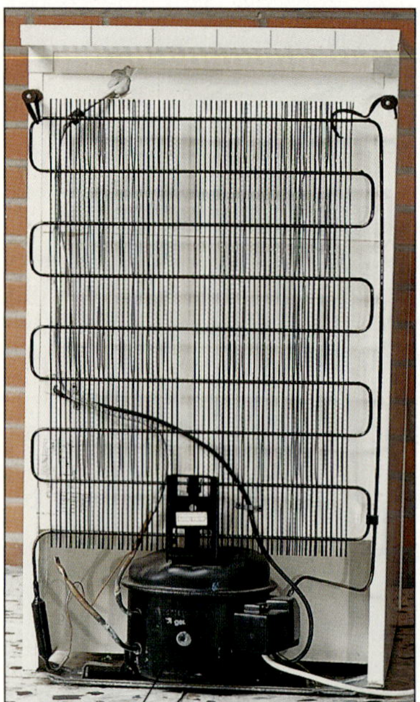

Kompressor und Motor

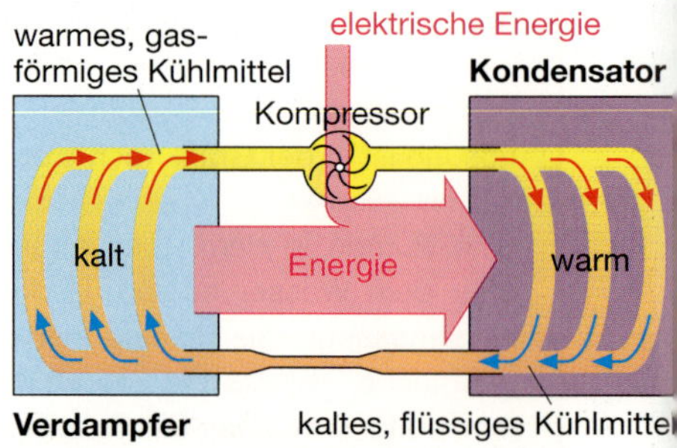


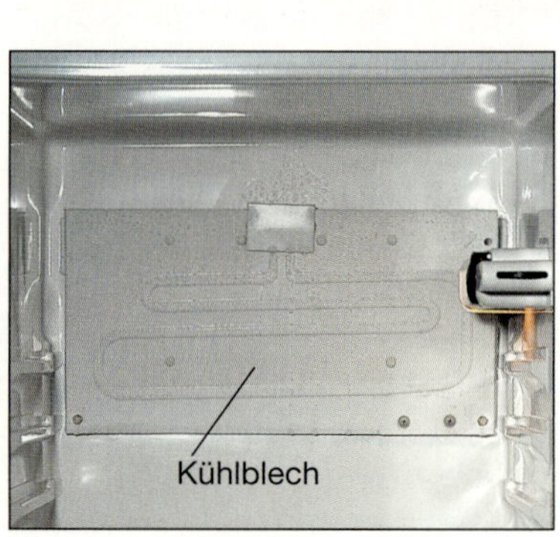

- Im **Kühlschrank** und in der **Wärmepumpe** übernimmt ein elektrisch betriebener Kompressor das Abpumpen und Zusammenpressen des Dampfes der Kühlflüssigkeit.
- Beim Kühlschrank nimmt die Kühlflüssigkeit Energie über den Verdampfer auf, der sich im Inneren des Kühlschrankes befindet. Die Wärmepumpe entzieht der Umgebung über Rohrschlangen oder „Wärmezäune“ Wärmeenergie bei niedriger Temperatur.
- Die Verflüssigung des Dampfes durch Energieabgabe geschieht im Kondensator. Beim Kühlschrank sind das die Kühlschlangen an der Rückwand, bei der Wärmepumpe ist das ein zweiter Wärmetauscher.
- Ein dünnes Rohr und ein Ventil schließen den Kreislauf. Sie trennen den Bereich, in dem das zirkulierende Kühlmittel flüssig ist, von dem Bereich, in dem er sich in gasförmigem Zustand befindet.

Kompressorkühlschrank und Wärmepumpe sind physikalisch gleiche Geräte. Mit ihnen lässt sich Wärmeenergie von einem Ort niedriger Temperatur zu einem Ort höherer Temperatur transportieren. Durch Druckänderungen eines zirkulierenden Stoffes entsteht ein Kreisprozess von Sieden – Kondensieren – Sieden … .

**Wärmepumpe**

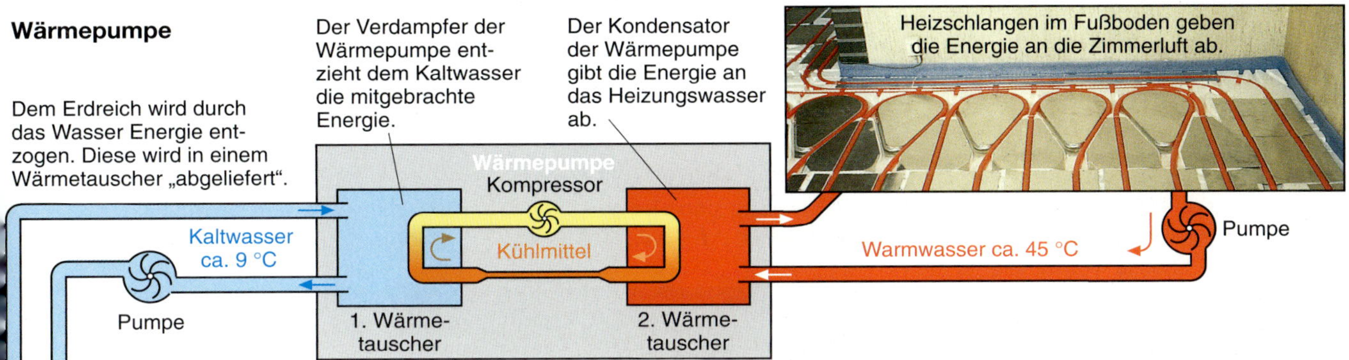


**Energiebilanz**

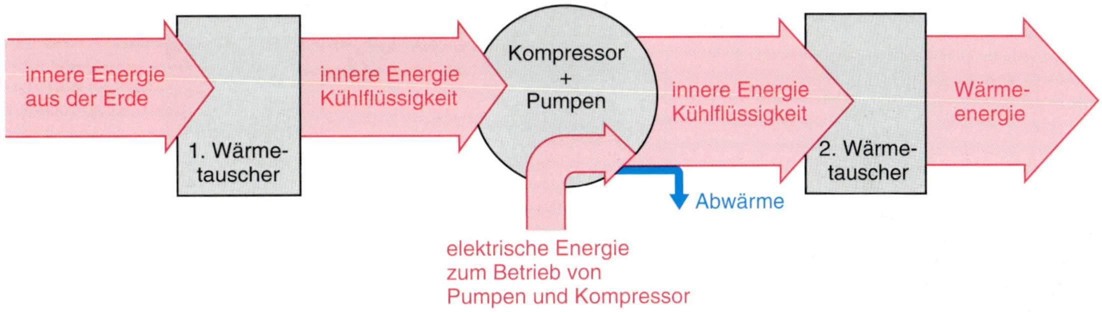


## Aufgaben

**1** Zeichne im Teilchenbild und erläutere durch Beschriftungen:
**a)** die Oberfläche einer verdampfenden Flüssigkeit und ein zweites Mal die gleiche Oberfläche, wenn der Dampf abgepumpt wird;
**b)** ein Gas, das nicht unter Druck steht, und eines, das kräftig zusammengepresst wird;
**c)** den Kreislauf des Kühlmittels im Kühlschrank.

**2** Weshalb ist es nicht sinnvoll, eine Kühltruhe in einem Keller aufzustellen, in dem auch Obst und Getränke kühl gelagert werden sollen?

**3** **a)** Vergleiche den Energietransport im Kühlmittelkreislauf des Kühlschrankes mit dem Energietransport im Stromkreis.
**b)** Erkläre auch auf zeichnerischem Wege.

**4** Ein Raum, der im Winter mit einer Wärmepumpe beheizt wird, soll im Sommer mit ihr gekühlt werden.
**a)** Begründe, warum das zumindest theoretisch möglich ist.
**b)** Zeichne eine Einrichtung, mit der die theoretische Möglichkeit praktisch realisierbar wäre.
**c)** Zeichne das Energiefluss-Schema vom Erdreich zum Zimmer.

# Energiezufuhr und Temperaturänderung

**An heißen Tagen erwärmt die Sonne das Wasser im Freibad um einige Grad. Warum ist die Temperatur des Planschbeckens aber stets höher als die des Schwimmerbeckens? Warum sind eiserne Gullydeckel viel heißer als die Steinplatten auf dem Boden? Alle bekommen doch von der Sonne die gleiche Energie!**
**Wir wollen herausfinden, wovon die Temperaturerhöhung abhängt, wenn ein Körper Energie absorbiert und dadurch seine innere Energie zunimmt.**

## Energiezufuhr und Temperaturänderung

Die einem Körper durch die Sonnenstrahlung zugeführte Energie bewirkt eine Vergrößerung seiner inneren Energie. Wird die zugeführte Energie vollständig in den Anteil „Bewegungsenergie der Teilchen" umgewandelt, dann steigt die Temperatur des Körpers. Um den genauen Zusammenhang zwischen der zugeführten Energie und der Temperatursteigerung zu erhalten, müssen beide Größen gleichzeitig bestimmt werden.

Als Energielieferanten verwenden wir einen Tauchsieder. Denn auf seinem Typenschild steht, wie viel Energie er abgibt: In jeder Sekunde sind es z. B. 150 J.

In der Tabelle unten sind die Messwerte für ein Becherglas mit 100 g Wasser festgehalten. Beim Vergleich der Quotienten aus der zugeführten Energie und der Temperaturänderung stellen wir fest, dass diese annähernd gleich sind. Zugeführte Energie und Temperaturänderung sind also proportional zueinander: $\Delta E \sim \Delta\vartheta$.

| $t$ | $\Delta E$ | $\Delta\vartheta$ | $\frac{\Delta E}{\Delta\vartheta}$ |
|---|---|---|---|
| 20 s | 3 kJ | 7 K | 0,43 $\frac{kJ}{K}$ |
| 40 s | 6 kJ | 14 K | 0,43 $\frac{kJ}{K}$ |
| 60 s | 9 kJ | 22 K | 0,41 $\frac{kJ}{K}$ |
| 80 s | 12 kJ | 29 K | 0,41 $\frac{kJ}{K}$ |
| 100 s | 15 kJ | 36 K | 0,42 $\frac{kJ}{K}$ |

**Zentraler Versuch**

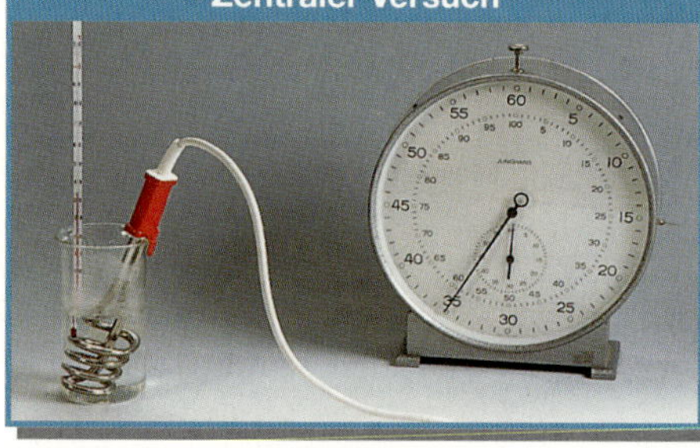

Diese Proportionalität $\Delta E \sim \Delta\vartheta$ gilt aber nur, wenn während der Energiezufuhr keine Zustandsänderung eintritt, wenn die zugeführte Energie also vollständig in Bewegungsenergie der Wasserteilchen umgewandelt wird.

Die Proportionalität zwischen zugeführter Energie und Temperatursteigerung gilt nicht nur für Wasser, sondern für alle Stoffe. Allerdings hat jeder Stoff ein anderes $\frac{\Delta E}{\Delta\vartheta}$.

> Zugeführte Energie und Temperaturerhöhung sind proportional, wenn keine Zustandsänderung stattfindet.

## Energiezufuhr und Masse

Natürlich ist im Schwimmerbecken mehr Wasser enthalten als im Planschbecken. Vermutlich hat also auch die Menge des Wassers, das erwärmt wird, einen Einfluss auf die Temperatursteigerung. Um das zu untersuchen wird unterschiedlichen Mengen Wasser wieder mit dem Tauchsieder Energie zugeführt und gemessen, wie viel Energie für eine Temperatursteigerung um jeweils 10 K nötig ist.

Die Messwerte in der Tabelle unten zeigen, dass der Quotient aus zugeführter Energie und erwärmter Masse stets annähernd der gleiche ist. Die für eine bestimmte Temperaturänderung zuzuführende Energie ist also proportional zur Masse des Wassers: $\Delta E \sim m$.

| $m$ | $t$ | $\Delta E$ | $\frac{\Delta E}{m}$ |
|---|---|---|---|
| 0,05 kg | 14 s | 2,10 kJ | 42 $\frac{kJ}{kg}$ |
| 0,10 kg | 28 s | 4,20 kJ | 42 $\frac{kJ}{kg}$ |
| 0,15 kg | 43 s | 6,45 kJ | 43 $\frac{kJ}{kg}$ |
| 0,20 kg | 56 s | 8,40 kJ | 42 $\frac{kJ}{kg}$ |
| 0,25 kg | 68 s | 10,20 kJ | 41 $\frac{kJ}{kg}$ |

Auch diese Proportionalität gilt für alle Stoffe, solange während der Energiezufuhr keine Zustandsänderung eintritt.

Jetzt wird die höhere Temperatur des Planschbeckens verständlich: Aufgrund der geringeren Tiefe ist die Wassermenge, die von der einfallenden Sonnenstrahlung erwärmt wird, viel geringer und folglich die Temperatursteigerung viel größer – selbst wenn man berücksichtigt, dass die Fläche des Schwimmerbeckens größer ist und daher mehr Strahlung absorbiert wird.

Im Bild links wurde dem Wasser so lange Energie zugeführt, bis seine Temperatur um 10 K gestiegen ist. Es waren immer etwa 42 kJ – hochgerechnet auf 1 kg Wasser. Für eine Temperaturerhöhung von 1 kg Wasser um 1 K ist also $\frac{1}{10}$ dieser Energie nötig: 4,2 kJ.

**Die für eine bestimmte Temperaturänderung zuzuführende Energie ist zur Masse des Körpers proportional.
Für Wasser gilt: Um die Temperatur von 1 kg um 1 K zu erhöhen, sind 4,2 kJ Energie nötig.**

### Rechenbeispiel

**1.** Was kostet ein Wannenbad, wenn die Wanne mit rund 150 Liter Wasser gefüllt wird und die Wassertemperatur 38 °C betragen soll? Das zufließende Leitungswasser hat eine Temperatur 14 °C.

Geg.: $m = 150\ \text{kg}$; $\Delta\vartheta = (38–14)\ \text{K} = 24\ \text{K}$

Ges: $\Delta E$

Lösung: Um die Temperatur von 1 kg Wasser um 1 K zu erhöhen, sind 4,2 kJ nötig. Daraus ergibt sich für eine beliebige Wassermenge $m$ und eine beliebige Temperatursteigerung $\Delta\vartheta$ eine einfache Formel für die zuzuführende Energie:

$$\Delta E = 4{,}2\ \frac{\text{kJ}}{\text{kg}\cdot\text{K}} \cdot m \cdot \Delta\vartheta$$
$$= 4{,}2\ \frac{\text{kJ}}{\text{kg}\cdot\text{K}} \cdot 150\ \text{kg} \cdot 24\ \text{K} \approx 15\,000\ \text{kJ}$$

Wenn die Energie von einer Öl- oder Gasheizung bereitgestellt wird, so kosten 1000 kJ etwa 4 Cent. Die Energie für das Bad kostet also 60 Cent – ohne Wasserkosten, die etwa 1,2 € betragen. Insgesamt kostet das Wannenbad etwa 1,8 €, also knapp 2 €.

**2.** Was sparen wir ein, wenn wir duschen statt baden? Die Wassertemperatur soll die gleiche sein, die benötigte Wassermenge beträgt beim Duschen jedoch nur etwa 30 Liter.

Geg.: $m = 30\ \text{kg}$; $\Delta\vartheta = (38–14)\ \text{K} = 24\ \text{K}$

Ges.: $\Delta E$

Lösung: $\Delta E = 4{,}2\ \frac{\text{kJ}}{\text{kg}\cdot\text{K}} \cdot m \cdot \Delta\vartheta$
$$= 4{,}2\ \frac{\text{kJ}}{\text{kg}\cdot\text{K}} \cdot 30\ \text{kg} \cdot 24\ \text{K} \approx 3000\ \text{kJ}$$

Die Energie für das Duschbad kostet nur 12 Cent, das Wasser etwa 25 Cent. Insgesamt kostet das Duschen also rund 35 Cent, das ist $\frac{1}{5}$ der Kosten für ein Wannenbad.

## Aufgaben

**1** Welches der beiden Verfahren zum Kartoffelkochen in den Bildern links würdest du bevorzugen? Begründe.

**2** **a)** Stelle die in den Tabellen angegeben Werte für
- die zugeführte Energie und die Temperaturänderung
- die zugeführte Energie und die Masse des Wassers

in jeweils einem Diagramm dar.

**b)** Welche Linie muss gezeichnet werden?

**c)** Lies im ersten Diagramm die zuzuführende Energie für eine Temperaturänderung von 10 K, 20 K, 30 K ab.

**d)** Lies im zweiten Diagramm die zuzuführende Energie für eine Masse von 120 g, 240 g ab.

**3** Begründe mit dem Teilchenmodell, warum die für eine bestimmte Temperaturerhöhung nötige zuzuführende Energie der Masse proportional sein muss.

**4** Berechne die gesamte Energie, die notwendig ist, um 5 kg Wasser mit der Temperatur 14 °C zum Sieden zu bringen.

**5** Wenn an wolkenlosen Sommertagen die Sonne zehn Stunden lang scheint, dann ist insgesamt eine Energie von 18 MJ pro $m^2$ eingestrahlt worden. Um wie viel erhöht sich dadurch die Temperatur im Schwimmbecken (Wassertiefe 2,5 m) und im Planschbecken (Wassertiefe 0,8 m)? (*Hinweis:* Berechne die Temperaturdifferenz für 1 $m^2$ Wasseroberfläche.)

## Energiezufuhr und Stoff

Wenn im Sommer die Sonne längere Zeit scheint, dann werden die Steinplatten im Schwimmbad angenehm warm, ein eiserner Gullydeckel aber unangenehm heiß. Sie bekommen beide gleich viel Energie von der Sonne zugestrahlt und haben auch etwa die gleiche Masse. Die unterschiedliche Temperatur kann also nur darauf beruhen, dass beide aus unterschiedlichen Stoffen hergestellt sind.

Zentraler Versuch

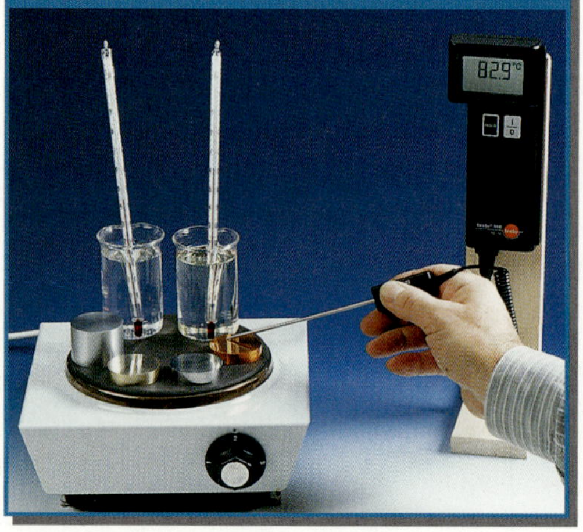


Die fünf Körper im Bild oben haben die gleiche Masse und erhalten wegen ihrer jeweils gleich großen Grundfläche die gleiche Energie von der Kochplatte übertragen. Trotzdem steigt die Temperatur der Körper in der gleichen Zeit unterschiedlich stark an.

| Stoff | c |
|---|---|
| Aluminium | 0,90 $\frac{kJ}{kg \cdot K}$ |
| Beton | 0,92 $\frac{kJ}{kg \cdot K}$ |
| Eis | 2,09 $\frac{kJ}{kg \cdot K}$ |
| Eisen | 0,47 $\frac{kJ}{kg \cdot K}$ |
| Glas | 0,86 $\frac{kJ}{kg \cdot K}$ |
| Holz | 2,39 $\frac{kJ}{kg \cdot K}$ |
| Kupfer | 0,39 $\frac{kJ}{kg \cdot K}$ |
| Porzellan | 0,73 $\frac{kJ}{kg \cdot K}$ |
| Sand, Stein | 0,84 $\frac{kJ}{kg \cdot K}$ |
| Styropor | 1,50 $\frac{kJ}{kg \cdot K}$ |
| Zinn | 0,23 $\frac{kJ}{kg \cdot K}$ |
| Milch | 3,90 $\frac{kJ}{kg \cdot K}$ |
| Petroleum | 2,00 $\frac{kJ}{kg \cdot K}$ |
| Quecksilber | 0,14 $\frac{kJ}{kg \cdot K}$ |
| Spiritus | 2,43 $\frac{kJ}{kg \cdot K}$ |
| Wasser | 4,19 $\frac{kJ}{kg \cdot K}$ |
| Luft | 1,01 $\frac{kJ}{kg \cdot K}$ |
| Sauerstoff | 0,92 $\frac{kJ}{kg \cdot K}$ |
| Wasserdampf | 1,95 $\frac{kJ}{kg \cdot K}$ |
| Wasserstoff | 14,28 $\frac{kJ}{kg \cdot K}$ |

Es hängt also vom Stoff ab, welche Temperaturerhöhung durch die gleiche Energiezufuhr bewirkt wird. Die für eine bestimmte Temperaturerhöhung bei einer bestimmten Masse zuzuführende Energie ist also proportional zu einer Stoffkonstanten. Bezieht man sich wie üblich auf eine Temperaturänderung von 1 K und auf 1 kg Masse, dann ist diese Stoffkonstante die **spezifische Wärmekapazität *c***. Es gilt also: $\Delta E \sim c$.

Die Tabelle zeigt, dass die Werte für die spezifische Wärmekapazität von Stoff zu Stoff sehr unterschiedlich sind. Der Wert für Wasser, den wir schon kennen, ist mit Abstand der größte unter den „gängigen" Stoffen.

Der Wert der spezifischen Wärmekapazität sagt aus, wie viel Energie einem 1 kg-Körper zugeführt werden muss, um seine Temperatur um 1 K zu erhöhen. Bei Wasser sind das 4,2 kJ, bei Sand bzw. Stein 0,84 kJ und bei Eisen nur 0,47 kJ. Wird Körpern gleicher Masse die gleiche Energiemenge zugeführt, dann steigt dessen Temperatur am höchsten, dessen spezifische Wärmekapazität am kleinsten ist, denn er braucht pro Kelvin Temperaturerhöhung die wenigste Energie.

Im Teilchenmodell können wir uns den Vorgang so vorstellen: Durch die Energiezufuhr schwingen die Teilchen jedes Stoffes stärker. Um aber eine bestimmte Zunahme der Bewegungsenergie und damit eine bestimmte Temperatursteigerung zu bewirken, ist bei Wasser viel mehr Energie nötig als bei Eisen. Dies kann einmal an den Eigenschaften der Teilchen selbst liegen, zum anderen daran, wie fest die Bindungen mit ihren Nachbarn sind.

Die für eine bestimmte Temperaturerhöhung zuzuführende Energie hängt vom Stoff des Körpers ab. Die spezifische Wärmekapazität gibt an, wie viel Energie einem Körper aus einem bestimmten Stoff mit der Masse 1 kg zugeführt werden muss, damit sich seine Temperatur um 1 K erhöht.

### Aufgaben

**1** Skizziere in einem Temperatur-Zeit-Diagramm die Kurven für die Erwärmung von 5 kg Eisen und 5 kg Zinn bei gleicher Wärmezufuhr. Begründe deren Verlauf.

**2** Viele Teile einer Heizungsanlage sind aus Eisen, können also rosten. Nenne Gründe, warum trotzdem kein Öl (z. B. Petroleum) für den Kreislauf genommen wird sondern Wasser.

**3** Erläutere im Teilchenbild, warum jeder Stoff einen eigenen Wert für die spezifische Wärmekapazität hat.

**4** Beim Löten kann es passieren, dass du eine Lötperle mit $\vartheta \approx 250$ °C auf die Hand bekommst. Das Ergebnis ist eine kleine Brandwunde. Warum ist es viel schmerzhafter, die gleiche Menge „kochendes" Wasser ($\vartheta \approx 100$ °C) auf die Hand zu bekommen?

## Die Energie-Temperatur-Gleichung

Wir haben festgestellt, dass für alle Körper drei Proportionalitäten gelten – sofern keine Zustandsänderungen erfolgen, also alle zugeführte Energie in den Anteil „Bewegungsenergie der Teilchen" der inneren Energie umgewandelt wird:

- Energiezufuhr und Temperaturerhöhung sind proportional: $\Delta E \sim \Delta\vartheta$.
- Um eine bestimmte Temperatursteigerung zu bewirken, muss die zugeführte Energie proportional zur Masse sein: $\Delta E \sim m$.
- Um eine bestimmte Temperatursteigerung zu bewirken, muss die zugeführte Energie proportional zur spezifischen Wärmekapazität sein: $\Delta E \sim c$.

Alle drei Proportionalitäten können zu einer Gleichung zusammengefasst werden:
Die spezifische Wärmekapazität gibt an, welche Energiemenge einem Körper der Masse 1 kg aus einem bestimmten Stoff zugeführt werden muss, um seine Temperatur um 1 K zu erhöhen. Wird dieser Wert mit der tatsächlichen Temperatursteigerung und der Masse des Körpers multipliziert, dann erhält man den Wert $\Delta E$, um den der „Bewegungsanteil" der inneren Energie des Körpers gestiegen ist. Dieser Energiebetrag muss dem Körper von außen irgendwie zugeführt worden sein. Für $\Delta E$ gilt:
$\boldsymbol{\Delta E = c \cdot m \cdot \Delta\vartheta}$.

Umgekehrt gilt: Wird von einem Körper Energie aufgenommen und vollständig in den Anteil „Bewegungsenergie der Teilchen" umgewandelt, dann beobachtet man eine Temperaturerhöhung des Körpers.
Für sie gilt:
$\boldsymbol{\Delta\vartheta = \frac{\Delta E}{c \cdot m}}$.

Solange keine Zustandsänderungen auftreten, hängen die Änderung der inneren Energie eines Körpers und seine Temperatur zusammen:
$\boldsymbol{\Delta E = c \cdot m \cdot \Delta\vartheta}$

**Rechenbeispiel**

**1.** Zum Bleigießen an Silvester werden auf einem Löffel 40 g Blei über einer Flamme zum Schmelzen gebracht. Wie viel Energie muss dem Blei insgesamt zugeführt werden? (Raumtemperatur 20 °C)

Geg.: $m = 40\ \text{g}$; $\vartheta_s = 327\ °\text{C}$;
$c = 0{,}126\ \frac{\text{kJ}}{\text{kg} \cdot \text{K}}$; $e_s = 26\ \frac{\text{kJ}}{\text{kg}}$

Ges.: Gesamtenergie $E$

Lösung: ① *Erhitzen des Bleis auf Schmelztemperatur:*
$\Delta\vartheta = 307\ \text{K}$
$\Delta E = c \cdot m \cdot \Delta\vartheta$
$= 0{,}126\ \frac{\text{kJ}}{\text{kg} \cdot \text{K}} \cdot 0{,}04\ \text{kg} \cdot 307\ \text{K}$
$= 1{,}5\ \text{kJ}$

② *Schmelzen des Bleis:*
$E_S = e_S \cdot m = 26\ \frac{\text{kJ}}{\text{kg}} \cdot 0{,}04\ \text{kg} \approx 1\ \text{kJ}$

③ *Gesamtenergie:*
$E = \Delta E + E_S = 2{,}5\ \text{kJ}$

Dem Blei müssen insgesamt 2,5 kJ Energie zugeführt werden.

**2.** Ein Wasserkocher mit der Leistung 1000 W wird mit zwei Liter kaltem Wasser gefüllt und eine Minute lang angeschaltet. Wie groß ist die Temperaturerhöhung?

Geg.: $c = 4{,}2\ \frac{\text{kJ}}{\text{kg} \cdot \text{K}}$; $m = 2\ \text{kg}$; $P = 1000\ \text{W}$;
$t = 60\ \text{s}$

Ges.: $\Delta\vartheta$

Lösung: Der Tauchsieder gibt an das Wasser in jeder Sekunde 1000 J Energie ab. In 60 Sekunden also insgesamt 60 kJ.

$$\Delta\vartheta = \frac{E}{c \cdot m} = \frac{60\ \text{kJ}}{4{,}2\ \frac{\text{kJ}}{\text{kg} \cdot \text{K}} \cdot 2\ \text{kg}} = 7\ \text{K}$$

Die Temperatur des Wassers erhöht sich um 7 K.

### Aufgaben

**1** Eine Bremsscheibe aus Eisen (Masse 8 kg) eines Pkw wurde beim Bremsen im Gebirge auf 700 °C erhitzt. Welchen Energiebetrag hat sie aufgenommen?

**2** Ein Quader der Masse 150 g wird durch Zufuhr von 2,5 kJ um 43 K erhitzt. Woraus besteht er?

**3** **a)** Heißer Tee wird in einen Becher aus Porzellan und in einen aus Eisenblech gegossen. Beide Becher haben die gleiche Masse und vorher die gleiche Temperatur. In welchem Becher wird der Tee danach kühler sein?
**b)** Begründe deine Aussage.

**4** Welche Temperaturänderung erfahren die anderen Quader (aus gleichem Material)?

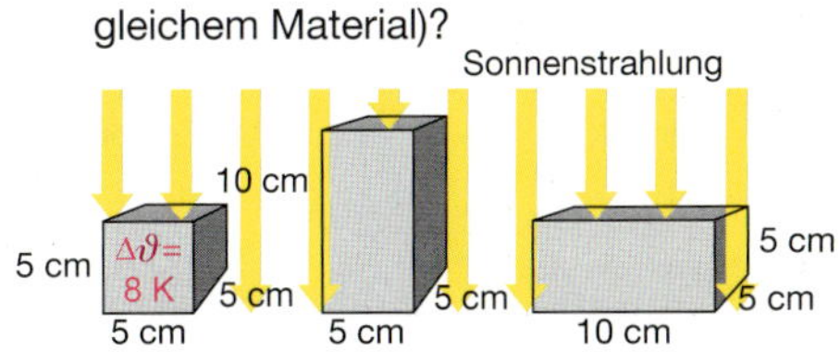

**Streifzug**

# Mischungstemperatur

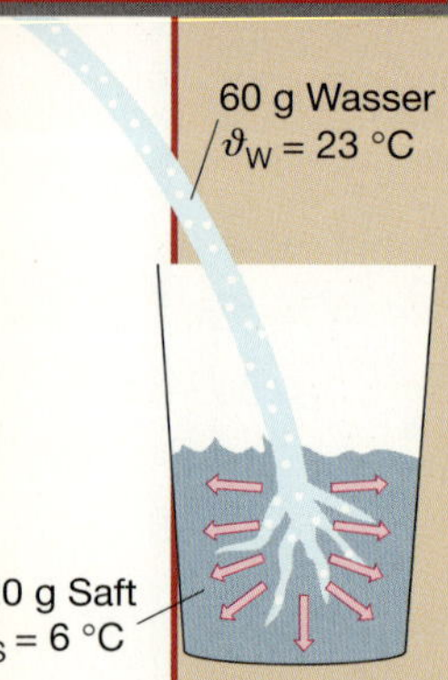


An heißen Tagen tut ein erfrischendes Getränk gut. Wenn der Saft aus dem Kühlschrank ($\vartheta_S$ = 6 °C) zu kalt ist, mischen wir ihn mit Mineralwasser von Zimmertemperatur ($\vartheta_W$ = 23 °C). Welche Temperatur hat ein Gemisch aus 120 g Saft und 60 g Wasser?

Das Mineralwasser gibt einen Teil seiner inneren Energie an den Saft ab, weshalb die Wassertemperatur sinkt. Der Saft nimmt diese Energie auf und wandelt sie in Bewegungsenergie seiner Teilchen um, wodurch seine Temperatur steigt. Dieser Energieübergang läuft so lange ab, bis Saft und Wasser die gleiche Temperatur haben. Dann hat sich die Mischungstemperatur $\vartheta_M$ beider Flüssigkeiten eingestellt.
Da der Mischvorgang sehr schnell abläuft, dürfen wir davon ausgehen, dass in dieser Zeit keine Wärmeenergie in die Umgebung abfließt. Zur Vereinfachung vernachlässigen wir auch, dass vom Glas innere Energie an den Saft abgegeben wird.

Insgesamt erhalten wir also folgende Bilanz:
Vom Wasser abgegeben: $E_{ab}$
Vom Saft aufgenommen: $E_{auf}$
$E_{ab} = E_{auf}$

Für die Energie, die das Mineralwasser abgibt, gilt:
$E_{ab} = c_W \cdot m_M \cdot (\vartheta_W - \vartheta_M)$.

Der Saft nimmt folgende Energiemenge auf:
$E_{auf} = c_S \cdot m_S \cdot (\vartheta_M - \vartheta_s)$.

Wir erhalten also folgende Bilanzgleichung, die ganz allgemein für das Mischen zweier Körper gilt, sofern sich deren Zustand nicht ändert:

$$E_{ab} = E_{auf}$$

$$\mathbf{c_W \cdot m_W \cdot (\vartheta_W - \vartheta_M) = c_S \cdot m_S \cdot (\vartheta_M - \vartheta_S)}$$

Gehen wir davon aus, dass der Saft die gleiche spezifische Wärmekapazität wie Wasser besitzt, so vereinfacht sich die Gleichung zu
$m_W \cdot (\vartheta_W - \vartheta_M) = m_S \cdot (\vartheta_M - \vartheta_S)$.

Klammern auflösen und umstellen ergibt einen Ausdruck für die gesuchte Mischungstemperatur $\vartheta_M$:

$$\vartheta_M = \frac{m_W \cdot \vartheta_W + m_S \cdot \vartheta_S}{m_W + m_S}$$

Das ist die **Mischungsgleichung.** Sie gilt für alle Mischungen von Körpern mit gleicher spezifischer Wärmekapazität, solange keine Zustandsänderungen auftreten.

Einsetzen der Werte und ausrechnen ergibt:

$$\vartheta_M = \frac{60\text{ g} \cdot 23\text{ °C} + 120\text{ g} \cdot 6\text{ °C}}{60\text{ g} + 120\text{ g}} = 11{,}66\text{ °C}$$

Für unser Getränk erhalten wir rund 12 °C – eine angenehme Temperatur.

## Mischen mit Zustandsänderung

Welche Mischungstemperatur stellt sich ein, wenn unser Saft ($m_S$ = 130 g) im Zimmer stand ($\vartheta_S$ = 23 °C) und zum Abkühlen $m_E$ = 30 g Eis zugegeben werden und schließlich alles Eis geschmolzen ist?
Damit die Rechnung nicht zu kompliziert wird, nehmen wir an, dass das Eis schon einige Zeit im Zimmer war und so eine Temperatur von $\vartheta_E$ = 0 °C hat.

Die Energie $E_{ab} = c_S \cdot m_S \cdot (\vartheta_S - \vartheta_M)$, die der Saft abgibt, wird nun für Zweierlei verwendet:
- Einmal wird mit ihr das Eis zum Schmelzen gebracht; dazu nötig $E_S = m_E \cdot e_S$;
- dann wird das Schmelzwasser auf die Mischungstemperatur $\vartheta_M$ gebracht; dazu nötig $E_W = c_W \cdot m_W \cdot (\vartheta_M - \vartheta_W)$, wobei $m_E = m_W$ ist.

Die Bilanzgleichung lautet nun

$$E_{ab} = E_S + E_W$$

$$c_S \cdot m_S \cdot (\vartheta_S - \vartheta_M) = m_E \cdot e_S + c_W \cdot m_M \cdot (\vartheta_M - \vartheta_W)$$

Wieder nehmen wir gleiches $c$ für Wasser und Saft an; außerdem ist die Ausgangstemperatur des Wassers $\vartheta_W$ = 0 °C. Das vereinfacht die Gleichung zu
$c \cdot m_S \cdot (\vartheta_S - \vartheta_M) = c \cdot m_W \cdot \vartheta_M + m_E \cdot e_S$.

Klammern auflösen, umstellen und Werte einsetzen ergibt

$$\vartheta_M = \frac{c \cdot m_S \cdot \vartheta_S - m_E \cdot e_S}{c \cdot (m_S + m_W)} = 3{,}7\text{ °C}$$

Für unser Getränk ergibt sich unter der Voraussetzung, dass während der gesamten Zeit keine Energie von der Zimmerluft an den Saft abgegeben wurde, eine Mischungstemperatur von $\vartheta_M \approx 4$ °C.

## Versuche und Aufträge

**V1 a)** Drücke einen nassen Lappen kräftig aus und lege ihn in einer Plastiktüte in das Gefrierfach. Untersuche den Lappen nach einer halben und nach einer Stunde.
**b)** Führe das Experiment noch einmal mit einem tropfnassen Lappen durch.
**c)** Vergleiche und erkläre die Ergebnisse.
**d)** Wo spielt dieses Phänomen in Natur oder Technik eine Rolle bzw. wo können wir es ausnutzen?

**V2 Flammentemperatur des Bunsenbrenners:**
**a)** Erhitze einen Eisenkörper bekannter Masse fünf Minuten lang in der Brennerflamme. Gib ihn dann sofort in ein Becherglas mit kaltem Wasser, dessen Temperatur du vorher gemessen hast. Miss nach fünf Minuten die Mischungstemperatur.
**b)** Stelle die Bilanzgleichung für das Mischen von Wasser und Eisenkörper auf (siehe Streifzug links). Berechne die Flammentemperatur.

**V3 a)** Gieße Wasser der Temperatur 40 °C in ein Becherglas, das längere Zeit im Kühlschrank gestanden hat. Miss nach kurzem Umrühren die Temperatur des Wassers.
**b)** Was sagt das Experiment über die Vereinfachung aus, bei Experimenten, in denen Flüssigkeiten in andere Gefäße gefüllt werden, die Temperaturunterschiede zwischen Gefäß und Flüssigkeit zu vernachlässigen?

**V4** Führe V3 nochmals durch und bestimme die Energie, die das Becherglas aufnimmt.

## Ein rührender Versuch

Streifzug

Wenn wir ein Rührgerät in der Küche anschalten, wird elektrische Energie in mechanische Energie umgewandelt. Der Motor muss aber gleichzeitig mit Luft gekühlt werden, denn durch Reibung der drehenden Motorteile entsteht im Motor auch Wärmeenergie.
So wie hier spielen oft Erkenntnisse aus verschiedenen Teilgebieten der Physik eine Rolle. Es ist eine wichtige Aufgabe, die verschiedenen Beobachtungen aus den unterschiedlichen Teilgebieten „unter einen Hut" zu bringen; sie dürfen nicht isoliert nebeneinander stehen.

Ein besonderes Problem war es für die Physiker des 19. Jahrhunderts, einen Zusammenhang zwischen dem, was wir unter mechanischer Energie verstehen, und der Wärme(energie) herzustellen. Denn lange Zeit standen die Teilgebiete Mechanik und Wärmelehre unverknüpft nebeneinander. Für jede Größe gab es eigene Einheiten: für die Wärmeenergie die Kalorie (cal), für die mechanische Energie das Newtonmeter. Dass die beiden Energien etwas miteinander zu tun hatten und damit ihre Einheiten ineinander umrechenbar sein müssen, war lange nicht klar.

Aufklärung brachte erst die Bestimmung des so genannten **Wärmeäquivalents.** Das ist der zahlenmäßige Zusammenhang zwischen der bei einem Vorgang aufgewendeten mechanischen Energie (in Nm) und der daraus entstehenden Wärmeenergie (in cal), die die innere Energie des Körpers erhöht.

Es ist das Verdienst von JAMES PRESCOTT JOULE (1818–1889), dieses Wärmeäquivalent (also den Umrechnungsfaktor) mit dem dargestellten Versuch bestimmt zu haben:

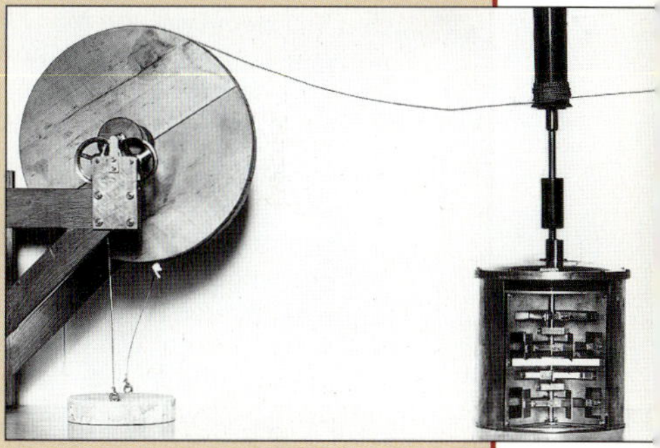

Zwei Körper mit der Gesamtmasse $m$ fielen an je einem Seil eine vorgegebene Strecke $h$ hinunter. Damit war aus der ursprünglichen Lageenergie $E = m \cdot g \cdot h$ die von den beiden Körpern abgegebene Energie berechenbar. Diese Energie bewirkte die Drehung eines Rührwerks in Wasser. Durch die zugeführte Energie erwärmte sich dieses. Schon lange vorher war festgelegt worden, dass 1 kcal (Wärme-)Energie zugeführt werden muss, um die Temperatur von 1 kg Wasser um 1 K zu erhöhen. Nun konnte JOULE das Wärmeäquivalent bestimmen. Er fand heraus, dass Körper der Gesamtmasse 42,7 kg zehn Meter tief fallen müssen, um Wasser 1 kcal Energie zuzuführen. (Natürlich arbeitete JOULE noch nicht mit den heute gebräuchlichen Einheiten „kg", „m" und „K".) Es galt also

$$1\,\text{kcal} = 42{,}7\,\text{kg} \cdot 9{,}81\,\tfrac{\text{N}}{\text{kg}} \cdot 10\,\text{m} = 4{,}189\,\text{kNm}\ (= 4{,}189\,\text{kJ}).$$

Zu Ehren von JOULE ist heute das Joule die Einheit für jede Energieform.

Pinnwand

# WASSER IN NATUR UND TECHNIK

## Land- und Seewind

Windstill ist es am Meer selten. Meist weht der Wind sehr gleichmäßig und stabil in eine Richtung.
An sonnigen Tagen ist die Luft über dem Land viel heißer als über dem Wasser. Sie steigt auf und kalte Luft strömt vom Meer nach: Der Wind weht „auflandig" vom Meer auf das Festland.
In klaren Nächten ist es umgekehrt. Nun kühlt sich die Luft über dem Festland viel stärker ab als die Luft über dem Meer, denn das Meerwasser gibt gespeicherte Energie an die Luft ab, die sich dadurch erwärmt. Deshalb steigt jetzt die Luft über dem Meer nach oben. Durch die vom Festland nachströmende Luft wird der Wind „ablandig".

## Die Meere beeinflussen das Klima

Über dem Golf von Mexiko steht die Sonne das ganze Jahr über sehr hoch; die Energiezufuhr durch die Sonnenstrahlung ist dort besonders stark, sodass das Meerwasser bis in große Tiefen erwärmt wird. Es bildet sich eine Strömung von warmem Meerwasser aus, die bis nach Europa reicht: der **Golfstrom**. Sein Wasser führt eine gewaltige Menge an innerer Energie mit, die in den kälteren Regionen Nordeuropas an die Luft abgegeben wird. Die Folge davon ist, dass die Häfen in Skandinavien auch im Winter weitgehend eisfrei bleiben. Insgesamt ist das Klima in Europa wegen des Golfstroms wesentlich wärmer als in Gegenden Nordamerikas, die auf dem gleichen Breitengrad liegen.

Aber auch sonst beeinflusst das Meer das Klima stark:

- Im Sommer ist es in den Küstenregionen nie so heiß wie in trockenen Gebieten des Inlandes. Denn das Meerwasser mit seiner großen Wärmekapazität erwärmt sich nur sehr langsam. Es ist kälter als die Luft und entzieht daher der Luft laufend Energie.
- Anders im Winter: Das Meerwasser gibt die im Sommer aufgenommene und gespeicherte Energie langsam ab. Deshalb ist es jetzt in den Küstenregionen wärmer als in anderen Landesteilen.

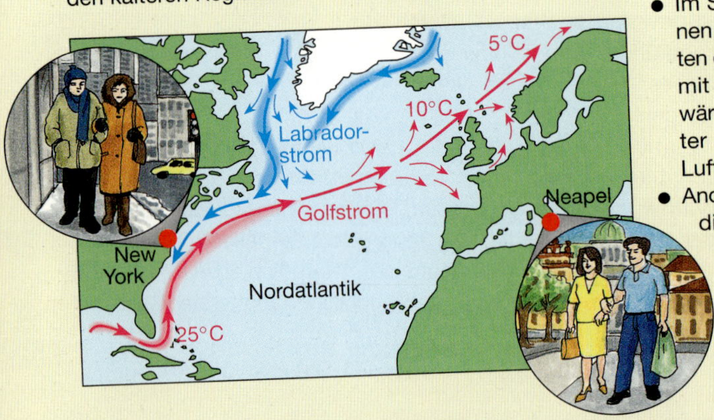

## Heizen und Kühlen mit Wasser

Was aus den Kühltürmen von Kraftwerken entweicht, ist kein Schmutz oder Rauch, sondern Wasser in Form von Nebel oder Wolken. Bei allen Kraftwerken wird Wasser als Kühlflüssigkeit verwendet oder als Transportmittel der Energie zwischen Verbrennungsraum und Turbinen. In der Regel gibt es mehrere Wasserkreisläufe, die durch so genannte **Wärmetauscher** miteinander gekoppelt sind. Dadurch wird verhindert, dass schmutziges oder radioaktiv verseuchtes Wasser das Kraftwerk verlässt und in die Umwelt gelangt. Das, was viele Leute als „Umweltverschmutzung durch Kraftwerke" bezeichnen, ist also nichts weiter als ganz normales Wasser mit einer etwas höheren Temperatur.

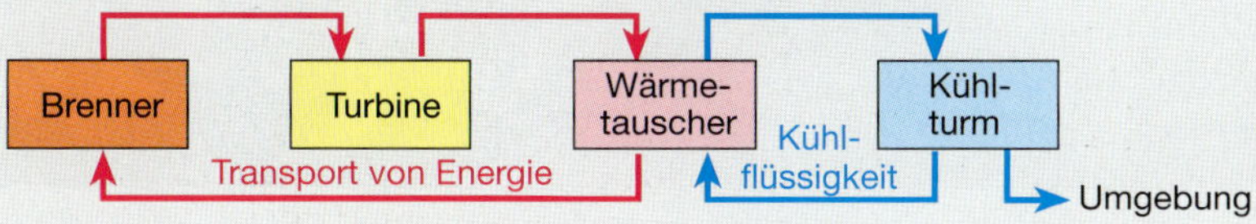


Bei Fahrzeugen wird Wasser zum Kühlen des Motors benutzt. Spezielle Wasserzusätze verhindern die Korrosion von stählernen Bauteilen im Kühlsystem und machen das Kühlwasser frostsicher.

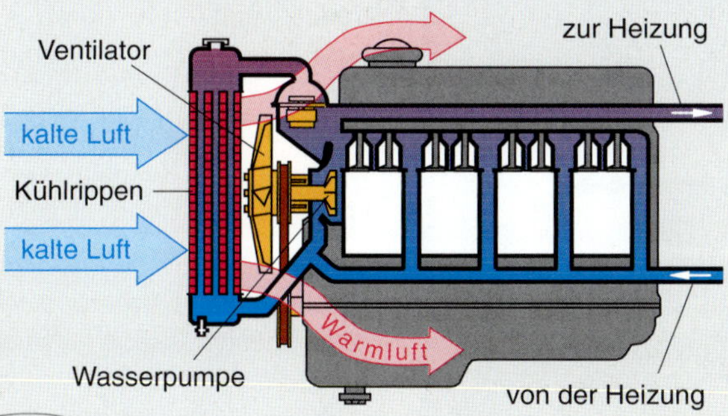


Auch die Wohnungsheizung wäre ohne Wasser schlecht möglich. Würden in Zentralheizungen Stoffe mit einer geringeren Wärmekapazität als der von Wasser benutzt, so müsste die Temperatur der strömenden und dabei Energie mitführenden Flüssigkeit wesentlich erhöht oder die Rohrleitungen und Heizkörper in ihren Abmessungen stark vergrößert werden, wenn dieselbe Energiemenge transportiert werden soll wie bei Wasser.

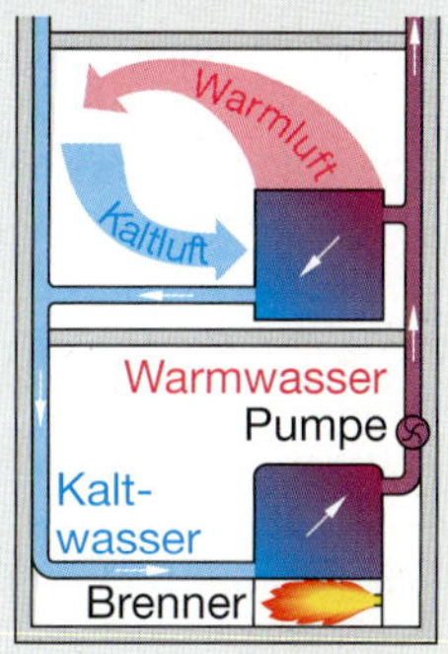


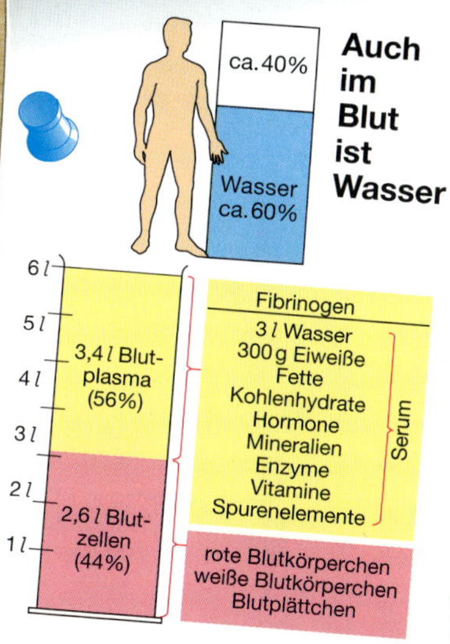


## Auch im Blut ist Wasser

Für uns Menschen ist die hohe Wärmekapazität von Wasser sehr wichtig. Sein Anteil an unserem Körpergewicht ist sehr hoch – etwa 60%; im Blut liegt er knapp darunter. Deshalb kann das Blut auch über die kleinsten Blutgefäße noch eine relativ große Menge an Energie transportieren. Dies ist zur Aufrechterhaltung unserer Körpertemperatur von etwa 37 °C sehr wichtig:

- Steigt die Körpertemperatur über den Normalwert an, dann erweitern sich die Kapillargefäße und das Blut transportiert Energie aus dem Körperinneren zur Oberfläche, wo sie über die Haut an die Umgebungsluft abgegeben wird. Zusätzlich wird Flüssigkeit abgesondert (Schweiß), die auf der Haut verdunstet. Die dazu nötige Energie kommt ebenfalls aus dem Körperinneren und wird vom Blut herangeschafft. Um 1 $cm^3$ = 1 ml Schweiß zu verdunsten, sind 0,2 kJ Energie nötig.
- Um bei tiefen Außentemperaturen den Energietransport zur Oberfläche und die Energieabgabe an die Umgebung zu verhindern, ziehen sich die Adern zusammen und transportieren so weniger Blut in die äußeren Körperregionen – die Energieabgabe wird verringert. Weil sich dort dann weniger rotes Blut befindet, erscheint die Haut nicht mehr rosa, sondern bläulich Weiß – deutlich zu erkennen an den blauen Lippen oder den blauen Finger- bzw. Zehennägeln.

# Wärme-Kraft-Maschinen

**Benzin- bzw. Dieselmotoren oder Dampfmaschinen sind oder waren für die Menschen unentbehrliche Helfer zur Bewältigung des von Technik geprägten Alltags. Sie beruhen auf dem Prinzip, dass sich Gase bei Erwärmung ausdehnen und bei Abkühlung zusammenziehen.**
**Wie werden die dabei ablaufenden Energieumwandlungen in den verschiedenen Maschinen technisch realisiert? Wie wirkungsvoll sind die verschiedenen Maschinen und wie werden sie ihrem Zweck entsprechend eingesetzt?**

## Der Heißluftmotor

Ein durch einen beweglichen Kolben abgeschlossenes Luftvolumen dehnt sich im heißen Wasserbad aus. Dabei hebt es den Kolben. Im kalten Wasserbad zieht sich die Luft wieder zusammen, der Kolben bewegt sich nach unten.
Ein steter Wechsel zwischen heißer und kalter Umgebung führt zu einer ständigen Auf- und Abbewegung des Kolbens.

Die Grafik unten zeigt, wie dieser Wechsel automatisiert und damit ein Motor konstruiert werden kann:

**Zentraler Versuch**

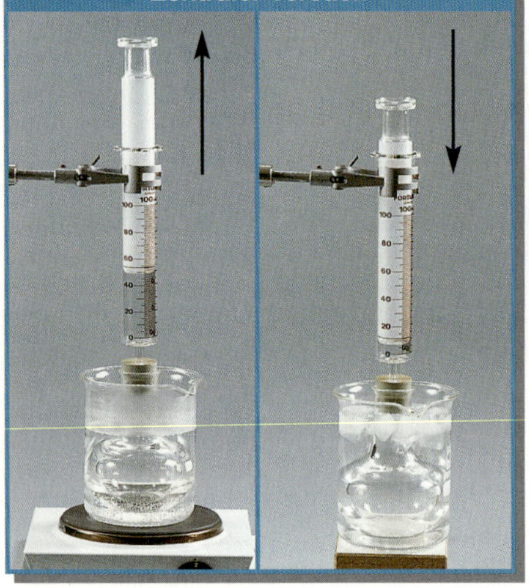

In einem abgeschlossenen Zylinder wird Luft durch einen Verdrängerkolben zwischen einem heißen und einem kalten Ende hin und her geschoben. Sie wird dabei in stetigem Wechsel erwärmt und wieder abgekühlt.

In einem Heißluftmotor wird eine eingeschlossene Luftmenge periodisch erhitzt (→ Ausdehnung der Luft) und wieder gekühlt (→ Zusammenziehung der Luft). Dabei wird die innere Energie der Luft in mechanische Energie umgewandelt.

**1.** Die Luft wird erwärmt und dehnt sich aus. Der Arbeitskolben wird nach unten gedrückt.

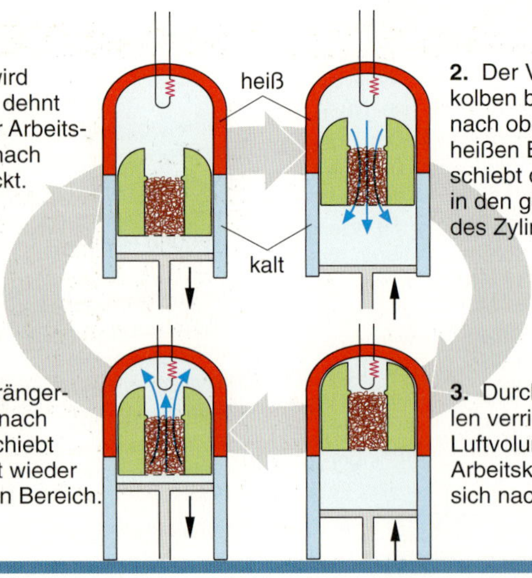


**2.** Der Verdrängerkolben bewegt sich nach oben in den heißen Bereich und schiebt die heiße Luft in den gekühlten Teil des Zylinders.

**3.** Durch das Abkühlen verringert sich das Luftvolumen. Der Arbeitskolben bewegt sich nach oben.

**4.** Der Verdrängerkolben geht nach unten und schiebt die kalte Luft wieder in den heißen Bereich.

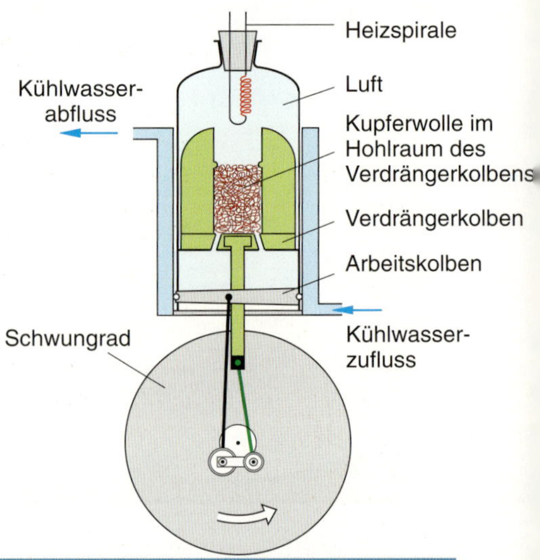

## Energiebilanz und Wirkungsgrad

Jeder Wärme-Kraft-Maschine wird Energie als chemische Energie in Form von Brennstoff zugeführt. Durch die Verbrennung des Brennstoffs entsteht Wärmeenergie, die in mechanische Energie umgewandelt (meist in Bewegungsenergie eines Kolbens) und schließlich abgegeben wird. (Im Wort „Wärme-Kraft-Maschine" steht aus historischen Gründen fälschlicherweise „Kraft" statt „Energie"; vergleichbar mit dem Wort „Kraftwerk", das ja auch nichts mit dem physikalischen Begriff „Kraft" zu tun hat.)

Um die Wirksamkeit einer Maschine abschätzen zu können, ist es wichtig zu wissen, wie viel der zugeführten Energie $E_{zugef}$ in nutzbare Energie $E_{nutz}$ umgewandelt wird. Das Verhältnis von $E_{nutz}$ zu $E_{zugef}$ ist der **Wirkungsgrad** $\eta$:

$$\eta = \frac{E_{nutz}}{E_{zugef}}$$

Eine Wärmekraftmaschine mit dem Wirkungsgrad $\eta = 1 = 100\,\%$ wäre ideal – alle zugeführte Energie würde genutzt. Ist das möglich?

Als $E_{nutz}$ steht gemäß der Energiebilanz höchstens die Differenz $E_{zugef} - E_{abgef}$ zur Verfügung:

$$\eta_{ideal} = \frac{E_{nutz}}{E_{zugef}} = \frac{E_{zugef} - E_{abgef}}{E_{zugef}} = 1 - \frac{E_{abgef}}{E_{zugef}} < 1$$

Die physikalisch unabdingbare $E_{abgef}$ steht der Umwandlung in mechanische Energie nicht zur Verfügung. Zusätzlich geht durch Reibung oder Abgabe von Wärmeenergie noch $E_{verlust}$ verloren.

Der reale Wirkungsgrad eines jeden Motors

$$\eta_{real} = 1 - \frac{E_{abgef} + E_{verlust}}{E_{zugef}}$$

ist deshalb wesentlich geringer als $\eta_{ideal}$, d.h. $\eta_{real} < \eta_{ideal}$. Beide sind aber immer kleiner als 1.

Der schottische Prediger ROBERT STIRLING (1790–1878) hatte 1816 den ersten Heißluftmotor konstruiert. Dieser Motor hat sich lange Zeit nicht durchsetzen können, weil die Erhitzung und Abkühlung der Luft nicht schnell genug vonstatten geht und die Drehzahl des Motors nicht regulierbar ist. Neuere Materialien und eine noch stärkere Trennung von Erhitzen und Abkühlen lassen diese Motoren heute wieder interessant werden. Dort, wo ein Motor mit konstanter Drehzahl eine Pumpe oder einen Generator treiben soll, werden Heißluftmotoren schon vielfach genutzt.

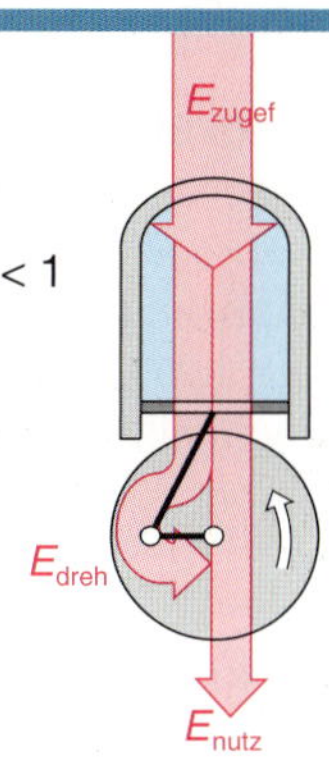


**Ausdehnungstakt:** Nur ein Teil von $E_{zugef}$ wird in die gewünschte $E_{nutz}$ umgewandelt; ein Teil bleibt als $E_{dreh}$ in der Drehbewegungung des Schwungrades im Motor.

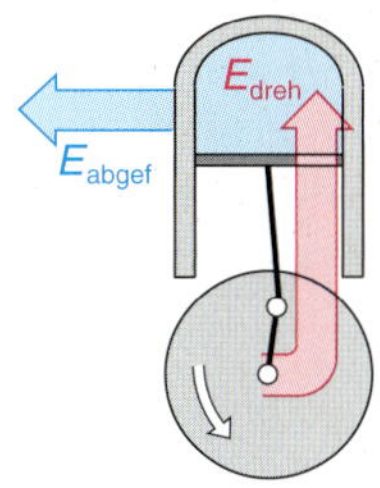


**Verdichtungstakt:** Das Schwungrad überträgt Energie auf den Kolben, damit er wieder hoch geht. Damit der Kolben sich zurück bewegen kann, muss die beim Zusammendrücken der Luft frei werdende innere Energie als Wärmeenergie vom Kühlmittel abgeführt werden.

**Energiebilanz**

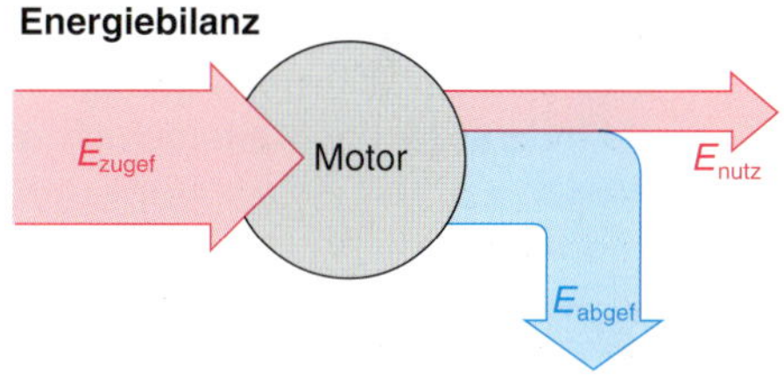


Es ist nicht möglich, einen Heißluftmotor zu betreiben, bei dem die zugeführte Energie vollständig in nutzbare mechanische Energie umgewandelt wird.
Der Wirkungsgrad ist immer kleiner als eins: $\eta < 1$.

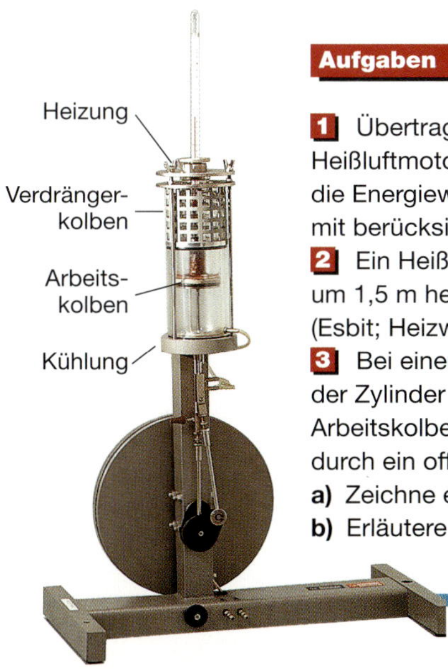


### Aufgaben

**1** Übertrage das Schema der Energiebilanz eines Heißluftmotors in ein Energieschema, bei dem auch die Energiewandler Luft, Kolben und Schwungrad mit berücksichtigt sind.

**2** Ein Heißluftmotor kann eine Last von 1,4 kg um 1,5 m heben. Dazu benötigt er 2 g Festspiritus (Esbit; Heizwert 30 $\frac{kJ}{g}$). Berechne $\eta_{ideal}$.

**3** Bei einem zweizylindrigen Heißluftmotor sind der Zylinder für den Verdrängerkolben und den Arbeitskolben voneinander getrennt. Beide sind durch ein offenes Rohr miteinander verbunden.

**a)** Zeichne ein Schema des Motors.

**b)** Erläutere die Funktionsweise.

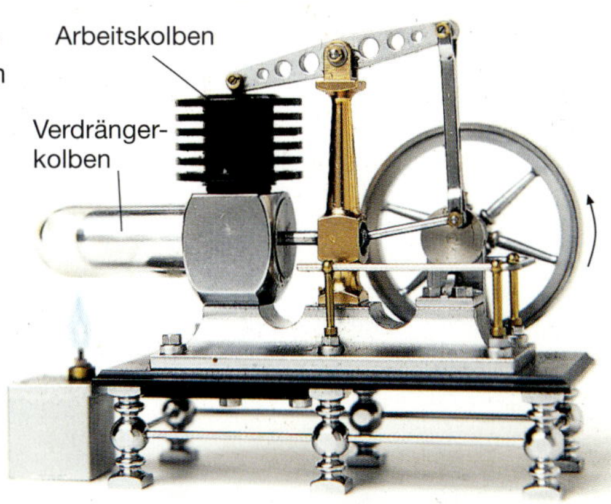

## Verbrennungsmotoren

Ein Gas erhöht während seiner Verbrennung seine Temperatur und dehnt sich dabei stark aus. Verläuft der Vorgang sehr schnell, nennt man dies eine *Explosion.*

**Zentraler Versuch**

In der Abbildung rechts wird ein in einem Rohr eingeschlossenes Gemisch aus Benzingas und Luft zur Explosion gebracht. Der lose aufgesetzte Deckel wird durch das sich schnell und extrem stark ausdehnende Gas hochgeschleudert. Die chemische Energie des Benzin-Luft-Gemisches wandelt sich zunächst um in innere Energie des Gases und dann in Bewegungsenergie des nach oben wegfliegenden Deckels.
Die frei werdende mechanische Energie wäre in einem Motor nutzbar, wenn der Explosionsvorgang fortlaufend wiederholt werden könnte. Welche technischen Veränderungen sind erforderlich, damit ein Kreisprozess möglich wird?

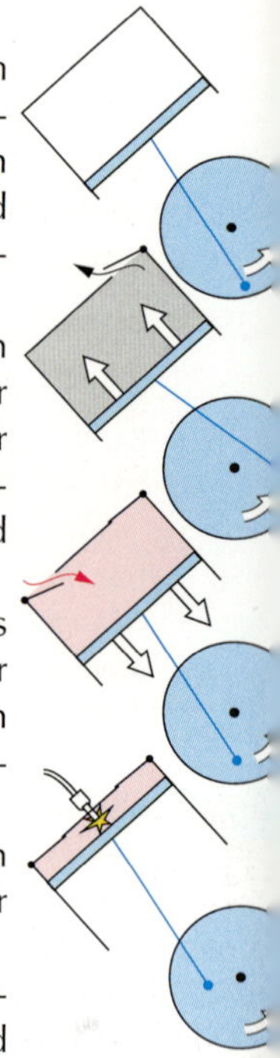

- Zunächst wird aus dem Papprohr ein Metallzylinder, in dem Explosionen unter großem Druck und hohen Temperaturen ablaufen können.
- Damit der Deckel an seinen Platz im Zylinder zurückgelangt, wird er zum Kolben mit Pleuelstange und Schwungrad umgebaut.
- Das verbrannte Gas muss aus dem Zylinder hinaus. Dazu wird ein Auslassventil in den Zylinder eingebaut.
- Nun muss neues Benzin-Luft-Gemisch in den Zylinder gelangen. Deshalb bekommt der Zylinder ein Einlassventil.
- Damit sich das Benzin-Luft-Gemisch entzündet, ist ein Zündfunke erforderlich. Er wird von einer elektrischen Zündkerze erzeugt.

### Viertakt-Otto-Motor

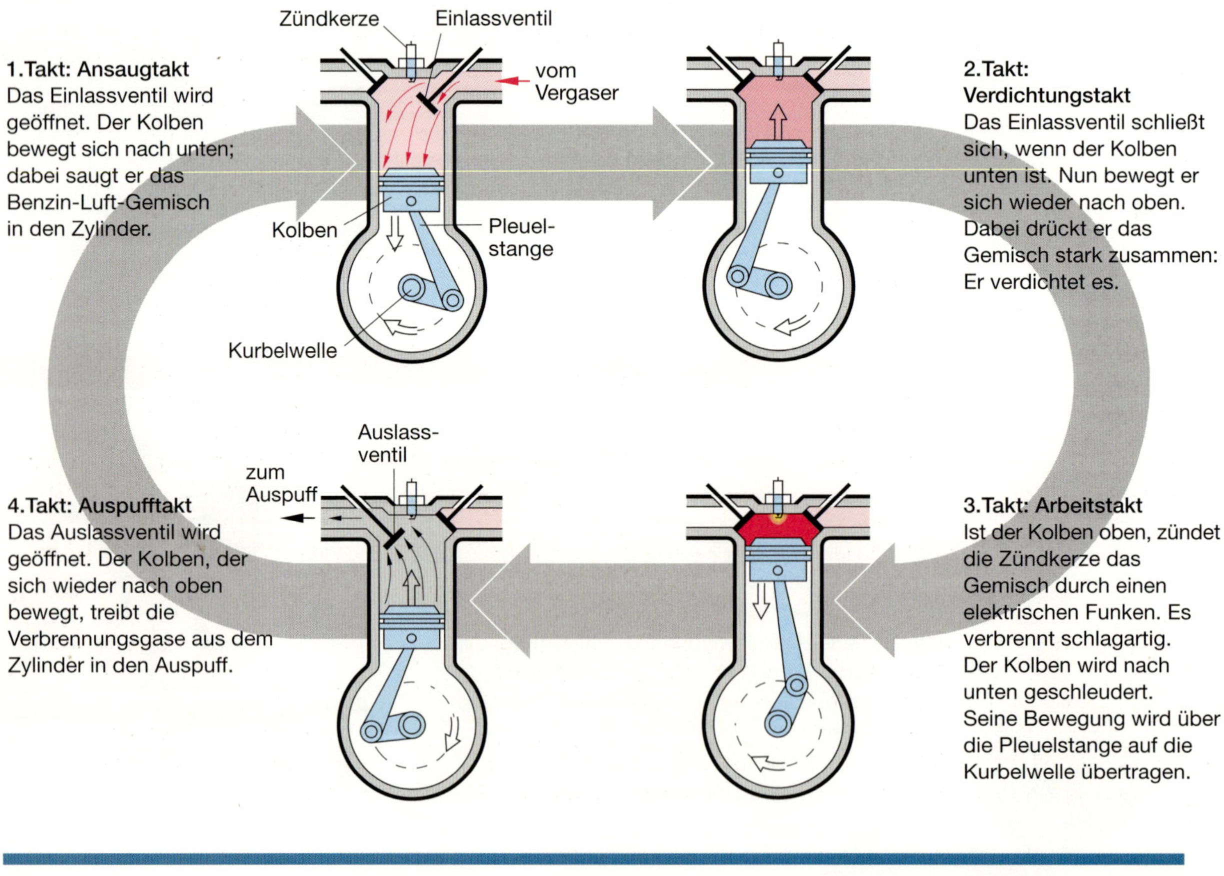

## Energiebilanz Viertakt-Motor

Im Arbeitstakt wird ein Teil der zugeführten Energie zum Antrieb der Motorachse (Kurbelwelle) genutzt. Ein zweiter Teil wird zum Betrieb des Motors benötigt: Ansaugen und Verdichten des Benzin-Luft-Gemisches, Ausstoßen der Verbrennungsgase; Bewegung von Kurbelwelle, Kolben und Ventilen. Ein weiterer Teil wird in innere Energie der heißen Verbrennungsgase bzw. der Zylinderwände umgewandelt.

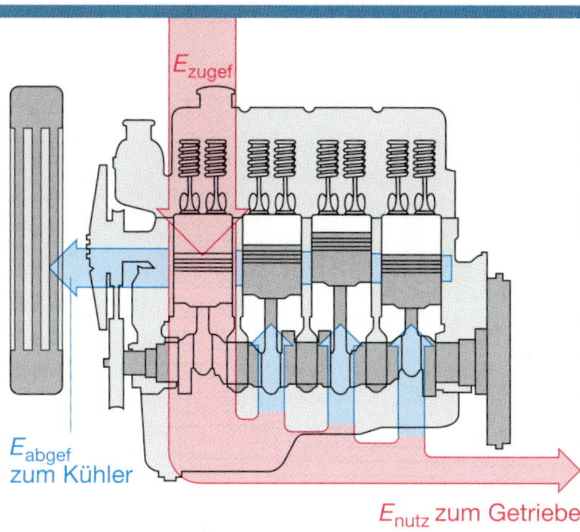


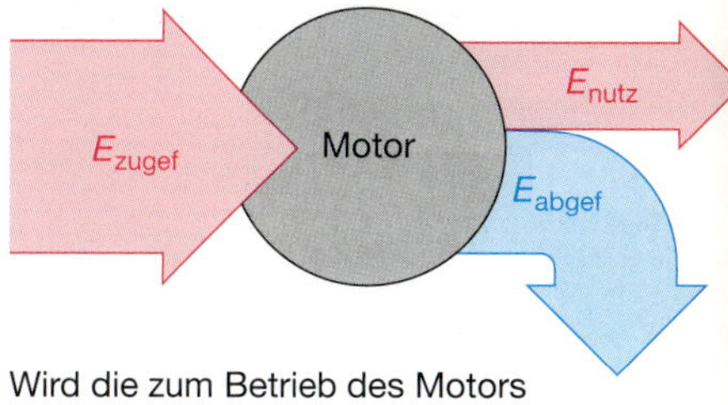


Wird die zum Betrieb des Motors erforderliche Energie nicht über die Kühlung abgeführt, überhitzt er sich und bleibt stehen. Kühlung ist deshalb unabdingbare Voraussetzung für den Betrieb eines jeden Motors.

Wird eine eingeschlossene Gasmenge sehr schnell zusammengepresst (komprimiert), so erhöht sich ihre Temperatur stark. Diesen Sachverhalt hat RUDOLF DIESEL 1893 für die Konstruktion eines Motors genutzt, der ohne Zündkerzen auskommt: Im Zylinder wird beim Verdichtungstakt Luft stark komprimiert. Dabei erhitzt sie sich auf über 600 °C. Dahinein wird Dieselkraftstoff fein verteilt eingespritzt, der sich bei dieser Temperatur von selbst entzündet. Bei der Verbrennung steigt die Temperatur der Verbrennungsgase auf über 2000 °C an. Entsprechend groß wird der Druck im Gasgemisch.

**Zentraler Versuch**

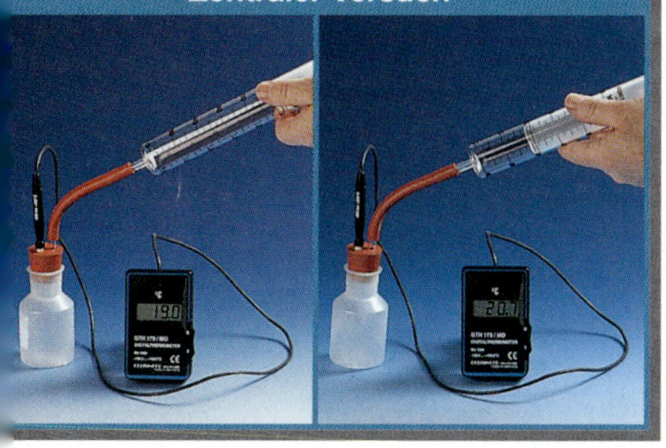

Im Benzinmotor wird ein verdichtetes Benzin-Luft-Gemisch durch eine Zündkerze zur Explosion gebracht. Im Dieselmotor entzündet sich eingespritzter Dieselkraftstoff in hochverdichteter Luft von selbst.
In beiden Fällen wird chemische in mechanische Energie gewandelt.

Verbrennungsmotoren haben sich ein weites Anwendungsfeld erobert. Die Möglichkeit, den Energievorrat als Benzin oder Dieselkraftstoff in vergleichsweise geringen Mengen mitzuführen, machen sie für Fahrzeuge zu geeigneten Antriebsmaschinen.

Ihr Nachteil: Schädliche Abgase gelangen in großen Mengen in die Atmosphäre. Die Verringerung des Schadstoffausstoßes ist deshalb ein wichtiges Gebot bei der Entwicklung neuer Verbrennungsmotoren. Dieses Ziel kann auf drei Wegen erreicht werden:

- Abgasreinigung in Katalysatoren;
- Senkung des Kraftstoffverbrauchs („3-Liter-Auto“);
- Suche nach neuen Brennstoffen (z. B. Wasserstoff), die bei ihrer Verbrennung keine schädlichen Abgase zurücklassen.

### Aufgaben

**1** Zähle möglichst viele Unterschiede bzw. Gemeinsamkeiten bei Otto- und Dieselmotor auf.

**2** Zeichne die vier Takte des Dieselmotors in der richtigen Reihenfolge.

**3** Früher waren Dieselmotoren bei großer Kälte nur schwer zu starten. Woran mag das gelegen haben? (Vorglühkerzen sind heute ein Teil der Abhilfe gegen den schlechten Start.)

**4** Zur Verbrennung von 1 l Benzin werden ca. 3,6 kg Sauerstoff ($O_2$) benötigt, der in ca. 12 $m^3$ Luft enthalten ist; es entstehen 1,7 $m^3$ Kohlenstoffdioxid ($CO_2$).

**a)** Wie viel $CO_2$ entsteht bei einer 100 km-Autobahnfahrt (Verbrauch 8,3 l/100 km)? Welchen Raum nimmt es ein?

**b)** Welches Luftvolumen wird für diese Fahrt seines Sauerstoffes beraubt?

Pinnwand

# AUTOMOTOR

**Einspritzmotor** (Injektion – I) ist ein Verbrennungsmotor, bei dem das Kraftstoff-Luft-Gemisch nicht von einem Vergaser sondern durch Zerstäuben in Einspritzdüsen erzeugt wird. Beim Dieselmotor erfolgt Direkteinspritzung unter hohem Druck (über 1000 bar) in den Zylinder, beim Benzinmotor in das Ansaugrohr vor dem Einlassventil.
Die Einspritzpumpe besorgt das Einspritzen des Kraftstoff-Luft-Gemisches beim Einspritzmotor.

**Turbolader** beim Verbrennungsmotor bewirkt die Vorverdichtung der angesaugten Luft und damit des Luft-Kraftstoff-Gemisches. Dadurch kann mehr Kraftstoff verbrannt und somit die Leistung des Motors gesteigert werden. Der Turbolader nutzt die Bewegungsenergie der Abgase, um eine Turbine anzutreiben. Diese bewirkt die Verdichtung der Luft.

**Glühkerze**, elektrisch betriebene Zündhilfe für Dieselmotoren. Die Glühkerze wärmt den Verbrennungsraum vor, damit beim Starten das komprimierte Kraftstoff-Luft-Gemisch leichter entzündet wird.

**Kurbelwelle**, gemeinsame Welle für alle Kolben eines Verbrennungsmotors. Sie wandelt die Hin- und Herbewegung der Kolben in eine Drehbewegung um.

**Nockenwelle** steuert das Öffnen und Schließen der einzelnen Ventile eines Verbrennungsmotors:
In älteren Fabrikaten werden von ihr auch die Zündzeitpunkte der Zündkerzen in den verschiedenen Zylindern gesteuert.

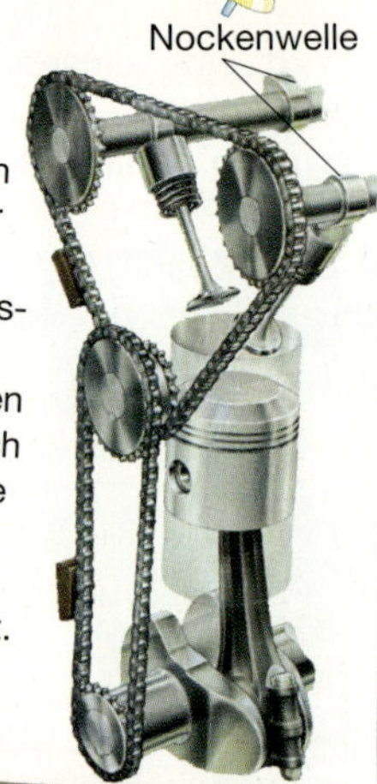


## AUTOANTRIEBE DER ZUKUNFT

**Verbrennungsmotoren haben zwei erhebliche Nachteile: Ihr Wirkungsgrad ist nicht besonders hoch und sie produzieren bei der Verbrennung von Benzin und Dieselkraftstoff große Mengen umweltschädlicher Abgase. An Abhilfen wird in unterschiedlichen Richtungen geforscht.**

Mit Wasserstoff steht ein Energieträger zur Verfügung, der den dreifachen Energiegehalt der vergleichbaren Menge von Benzin aufweist. Damit wäre die Leistung eines Verbrennungsmotors deutlich zu steigern. Vor allem aber entstehen bei der Verbrennung von Wasserstoff keine schädlichen Abgase – lediglich Wasserdampf käme aus dem Auspuff eines solchen Motors.
**Nachteile** des Wasserstoffmotors: Wasserstoff ist ein hochexplosives Gas, dessen Verwendung in Autos und bei der Herstellung bzw. der Verteilung über Tankstellen erhebliche Sicherheitsmaßnahmen erfordert. Deshalb denkt man daran, ihn während der Fahrt durch Elektrolyse von Wasser zu erzeugen – wozu allerdings elektrische Energie nötig ist – und ihn dann im Motor zu verbrennen. Eine andere Möglichkeit ist, ihn in Brennstoffzellen mit Sauerstoff langsam reagieren zu lassen und die dabei entstehende elektrische Energie zum Betrieb von Elektromotoren zu nutzen.

Der hohe Wirkungsgrad von **Elektromotoren** legt es nahe, daraus einen Antrieb für Autos zu entwickeln.
Die Solarenergie ist für Autoantriebe, wie sie im Alltag gebraucht werden, (noch) nicht ergiebig genug. Ein Automotor, der mit aufladbaren Akkumulatoren betrieben werden soll, wird extrem schwer, sodass der Vorteil des hohen Wirkungsgrades des E-Motors wieder verloren geht.

Eine Lösung scheint der **Hybridmotor** zu sein. Bei ihm erfolgt der eigentliche Antrieb durch einen E-Motor Gleichzeitig befindet sich ein herkömmlicher Verbrennungsmotor – eventuell sogar mit einer Brennstoffzelle gekoppelt – im Auto. Dieser hat die Aufgabe, den E-Motor über einen Generator und einen Akku mit elektrischer Energie zu versorgen. Weil der Verbrennungsmotor in dieser Funktion sehr gleichmäßig arbeiten kann, kommt man mit einer kleinen und sparsamen Version aus.

## Dampfmaschinen prägen ein Jahrhundert

**Streifzug**

Als der Schmied THOMAS NEWCOMEN zusammen mit JOHN CAWLEY 1705 eine Maschine konstruierte, die die Ausdehnung verdampfenden Wassers zur Betätigung einer Bergwerkspumpe nutzte, hatte er 50 Pferde und ihre Antreiber arbeitslos gemacht. Dafür hatte er einen neuen, modernen Arbeitsplatz geschaffen: Ein „Ventilsteller" musste im jeweils richtigen Moment drei verschiedene Ventile betätigen, um Dampf und Kühlwasser in den Kolben zu lassen. Der wurde durch den eingelassenen Dampf (Hahn ①) gehoben. Anschließend kam Kühlwasser in den Zylinder (Hahn ②), sodass der Dampf kondensierte und der Kolben von der Außenluft wieder herabgedrückt wurde. Schließlich wurde das Kühlwasser (Hahn ③) wieder aus dem Zylinder gelassen – der Prozess konnte von vorn beginnen.

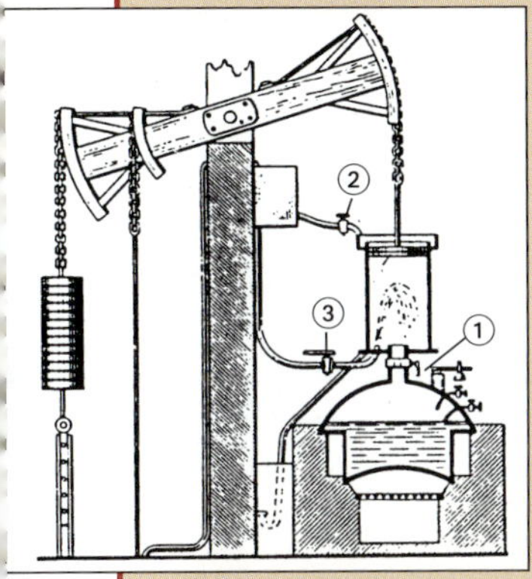


Nützlich war diese Maschine schon, aber nicht sehr wirkungsvoll. Weil der Zylinder während eines Arbeitsganges heiß und kalt werden musste, hatte diese Dampfmaschine nur einen Wirkungsgrad von etwa 1 %. Sie verschlang Unmengen an Kohle für einen ziemlich geringen Nutzen.

In der zweiten Hälfte des 18. Jahrhunderts meldete dann JAMES WATT (1736–1819) verschiedene Patente auf Veränderungen an der Dampfmaschine NEWCOMENS an: Der Dampf wurde nicht mehr im Zylinder kondensiert, sondern in einem eigens dafür vorgesehenen Kondensator. Zusätzlich wurde der Zylinder durch Dampf auf einer hohen Temperatur gehalten. Durch diese beiden Maßnahmen wurde der Wirkungsgrad so erhöht, dass nur noch $\frac{1}{4}$ der Kohle für die gleiche Pumpleistung nötigt war.

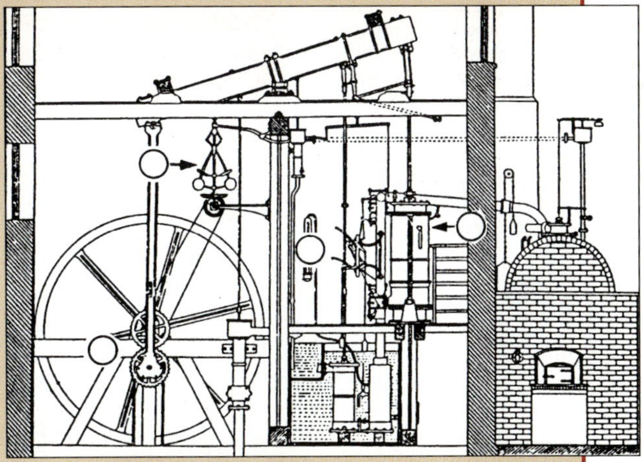

Aber jetzt wurden die Ventilsteller arbeitslos! WATT ließ die Ventile über ein Gestänge automatisch betätigen. Er erfand außerdem das Schwungrad, mit dem die Totpunkte des Kolbens überwunden wurden, und setzte das Auf und Ab des Kolbens über eine Pleuelstange in eine Kreisbewegung um. Aber einen neuen Arbeitsplatz gab es doch – einen technisch versierten Maschinisten.

Ab 1787 finden Dampfmaschinen Verwendung zunächst in der Textilindustrie, später auch in allen anderen Bereichen der Industrie. Sie haben die Entwicklung der Fabriken im 19. Jahrhundert ganz wesentlich bestimmt. Das Industriezeitalter ist ohne die Dampfmaschine nicht denkbar.
Am augenfälligsten waren Dampfmaschinen unseren Großeltern, Urgroßeltern ... in Form der Eisenbahn-Lokomotiven. Aber auch sie haben technisch nicht überlebt: Der Wirkungsgrad von Dampfmaschinen hat 15 % nie überstiegen.

**Aufgaben**

**1** **a)** Erläutere, wozu Dampfmaschinen auf den Bildern rechts früher genutzt wurden.
**b)** Gib an, wie diese Arbeiten vorher wohl ausgeführt worden sind.

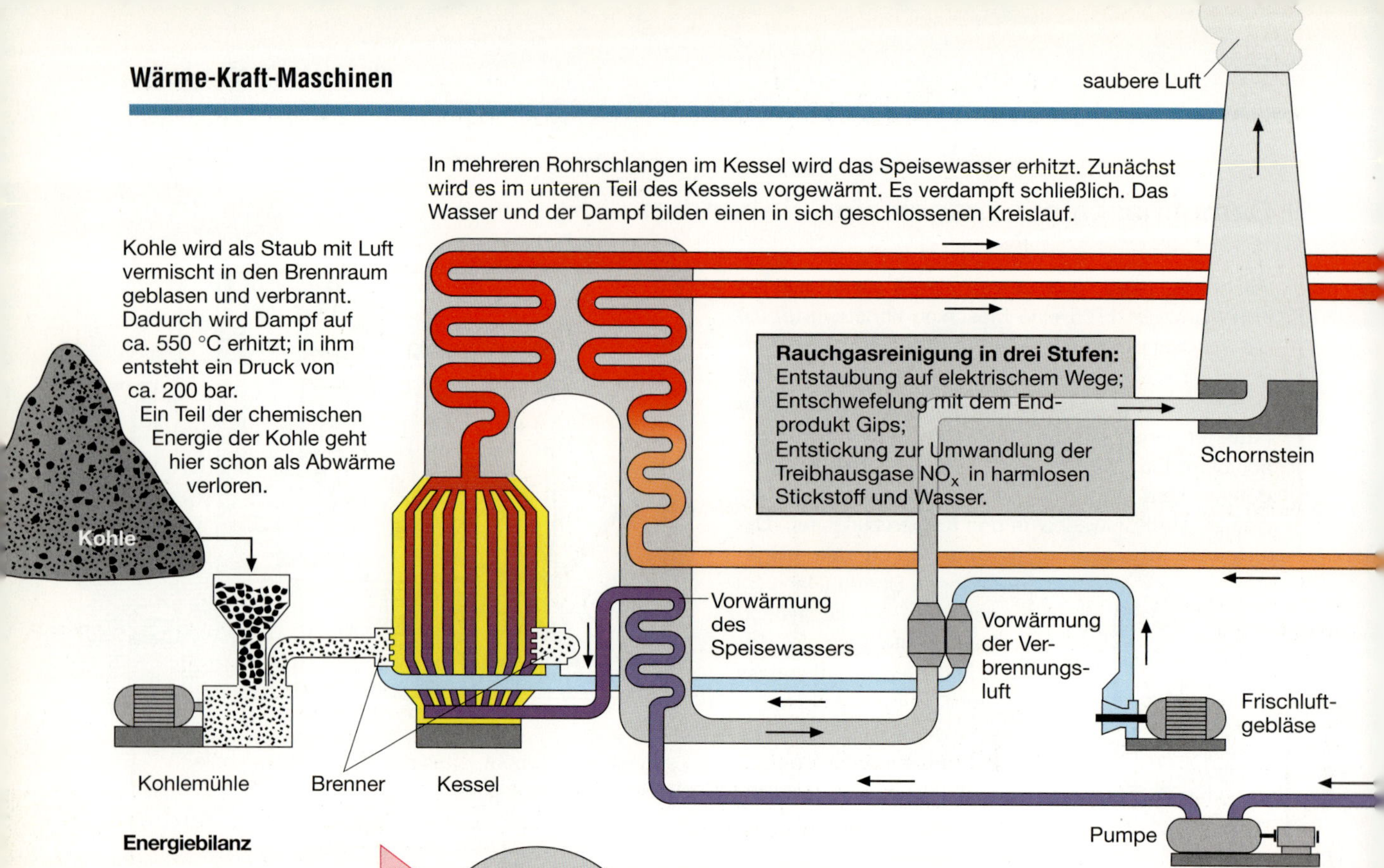


Energiebilanz

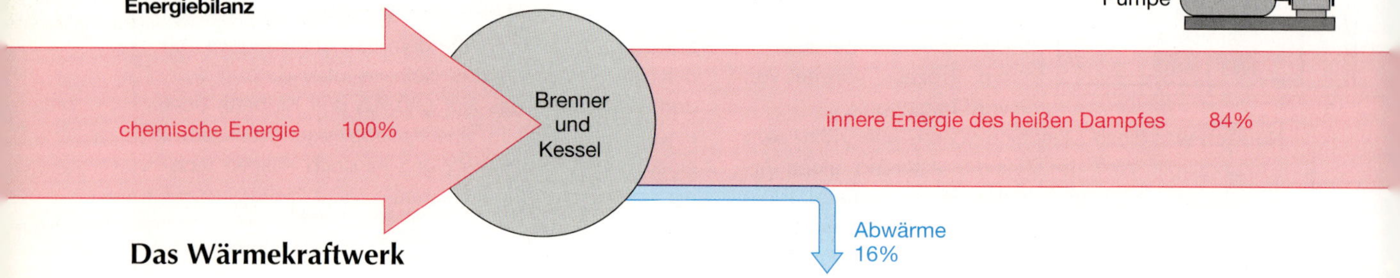


## Das Wärmekraftwerk

Ein Wärmekraftwerk ist ein riesiger Energiewandler: Ausgangspunkt ist die chemischen Energie von Kohle, Erdöl oder Erdgas, die bei der Verbrennung frei wird. Diese wird als innere Energie der Verbrennungsgase zu Turbine und Generator transportiert und dort zunächst in mechanische und schließlich in elektrische Energie umgewandelt. Dabei gehen mehr als 60 % der eingesetzten chemischen Energie als Abwärme und für den Betrieb der Pumpen und Gebläse des Kraftwerkes verloren.

Bei Kraftwerken in Städten kann die Abwärme zum Heizen von Wohnungen verwendet werden. Die Gesamtenergiebilanz eines solchen Kraftwerkes ist wesentlich besser als die von Großkraftwerken, deren Abwärme ungenutzt an die Umwelt abgegeben wird.

Im Wärmekraftwerk wird in den Wandlern Brenner, Kessel, Turbine, Generator aus chemischer Energie elektrische Energie.
Der Wirkungsgrad der Kraftwerke beträgt etwa 40 %.

**Aufgaben**

**1** Nenne die konstruktiven Vor- und Nachteile der Dampfturbine gegenüber der Dampfmaschine.

**2** Erläutere im Teilchenbild, was mit einem Wasserteilchen im Kreislauf Kessel–Kondensator–Kessel alles passiert.

**3** Begründe, warum elektrische Energie vielseitiger verwendbar ist als Wärmeenergie. Denke auch an den Transport beider.

**4** **a)** Zeichne das Energiefluss-Schema der „Dampfturbine" links. Gib die Energiewandler an.
**b)** Begründe, warum der Wirkungsgrad dieser „Dampfturbine" nicht sehr hoch sein wird.
**c)** Zeichne das Energiefluss-Schema der gesamten Anlage.

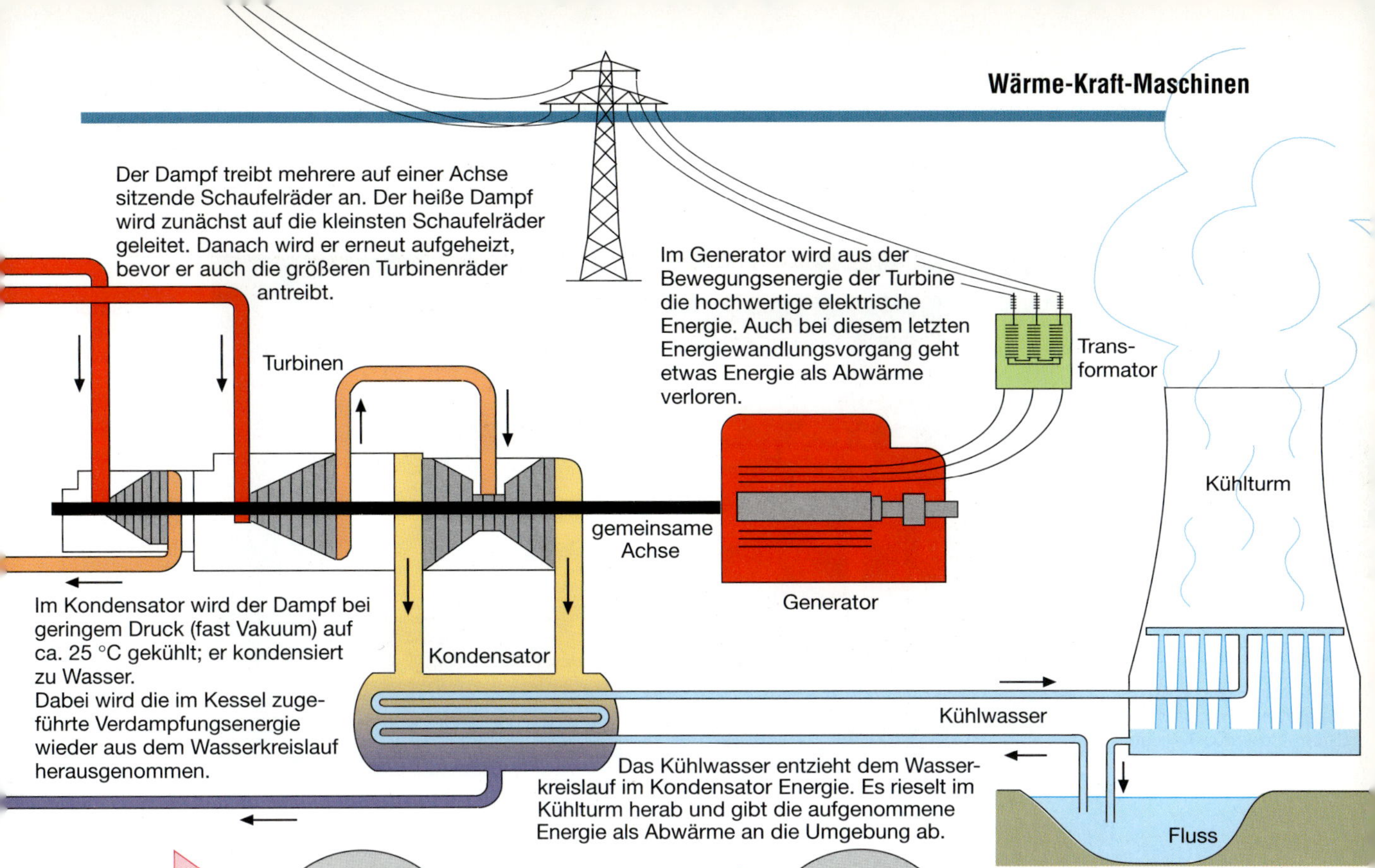


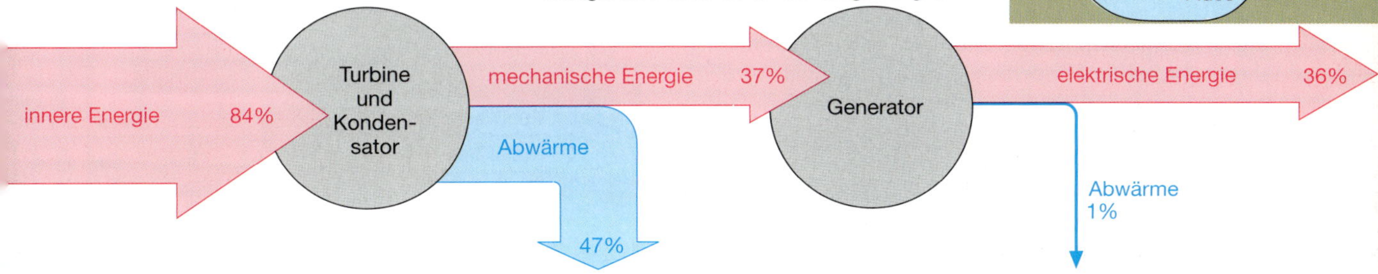


## Die Dampfturbine

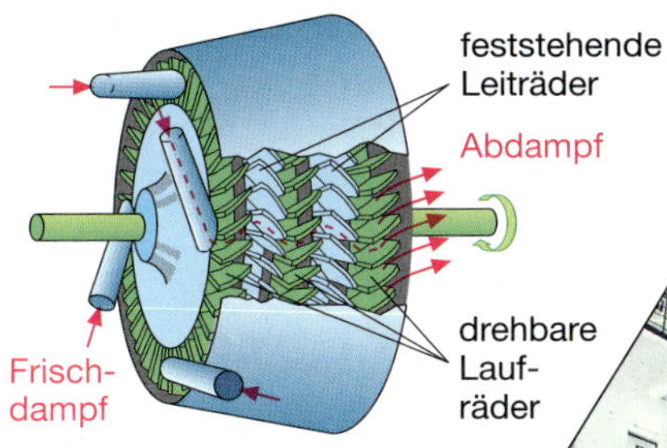


Herzstück jedes Wärmekraftwerkes ist die Dampfturbine, die den Generator treibt. In der Turbine wird die Bewegungsenergie des ca. 540 °C heißen Dampfes in Rotationsenergie der Turbine umgewandelt. Der heiße Dampf trifft auf die kleinen Laufräder, wird dabei abgelenkt und von feststehenden Leitblechen auf ein zweites Laufrad, das auf derselben Achse sitzt, gelenkt usw. Dann wird er zum Kessel zurückgeleitet, nochmals erhitzt und auf eine zweite Turbine geleitet. Wenn er fast alle Bewegungsenergie abgegeben hat, wird er im Kondensator bei ca. 25 °C und sehr geringem Druck wieder flüssig und zum Kessel zurückgepumpt. Der Kreislauf hat sich geschlossen.

Dampfturbinen sind einfachere und wirkungsvollere Energiewandler als Dampfmaschinen. Ihr Nachteil sind die hohen Qualitätsanforderungen an das Material und ihre komplizierte Herstellung.

## Blockheizkraftwerk (BHKW)

Wie in einem Auto mit Katalysator werden auch die Abgase des Motors eines BHKW ständig durch Messfühler (Lambdasonde) auf Schadstoffe kontrolliert. Mit den ermittelten Messwerten wird die Frischluftzufuhr so dosiert, dass wenig Schadstoffe entstehen.

LKW- oder Schiffs-**Dieselmotor,** umgerüstet auf Erdgas und für geringere und sehr gleichmäßige Leistung ausgelegt. Dadurch 10-mal so lange Lebensdauer.

Im **Kühlwasser-Wärmetauscher** wird die innere Energie des Kühlwassers an den Heizkreislauf abgegeben.

**Generator** für 400 V Wechselspannung, direkt an den Motor angekoppelt

Wärmeisolierte **Abgasleitung.** Die sehr heißen Abgase werden zum Wärmetauscher geleitet.

**Katalysator** zur Reinigung der Abgase des Motors

Durch den **Vorlauf** wird das im Wärmetauscher erhitzte Wasser zu den Heizkörpern in den Räumen gepumpt.

Im **Abgas-Wärmetauscher** wird die innere Energie der Abgase an das Wasser des Heizkreislaufes abgegeben.

Zusätzlich zur elektrischen Energie liefern BHKWs auch Wärmeenergie. Sie wird aus den Abgasen mit ihrer sehr hohen Temperatur und dem Kühlwasser des Motors, das während der Kühlung Wärmeenergie aufnimmt, in zwei Wärmetauschern gewonnen. Der Wirkungsgrad eines BHKW ist deshalb fast doppelt so hoch wie der eines zentralen Kraftwerkes, das die Abwärme nicht mehr nutzt. Überschüssige elektrische Energie wird in das öffentliche Netz eingespeist.

BHKWs sind kleine, nicht einmal zimmergroße Aggregate. Sie können überall dort eingesetzt werden, wo elektrische Energie und Wärmeenergie gleichzeitig und möglichst in gleichbleibenden Mengen während des ganzen Jahres benötigt werden. Denn eines können BHKWs nicht: Nur elektrische Energie oder nur Wärmeenergie liefern.

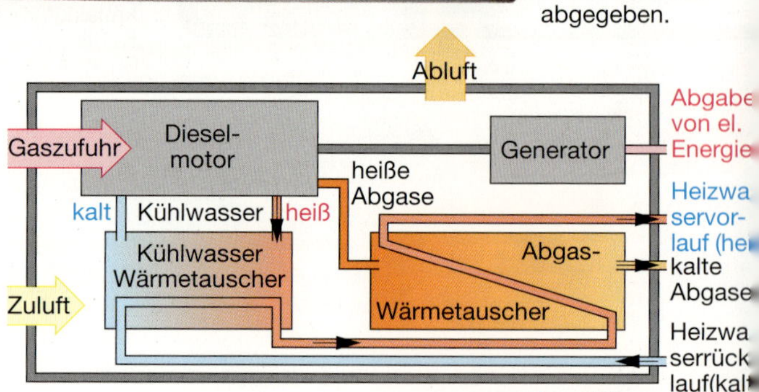


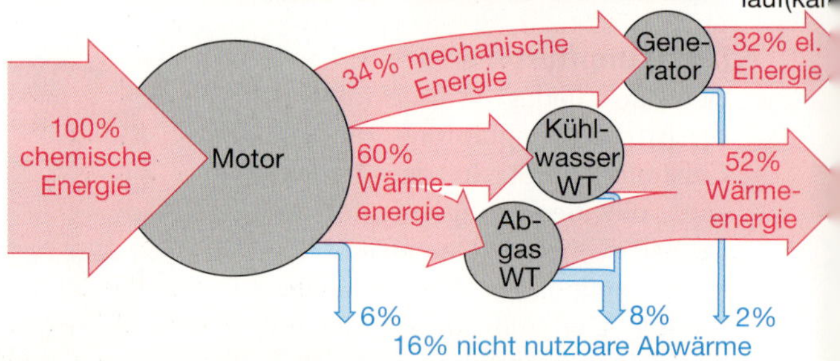


## Aufgaben

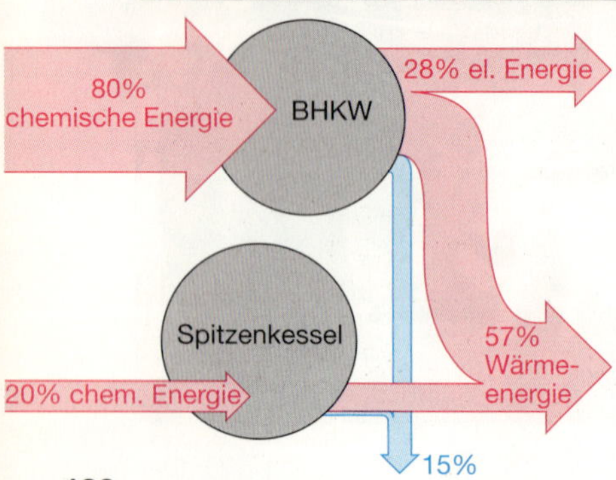


**1** Wird ein BHKW mit einer normalen regelbaren Heizung (Spitzenkessel) gekoppelt, so ist ein flexiblerer Betrieb möglich. Begründe diese Aussage.

**2** **a)** Ist eine Schule ein günstiges Objekt für den Einsatz eines BHKW? Begründe deine Antwort.
**b)** Nenne drei Beispiele für den sinnvollen Einsatz eines BHKW.

**3** **a)** Zähle alle Energiewandler eines BHKW auf.
**b)** Berechne für jeden Wandler mithilfe der Prozentzahlen für aufgenommene und abgegebene Energie aus dem Energiestrom-Schema den Wirkungsgrad.

**4** Vergleiche BHKW und Großkraftwerk bezüglich ihrer Energiebilanzen.

## Wärme-Kraft-Maschinen im Vergleich

Alle Wärme-Kraft-Maschinen zeichnen sich dadurch aus, dass sie einen Teil der zugeführten Energie $E_{zugef}$ für den eigenen Betrieb benötigen. Zur Wiederherstellung der Ausgangslage des Kolbens bei Motoren oder den Ausgangsbedingungen des Dampfes bei Dampfturbinen ist es in allen Wärme-Kraft-Maschinen unabdingbar, dass den jeweils verwendeten Betriebsstoffen Luft, Benzingas oder Dampf Energie über das Kühlmittel entzogen wird (siehe das Beispiel Heißluftmotor). $E_{abgef}$ steht der Umwandlung in mechanische Energie $E_{nutz}$ nicht mehr zur Verfügung.

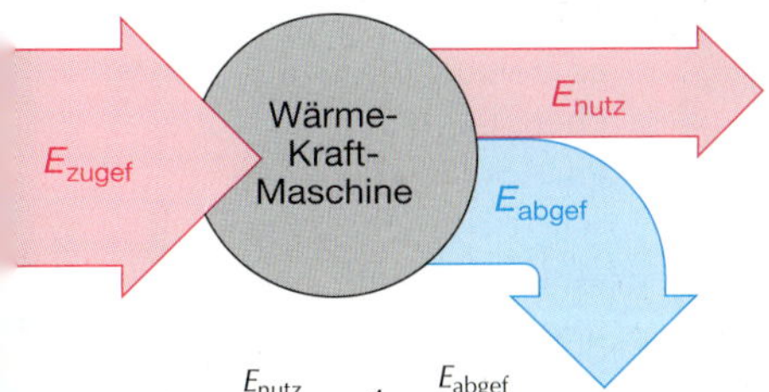


$$\eta = \frac{E_{nutz}}{E_{zugef}} = 1 - \frac{E_{abgef}}{E_{zugef}}$$

Theoretische Überlegungen führen dazu, dass der bestenfalls erreichbare Wirkungsgrad einer Wärme-Kraft-Maschine $\eta_{ideal}$ unabhängig ist vom Bau dieser Maschine. Nur der Unterschied der hohen Temperatur $T_z$ (in K) des Trägers von $E_{zugef}$ und der niedrigen Temperatur $T_a$ (in K) des Trägers von $E_{abgef}$ bestimmen das Verhältnis von $E_{nutz}$ zu $E_{zugef}$. Es gilt:

$$\eta_{ideal} = 1 - \frac{T_a}{T_z}$$

Dies bedeutet: Ein kleiner Temperaturunterschied ($\frac{T_a}{T_z} \approx 1$) zwischen Ausgang und Eingang des Betriebsstoffes führt zu einer nur geringen Energieausbeute; ein großer Temperaturunterschied ($\frac{T_a}{T_z} \ll 1$) ermöglicht eine große Energieabgabe.

Praktisch ist die Kühlung nicht dauerhaft unter der Umgebungstemperatur zu halten. Deshalb kommt es bei der Konstruktion einer Wärme-Kraft-Maschine darauf an, möglichst hohe Betriebstemperaturen zu erreichen. Unter diesem Gesichtspunkt ist ein Vergleich der verschiedenen Wärme-Kraft-Maschinen möglich:

Die Betriebsstoffe Luft bzw. Wasserdampf setzen dem Heißluftmotor bzw. der Dampfmaschine Grenzen bezüglich der Höchsttemperatur (nicht über 550 °C). Sie bleiben deutlich unter denen der Verbrennungsmotoren. Bei diesen kann die Energie des Brennstoffes bei höchster Temperatur optimal im Zylinder, der ja gleichzeitig Brennraum ist, ausgenutzt werden. Aber Verbrennungsmotoren geben ihre Abgase bei sehr hohen Temperaturen nach außen ab, sodass auch hier nur ideale Wirkungsgrade von bestenfalls 60 % erreicht werden.

Reibung und unerwünschte Wärmeverluste mindern die Wirkung einer Wärme-Kraft-Maschine nochmals, sodass gilt:
$\eta_{real} < \eta_{ideal}$.

**Der ideale Wirkungsgrad einer Wärme-Kraft-Maschine wird bestimmt durch die höchste in der Maschine erreichbare Temperatur und durch die niedrigste der Kühlung.**
**Der durch die Konstruktion real erzielbare Wirkungsgrad liegt bei jeder Wärme-Kraft-Maschine unter dem idealen Wert.**

### Aufgaben

**1** Stelle für die Dampfmaschine NEWCOMENS, den Benzinmotor, den Schiffsdiesel und den Elektromotor die Energiebilanz zeichnerisch entsprechend dem Energiefluss-Schema links dar.

**2** In Deutschland wird Kohle in Bergwerken in über 1000 m Tiefe abgebaut.
**a)** Welche Energie verbrauchenden Vorgänge durchläuft sie von der Lagerstätte bis zum Kraftwerk?
**b)** Was bedeutet dies für den Wirkungsgrad des Kohlekraftwerks?

**3** Welches muss das grundlegende Ziel bei der Konstruktion einer möglichst wirkungsvollen Wärme-Kraft-Maschine sein? Begründe deine Antwort mit der formelhaften Darstellung des Wirkungsgrades.

**4** Maschinen, die Wärmeenergie in mechanische Energie umwandeln, werden als „Wärme-Kraft-Maschinen" bezeichnet. Dies ist in zweifacher Hinsicht nicht richtig. Erkläre.

**Reale Wirkungsgrade von Wärme-Kraft-Maschinen**

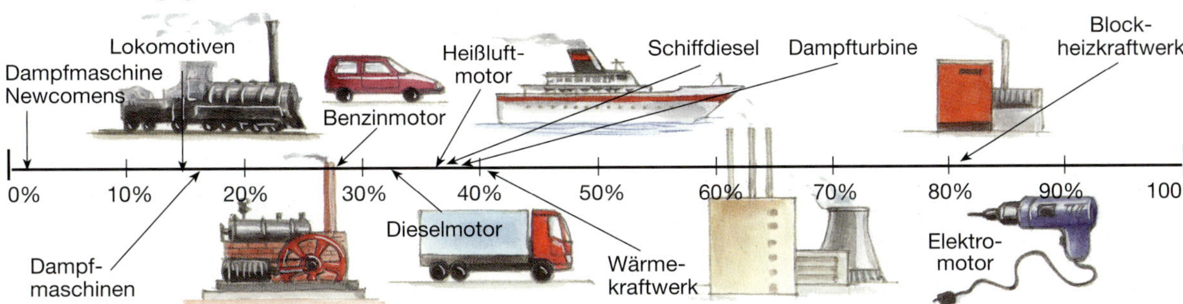

# Energieentwertung

**Neben der hochbegehrten elektrischen Energie produziert ein Wärmekraftwerk sehr viel Wärmeenergie, die meist ungenutzt entweicht. Ist das nicht eine gewaltige Vergeudung von wertvoller chemischer Energie, die zuvor in Form von teurer Kohle oder Öl in das Kraftwerk hineingesteckt wurde? Gibt es physikalische Gründe, weshalb bei der Erzeugung von elektrischer Energie im Wärme-Kraft-Werk so viel Energie verloren geht? Nach welchen Kriterien lässt sich zwischen „wertvollen" und „weniger wertvollen" Energien unterscheiden?**

## Energieumwandlungen

Im Foto rechts wird mit einem Fahrraddynamo Licht erzeugt. Die eingesetzten und umgewandelten Energiemengen können in ihren Größenordnungen abgeschätzt werden, wenn die entsprechenden Größen gemessen werden.

Das Ergebnis zeigt das unten dargestellte Energiefluss-Schema. Der nicht nutzbare Energieanteil bei der Umwandlung mechanische in elektrische Energie wurde berechnet. Bei der Umwandlung elektrische Energie in Licht wurde die Temperatur des Wassers gemessen. Ca. 90 % des Energieeinsatzes in der Lampe werden zu dessen Erwärmung „missbraucht". (Messen heißt hier nur abschätzen, weil die angewandten Messverfahren keine genauen Werte liefern.) Der verbleibende Energieanteil ist der für unsere Zwecke, Licht zu erzeugen, wertvolle Anteil.

**Zentraler Versuch**

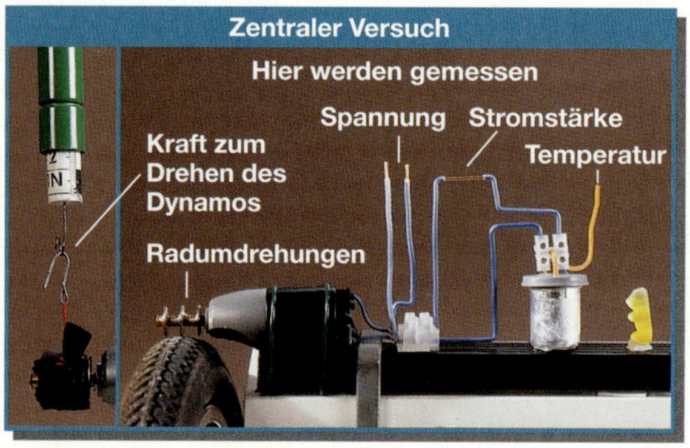


Das Verfahren ist aus energetischer Sicht höchst uneffektiv: Um ca. 6 J Licht zu gewinnen, mussten ca. 1000 J eingesetzt werden. Dabei wurde jede Menge nicht nutzbarer Energie erzeugt. Sie findet sich als Erhöhung der inneren Energie der umgebenden Luft bzw. des Wassers oder der Dynamoachse wieder. Diese Energiemenge ist für weitere Zwecke endgültig verloren. Sie kann nicht mehr in andere nutzbare Energieformen gewandelt werden. Dieser Anteil der Energie heißt **entwertet.**

Das im Versuch erzeugte Licht dagegen ist noch „wertvolle" Energie, denn es beleuchtet ja das Bärchen. Es könnte auch über eine Solarzelle in elektrische Energie gewandelt und in einem Akku gespeichert werden.

So wurde es aber nicht genutzt, sondern es wurde die Umgebung, d. h. das Wasser in dem kleinen Behälter, erwärmt. Das Licht wurde dabei vom Wasser absorbiert und hat dadurch dessen innere Energie erhöht. Damit ist dann auch die Lichtenergie entwertet. Sie ist also erst dann „wertlos" – weil technisch nicht mehr nutzbar – wenn es kein Bärchen oder keine Solarzelle gibt und das Licht nur die innere Energie der Umgebung erhöht.

Mit dem **Wirkungsgrad** wird angegeben, wie viel der eingesetzten Energie entwertet und/oder zu weiteren möglichen Energieumwandlungen nicht mehr genutzt werden kann.

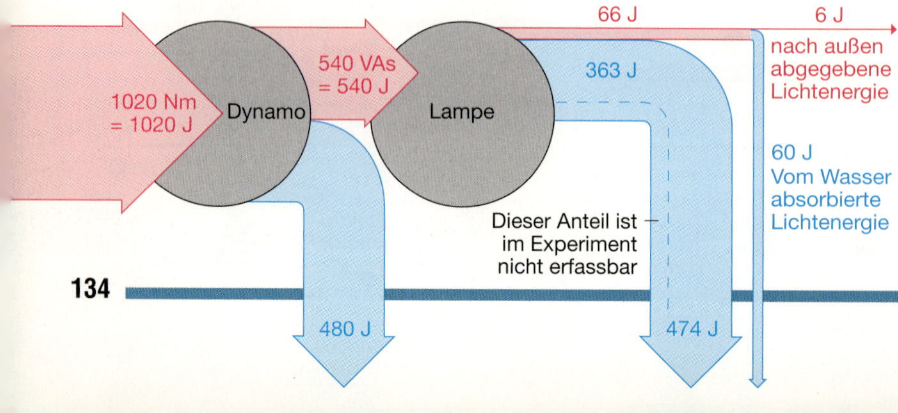


Energie ist entwertet, wenn sie als innere Energie nicht mehr in andere Energieformen umgewandelt werden kann.

## Einbahnstraße Energieentwertung

Bei einem hüpfenden Ball tritt eine kontinuierliche Energieumwandlung zwischen den mechanischen Energieformen Lageenergie, Bewegungsenergie und Spannenergie auf.

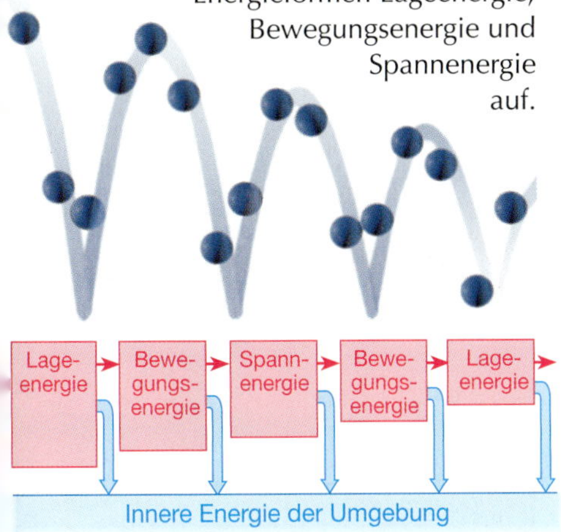


Diese Energieumwandlungen laufen in beiden Richtungen ab. Aber eine von ihnen ist ausgezeichnet: Im zeitlichen Verlauf wird der Vorrat an mechanischer Energie durch Reibung immer geringer. Wenn es die Reibung nicht gäbe, würde ein rückwärts laufendes Videoband den gleichen Vorgang darstellen wie ein vorwärts laufendes. Diesen Idealfall bezeichnet man als einen **reversiblen Vorgang.**

Die Bewegungsenergie einer Turmspringerin „verschwindet" im Wasser. Dort ist sie durch Reibung in innere Energie des Wassers umgewandelt und dabei entwertet worden. Die Wassertemperatur erhöht sich dadurch minimal.

Dieser Vorgang läuft in der Natur nicht umgekehrt ab; ein rückwärts laufendes Video davon erscheint unwirklich. Er wäre umkehrbar, wenn durch Abkühlung innere Energie des Wassers wieder zu Bewegungs- und Lageenergie würde. Somit könnte die Springerin wieder auf das Sprungbrett hoch befördert werden. So etwas ist aber noch nie beobachtet worden! Solch ein nicht umkehrbarer Vorgang heißt **irreversibel.** Er ist eine Einbahnstraße, weil die Umwandlung nur in der einen Richtung abläuft.

Bei allen Energieumwandlungsprozessen entsteht Wärmeenergie, die nicht dem Zweck des Prozesses dient und die nicht in andere Energieformen weiter gewandelt werden kann. Diese Abwärme ist in allen Umwandlungsprozessen eine letzte, nicht mehr zurückgewinnbare, „nutzlose", eben entwertete Energie. Elektrische, mechanische, chemische und Lichtenergie sind dagegen wertvoll, weil sie in beiden Richtungen wandelbar sind.
Energieentwertung ist als Energiewandlungsprozess Einbahnstraße und Sackgasse zugleich: Entwertete Energie nimmt am Verkehr der Energieaustausche nicht mehr teil.

Energieentwertung tritt dann auf, wenn ein irreversibler Energiewandlungsprozess abläuft.

**Aufgaben**

**1** Berechne die Wirkungsgrade der Energieumwandlungen des Versuches auf Seite 134.

**2** Bestimme für den Versuch auf Seite 134 die folgenden Werte:
**a)** Der Reifen des Fahrrades hat einen Radius von 34,5 cm. Wie viele Meter muss der Reifen am Dynamo abrollen, damit an ihm die mechanische Energie von 1020 J erzeugt wird, wenn jede Drehung des Dynamorädchens 1,6 N erfordert?
**b)** Bei 4,8 V und 0,4 A ist eine elektrische Energie von 540 Ws erzeugt worden. Wie lange ist der Dynamo gedreht worden?
**c)** 9,9 $cm^3$ Wasser sind auf 30 °C erwärmt worden. Welche Temperatur hatte das Wasser zu Beginn des Versuches?

**3** Interpretiere das Energiefluss-Schema der Wärmepumpe auf Seite 115 unter dem Gesichtspunkt von Energiewandlung und Energieentwertung.

**4** Das Wasserbecken, in das eine Springerin vom 5 m-Brett springt, sei 10 m lang, 20 m breit und 4 m tief. Die Springerin ist 65 kg schwer.
**a)** Berechne, um wie viele Kelvin sich das Wasser allein durch die Reibung des Körpers der Springerin im Wasser erwärmt.
**b)** Wie oft müsste sie springen, um das Wasser um 1 K zu erwärmen? (Luftreibung vernachlässigen!)

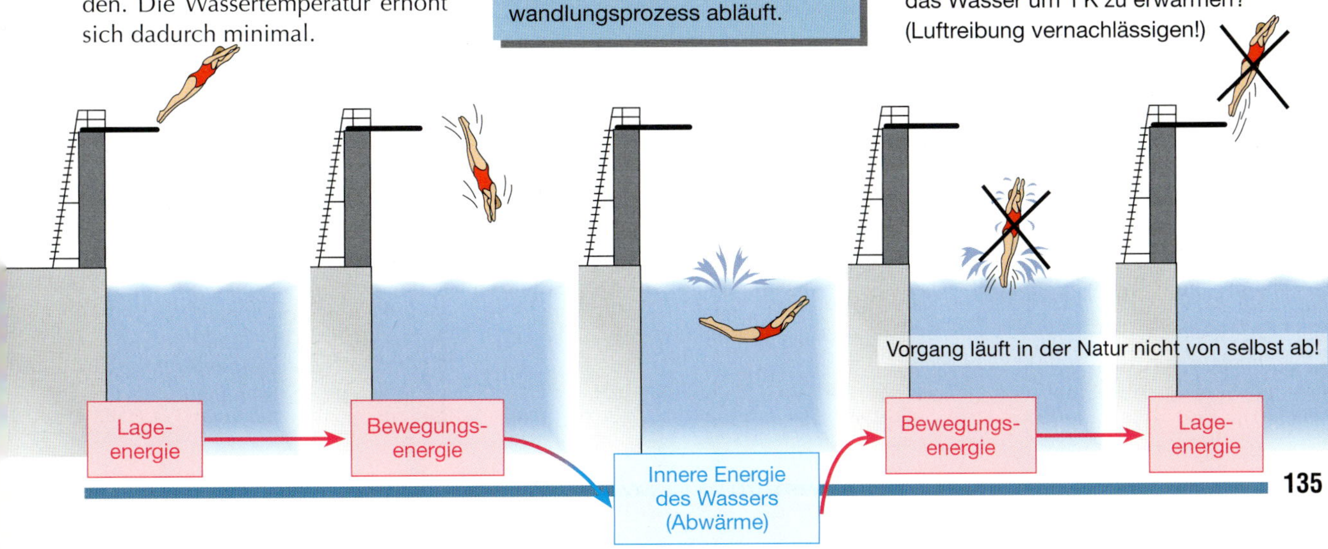

## Prozesswärme – Abwärme

Beim Garen von Kartoffeln wird die zugeführte Energie zu folgenden Zwecken benötigt:
① Temperaturerhöhung und Sieden des Wassers
② Temperaturerhöhung der Kartoffeln
③ Garen der Kartoffeln, d.h. chemische Änderungen im Innern
④ Temperaturerhöhung von Kochplatte, Topf, umgebender Luft

**Zentraler Versuch**

Nur die für den Punkt ③ des Garens der Kartoffeln eingesetzte Energie ist die Nutzenergie. Um diese Energie jedoch zur Wirkung kommen zu lassen, ist der Energieeinsatz für die Temperaturerhöhungen und das Sieden ①, ② und ④ unabdingbar. Die insgesamt für den Prozess eingesetzte Wärmeenergie (Garen und Temperaturerhöhung und Sieden) ist die Prozesswärmeenergie, kurz **Prozesswärme** genannt.

Die Differenz zwischen Prozesswärme und der tatsächlich zugeführten Energie findet sich als Erhöhung der inneren Energie der Kochplatte, des Topfes, des Wassers und der umgebenden Luft wieder (④). Sie ist für das Garen der Kartoffeln nicht nötig. Aber ohne diesen „wertlosen" Teil an Energie geht es auch nicht, denn wie will man Wasser erhitzen, ohne den Topf gleichzeitig heiß zu machen?
Um das Erwärmen und Garen durchzuführen, muss also immer auch nicht zweckdienliche Energie mit produziert werden. Diese erforderliche, aber nicht nützliche Energie heißt Abwärmeenergie, kurz **Abwärme** genannt. Sie möglichst klein zu halten ist das Ziel von Energiesparmaßnahmen.

Die Abwärme ist der schon während des Garens entwertete Teil der eingesetzten Energie. Die Prozesswärme dagegen ist derjenige Teil, der für den angestrebten Zweck „Garen" unabdingbar ist. Nach dem Garen freilich wird auch die Prozesswärme ① und ② entwertet. Das Wasser und die Kartoffeln kühlen ab und erhöhen die innere Energie der Umgebung.

Bei Nutzung von Wärmeenergie ist Prozesswärme der für den Ablauf des Prozesses notwendige Teil der eingesetzten Energie.
Abwärme ist die im gesamten Prozess nicht genutzte Energie.

### Aufgaben

**1** Beschreibe mindestens drei weitere Energiewandlungsprozesse, in denen Abwärme und Prozesswärme unterschieden werden können.
**2** **a)** Zeichne das Energiefluss-Schema des oben fotografierten Versuches.
**b)** Berechne den Teil der Prozesswärme, den die Erwärmung von 0,75 l Wasser von 16 °C auf 96 °C braucht.
**c)** Was ist „Abwärme", was „Prozesswärme", was „Nutzenergie"? Wie hängen die drei Größen zusammen?

## Das Wärme-Kraftwerk

**Verbrennung** der Kohle im Brennerraum bei $T_h \approx 185$ K

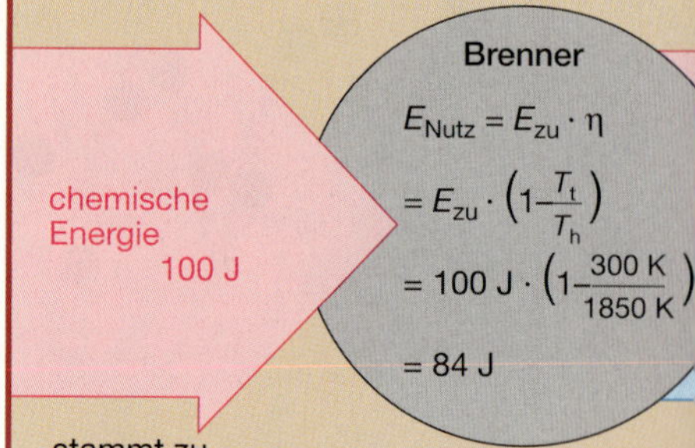


stammt zu
41 % aus Steinkohle
38 % aus Braunkohle
1 % aus Heizöl
14 % aus Erdgas
6 % aus sonstigen Brennstoffen

Im Wärme-Kraft-Werk entsteht mehr Abwärme als Nutzenergie. Aus welchen physikalischen Gründen gelingt es eigentlich nicht, aus der eingesetzten chemischen Energie mehr elektrische Energie zu gewinnen als dies in realen Kraftwerken möglich ist?

Betrachten wir dazu genau, was aus 100 J eingesetzter chemischer Energie im Laufe des Kraftwerksprozesses wird.

Die Turbine dreht sich, wenn vor ihren Schaufelrädern ein höherer Druck herrscht als hinter ihnen. Der Druck wird im Kreislauf des Speisewassers erzeugt. Das Wasser in den Röhren des Brennerraumes wird durch die 1600 °C ($T_h \approx 1850$ K) heißen Gase erhitzt. Durch die Differenz zwischen der hohen Temperatur der Gase und der niedrigeren der Umgebung von nur $T_t$ = 300 K können 84 J an den Dampferzeuger abgegeben werden.
16 J von den eingesetzten 100 J sind damit bereits entwertet.

## – ein riesiger Energieentwerter

Streifzug

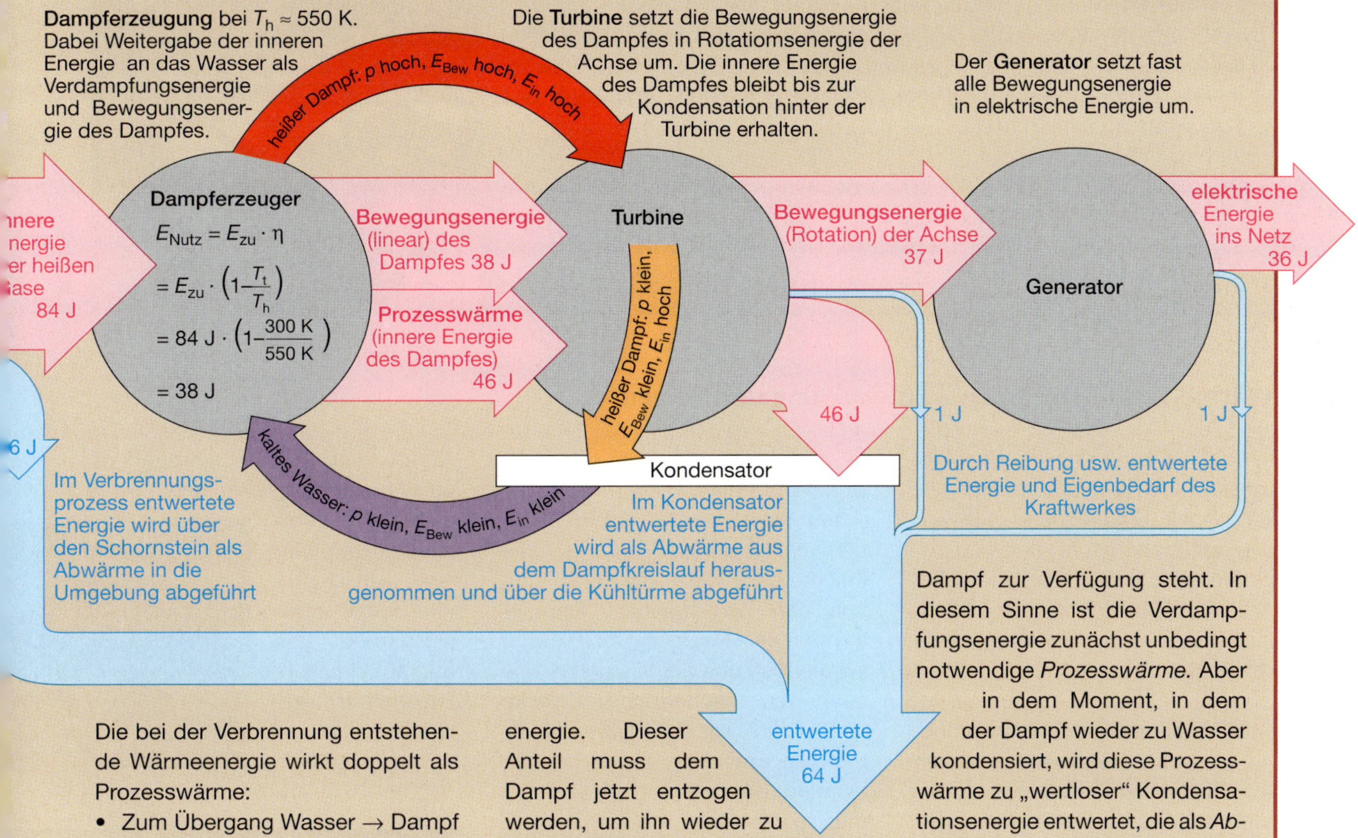


Die bei der Verbrennung entstehende Wärmeenergie wirkt doppelt als Prozesswärme:

- Zum Übergang Wasser → Dampf ist sehr viel Verdampfungsenergie nötig. Sie ist für das Lösen der Bindungen zwischen den Wasserteilchen erforderlich.
- Durch die weitere Temperaturerhöhung des Dampfes auf $T_{Dampf}$ = 800 K wird die Bewegungsenergie der Teilchen nochmals erhöht.

Das Verdampfen des Wassers (höherer Volumenbedarf) und die zusätzliche Temperaturerhöhung des Dampfes (größere Bewegungsenergie der Teilchen) führen zusammen zu der hohen Bewegungsenergie des Dampfes, die in der Turbine fast vollständig an die Schaufelräder abgegeben wird.

Die innere Energie des Dampfes hinter der Turbine enthält noch den Anteil der vormaligen Verdampfungsenergie. Dieser Anteil muss dem Dampf jetzt entzogen werden, um ihn wieder zu (flüssigem) Wasser werden zu lassen, das in den Dampferzeuger zurückgeleitet werden kann. In Form der Kondensationsenergie (= vormalige Verdampfungsenergie) wird dieser Energieanteil vom Kondensator aus dem Kreislauf herausgenommen und über Kühltürme oder Flusswasser-Kühlung an die Umgebung abgegeben. Das auf Umgebungstemperatur von ca. 300 K abgekühlte Wasser kann dann erneut Wärmeenergie im Dampferzeuger aufnehmen.
Wegen der gegenüber dem Brennerraum geringen Temperaturdifferenz von 250 K sind von der Dampferzeugung bis zur Turbine nur 38 J wertvoll.

Um den Prozess des dauerhaften Antriebs der Turbine in Gang zu halten, ist es unabdingbar, dass heißer Dampf zur Verfügung steht. In diesem Sinne ist die Verdampfungsenergie zunächst unbedingt notwendige *Prozesswärme.* Aber in dem Moment, in dem der Dampf wieder zu Wasser kondensiert, wird diese Prozesswärme zu „wertloser“ Kondensationsenergie entwertet, die als *Abwärme* in die Umgebung entlassen wird. Ohne sie ist allerdings die Bewegungsenergie der Turbine nicht zu haben!

Der Transport der mechanischen Energie von der Turbine zum Generator und ihre Wandlung in elektrische Energie dort führt nur noch zu 2 J Energieverlust.

Um den Wirkungsgrad eines Wärme-Kraft-Werkes zu verbessern, müsste die Dampftemperatur erhöht werden. Das aber ist nicht möglich, weil das Turbinenmaterial höhere Drücke und Temperaturen nicht aushält. Daher kann ein Wärme-Kraft-Werk aus physikalischen Gründen nur ca. 40 % der eingesetzten Energie als Nutzenergie abgeben.

# Wärmeenergie und gesellschaftlicher Wandel

**„ ... die Erfindung der Dampfmaschine und der Maschinen zur Verarbeitung der Baumwolle (gaben) den Anstoß zu einer industriellen Revolution, die zugleich die ganze bürgerliche Gesellschaft umwandelte. ...“. So zu lesen 1845 bei FRIEDRICH ENGELS, Philosoph und Sozialrevolutionär.**

**Wie kann eine Erfindung das Leben der Menschen so sehr verändern, dass dies als revolutionär bezeichnet wird? Wie hat sich die Nutzung der Wärmeenergie auf die Veränderung des Lebens der Menschen ausgewirkt?**

## Wärme-Kraft-Maschinen – Entwicklung und Folgen

In England hatte sich die Bevölkerungszahl im 18. Jahrhundert fast verdoppelt. Entsprechend groß war die Nachfrage nach allen Lebensgütern, so auch nach Textilien aller Art. Deshalb erlebte die Textilindustrie einen großen Aufschwung.
Aber er stieß an Grenzen: Zwar war es gelungen, die Handspinnerei und die Handweberei durch Maschinen abzulösen, aber als Antrieb für diese Maschinen standen lediglich die altbewährten, von Tieren betriebenen Drehräder (Göpel) oder Wind- und Wasserräder zur Verfügung. Die von ihnen bereitgestellte Energie reichte nicht aus, die großen Antriebswellen zu drehen, an die mehrere Maschinen gleichzeitig hätten angekoppelt werden können.

In dieser Situation war die Konstruktion der Dampfmaschine durch JAMES WATT (1736–1819) der entscheidende Schritt. Sie machte es erstmals möglich, sich von den hergebrachten Energieformen der Natur zu lösen, weil sie die Nutzung der Wärmeenergie auch für mechanische Zwecke ermöglichte. Mit den Verbrennungsmotoren und der Dampfturbine kamen später weitere Wandler von Wärmeenergie in mechanische Energie hinzu.

Als es Ende des 19. Jahrhunderts gelang, mechanische Energie in elektrische umzuwandeln, war eine wirtschaftliche, leicht transportierbare und überall nutzbare Energieform gefunden.

1889

1873

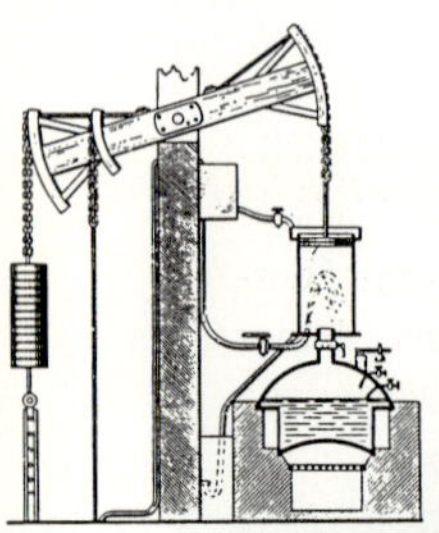

1850

1800

1760

Die Verfügbarkeit von Energie zu jeder Zeit an jedem Ort hat zu einer revolutionären Veränderung des Lebens der Menschen in den letzten zwei Jahrhunderten geführt.

1980

1960

1920

1900

In der Arbeitswelt haben die Änderungen zuerst und sehr einschneidend begonnen. Waren früher ganze Familien damit beschäftigt, Güter oder Produkte herzustellen, so trennte sich ab 1850 Wohnung und Arbeitsplatz: Als Fabrikarbeiter musste der Mann/Vater dafür sorgen, dass die Maschine nie still stand und immer mit dem notwendigen Material „gefüttert“ wurde.

Damit bestimmte nicht mehr er selbst den Arbeitsrhythmus nach seinen Bedürfnissen sondern der Maschinentakt. Die Frau/Mutter blieb häufig zuhause, weil sie sich um die Kinder kümmern musste – auch heute noch eine weit verbreitete Rollenverteilung zwischen Mann und Frau.

Auf dem Land gab es ab 1850 nicht mehr genügend Arbeit. Die Fabriken aber benötigten sehr viele Arbeitskräfte, sodass in den Städten sehr schnell große und dicht besiedelte Wohnviertel entstanden.

Die harten Bedingungen der damit verbundenen Trennung von Erwerbs- und Familienarbeit hatten insbesondere die Frauen zu tragen: Um den Lebensunterhalt der Familie zu sichern, mussten sie – sehr oft auch die Kinder – in der Fabrik mitarbeiten; gleichzeitig erledigten sie alle – damals ebenfalls sehr schwere – Arbeiten im Haushalt: Die gesamte Wäsche der Familie war von Hand zu waschen, alles Wasser und Brennmaterial musste mehrere Stockwerke hoch getragen werden. Die Abwasser- und Müllentsorgung waren völlig unzulänglich. Sie erforderten ebenfalls großen körperlichen Einsatz der Frauen.

Erst staatliche Maßnahmen um 1900 haben die soziale Not gelindert, die durch das Produzieren in Fabriken entstanden war. Fabriken aber waren erst möglich geworden durch die Beherrschung der Umwandlung von Wärmeenergie in mechanische Energie.

Die Lebensbedingungen der Menschen haben sich durch den Einsatz frei verfügbarer Energie seitdem weiterhin gewandelt:
Zuhause nutzen wir Energie zum Heizen, Kochen, Waschen, Bügeln oder für Licht und Hobbys. Wenn wir uns fortbewegen wollen stehen uns Auto, Bus, Bahn oder Flugzeug zur Verfügung. Die Produktion aller Güter, die wir nutzen, ist ohne den Einsatz von großen Energiemengen nicht denkbar. Die Möglichkeit, aus Wärmeenergie mechanische Energie zu gewinnen, ist Ausgang und Mittelpunkt dieses Aspektes der ständigen Wandlung unseres Lebens.

**Aufgaben**

**1** Ordne den beiden Seiten der Zeitleiste je eine Überschrift zu.
**2** Ordne jedem Bild oberhalb der Zeitleiste ein Bild unterhalb der Leiste zu und begründe deine Zuordnung.
**3** Interpretiere die inhaltliche Beziehung zwischen den beiden Bildern, die die unterschiedliche Art der Textilherstellung zeigen.
**4** Nenne Wandlungen der „ganzen bürgerlichen Gesellschaft“, wie ENGELS sie nach der Erfindung der Dampfmaschine und anderer Maschinen beobachtet bzw. vorausgesehen hatte.
**5** Welche Bedingungen erschwerten das Leben insbesondere der Frauen in den neuen Wohnvierteln des ausgehenden 19. Jahrhunderts?

## Energiebedarf einer Familie

Das Leben in den eigenen vier Wänden ist nur möglich dank eines gezielten Energieeinsatzes. Unterschiedliche Quellen liefern uns die Energie ins Haus: Das E-Werk den „Strom“, der Brennstoffhändler Kohle oder Heizöl; Gas kommt über die Gasleitung und das Kaminholz direkt aus dem Wald. Vielfältig ist der Energieeinsatz im Familienalltag zum Heizen und für die vielerlei elektrischen Geräte, die uns den Alltag erleichtern. Wärmeenergie hat dabei den größten Anteil: Ohne sie geht nichts!

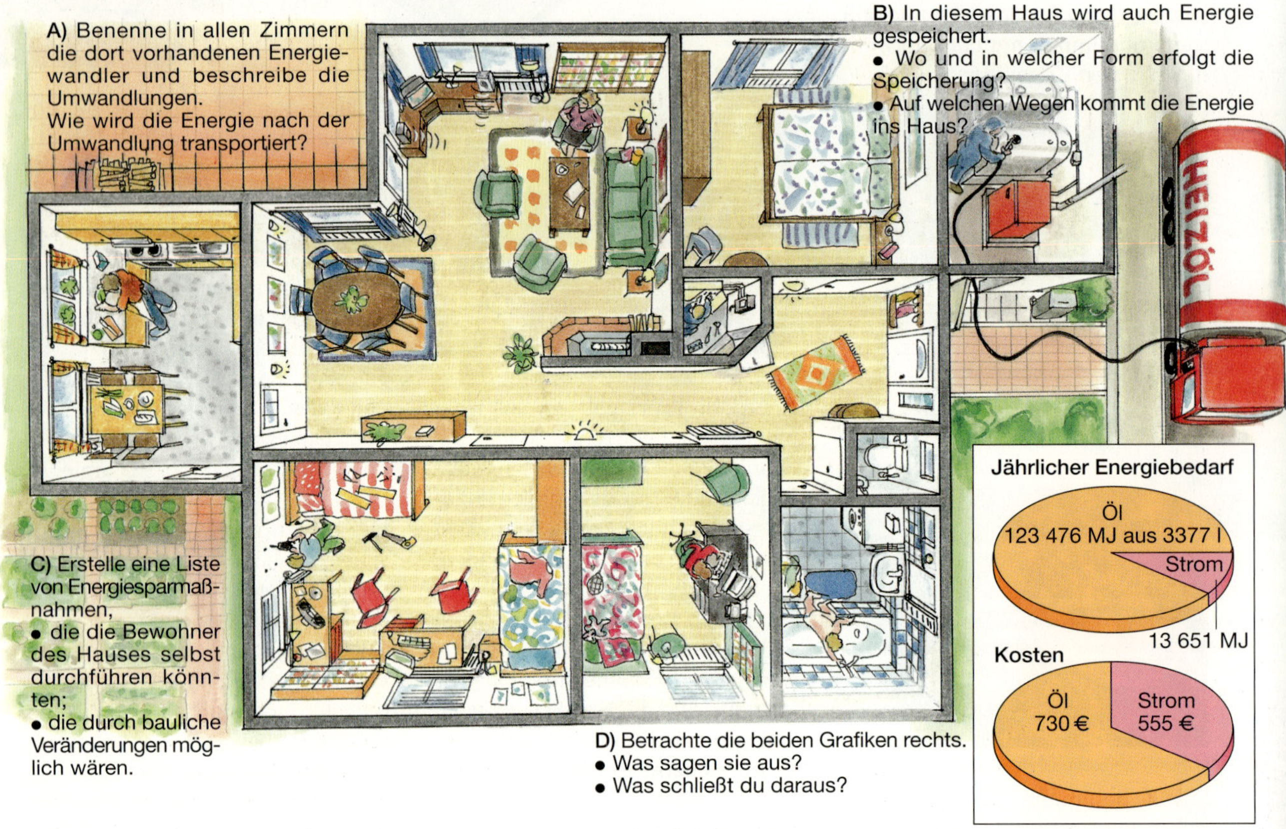


**A)** Benenne in allen Zimmern die dort vorhandenen Energiewandler und beschreibe die Umwandlungen.
Wie wird die Energie nach der Umwandlung transportiert?

**B)** In diesem Haus wird auch Energie gespeichert.
- Wo und in welcher Form erfolgt die Speicherung?
- Auf welchen Wegen kommt die Energie ins Haus?

**C)** Erstelle eine Liste von Energiesparmaßnahmen,
- die die Bewohner des Hauses selbst durchführen könnten;
- die durch bauliche Veränderungen möglich wären.

**D)** Betrachte die beiden Grafiken rechts.
- Was sagen sie aus?
- Was schließt du daraus?

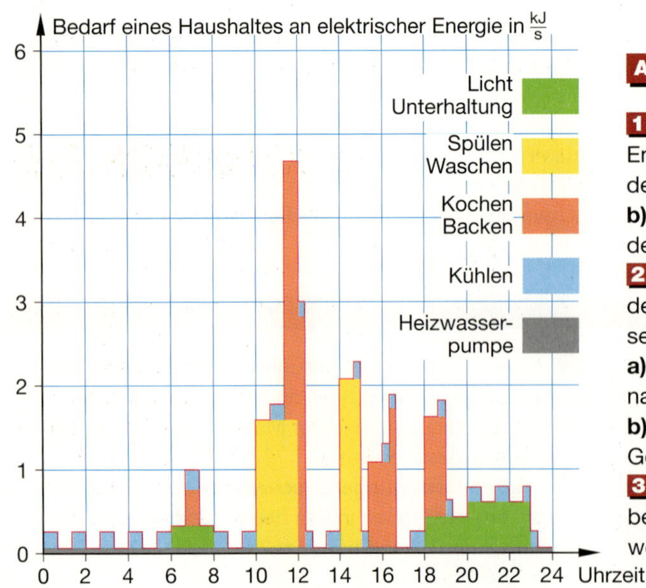


### Aufgaben

**1** **a)** Lass dir die Rechnungen für die elektrische Energie und für die Heiz- und Warmwasserkosten deiner Familie erläutern.
**b)** Berechne, wie groß dein Anteil an den Energiekosten deiner Familie (ohne Auto) ist.

**2** Die Wattzahl auf Elektrogeräten multipliziert mit der Betriebszeit gibt an, wie viel Energie das Gerät bei seinem Betrieb benötigt.
**a)** Ordne alle elektrischen Geräte in eurer Wohnung nach der Höhe ihres Energiebedarfs.
**b)** Überlege, wie du in Kenntnis des Energiebedarfs der Geräte am sinnvollsten Energie sparen kannst.

**3** Welche Folgen hat der zeitliche Verlauf des Energiebedarfs eines Haushalts für den Betrieb eines Kraftwerkes?

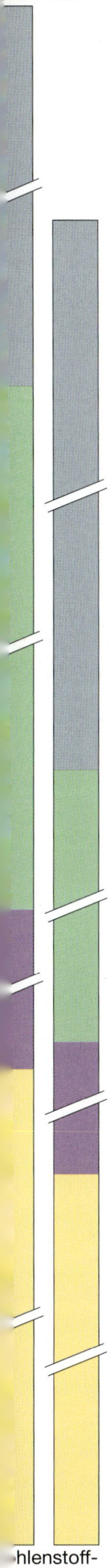


## Wärmeenergienutzung und die Folgen

Heizen, elektrische Energie zur Verfügung stellen, Autofahren – nichts geht ohne Wärmeenergie. Die angenehmen Folgen lassen sich schnell aufzählen: Geheizte und beleuchtete Räume, schnelles und komfortables Fortbewegen, Erleichterungen bei vielen körperlichen Arbeiten und industrielles Produzieren auf höchstem Niveau. Gibt es das alles zum „Nulltarif"?

Fast 90 % aller in Deutschland genutzten Energie stammt aus Kohle, Erdöl und Erdgas, also dem Vorrat an Energie, den die Sonne vor Jahrmillionen angelegt hat. Wir verbrauchen ihn in wenigen Generationen und bringen dabei das Gleichgewicht der Natur erheblich in Unordnung.
In den großen Vorräten an Kohle, Erdöl und Erdgas ist Sonnenenergie in Form der chemischen Zusammensetzung dieser Stoffe und ihrer Bindungen untereinander gespeichert. Beim Verbrennen nutzen wir diese gespeicherte Energie auf nicht sehr wirksame Weise: Nur bestenfalls 40 % des Energiegehaltes der Brennstoffe schöpfen wir aus.

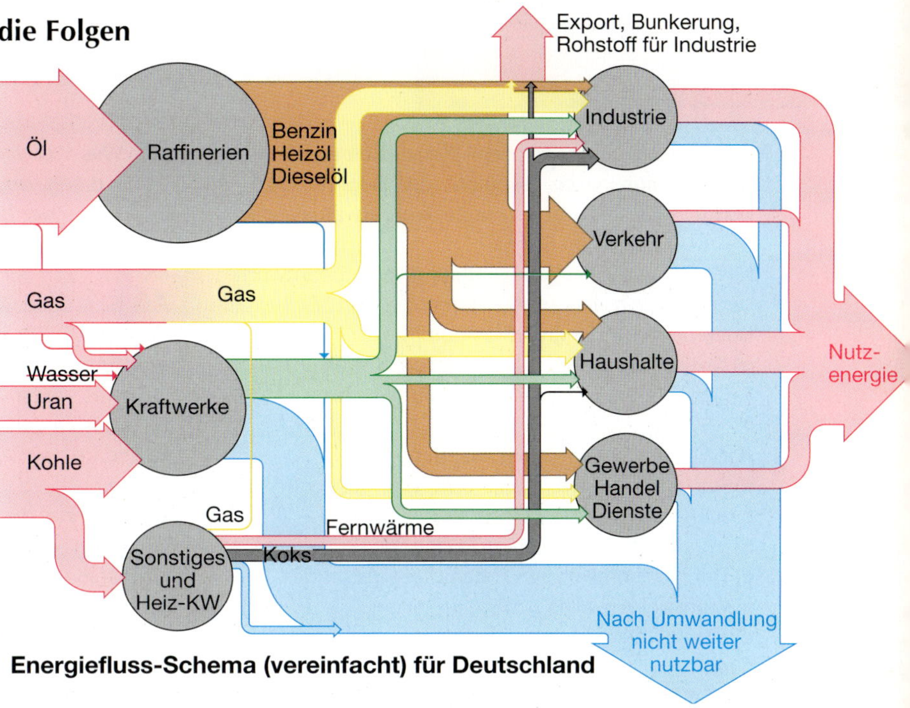


**Energiefluss-Schema (vereinfacht) für Deutschland**

Und dabei kommen dann alle Ursprungsstoffe – zum größten Teil in gasförmiger Form – wieder zum Vorschein. Sie entweichen in die Atmosphäre und ändern deren natürliche Zusammensetzung. Die Folgen sind bereits spürbar:
Das *Waldsterben* ist mancherorts deutlich sichtbar. *Atemwegserkrankungen* nehmen besonders bei Kindern zu. Schließlich ist die Vermutung schon weitgehend belegt, dass die Freisetzung großer Mengen an $CO_2$ die *Erwärmung der Erde* verstärkt („Treibhauseffekt").

Die **Abhilfen** sind bekannt, aber nur schwer zu verwirklichen:
- *Sparsamer Umgang mit Energie,* auf allen Gebieten durch möglichst alle Beteiligten.
- *Der Wechsel von der Verbrennung der fossilen Energieträger Kohle, Erdöl und Erdgas zu erneuerbaren Energieformen* wie Wasserstoffantrieb, Windenergie oder Solartechnik.
- *Eine Nachbehandlung der Abgase,* sodass sie nach der Verbrennung weniger schädlich sind (Katalysator, Abgasreinigung).

**Jährlicher Schadstoffausstoß in Deutschland in Mio. t**

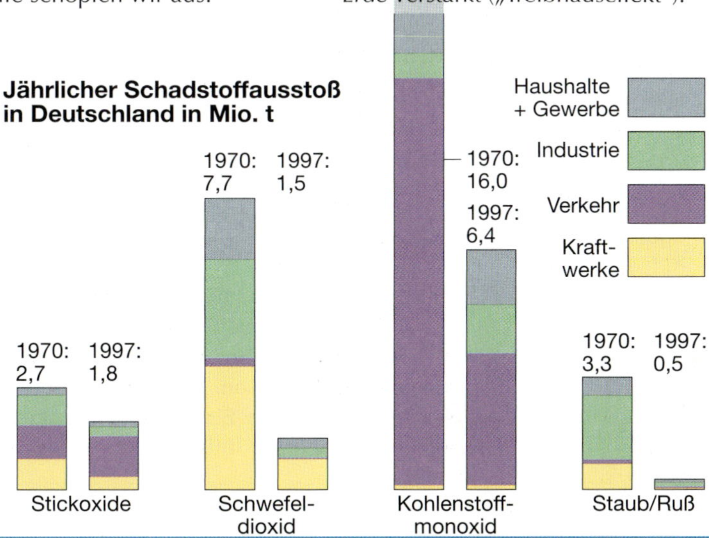


### Aufgaben

**1** Gib Beispiele für die Nutzenergien, in welche die einzelnen zufließenden Energien in den Verbrauchssektoren „Verkehr" und „Haushalte" im Energiefluss-Schema gewandelt werden.

**2** **a)** Um welches Vielfache lag 1970 der Ausstoß bei den einzelnen Schadstoffen höher als 1997?
**b)** Für welchen Schadstoff war die Reduzierung am erfolgreichsten, für welchen am schlechtesten?



ßstabsgetreu wären die Balken für $CO_2$ etwa 5,2 m bzw. 4,5 m lang.

Prüfe dein Wissen

## Innere Energie – Wärmeenergie

**A1 a)** Beantworte zu den Merkzettelbegriffen folgende Fragen: Was bedeutet der Begriff? Gibt es Formeln dafür? Gibt es sonst noch etwas Wissenswertes über diesen Begriff?
**b)** Wenn du die Fragen nicht auf Anhieb beantworten kannst, dann lies die entsprechenden Seiten im Buch noch einmal gründlich durch.
**c)** Notiere auf der Vorderseite von Karteikarten den Begriff, auf der Rückseite die Erläuterung.

**A2** Stelle eine Übersicht zusammen:
**a)** Auf welche Arten kann sich Wärmeenergie ausbreiten?
**b)** Was geschieht dabei im Teilchenbild?
**c)** Bei welchen Körpern treten diese Arten des Energietransports jeweils auf?
**d)** Wo werden die verschiedenen Arten jeweils genutzt?
**e)** Wie lässt sich die Ausbreitung von Wärmeenergie verhindern?

**A3** 100 g Wasserdampf mit der Temperatur 120 °C werden bis auf –20 °C abgekühlt.
**a)** Skizziere das Zeit-Temperatur-Diagramm für den Vorgang.
**b)** Beschreibe mithilfe der Teilchenvorstellung, was während des gesamten Vorgangs geschieht.
**c)** Berechne die abgegebenen Energiebeträge für die einzelnen Abschnitte sowie die gesamte Änderung der inneren Energie.
**d)** Zeichne ein Schema für den Vorgang, in das die Zustandsformen, die Änderungen der Zustandsformen und die Energien eingetragen werden können.
**e)** Um wie viele Kelvin erwärmen sich dabei 30 $m^3$ Luft ($\rho = 1{,}3\ \frac{kg}{m^3}$) in dem Raum, in dem der Vorgang abläuft?

**A4** Erkläre folgende Beobachtungen:
**a)** Der schmutzige Schnee ist weggetaut, der weiße liegt noch.
**b)** Hinter einer windgeschützten Mauer sind die Pfützen noch nicht weggetrocknet.
**c)** Der Erdboden ist wärmer als das Wasser in der Pfütze.
**d)** Um die Rosenstöcke werden vor dem Winter Laub- oder Erdhaufen angehäufelt.

**A5** Wie viel Wasser könnte man um 1 K erwärmen, wenn die Bewegungsenergie eines 2 t schweren Felsbrockens, der aus 30 m Höhe herabfällt, vollständig zum Erhitzen genutzt werden könnte?

**A6** Eine Goldschmiedin möchte aus einem Stück Gold der Masse 200 g Ringe herstellen. Das Gold muss dafür geschmolzen und dann in Formen gegossen werden, bevor es weiter verarbeitet wird.
**a)** Erläutere den Vorgang aus physikalischer Sicht.
**b)** Erkläre den Vorgang unter Verwendung des Teilchenbildes.
**c)** Berechne die notwendige Energiezufuhr, wenn das Gold die Ausgangstemperatur 20 °C hat und 40 K über seine Schmelztemperatur erhitzt werden soll.
($c_{Gold} = 130\ \frac{J}{kg \cdot K}$, weitere Werte S. 107)
**d)** Wie lange dauert der Vorgang des Erhitzens, wenn der Schmelzofen 500 J je Sekunde an das Gold abgibt?

**A7 a)** Jeder achtet darauf, dass Gefriergut fest und luftdicht verschlossen ist. Warum ist das notwendig?
**b)** Begründe, warum der Gefrierschrank auch dann „vereist“, wenn nichts ausgelaufen ist.

**A8** Trockeneis ist festes, „gefrorenes“ Kohlenstoffdioxid. Wird ein Stück Trockeneis bei Zimmertemperatur auf den Tisch gelegt, so ist es nach kurzer Zeit „verschwunden“ – ohne einen nassen Fleck zu hinterlassen. Erläutere den Vorgang, der hier abgelaufen ist.

**A9** In der morgendlichen Hektik hat Stefan vergessen, nach dem Eierkochen den Herd abzustellen. Im Topf befindet sich $\frac{1}{2}$ Liter Wasser. Die Herdplatte gibt je Sekunde 2000 J Energie an den Topf ab. Sollte er schnell umkehren und den Herd ausstellen oder ist das Wasser noch nicht vollständig verdampft, wenn seine Schwester in einer Stunde aufsteht?

**A10** Sitzplätze in Gärten werden häufig mit grünen Rankenpflanzen umgeben, die am Spalier hoch wachsen. Die Luft auf diesen Sitzplätzen ist dadurch feuchter und auch kühler. Begründe.

**A11** Eisberge waren und sind für die Seefahrt sehr gefährlich. Als es noch keine Radarortung gab, waren die Käpitäne bei schlechter Sicht auf die Beobachtung von Thermometern angewiesen. Erläutere, wie sich auf diese Weise ein nahendes Eisfeld erkennen lässt, ohne dass es gesehen werden muss.

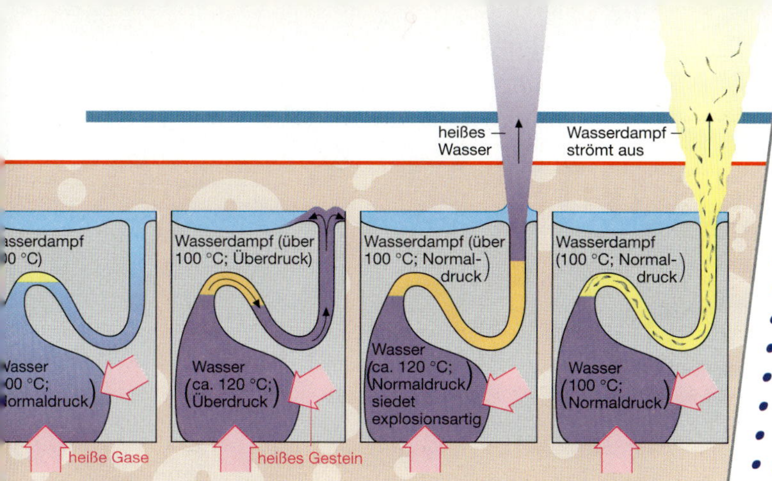


## Die wichtigsten Begriffe

- innere Energie — S. 89–91, 96/97, 108
- Teilchenmodell/Brown'sche Bewegung — S. 94
- Diffusion — S. 95
- Temperatur und Teilchenbewegung — S. 96
- Wärmetransport — S. 98–101
- Wärmedämmung — S. 102–105
- Zustandsänderungen — S. 106–115
- Schmelz- und Erstarrungstemperatur — S. 106/107
- Siede- und Kondensationstemperatur — S. 106/107
- spezifische Wärmekapazität — S. 118
- Schmelz- und Verdampfungsenergie — S. 106/107
- Energie-Temperatur-Gleichung — S. 119
- Wirkungsgrad — S. 125
- Kompressorkühlschrank und Wärmepumpe — S. 114/115
- Motoren — S. 124–128
- Kraftwerke — S. 130–137
- Energieentwertung — S. 134/135
- Prozesswärme ÷ Abwärme — S. 136
- reversible und irreversible Vorgänge — S. 135

**A12** Geysire sind beeindruckende Naturschauspiele. Erläutere mit obigem Bild, wie es zum periodischen Auswerfen des Wassers kommt.

**A13** **a)** Eine Wärmepumpe soll zur Kühlung eines Raumes an heißen Sommertagen dienen. Zeichne im Querschnitt, wie das Gerät eingebaut werden muss. Beschrifte deine Zeichnung.
**b)** Warum brauchen solche Klimaanlagen elektrische Energie?
**c)** Warum „fressen" sie bei hohen Temperaturen so viel Energie?

**A14** Ein Heißluftmotor bleibt stehen, wenn die Kühlung ausfällt. Gib an, welche Wirkung diese Panne auf die eingeschlossene Luft im Motor hat. Benutze zur Erläuterung das Energieschema des Verdichtungstaktes.

**A15** In der folgenden Zeichnung ist die Reihenfolge der Takte eines Viertakt-Benzinmotors durcheinander geraten.
**a)** Welche Takte sind jeweils dargestellt?
**b)** Gib die richtige Reihenfolge an.
**c)** Begründe die korrekte Abfolge.

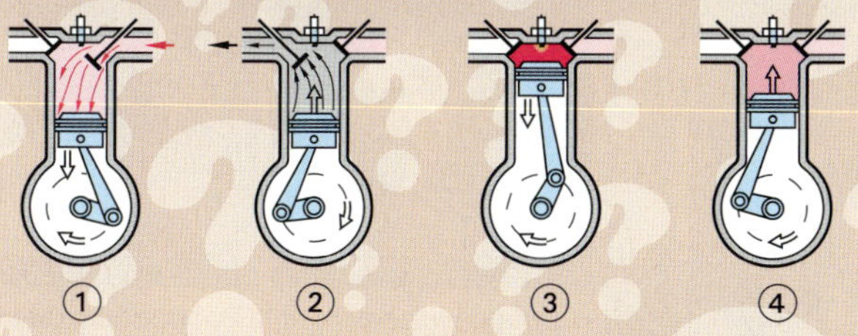


**A16** Eine Kiste ($m$ = 50 kg) wird über eine feste Rolle mit einer Kraft von 510 N hochgezogen. In 3 m Höhe reißt das Seil, die Kiste stürzt herab.
**a)** Beschreibe den Vorgang mit Energiebegriffen.
**b)** Wie groß sind die aufgewendete und die entwertete Energie?
**c)** Zeichne ein Schema, wie sich die Energieverhältnisse im Laufe der Zeit verändern.

**A17** Vergleiche ein Groß-Wärmekraftwerk mit einem Blockheizkraftwerk.
**a)** Liste die Vor- und Nachteile beider Kraftwerkstypen auf. Denke dabei auch an die Brennstoffe, die zugeführt werden müssen, und an die Transportwege der elektrischen Energie vom Kraftwerk zum Verbraucher.
**b)** Entspricht jeder Nachteil des einen Kraftwerkstyps einem Vorteil des anderen? Begründe.

**A18** Wenn der deutsche „Durchschnittshaushalt" seinen Energiebedarf aus 100 kg Steinkohle decken würde, dann entfielen auf die einzelnen Bereiche folgende Anteile:
- 17 kg für Kochen und Backen (Verlust 9,5 kg)
- 75 kg für Raumheizung (Verlust 20,3 kg)
- 8 kg für Beleuchtung und mechanische Arbeiten (Verlust 5,1 kg)

Die Verluste sind die Umwandlungsverluste in den jeweiligen Energiewandlern.
**a)** Stelle die Energienutzung im Haushalt durch ein Säulendiagramm dar. Verdeutliche darin auch den Energiegewinn und die auftretenden Verluste in den Wandlern.
**b)** Berechne die Wirkungsgrade der drei Bereiche Kochen, Heizen, Beleuchten.
Berechne den Wirkungsgrad für den Haushalt insgesamt.
**c)** In welchem Bereich müssten Energiesparmaßnahmen mit den Mitteln „sparsamer Verbrauch" oder „Verbesserung der Wandler" ansetzen?

# Elektrische Energie

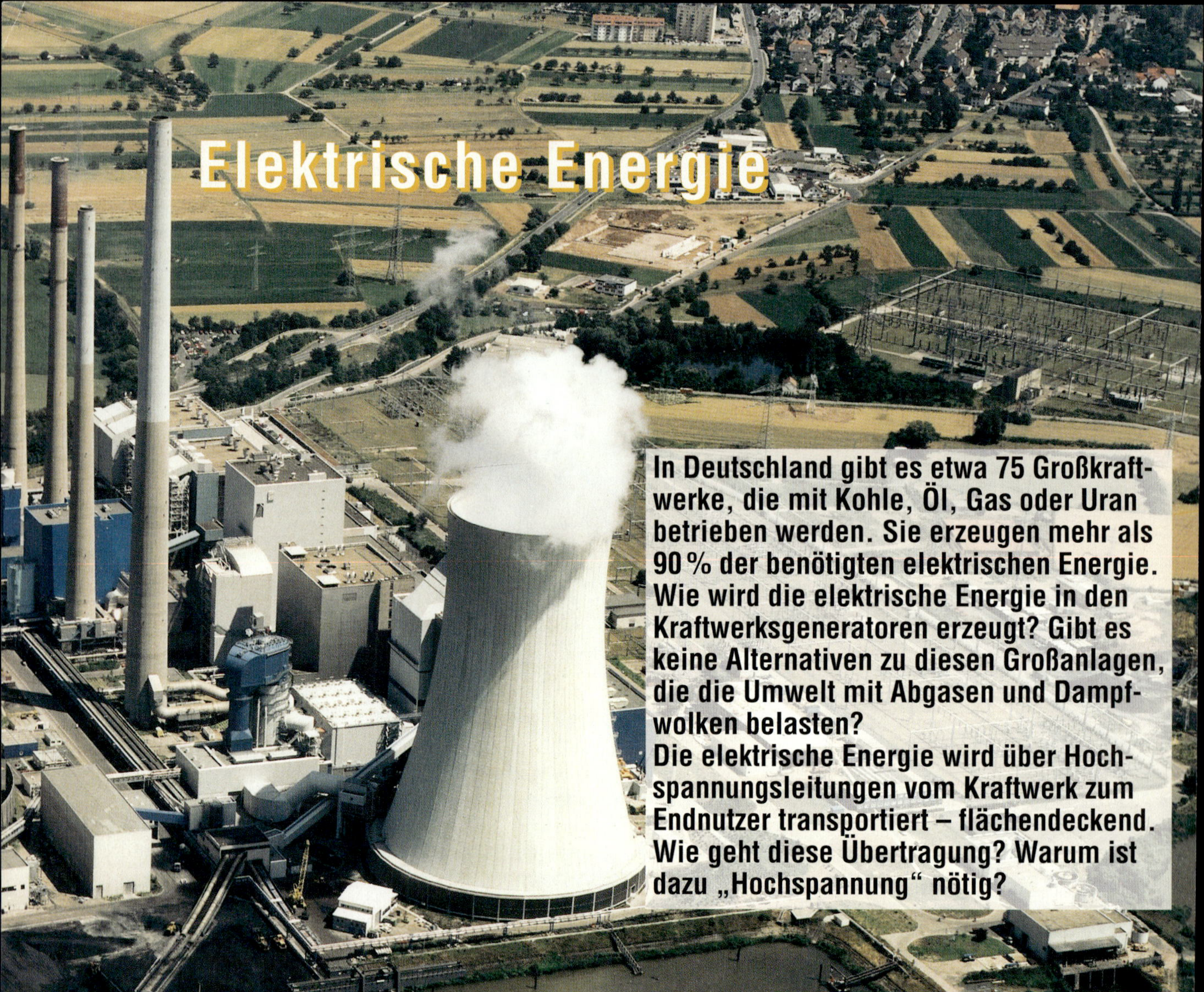

**In Deutschland gibt es etwa 75 Großkraftwerke, die mit Kohle, Öl, Gas oder Uran betrieben werden. Sie erzeugen mehr als 90 % der benötigten elektrischen Energie. Wie wird die elektrische Energie in den Kraftwerksgeneratoren erzeugt? Gibt es keine Alternativen zu diesen Großanlagen, die die Umwelt mit Abgasen und Dampfwolken belasten?**
**Die elektrische Energie wird über Hochspannungsleitungen vom Kraftwerk zum Endnutzer transportiert – flächendeckend. Wie geht diese Übertragung? Warum ist dazu „Hochspannung" nötig?**

Der Eisennagel schmilzt, weil durch ihn ein Strom von mehr als 600 A fließt. Aber es gibt keine elektrische Quelle in diesem Stromkreis und keine leitende Verbindung zu der linken Spule, die an der Steckdose angeschlossen ist. Wie kommt die elektrische Energie von der Steckdose in den Nagel? Welche Bedeutung hat der Metallkern, auf dem die beiden Spulen sitzen?

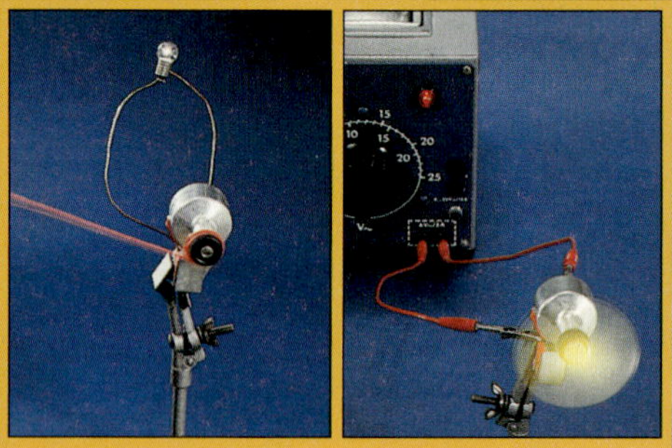

Normalerweise wird eine Fahrradlichtmaschine zur Erzeugung elektrischer Energie verwendet. Sie kann aber auch als Motor benutzt werden, der einen Propeller dreht. Umgekehrt kann ein Motor auch als Generator betrieben werden! Wie funktionieren Elektromotoren überhaupt? Arbeiten sie und eine Lichtmaschine nach demselben Prinzip?
Die Wirkung, die ein Elektrogerät hat, hängt ab von der Energie, die es aufnimmt und in anderer Form wieder abgibt. Wie hängt die aufgenommene elektrische Energie von den Stromkreisgrößen Spannung der Quelle und Stromstärke durch das Gerät ab?

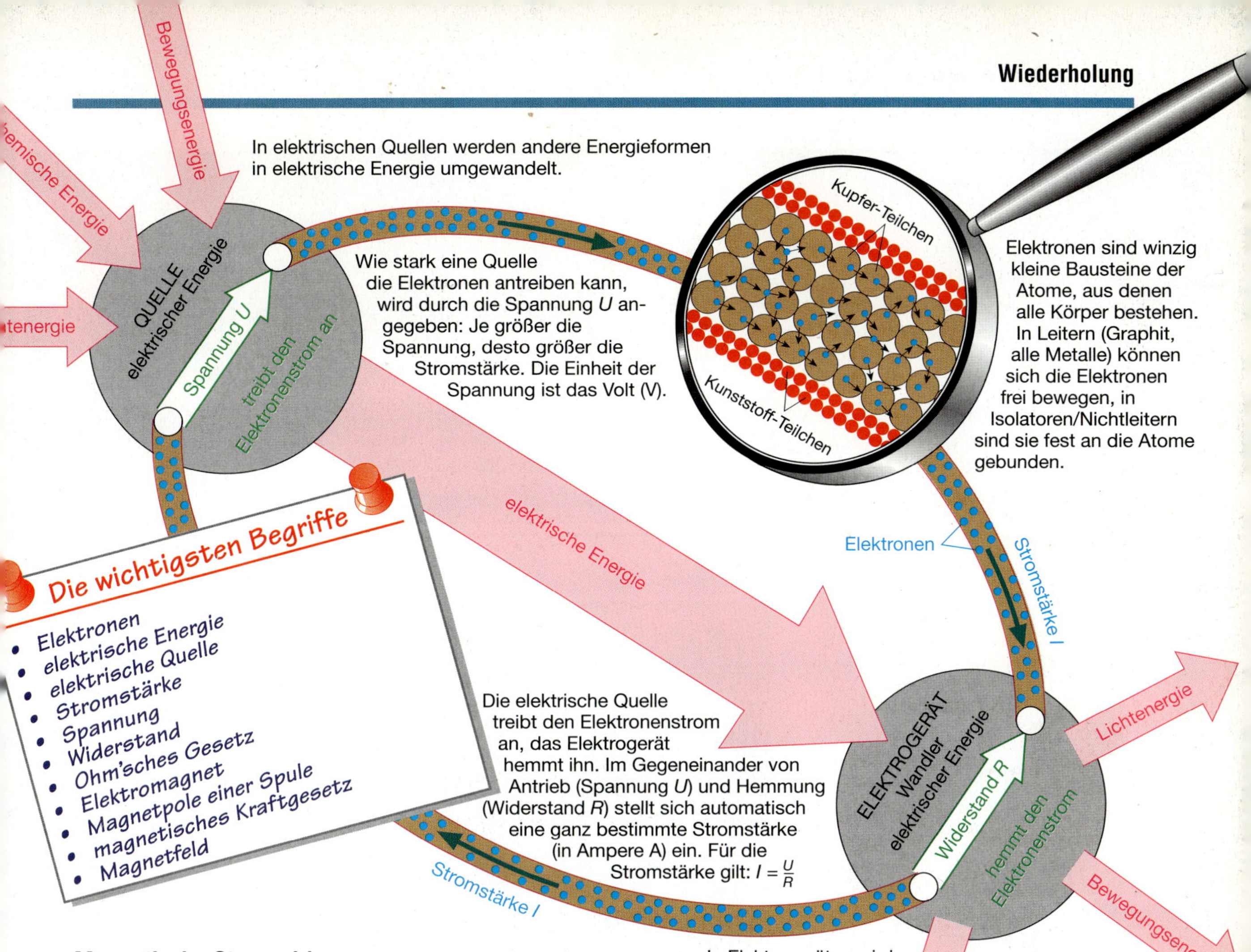


In elektrischen Quellen werden andere Energieformen in elektrische Energie umgewandelt.

Wie stark eine Quelle die Elektronen antreiben kann, wird durch die Spannung $U$ angegeben: Je größer die Spannung, desto größer die Stromstärke. Die Einheit der Spannung ist das Volt (V).

Elektronen sind winzig kleine Bausteine der Atome, aus denen alle Körper bestehen. In Leitern (Graphit, alle Metalle) können sich die Elektronen frei bewegen, in Isolatoren/Nichtleitern sind sie fest an die Atome gebunden.

## Die wichtigsten Begriffe

- Elektronen
- elektrische Energie
- elektrische Quelle
- Stromstärke
- Spannung
- Widerstand
- Ohm'sches Gesetz
- Elektromagnet
- Magnetpole einer Spule
- magnetisches Kraftgesetz
- Magnetfeld

Die elektrische Quelle treibt den Elektronenstrom an, das Elektrogerät hemmt ihn. Im Gegeneinander von Antrieb (Spannung $U$) und Hemmung (Widerstand $R$) stellt sich automatisch eine ganz bestimmte Stromstärke (in Ampere A) ein. Für die Stromstärke gilt: $I = \frac{U}{R}$

In Elektrogeräten wird die elektrische Energie, die vom Elektronenstrom herangeschafft wird, in andere Energieformen umgewandelt.

Wie stark ein Elektrogerät (oder generell ein Leiter) die Elektronen hemmt, wird durch den Widerstand $R$ angegeben: Je größer der Widerstand, desto kleiner die Stromstärke. Die Einheit des Widerstands ist das Ohm (Ω).

### Magnetische Stromwirkung

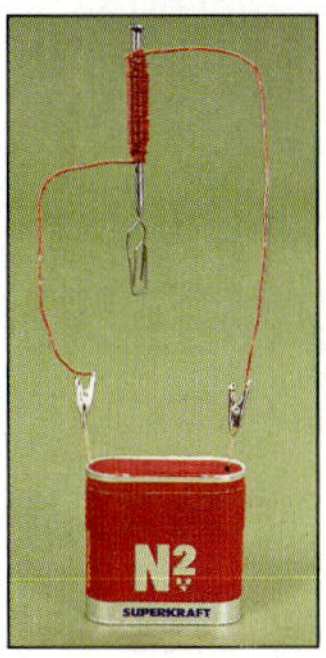


Fließt durch eine Spule ein Elektronenstrom, so bekommt die Spule an den beiden Öffnungen je einen Nordpol bzw. einen Südpol – wie sie jeder Stabmagnet auch hat. Es ist ein Elektromagnet entstanden.

- Wird der elektrische Strom, der durch eine Spule fließt, umgepolt, so tauschen auch die Pole des Elektromagneten ihre Plätze.
- Das äußere Magnetfeld einer Spule ist mit dem Magnetfeld eines Stabmagneten identisch.
- Im Innenraum der Spule ist das Feld homogen.

Elektromagnete sind abschaltbare, in ihrer Stärke veränderliche Magnete:

- Je größer der elektrische Strom, der durch die Spule fließt, desto größer die magnetische Wirkung.
- Je größer die Anzahl der Windungen der Spule bei gleicher Länge und gleichem Strom, desto größer die magnetische Wirkung.
- Wird der Innenraum der Spule mit einem Eisenkern gefüllt, verstärkt sich die magnetische Wirkung.

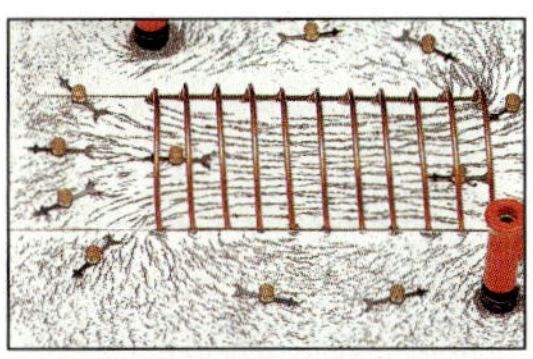

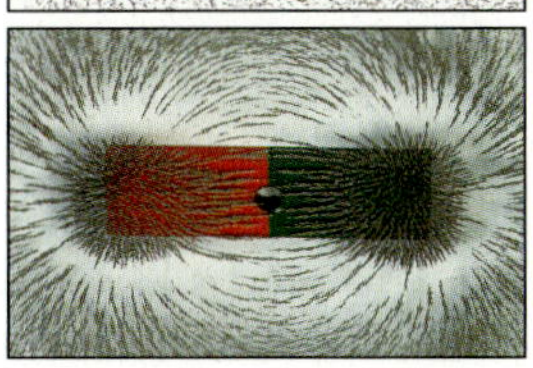

### Magnetisches Kraftgesetz

Ungleiche Pole ziehen sich an.

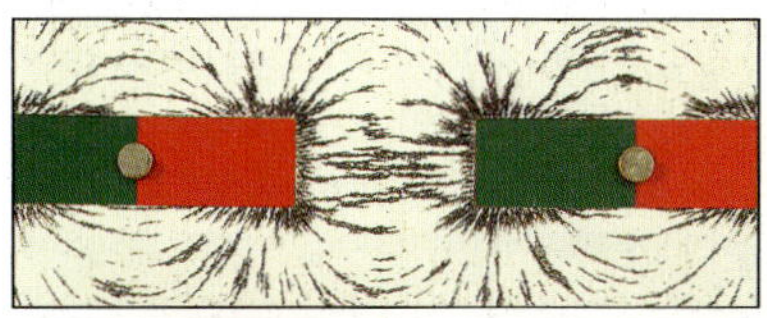

Gleiche Pole stoßen sich ab.

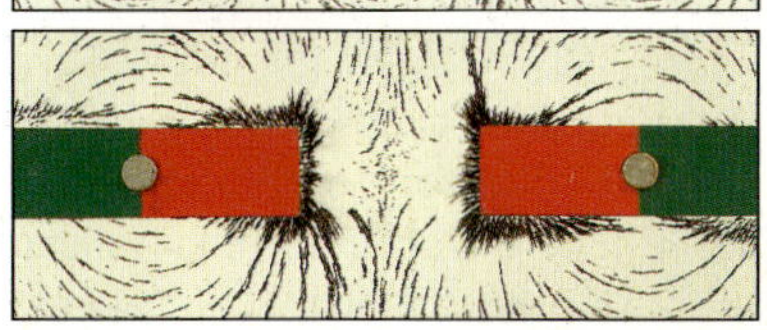

# Elektrische Energie und Leistung

**Jedes Elektrogerät ist ein Energiewandler. Zugeführte elektrische Energie wird in eine oder mehrere andere Energieformen umgewandelt, z. B. in Bewegungsenergie beim Motor, in Lageenergie bei Kränen, in Lichtenergie bei Lampen oder in innere Energie bei Tauchsiedern und Herdplatten.**
**Lässt sich die Menge an zugeführter elektrischer Energie direkt aus den für Stromkreise charakteristischen Größen Spannung und Stromstärke ermitteln? Was bedeutet die Leistung von Elektrogeräten? Was ist mit dem Bergriff „Stromverbrauch", der auf der „Stromrechnung" steht, gemeint? Warum ist es wichtig, elektrische Energie zu sparen?**

Einige der umgewandelten Energien sind für uns messbar. So können wir die Änderung der Lageenergie eines hochgehobenen Körpers oder die Änderung der inneren Energie einer Wassermenge aus gemessenen Größen berechnen und damit Rückschlüsse auf die zugeführte elektrische Energie ziehen.

Beim Hochheben wird die dem Elektromotor zugeführte elektrische Energie zunächst in Bewegungsenergie und schließlich in Lageenergie des hoch gehobenen Körpers umgewandelt. Wird ein Körper der Masse $m$ um die Höhe $h$ gehoben, dann können wir mithilfe des Ortsfaktors $g$ die zum Hochheben notwendige Energie $E_{Lage}$ berechnen:
$E_{Lage} = m \cdot g \cdot h$

Nach dem Heben besitzt der Körper nur noch Lageenergie. Die vom Motor aufgenommene elektrische Energie entspricht um so genauer der entstandenen Lageenergie, je größer der Wirkungsgrad des Elektromotors ist. (Der Wirkungsgrad gibt ja an, wie viel der zugeführten Energie in die gewünschte Energieform umgewandelt wird. Gebräuchliche Elektromotoren haben Wirkungsgrade von mehr als 90 %.) Somit kennen wir in etwa die Größe der zugeführten elektrischen Energie, ohne sie mithilfe elektrischer Größen berechnet zu haben.

**Zentraler Versuch**

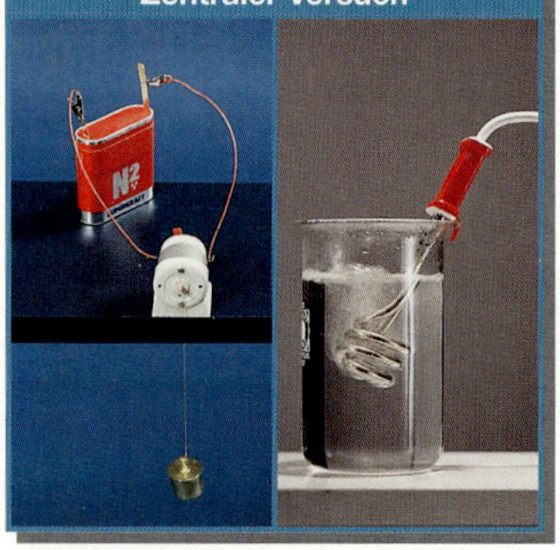

Die einem Tauchsieder zugeführte elektrische Energie wird in innere Energie des Wassers umgewandelt. Auch hier lässt sich die Änderung der inneren Energie berechnen, woraus Rückschlüsse auf die zugeführte elektrische Energie möglich sind: Beim Erwärmen einer Wassermenge der Masse $m$ erhöht sich deren Temperatur um $\Delta\vartheta$. Die Änderung der inneren Energie des Wassers lässt sich berechnen:
$\Delta E_{innere} = 4{,}2\,\frac{kJ}{kg \cdot K} \cdot m \cdot \Delta\vartheta$

Der errechnete Wert entspricht in etwa der zugeführten elektrischen Energie. Diese muss auch hier in Wirklichkeit etwas größer sein, da z. B. zum Erwärmen des Tauchsiederheizstabes Energie benötigt wird und außerdem Energie zum Gefäß und in die Umgebung abfließt.

**Rechenbeispiel**

**1.** Ein Wägestück von 100 g wird von einem Elektromotor um 50 cm angehoben. Wie viel Energie musste dem Motor mindestens zugeführt werden?

Geg.: $m = 100\,g = 0{,}1\,kg$; $h = 50\,cm = 0{,}5\,m$; $g = 9{,}81\,\frac{N}{kg}$ Ges.: $E_{Lage}$

Lösung: $E_{Lage} = m \cdot g \cdot h = 0{,}1\,kg \cdot 9{,}81\,\frac{N}{kg} \cdot 0{,}5\,m = 0{,}49\,Nm = 0{,}49\,J$

Dem Elektromotor wurden mindestens 0,5 J elektrische Energie zugeführt.

**2.** Zwei Liter Wasser werden auf einer elektrischen Herdplatte von 20 °C auf 90 °C erhitzt. Welche elektrische Energie war dazu mindestens nötig?

Geg.: $m = 2\,kg$; $\Delta\vartheta = 70\,K$ Ges.: $\Delta E_{innere}$

Lösung: $\Delta E_{innere} = 4{,}2\,\frac{kJ}{kg \cdot K} \cdot m \cdot \Delta\vartheta = 4{,}2\,\frac{kJ}{kg \cdot K} \cdot 2\,kg \cdot 70\,K = 588\,kJ$

Zum Erhitzen des Wassers sind 588 kJ nötig. So viel elektrische Energie musste der Tauchsieder mindestens aus dem Netz bezogen haben.

## Eine Formel für die elektrische Energie

Um einen Zusammenhang zwischen der aufgenommenen elektrischen Energie und den Stromkreisgrößen *Stromstärke I* und *Spannung U* formulieren zu können, benötigen wir ein Experiment, bei dem sich die Größen *U* und *I* variieren lassen und die insgesamt umgesetzte Energie messbar ist. Da die von einem Tauchsieder aufgenommene elektrische Energie fast vollständig in innere Energie einer Wassermenge umgewandelt wird und die Änderung deren innerer Energie leicht aus der Temperaturerhöhung $\Delta\vartheta$ berechnet werden kann, eignet sich ein solches Experiment sehr gut dafür.

Definition / Einheiten

**Elektrische Energie**

Die Einheit ist 1 Ws = 1 VAs = 1 J.
Das Formelzeichen ist *E*.

Weitere Einheit:
Kilowattstunde: 1 kWh = 3,6 Mio Ws

**Lehrerversuch**

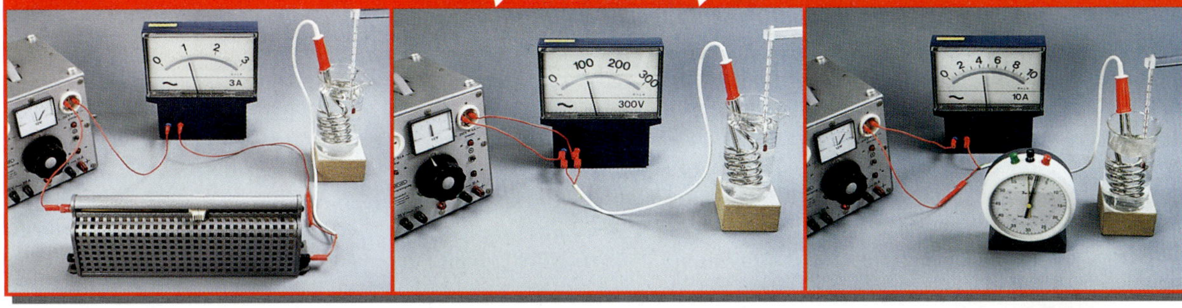

| *I* | *U* | *t* | $\Delta\vartheta$ |
|---|---|---|---|
| 0,5 A | 230 V | 120 s | 4 K |
| 1 A | 230 V | 120 s | 8,2 K |
| 2 A | 230 V | 120 s | 16,5 K |
| 3 A | 230 V | 120 s | 33 K |

Verschiedene Stromstärken *I* bewirken bei konstanter Spannung *U* in der gleichen Zeit unterschiedliche Temperaturerhöhungen. Aus den Messwerten folgt **$E \sim I$.**

| *U* | *I* | *t* | $\Delta\vartheta$ |
|---|---|---|---|
| 50 V | 2 A | 120 s | 3,5 K |
| 100 V | 2 A | 120 s | 7 K |
| 150 V | 2 A | 120 s | 11 K |
| 200 V | 2 A | 120 s | 14 K |

Quellen mit verschiedenen Spannungen bewirken bei konstanter Stromstärke *I* in gleicher Zeit *t* unterschiedliche Temperaturerhöhungen. Es gilt **$E \sim U$.**

| *t* | *U* | *I* | $\Delta\vartheta$ |
|---|---|---|---|
| 60 s | 230 V | 4,3 A | 17,5 K |
| 120 s | 230 V | 4,3 A | 35 K |
| 180 s | 230 V | 4,3 A | 53 K |
| 240 s | 230 V | 4,3 A | 70 K |

Bei konstanter Spannung *U* und konstanter Stromstärke *I* hängt die Temperaturerhöhung von der Dauer *t* des Stromflusses ab. Aus der Tabelle liest man ab **$E \sim t$.**

Diese drei Proportionalitäten lassen sich zu einer Gleichung für die zugeführte elektrische Energie zusammenfassen: **$E_{el} = U \cdot I \cdot t$.** Als Einheit ergibt sich für die elektrische Energie 1 VAs, was 1 Joule entspricht.

Die von einem Elektrogerät aufgenommene elektrische Energie lässt sich aus Stromstärke *I*, Spannung *U* und Zeitdauer *t* berechnen: $E_{el} = U \cdot I \cdot t$.

### Aufgaben

**1** Beschreibe die Umwandlung der Energieformen beim obigen Versuch und stelle sie mithilfe eines Energiefluss-Schemas grafisch dar.

**2** Taschenrechner werden häufig mit Solarzellen betrieben.
**a)** Welche Energieformen werden hierbei umgewandelt?
**b)** Zeichne das Energiefluss-Schema.

**3** Der Warmwasserbereiter ist defekt und du möchtest dennoch baden.
**a)** Wie lange bräuchte ein Tauchsieder (230 V | 4,5 A) mindestens, um 150 Liter Wasser von 15 °C auf 38 °C zu erwärmen?
**b)** Warum ist im Aufgabentext von einer „Mindestdauer" die Rede?

**4** Ein elektrischer Wasserkocher trägt die Aufschrift „230 V | 8 A".
**a)** Wie lange dauert es mindestens, 0,8 Liter Wasser von 20 °C zum Sieden (100 °C) zu bringen?
**b)** Wie groß ist die elektrische Energie, die je Sekunde umgewandelt wird?

## Ladung, Spannung und Energie

Elektrische Quellen stellen die Energie für den Betrieb von Elektrogeräten bereit. Die Spannung der Quelle war bislang ein Maß für den Antrieb der Elektronen und damit auch für die Wirkung im Gerät. Wie hängen die Spannung der Quelle und die von ihr zur Verfügung gestellte elektrische Energie zusammen?

**Zentraler Versuch**

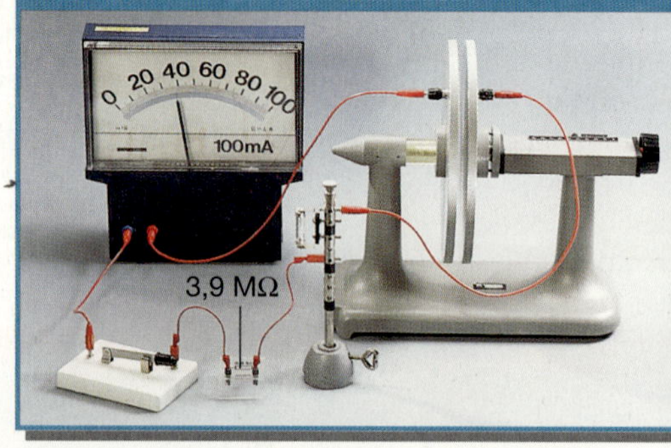


Im Foto oben sind zwei parallel zueinander angeordnete Metallplatten („Plattenkondensator“) z.B. mit einem Bandgenerator aufgeladen und dann von ihm getrennt worden. Werden die beiden geladenen Platten über eine Glimmlampe und einen Widerstand verbunden, leuchtet das Lämpchen kurz auf. Der Plattenkondensator gibt also Energie an das Lämpchen ab. Eine Wiederholung des Versuchs mit stärker oder weniger stark geladenem Kondensator zeigt, dass die Energieabgabe von der Menge der vorher gespeicherten Ladung abhängt.

Eine genaue Messung mit mathematischer Auswertung, die für uns jedoch zu schwer ist, ergibt für die Energieumsetzung: $\boldsymbol{E \sim Q}$.

Werden die beiden Platten geladen und vor dem Verbinden mit dem Lämpchen weiter auseinandergezogen, so leuchtet das Lämpchen heller auf. Offensichtlich ist die Energieabgabe der „Quelle Kondensator“ nun größer. Was hat sich elektrisch an der Anordnung durch das Auseinanderziehen geändert?
Im Foto unten sind Glimmlampe und Widerstand durch ein besonderes Spannungsmessgerät ersetzt, die Platten des geladenen Kondensators von der Quelle getrennt und auseinander gezogen. Eine genaue Analyse des Versuchs zeigt, dass die Spannung proportional zum Abstand der Platten ist. Da bei größerem Abstand auch die Energieabgabe größer war, gilt: $\boldsymbol{E \sim U}$.

Woher stammt die zusätzliche Energie des Plattenkondensators? Beim Auseinanderziehen musste dem System mechanische Energie zugeführt werden, um die Anziehungskraft der ungleich geladenen Platten zu überwinden.

Die beiden Proportionalitäten lassen sich zusammenfassen zu $\boldsymbol{E \sim Q \cdot U}$ oder $\boldsymbol{U = k \cdot \frac{E}{Q}}$.

Der Proportionalitätsfaktor $k$ wird gleich 1 (ohne Einheit) gesetzt. Damit ergibt sich für die Einheit der Spannung:
$1\,\mathrm{V} = \frac{1\,\mathrm{J}}{1\,\mathrm{C}} = 1\,\frac{\mathrm{J}}{\mathrm{C}}$.

Die Spannung $U$ einer elektrischen Quelle gibt an, wie viel Energie $E$ die Quelle abgeben kann, wenn eine bestimmte Ladung $Q$ im Stromkreis transportiert wird: $U = \frac{E}{Q}$

**Rechenbeispiel**

Ein mit 100 V geladener Kondensator entlädt sich in 2 s, wobei ein mittlerer Strom von 40 mA fließt. Welche Energie gibt der Kondensator ab? Welche Ladung fließt bei der Entladung?

Geg.: $U = 100\,\mathrm{V}$; $I = 0{,}04\,\mathrm{A}$; $t = 2\,\mathrm{s}$

Ges.: $Q$; $E$

Lösung: $Q = I \cdot t = 0{,}04\,\mathrm{A} \cdot 2\,\mathrm{s} = 0{,}08\,\mathrm{C}$

$E = U \cdot Q = 100\,\mathrm{V} \cdot 0{,}08\,\mathrm{C} = 8\,\mathrm{J}$

Der Kondensator gibt 8 J Energie ab bei einer transportierten Ladung von 0,08 C.

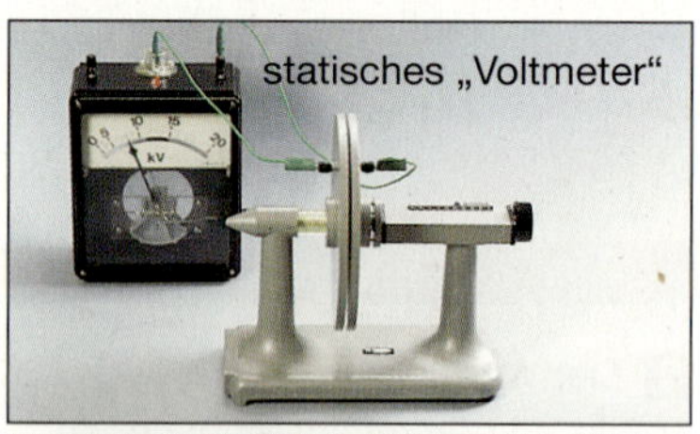


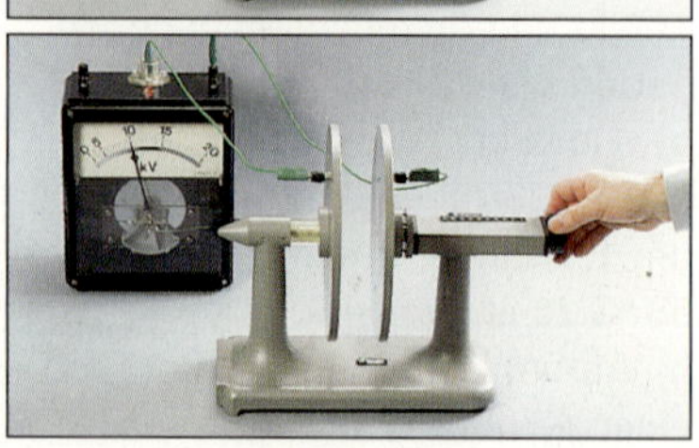

**Aufgaben**

**1** Durch einen elektrischen Leiter soll eine Ladung von 20 C transportiert werden. Wie groß ist die dafür notwendige elektrische Energie, wenn an den Leiterenden eine Spannung von 5 V anliegt?

**2** Die EVU berechnen für die dem Netz entnommene elektrische Energie $12\,\frac{\mathrm{Cent}}{\mathrm{kWh}}$. Wie lange kann ein Elektrogerät, durch das 1,3 A fließen, für 2 € eingeschaltet bleiben?

**3** **a)** Fließt durch einen Leiter ein Strom, so erwärmt sich der Leiter. Erläutere dies energetisch.
**b)** Welche unerwünschte Nebenerscheinung tritt bei der Umwandlung von elektrischer Energie in mechanische auf?

## Elektrische Leistung

Zwei äußerlich gleiche Glühlampen können an ihrer Leuchtkraft unterschieden werden. Obwohl beide im Haushalt an das gleiche Netz angeschlossen werden, geben sie in jeder Sekunde unterschiedlich viel Energie ab. Die auf den Lampen aufgedruckten Werte sind eine Leistungsangabe in der Einheit Watt. Wie lässt sich diese Angabe mithilfe elektrischer Größen interpretieren?

Aus der Mechanik kennen wir die Leistung. Dort ist sie definiert als

$$P = \frac{\text{abgegebene Energie}}{\text{benötigte Zeit}} = \frac{E}{t}$$

mit der Einheit 1 Watt = $1\,\frac{\mathrm{J}}{\mathrm{s}}$.

Diese Definition gilt natürlich auch für Stromkreise. Die z. B. von einem Motor aufgenommene Leistung berechnet sich demnach zu

$$P = \frac{E}{t} = \frac{U \cdot I \cdot t}{t} = U \cdot I$$

### Zentraler Versuch

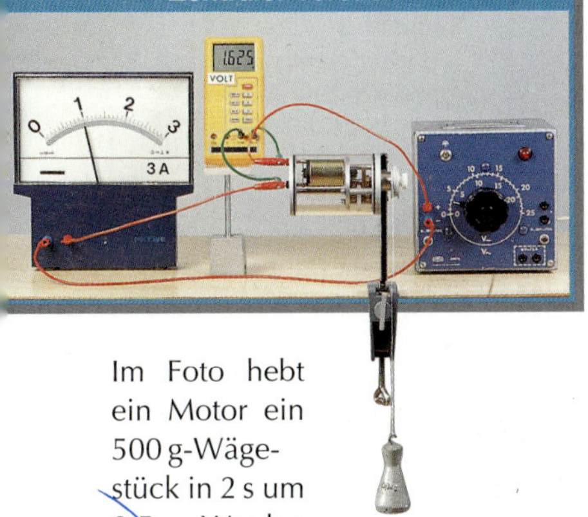


Im Foto hebt ein Motor ein 500 g-Wägestück in 2 s um 0,5 m. Werden für die am Motor liegende Spannung 1,625 V und für die Stromstärke 1,0 A gemessen, so ergibt sich die aufgenommene Leistung zu:

$P = U \cdot I = 1{,}625\ \mathrm{V} \cdot 1\ \mathrm{A}$
$= 1{,}625\ \mathrm{VA} = 1{,}625\ \mathrm{W}$

Definition / Einheiten

**Elektrische Leistung**

Die Einheit ist $1\ \mathrm{W} = 1\ \mathrm{VA} = 1\,\frac{\mathrm{J}}{\mathrm{s}}$.
Das Formelzeichen ist *P*.

Weitere Einheit:
Kilowatt: 1 kW = 1000 W

Notwendig für dieses Hochheben ist die Leistung (mechanisch exakt berechnet):

$$P = \frac{m \cdot g \cdot h}{t} = \frac{0{,}5\ \mathrm{kg} \cdot 9{,}81\,\frac{\mathrm{N}}{\mathrm{kg}} \cdot 0{,}5\ \mathrm{m}}{2\ \mathrm{s}}$$
$$= 1{,}23\,\frac{\mathrm{J}}{\mathrm{s}} = 1{,}23\ \mathrm{W}$$

Dieser Wert ist deutlich kleiner als der des Elektromotors. Der Motor wandelt ja auch nicht alle aufgenommene elektrische Energie in Lageenergie um. Ein Teil geht durch Reibung verloren.

Bei allen Elektrogeräten stehen stets zwei Angaben auf dem Typenschild:

- Die *Nennspannung* des Gerätes in der Einheit Volt, für die das Elektrogerät ausgelegt ist. Wird es an niedrigere Spannungen angeschlossen, so funktioniert es nicht richtig; wird es an höhere Spannungen angeschlossen, so kann es zerstört werden.
- *Die elektrische Leistung* in der Einheit Watt. Sie gibt an, wie viel elektrische Energie beim Betrieb in jeder Sekunde aus dem Netz entnommen und in die gewünschte Energieform umgewandelt wird.
- Dass auf Typenschildern die Angabe der Stromstärke fehlt, liegt daran, dass sich durch den Widerstand, den jedes Elektrogerät besitzt, in einem angeschlossenen Stromkreis die Stromstärke von selbst einstellt. Den Anwender interessiert ja nicht die Stromstärke im Kreis, sondern die Leistung, die das Gerät abgibt.

Die elektrische Leistung gibt an, wie viel elektrische Energie pro Sekunde in andere Energieformen umgewandelt wird.

### Aufgaben

**1** Entsprechend den drei Schaltstufen fließen in den Zuleitungen eines Heizkissens 0,04 A bzw. 0,11 A bzw. 0,2 A. Welche elektrische Leistung nimmt das Heizkissen bei 230 V jeweils auf?

**2** Die Batterie eines Autos (12 V) kann 56 Stunden lang Energie bei einer Stromstärke von 0,5 A abgeben. Wie lange können zwei Autoscheinwerfer mit je 45 W betrieben werden?

### Versuche und Aufträge

**A1 a)** Erkundige dich über die Höhe und den Abrechnungszeitraum für elektrische Energie deiner Familie.
**b)** Ermittle die Leistung der im Haushalt verwendeten Elektrogeräte und berechne mithilfe von durchschnittlichen Betriebsdauern den Bedarf an elektrischer Energie im Abrechnungszeitraum.
**c)** Wie genau stimmt dein Ergebnis mit den Werten des EVU überein?

Streifzug

# „Stromrechnung“

1999 ist um die „Stromrechnung“ eine große Debatte entstanden: Die Begriffe „Stromtarife“, „Ökosteuer“, „Stromsteuer“ usw. waren in aller Munde. Doch was bezahlt der Kunde eigentlich bei dem Energieversorgungsunternehmen, von dem er seinen „Strom“ bezieht?

Der Kunde bezahlt die gelieferte elektrische Energie (in kWh). Ein „Stromzähler“ misst die dem Haushalt gelieferte elektrische Energie und zeigt den „Verbrauch“ auf dem Zählwerk an. Die Rechnung des EVU hat dann folgenden Aufbau:

**Jahresrechnung 1999**

Rechnungsdatum : 20.10.2000

Marlies Muster
Energiepfad 4
34999 Stromdorf

Kundennummer : 013.256.252307.2

Bankverbindung
BLZ 56262310
Konto 12365488

Der Verbrauch wird über die Differenz der Zählerstände des Stromzählers im Haus berechnet. Daneben erfolgt die Berechnung des Abrechnungszeitraums in Tagen. Dies ist wichtig, falls sich im Abrechnungszeitraum Änderungen in den Tarifen ergeben oder Sonderabgaben dazukommen.

**Verbrauchsermittlung : Zählernummer 951357**

| Zählerstände | | Verbrauch | |
|---|---|---|---|
| Ablesung | Stand | kWh | Tage |
| 02.01.99 | 15365 | | |
| 31.03.99 | 17123 | 1758 | 89 |
| 02.01.00 | 21436 | 4313 | 276 |

**Abrechnung**

| Abrechnungszeitraum von | Abrechnungszeitraum bis | Verbrauch kWh | Tarif | Arbeitspreis Cent/kWh | Arbeitsbetrag € | Bereitstellung €/Jahr | Stromsteuer 1 Cent/kWh |
|---|---|---|---|---|---|---|---|
| 02.01.99 | 02.01.00 | 6071 | Haushalt 1 | 12,00 | 728,52 | 41,20 | 17,58 |

| | |
|---|---|
| Summe | 787,30 € |
| Umsatzsteuer 16% | 125,97 € |
| zu zahlender Betrag | 913,27 € |

| | |
|---|---|
| **Ihre monatliche Abschlagzahlung für 1999 betrug** | **52,32 €** |
| **Jahresvorauszahlung** | **627,84 €** |
| **Unsere Restforderung** | **285,43 €** |
| Dieser Betrag wird am 31.01.2000 abgebucht | |
| **monatliche Abschlagszahlung ab Januar 2000** | **76,11 €** |

Der errechnete Verbrauch wird mit dem tarifabhängigen Arbeitspreis multipliziert; das ergibt den Arbeitsbetrag. Der Bereitstellungspreis ist für den zur Verfügung gestellten Stromzähler.
Seit dem 01.04.1999 entfällt auf jeden Kunden eine Stromsteuer. Hier ist es wichtig, den Abrechnungszeitraum vor und nach Steuereinführung zu kennen. Arbeitspreis, Bereitstellungspreis und Stromsteuer werden addiert und ergeben mit der Umsatzsteuer den zu zahlenden Betrag.

Die monatliche Vorauszahlung errechnet sich aus $\frac{1}{12}$ des zu zahlenden Betrages des Vorjahres. Der Kunde bezahlt monatlich einen festgelegten Betrag, der ihm am Ende gutgeschrieben wird. Im Normalfall entsteht eine Restforderung, die vom Konto des Kunden abgebucht wird. Aus dem zu zahlenden Betrag wird dann wieder die monatliche Vorauszahlung für das kommende Jahr ermittelt. Diese Vorauszahlung wird dann monatlich vom Konto abgebucht.

Streifzug

## Energiesparen zuhause

Auch wenn elektrische Energie für den Einzelnen nicht teurer ist als andere Energieformen, ist es trotzdem absolut sinnvoll, mit ihr sparsam umzugehen. Denn elektrische Energie lässt sich in Kraftwerken großtechnisch nur erzeugen, wenn etwa die dreifache Menge an chemischer Energie (als Kohle, Erdöl oder Erdgas) eingesetzt wird. Bei der Umwandlung in elektrische Energie gehen ja etwa $\frac{2}{3}$ der eingesetzten chemischen Energie als Abwärme nutzlos in die Umwelt, sie werden **entwertet.** Jede vom „Verbraucher" nicht benötigte Kilowattstunde „Strom" spart 10 MJ Energie bei den Kraftwerken!

In unseren Haushalten gibt es viele versteckte „Energieverschwender", die wir leicht übersehen, die aber merkliche Mengen an Energie „fressen". Um die ausfindig zu machen, kann man in Elektrofachgeschäften, Geschäftsstellen der EVU oder Verbraucherzentralen Messgeräte für den Energie„verbrauch" von Elektrogeräten, so genannte **Leistungsmesser** oder „Wattmeter" gegen geringe Gebühr ausleihen. Damit lassen sich die „heimlichen Stromfresser" im Haushalt schnell ausfindig machen. In erster Linie sind das Elektrogeräte mit Stand-by-Schaltungen, die Energie „verbrauchen", obwohl sie nicht in Betrieb sind. Dazu gehören Fernseher, Stereoanlagen, Videorecorder und Computer.

### Wie kann jeder von uns Energie sparen?

- **Bei der Beleuchtung sparen ohne auf Helligkeit zu verzichten:** Eine 100 W-Glühlampe benötigt in zehn Stunden 1 kWh elektrische Energie, Leuchtstoffröhren oder Energiesparlampen bei gleicher Lichtabgabe hingegen nur 0,2 kWh. Sie sind zwar teurer, aber sie brauchen nicht nur deutlich weniger Energie, sondern „leben" auch wesentlich länger.
- **Effiziente Geräte sinnvoll einsetzen:** Wasch- und Spülmaschinen erwärmen bei jedem Gang etwa 20 l Wasser um bis zu 80 K. Dazu sind rund 7 MJ Energie nötig, die etwa 0,8 € kosten – sinnvollerweise werden derartige Geräte also möglichst voll beladen! Weitere Energieeinsparungen ergeben sich durch niedrigere Wasch- bzw. Spültemperatur. Bei Kühl- und Gefriergeräten wirken sich eine gute Wärmedämmung und möglichst seltenes und dann nur kurzzeitiges Öffnen energiesparend aus. Alle modernen Elektro-Großgeräte sind in **Effizienzklassen** eingeteilt, die Auskunft über ihre Energieeinspar-Möglichkeiten geben.

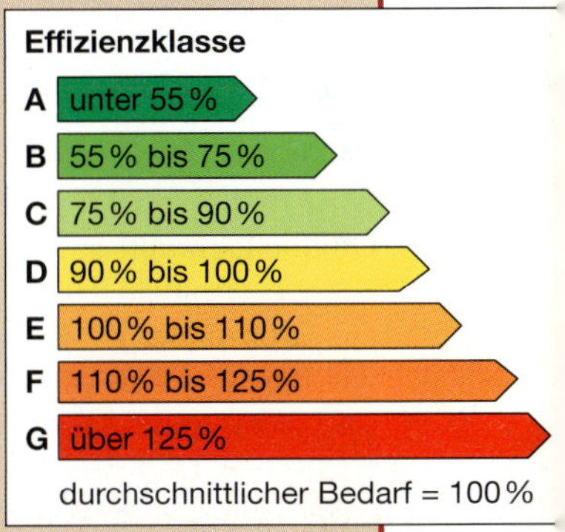


- **Stand-by-Betrieb von Geräten vermeiden:** Dazu die Aussage einer Werbung für Energiemessgeräte: „Wenn Sie Ihren Fernseher lediglich mit der Fernbedienung ausschalten, verbraucht er pro Jahr 87,6 kWh zusätzlich! Und die kosten alles eingerechnet rund 15 €!"

### Leistungsmessgerät

Die von Elektrogeräten aufgenommene Leistung bzw. Energie kann mithilfe von Leistungs- oder Energiemessgeräten festgestellt werden. Dabei werden Spannung, Stromstärke und die Betriebszeit gemessen. Über einen Mikrochip werden die Größen multipliziert und das Ergebnis direkt angezeigt. So wird die momentan aufgenommene Leistung $P$ direkt in Watt (W) oder Kilowatt (kW) angegeben. Eine eingebaute Uhr ermöglicht das Messen der insgesamt aufgenommenen Energie in Wattsekunden (Ws) bzw. Kilowattstunden (kWh).

Die Leistungsmesser werden z. B. als „Energy-Check" oder „Energie-Monitor" zum Auffinden von „Stromfressern" im Haushalt angeboten. Durch die Kenntnis der von den Elektrogeräten aufgenommenen Energie kann ein bewusstes und sinnvolles Energiesparen im Haushalt erreicht werden.

# Kirchhoff'sche Gesetze

**Zuhause schalten wir oft viele Elektrogeräte gleichzeitig ein. Während die Musik über die Stereoanlage läuft, wird gleichzeitig gekocht, am Computer gearbeitet, Licht benötigt. Alle Elektrogeräte sind dabei an das gleiche Stromnetz angeschlossen. Jedes Gerät benötigt zu seinem Betrieb unterschiedlich viel Energie. Die vom Netz gelieferte Energie muss sich folglich auf die Geräte aufteilen – gleichgültig ob sie in Reihe oder parallel geschaltet sind.**

**Wie geschieht diese Aufteilung der Energie? Wie „erfährt" die elektrische Quelle, wie viel Energie sie den einzelnen Elektrogeräten zur Verfügung stellen muss? Welcher Zusammenhang besteht zwischen Stromstärke, Spannung, Widerstand, elektrischer Energie und elektrischer Leistung in verzweigten und unverzweigten Stromkreisen?**

## Stromstärke, Spannung und Widerstand in Parallelschaltungen ...

Um die Gesamtleistung und die umgesetzte elektrische Energie ermitteln zu können, benötigen wir zunächst die Stromstärke $I_{ges}$ in den Zuleitungen. Diese können wir messen. Wir wissen, dass $I_{ges} = I_1 + I_2$ ist, und sind somit in der Lage, die elektrische Leistung mithilfe von $P_{ges} = U \cdot I_{ges}$ und die umgesetzte Energie mittels $E_{ges} = U \cdot I_{ges} \cdot t$ zu berechnen.

Die von der elektrischen Quelle zur Verfügung gestellte Energie teilt sich auf die einzelnen Zweige des Stromkreises auf. Bei Parallelschaltungen kommt es zu einer Aufteilung der Stromstärken, während die Spannung überall gleich ist. Deshalb werden elektrische Leistung und umgesetzte Energie bei einer Parallelschaltung mithilfe der im Stromkreis konstanten Größen $R$ und $U$ ausgedrückt:

$$P_{ges} = U \cdot I_{ges} = U \cdot \frac{U}{R_{ges}} = \frac{U^2}{R_{ges}}$$

$$E_{ges} = U \cdot I_{ges} \cdot t = U \cdot \frac{U}{R_{ges}} \cdot t = \frac{U^2 \cdot t}{R_{ges}}$$

Der Gesamtwiderstand der Schaltung kann aus den Einzelwiderständen berechnet werden:

$$R_{ges} = \frac{U}{I_{ges}} = \frac{U}{I_1 + I_2} = \frac{U}{\frac{U}{R_1} + \frac{U}{R_2}} = \frac{U}{U \cdot \left(\frac{1}{R_1} + \frac{1}{R_2}\right)}$$

$$\boldsymbol{R_{ges} = \frac{1}{\left(\frac{1}{R_1} + \frac{1}{R_2}\right)}} \text{ oder } \boldsymbol{\frac{1}{R_{ges}} = \frac{1}{R_1} + \frac{1}{R_2}}$$

Da dieser Gesamtwiderstand die gleiche Wirkung im Stromkreis hat wie die beiden Einzelwiderstände – diese also gleichsam ersetzt – heißt er auch Ersatzwiderstand der Schaltung.

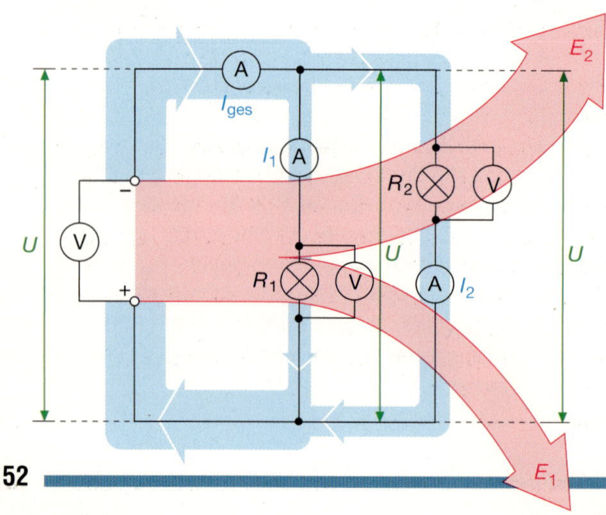


Bei einer Parallelschaltung sind die elektrische Leistung $P_{ges}$ und die umgesetzte elektrische Energie $E_{ges}$ proportional zum Quadrat der Spannung und umgekehrt proportional zum Gesamtwiderstand $R_{ges}$. Für den Gesamtwiderstand mehrerer parallel geschalteter Widerstände gilt:

$$R_{ges} = \frac{1}{\frac{1}{R_1} + \frac{1}{R_2} + \frac{1}{R_3} + \ldots}$$

## ... und in Reihenschaltungen

In den oberen beiden Fotos links sind ein Fahrradlämpchen an eine 4,5 V-Batterie angeschlossen bzw. eine Netzglühlampe an 230 V. Im unteren Foto hängen beide in Reihe an 230 V – und leuchten trotzdem normal hell! Wie kann das kleine Lämpchen die 230 V „verkraften"? Welche Zusammenhänge gelten bei Reihenschaltungen für Energie, Leistung und Widerstand?

Bei einer Reihenschaltung ist die Stromstärke $I$ im gesamten Stromkreis gleich groß; für die Spannung $U$ gilt $U = U_1 + U_2$. Aus $P = U \cdot I$ folgt, dass bei Glühlampen unterschiedlicher Nennleistung die anliegenden Spannungen unterschiedlich sein müssen, denn nur so ergeben sich unterschiedliche Leistungen.

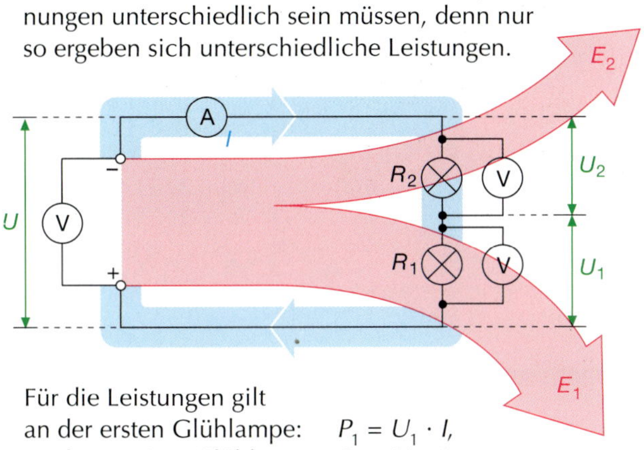


Für die Leistungen gilt
an der ersten Glühlampe: $P_1 = U_1 \cdot I$,
an der zweiten Glühlampe: $P_2 = U_2 \cdot I$,
im gesamten Stromkreis: $P = P_1 + P_2 = (U_1 + U_2) \cdot I$.
Die Spannung $U$ der elektrischen Quelle teilt sich also im Verhältnis der Nennleistungen auf die verschiedenen Glühlampen auf.

Da die Widerstände $R_1$ und $R_2$ und die Stromstärke $I$ im unverzweigten Stromkreis konstant sind, werden die Leistung $P$ bzw. die Energie $E$ häufig durch diese Größen ausgedrückt:

$P_1 = U_1 \cdot I = R_1 \cdot I \cdot I = R_1 \cdot I^2$ $\quad E_1 = P_1 \cdot t = R_1 \cdot I^2 \cdot t$

$P_2 = U_2 \cdot I = R_2 \cdot I \cdot I = R_2 \cdot I^2$ $\quad E_2 = P_2 \cdot t = R_2 \cdot I^2 \cdot t$

$P_{ges} = P_1 + P_2 = (R_1 + R_2) \cdot I^2$ $\quad E_{ges} = P_{ges} \cdot t = (R_1 + R_2) \cdot I^2 \cdot t$

Aus dieser Überlegung ergibt sich der Ersatzwiderstand einer Reihenschaltung zu $R_{ges} = R_1 + R_2$.

> Bei einer Reihenschaltung teilen sich die elektrische Spannung $U_{ges}$, die elektrische Leistung $P_{ges}$ und die elektrische Energie $E_{ges}$ im Verhältnis der Einzelwiderstände auf.
> Leistung und Energie sind proportional zum Quadrat der Stromstärke $I$ und zum Gesamtwiderstand $R_{ges}$.
> Der Gesamtwiderstand einer Reihenschaltung mehrerer Widerstände beträgt: $R_{ges} = R_1 + R_2 + R_3 + \ldots$

**Rechenbeispiel**

Eine große Lampe ① (25 W | 230 V) und eine kleine ② (0,45 W | 4 V) sind in Reihe an eine elektrische Quelle von 230 V angeschlossen.

**a)** Welche Ströme fließen durch die Lampen, wenn sie mit ihrer jeweiligen Nennspannung betrieben werden?
**b)** Berechne den Widerstand der beiden Lampen und den Gesamtwiderstand der Schaltung.
**c)** Welche Leistung wird in jeder Lampe und insgesamt umgesetzt?
**d)** Leuchten die Lampen mit normaler Helligkeit?

Geg.: $P_1 = 25\,W$; $P_2 = 0{,}45\,W$; $U = 230\,V$

Ges.: **a)** $I_1$; $I_2$
**b)** $R_1$; $R_2$; $R_{ges}$
**c)** $P_1$; $P_2$; $P_{ges}$

Lösung:

**a)** Stromstärke Lampe ①: $I_1 = \frac{P_1}{U_1} = \frac{25\,W}{230\,V} = 0{,}108\,A$

Stromstärke Lampe ②: $I_2 = \frac{P_2}{U_2} = \frac{0{,}45\,W}{4\,V} = 0{,}1125\,A$

**b)** Widerstand Lampe ①: $R_1 = \frac{230\,V}{0{,}108\,A} = 2129\,\Omega$

Widerstand Lampe ②: $R_2 = \frac{4\,V}{0{,}1125\,A} = 35{,}4\,\Omega$

Gesamtwiderstand $R_{ges} = R_1 + R_2 = 2165\,\Omega$

**c)** Durch beide Lampen fließt der gleiche Strom

$I_{ges} = \frac{U}{R_{ges}} = \frac{230\,V}{0{,}108\,A} = 0{,}106\,A$

$P_1 = R_1 \cdot I^2 = 2130\,\Omega \cdot (1{,}06\,A)^2 = 23{,}93\,W$

$P_2 = R_2 \cdot I^2 = 35\,\Omega \cdot (1{,}06\,A)^2 = 0{,}4\,W$

Gesamtleistung: $P_{ges} = P_1 + P_2 = 24{,}3\,W$.

**d)** Lampe ① leuchtet mit $\frac{23{,}93\,W}{25\,W} \approx 96\,\%$

Lampe ② leuchtet mit $\frac{0{,}4\,W}{0{,}45\,W} \approx 89\,\%$

ihrer normalen Helligkeit.

**Aufgaben**

**1** An eine Steckdose werden immer mehr Geräte parallel geschaltet. Wie ändern sich Ströme, Ersatzwiderstand, umgesetzte Energie und abgegebene Leistung?

**2** Zu welcher Schaltung gehören folgende Aussagen:
**a)** „Auf den kleineren Widerstand entfällt der größere Anteil an umgesetzter elektrischer Energie."
**b)** „Auf den größeren Widerstand entfällt der größere Anteil an umgesetzter elektrischer Energie."

**3** Lampen für Diaprojektoren nehmen 250 W Leistung auf bei einer Nennspannung von 25 V.
**a)** Welches Bauteil ist zusätzlich nötig, um den Diaprojektor am Netz (Spannung 230 V) zu betreiben?
**b)** Zeichne die Schaltung.

## Rechenbeispiel

Berechne alle Stromstärken, Teilspannungen und Leistungen der rechts gezeichneten Schaltung.

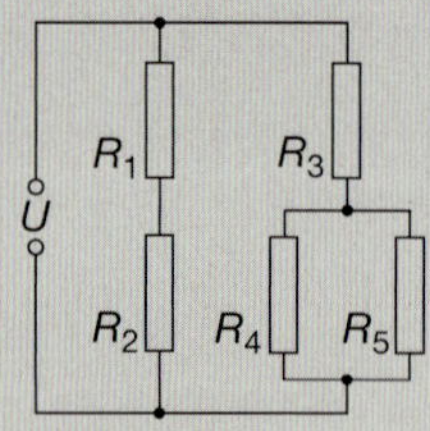


Geg.: $U = 230\,V$; $R_1 = 50\,\Omega$; $R_2 = 100\,\Omega$; $R_3 = 100\,\Omega$; $R_4 = 50\,\Omega$; $R_5 = 50\,\Omega$

Ges.: **a)** Ersatzwiderstände; **b)** Stromstärken; **c)** Teilspannungen; **d)** Leistungen

Lösung: **a)** *Widerstände:*

Ersatzwiderstand für $R_1$ und $R_2$:
$R_{1,2} = R_1 + R_2 = 150\,\Omega$

Ersatzwiderstand für $R_4$ und $R_5$:
$\frac{1}{R_{4,5}} = \frac{1}{R_4} + \frac{1}{R_5} = \frac{2}{50\,\Omega} \Rightarrow R_{4,5} = 25\,\Omega$

Ersatzwiderstand für $R_3$ und $R_{4,5}$:
$R_{3,4,5} = R_3 + R_{4,5} = 125\,\Omega$

Gesamtersatzwiderstand:
$\frac{1}{R_{ges}} = \frac{1}{R_{1,2}} + \frac{1}{R_{3,4,5}} = \frac{11}{750\,\Omega} \Rightarrow R_{ges} = 68{,}2\,\Omega$

**b)** *Stromstärken:*

Stromstärke linker Teil: $I_1 = \frac{230\,V}{150\,\Omega} = 1{,}5\,A$

Stromstärke rechter Teil: $I_2 = \frac{230\,V}{125\,\Omega} = 1{,}8\,A$;
durch $R_4$ und $R_5$ je 0,9 A

Gesamtstromstärke: $I_{ges} = 3{,}3\,A$

**c)** *Teilspannungen:*

Spannung an $R_1$: $U_1 = 50\,\Omega \cdot 1{,}5\,A = 75\,V$
Spannung an $R_2$: $U_2 = 100\,\Omega \cdot 1{,}5\,A = 150\,V$
Spannung an $R_3$: $U_1 = 100\,\Omega \cdot 1{,}8\,A = 180\,V$
Spannung an $R_4$: $U_4 = 25\,\Omega \cdot 1{,}8\,A = 45\,V$
Spannung an $R_5$: $U_5 = 25\,\Omega \cdot 1{,}8\,A = 45\,V$

**d)** *Leistungen:*

Gesamtleistung: $P_{ges} = \frac{U_{ges}^2}{R_{ges}} = 776\,W$
Leistung linker Teil: $P_1 = \frac{U_{ges}^2}{R_{1,2}} = 353\,W$
Leistung rechter Teil: $P_2 = \frac{U_{ges}^2}{R_{3,4,5}} = 423\,W$
Leistung an $R_1$: $P_{R1} = I_1^2 \cdot R_1 = 112{,}5\,W$
Leistung an $R_2$: $P_{R2} = I_1^2 \cdot R_2 = 225\,W$
Leistung an $R_3$: $P_{R1} = I_1^2 \cdot R_3 = 225\,W$
Leistung an $R_4$: $P_{R4} = \frac{U_4^2}{R_4} = 40{,}5\,W$
Leistung an $R_5$: $P_{R5} = \frac{U_5^2}{R_5} = 40{,}5\,W$

## Aufgaben

**1** In einem Treppenhaus sind fünf Glühlampen mit je 40 W während der Wintermonate täglich drei Stunden in Betrieb. Berechne die elektrische Energie, die jeden Tag in Licht und Wärme umgesetzt wird.

**2** Modellbauer verwenden in ihren Motorflugzeugen so genannte Glühkerzenmotoren. Für die Heizung der eingebauten Glühkerze sind eine Betriebsspannung von 2 V und eine Stromstärke von 3,5 A nötig. Welche elektrische Energie muss zur Verfügung gestellt werden, wenn während des Startvorganges die Glühkerze 25 s lang mit dem Akku verbunden ist?

**3** Ein „Stromzähler" macht 600 Umdrehungen, wenn 1 kWh dem Netz entnommen wird. Beim Einschalten eines Elektrogerätes hat der Zähler in einer halben Stunde 1500 Umdrehungen gemacht. Wie viel elektrische Energie hat das Elektrogerät umgewandelt?

**4** Wie kann mithilfe eines Stromzählers die aufgenommene elektrische Leistung eines Elektrogerätes bestimmt werden?

**5** Auf einem Stromzähler steht $1000\,\frac{U}{kWh}$. Wie groß ist die elektrische Leistung eines angeschlossenen Elektrogerätes, wenn die Scheibe des Stromzählers in drei Minuten zehn Umdrehungen macht?

**6** Ein Fernseher hat eine Leistungsaufnahme von 180 W. Was kostet der monatliche Betrieb, wenn er täglich drei Stunden eingeschaltet ist und der Preis für 1 kWh 12 Cent beträgt?

**7** Die Batterie eines Pkw (12 V) kann 72 Stunden lang einen Strom von 0,5 A liefern. Wie lange könnten die beiden Autoscheinwerfer mit jeweils 60 W betrieben werden, wenn die Batterie nicht aufgeladen wird?

**8** In einem Haushalt ist eine Geschirrspülmaschine mit 3000 W in Betrieb. Kann in den gleichen Stromkreis noch ein Bügeleisen mit einer Leistungsaufnahme von 800 W eingeschaltet werden, wenn der Stromkreis mit einer 16 A-Sicherung abgesichert ist?

**9** Eine Fahrradbeleuchtung hat eine Glühlampe mit (6 V | 3 W) vorn und (6 V | 0,3 W) hinten. Wie groß ist die Gesamtstromstärke, wenn die Lampen parallel geschaltet sind?

**10** Auf dem Sockel jeder Glühlampe stehen die Daten für Spannung und Leistung z. B. (230 V | 60 W). Wie kann daraus der Widerstand der Glühlampe errechnet werden?

**11** Welche Wärmeenergie gibt ein elektrisches Bügeleisen mit einer Leistungsaufnahme von 600 W in 2,5 Stunden maximal ab?

## Spannungsteiler machen Spannungen einstellbar

**Streifzug**

Radios haben zur Lautstärkeeinstellung oder zur Klangregulierung häufig Drehknöpfe. Hinter ihnen verbergen sich stufenlos verstellbare Spannungsteiler. Sie bestehen meist aus einem kreisförmigen Schiebewiderstand. Durch das Drehen wird die Länge der Leiterstücke zwischen AS und SB verändert. Dadurch ändern sich auch die Widerstände zwischen den Abgriffen AS und SB. Die volle Spannung liegt zwischen den Klemmen AB. Zwischen A und S kann ein beliebiger Teil davon abgegriffen werden.

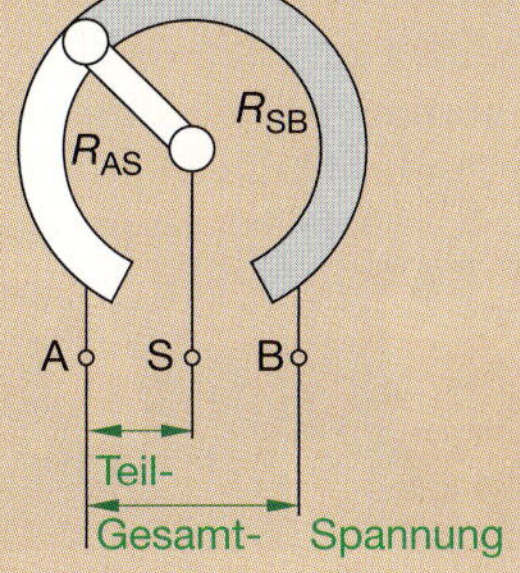


### Der belastete Spannungsteiler

Wird parallel zum Widerstand $R_2$ ein weiterer Widerstand $R_L$ geschaltet, so sinkt die Teilspannung bei $R_2$ ab. Der Ersatzwiderstand der Parallelschaltung ist ja kleiner als jeder der beiden Einzelwiderstände, sodass der Widerstand des unteren Teils der Reihenschaltung kleiner als vorher ist. Aus diesem Grund sinkt auch die Spannung, die hier anliegt.
Bei belasteten Spannungsteilern muss zunächst für den parallel geschalteten Teil ein Ersatzwiderstand berechnet werden, bevor die sich real einstellenden Spannungen über eine Reihenschaltung ermittelt werden können.

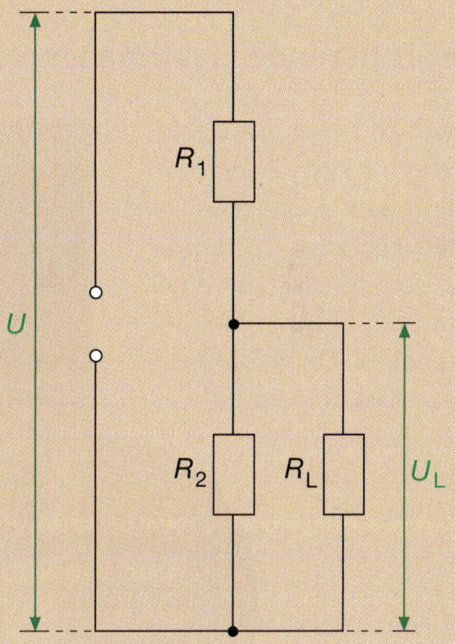


Beispiel: $R_1 = 40\,\Omega$; $R_2 = 60\,\Omega$; $R_L = 120\,\Omega$; $U_{ges} = 100\,V$

Ersatzwiderstand der Parallelschaltung: $R_{ers} = \dfrac{1}{\frac{1}{60\,\Omega} + \frac{1}{120\,\Omega}} = 40\,\Omega$

Die Teilspannungen teilen sich so auf, dass jeweils 50 V anliegen. Ohne Belastung würde sich eine Aufteilung 40 V an $R_1$ und 60 V an $R_2$ ergeben.

## Leistung am falschen Ort

**Streifzug**

Zwei in Reihe geschaltete Monozellen und zwei entsprechend geschaltete Mikrozellen bilden jeweils eine elektrische Quelle von 3 V. Die gleiche Glühlampe (z. B. 2,5 V | 0,2 A) leuchtet an beiden elektrischen Quellen fast gleich hell. Eine andere Glühlampe (z. B. 6 V | 5 A) leuchtet nur an den Monozellen. Wie kommt das?

Eine Spannungsmessung ergibt die Werte der Tabelle rechts.

Bei geschlossenen Stromkreisen müssen die Elektronen auch durch die Quelle, die ihrerseits einen Widerstand $R_i$ (Innenwiderstand) hat. Beide Widerstände sind in Reihe geschaltet. In der Quelle wird die Leistung $P_i = R_i \cdot I^2$, in der Glühlampe $P_g = R_G \cdot I^2$ abgegeben. Die Gesamtleistung beträgt dann $P_{ges} = (R_i + R_G) \cdot I^2$. Da der Innenwiderstand der Mikrozellen bei Verwendung der (6 V | 5 A)-Lampe deutlich größer ist, wird in der Quelle auch wesentlich mehr Leistung umgesetzt als in der Lampe.

| Quelle | Lampe | Spannung |
|---|---|---|
| Monozellen | 2,5 V \| 0,2 A<br>6 V \| 5 A | 2,9 V<br>2,1 V |
| Mikrozellen | 2,5 V \| 0,2 A<br>6 V \| 5 A | 2,8 V<br>0,6 V |

Als Folge erwärmt sie sich sehr stark.

**Fazit:** Der Innenwiderstand elektrischer Quellen muss grundsätzlich viel kleiner sein als der des Elektrogerätes.

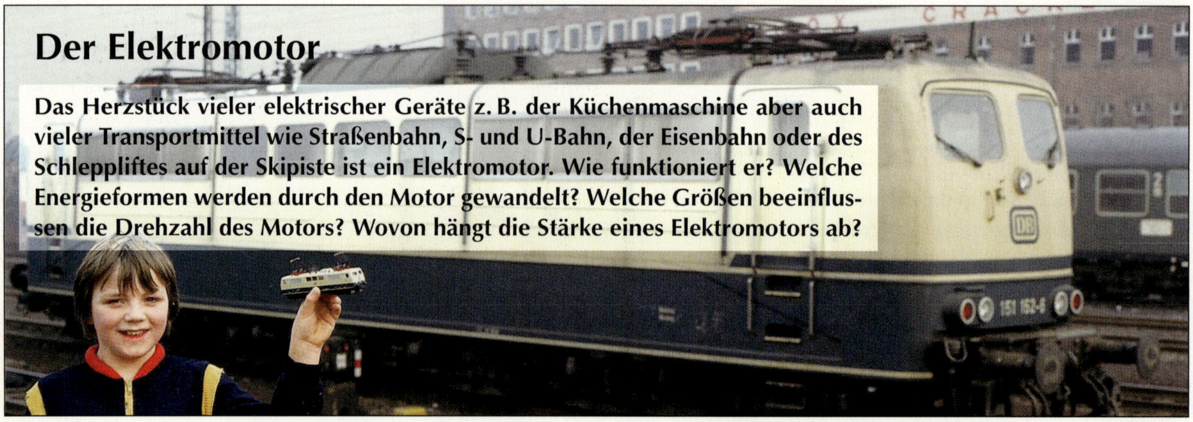

# Der Elektromotor

**Das Herzstück vieler elektrischer Geräte z. B. der Küchenmaschine aber auch vieler Transportmittel wie Straßenbahn, S- und U-Bahn, der Eisenbahn oder des Schleppliftes auf der Skipiste ist ein Elektromotor. Wie funktioniert er? Welche Energieformen werden durch den Motor gewandelt? Welche Größen beeinflussen die Drehzahl des Motors? Wovon hängt die Stärke eines Elektromotors ab?**

## Der rotierende Elektromagnet

Wird ein drehbarer Elektromagnet zwischen die Pole eines Hufeisenmagneten gebracht, kommt es bei Stromfluss zu einer Drehung des Elektromagneten. Denn die Pole des Elektromagneten und die des feststehenden Dauermagneten üben Kräfte aufeinander aus: Gleiche Pole stoßen sich ab, ungleiche Pole ziehen sich an. Der Elektromagnet dreht sich, bis sich ungleiche Pole gegenüberstehen.

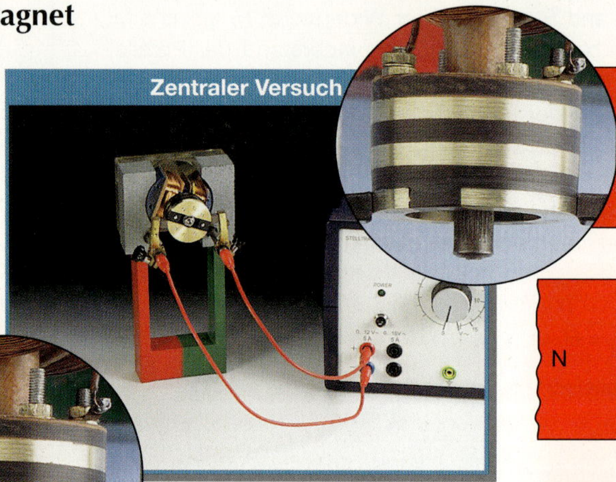

Die Stromzuführung erfolgt über zwei auf der Achse angebrachte Ringe, die mit jeweils einem Ende der Spule verbunden sind. Durch Umpolen der Stromrichtung im richtigen Moment kann eine dauernde Drehung erreicht werden. Mit der unten dargestellten Schaltung kann das Umpolen per Hand vorgenommen werden. Sehr elegant ist diese Lösung jedoch nicht, weil sie nicht von selbst ablaufen kann.

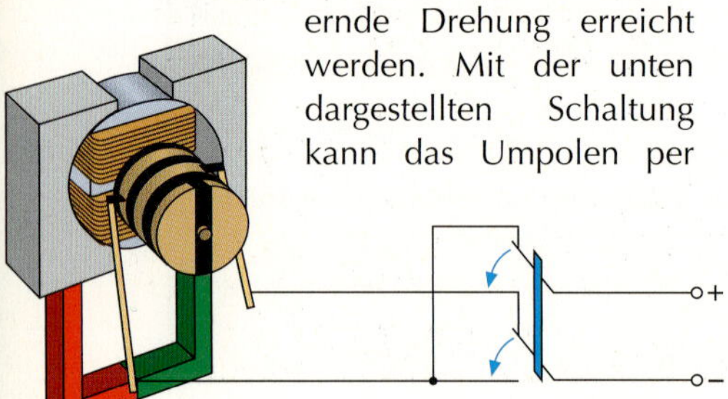

Doppel-Umschalter

Besser geht es mit einem automatischen Umschalter, *Polwender* oder **Kommutator** genannt. Der Strom wird dem Elektromagneten nicht über die beiden geschlossenen Ringe zugeführt, sondern über zwei Halbringe, die mit den Enden der Spule verbunden sind.

Dreht sich der Elektromagnet, so wird bei einer bestimmten Stellung die Stromrichtung umgepolt. Es kommt zu einem dauernden Wechsel der Pole des Magneten im jeweils richtigen Moment (phasenrichtig) und damit zu einer Dauerdrehung der Spule.

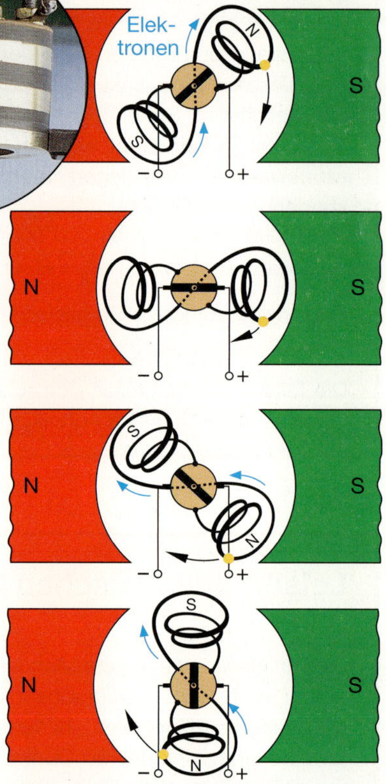


Zwischen den Magnetpolen einer drehbar aufgehängten, Strom durchflossenen Spule und den Polen eines die Spule umfassenden Magneten wirken Kräfte, die eine Drehung bewirken.
Bei Stromzufuhr über einen Kommutator kommt es zu einer Dauerdrehung.

## Der Gleichstrommotor

**Feldmagnet:** Seine Pole üben Kräfte auf die Pole des Ankers aus.

Originalgröße

**Schleifkontakte** zur Zuführung des elektrischen Stromes an den sich drehenden Elektromagneten (Anker)

**Kommutator** oder **Polwender:** Automatischer Umschalter, der die Änderung der Stromrichtung im Elektromagneten bewirkt. Er besteht aus metallischen Halbringen, die an die Enden der Ankerspule angeschlossen sind.

**Anker:** Drehbarer Elektromagnet mit Eisenkern. Über die **Ankerwelle** wird die erzeugte Drehung abgenommen.

Der drehbare Anker des Gleichstrommotors wird über die Schleifkontakte und den Kommutator an die elektrische Quelle angeschlossen. Es fließt ein Strom, der den Anker zu einem Elektromagneten macht. Durch die Kräfte zwischen den Polen des Statormagneten und den Polen des Ankermagneten kommt es zur Drehbewegung des Ankers. Dabei überwindet der rotierende Anker infolge seiner Trägheit den Totpunkt (Pole stehen sich direkt gegenüber). Durch die Anordnung der Polschuhe und die Form des Ankers wird eine große Wirkung des Motors erreicht.

### Aufgaben

**1** **a)** Wie kommt es zu einer Bewegung des Magneten im Versuchsfoto?
**b)** Erkläre die Funktionsweise eines Elektromotors.

**2** Warum ist der Kommutator so wichtig für die Funktion des Gleichstrommotors?

**3** Warum kommt es bei Verwendung eines Trommelankers im Vergleich zum 3-T-Anker zu einer ruhigeren Drehung der Motorachse?

**4** Die Drehzahl eines Allstrommotors kann durch einen veränderlichen Widerstand im Statorkreis geregelt werden. Erkläre, wie es zu dieser Drehzahländerung kommt.

## Pinnwand

## BESONDERE ANKER

### Motor ohne Totpunkt

Ein Motor mit einer Spule auf dem Anker muss mit der Hand angeworfen werden, wenn die Pole des Ankers und der Feldspule sich genau gegenüberstehen (Totpunkt). Wird ein 3-T-Anker mit drei Spulen genutzt, so läuft der Motor immer von allein an.

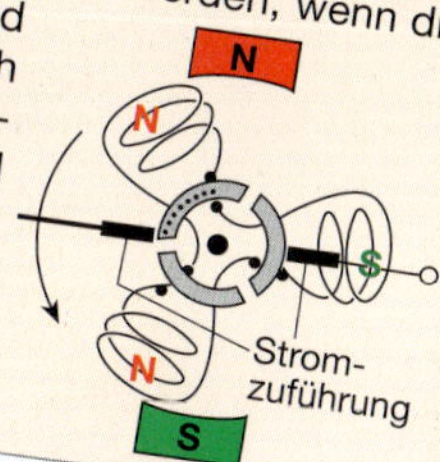

### Trommelanker

Der 3-T-Anker wurde zum Trommelanker weiterentwickelt. Sein Anker besteht aus vielen Spulen (mehr als 12). Damit laufen diese Motoren sehr gleichmäßig.

### Allstrommotor

Wird ein Elektromagnet als Feldmagnet verwendet, kann mit folgender Schaltung der Motor sowohl mit Gleich- als auch mit Wechselstrom betrieben werden, da der Wechsel der Pole von Anker und Stator im gleichen Takt erfolgt. Dieser Motor wird Allstrommotor genannt. Er läuft mit annähernd konstanter Drehzahl.

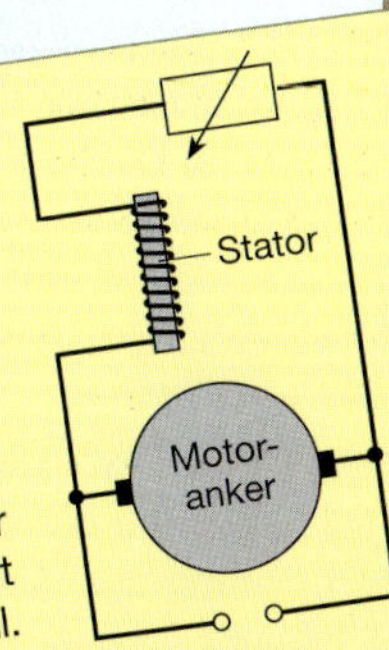

## Der Motor – ein Energiewandler

**Zentraler Versuch**

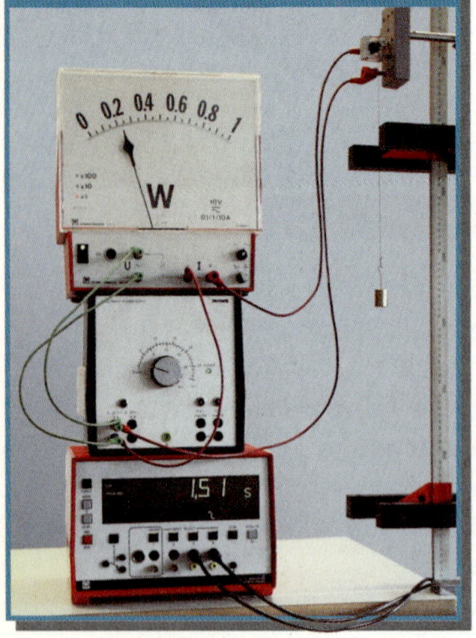

Der Elektromotor wandelt elektrische in mechanische Energie. Am Beispiel der Lageenergie soll untersucht werden, wie gut diese Umwandlung funktioniert. Dazu werden die vom Motor aufgenommene Leistung und die für das Heben benötigte Zeit gemessen. Daraus lässt sich die vom Motor aufgenommene elektrische Energie berechnen und mit der erzeugten Lageenergie vergleichen.

Die Tabelle zeigt, dass die vom Motor aufgenommene elektrische Energie deutlich größer ist als die entstandene Lageenergie. Der Elektromotor wandelt elektrische Energie also nur mit Verlust in mechanische Energie um. Wie gut oder schlecht diese Umwandlung erfolgt, sagt der Wirkungsgrad $\eta = \frac{E_{Lage}}{E_{el}}$.

Die Energieverluste, die durch Reibung und elektrische Vorgänge entstehen, sind abhängig von der Arbeitsweise des Motors. Der Wirkungsgrad ist bei unterschiedlicher Belastung verschieden groß. Aus der Kenntnis der Abhängigkeit des Wirkungsgrades von der Belastung kann ein effektiver Einsatz des Motors erfolgen.

| $P_{el}$ | $t$ | $E_{el}$ | $m$ | $E_{Lage}$ | $\eta$ |
|---|---|---|---|---|---|
| 0,13 W | 4,9 s | 0,64 Ws | 50 g | 0,25 Nm | 0,39 |
| 0,18 W | 6,9 s | 1,24 Ws | 100 g | 0,50 Nm | 0,40 |
| 0,24 W | 2,9 s | 0,70 Ws | 50 g | 0,25 Nm | 0,36 |
| 0,24 W | 3,7 s | 0,89 Ws | 100 g | 0,50 Nm | 0,56 |
| 0,24 W | 9,3 s | 2,23 Ws | 200 g | 1,00 Nm | 0,45 |
| Die Hubhöhe $h$ ist immer gleich: $h$ = 50 cm | | | | | |

Verändern wir die Spannung, die am Motor anliegt, so ändert sich die Drehzahl des Motors. Je höher die Spannung, um so größer die Drehzahl, da mit der Erhöhung der Spannung auch die Stromstärke des Elektromagneten wächst. Damit wird die magnetische Kraft größer. Die maximal zulässige Stromstärke darf aber nicht überschritten werden, da sonst die Läuferwicklungen zerstört werden.

Elektromotoren sind Energiewandler. Ihr Wirkungsgrad ist abhängig von der Belastung.
Die Drehzahl eines Elektromotors hängt ab von der anliegenden Spannung und von der Belastung.

### Versuche und Aufträge — Elektromotor

**V1** Baue einen einfachen Elektromotor aus einem vorgefertigten Bausatz nach. Welche Eigenschaften des Motors kannst du mit dieser Anordnung überprüfen?

**V2 Funktionsweise**

**a)** Schalte eine Lampe, von der du die ungefähre Stromstärke kennst, in Reihe mit dem Motor.

**b)** Belaste den Motor durch Hochziehen einer Last. Wie ändert sich die Stromstärke bei verschiedenen Lasten? (Helligkeit der Lampe ist abhängig von der Stromstärke!)

**c)** Miss die jeweilige Stromstärke und berechne die aufgenommene Leistung des Motors.

**d)** Lasse eine Last heben und berechne den Wirkungsgrad $\eta$.

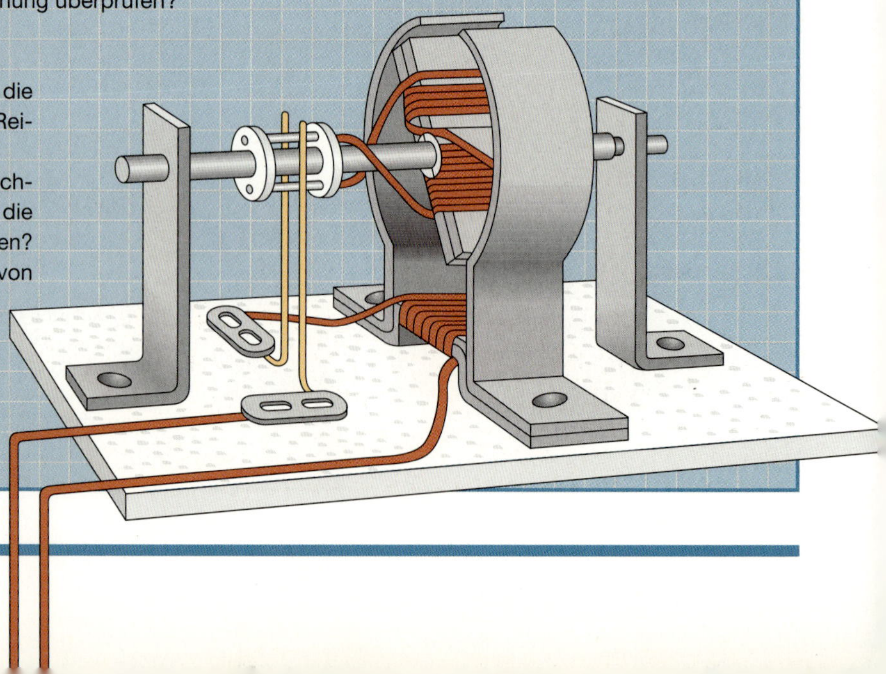

Streifzug

## Der Schrittmotor – ein wichtiges Bauelement moderner elektronischer Geräte

Die Leseköpfe von CD-Playern oder die Schreib-Lese-Köpfe von Computer-Festplatten müssen sehr exakte Querbewegungen ausführen, denn der Abstand von einer Datenspur zur nächsten beträgt nur 8 µm. Bewegt werden die Köpfe von **Schrittmotoren.**

Ein Schrittmotor besteht aus zwei Statorwicklungen und einem Rotor mit mehreren Dauermagneten. Abhängig davon, welche Statorwicklung gerade von Strom durchflossen wird und in welcher Richtung dies geschieht, entstehen bestimmte Magnetpole. Diese üben Kräfte auf den Rotor aus, die diesen kurzzeitig in Bewegung setzen. Er dreht sich so lange, bis sich ungleichnamige Pole gegenüberstehen. Dies ist schematisch in der Zeichnung dargestellt für (der Einfachheit halber) nur drei Magnete des Rotors. Durch Umleiten des Stromes auf die andere Statorspule werden zwei neue Pole erzeugt, die den nächsten Magneten anziehen usw. Dadurch dreht sich der Rotor schrittweise weiter, weil er der „Wanderung“ der äußeren Magnetpole folgt.

Der Vorteil von Schrittmotoren besteht darin, dass sie immer wieder die gleichen Positionen bei einer ganzen Umdrehung einnehmen. Etwaige Abweichungen addieren sich nicht.

Im gezeichneten Fall sind zwölf Schritte für eine ganze Umdrehung von 360° notwendig. Je Schritt dreht sich der Rotor genau um 15°.

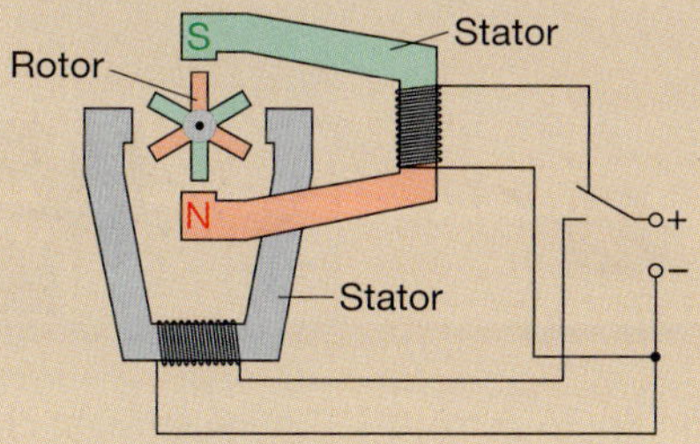


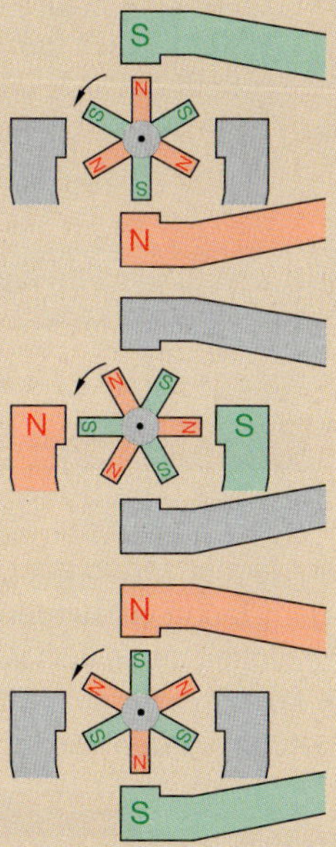


Die zu verschiedenen Zwecken eingesetzten Stellmotoren haben im Rotor viele Magnete. Z. B. gibt es Motoren, die auf dem Rotor 25 Magnete oder 50 Pole haben. Dies erfordert besondere technische Lösungen, damit so viele Magnete auch untergebracht werden können. Damit werden Schrittgrößen von 3,6° erreicht.

Schrittmotoren können sehr klein sein, wie eine Anwendung bei der digitalen Blendensteuerung in Fotoapparaten und Videokameras zeigt. Die Objektive dieser optischen Geräte enthalten eine Blende, die durch elektrische Signale des eingebauten Belichtungsmessers gesteuert wird. Herzstück dieser präzisen elektronischen Steuerung ist ein Schrittmotor, der die Blendenlamellen mit höchster Genauigkeit einstellen kann.

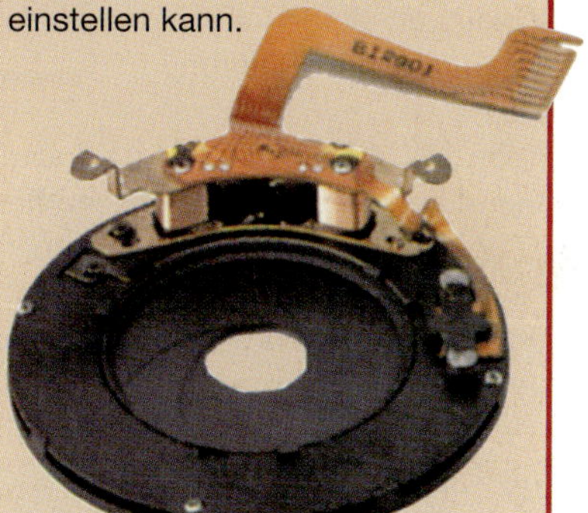

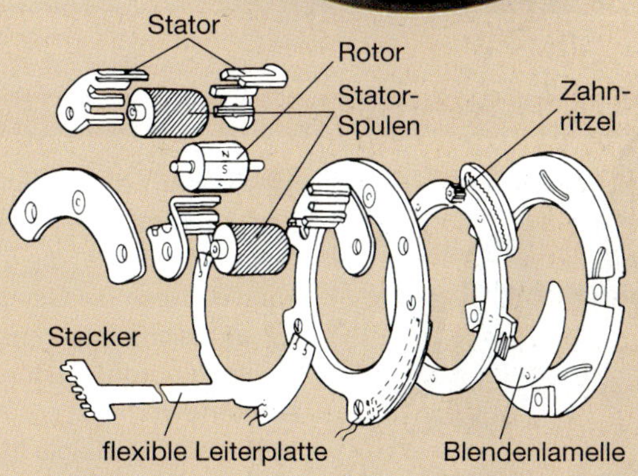

## Elektromagnetische Induktion

**Die Nutzung elektrischer Energie haben wir in vielen Beispielen kennen gelernt. Doch wie wird elektrische Energie für die vielfältigen Anwendungen gewonnen?**
**Unser Fahrraddynamo ist ein Wandler von mechanischer in elektrische Energie. Worauf beruht diese Wandlung? Wovon ist sie abhängig? Wie arbeitet ein Generator im Kraftwerk oder in der Windenergieanlage? Wie kann die elektrische Energie über große Strecken übertragen werden? Wie funktioniert ein Transformator, das Gerät, welches Spannungen in der Größe ändern kann?**

## Erzeugung elektrischer Energie

Wird der Stabmagnet in die Spule hineinbewegt, leuchtet die LED kurz auf. Der Zeiger des angeschlossenen Spannungsmessers schlägt nach einer Seite aus.
Wird der Stabmagnet wieder herausgezogen, schlägt der Zeiger in entgegengesetzter Richtung aus.
Steht der Stabmagnet fest und wird die Spule entsprechend bewegt, so ist die gleiche Bewegung des Zeigers zu beobachten.

Durch die Relativbewegung von Spule und Magnet entsteht also eine elektrische Spannung.

**Zentraler Versuch**

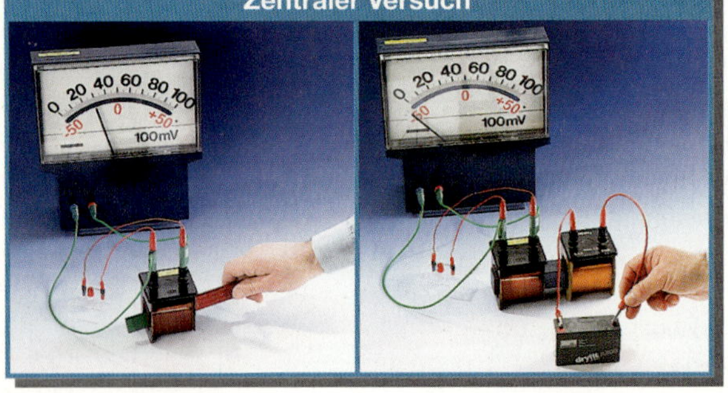


Schließen wir den Stromkreis mit dem Elektromagneten, so schlägt der Zeiger des Spannungsmessers kurz nach einer Seite aus.
Beim Ausschalten ist ein gleich großer Ausschlag in entgegengesetzter Richtung zu beobachten.

Auch bei dieser Anordnung entsteht eine Spannung. Sie wird **Induktionsspannung $U_i$** genannt. Die Spule, in der die Spannung entsteht, heißt *Induktionsspule*.
Befindet sich die Induktionsspule in einem geschlossenen Stromkreis, so ist sie eine elektrische Quelle, die einen Induktionsstrom bewirkt.

Die Erzeugung von elektrischer Spannung durch Magnet und Spule wird Induktion genannt.

### Aufgaben

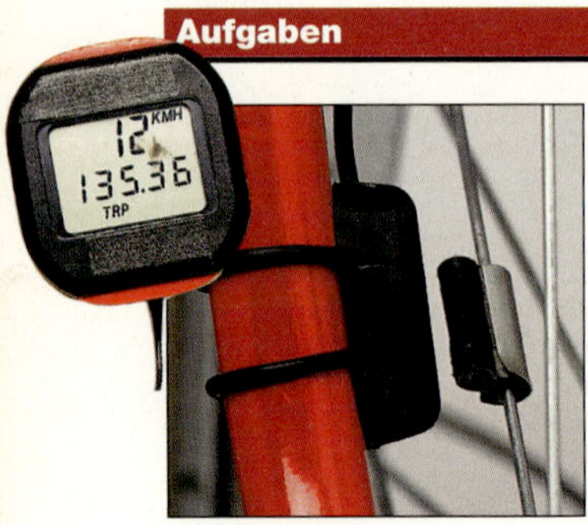


**1** Für den Fahrradtachometer wird an einer Speiche des Vorderrades ein kleiner Magnet angebracht, an der Gabel eine Spule, die mit dem Tacho verbunden ist. Wie kann dadurch die Geschwindigkeit gemessen werden?

**2** **a)** Welche Experimente können mit der rechts dargestellten Anordnung durchgeführt werden, die Induktion hervorrufen?
**b)** Begründe, wie die Induktionsspannung jeweils entsteht.

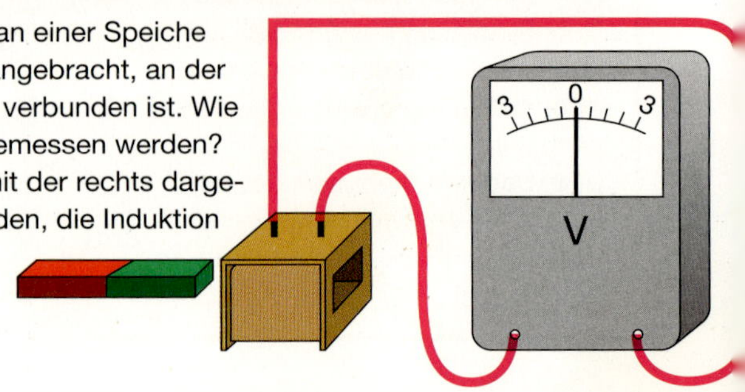

## Unter welchen Bedingungen entsteht eine Induktionsspannung?

Wir überprüfen verschiedene Bewegungen einer Spule in einem weitgehend homogenen Magnetfeld. Auffallend ist, dass bei einigen Bewegungen eine Induktionsspannung entsteht, bei anderen nicht. Worauf ist das zurückzuführen?

**Zentraler Versuch**

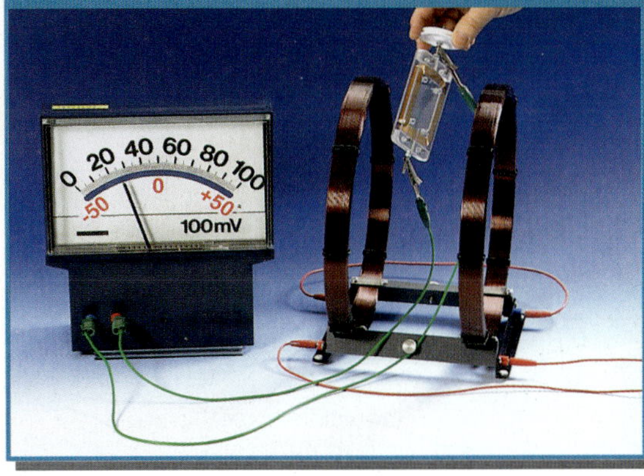


Die grafische Darstellung der Bewegungen im Feldlinienbild ermöglicht Aussagen über das Entstehen der Induktionsspannung. Vergleichen wir den Anfangs- und den Endzustand der Bewegung der Spule, so stellen wir fest:

- Ist die Anzahl der Feldlinien, die die Spule durchsetzen, im Anfangs- und Endzustand verschieden, d. h. ändert sich das Magnetfeld während der Bewegung, so tritt eine Induktionsspannung auf. Im anderen Fall gibt es keine Induktionsspannung.

- Wird die Spule vom Magnetfeld durchsetzt, so entsteht zunächst keine Induktionsspannung. Erst wenn sich die Anzahl der von der Spule umfassten Feldlinien ändert, ruft dies eine Induktionsspannung hervor.

Damit werden auch die Ergebnisse der Experimente auf der linken Seite verständlich:

- Im linken Foto ändert sich die Anzahl der Feldlinien durch die Bewegung des Magneten oder der Spule.
- Im rechten Foto wird die Spule beim Einschalten ganz von einem Magnetfeld durchsetzt; das Magnetfeld wächst dabei von null auf maximale Stärke, ändert sich also. Umgekehrt beim Ausschalten.

Wird die Stromstärke in den Erregerspulen im Foto oben durch Hochregeln am Netzgerät kontinuierlich vergrößert, so entsteht auch bei fest stehender Induktionsspule eine Induktionsspannung. Im zugehörigen Feldlinienbild müsste ja die Dichte der Feldlinien laufend größer werden. Diese Änderung findet auch im Inneren der Spule statt. Während der ganzen Zeit der Stromerhöhung wird daher in der Spule eine Spannung induziert.

**Induktion tritt auf, wenn sich das Magnetfeld ändert, welches die Induktionsspule durchsetzt.**

### Aufgaben

**1** Gib mögliche Bewegungen einer Spule im homogenen Magnetfeld an, bei denen
**a)** eine Spannung induziert wird;
**b)** keine Spannung auftritt.
**c)** Begründe deine Aussage.

**2** Eine große Spule, in der sich eine kleine Spule befindet, wird von einem Strom durchflossen.
**a)** Unter welchen Bedingungen wird in der kleinen Spule eine Spannung induziert?
**b)** Begründe deine Aussage.

**3** Eine Erregerspule und eine Induktionsspule sind durch einen Eisenkern verbunden. Entsteht eine Induktionsspannung, wenn der Eisenkern verschoben wird? Begründe deine Antwort.

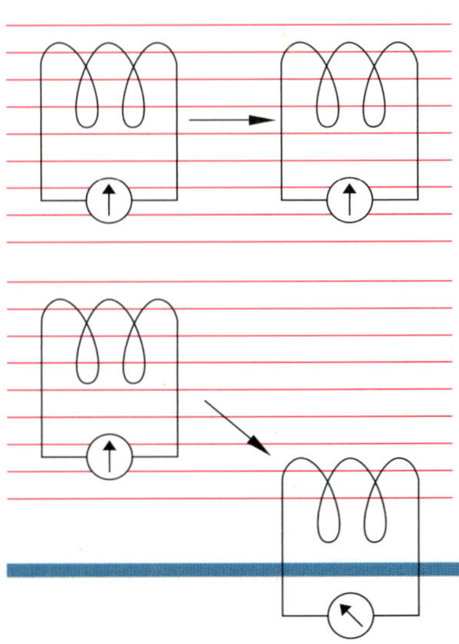

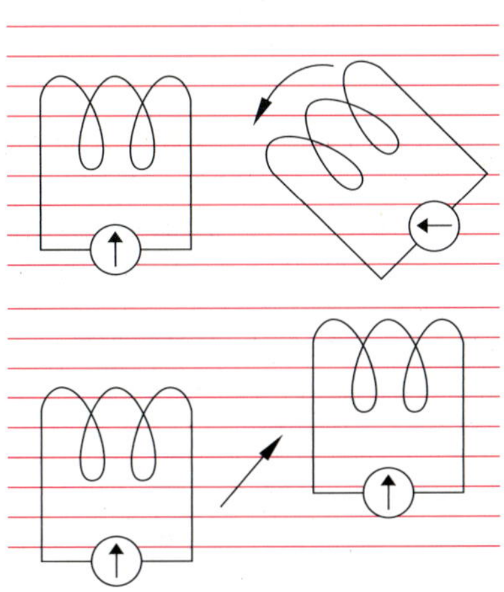

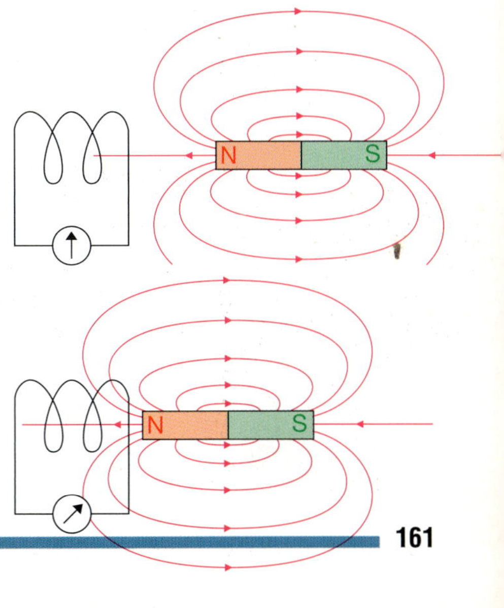

# Induktionsspannung und Magnetfeld

Ändert sich das Magnetfeld in einer Induktionsspule gleichmäßig über einen längeren Zeitraum, dann bleibt die Induktionsspannung konstant. Voraussetzung ist, dass die Bewegung der Spule gleichförmig ist. Die Änderung kann auf zweierlei Weise erfolgen:

- Je größer die Geschwindigkeit der Induktionsspule ist, um so größer ist die Induktionsspannung.
- Bei gleicher Geschwindigkeit ist die Induktionsspannung um so größer, je größer das Magnetfeld ist. Die Feldstärke kann geändert werden, indem sich weniger oder mehr Magnete unter der hindurchgezogenen Induktionsspule befinden.

Damit wird auch verständlich, warum beim Hineinbewegen eines Magneten in eine Spule unterschiedlich große Induktionsspannungen entstehen:

- Wird der Magnet langsam bewegt, ist die Änderungsgeschwindigkeit gering, also auch die Induktionsspannung. Bei schnellem Bewegen entsteht durch die große Änderungsgeschwindigkeit eine größere Induktionsspannung.
- Bei zwei aneinander gelegten Stabmagneten entsteht durch das stärkere Magnetfeld eine größere Induktionsspannung im Vergleich zu nur einem Stabmagneten, vorausgesetzt die Bewegung erfolgt gleich schnell.

Eine bestimmte Induktionsspannung kann auf unterschiedliche Weisen erzeugt werden:

- indem eine kleine Magnetfeldänderung sehr schnell durchgeführt wird;
- indem eine große Magnetfeldänderung langsam erfolgt.

**Zentraler Versuch**

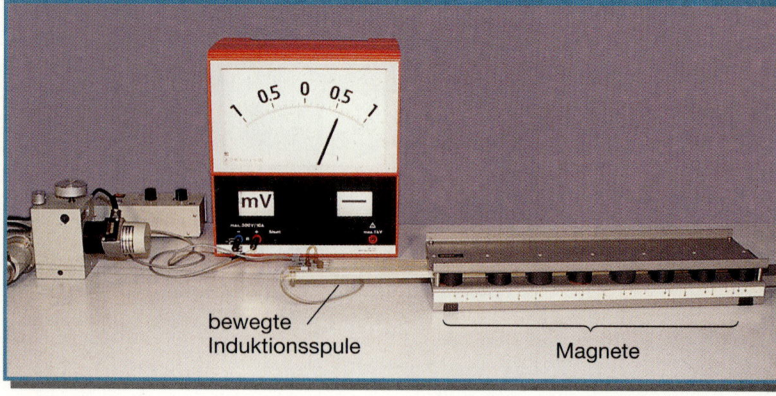


## Induktionsspannung und Induktionsspule

Induktionsspulen können sich in Querschnitt, Länge, Anzahl der Windungen und Material im Inneren unterscheiden. Wie wird die Induktionsspannung davon beeinflusst?
Die Induktionsspannung ist um so größer (bei gleich großer Änderung des Magnetfeldes),

- je größer der Querschnitt der Induktionsspule ist;
- je größer die Anzahl der Windungen der Induktionsspule ist.
- Die Induktionsspannung wird größer, wenn der Spulenkörper aus Eisen oder Nickel besteht.
- Keinen Einfluss auf die Größe der Induktionsspannung hat dagegen die Länge der Spule.

Die Größe der Induktionsspannung ist um so größer, je schneller und je größer die Änderung des Magnetfeldes ist.
Die Induktionsspannung ist unabhängig von der Länge der Induktionsspule. Sie wird um so größer, je größer der Querschnitt und die Windungszahl der Spule ist und wenn die Spule einen Kern aus Eisen oder Nickel hat.

**Aufgaben**

**1** Ein, zwei oder drei zusammengefasste Stabmagnete werden mit jeweils gleicher Geschwindigkeit in Spulen mit unterschiedlichen Windungszahlen eingeführt. Dabei entstehen unterschiedlich große Induktionsspannungen.
**a)** Ordne die Induktionsspannungen $U_1$ bis $U_7$ nach ihrer Größe.
**b)** Begründe deine Rangfolge.

| Magnete | Windungszahl | $U_i$ |
|---|---|---|
| 1 | 250 | $U_1$ |
| 1 | 500 | $U_2$ |
| 2 | 500 | $U_3$ |
| 2 | 750 | $U_4$ |
| 1 | 750 | $U_5$ |
| 2 | 250 | $U_6$ |
| 3 | 250 | $U_7$ |

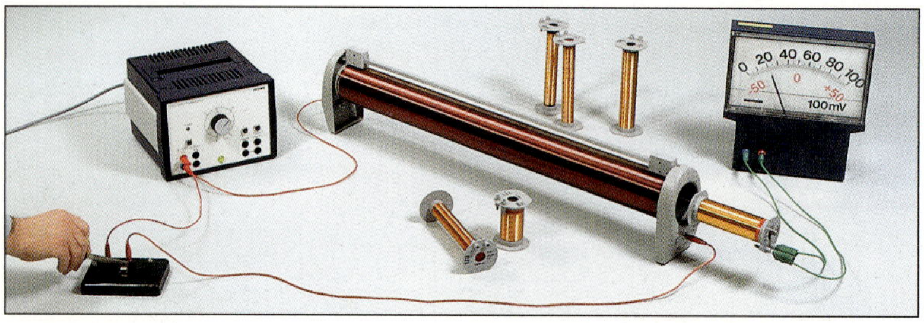

## MICHAEL FARADAY – ein genialer Experimentator

Streifzug

Elektrizität und Magnetismus waren die Erscheinungen, mit denen sich viele Naturwissenschaftler zu Beginn des 19. Jahrhunderts beschäftigten. So auch OERSTED, der 1821 experimentell zeigte, dass eine Kompassnadel, die sich unter einem von Strom durchflossenen Leiter befindet, aus ihrer natürlichen Lage (Nord-Süd) ausgelenkt wird.

In England wiederholte MICHAEL FARADAY zusammen mit DAVY dieses Experiment. Sie waren fasziniert davon, dass Magnetismus durch elektrischen Strom erzeugt werden kann. 1821 gelang es FARADAY, einen Magneten durch Fließen von elektrischem Strom in fortlaufende Rotation zu versetzen.

In den folgenden Jahren beschäftigte ihn die Frage, ob nicht auch eine Umkehrung möglich sei. So steht 1822 in seinem Merkbuch unter der Rubrik „Gegenstände, die weiter zu verfolgen sind“: „Convert magnetism into electricity“. Viele Experimentieranordnungen finden sich in seinen Tagebuchaufzeichnungen der folgenden Jahre, mit denen er seine Vermutung überprüfen wollte. Doch ein Erfolg, ein Experiment zur Bestätigung seiner Hypothese wollte nicht gelingen. „No usable results“ notierte er. Dies lag an den Versuchsbedingungen, wie wir heute wissen. FARADAY benutzte – wie damals üblich – zum Nachweis für den Strom ein Messgerät, welches aus einem mit einer Spule umwickelten Kompass bestand. Auch die Magnete waren relativ schwach. Die durch Induktion hervorgerufene Stromstärke betrug nur etwa 0,1 mA, was mit seinen Geräten nicht nachweisbar war.

Aber am 29.08.1831 war er doch erfolgreich. Er schrieb in sein Laborbuch: „2. Ich hatte einen Ring aus weichem Rundeisen von $\frac{7}{8}$ Zoll Dicke und 6 Zoll im äußeren Durchmesser, um dessen eine Hälfte ich viele Windungen Kupferdraht wickelte, die durch Zwirn und Kaliko voneinander isoliert waren. Es waren drei Drahtenden von je etwa 24 Fuß Länge, die zu einem Draht verbunden oder als getrennte Stücke benutzt werden konnten. ... Ich werde diese Seite A nennen. Auf der anderen Seite, durch einen Zwischenraum getrennt, wurden zwei Enden Draht, ... Länge etwa 60 Fuß ..., im gleichen Sinn wie zuvor gewickelt; diese Seite sei B. ... Die Windungen auf der B-Seite wurden zu einer Spule zusammengeschlossen und ihre Enden durch einen Kupferdraht verbunden, der über eine 3 Fuß vom Eisenring entfernte Magnetnadel führte. Dann verband ich die Enden eines der Teile der A-Seite mit der Batterie; sofort zeigte sich eine merkliche Wirkung auf die Nadel. Sie oszillierte und kehrte schließlich in ihre ursprüngliche Lage zurück. Beim Trennen der Verbindung der A-Seite von der Batterie wieder eine Beunruhigung der Nadel.“

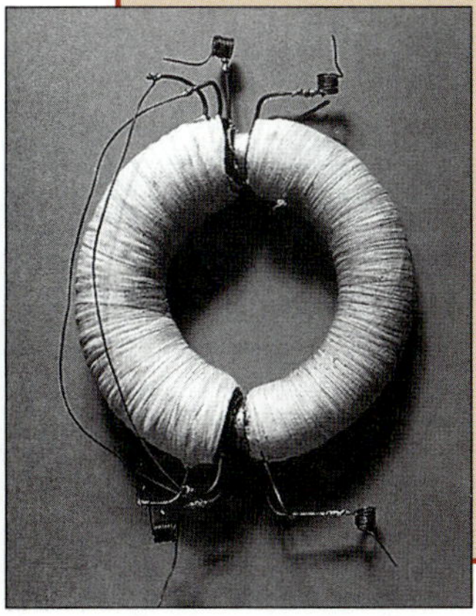

So entdeckte er, dass Stromimpulse aber nicht ein Dauerstrom „im Elektromagneten“ einen elektrischen Strom hervorrufen. „Conversion of magnetism into electricity“ vermerkte er in seinem Tagebuch.

Nachdem ihn das Zucken der Magnetnadel den Zugang zu dem neuen Erscheinungsgebiet gewiesen hatte, erforschte er dieses systematisch in kürzester Zeit. So fügte er z.B. zwei Stabmagnete zusammen und verband sein Stromnachweisgerät mit einer Spule, die er zwischen den Enden des zusammengesetzten Magneten bewegen konnte. Bewegte er die Spule zwischen den Magneten hin und her, hinein und heraus, so zeigte sich ein geringer Ausschlag auf dem Nachweisgerät. Hielt er in der Bewegung inne, so war kein Ausschlag zu bemerken.

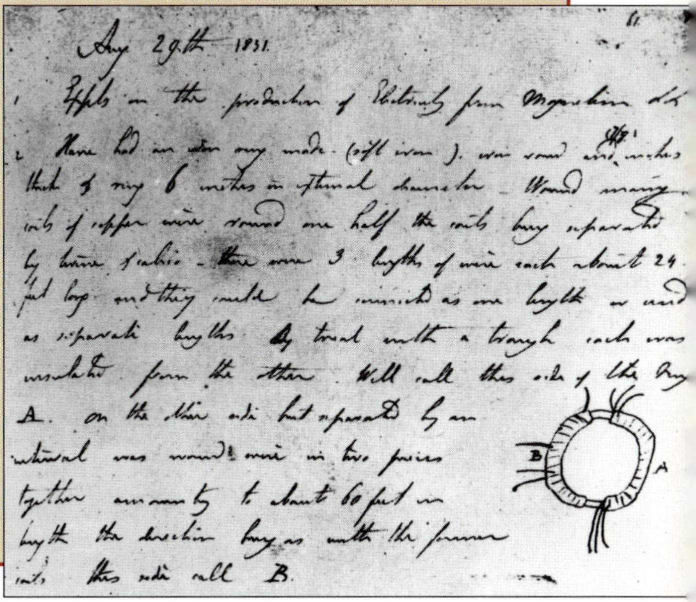

## Wechselspannung

Zentraler Versuch

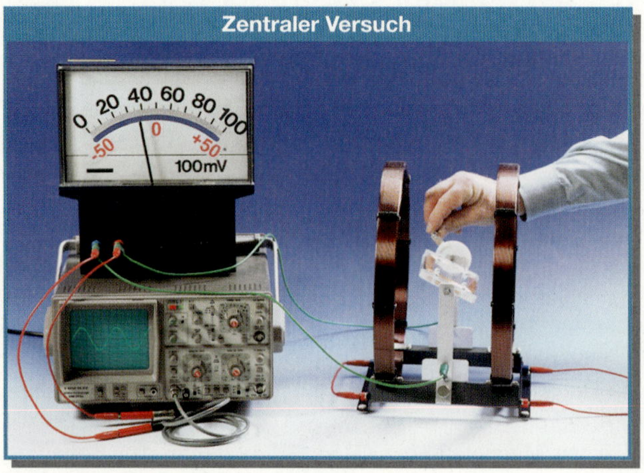


Drehen wir eine Induktionsspule in einem homogenen Magnetfeld, so pendelt der Zeiger des Spannungsmessers regelmäßig hin und her. Solange sich die Spule im Magnetfeld dreht, entsteht eine Spannung mit wechselnder Größe und Polung. Nach jeder Drehung werden wieder gleiche Zustände erreicht. Bei gleichbleibender Drehzahl zeigt das Oszilloskop einen charakteristischen Verlauf der Spannung, eine Sinus-Kurve. Eine solche Spannung wird **Wechselspannung** genannt, da die Polarität laufend wechselt.

Auch das Versorgungsnetz der Haushalte hat Wechselspannung mit einer Frequenz von 50 Hz. Dies entspricht 100 Wechseln der Polarität in jeder Sekunde.

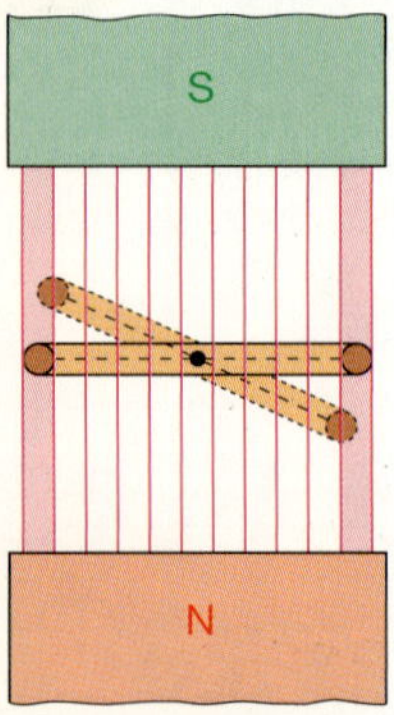


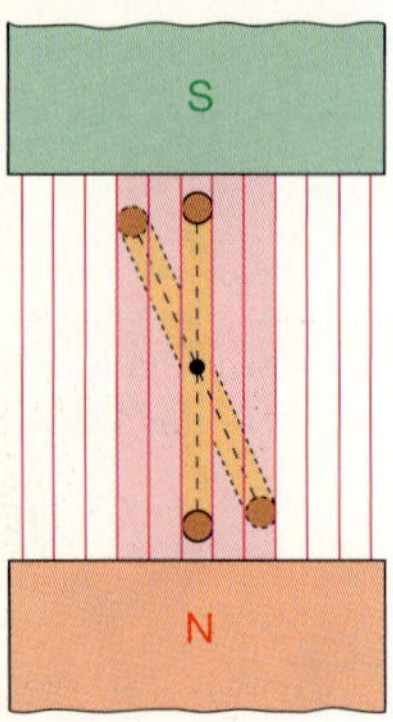


Wie es zu diesem zeitlichen Verlauf der Spannung kommt, lässt sich mithilfe des Feldlinienbildes verstehen: Dazu zählen wir die Feldlinien, die von der Spule bei zwei verschiedenen Stellungen umfasst werden. Die Differenz ist ein Maß für die Änderung und entscheidend für die induzierte Spannung. So kommt es zur maximalen Änderung, wenn die Fläche der Spule und das Magnetfeld senkrecht zueinander stehen, obwohl das von der Spule umfasste Magnetfeld am kleinsten ist. Für die Erzeugung der Wechselspannung ist nur die Änderung des von der Spule umfassten Magnetfeldes wichtig. Dabei kann auch die Induktionsspule fest stehen und der Magnet sich drehen.

Die Grafik unten zeigt, dass sich die Größe der Induktionsspannung auf diese Weise laufend von +maximal über null zu –maximal ändert. Die Spannung schwankt periodisch bei gleichmäßiger Drehung der Induktionsspule in einem homogenen Magnetfeld. Das ergibt den beobachteten sinusförmigen Verlauf der Spannung. Wird eine solche Wechselspannung an einen Stromkreis angelegt, so wechselt der Strom in diesem Kreis laufend seine Richtung.

Wie verhalten sich die Elektronen bei Wechselstrom?

Alle Elektronen im gesamten Stromkreis – auch in der Quelle und im „Verbraucher“ – schwingen gemeinsam sofort im ganzen Kreis um eine Mittellage hin- und her. Dabei wird Energie mit großer Geschwindigkeit von der elektrischen Quelle zum Energiewandler („Verbraucher“) transportiert. Auch bei Gleichstrom wird Energie sehr schnell übertragen – viel schneller als es der Strömungsgeschwindigkeit der Elektronen entsprechen würde.

Das unterschiedliche Verhalten der Elektronen bei Gleich- und Wechselstrom ist vergleichbar mit den Arbeitsweise einer Stichsäge und einer Kettensäge. Mit beiden kann Holz gesägt werden, aber auf unterschiedliche Arten. Die Arbeitsweise der Stichsäge entspricht dem Wechselstrom, die der Kettensäge dem Gleichstrom.

An den Enden einer Spule entsteht eine Wechselspannung, wenn die Spule in einem Magnetfeld rotiert.

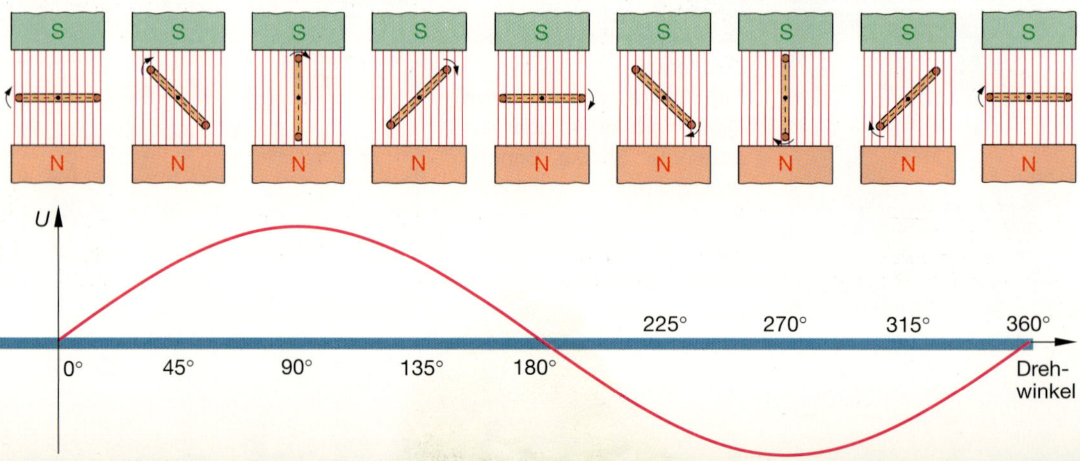

## Wechselstromgenerator

Durch das Drehen des Rotors (Dauermagnet) werden die feststehenden äußeren Statorspulen (Induktionsspulen) laufend unterschiedlich vom Magnetfeld durchsetzt. Durch die Form von Rotor und Stator wird das Magnetfeld optimal zur Erzeugung des Wechselstromes genutzt.

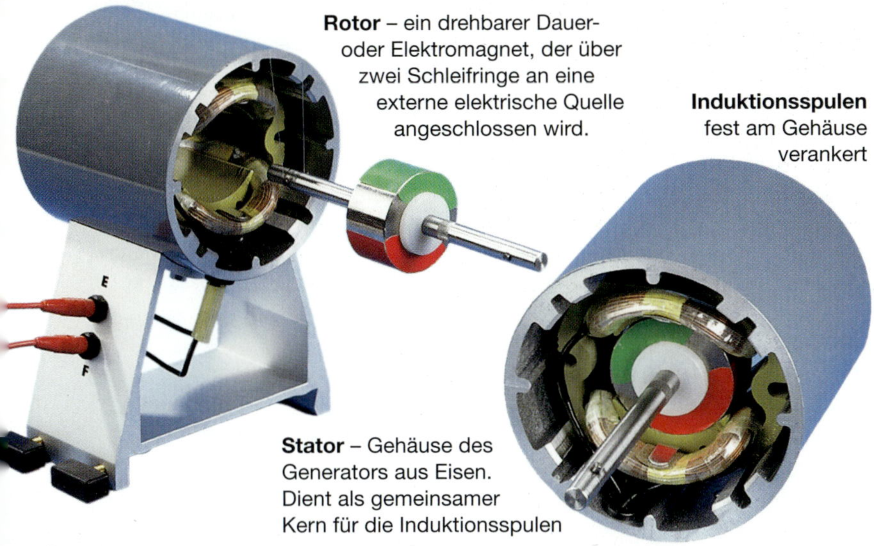


*Vorteile der Generatoren mit feststehenden Induktionsspulen:*
Die fest angebrachten Kontakte ermöglichen die Abnahme sehr großer Stromstärken. Befinden sich die Induktionsspulen dagegen im Anker, dann treten bei hohen Stromstärken Funken und damit ein starker Abrieb an den Schleifringen auf. Dies hat größere Verluste und eine hohe Störanfälligkeit zur Folge.
Es gibt auch die Möglichkeit, den rotierenden Dauermagneten durch einen Elektromagneten bei fest stehenden Induktionsspulen zu ersetzen. Denn für diesen Feldmagneten reichen relativ geringe Stromstärken aus, die problemlos über Schleifringe zugeführt werden können.

### Generator/Motor – zwei Seiten einer Medaille

Generator und Motor haben im Prinzip den gleichen Aufbau: Immer geht es um die Wandlung von mechanischer und elektrischer Energie. Je nachdem, welche Richtung die Wandlung hat, arbeitet die Maschine

als Generator $E_{mech} \Rightarrow E_{el}$
als Motor $E_{el} \Rightarrow E_{mech}$

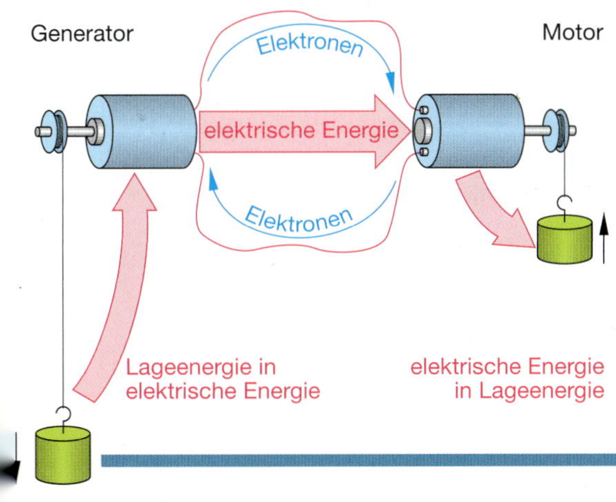


Jeder Motor kann als Generator und jeder Generator als Motor betrieben werden.

In der Technik werden allerdings unterschiedliche Bauformen eingesetzt, um einen hohen Wirkungsgrad zu erzielen.

**Aufgaben**

**1** Eine Induktionsspule befindet sich im Magnetfeld eines Elektromagneten. Vergleiche die Induktionsspannungen
**a)** beim Einschalten des Stromkreises;
**b)** beim Unterbrechen;
**c)** beim Umpolen der Stromrichtungen.

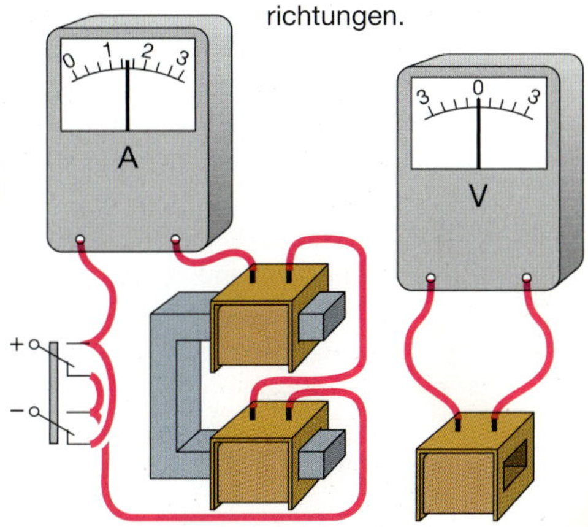


**2** Ein Generator soll eine möglichst große Spannung erzeugen. Was muss beim Bau beachtet werden?

**3** Ein Stabmagnet wird mit der Geschwindigkeit $v_0$ durch eine Spule hindurch bewegt. Dabei wird eine Maximalspannung von $U_0$ induziert.
**a)** Was lässt sich über die induzierte Maximalspannung aussagen, wenn die Geschwindigkeit
① größer als $v_0$, ② kleiner als $v_0$, ③ gleich null ist?
**b)** Welche Bewegung führt der Zeiger des Spannungsmessers aus? Begründe deine Aussage.

**4** Das Foto zeigt, dass ein Motor auch als Generator betrieben werden kann. Erkläre.

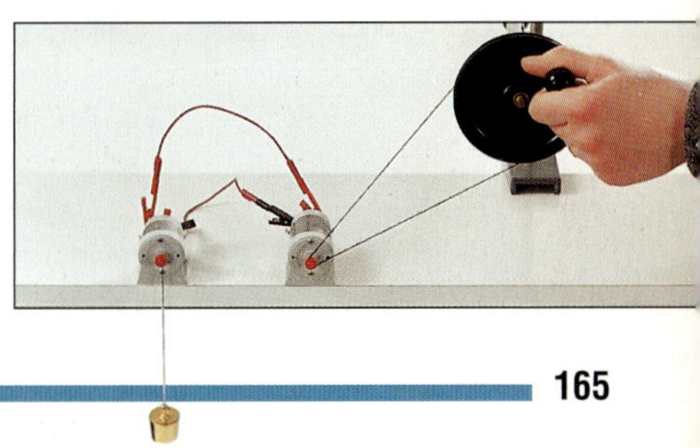

## Versuche und Aufträge

# Induktion

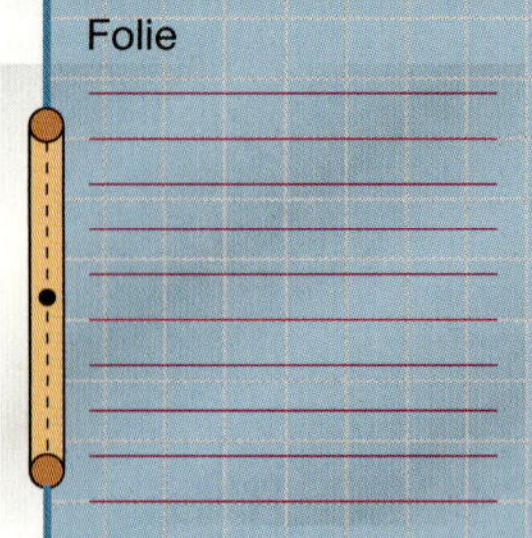


**V1** Zeichne das Feldlinienbild eines homogenen Magnetfeldes und eine Gerade auf eine Folie. (Die Gerade soll eine Spule symbolisieren). Bringe mit einer Reißzwecke die Folie so über der Felddarstellung an, dass die „Spule" im „Feld" drehbar ist.
**a)** Ermittle die Änderung der Anzahl der Feldlinien, die die Spule durchsetzen, bei verschiedenen Stellungen der Spule bei jeweils einer Drehung um 10°.
**b)** Trage die Ergebnisse in eine Grafik ein.

**V2 Anzeigegerät für Induktionsströme und -spannungen:** Um einen Kompass werden 20 Wicklungen Kupferdraht gewickelt.

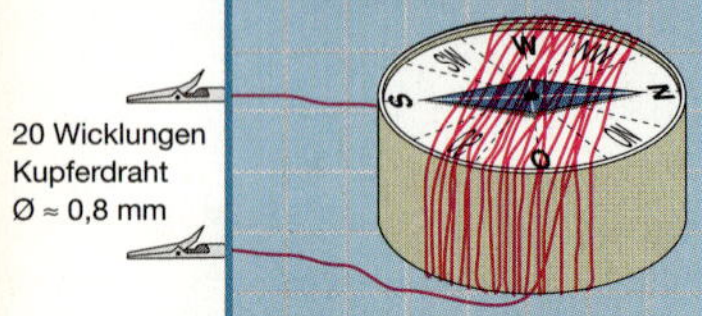


**a)** Lege an die Enden unterschiedliche Spannungen. Was beobachtest du?
**b)** Erkläre die Beobachtung.

**V3** Verbinde eine Spule mit einer LED oder einem Spannungsmesser. Nimm mehrere Keramikmagnete. Füge sie zu unterschiedlich starken Magneten zusammen. Führe diese in die Spule hinein bzw. heraus und an der Spule vorbei. Halte deine Beobachtung in einer Tabelle fest. Erkläre die Ergebnisse.

**V4** Schalte drei Spulen mit unterschiedlicher Anzahl von Windungen in Reihe mit einem Messgerät. Stelle die Spulen auf ein Kunststoffkissen.
**a)** Lasse einen Stabmagneten aus immer gleicher Höhe nacheinander in die drei Spulen fallen. Wie groß ist jeweils der Ausschlag am Messgerät?

**b)** Trage die Ergebnisse in eine Tabelle ein. Erkläre die Messergebnisse.
**c)** Was passiert, wenn der Magnet hindurch fällt?
**d)** Warum soll die Fallhöhe immer gleich sein?

**V5** Nimm ein Fahrrad mit einem Dynamo. Stelle das Fahrrad auf den Kopf und kopple den Dynamo an. Versetze das Rad und damit den Dynamo in Drehung. Stelle fest, wie lange sich das Rad dreht, wenn
**a)** beide Lampen (Scheinwerfer und Rücklicht),
**b)** wenn nur das Rücklicht,
**c)** wenn keine Lampe angeschlossen ist.
**d)** Begründe deine Beobachtungen.

**V6** Schalte drei Spulen mit unterschiedlichen Querschnitten in Reihe mit einem Messgerät. Tauche einen Stabmagneten oder einige übereinander gesetzte Keramikmagnete nacheinander in die Spulen.
**a)** Wie groß ist jeweils der Ausschlag auf dem Spannungsmesser?
**b)** Erkläre die Ergebnisse.
**c)** Gilt: Die induzierte Spannung ist um so größer, je größer der Querschnitt der Spule ist?

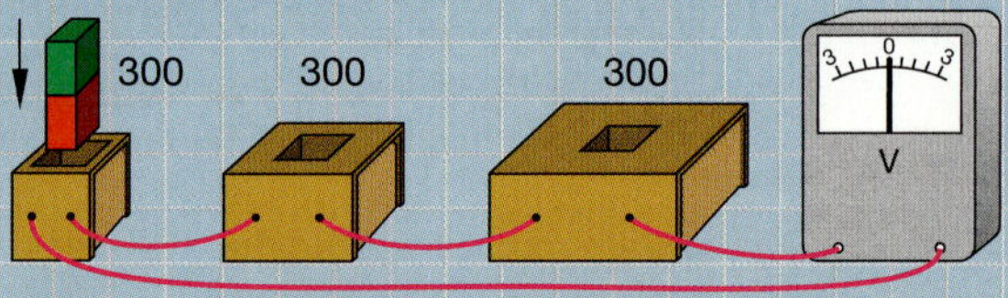


**V7** Hänge einen Magneten an eine Feder. Lasse den Magneten in einer Spule schwingen. Vergleiche die Bewegung des Magneten, wenn
**a)** die Spule mit einer Lampe verbunden ist;
**b)** bei offenem Stromkreis;
**c)** bei kurzgeschlossener Spule.
**d)** Erkläre die Beobachtungen. Denke an die Energieumwandlung.

**V8** Zwei Spulen mit und ohne Eisenkern sind vorhanden. Untersuche, wie die Induktionsspannung sich verändert, wenn sich auch in der Induktionsspule ein Eisenkern befindet. Erkläre deine Aussage.

**V9 a)** Welche Untersuchungen zur Induktion lassen sich mit der folgenden Experimentieranordnung durchführen?
**b)** Plane die entsprechenden Experimente. Sage die Ergebnisse voraus.
**c)** Zeichne die Feldlinienbilder.

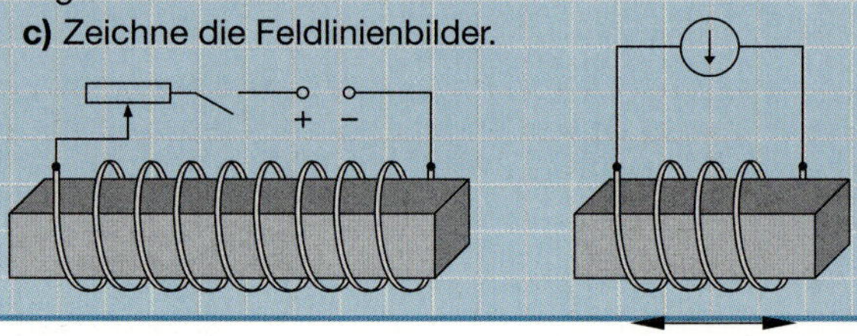

## Windkraftanlagen

Immer häufiger sind Windkraftanlagen nicht nur an der Küste sondern auch im Binnenland zu sehen. Sie bestehen aus den weithin sichtbaren Rotoren und einem Generator im Rumpf hinter dem Rotor.

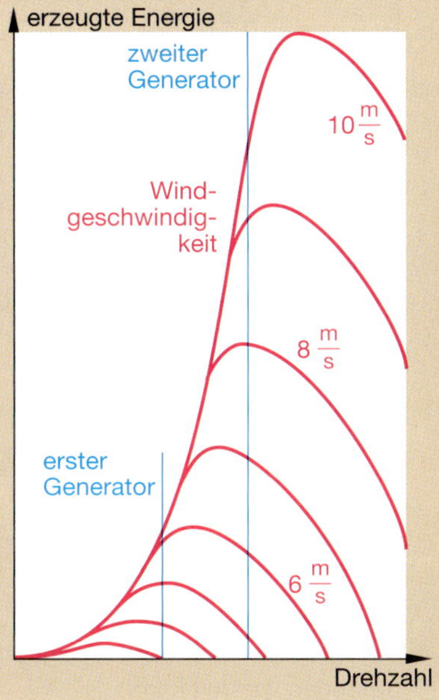


Die von einem Generator abgegebene Leistung berechnet sich als Produkt $U \cdot I$ in der Einheit Watt oder Kilowatt. Sie hängt einmal ab von der Stromstärke, die die Elektrogeräte im angeschlossenen Stromkreis „abrufen". Zum anderen von der Spannung, die der Generator liefert. Diese steigt mit wachsender Drehzahl.
Die Grafik oben zeigt, dass für eine bestimmte Größe der Windgeschwindigkeit (also der mechanischen Energie) die erzeugte elektrische Energie ein Maximum bei einer anderen Drehzahl hat. Deshalb haben Windkraftanlagen häufig zwei Generatoren, die je nach Windgeschwindigkeit eingeschaltet werden. So wird die Anlage optimal genutzt.

Da die Drehzahl des Rotors die Frequenz des Wechselstroms bestimmt, ist diese windgeschwindigkeitsabhängig. Beim Betrieb eines eigenen Stromnetzes, z. B. für die Versorgung eines abgelegenen Bauernhofes oder einer Berghütte kann die Maximalleistung in Abhängigkeit von der Windgeschwindigkeit genutzt werden, wenn keine hohe Frequenzstabilität erforderlich ist.
Anders wenn die von der Windkraftanlage erzeugte Energie in das öffentliche Versorgungsnetz eingespeist werden soll. Dann darf die Frequenz nur weniger als 0,1 Hz von der Norm von 50 Hz abweichen.

Zwei Möglichkeiten werden genutzt, um genau diese 50 Hz zu erreichen:
- Durch mechanische Getriebe und Messeinrichtungen wird die geforderte Frequenz eingestellt.
- Mithilfe einer Elektronik wird aus dem durch den Generator erzeugten Wechselstrom Gleichstrom gemacht. Anschließend wird der Gleichstrom in Wechselstrom von genau 50 Hz umgewandelt. Nun kann die aus dem Wind gewonnene Energie problemlos in das öffentliche Netz eingespeist werden.

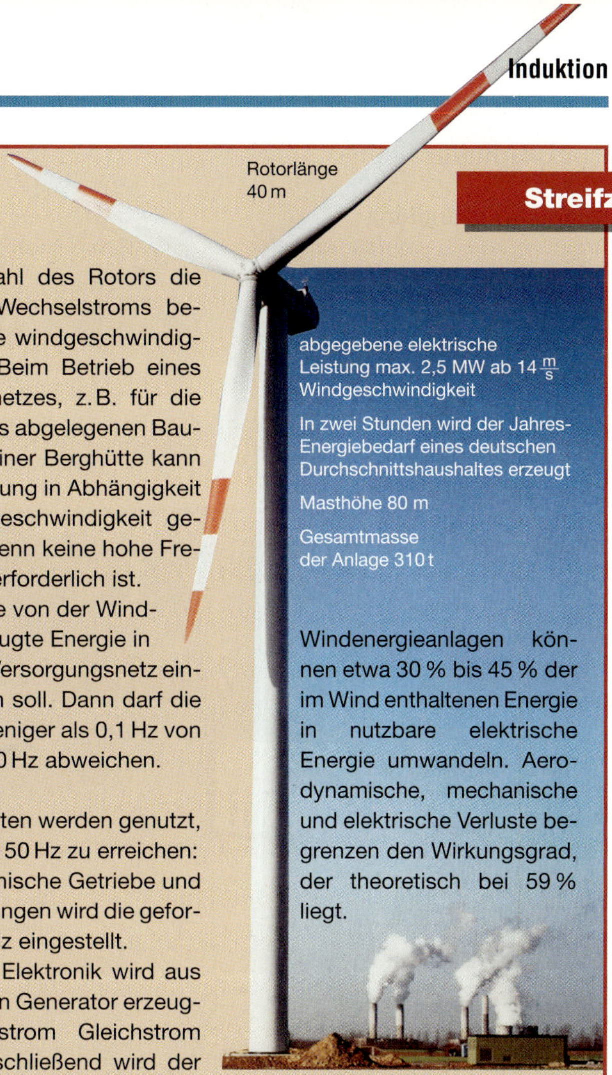


Windenergieanlagen können etwa 30 % bis 45 % der im Wind enthaltenen Energie in nutzbare elektrische Energie umwandeln. Aerodynamische, mechanische und elektrische Verluste begrenzen den Wirkungsgrad, der theoretisch bei 59 % liegt.

Braunkohlekraftwerk, abgegebene Leistung rund 2000 MW

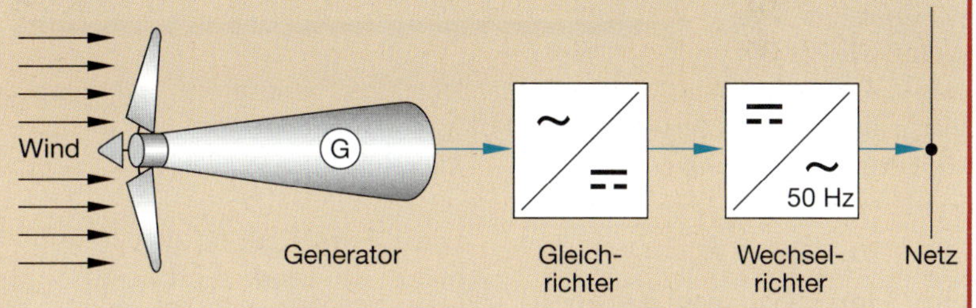


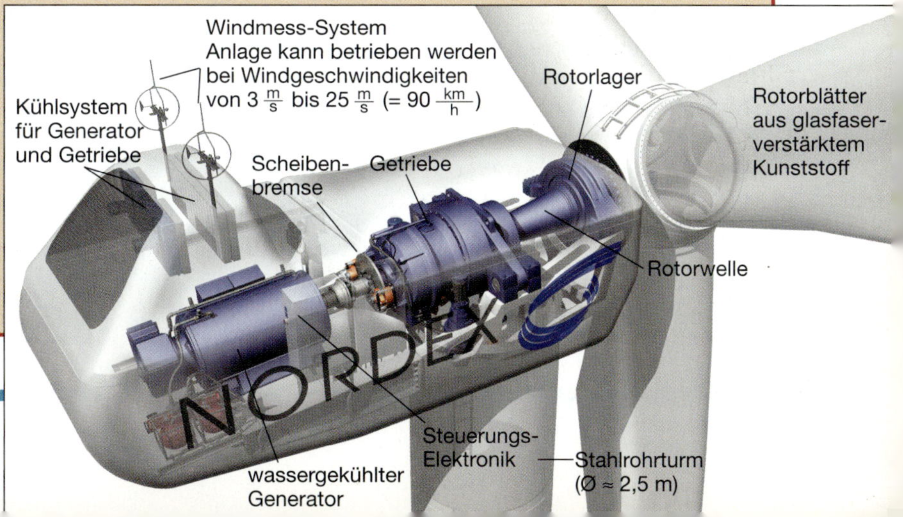

# Transformator

## Spannungswandlung

Tragbare Radios werden normalerweise mit sechs 1,5 V Batterien betrieben, also mit 9 V. Manche können aber auch an die Steckdose mit 230 V angeschlossen werden. Dies ist möglich durch einen Transformator (kurz Trafo). Wie ist er aufgebaut und wie funktioniert er?

Beim Anlegen einer Wechselspannung an die Primärspule wird im Eisenkern ein sich dauernd veränderndes Magnetfeld erzeugt. Durch den geschlossenen Eisenkern wird die Änderung des Magnetfeldes in der Primärspule in das Innere der Sekundärspule übertragen. So entsteht durch Induktion an den Klemmen der Sekundärspule (Induktionsspule) eine Induktionsspannung $U_2$ mit der gleichen Frequenz wie die Primär-Wechselspannung. Wird die Primärspannung $U_1$ erhöht, wächst auch die Sekundärspannung $U_2$: $\mathbf{U_1 \sim U_2}$

| $U_1$ | $U_2$ | $N_1$ | $N_2$ | $\frac{N_2}{N_1}$ | $\frac{U_2}{U_1}$ |
|---|---|---|---|---|---|
| 10 V | 19 V | 300 | 600 | 0,5 | 0,52 |
| 20 V | 38 V | 300 | 600 | 0,5 | 0,53 |
| 30 V | 56 V | 300 | 600 | 0,5 | 0,53 |
| 10 V | 27 V | 300 | 900 | 0,33 | 0,37 |
| 20 V | 53 V | 300 | 900 | 0,33 | 0,38 |
| 30 V | 80 V | 300 | 900 | 0,33 | 0,38 |
| 10 V | 38 V | 300 | 1200 | 0,25 | 0,26 |
| 20 V | 74 V | 300 | 1200 | 0,25 | 0,27 |
| 30 V | 92 V | 300 | 1200 | 0,25 | 0,27 |
| 10 V | 3 V | 900 | 300 | 3 | 3,33 |
| 20 V | 6 V | 900 | 300 | 3 | 3,33 |
| 30 V | 9 V | 900 | 300 | 3 | 3,33 |

Den Messwerten entnehmen wir, dass $U_2$ um so größer ist, je mehr Windungen die Sekundärspule und je weniger die Primärspule hat. Zusammengefasst: Die Größe der Induktionsspannung hängt vom Verhältnis der Windungszahlen $\frac{N_2}{N_1}$ ab:

$$\frac{U_2}{U_1} \approx \frac{N_2}{N_1}.$$

**Zentraler Versuch**

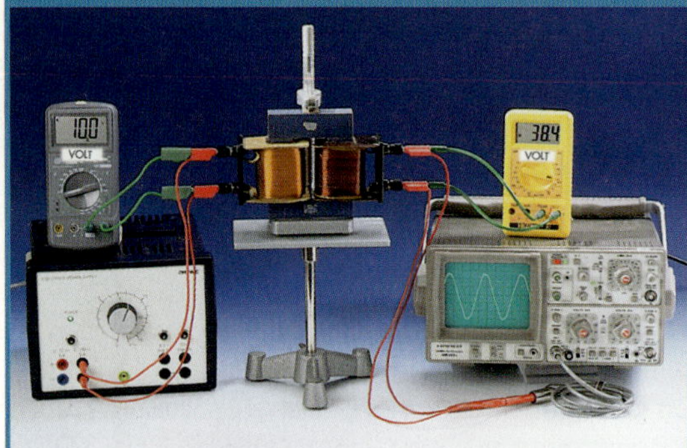

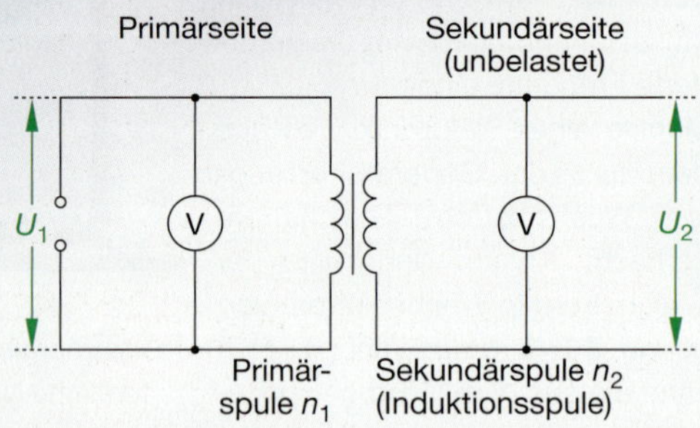


Für eine verlustfreie Spannungswandlung ergibt sich

$$\mathbf{U_2 = U_1 \cdot \frac{N_2}{N_1}}$$

Diese Formel gilt für den Transformator im Leerlauf, d.h. es sind keine Bauteile oder Geräte angeschlossen. Es gibt keinen Sekundärstromkreis. Wir sagen, der Transformator ist nicht belastet.

Beim unbelasteten Transformator wird die Spannung an der Sekundärseite (Ausgang) durch das Verhältnis der Windungszahlen bestimmt:
$U_2 = U_1 \cdot \frac{N_2}{N_1}$

**Rechenbeispiel**

Ein Transformator hat zwei Spulen mit 400 und 1600 Windungen. Wie groß ist die Sekundärspannung, wenn an die 1600er-Spule eine Wechselspannung von 230 V angelegt wird?

Geg.: $U_1 = 230\,V$
$N_1 = 1600$
$N_2 = 400$

Ges.: $U_2$

Lösung: $U_2 = U_1 \cdot \frac{N_2}{N_1}$
$= 230\,V \cdot \frac{400}{1600}$
$= 230\,V \cdot \frac{1}{4} = 57{,}5\,V$

Die durch den Trafo bereitgestellte Spannung beträgt 57,5 V.

**Aufgaben**

**1** Begründe, warum ein Transformator nur mit Wechselspannung betrieben werden kann.

**2** Bei einem Experimental-Transformator stehen Spulen mit 330, 600 und 1500 Windungen zur Verfügung. In welche Spannungen lassen sich die 230 V des Haushaltsnetzes damit transformieren? Beantworte für alle möglichen Spulenkombinationen.

**3** Ein Transformator hat 750 Windungen auf der Primärseite und 150 Windungen auf der Sekundärseite. Welche Ausgangsspannung liegt an, wenn der Transformator an die Steckdose zuhause angeschlossen wird?

**4** An die Primärspule (1000 Windungen) eines Trafos wird eine Taschenlampenbatterie mit 4,5 V angeschlossen.
**a)** Wie groß ist die Spannung auf der Sekundarseite mit 500 Windungen?
**b)** Begründe deine Antwort.

## Der Transformator als Energiewandler

Der Transformator nimmt elektrische Energie auf und wandelt sie in elektrische Energie mit anderen Parametern um. Treten bei einem belasteten Transformator durch diese Umwandlung Verluste auf? Das lässt sich herausfinden, wenn die elektrische Energie in beiden Kreisen verglichen und der Wirkungsgrad berechnet wird. Die Tabelle zeigt, dass der Wirkungsgrad von der Belastung $P_2$ der Sekundärseite abhängt.

| **Trafo für Optiklampe** | | | |
|---|---|---|---|
| | $P_1$ | $P_2$ | $\eta$ |
| Leerlauf | 2,4 W | 0 W | 0 |
| 6 V \| 0,1 A | 3 W | 0,7 W | 0,23 |
| 6 V \| 0,4 A | 5 W | 2,7 W | 0,54 |
| 2 Lampen | 7,8 W | 5,3 W | 0,68 |
| 6 V \| 5 A | 40 W | 30 W | 0,75 |
| **Aufbau-Trafo (1800 \| 600)** U-Kern Eisen geblättert | | | |
| | 1,2 W | 0,63 W | 0,53 |
| | 4 W | 2 W | 0,5 |
| | 15 W | 5,5 W | 0,37 |
| U-Kern Eisen massiv | | | |
| | 7 W | 1,3 W | 0,19 |
| | 16 W | 3,1 W | 0,19 |

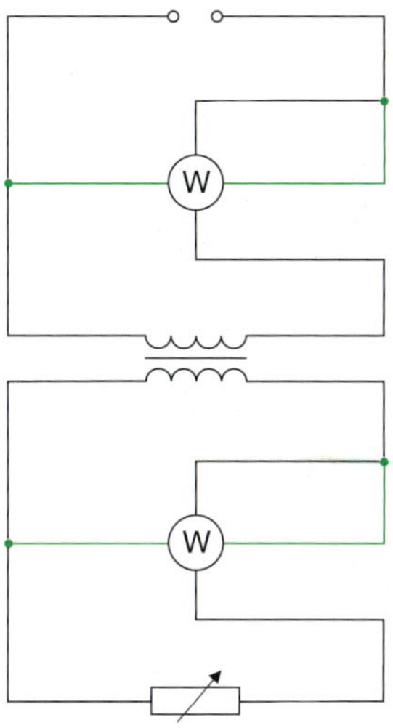


Die technisch eingesetzten Transformatoren erreichen Wirkungsgrade von etwa 96 %.

## Transformator im Leerlauf

Die Klingel oder der Hausgong wird mit einer relativ kleinen Nennspannung betrieben, z. B. mit 12 V. Diese Spannung wird von einem Transformator bereitgestellt. Er ist die ganze Zeit in Betrieb. Wie groß ist dabei die benötigte Energie? Wie wir an den Messgeräten ablesen, ist die Energieaufnahme im Primärkreis beim Arbeitszustand (Schalter geschlossen) und beim Ruhezustand (Schalter offen) unterschiedlich. Auch im Leerlauf wird elektrische Energie in Wärmeenergie gewandelt, erkennbar an der höheren Temperatur des Trafokerns.

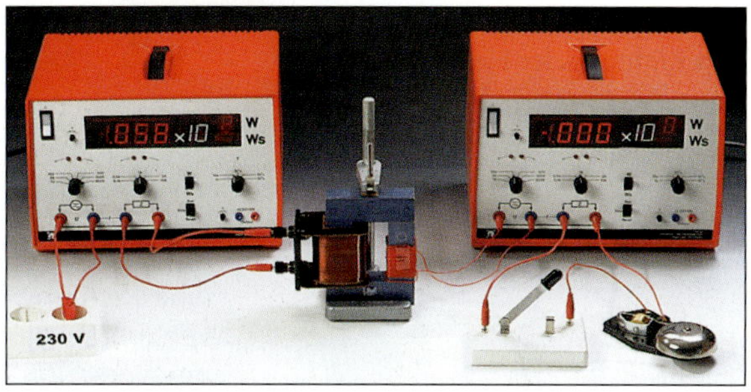


Für Fernseher und Musikanlagen ist die Leerlaufleistung im Stand-By-Betrieb merklich. So hat z. B. ein Fernseher eine „Arbeitsleistung" von 100 W; die Stand-by-Leistung beträgt immerhin noch 20 W, also $\frac{1}{5}$! Durch ein Zusatzgerät „Stand-by-Control" kann der Energiebedarf auf 0,3 W gesenkt werden.

## BESONDERE TRAFOS

Pinnwand

### Elektroschweißen

Beim Automobilbau werden die verschiedenen Karosserieteile elektrisch zusammen geschweißt. Dies erledigt ein Schweißroboter (Schweißtrafo). Einer der beiden Ausgänge der Sekundärwicklung ist mit der Karosserie verbunden, der zweite mit einer beweglichen Elektrode. Mit dieser wird das Blech gegen die Karosserie gepresst. Im Moment der Berührung fließt ein starker Strom durch die beiden Metallteile. Das Metall glüht an dieser Stelle auf und fließt ineinander. Nach dem Erkalten sind die beiden Metallbleche fest punktförmig verbunden. Der Schweißtransformator liefert eine Ausgangsspannung von 23 V. Bei einer angenommenen Stromstärke von 100 A ergibt sich eine Leistung von 23 V · 100 A = 2300 W. Diese Leistung muss vom Versorgungsnetz geliefert werden. Bei 230 V ist daher auf der Primärseite eine Stromstärke von mindestens 10 A erforderlich.

### Trafos mit variablen Sekundärspannungen

Bei **Stufentrafos** hat die Sekundärspule mehrere Abgriffe mit unterschiedlichen Windungszahlen. Dadurch können verschiedene Spannungen abgenommen werden.

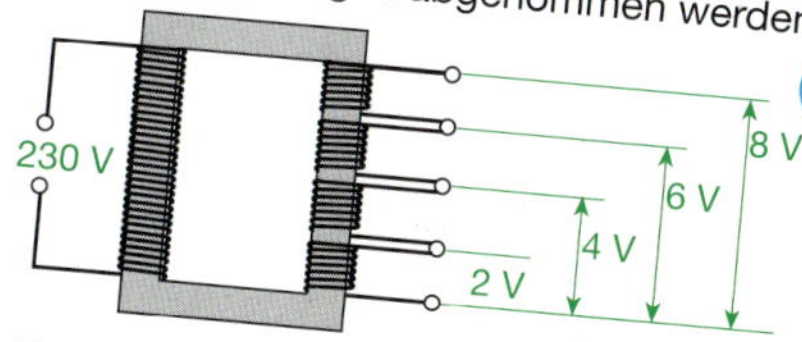


Bei einem Stelltrafo sind Eingangs- und Ausgangsspule auf einen ringförmigen Kern gewickelt. Über eine Kohlerolle kann eine beliebige Spannung auf der Sekundärseite abgenommen werden.

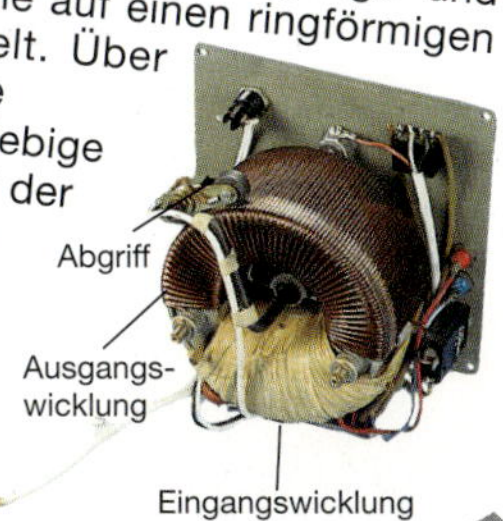

## Eine Ursache – zwei Wirkungen

Beim Einschalten bewegt sich der frei aufgehängte Leiter. Er wird ausgelenkt. Ohne Magnet ist keine Auslenkung zu beobachten.
Wichtig ist offensichtlich, dass sich der stromdurchflossene Leiter in einem Magnetfeld befindet. Nur dann tritt eine Kraftwirkung senkrecht zur Stromrichtung auf. Haben Richtung der Elektronenbewegung und Richtung des Magnetfeldes einen Einfluss? Wir stellen fest:

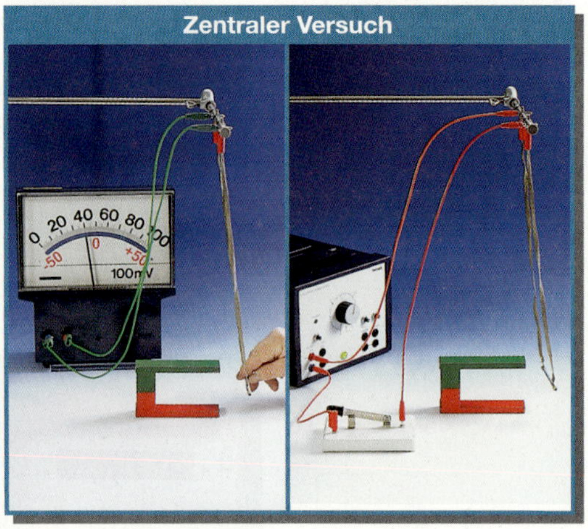


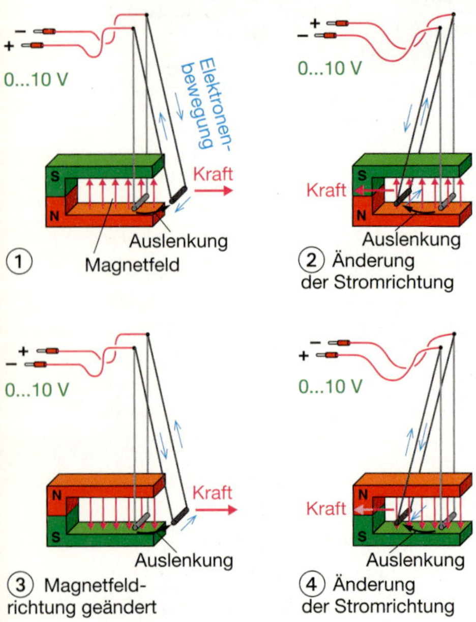


Mit der Linken-Hand-Regel können wir die Richtung der Kraft voraussagen. Diese Kraft heißt nach dem holländischen Physiker Hendrik ANTOON LORENTZ (1853–1928, Professor für Theoretische Physik in Leiden, Holland) **Lorentzkraft.**

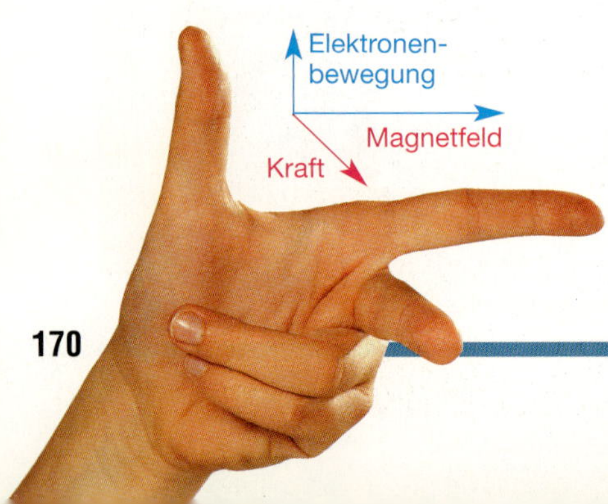


In dieser Regel hat das Magnetfeld eine Richtung – das ist neu! Es ist vereinbart, dass die Feldlinien immer vom Nordpol zum Südpol eines Magneten verlaufen.

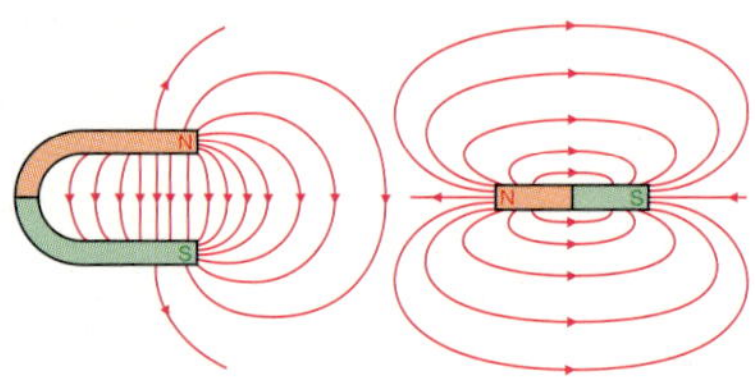


Mit der Lorentzkraft kann auch der zweite Teil des Versuches erklärt werden:
Wird der Leiter in Bewegung gesetzt, dann entsteht an seinen Enden eine Spannung. Ursache ist die Bewegung des Leiters in vom Nordpol zum Südpol gerichteten Magnetfeld. Die Linke-Hand-Regel gibt die Richtung der Kraft, die auf die Elektronen im Leiter in dessen Längsrichtung wirkt, die also eine Verschiebung von Elektronen zu einem Ende des Leiters verursacht. Diese Ansammlung von Elektronen an der einen Seite des Leiters und der dadurch auftretende Elektronenmangel an der anderen Seite bewirkt eine Spannung zwischen den Enden des Leiters.

Damit verstehen wir auch, wie die Induktionsspannung an den Spulenklemmen entsteht. Entscheidend ist dabei die Relativbewegung von Elektronen und Magnetfeld.

**Wie wird die Regel angewendet?**
Der Daumen der linken Hand zeigt in die Bewegungsrichtung der Elektronen (**U**rsache) von ⊖ nach ⊕, der abgespreizte Zeigefinger in Richtung der Magnetfeldlinien (**V**ermittlung) von N nach S. Der zu beiden senkrecht abgespreizte Mittelfinger zeigt dann die Richtung der Lorentzkraft (**W**irkung) an. Die Regel wird auch **U-V-W**-Regel genannt.

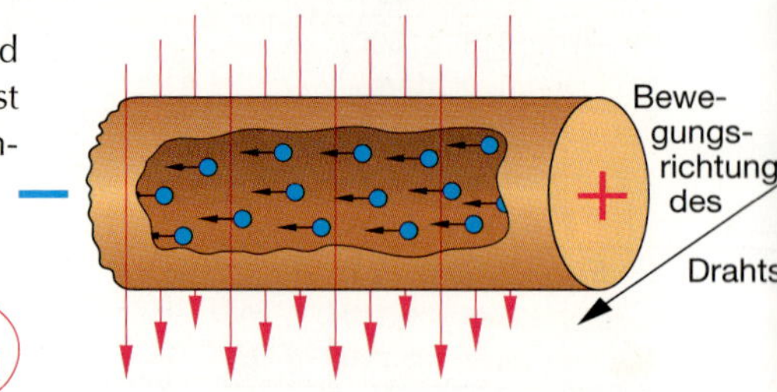


**Bewegte Elektronen im Magnetfeld erfahren senkrecht zur Bewegungsrichtung und senkrecht zur Richtung des Magnetfeldes eine Kraft, die Lorentzkraft.**

### Aufgaben

**1** Was geschieht, wenn im Foto oben der Leiter durch eine Spule ersetzt wird? Begründe.

**2** Ein Sprungseil aus Kupferlitze wird an ein empfindliches elektrisches Messgerät angeschlossen. Beim Springen mit diesem Seil zeigt das Messgerät Ausschläge. Wie ist dies zu erklären?

**3** Erkläre mithilfe der Lorentzkraft, warum bei der Bewegung einer Spule (Leiterschleife) in einem homogenen Magnetfeld parallel oder senkrecht zu den Feldlinien keine Spannung induziert wird. (*Hinweis:* Untersuche die Elektronenbewegung in jedem geradlinigen Teil der Schleife.)

# Ohne Induktion kein Hören von Musik!

Streifzug

## Der Lautsprecher

In einem **dynamischen Lautsprecher** bewegt sich die in den Magneten eintauchende Spule im Rhythmus der Sprache oder der Musik.
Da sich die Windungen der Spule in einem Magnetfeld befinden, wirkt auf die bewegten Elektronen im Spulendraht die Lorentzkraft. Dies führt zu einer Bewegung der Spule. Die Spule ist mit einer steifen Membran verbunden, die die Luft davor zum Schwingen bringt – wir hören Sprache, Geräusche oder Musik.

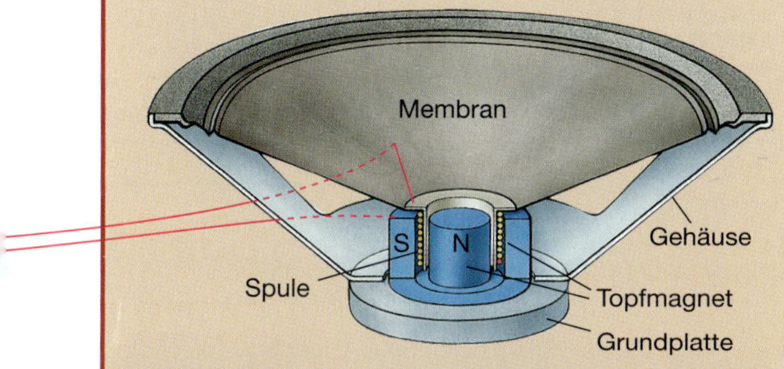


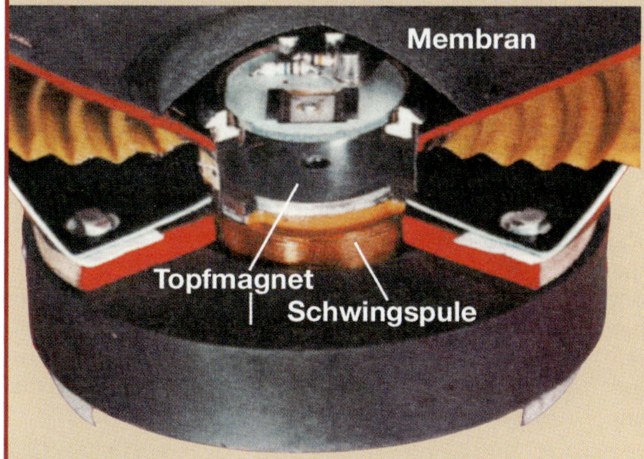


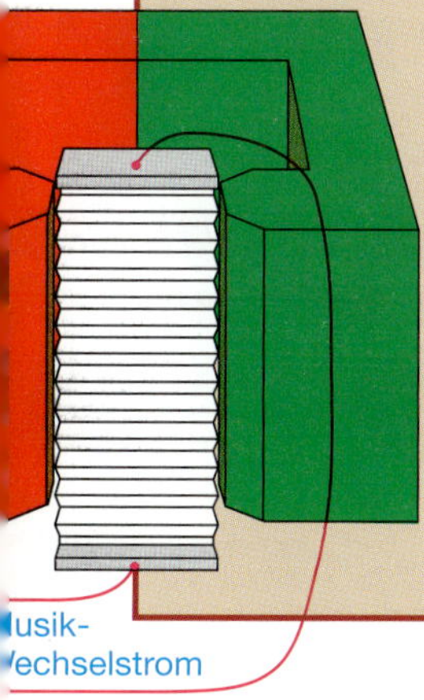


Im **Bändchen-Lautsprecher** ist das sehr dünne und etwa 0,5 cm breite Bändchen Leiter („Spule") und Membran zugleich. Es befindet sich im homogenen Magnetfeld des Lautsprechermagneten. Infolge der Lorentzkraft schwingt es auch im Rhythmus des durch die Musik bestimmten Wechselstromes und regt dabei die Luftsäule zu Schwingungen an. Dabei können Töne im Bereich von 350 Hz bis zu 20 kHz entstehen.

## Der Cassettenrecorder – akustische Wiedergabe eines magnetischen Musters

**Tonaufzeichnung:** Musik oder Sprache wird vom Lautsprecher in Wechselstrom umgewandelt. Dieser Wechselstrom magnetisiert den Tonkopf unterschiedlich stark und in unterschiedlicher Richtung. Die Wechselmagnetisierung des Tonkopfes wird auf das Tonband übertragen. Dieses Kunststoffband ist mit einer dünnen Schicht aus sehr kleinen Chromdioxidkristallen (5 µm) beschichtet, die sich im Magnetfeld des Tonkopfes unterschiedlich ausrichten. Damit sind die akustischen Signale in Form von magnetischen Mustern gespeichert.

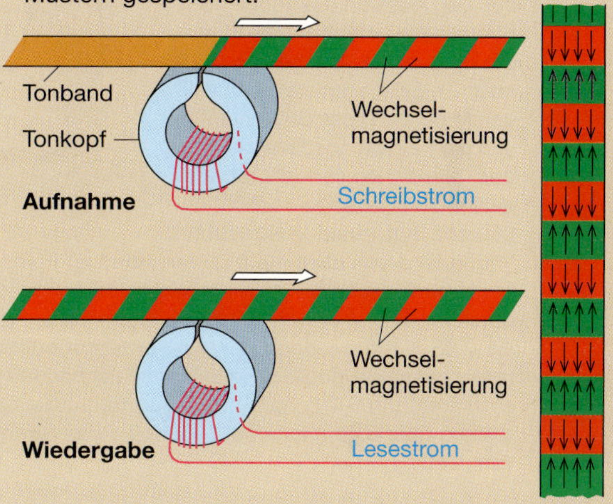


**Wiedergabe:** Diese magnetischen Muster können über den Tonkopf wieder in elektrische Ströme und über Lautsprecher oder Kopfhörer schließlich in hörbare Töne umgewandelt werden. Der Tonkopf besteht aus einer Spule mit Eisenkern mit einem sehr schmalen Luftspalt von 0,001 mm. Das vorbeilaufende Band induziert durch die unterschiedliche Magnetisierung in der Spule Wechselströme, die verstärkt durch die Spulen des Lautsprechers fließen.

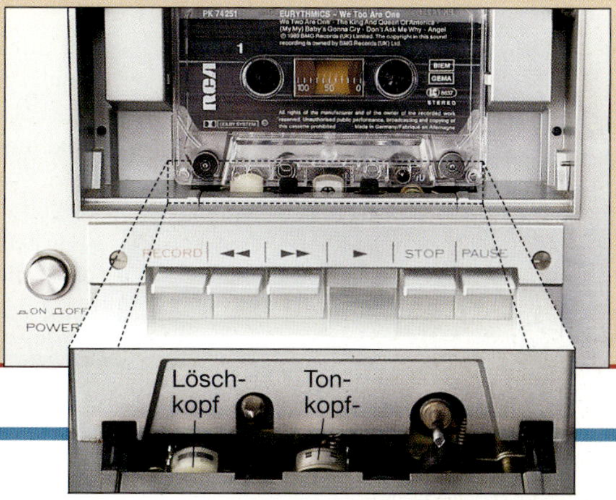

Pinnwand

# INDUKTION – VIELFÄLTIG NUTZBAR

## F-I-Schalter

Bei der Installation von Bädern in Haushalten oder in Laboratorien, z. B. auch im Physikraum, ist vorgeschrieben, neben den Sicherungen und den Schutzkontaktsteckdosen den Stromkreis zusätzlich mit einem F-I-Schalter (Fehlerstromschalter) auszurüsten. Warum ist diese zusätzliche Sicherung notwendig?

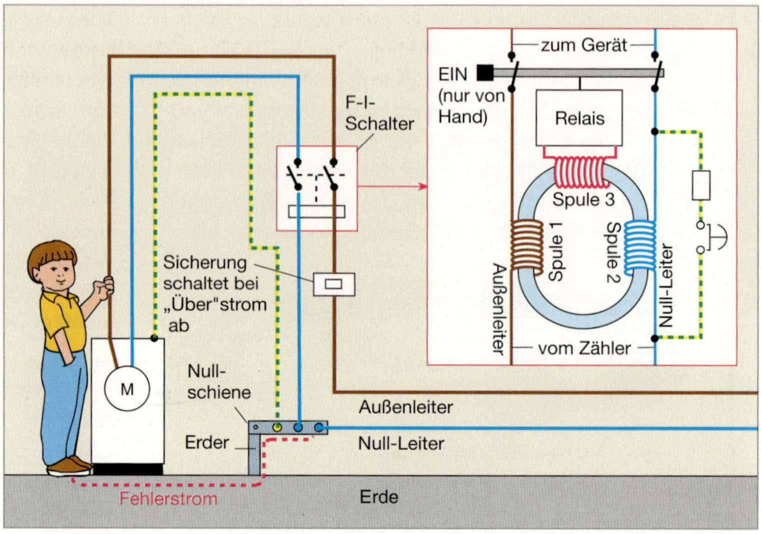


Die „normale" Sicherung spricht nur bei Kurzschluss (sehr hohe Stromstärke) sofort an, bei Stromstärken um den Nennbereich (10 A oder 16 A) dagegen erst nach einigen Minuten. Diese Stromstärken und die Einwirkungsdauer sind für den Menschen jedoch lebensgefährlich oder sogar tödlich. Ein Mensch hat einen elektrischen Widerstand von etwa 1200 Ω (von Hand zu Fuß). Ist er Teil eines Erdschluss-Stromkreises, so fließen bei 230 V durch ihn 230 V/1200 Ω = 0,19 A. Stromstärken größer als 0,08 A rufen jedoch bereits Herzkammerflimmern hervor, wenn sie länger als eine Herzschlagperiode (0,7 s) einwirken. Ein F-I-Schalter dagegen trennt bei Stromstärken über 0,03 A innerhalb von 0,3 s den Stromkreis vom Netz.

**Wie arbeitet ein F-I-Schalter?**

Das durch den Strom im Außenleiter in Spule 1 erzeugte Magnetfeld ist genau so groß wie das durch den Strom im Null-Leiter erzeugte Magnetfeld in Spule 2, hat aber entgegengesetzte Richtung. Bei gleich großen Strömen durch die Spulen heben sich die beiden Felder in ihrer Wirkung auf. In Spule 3 wird keine Spannung induziert.

Ist aber der Strom durch Spule 2 kleiner als durch Spule 1 infolge eines Teilstromes zur Erde (Stromverzweigung), so bleibt ein Restfeld bestehen, das in Spule 3 eine Spannung induziert. Der hervorgerufene Induktionsstrom wird elektronisch verstärkt und betätigt sofort ein Relais, das den Stromkreis zweifach unterbricht.

Bei einem „fehlerfreien" Stromkreis arbeitet der F-I-Schalter wie ein normaler geschlossener Schalter, d.h. es sind Stromstärken bis zur Nennstromstärke der „normalen" Sicherung möglich.

Der gelb gezeichnete Stromkreis des F-I-Schalters simuliert einen Fehlerstrom. So kann durch Betätigen des Tasters geprüft werden, ob der F-I-Schalter noch funktionstüchtig ist. Diese Kontrolle soll im Haushalt regelmäßig erfolgen.

## Dreh dir den Strom

„Am Strand wäre so ein Kurbelradio wirklich spitze", meint Nicola Standl aus Norderstedt. Da könne sie dann preiswert tolle Musik hören, denn das Kurbelradio funktioniert auch ohne Batterien. Oder soll's doch lieber die Kurbeltaschenlampe sein?

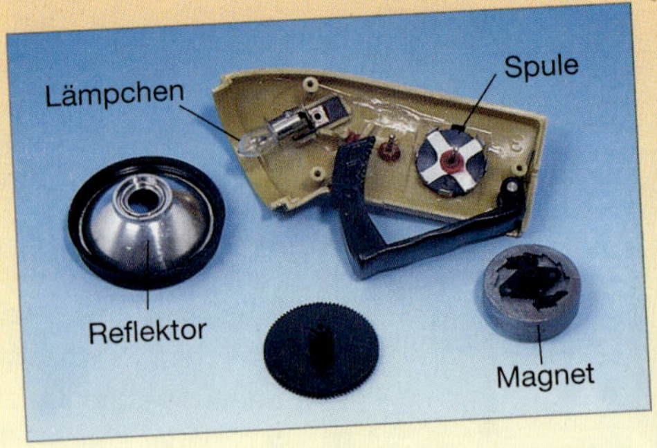

## Eine wundersame Erzeugung von elektrischem Strom

Diese Erfahrung machten 1866 berühmte Wissenschaftler aus der Akademie der Wissenschaften und der Berliner Universität erstmalig bei einer Einladung von WERNER SIEMENS in Berlin. Er führte seinen Gästen eine neue Maschine vor, die die Erzeugung elektrischer Ströme ohne Verwendung von Dauermagneten ermöglichte. Er erläuterte seinen Gästen:
„Der geringste Grad von Magnetismus, welcher auch im weichesten Eisen zurückbleibt, genügt, um bei wieder eintretender Drehung des Ankers das progressive Anwachsen des Stromes im Schließungskreis von neuem einzuleiten. Es bedarf daher nur eines einmaligen kurzen Stromes durch die Windungen des festen Elektromagneten, um den Apparat für alle Zeit leistungsfähig zu machen."

Bei seiner Maschine waren die Statorspulen, die Läuferspulen und das Elektrogerät in Reihe geschaltet. Wird die Läuferspule in dem schwachen Restmagnetfeld des Stators in Rotation versetzt, so wird in ihr zunächst eine kleine Spannung induziert, die im angeschlossenen Stromkreis einen kleinen Strom bewirkt. Dieser Strom verstärkt nun seinerseits das Magnetfeld in den Statorspulen usw. Die Induktionsspannung und der Strom im äußeren Kreis verstärken sich so gegenseitig.

SIEMENS hatte seinen Gästen das **dynamo-elektrische Prinzip** erläutert – die Nutzung des Restmagnetismus zur Erzeugung elektrischer Energie. Der selbsterregte Gleichstromgenerator wird auch Dynamo genannt.

Die Erfindung des Dynamos ermöglichte den Bau von leistungsfähigen Generatoren und leitete dadurch eine stürmische Entwicklung der Elektrotechnik ein. Ab 1872 wurde die Dynamomaschine von den SIEMENS-Mitarbeitern von HEFNER-ALTENECK und GRAMME so weiterentwickelt, dass sie zur Stromerzeugung in der Industrie eingesetzt werden konnte. Kurze Zeit danach entstanden in den größeren Städten die ersten Kraftwerke und lokal begrenzte Stromversorgungsnetze. 1892 wurde erstmals Energie über eine große Strecke von Lauffen/Neckar nach Frankfurt/Main großtechnisch übertragen.

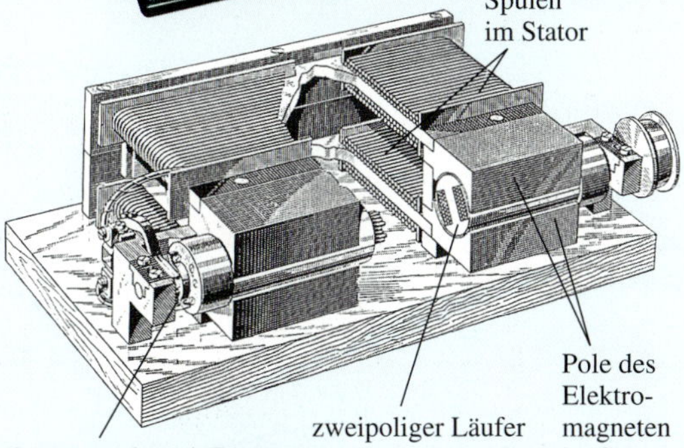


### Armbanduhr ohne Batterie oder Aufzug

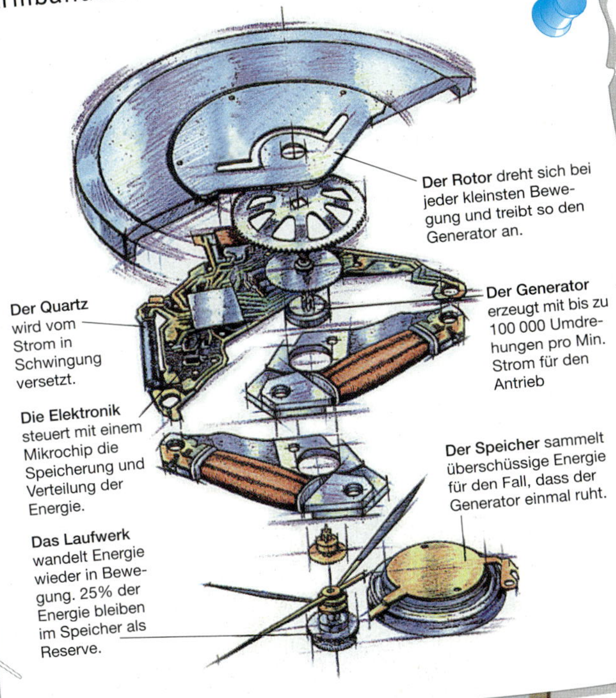

# Verteilung elektrischer Energie

**Ursprünglich stammt die Energie, die wir nutzen, aus dem Inneren der Erde (Kohle, Erdöl, Erdgas oder Uran) oder von der Sonne. In Kraftwerken oder Raffinerien werden diese Energieträger so aufbereitet, dass ihre Energie genutzt und leichter transportiert werden kann.**
**Mit welchen Energieumwandlungsprozessen werden heutzutage nutzbare Energien zur Verfügung gestellt? Wie lässt sich Energie vom Kraftwerk zum End„verbraucher" transportieren? Was macht der schließlich damit?**

## Primärenergie – Sekundärenergie – Endenergie – Abwärme

Die in den natürlichen Energieträgern gespeicherte chemische Energie wird **Primärenergie** genannt. Zu diesen Energieträgern zählen Kohle, Holz, Erdöl, Erdgas, Sonnenlicht, Wind und hochgehobenes Wasser. Die Primärenergien, lassen sich in zwei Gruppen unterteilen:

- Energien, die in der Erde vorhanden sind und nach Umwandlung in nutzbare Energie „verbraucht" sind. Dazu gehören die Energieträger, die durch Fotosynthese aus der Sonnenenergie entstanden sind (Holz, Kohle, Torf, Erdgas, Erdöl), die Kernenergie, die in Uran gespeichert ist, und Erdwärme.
- Energien, die sich durch die Sonneneinstrahlung oder durch die Bewegung des Mondes um die Erde immer wieder erneuern. Zu diesen regenerativen (erneuerbaren) Energien gehören Sonnenstrahlung, Wind„kraft", Wasser„kraft" und Gezeiten„kraft".

In Raffinerien, Kokereien und Kraftwerken wird die Primärenergie in **Sekundärenergie** umgewandelt. Es entstehen die Energieträger Koks, Brikett, Benzin, Diesel, Heizöl und elektrischer Strom. Diese Sekundärenergie wird auf den verschiedensten Wegen zum End„verbraucher" transportiert, der sie dann weiter verwenden kann.

Je nach Verwendungszweck wird beim Nutzer die Sekundärenergie in **Endenergie** umgewandelt, z. B. im Auto die chemische Energie des Benzins in Bewegungsenergie, beim Elektroherd die elektrische Energie in Wärmeenergie.

Bei all diesen Umwandlungen wird ein Teil der eingesetzten Energie für den Umwandlungsprozess selbst benötigt, ein Teil geht in nicht nutzbare „entwertete" Energieformen (meistens Wärmeenergie) über, oft einfach **Abwärme** genannt. Der Anteil der Energie, die am Ende dem Nutzer tatsächlich zur Verfügung steht, ist die **Nutzenergie.**

Unsere moderne Gesellschaft hat einen enormen Bedarf an Energie, aber leider bisher nur wenig Bereitschaft zum Einsparen. Die Energiereserven, die uns auf der Erde zur Verfügung stehen, sind jedoch begrenzt. Die Entwicklung neuer Technologien zur Gewinnung von Energie wird immer wichtiger. Dabei ist in besonderem Maße auf die Umweltbelastung zu achten. Die Gefahren durch Radioaktivität bei Kernkraftwerken und die Schadstoffemissionen bei Fahrzeugen oder Heizungen sind Beispiele dafür.

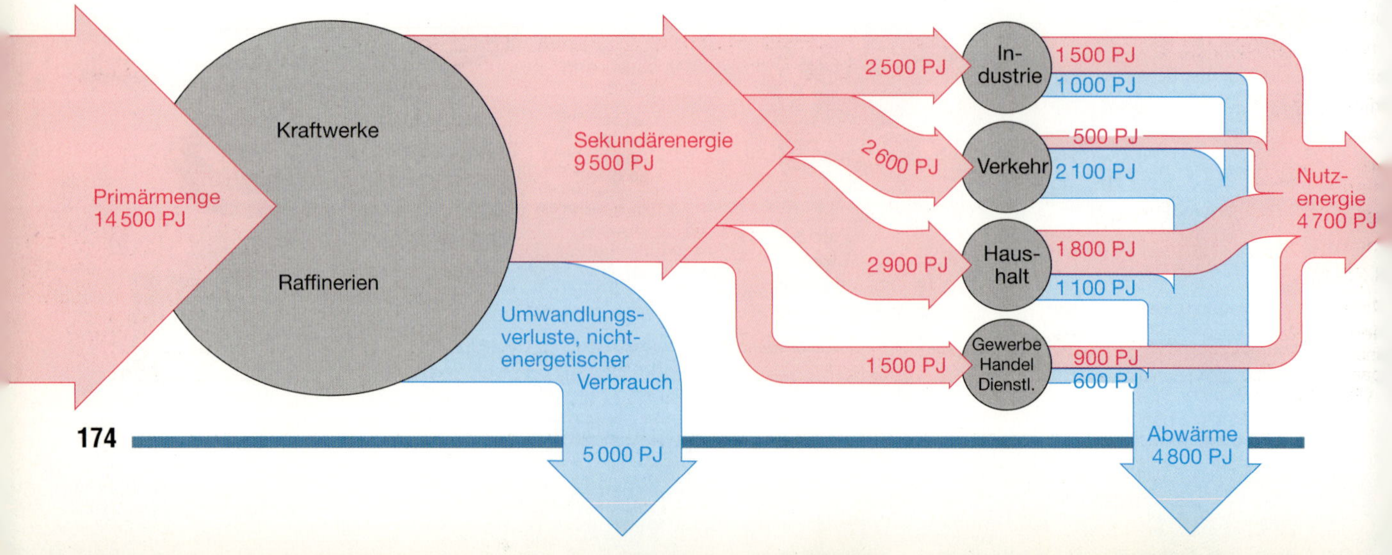

## Energienutzung beim End„verbraucher“

Die untere Grafik auf der linken Seite zeigt, dass sich der Bedarf an Endenergie ziemlich gleichmäßig zu je knapp einem Drittel auf die Bereiche Verkehr, Industrie und Haushalte aufteilt.
Bemerkenswert ist das Verhältnis von Nutzenergie zu Abwärme: In Kraftwerken und Raffinerien werden $\frac{2}{3}$ der eingesetzten (Primär-) Energie in die gewollte (Sekundär-) Energie umgewandelt. Bei den Endverbrauchern Industrie, Haushalte und Gewerbe ist dieses Verhältnis etwas schlechter (knapp 60 %), beim Verkehr extrem schlechter – weniger als 20 % der eingesetzten Sekundärenergie werden genutzt.

> In Kraftwerken und Raffinerien wird Primärenergie in Senkundärenergie umgewandelt, beim „End“verbraucher die Sekundärenergie in Nutzenergie und Abwärme.

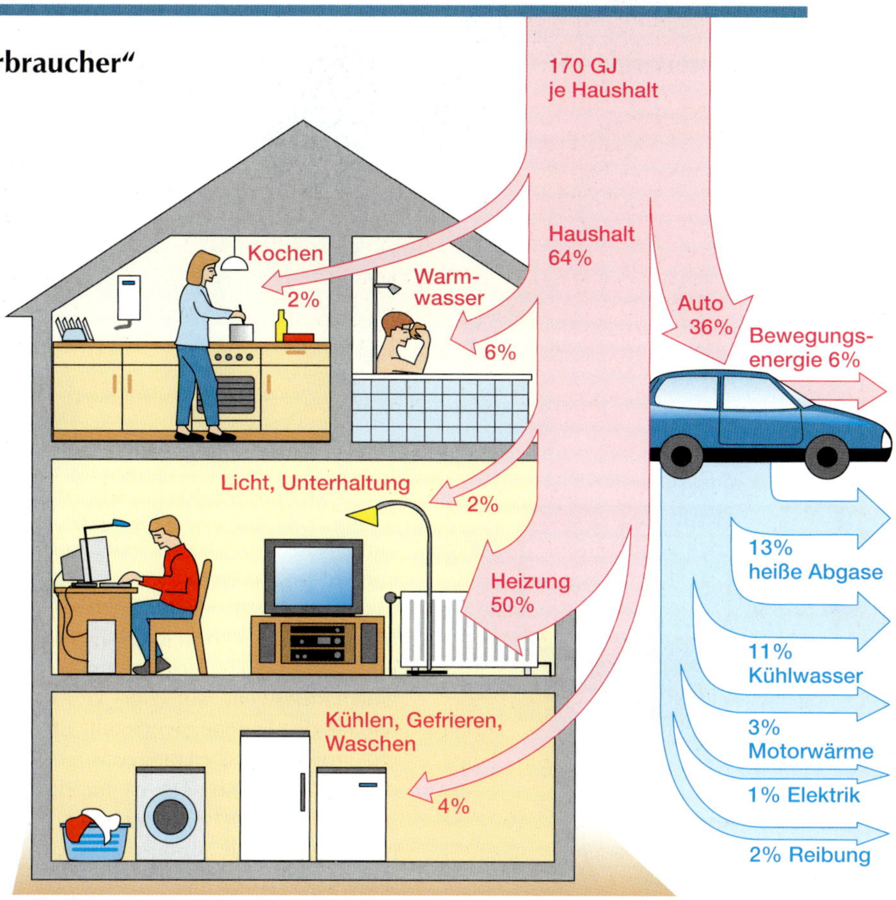


Energieverbrauch pro Kopf

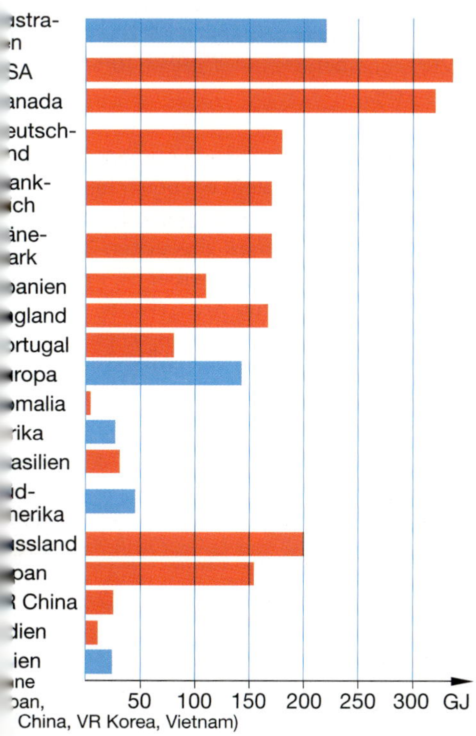


Über 80 % des Primärenergieverbrauchs der Welt stammt aus fossilen Energieträgern, bei deren Verbrennung immer Kohlenstoffdioxid ($CO_2$) entsteht. Das ausgestoßene Gas $CO_2$ wird zum Teil von den Weltmeeren absorbiert, zum Teil von Pflanzen aufgenommen und in Sauerstoff umgewandelt, der in die Atmosphäre abgegeben wird. Aber der Großteil des entstandenen $CO_2$ bleibt in der Atmosphäre.

$CO_2$ und andere Gase führen zu einem **Treibhauseffekt,** der die mittlere jährliche Temperatur der Erde ansteigen lässt. Die Folgen sind auf die Dauer verheerend: Die Trockenzonen dehnen sich aus; die Wälder sterben; das Eis an den Polkappen schmilzt; es kommt zu immer mehr Stürmen und Hochwasser. Um dies zu vermeiden, brauchen wir umweltverträgliche Energiequellen und ein anderes Verhalten.

Globale Mitteltemperatur (in °C) und $CO_2$-Emission

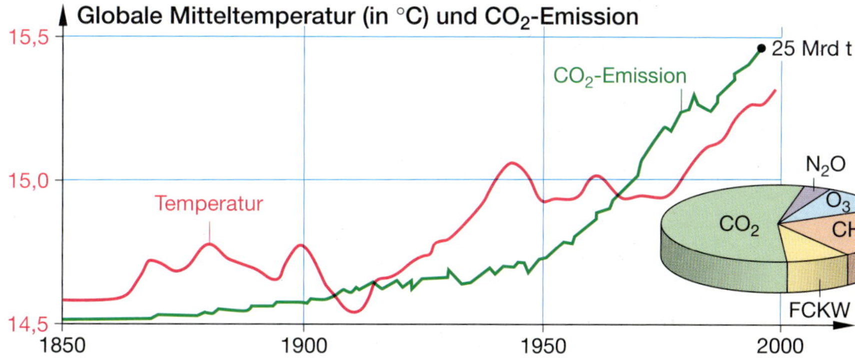

## Sekundärenergie „Strom“

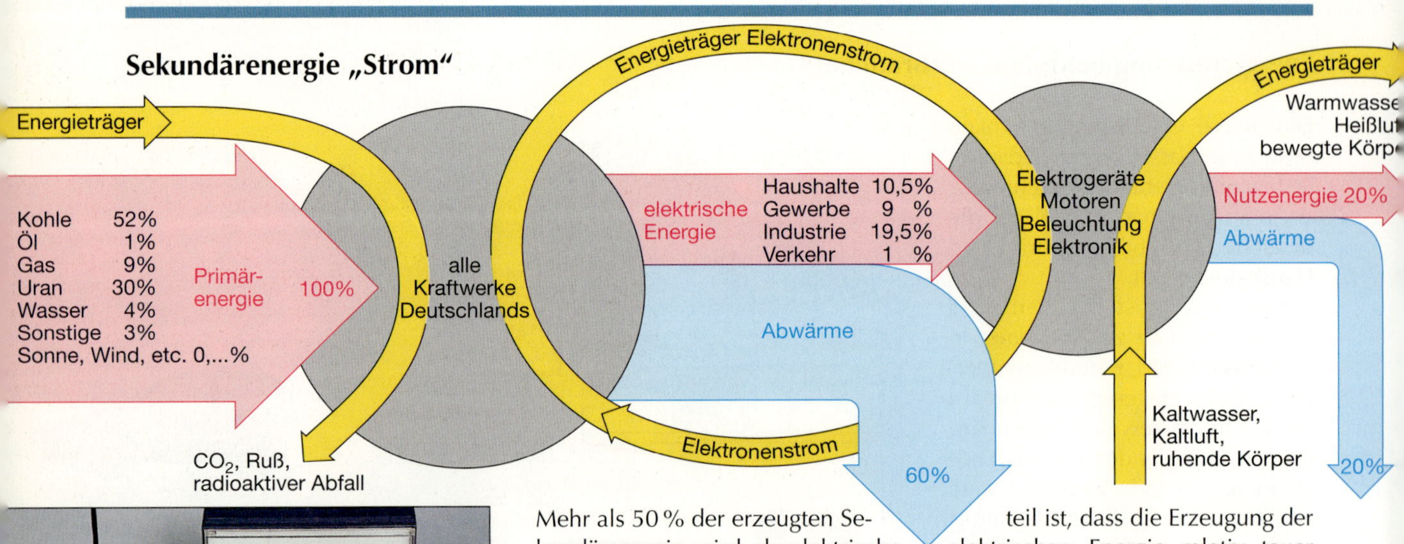

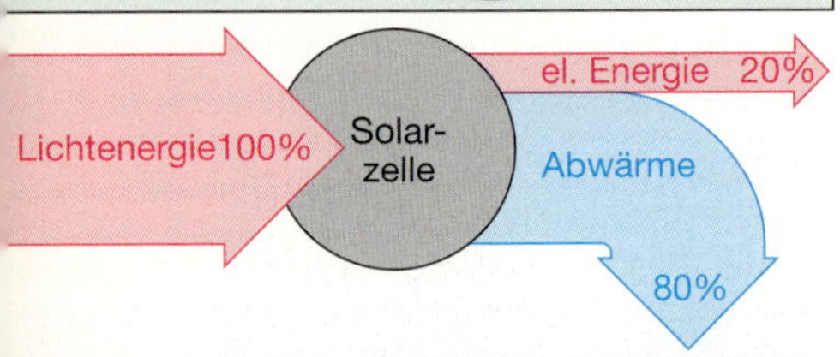


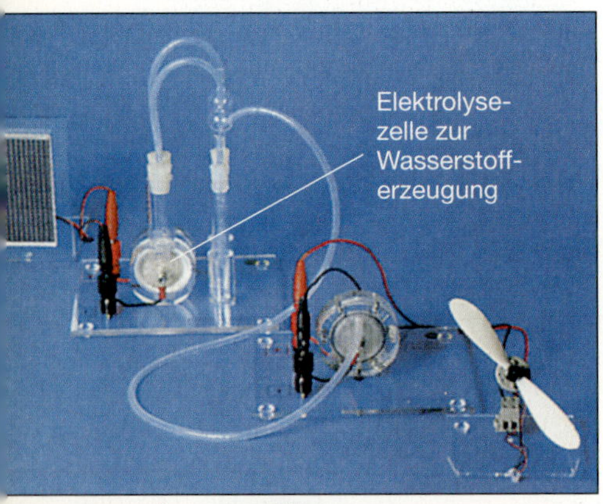


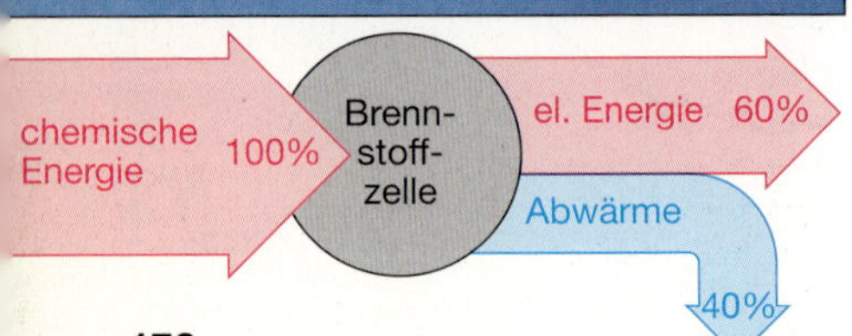


Mehr als 50 % der erzeugten Sekundärenergie wird als elektrische Energie weiterverwendet; ihr Träger ist der elektrische Strom. Elektrische Energie ist deshalb so attraktiv, weil im Normalfall das Versorgungsnetz eine landesweite sofortige Verfügbarkeit der Energie sicherstellt und ihre großtechnische Erzeugung recht einfach ist. Außerdem ist für den „Endverbraucher“ elektrische Energie eine absolut saubere und bequeme Sache.

Die Wandlung von Primärenergie in die Sekundärenergie „Strom“ geschieht in Generatoren. Dabei kann der Generator direkt mit Primärenergie betrieben werden, z. B. mit Wind oder strömendem Wasser, oder in Kraftwerken mit Energie, die vorher mehrfach gewandelt wurde. Elektrische Energie kann aber auch ohne Verwendung von Generatoren erzeugt werden. Beispiele sind *Solarzelle* und *Brennstoffzelle*. Deren Entwicklung ist in den letzten Jahren deutlich vorangeschritten. Der Vorteil von Solarzellen und Brennstoffzellen liegt darin, dass bei ihrem Betrieb keine Schadstoffe in die Umwelt gelangen. Ihr Nachteil ist, dass die Erzeugung der elektrischen Energie relativ teuer und nicht in den gewaltigen Mengen möglich ist, die benötigt werden. Sie können die Energieerzeugung in herkömmlichen Kraftwerken nicht ersetzen, aber sehr wohl ergänzen.

Die Umwandlungsprozesse von verschiedenen Formen der Primärenergie in die Sekundärenergie „Strom“ unterscheiden sich sehr stark hinsichtlich ihres **Wirkungsgrades,** also des Verhältnisses von nutzbarer zu eingesetzter Energie. Bei Kraftwerken beträgt der Wirkungsgrad etwa 40 %, bei Solarzellen etwa 15 % bis 20 % und bei Brennstoffzellen 40 % bis 70 %.

Die bei Wärmekraftwerken entstehende **Abwärme** stellt ein beträchtliches Energiepotential dar, das – einmal an die Umwelt abgegeben – nicht mehr weiter verwertbar ist. In Kraftwerken, die mit *Kraft-Wärme-Kopplung* arbeiten, wird diese Energie teilweise weiter verwendet. Als *Fernwärme* wird sie zur Raumheizung oder zur Warmwasserbereitung in Haushalten und Betrieben genutzt.

Kraftwerksgeneratoren, Solar- und Brennstoffzellen wandeln Primärenergie in die Sekundärenergie „Strom“.
Nicht alle eingesetzte Primärenergie kann in elektrische Energie umgewandelt werden. Der Wirkungsgrad ist ein Maß für die Güte der jeweiligen Umwandlung.

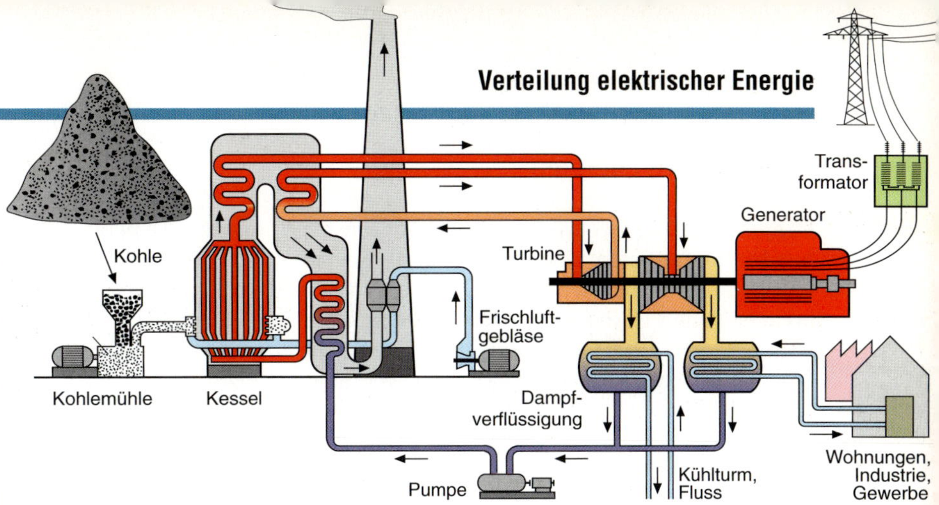


## Der Kraftwerksprozess

Der Prozess, der sich in allen Großkraftwerken abspielt, ist die Umwandlung einer bestimmten Form von Primärenergie über verschiedene Zwischenstufen letztlich in elektrische Energie. So sieht der Energieumwandlungsprozess eines Kohlekraftwerks aus:

Die in Kohle chemisch gespeicherte Primärenergie wird durch Verbrennung in innere Energie und Bewegungsenergie von heißem Wasserdampf umgewandelt. Die Bewegungsenergie des Heißdampfes wird in der Turbine zu Bewegungsenergie der Turbinenwelle. Diese wird dann in einem letzten Umwandlungsprozess im Generator in elektrische Energie umgewandelt, die über Transformatoren in das Versorgungsnetz eingespeist wird.

Wird die beim Kondensieren des Heißdampfes zwangsläufig frei werdende Kondensationsenergie nicht als Abwärme an die Umwelt abgegeben, sondern als *Fernwärme* genutzt, dann erhöht sich der Wirkungsgrad von Kraftwerken durch diese *Kraft-Wärme-Kopplung* auf 70 % bis 80 %.

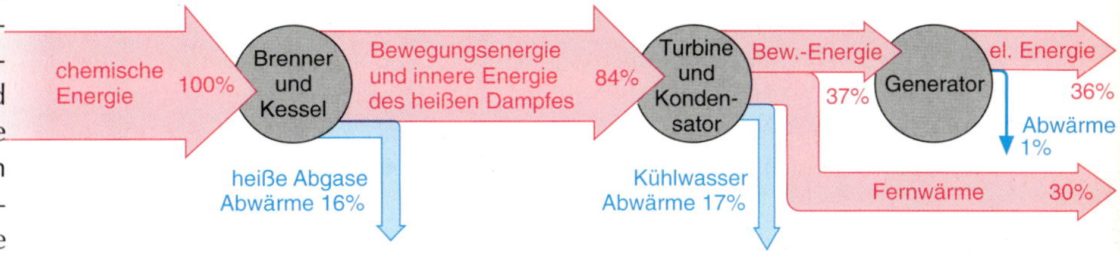


## Elektrische Energie aus Müll und Biomasse

Die Umwandlung von Sonnenenergie in Biomasse ist eine der wichtigsten Energieumsetzungen auf unserer Erde. Unter dem Begriff **Biomasse** werden alle pflanzlichen Stoffe und deren Rückstände oder Abfälle zusammengefasst, also z. B. Holz, Stroh, Algen, tierische und menschliche Exkremente, Haus- und Industrieabfälle und die durch Verrottung entstehenden Gase.

Da bei der Umwandlung von Biomasse in elektrische Energie nur so viel Kohlenstoffdioxid entsteht wie vorher beim Wachstum der Pflanzen der Umwelt entzogen wurde, geschieht die Energieerzeugung ohne Erhöhung des $CO_2$-Gehaltes der Luft. Damit wird der Treibhauseffekt nicht verstärkt.

Mit dem von den Einwohnern produzierten Müll werden vielerorts **Müllheizkraftwerke** betrieben. Sie decken bis zu 5 % des Bedarfs an elektrischer Energie einer Stadt.

> Kraft-Wärme-Kopplung bei Großkraftwerken und die Erzeugung von elektrischer Energie aus Biomasse helfen Primärenergie sparen ohne Erhöhung des $CO_2$-Gehalts der Atmosphäre.

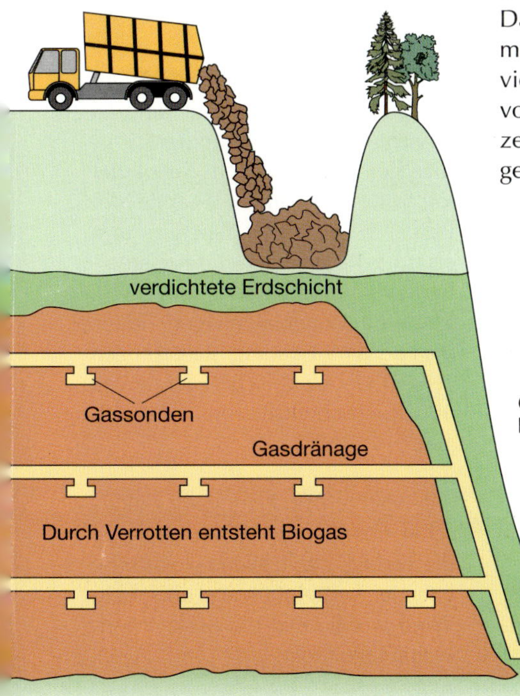


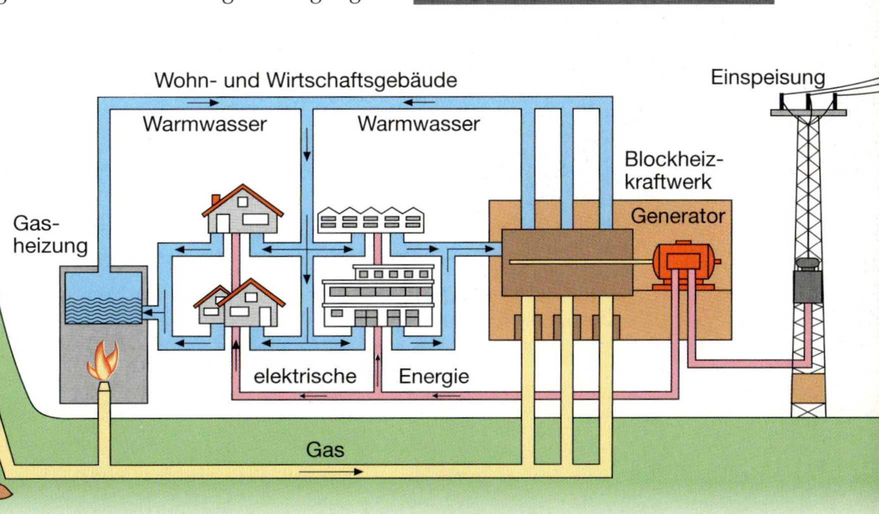

## Regenerative Energien

Der größte Teil der weltweit benötigten elektrischen Energie wird heute aus fossilen Brennstoffen gewonnen. Der Vorrat an diesen Brennstoffen ist jedoch begrenzt, da wir allein in Deutschland etwa 500 000-mal so viel verbrauchen wie sich im Jahr neu bilden kann. Schätzungen zufolge wird der Vorrat in 100 bis 200 Jahren aufgebraucht sein. Die Entwicklung neuer Technologien ist daher unumgänglich. Ein Weg ist die Nutzung regenerativer Energien.

| | Vorräte | Verbrauch | Reichweite |
|---|---|---|---|
| Erdöl | 5 931,9 EJ | 140,7 EJ | 42,2 Jahre |
| Erdgas | 5 120,1 EJ | 85,0 EJ | 60,2 Jahre |
| Kohle | 23 440,5 EJ | 93,8 EJ | 249,9 Jahre |
| Uran | 1 000,0 EJ | 22,0 EJ | 45,5 Jahre |

### Wasser„kraft"

Wasserkraftwerke besitzen von allen Kraftwerken den größten Wirkungsgrad. Je nach Typ kann er bis zu 90 % betragen. Die geografischen Gegebenheiten in Deutschland erlauben allerdings nur, 4 % der benötigten elektrischen Energie mit Wasserkraft zu erzeugen. Bei allen Arten von Wasserkraftwerken wird die Lageenergie hochgehobenen Wassers mithilfe einer Turbine und eines Generators in elektrische Energie umgewandelt.

In Deutschland gibt es drei Arten von Wasserkraftwerken:

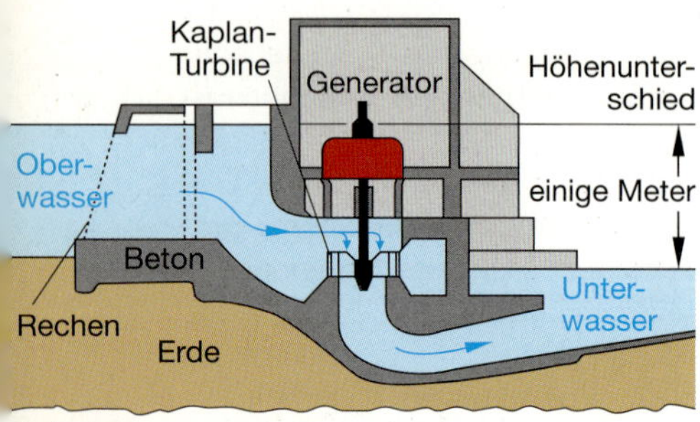


- Bei **Laufwasserkraftwerken** ist ein Fluss aufgestaut. Der Höhenunterschied zwischen Ober- und Unterwasser beträgt etwa 3–5 m. Die Turbine wird durch das hindurchfließende Wasser ständig angetrieben und erzeugt so laufend elektrische Energie. Ist sie nicht in Betrieb, läuft das Wasser ungenutzt über das Wehr.

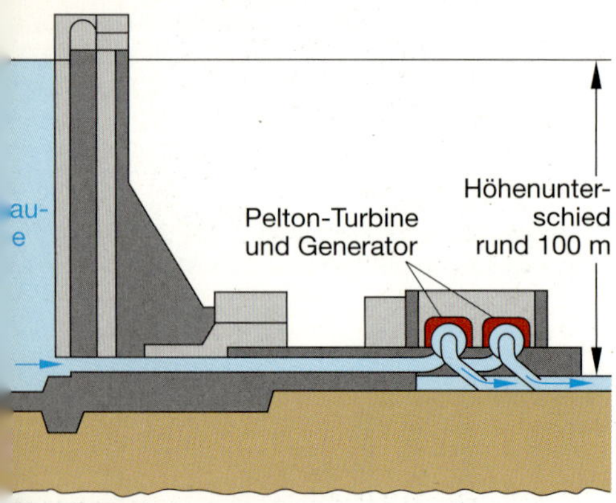


- **Speicherkraftwerke** unterhalb von Stauseen im Gebirge nutzen ebenfalls die Lageenergie von hochgehobenem Wasser. Der Höhenunterschied beträgt meist rund hundert Meter. Bei Bedarf kann die Lageenergie des Wassers im Staubecken kurzfristig in elektrische Energie umgewandelt und ins Netz eingespeist werden. Laufen die Turbinen nicht, bleibt das Wasser oben im Staubecken und mit ihm seine Lageenergie gespeichert.

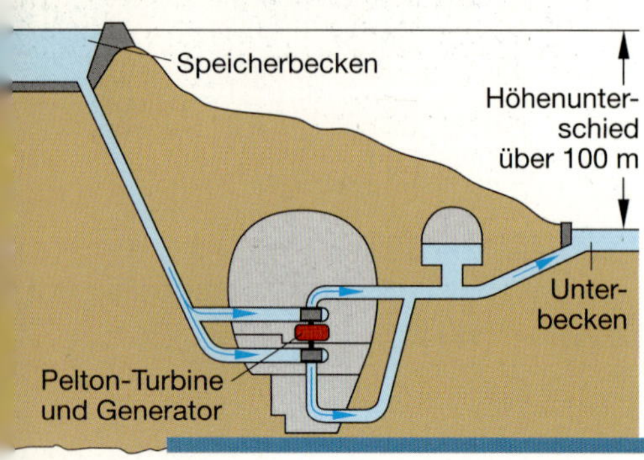


- **Pumpspeicherkraftwerke** sind oft mit Speicherkraftwerken kombiniert. Sie können dem Netz überschüssige Energie entziehen, indem Wasser in ein hochgelegenes Speicherbecken gepumpt wird. Dieses steht dann auf Abruf zur Verfügung und kann in Spitzenlastzeiten binnen Minuten Energie liefern.

### Wind„kraft"

Eine Windkraftanlage erzeugt elektrische Energie, indem sie die Energie der bewegten Luft in Bewegungsenergie des sich drehenden Rotors umwandelt, der den Generator antreibt.

Windenergie ist umgewandelte Sonnenenergie, da Wind durch unterschiedliche Temperaturen in verschiedenen Gebieten der Erde entsteht. Wind besitzt Bewegungsenergie, die proportional zur Masse der bewegten Luft ist, die wiederum vom Luftdruck (Luftdichte) abhängt. Ein weiterer Faktor ist die Windgeschwindigkeit. Die Energie des Windes steigt kubisch mit der Windgeschwindigkeit. Wenn sich die Windgeschwindigkeit z. B. verdoppelt, steigt die Windenergie um den Faktor $2^3 = 8$.

Der Wirkungsgrad einer Windkraftanlage wird durch die Rotoren bestimmt. (Mit Wirkungsgrad ist hier gemeint, welchen Anteil der im Wind steckenden Energie der Rotor in Bewegungsenergie umsetzt.) Sehr gute Rotoren haben einen Wirkungsgrad von etwa 45 %. Moderne Windkraftanlagen haben bis zu 2 MW Leistung; sie erzeugen also so viel elektrische Energie wie 50 Durchschnittshaushalte benötigen.

Der Nachteil der Erzeugung elektrischer Energie aus Windenergie ist die Verfügbarkeit. Wenn elektrische Energie benötigt wird und kein Wind weht, nützt die beste Windkraftanlage nichts.

## Solarenergie

Mithilfe von Solarzellen lässt sich die Energie der Sonnenstrahlung direkt in elektrische Energie umwandeln. Der Wirkungsgrad heute üblicher Anlagen beträgt allerdings nur maximal 20 %. Bei klarem, blauen Himmel können beispielsweise mit einer Solarzellenfläche von 15 000 $m^2$ (etwa zwei Fußballplätze) je Sekunde etwa 1500 kJ elektrische Energie erzeugt werden.

Das Hauptproblem neben dem geringen Wirkungsgrad ist die Tatsache, dass nur dann elektrische Energie erzeugt werden kann, wenn die Sonne scheint. Für sonnenlose Zeiten sind aufwändige und teure Energiespeicher (Akkus) notwendig.

Da der Wirkungsgrad von Solarzellen relativ niedrig ist, ist die Erzeugung elektrischer Energie aus Sonnenenergie im Verhältnis zu anderen Energieerzeugungsmethoden relativ teuer. Er rentiert sich dort, wo lange Versorgungsleitungen gespart werden können, zum Beispiel bei Berghütten oder bei Notrufsäulen an Autobahnen, oder wo Unabhängigkeit vom Versorgungsnetz wichtig ist, z. B. auf Schiffen oder beim Camping. Viele Elektrogeräte, die wenig elektrische Energie benötigen z. B. Taschenrechner, Armbanduhren oder Taschenlampen werden ebenfalls mit Solarzellen betrieben.

## Brennstoffzellen

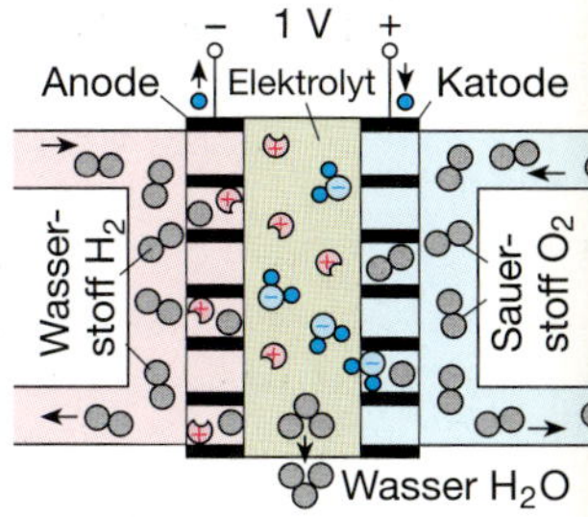


Brennstoffzellen arbeiten umgekehrt wie das bekannte Elektrolyseverfahren: Wasserstoff und Sauerstoff werden getrennt voneinander in die Brennstoffzelle eingeleitet. An der Anode gibt jedes Wasserstoffatom ein Elektron ab und wird dadurch zu einem positiv geladenen Wasserstoffion. An der Katode nimmt jedes Sauerstoffatom zwei Elektronen auf und wird dadurch zu einem negativ geladenen Sauerstoffion. Dabei fließen die vom Wasserstoff abgegebenen Elektronen von der Anode zur Katode und geben über einen äußeren Stromkreis elektrische Energie ab. Die Sauerstoffionen verbinden sich mit den Wasserstoffionen zu Wasser, wobei Wärmeenergie entsteht, die noch weiter genutzt werden kann.

Brennstoffzellen wurden in den 60er Jahren des vergangenen Jahrhunderts zur Stromversorgung der amerikanischen Weltraumkapseln benutzt. Testfahrzeuge mit Brennstoffzellen-Antrieb werden von der Automobilindustrie entwickelt und zzt. getestet. Inzwischen laufen Versuche, den für die Brennstoffzelle benötigten gasförmigen Wasserstoff nicht separat zu erzeugen und in aufwändigen Gasspeichern mitzuführen, sondern ihn durch Elektrolyse von Wasser zu gewinnen, das in normalen Tanks untergebracht werden kann. Die zur Elektrolyse nötige elektrische Energie könnte mithilfe von Solarzellen erzeugt werden.

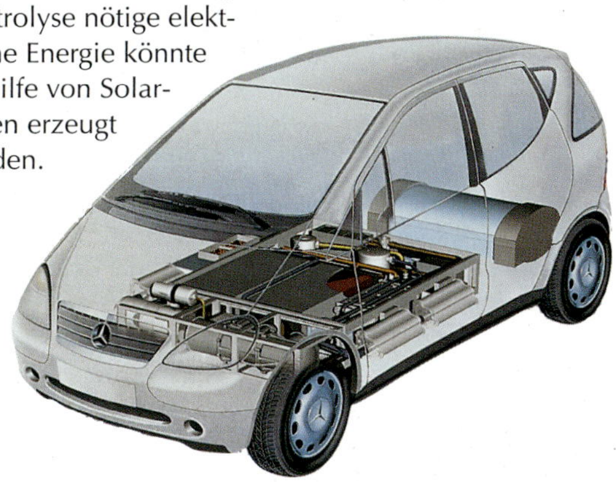

## Energieversorgung

**Versuche und Aufträge**

**A1 a)** Erkundige dich, welche Art von Kraftwerken es in der Umgebung deines Wohnortes gibt.
**b)** Wie groß ist die je Sekunde abgegebene elektrische Energie, also die Leistung der Kraftwerke?

**A2** Erkundige dich bei dem Energieversorgungsunternehmen (EVU), wie groß in ihrem Bereich der prozentuale Anteil der durch regenerative Energien bereitgestellten elektrischen Energie ist.

**A3** Wo werden heutzutage bereits Brennstoffzellen verwendet?

**A4** Erkundige dich, was mit dem gesammelten Biomüll in deinem Wohnort geschieht.

## Kraftwerke im Vergleich

| | Wärmekraftwerk | Kernkraftwerk | Wasserkraftwerk |
|---|---|---|---|
| |  |  |  |
| **Wirkungsgrad** | ca. 40 % | ca. 35 % | ca. 95 % |
| **elektrische Leistung** | pro Kraftwerksblock 500–800 MW<br>Meist werden zwei oder mehr Blöcke zusammengeschaltet | Neuere Kernkraftwerke haben mehr als 1300 MW<br>Auch hier stehen oft zwei Reaktoren an einem Standort | Laufwasserkraftwerke liegen knapp über 50 MW |
| **Brennstoff** | Braunkohle und Steinkohle<br>Es werden ca. 4,1 Mio. t jährlich benötigt | Uran<br>Es werden ca. 30 t Uran jährlich benötigt | keiner |
| **Abwärme** | ca. 60 % der Primärenergie geht in Form von Wärmeenergie über die Luft oder das Wasser in die Umwelt | ca. 65 % der im Uran enthaltenen Energie geht in Form von Wärmeenergie über die Luft oder das Wasser in die Umwelt | fast keine |
| **Umweltbelastung** | Abgase enthalten Schwefeldioxid und Stickoxide, die zu Smog und saurem Regen führen. Durch den Ausstoß von Kohlenstoffdioxid wird der Treibhauseffekt verstärkt | Abgabe von geringen Mengen radioaktiver Stoffe mit der Abluft in die Umwelt<br><br>Die radioaktiven Abfälle müssen entsorgt werden | Erhebliche Eingriffe in die Natur bei der Anlage von Stauseen; Begradigung von Flussläufen; Überflutung von Uferzonen |

Die Tabelle ist natürlich einem ständigen Wandel unterlegen. Neue Technologien setzen die Umweltbelastung einzelner Kraftwerke immer weiter herab und Forschungen treiben die Nutzung regenerativer Energien weiter voran. Die Bereitschaft der Menschen, ihren Energiebedarf zu reduzieren, wird durch die dauernde Diskussion um begrenzte Energieresourcen und Umweltbelastungen stetig erhöht. Jeder von uns kann durch bewussten Umgang mit Energie viel zum Schutz der Umwelt beitragen. Wir sind verpflichtet, auch nachfolgenden Generationen eine intakte Umwelt und ausreichend Energierohstoffe zu hinterlassen.

**Erzeugung elektrischer Energie in Deutschland**
Insgesamt ca. 550 TWh

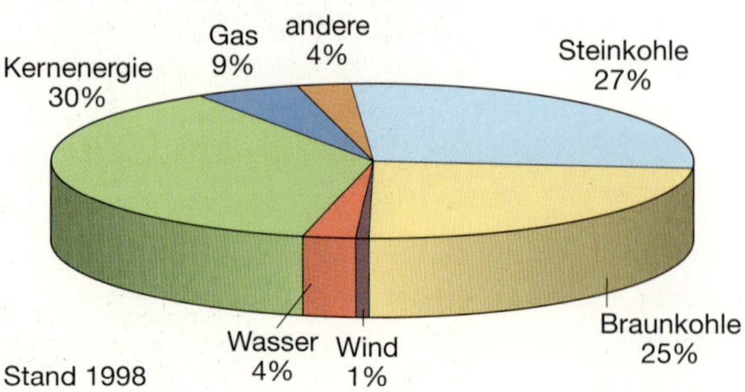


Stand 1998

Der „Club of Rome“, eine Gruppe führender Wissenschaftler aller Gebiete, schrieb 1989 in seinem „Bericht zur Lage der Menschheit“:
*„Wenn die gegenwärtige Zunahme der Weltbevölkerung, der Industrialisierung, der Umweltverschmutzung, der Nahrungsmittelproduktion und der Ausbeutung von natürlichen Rohstoffen unverändert anhält, werden die absoluten Wachstumsgrenzen auf der Erde im Laufe des nächsten Jahrhunderts erreicht sein.“*

| Windkraftwerk | Biomasse | Solarkraftwerk | Brennstoffzelle |
|---|---|---|---|
|  |  |  | 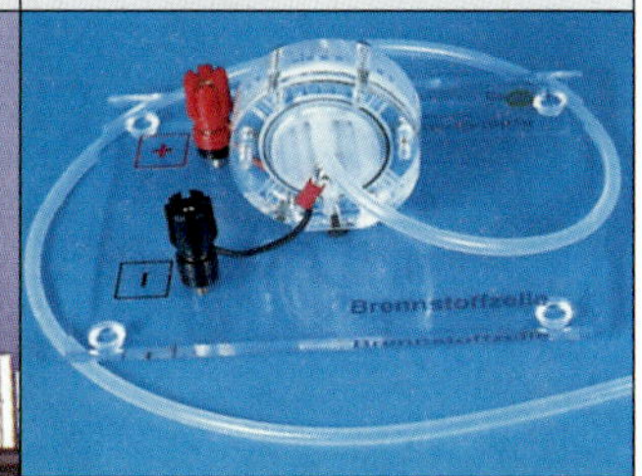 |
| ca. 40 % | ca. 30 % | max. 20 % | ca. 60 % |
| abhängig von Windgeschwindigkeit<br>Ab 12 $\frac{m}{s}$ beträgt die Leistung 250 kW bis 2 MW | wie Wärmekraftwerk | Anlagen mit Parabolspiegeln erreichen pro Spiegel eine elektrische Leistung von 50 kW | von einigen Milliwatt bis zu mehr als 200 kW in Blockheizkraftwerken |
| keiner | organische Abfälle<br>1 kg Biomasse enthält etwa 14–16 MJ Energie | keiner | Wasserstoff, Erdgas oder Methanol |
| keine | wie Wärmekraftwerk | keine | etwa so viel wie elektrische Energie<br>Abwärme kann als Fernwärme genutzt werden |
| Lärmbelästigung durch die Rotoren<br>Beeinträchtigung des Vogelflugs | wie Wärmekraftwerk<br>Treibhauseffekt wird nicht verstärkt, weil beim Wachsen der Pflanzen $CO_2$ aus der Atmosphäre aufgenommen wurde | Solarkraftwerke benötigen große Kollektorflächen. Die Vegetation unter diesen Stellflächen stirbt ab | keine<br>Werden Erdgas oder Methanol „verbrannt“, entsteht neben Wasser auch $CO_2$, das den Treibhauseffekt verstärkt |

## Aufgaben

**1** Welche der besprochenen Energiequellen sind nicht zu jeder Zeit verfügbar? Gib dazu jeweils Gründe an.

**2** Beschreibe die Funktionsweise der unterschiedlichen Kraftwerkstypen.

**3** Zeichne für jeden Kraftwerkstyp ein Energiefluss-Schema.

**4** Welche umweltschädigenden Nebenwirkungen besitzen die jeweiligen Kraftwerkstypen?

**5** Warum können Menschen und Tiere ebenfalls als Energiewandler bezeichnet werden?

**6** Was versteht man unter dem Wirkungsgrad?

**7** Warum ist das Reaktordruckgefäß, in dem die Kernreaktionen ablaufen, mit Wasser gefüllt?

**8** Welchen Brennstoff verbrauchen die einzelnen Kraftwerkstypen?

**9** Warum werden Kohlekraftwerke immer möglichst in der unmittelbaren Nähe von Kohlebergwerken gebaut?

**10** Warum dürfen Windgeneratoren nicht unmittelbar hintereinander aufgestellt werden?

**11** Nenne verschiedene Elektrogeräte, die mit Sonnenenergie betrieben werden.

**12** Bei vielen Berghütten sind Windkraftanlagen mit Solarzellen gekoppelt. Warum ist das sinnvoll?

## Energiebedarf und seine Deckung

Elektrische Energie kann nur in sehr begrenztem Maße gespeichert werden. Sie muss dann erzeugt werden, wenn sie gebraucht wird. Der Bedarf an elektrischer Energie wird daher vom Lebensrhythmus aller Verbraucher bestimmt. Er schwankt im Laufe eines Tages und im Laufe eines Jahres. Der Bedarf aller Nutzer wird in einer entsprechenden Lastkurve zusammengefasst.

### Energiebedarf einer Großstadt

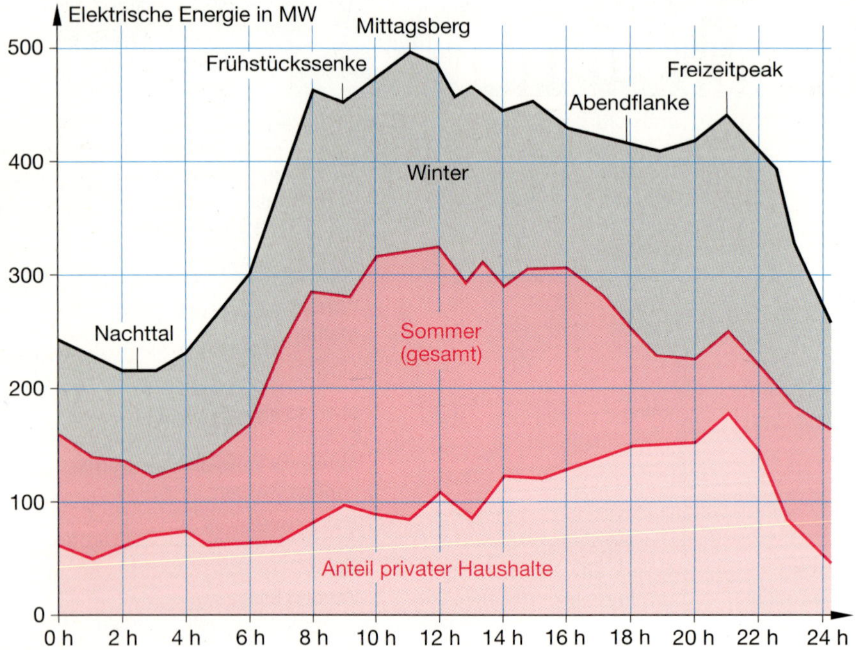


### Deckung des Energiebedarfs in Deutschland

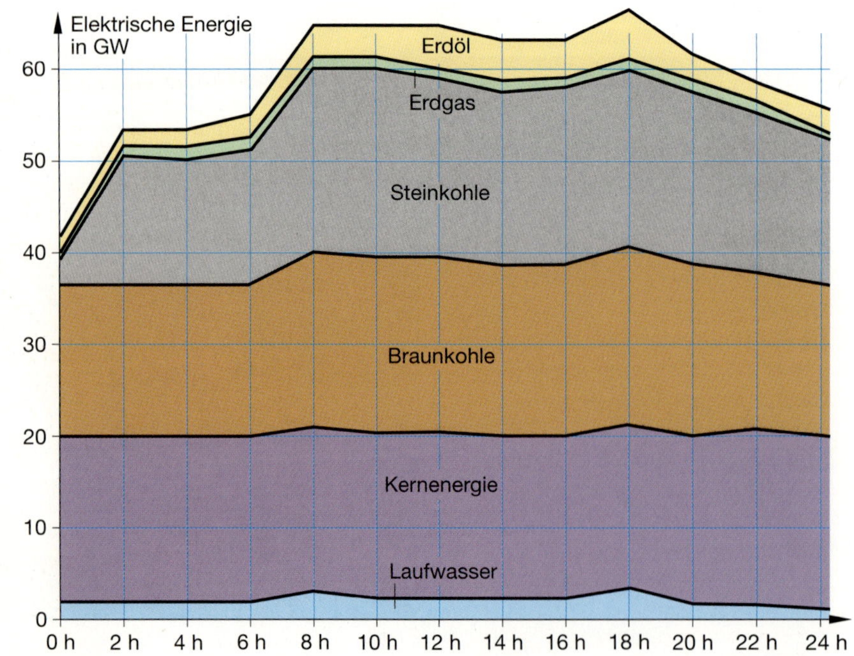


### Deckung der Last

- Die **Grundlast** ist der rund um die Uhr benötigte Anteil an elektrischer Energie. Sie wird durch Kraftwerke gedeckt, die mit möglichst niedrigen Brennstoffkosten arbeiten und gleichmäßig laufen. Das sind Laufwasser- und Kernkraftwerke. Denn die Energieabgabe eines KKW kann nur langsam hoch- oder heruntergefahren werden. Ist ein KKW einmal abgeschaltet, kann es erst nach einigen Tagen wieder in Betrieb genommen werden.

- **Spitzenlast** ist der Teil des Energiebedarfs, der kurzfristig schwankt. Typische Spitzenlastzeiten sind die Morgenstunden bei Arbeitsbeginn und die Mittagszeit, wenn überall elektrisch gekocht wird. Zur Deckung der Spitzenlast werden Gasturbinen- und Pumpspeicherkraftwerke verwendet, die in sehr kurzer Zeit ihre maximale Leistung erreichen.

- Die **Mittellast** ist der Bereich zwischen Grundlast und Spitzenlast. Zu ihrer Deckung werden Kohlekraftwerke genutzt, weil ihre Energieabgabe nachts problemlos herunter- und tagsüber innerhalb von Stunden wieder hochgefahren werden kann.

Pumpspeicherkraftwerke speichern elektrische Energie, indem nachts nicht benötigte elektrische Energie dazu verwendet wird, um Wasser in ein höher gelegenes Speicherbecken zu pumpen. Die im Wasser gespeicherte Energie steht dann tagsüber wieder zur Deckung der Spitzenlast zur Verfügung. Die Anzahl der Spitzenlastkraftwerke kann somit reduziert werden.

## Verbundnetze

Die bei Spitzenlast benötigte elektrische Energie kann den Verbrauchern nur dann jederzeit zur Verfügung gestellt werden, wenn die verschiedenen Kraftwerke zu einem großen Netz zusammengeschlossen sind. Dadurch können z. B. Ausfälle von Kraftwerken aufgefangen und die Zahl der Kraftwerke minimiert werden, ohne dass die Versorgung beeinträchtigt wird. Deshalb sind in Deutschland alle Kraftwerke in einem Verbundnetz miteinander verknüpft. Es lässt sich daher nie sagen, von welchem Kraftwerk die im betreffenden Zeitpunkt genutzte elektrische Energie stammt.

Bei der Anordnung der einzelnen Kraftwerkstypen fällt auf, dass in der Nähe von Industrieballungsorten solche Kraftwerke installiert sind, die in ihrer Energieerzeugung unabhängig vom Standort sind. Dazu gehören Kraftwerke, die mit den Brennstoffen Öl, Gas und Kernenergie arbeiten. Kohlekraftwerke hingegen sind in der Nähe von Kohlelagerstätten angesiedelt, um den aufwändigen Transport von Kohle zu vermeiden.

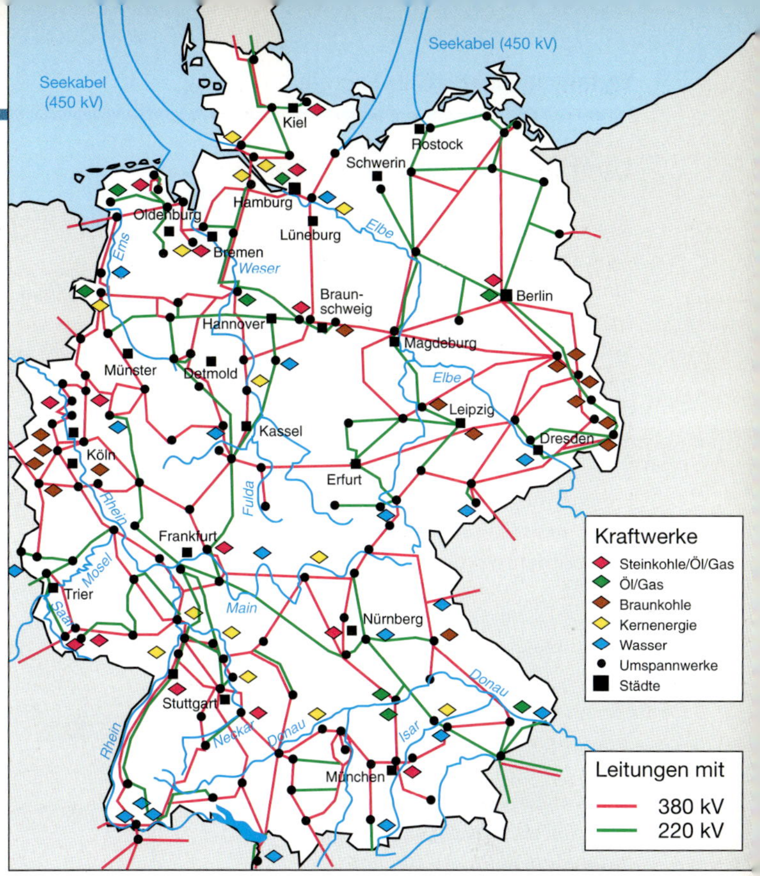


Die untere Grafik zeigt die verschiedenen Verbundnetze, die es in Europa gibt. Die einzelnen Netze sind auch untereinander verbunden, um vom Ural bis zum Atlantik, vom Nordkap bis Sizilien elektrische Energie austauschen und so regionale Spitzen ausgleichen zu können.

Der größte Verbund ist die UCPTE (**U**nion pour la **C**oordination de la **P**roduction et du **T**ransport de l´**E**lectricité), zu dem auch Deutschland gehört. Die anderen Verbundnetze sind NORDEL (Organ for **nord**isk **el**kraftsamarbeid), VES/IPS (**V**ereinigte **E**nergie**s**ysteme / **I**nterconnected **P**ower **S**ystem) und der Inselverbund CEGB.
Über die Netze der UCPTE werden 350 Millionen Menschen mit elektrischer Energie versorgt. Dabei beträgt der jährliche „Strom"bedarf ca. 2500 TWh = $9 \cdot 10^{18}$ J = 9 EJ.

Nach der Liberalisierung des „Strom"marktes kann jeder Nutzer den Energielieferanten seiner Wahl beauftragen, seinen Haushalt mit elektrischer Energie zu versorgen. Wenn dies nicht das ortsansässige **E**nergie-**V**ersorgungs-**U**nternehmen **(EVU)** ist, muss die gelieferte elektrische Energie „durchgeleitet" werden.
Wird dem Verbundnetz irgendwo elektrische Energie entnommen, so muss zu diesem Zeitpunkt anderswo von Kraftwerken elektrische Energie eingespeist werden. Das Stromnetz entspricht einem großen See, der immer den gleichen Wasserstand haben muss.

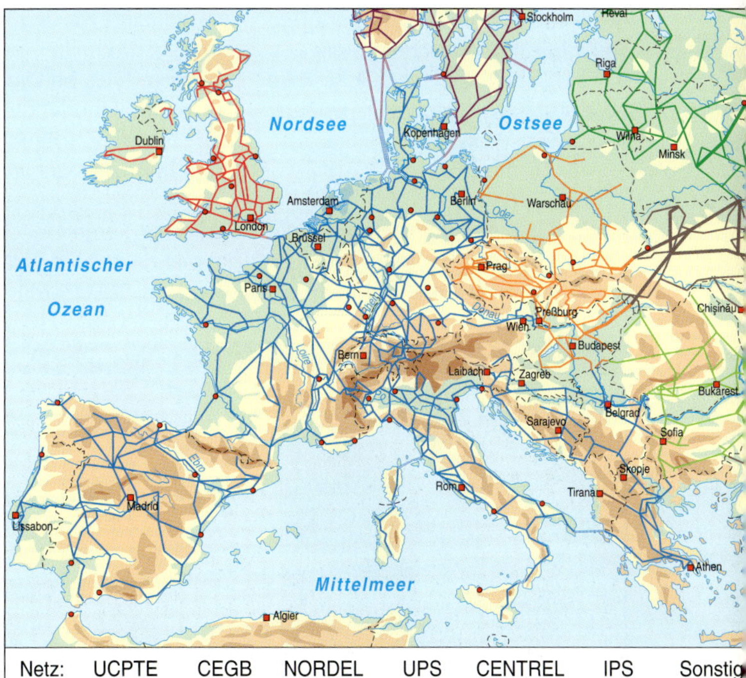


Nicht eingezeichnet sind wegen der Übersichtlichkeit die 220 kV-Leitungen zur Versorgung der verschiedenen Regionen

## Übertragung elektrischer Energie

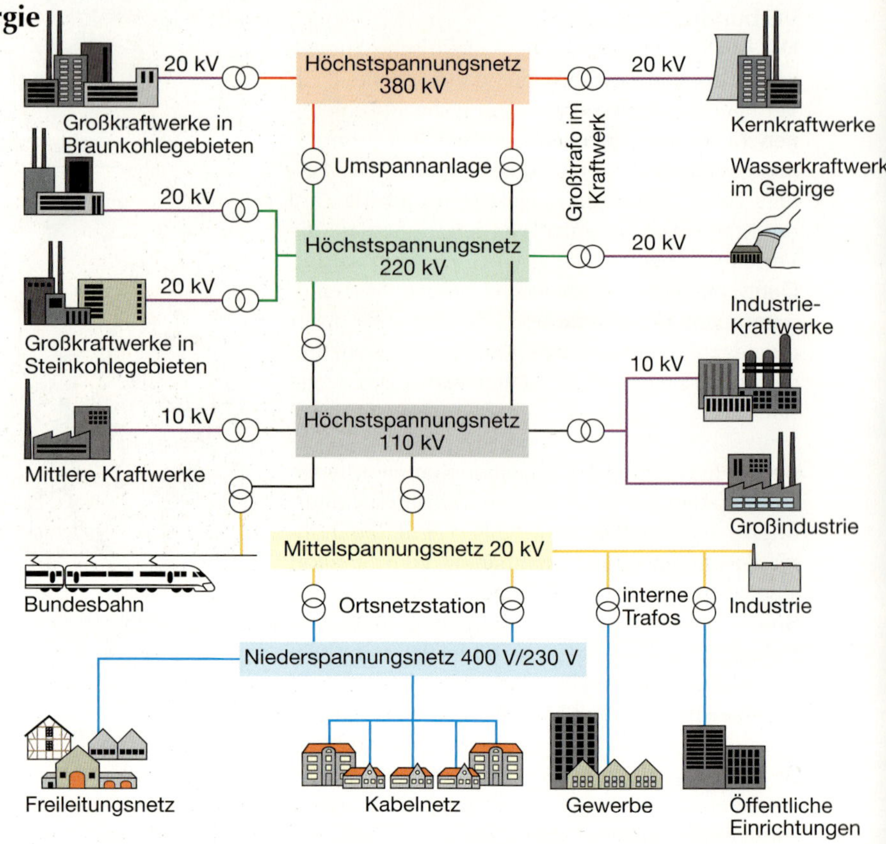


Elektrische Energie wird in Kraftwerken erzeugt, deren Standort von ihrem Typ abhängt: Wärmekraftwerke werden in der Umgebung der Kohle-Abbaugebiete und wegen ihres großen Bedarfs an Kühlwasser in der Nähe von Flüssen gebaut, Speicherkraftwerke im Hoch- oder Mittelgebirge. Die erzeugte elektrische Energie muss meist über große Entfernungen zu den Endverbrauchern transportiert werden.

Der Träger der elektrischen Energie ist der Elektronenstrom. Elektrische Energie kann daher nur von einem Ort zu einem anderen transportiert werden, wenn gleichzeitig elektrischer Strom fließt. Zwangsläufig treten dabei in den Leitungen Verluste auf, da sich die Kabel ja wegen ihres Widerstandes bei Stromfluss erwärmen und damit ein Teil der elektrischen Energie als Wärmeenergie in die Umgebung abfließt.

Je größer dabei die Stromstärke ist, desto mehr Energie geht verloren: Soll z. B. eine elektrische Leistung von 920 MW übertragen werden, so wäre bei der üblichen Generatorspannung von 20 000 V eine Stromstärke

$$I = \frac{P}{U} = \frac{920 \cdot 10^6\,\text{VA}}{20 \cdot 10^3\,\text{V}} = 46\,000\,\text{A}$$

nötig. Eine so große Stromstärke führt zu einem Übertragungsverlust durch Wärmeabgabe von mehr als 10 %! Dieser Leitungsverlust könnte reduziert werden, indem die Leitungsquerschnitte stark vergrößert würden. Dies hätte aber zur Folge, dass die Überlandleitungen mehr als 1 m dick, folglich sehr schwer und immens teuer würden.

Aber es kommt noch ein weiterer Punkt dazu: Der End„verbraucher" liegt in Reihe mit den Übertragungsleitungen. Die Generatorspannung teilt sich daher entsprechend den Einzelwiderständen auf Leitungen und „Verbraucher" auf. Weil der Widerstand der Leitungen sehr hoch ist im Vergleich zu dem des „Verbrauchers" bleibt für diesen fast nichts mehr von der Generatorspannung übrig! Das Foto unten zeigt das sehr eindrucksvoll bei „normalen" Spannungen.

**Zentraler Versuch**

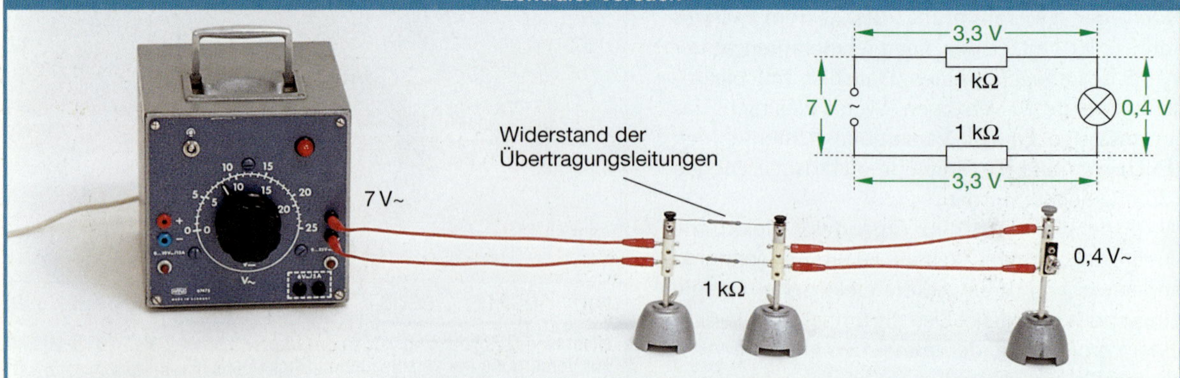

Um dennoch viel Energie übertragen zu können, wird die Generatorspannung durch Transformatoren auf 380 000 V heraufgesetzt. Die gleiche Leistung kann dann bei einer Stromstärke von nur noch ca. 2400 A übertragen werden. Für diese Stromstärke genügen etwa 1 cm dicke Aluminiumkabel.
Das Foto unten zeigt den entsprechenden Versuchsaufbau. Das Lämpchen rechts leuchtet, da der Spannungsabfall an den Widerständen der „Hochspannungs-Übertragungsleitungen“ viel weniger ins Gewicht fällt als bei Niederspannung.

Wenn Transformatoren belastet werden, erwärmt sich ihr Kern, was zu einem Absinken der übertragenen Energie führt. Um diese Verluste zu minimieren, müssen die Trafos gekühlt werden. Dazu befinden sich die Spulen und Kerne der Großtransformatoren von Kraftwerken oder Umspannwerken in einem Ölbad. Das Öl nimmt die entstehende Wärmeenergie auf; über ein Kühlsystem wird sie an die Umgebung abgeführt.

Der Trafo im Bild oben setzt zum Beispiel die 27 000 V, die ein moderner Generator abgibt, auf 220 000 V hoch und gibt dabei eine Leistung von 780 MW ab. Die Energieverluste betragen 0,1 % – immerhin noch rund 800 kW!

Die Generatoren der Kraftwerke erzeugen aus Gründen der Isolation elektrische Energie bei Spannungen von maximal 27 kV. Je nach der zu überbrückenden Entfernung und der zu übertragenden Leistung wird diese Spannung auf 110 kV, 220 kV oder 380 kV hochtransformiert. Als Faustregel gilt: 1 kV Spannung für 1 km Übertragungsstrecke.
Höhere Übertragungsspannungen – bis zu 1 MV – werden in Ländern verwendet, in denen größere Entfernungen überbrückt werden müssen wie in den USA oder Russland. Eine Grenze für die Übertragungsspannung setzt hierbei die Luft, die bei extrem hohen Spannungen nicht mehr ausreichend isoliert.

Überlandleitungen brauchen Platz, sind witterungsanfällig und kein schöner Anblick. Auf sie könnte verzichtet werden, wenn Material mit sehr kleinem spezifischen Widerstand verwendet werden könnte. Supraleiter wären die Lösung, doch der Aufwand für Kühlung und Isolation ist zzt. noch unwirtschaftlich hoch. Als weitere Möglichkeit wird die dezentrale Energieversorgung durch viele Kleinkraftwerke (z. B. Blockheizkraftwerke) diskutiert.

**Nur mithilfe von Hochspannung lässt sich elektrische Energie wirtschaftlich über große Entfernungen übertragen.**

**Lehrerversuch**

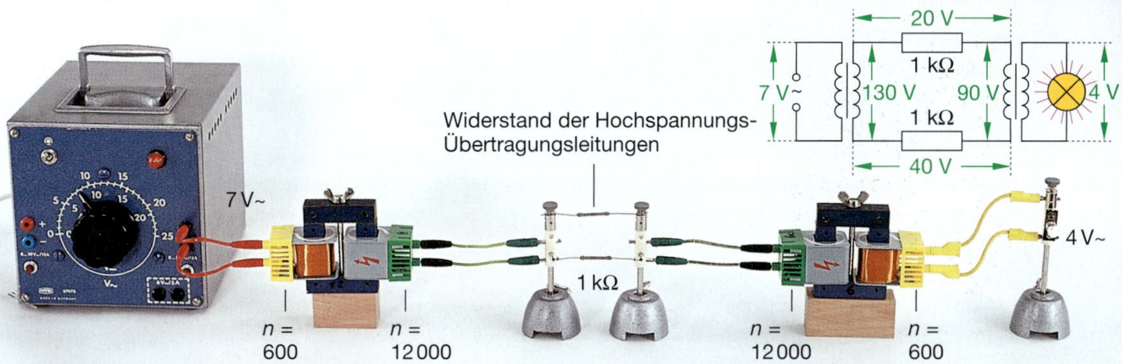

**Prüfe dein Wissen**

## Elektrische Energie

**A1 a)** Beantworte zu den Merkzettel-Begriffen folgende Fragen: Was bedeutet der Begriff? Wie und in welcher Einheit wird diese Größe gemessen? Gibt es Formeln dafür? Gibt es sonst noch Wissenswertes über diesen Begriff?
**b)** Wenn du die Fragen nicht auf Anhieb beantworten kannst, dann lies die entsprechenden Seiten im Buch noch einmal gründlich durch.
**c)** Notiere auf der Vorderseite von Karteikarten den Begriff, auf der Rückseite die Erläuterung.

**A2** In einer Schule sind in den Wintermonaten 50 Lampen zu je 100 W täglich drei Stunden unnötigerweise in Betrieb.
**a)** Welche elektrische Energie wird dabei in zwei Monaten vergeudet?
**b)** Wie viel Geld wird in den zwei Monaten verschwendet, wenn für 1 kWh zehn Cent zu zahlen sind?

**A3** Der Motor eines Förderaufzugs in einem Bergwerk hat eine Leistung von 500 kW.
**a)** Was kostet es, einen voll beladenen Korb von zehn Tonnen Gesamtmasse hochzuheben, wenn die Fahrt eine Minute dauert und 10 Cent für 1 kWh bezahlt werden müssen?
**b)** Um wie viele Meter wurde der Aufzug gehoben, wenn der Wirkungsgrad des Motors 0,7 beträgt?

**A4** Ein elektrisches Heizgerät (230 V) hat einen Widerstand von 24 Ω. Der Widerstand der Zuleitung beträgt 0,4 Ω.
**a)** Welche Spannung liegt am Heizgerät?
**b)** Wie groß ist der durch die Zuleitung hervorgerufene Spannungsabfall?

**A5** Ein Experimentiermotor trägt die Beschriftung (16 V | 0,1 A). Es steht jedoch nur eine Spannungsquelle von 20 V zur Verfügung.
**a)** Wie groß muss ein Vorwiderstand sein, damit der Motor gefahrlos betrieben werden kann?
**b)** Wie muss er eingebaut werden? Zeichne.
**c)** Welche Leistung kann der Motor abgeben?

**A6 a)** Rainer meint: „Schalte ich eine Glühlampe mit (3,8 V | 0,2 A) und einen Vorwiderstand mit 20 Ω hintereinander an eine Flachbatterie, so liefert sie länger Energie als ohne den Widerstand." Was könnte Rainer zu dieser Aussage gebracht haben?
**b)** Was meinst du dazu? Begründe deine Meinung.

**A7 a)** Beschreibe den prinzipiellen Aufbau und die Wirkungsweise eines Elektromotors.
**b)** Warum ist für den Betrieb eines Elektromotors ein Kommutator notwendig?
**c)** Das Foto rechts zeigt einen Motor mit einem Elektromagneten als Stator. Zeichne die zugehörige Schaltskizze und erläutere die Funktionsweise des Motors.
**d)** Der Motor hat einen Trommelanker. Welche Vorteile bringt das? Wie muss der Kommutator gebaut sein, damit die Stromzufuhr für die Ankerspulen funktioniert?

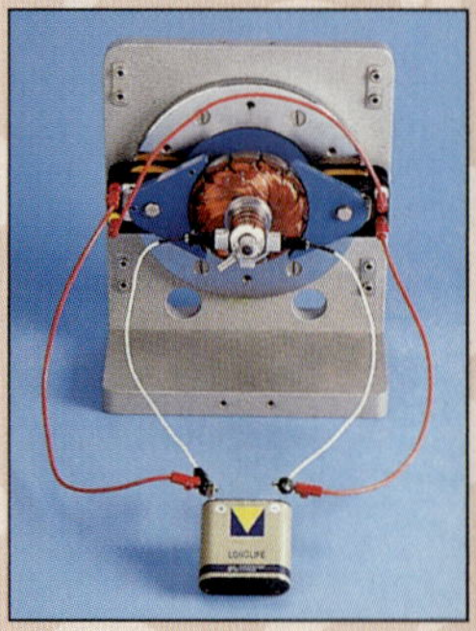

**A8** Moderne E-Loks beziehen nicht nur elektrische Energie aus dem Versorgungsnetz, sondern geben auch Energie ans Netz zurück. Wie ist diese Aussage zu verstehen? Wie funktioniert das?

**A9 a)** Unter welchen Bedingungen wird in einer Spule eine Spannung induziert?
**b)** Erläutere anhand der folgenden Skizzen, wodurch eine größere Induktionsspannung erzeugt werden kann.

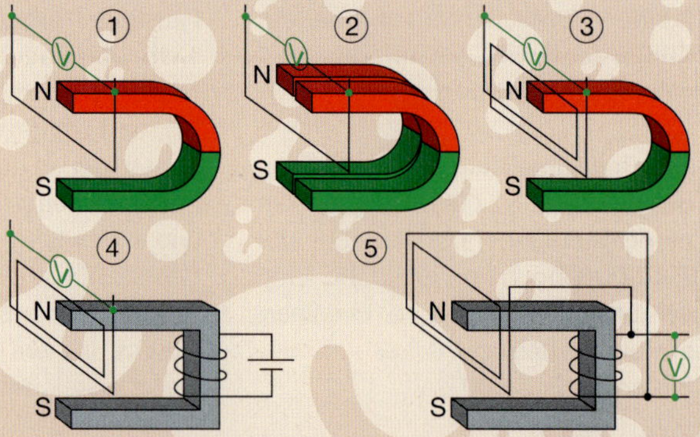


**A10** Es ist die Anordnung rechts gegeben.
Welche Aussagen lassen sich bezüglich des Auftretens einer Induktionsspannung treffen, wenn

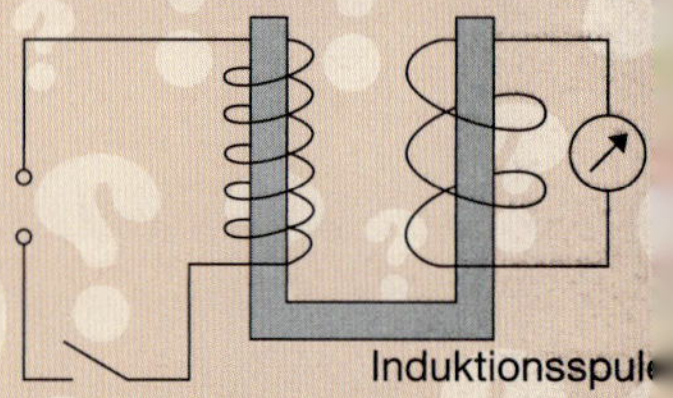


**a)** der Stromkreis des Elektromagneten geschlossen wird;
**b)** im Stromkreis des Elektromagneten ein Strom konstanter Größe fließt;
**c)** im Stromkreis ein Wechselstrom fließt;
**d)** der Stromkreis des Elektromagneten geöffnet wird?

## Die wichtigsten Begriffe



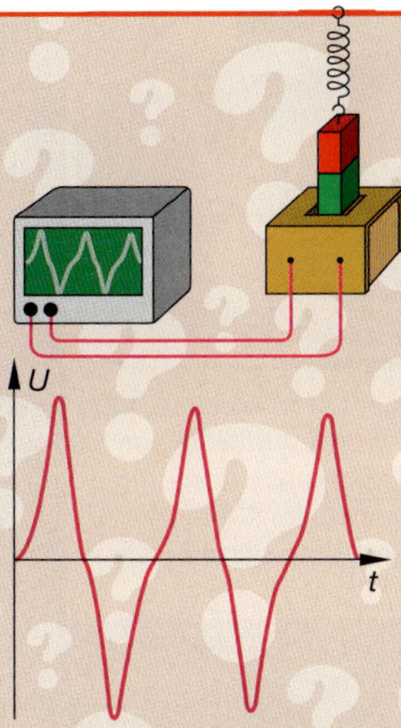


**A11** Ein Magnet schwingt an einer Feder und taucht dabei in eine Spule ein. Mit dem Oszilloskop kann das Zeit-Spannung-Diagramm aufgenommen werden.

**a)** Erkläre den Verlauf der Kurve.

**b)** Warum verringert sich die Amplitude beim Anschluss einer Glühlampe rasch, beim Kurzschließen sogar sehr schnell auf Null?

**A12** Bei Straßenbahnen wird der Motor auch zum Bremsen genutzt. Dazu wird er von der Oberleitung (d.h. von der elektrischen Quelle) getrennt und stattdessen mit dicken Drahtwiderständen, die auf dem Dach angebracht sind, verbunden.

**a)** Erkläre die Bremswirkung. Denke an die Energiewandlung.

**b)** Im Winter muss das Innere der Bahn geheizt werden. Kann das Bremsen dazu einen Beitrag leisten? Begründe deine Aussage.

**A13 a)** Beschreibe den Aufbau und die Wirkungsweise eines Transformators.

**b)** Mit einem Transformator soll die Wechselspannung des Haushaltnetzes von 230 V auf etwa 38 V herunter transformiert werden. Für den Bau des Transformators stehen ein geschlossener Eisenkern und Spulen mit folgenden Windungszahlen zu Verfügung: 250; 300; 500; 750; 1200; 1500; 3000.
Welche Spulen könnten für den Transformator verwendet werden? Begründe deine Antwort.

**A14 a)** Kommt es beim Schließen des Schalters in folgender Versuchsanordnung zu einer Bewegung der metallenen Stricknadel?

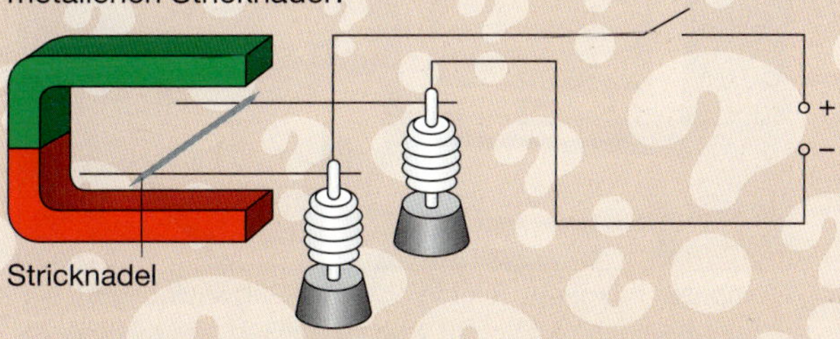


**b)** Wenn ja, in welche Richtung rollt die Stricknadel?

**c)** Begründe deine Voraussage.

**A15** Die Grafik rechts zeigt, dass die Läufer von Generatoren ohne eigene Stromversorgung auskommen können. Zeichne eine Schaltskizze und erkläre die Funktionsweise. Lies dazu den Text zum „Dynamoelektrischen Prinzip" auf der Pinnwand Seite 173.

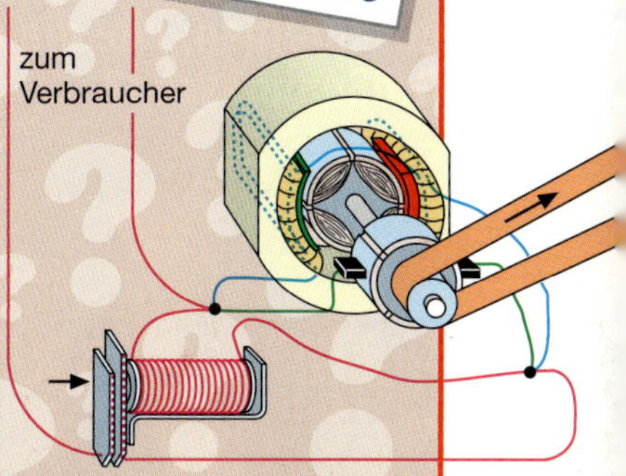


**A16** Im deutschen „Strom"-Netz sind insgesamt rund 75 Großkraftwerke und viele Kleinkraftwerke zu einem Verbund zusammengeschaltet.

**a)** Welche Kraftwerkstypen gibt es? Unterscheide nach verwendetem Primärenergieträger bzw. nach Art der Energiegewinnung.

**b)** Der tägliche Bedarf an elektrischer Energie ist nicht konstant. Beschreibe grob die Lastkurve einer Großstadt und die Deutschlands.

**c)** Durch welche Kraftwerke wird der bundesweite Energiebedarf zu den verschiedenen Tageszeiten gedeckt? Begründe diesen unterschiedlichen Einsatz der verschiedenen Kraftwerkstypen.

**A17** Elektrische Energie wird an einigen wenigen Kraftwerksstandorten erzeugt, aber landesweit benötigt.

**a)** Beschreibe die Stationen, auf denen die Energie von den Kraftwerken zu den „Endverbrauchern" transportiert wird.

**b)** Vom Kraftwerksgenerator wird die erzeugte Energie mit 20 kV abgegeben. Warum wird sie über Fernleitungen mit 110 kV, 220 kV und 380 kV übertragen? Berechne dazu die Stromstärke in den jeweiligen Fernleitungen, wenn vom Generator gerade 60 MW abgefordert werden.

# Schall Schwingungen und Wellen

**Das Zwitschern der Vögel, das Kreischen der um die Kurve fahrenden Straßenbahn, das Hupen der Autos, die Rufe der Mitschüler auf dem Schulhof, der Boogie der Schulband – das alles ist Schall. Was aber ist Schall physikalisch? Wie entsteht er? Wie können wir ihn beschreiben, wie die entsprechenden Größen messen?**

Sehr lauter Schall ist nicht nur lästiger Lärm, sondern auch eine Gefahr für die Ohren. Kann man die Lautstärke von Schall messen? Wie können wir uns vor unerwünschtem, störendem oder gefährlichem Lärm schützen?
Auf welchen physikalischen Gegebenheiten beruhen diese Lärmschutzmaßnahmen?

Computer, Faxgerät, Telefon oder CD-Player sind aus unserem Leben nicht mehr weg zu denken. Sie erleichtern uns die Arbeit, dienen der Kommunikation unter uns oder archivieren Vorgänge und Dokumente. Die Datenautobahn „Internet" macht Informationen aus der ganzen Welt auf dem heimischen PC verfügbar.
Was aber versteht man physikalisch genau unter Information und Daten? Wie werden sie übertragen, wie gespeichert und wie wieder zugänglich?

# Schall

**Auf uns stürmen pausenlos irgendwelche Geräusche ein. Schon in aller Frühe klingelt der Wecker, vom Radio hören wir die neuesten Nachrichten, die Nachbarn streiten sich und auf der Straße vor dem Haus lärmt der morgendliche Berufsverkehr. Im Bus zur Schule begleitet uns der Walkman, in der Schule heißt es zuhören – und so geht es den ganzen Tag weiter: Es brummt, knallt, summt, klappert, hupt und pfeift um uns herum. Wir hören Geräusche, Musik, Sprache und Lärm den ganzen Tag.**
**Schall ist als Lärm Umweltverschmutzung und er kann uns in Form von Musik höchsten Genuss verschaffen.**

**Aber was ist Schall? Wie entsteht er und was kann er bewirken? Wodurch unterscheiden sich angenehme Töne von quälenden Geräuschen?**

## Von der Quelle zum Empfänger

Schall kommt vom Mund, von Lautsprechern, von Musikinstrumenten, Maschinen oder von plätscherndem Wasser. Sie alle senden Schall aus. Aber erst wenn Schall auf unser Ohr trifft, können wir ihn wahrnehmen. Körper, von denen Schall ausgeht, nennen wir **Schallquellen,** Körper, die Schall aufnehmen, **Schallempfänger.**

Wir benutzen aber nicht nur unsere Ohren, um Schall zu empfangen, sondern setzen auch technische Geräte ein. Zum Beispiel lässt sich der Schall mithilfe eines Mikrofons empfangen und dann weiter verarbeiten.

Alles, was wir hören können, ist Schall.

**Aufgaben**

**1** Nenne mindestens zehn weitere Verben, die Schall beschreiben. Was ist jeweils die Schallquelle?

**2** **a)** Nenne weitere Schallquellen. Unterscheide dabei zwischen natürlichen und künstlichen.
**b)** Welchem Zweck dienen sie? Unterscheide nach Musik, Sprache, Lärm, … .

**3** Beschreibe, welche Art von Schall du als angenehm und welchen du als eher unangenehm empfindest. Teilen andere deine Beurteilung?

**4** „Auf den Ohren sitzen“, „bis über beide Ohren verliebt“ … . Es gibt viele Redensarten mit und über Ohren. Sammle einige von ihnen und erkläre ihre Bedeutung. Was haben sie mit Schall zu tun?

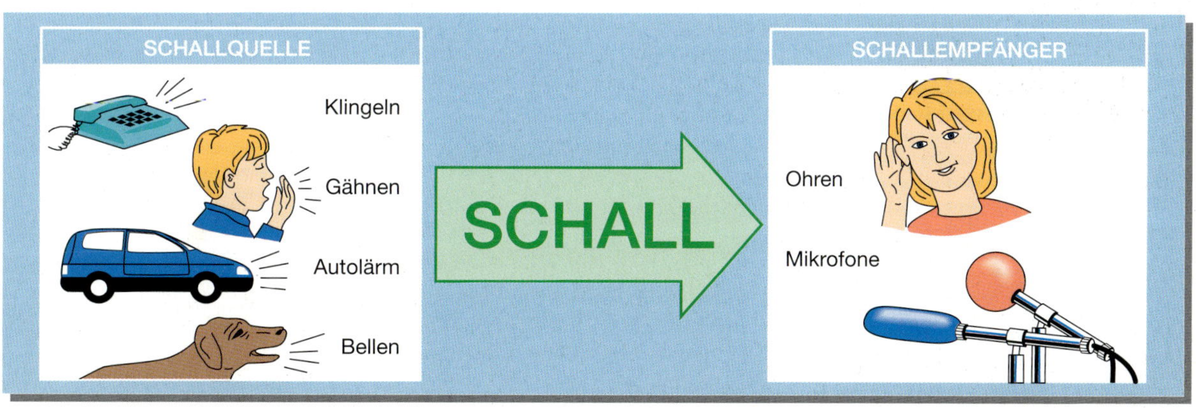

## Schallentstehung

- Wenn wir beim Sprechen die Hand an unseren Kehlkopf legen, so können wir nicht nur die Worte hören, sondern auch ein Vibrieren in unserer Kehle fühlen.
- Eine Stimmgabel, die angeschlagen wird, sendet ebenfalls Schall aus. Berühren wir sie, so spüren wir, dass die Zinken hin und her schwingen.
- Reiskörner tanzen wie wild auf der Membran eines tönenden Lautsprechers. Die Bewegung der Membran können wir fühlen.

Zentraler Versuch

Die Entstehung von Schall ist offensichtlich mit der Hin- und Herbewegung eines Körpers verknüpft. Andere Körper (z. B. Geigensaite, Trommel, Glocke) lassen sich ganz ähnlich zu solchen Hin- und Herbewegungen anregen.
Was aber bewegt sich bei einer Blockflöte? In die Öffnung geblasener Rauch zeigt, dass es die Luftteilchen sind, die sich hin und her bewegen.

Diese Bewegungen nennen wir **Schwingungen.** Offenkundig ist bei der Schallentstehung immer auch ein schwingender Körper oder ein schwingender Teil eines Körpers beteiligt.

Schwingende Körper können Schall aussenden.

## Schwingungen

Wie lässt sich eine Schwingung genauer beschreiben? Betrachten wir eine langsam schwingende Blattfeder: Nach dem Auslenken aus der **Ruhelage** schwingt die Blattfeder hin und her; dabei geht sie immer wieder durch die Ruhelage. Ein kompletter Durchgang wird als **Periode** der Schwingung bezeichnet. Die maximale Auslenkung von der Ruhelage bis zum jeweiligen Umkehrpunkt wird **Schwingungsweite** oder **Amplitude** genannt.

Die Zeitdauer für eine Periode lässt sich durch Abstoppen mit einer Uhr messen. Dabei stellt sich heraus, dass die schwingende Blattfeder für einen vollen Durchgang (Ruhelage → ganz nach links → Ruhelage → ganz nach rechts → Ruhelage) jeweils dieselbe Zeitdauer benötigt. Diese Zeit für eine volle Periode wird **Schwingungsdauer *T*** genannt.

Definition/Einheiten

**Schwingungsdauer**

Die Einheit ist s (Sekunde).
Das Formelzeichen ist $T$.

**Frequenz**

Die Einheit ist 1 Hz = $\frac{1}{s}$ (Hertz).
Das Formelzeichen ist $f$.

Weitere Einheiten:
Kilohertz: 1 kHz = 1000 Hz

Zentraler Versuch

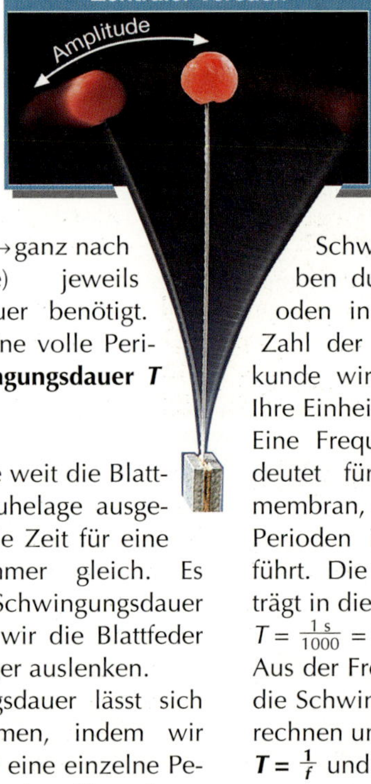


Gleichgültig, wie weit die Blattfeder aus der Ruhelage ausgelenkt wird, ist die Zeit für eine Schwingung immer gleich. Es spielt für die Schwingungsdauer keine Rolle, ob wir die Blattfeder mehr oder weniger auslenken.
Die Schwingungsdauer lässt sich genauer bestimmen, indem wir nicht die Zeit für eine einzelne Periode stoppen, sondern für mehrere (z. B. zehn, hundert oder tausend) und durch die Anzahl der Perioden teilen. Messen wir für 20 Perioden z. B. 100 s, so ergibt dies die Schwingungsdauer $T = \frac{100\text{ s}}{20} = 5$ s.

Bei schnell schwingenden Körpern ist die Schwingungsdauer sehr klein, die Anzahl der Schwingungen dagegen groß. Deshalb lässt sich eine Schwingung auch beschreiben durch die Zahl der Perioden in *einer* Sekunde. Diese Zahl der Schwingungen pro Sekunde wird **Frequenz *f*** genannt. Ihre Einheit ist das Hertz: 1 Hz = $\frac{1}{s}$.
Eine Frequenz von 1000 Hz bedeutet für unsere Lautsprechermembran, dass sie 1000 komplette Perioden in einer Sekunde vollführt. Die Schwingungsdauer beträgt in diesem Fall
$T = \frac{1\text{ s}}{1000} = 0{,}001$ s = 1 ms.
Aus der Frequenz $f$ lässt sich somit die Schwingungsdauer $T$ leicht berechnen und umgekehrt:
$\boldsymbol{T = \frac{1}{f}}$ und $\boldsymbol{f = \frac{1}{T}}$

Schwingungen sind gekennzeichnet durch Amplitude bzw. Schwingungsweite und Schwingungsdauer bzw. Frequenz.

## Schwingungen

**Versuche und Aufträge**

**V1** Fülle Wasser in einen Becher. Schlage die Zinken einer großen Gabel (z. B. Tranchiergabel aus dem Bratenbesteck) an und halte sie ins Wasser hinein. Was beobachtest du? Was kannst du daraus schließen?

**V2** Wie oft schlägt dein Puls pro Minute in Ruhe und nach 20 Kniebeugen? Welche Zeit liegt zwischen den Pulsschlägen? Welche Frequenz ergibt sich?

**V3** Fülle im Freien eine Tüte mit Sand, binde sie mit einer Schnur zu und stich ein kleines Loch hinein. Lass sie an der Schnur frei nach rechts und links pendeln, während du gleichmäßig nach vorne gehst. Stoppe die Zeit während des Gehens.
**a)** Erkläre an deiner aufgezeichneten Sandspur die Begriffe Auslenkung, Amplitude und Periode.
**b)** Berechne aus der Zahl der Perioden und der gemessenen Zeit Frequenz und Schwingungsdauer.

**V4** **a)** Hänge einen Gegenstand an einem Faden auf und lasse ihn schwingen (Pendel). Bestimme Schwingungsdauer, Frequenz und Amplitude deines Pendels.
**b)** Ändere Fadenlänge und Amplitude und bestimme jeweils wieder Schwingungsdauer und Frequenz.
**c)** Trage deine Messergebnisse in einer Tabelle zusammen und stelle sie grafisch dar.
**d)** Kannst du Zusammenhänge erkennen?

Damit wir Schwingungen besser untersuchen können, wäre es gut, wenn wir sie „festhalten" könnten. Dies lässt sich erreichen, indem wir die Stimmgabel mit ihrer schwingenden Zinke gleichmäßig über eine rußgeschwärzte Glasplatte ziehen. Sie hinterlässt dann im Ruß eine deutliche Spur, aus der sich der Weg der schwingenden Zinke ablesen lässt.

Aus der Rußspur können wir die Zahl der kompletten Perioden leicht abzählen. Wenn wir noch die Zeit zwischen Anfang und Ende der Spur gemessen haben, lässt sich damit wieder Frequenz $f$ und Schwingungsdauer $T$ bestimmen.
Es zeigt sich, dass die Ausschläge nach oben und unten mit der Zeit geringer werden; die Amplitude der Schwingung nimmt also mit der Zeit ab. Verbinden wir jeweils die Maxima und die Minima untereinander, so lässt sich dieses „Abklingen" besonders deutlich erkennen.

**Rechenbeispiel**

Eine Stimmgabel schwingt 440-mal pro Sekunde. Wie groß sind Frequenz und Schwingungsdauer?

Geg.: 440 Schwingungen in 1 s
Ges.: $f$, $T$

Lösung: $f = 440\ \text{Hz}$
$T = \frac{1}{f} = \frac{1}{440\ \text{Hz}}$
$= 0{,}0027\ \text{s} = 2{,}27\ \text{ms}$

Die Stimmgabel schwingt mit der Frequenz 440 Hz.
Die Schwingungsdauer beträgt 2,27 ms.

**Aufgaben**

**1** Nenne Gegenstände aus deiner Umgebung, die schwingen. Beschreibe, was an ihnen schwingt und wo die Ruhelage ist. Wie groß ist jeweils die Amplitude?
**2** Versuche, die Schwingungsdauer von verschiedenen schwingenden Gegenständen zu bestimmen oder abzuschätzen.
**3** Wie groß ist die Schwingungsdauer für eine Blattfeder, bei der für 18 Perioden 24 s gemessen wurden?
**4** Berechne für folgende Schwingungsdauern die zugehörigen Frequenzen: 5 s; 2 s; 0,2 s; 0,004 s.
**5** Berechne für folgende Frequenzen die zugehörigen Schwingungsdauern: 5 Hz; 2 Hz; 0,2 Hz; 0,004 Hz.
**6** Mit welcher Frequenz bewegt sich das Pendel einer Wanduhr? Mit welcher Frequenz hörst du das Ticken deiner Armbanduhr?
**7** Schlage in einem Lexikon oder Biologiebuch nach, wie oft ein kleiner Kolibri, eine Fliege oder ein Vogel in einer Sekunde mit den Flügeln schlägt. Gib Frequenz und Schwingungsdauer an.

## Töne sichtbar gemacht

Die Stimmgabel hat uns auf der berußten Glasplatte Schwingungen sichtbar gemacht. Mithilfe eines Oszilloskops und eines Mikrofons lässt sich dies viel eleganter zeigen. Das Mikrofon wandelt den ankommenden Schall in elektrische Schwingungen um, die zum Oszilloskop geleitet werden. Dort wird auf einem Bildschirm ein Leuchtpunkt erzeugt, der in gleicher zeitlicher Abfolge wie der Schall das Bild der Schwingung aufzeichnet. Aus dem Leuchtbild lassen sich dann die Größen Frequenz, Schwingungsdauer und Amplitude bestimmen. So können Schallquellen miteinander verglichen werden.

**Zentraler Versuch**

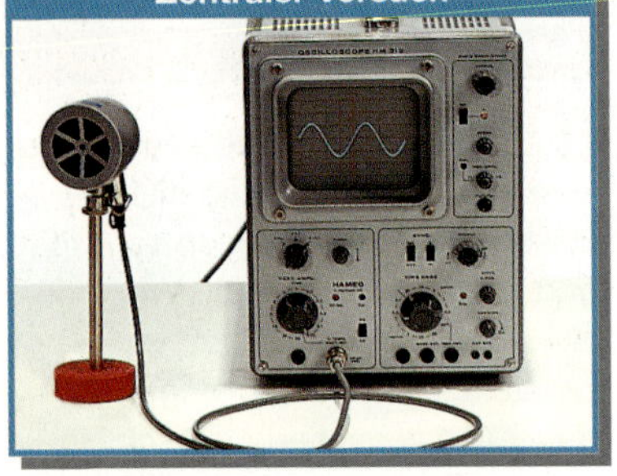

| Schallsender | Schwingungsbilder |
|---|---|
| lange Stimmgabel | 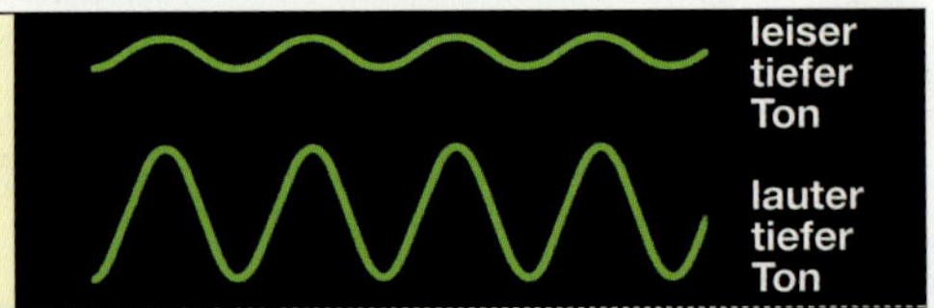  |
| kurze Stimmgabel | 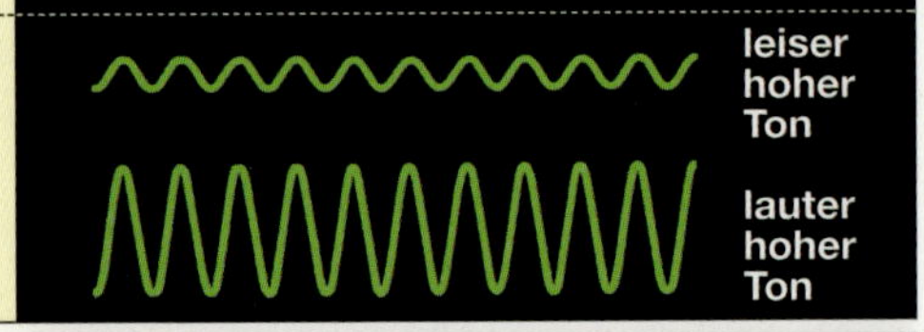  |
| Rasseln mit Schlüsselbund | 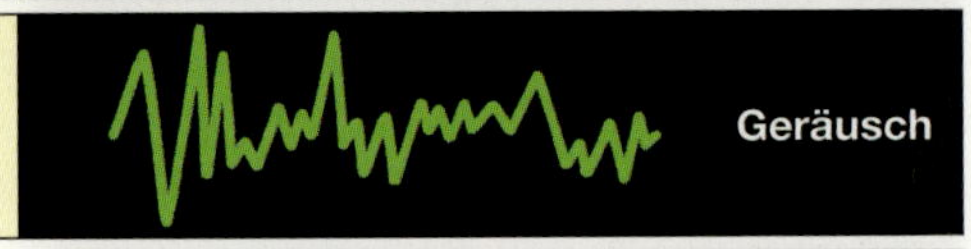  |
| Schuss; platzender Ballon; Zerschlagen einer aufgeblasenen Papiertüte | 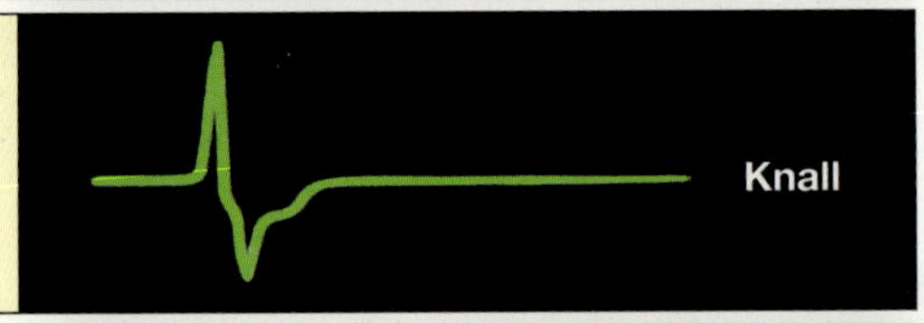  |
| Geige | 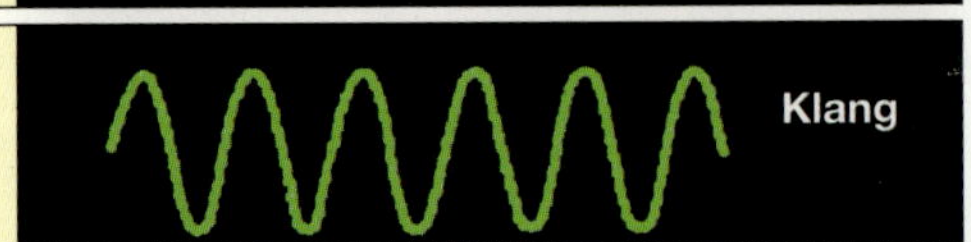  |
| menschliche Stimme | 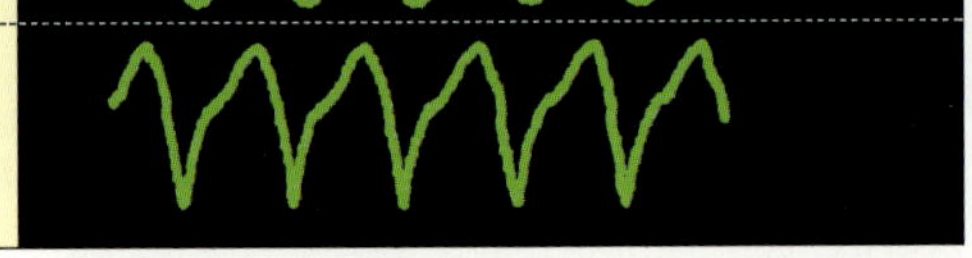 |

### Ton

Bei den schönen, regelmäßigen Schwingungen handelt es sich um reine Töne, wie sie zum Beispiel von Stimmgabeln erzeugt werden.

Es lassen sich hohe und tiefe Töne voneinander unterscheiden. Bei den hohen Töne liegen die Nulldurchgänge im Schwingungsbild viel enger beieinander als bei den tiefen Tönen. Somit besitzen hohe Töne eine kleinere Schwingungsdauer und folglich eine größere Frequenz als tiefe Töne.
Auch laute und leise Töne lassen sich auf den Bildern unterscheiden. Die lauten Töne haben eine größere Amplitude als die leisen. Das ließ sich auch schon bei der Blattfeder erkennen. Weit ausgelenkt erklingt sie viel lauter als bei nur geringer Auslenkung.

### Geräusch

Ein Geräusch wird durch viele verschiedene Schwingungen mit unterschiedlichen Schwingungsdauern und Amplituden hintereinander erzeugt.

### Knall

Bei einem Knall erscheint dagegen nur eine einzige Auslenkung. Diese ist aber sehr heftig.

### Klang

Etwas komplizierter sehen Schwingungen von Instrumenten aus. Der gleiche Ton a mit einer bestimmten Schwingungsdauer auf einer Geige und auf einer Stimmgabel hört sich dennoch anders an, er hat eine andere Klangfarbe. Dies zeigt sich auch auf dem Oszilloskop-Bild: Ein Klang erscheint als ein „verzerrter" Grundton. Aber gerade in dieser Vielfalt von Grundtönen liegt der Reiz der Musik.
Auch die Stimmen von Menschen weisen große Unterschiede im Schwingungsbild auf. Mithilfe dieser Abweichungen lassen sich Stimmen eindeutig wiedererkennen, was zum Beispiel der Kriminalpolizei bei der Identifizierung von Telefonerpressern hilft.

Je größer die Frequenz eines Tons ist, desto höher klingt er.
Je größer die Amplitude ist, desto lauter klingt der Ton.

## Schallquellen im Eigenbau

Versuche und Aufträge

**V1 Glasorgel:** Besorge dir möglichst ein Dutzend gleicher Gläser aus dünnem Glas. Fülle sie der Reihe nach mit immer mehr Wasser. Fahre mit dem angefeuchteten Finger langsam auf dem Rand eines Glases entlang.

**a)** Schaffst du es, den Gläsern die passenden Töne zuzuordnen und ein kleines Lied zu spielen?

**b)** Wie entstehen die Töne überhaupt? Was schwingt hier? Wie lassen sich die Schwingungen zeigen?

**c)** Warum klingen dünne Gläser besser als dicke?

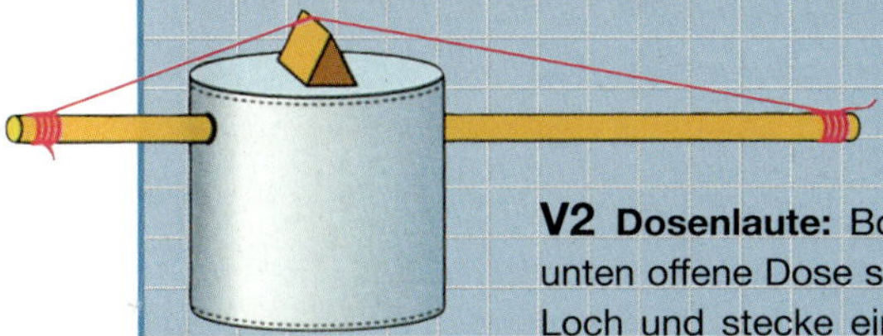

**V2 Dosenlaute:** Bohre in eine unten offene Dose seitlich je ein Loch und stecke einen ca. 1 m langen Holzstab hindurch. Verknote an beiden Enden eine Saite und spanne sie mit einem dreieckigen Holzstück. Beim Anzupfen der Saite erklingt ein Ton. Von welchen Faktoren hängt die Tonhöhe ab?

**V3 Experimente mit einer Soundkarte:** Mit der Soundkarte eines Computers lässt sich der in digitaler Form gespeicherte Schall nicht nur über Lautsprecher wiedergeben. Worte oder Musik können auch über ein Mikrofon aufgenommen, im Computer aufgezeichnet und unter Verwendung geeigneter Software bearbeitet werden. So lassen sich die zeitlichen Schwingungsverläufe ähnlich wie bei einem Oszilloskop betrachten und analysieren.

**a)** Nimm unterschiedliche Töne von verschiedenen Musikinstrumenten auf.
Bestimme jeweils die Frequenzen der Töne.
Vergleiche die Klangbilder der unterschiedlichen Instrumente bei gleicher Frequenz.

**b)** Untersuche auch das zeitliche Verhalten beim Einschwingen einer Saite, beim Anblasen einer Flöte oder das Anstreichen bei einer Geige.

## Die menschliche Stimme

Streifzug

Die menschliche Stimme ist ein unglaublich vielseitiges „Instrument“. Sie kann zwischen Schreien und Flüstern, zwischen tiefem Brummen und hohem Kreischen variiert werden. Durch verschiedene Klangfarben können viele Geräusche nachgeahmt werden.

Die Stimmbänder liegen im Kehlkopf. Strömt Luft aus der Lunge durch die Stimmritze zwischen den Stimmbändern, so werden sie auseinander gedrückt und schlagen wieder zusammen. Dieses Hin und Her erzeugt ein schnarrendes Geräusch. Die Länge der Stimmbänder ist verantwortlich dafür, dass sich bei den Sängerinnen und Sängern Sopran, Alt, Tenor und Bass unterscheiden lassen. Je länger die Stimmbänder, desto tiefer die Stimmlage. Aber erst durch den Raum in Brust, Rachen, Nase und Mund sowie durch die Stellung der Zunge, des Gaumens, der Zähne und der Lippen entstehen die vielfältigen Laute, zu denen der Mensch fähig ist. Die darauf beruhende Sprache war ein wesentlicher Schritt in der Entwicklungsgeschichte des Menschen.

## Blasinstrumente

Blasen wir mit spitzen Lippen über die Kante eines Glasrohrs, das in einer Flasche mit Wasser steckt, und verändern nur die Länge des sich außerhalb des Wassers befindlichen Teils des Glasrohrs, so ändert sich die Tonhöhe: Je weiter das Glasrohr aus dem Wasser ragt, desto tiefer klingt der Ton, desto kleiner ist seine Frequenz. Zu jeder Länge gehört also eine bestimmte Frequenz.
Durch geschicktes Anblasen gelingt es, auch einen Ton mit doppelter Frequenz zu erzielen.

Wird das Rohr so weit hoch gezogen, dass es unten aus dem Wasser kommt, also nicht mehr verschlossen ist, ist ein tieferer Ton mit halber Frequenz zu hören als bei gleicher Länge des unten gerade noch verschlossenen Rohrs.

Genau so entstehen die Töne bei den Pfeifen einer Kirchenorgel. Die Pfeifen haben Längen von nur einigen Millimetern bis zu mehreren Metern. Damit bei diesen **Lippenpfeifen** immer ein Ton entsteht – was beim Anblasen des Glasrohres ja nicht immer gelingt – wird der Luftstrom auf der offenen Seite durch einen schmalen Anblaskanal genau auf eine Schneide geführt. Durch die Entstehung von Wirbeln wird die Luft nach innen gelenkt und presst die im Rohr befindliche

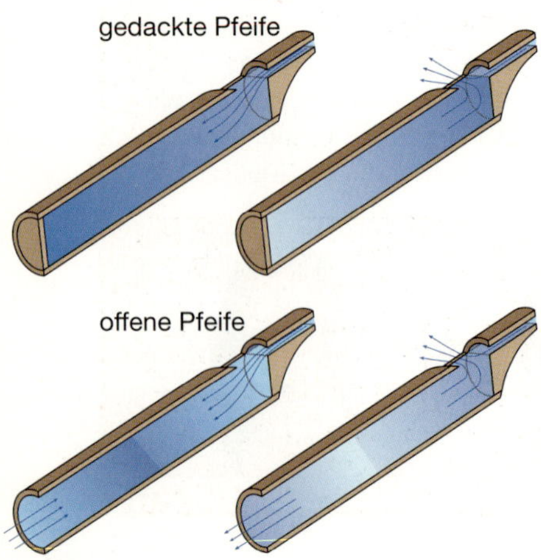


**Zentraler Versuch**

Luft zusammen. Kurz danach strömt sie außen entlang und zieht Luft von innen heraus. Im Inneren der Pfeife gibt es Bereiche, in welchen die Luft mehr zusammengepresst ist, und Bereiche, in welchen sie weniger zusammengepresst ist. Dieses periodische Hinein- und Herausschwingen der Luft erzeugt einen Ton mit einer für die Länge der Pfeife charakteristischen Frequenz.

Je nachdem, ob die Pfeife am anderen Ende geschlossen (gedackt) oder offen ist, liegen die Bereiche der zusammengepressten bzw. entspannten Luft im Innern weiter oder enger beieinander. Deshalb hören wir bei der offenen Pfeife einen Ton mit der doppelten Frequenz. Er liegt im Vergleich zu einer gleich langen geschlossenen Pfeife eine Oktave höher.

Ganz ähnlich erfolgt die Anregung der Schwingungen der Luft bei einer Flöte. Durch die Löcher im Rohr, die je nach Bedarf geöffnet oder geschlossen werden können, lässt sich die wirksame Länge der Röhre und damit die Frequenz des entstehenden Tones variieren.

Bei den **Blechblasinstrumenten** wird die Luft anders zum Schwingen angeregt: Der Bläser spannt die Lippen an und bläst Luft hindurch. Dadurch schwingen die Lippen. Das hat zur Folge, dass der Luftstrom aus dem Mund des Bläsers in das Instrument hinein periodisch unterbrochen wird.
Bei einfachen Blasinstrumenten wie einer Fanfare können damit nur bestimmte Töne gespielt werden. Es handelt sich dabei um den Grundton und seine Obertöne, die einfache Vielfache der Grundfrequenz haben. Diese werden in der Naturtonreihe zusammengefasst.

Bei anderen Instrumenten wie z. B. Posaunen oder Trompeten kann durch Züge oder Ventile die Länge des Rohres und damit die Länge der schwingenden Luft verändert und somit die Tonhöhe fast beliebig variiert werden.

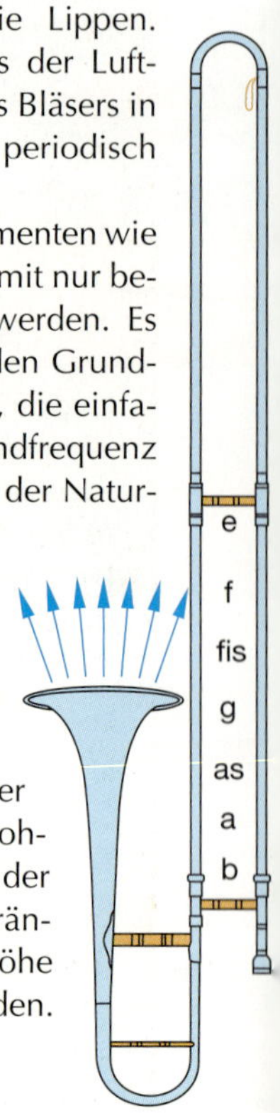


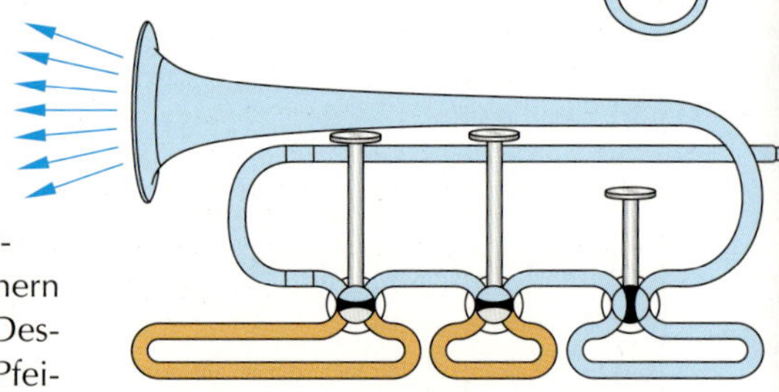

**Aufgaben**

**1** Nenne und beschreibe weitere Instrumente, die nach dem gleichen Prinzip wie die hier vorgestellten Töne erzeugen.

**2** Miss bei einer Blockflöte jeweils die Länge von der Schneide bis zum letzten zugehaltenen Loch und ordne den Tönen die Noten zu.

**3** Bestimme bei einem Blechblasinstrument mit Ventilen jeweils die wirksame Länge des Rohres. Ordne die Noten zu.

## Saitenschwingungen genau betrachtet

**Streifzug**

Gitarren, Geigen, Banjos usw. haben große klangliche Unterschiede – im Kern sind sie jedoch alle gleich: Das mechanische Auslenken und anschließende Schwingen einer der vier bis acht Saiten erzeugt den Ton. Der Grundton jeder Saite hängt ab von ihrer Dicke: Je dicker die Saite, desto tiefer der Ton.
Welche Größen sind für die Tonhöhe, welche für den Klang verantwortlich? Lassen sich allgemeingültige Regeln aufstellen? Was ändert sich von einem Saiteninstrument zu einem anderen?

Da die Fragestellung sehr vielschichtig ist, wollen wir uns zunächst auf einen sehr einfachen Fall beschränken. Wir nehmen ein „Instrument" mit nur einer Saite, ein Monochord. Bei diesem Instrument beschränken wir uns auf folgende Abhängigkeiten der Tonhöhe.

### Die Frequenz des Tones hängt ab ...

**... von der Saitenlänge**
Durch einen Steg unter der Saite lässt sich die Länge des schwingenden Teils der Saite über einen großen Bereich verändern. Wir hören sofort:
*Je länger die Saite, desto tiefer der Ton, d. h. desto kleiner die Frequenz.*

Genaue Messungen zeigen, dass die Frequenz umgekehrt proportional zur Saitenlänge ist. Das Produkt aus Frequenz und Länge ist konstant. Wird die Frequenz über dem Kehrwert der Länge aufgetragen, so ergibt sich eine Gerade. Es gilt also: $f \sim \frac{1}{l}$

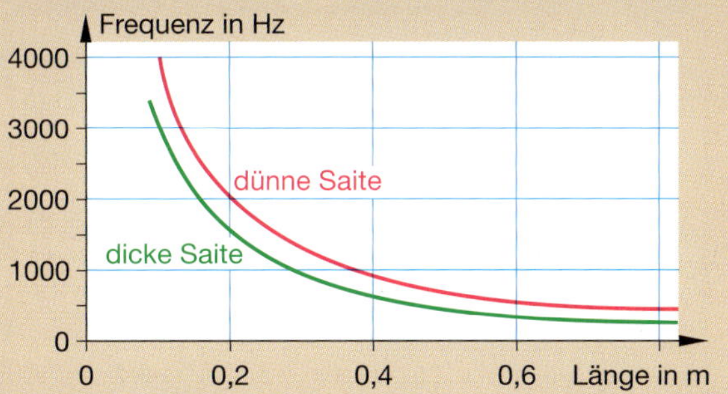


**.... von der Spannkraft der Saite**
Das eine Ende der Saite ist fest eingespannt. An das andere Saitenende werden verschiedene Wägestücke gehängt, die auf die Saite Zugkräfte ausüben.
*Je größer die Zugkraft, desto höher der Ton, d. h. desto größer die Frequenz.*

Genauere Untersuchungen zeigen, dass die Frequenz nicht einfach linear mit der Zugkraft wächst. Erst eine Vervierfachung der Zugkraft bewirkt eine Verdopplung der Frequenz, eine Verneunfachung eine Verdreifachung. Es gilt also eine Wurzelfunktion: $f \sim \sqrt{F}$

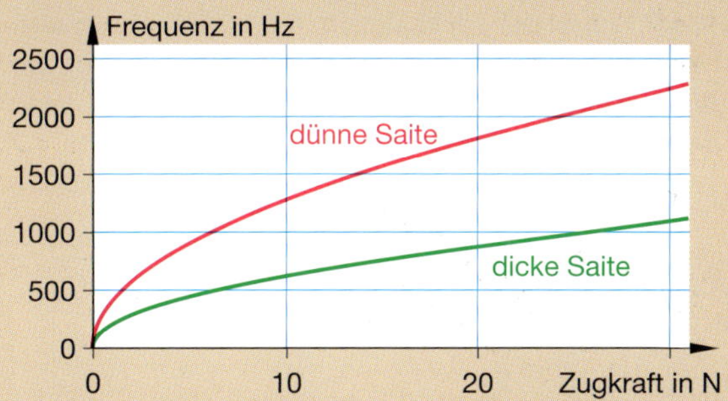


Damit ist aber noch nicht die ganze Vielfalt der Klänge von Gitarre, Geige, Klavier und anderen Saiteninstrumenten erfasst. Es spielen noch andere, aber schwerer fassbare Einflüsse auf die Frequenz wie Bau und Beschaffenheit des Klangkörpers eine Rolle. Selbst die Art, wie Musik auf dem Instrument gespielt wird, ob etwa die Saite in kurzer Zeit hart angerissen oder langsam und gefühlvoll durch Streichen mit einem Bogen in Schwingung versetzt wird, hat Einfluss auf den wahrgenommenen Klang.

Streifzug

## Schwingungen mathematisch betrachtet

Auf einer Rußplatte oder einem Oszilloskop lässt sich sehr schön der zeitliche Verlauf der Schwingung einer Stimmgabel sichtbar machen. Wie aber kann zu jedem Zeitpunkt der genaue Ort eines markierten Punktes auf der schwingenden Zinke exakt angegeben und vorausberechnet werden?

Um diese Fragen beantworten zu können schauen wir uns einen Trinkhalm auf einem gleichmäßig mit 45 Umdrehungen pro Minute rotierenden Plattenteller an:

- Von oben gesehen kreist der Trinkhalm mit 45 Umdrehungen pro 60 Sekunden = 0,75 Umdrehungen je Sekunde.
- Von der Seite gesehen „schwingt" er vom linken zum rechten Umkehrpunkt hin und her. Er durchläuft in immer gleichen zeitlichen Abständen den Ort des Stiftes in der Mitte (= „Ruhelage"). Die Frequenz dieser Schwingung beträgt $f$ = 0,75 Hz. Für jede Periode benötigt der Trinkhalm die Schwingungsdauer $T = \frac{1}{f} = \frac{1}{0{,}75\,\text{Hz}} \approx 1{,}3\,\text{s}$.

Teilen wir eine volle Umdrehung in z. B. acht gleiche Zeitintervalle. Bewegt sich der Trinkhalm um den Winkel $\frac{360°}{8} = 45°$, so benötigt er dafür die Zeit

$\frac{T}{8} = \frac{1{,}3\,\text{s}}{8} = 0{,}17\,\text{s}$.

Alle 0,17 s ist der Trinkhalm um 45° weiter gewandert, bis er nach 8 · 45° = 360° oder $T$ = 1,3 s wieder am Ausgangspunkt angelangt ist. Jedem Zeitpunkt lässt sich also genau der Ort des Trinkhalms zuordnen.

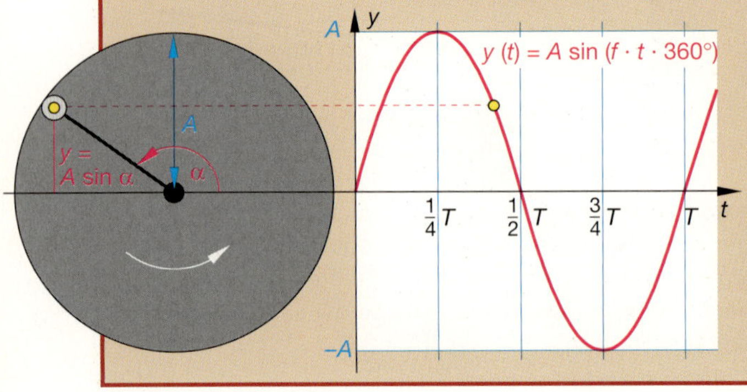


Betrachten wir nun wieder die Bewegung unseres Trinkhalms von der Seite. Die seitliche Auslenkung $y$ bezüglich der Ruhelage lässt sich mithilfe der Definition des Sinus leicht angeben, denn es gilt allgemein für einen Winkel im rechtwinkligen Dreieck:

$\sin \alpha = \frac{\text{Gegenkathete}}{\text{Hypotenuse}}$

Bei der betrachteten Kreisbewegung ist $y$ die Gegenkathete und $A$ die Hypotenuse:
$\sin \alpha = \frac{y}{A}$
oder aufgelöst nach der Auslenkung $y$
$y = A \sin \alpha$.

Zu jedem Zeitpunkt lässt sich bei bekannter Frequenz $f$ bzw. Schwingungsdauer $T$ der zugehörige Winkel $\alpha$ angeben. Denn das Verhältnis $\frac{t}{T}$ ist gleich dem Verhältnis des gesuchten Winkels zum Vollkreis $\frac{\alpha}{360°}$. Nach $\alpha$ aufgelöst ergibt sich:
$\alpha = 360° \cdot \frac{t}{T} = 360° \cdot f \cdot t$

Wird jetzt zu jedem Winkel $\alpha$ oder besser zu jedem zum Winkel $\alpha$ gehörigen Zeitpunkt $t$ die Auslenkung $y = y(t)$ ausgerechnet und aufgetragen, ergibt sich die bekannte Schwingungskurve. Derartige Schwingungen werden daher als **Sinusschwingungen** bezeichnet.

Für den zeitlichen Verlauf der Auslenkung $y$ unserer Schwingung mit der Amplitude A und der Frequenz $f$ erhalten wir also das **Zeit-Auslenkungs-Gesetz:**
$\mathbf{y(t) = A \sin (f \cdot t \cdot 360°)}$

### Rechenbeispiel

Wo befindet sich der Trinkhalm von der Seite aus betrachtet nach 4,8 Sekunden, wenn sein Abstand von der Drehachse 15 cm beträgt?

Geg.: $A = 15\,\text{cm}$; $f = 0{,}75\,\text{Hz}$
$y(t) = 15\,\text{cm} \cdot \sin (0{,}75\,\frac{1}{\text{s}} \cdot t \cdot 360°)$

Ges.: $y(t = 4{,}8\,\text{s})$

Lösung: $y(4{,}8\,\text{s}) = 15\,\text{cm} \cdot \sin (0{,}75\,\frac{1}{\text{s}} \cdot 4{,}8\,\text{s} \cdot 360°)$
$= 15\,\text{cm} \cdot \sin (3{,}6 \cdot 360°)$
$= 15\,\text{cm} \cdot (-0{,}588) \approx -8{,}8\,\text{cm}$

Nach 4,8 s befindet sich der Trinkhalm 8,8 cm links (wegen des Minuszeichens) von der Mitte.

# Überlagerung von Schwingungen

Streifzug

## Schwebung

Werden beim Stimmen einer Bassgitarre gleichzeitig zwei Töne gespielt, die schon sehr nahe beieinander liegen, ist ein „Wummern“, ein deutliches Auf- und Abschwellen der Lautstärke zu hören.

Zwei identische Stimmgabeln ergeben auf dem Oszilloskop die bekannte Sinusschwingung. Wird aber eine der beiden Stimmgabeln durch Aufbringen von Zusatzgewichten ein klein wenig gegen die andere verstimmt, ergibt jede für sich auf dem Oszilloskop wieder eine Sinusschwingung, wobei die nahe beieinander liegenden Frequenzen auf dem Bildschirm kaum zu unterscheiden sind.

Werden beide Stimmgabeln aber gleichzeitig angeschlagen, erscheint ein ganz eigenartiges Bild: Die Amplitude zeigt ein periodisches An- und Abschwellen. Dieser Effekt wird **Schwebung** genannt, die Frequenz, mit der dies geschieht, Schwebungsfrequenz. Die Schwebungsfrequenz wird um so kleiner, je näher sich die einzelnen Frequenzen angleichen. So ergibt sich bei $f_1$ = 440 Hz und $f_2$ = 450 Hz eine Schwebungsfrequenz von $f_S$ = 450 Hz – 440 Hz = 10 Hz.

Das bedeutet, dass der Schwebungston von $\frac{440 + 450}{2}$ = 445 Hz 10-mal pro Sekunde an- und abschwillt.

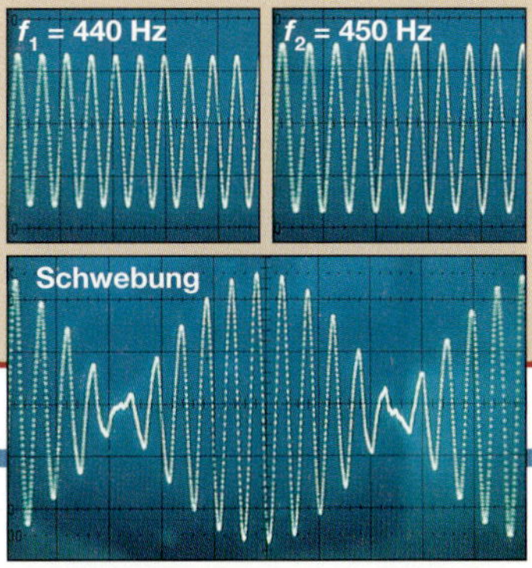


## Klänge

Wird auf verschiedenen Instrumenten der gleiche Ton gespielt, so zeigen die mit einer Soundkarte aufgenommenen Computerbilder Schwingungen mit der gleichen Schwingungsdauer *T*. Aber alle Instrumente zeigen statt einer reinen Sinuskurve eine komplizierte Kurve mit zusätzlichen kleinen Maxima und Minima. Wo kommen die her?

Eine solche gezackte Sinuskurve lässt sich erzeugen, indem zwei oder mehr Sinuskurven addiert werden. Dabei müssen für jeden Zeitwert *t* die Auslenkungen *y* der jeweiligen Sinuskurven unter Berücksichtigung des Vorzeichens addiert werden.

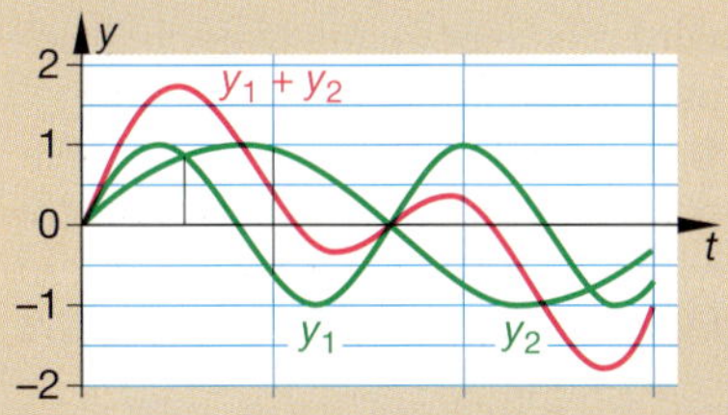


Leichter als mit Papier und Bleistift geht es mit dem Computer und einer passenden Software. Besonders gut stimmen die berechneten Kurven mit den Klangbildern überein, wenn zur Grundschwingung Sinuskurven addiert werden, deren Frequenzen ganzzahlige Vielfache der Grundfrequenz sind.

Umgekehrt kann solch eine gezackte Sinuskurve wie die unseres Klaviers in eine Summe von Sinuskurven aufgeschlüsselt werden. Die Sinuskurven mit den höheren Frequenzen, den **Obertönen,** tragen in unterschiedlicher Stärke zur Grundschwingung bei. Die Grafik rechts zeigt, wie groß die Amplituden der jeweiligen Oberschwingungen sind.

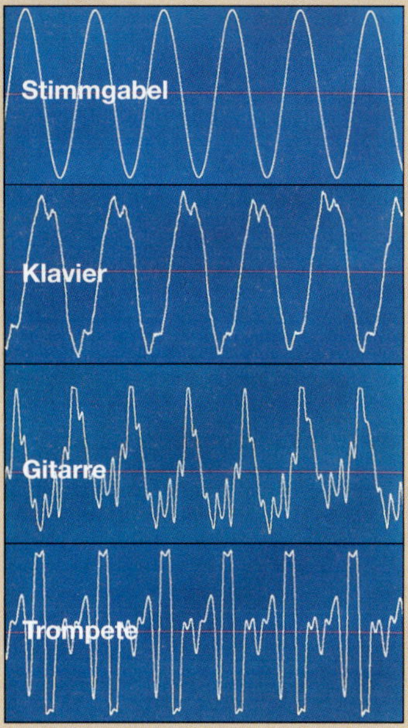


Die Kombination von Grundton mit verschiedenen, unterschiedlich lauten Obertönen ergibt die charakteristische Klangfarbe des Instruments. So klingt ein Klavier, das relativ arm an Obertönen ist, weich. Dagegen hört sich eine obertonreiche Trompete greller an.

Das Wissen um den Aufbau eines Klanges eröffnet nicht nur die Möglichkeit, mit einem Synthesizer bestimmte Klänge auf elektronischem Weg zu erzeugen, sondern es lassen sich in der Musik völlig neue Klangkompositionen kreieren.

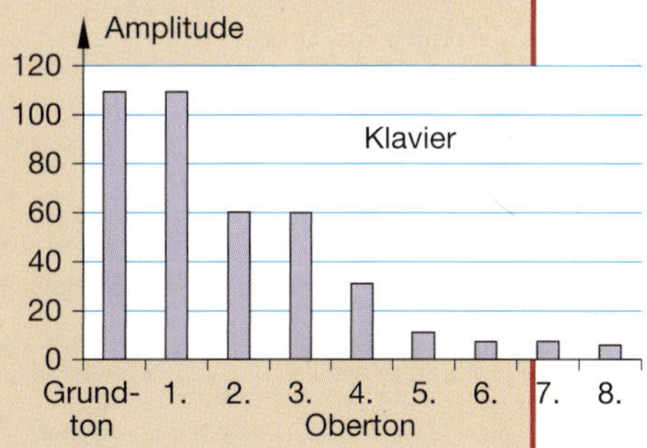

## Erzwungene Schwingungen

Wird eine Stimmgabel einmal angeschlagen, so ist ein ganz bestimmter, ihr eigener Ton zu hören. Auch andere Körper wie eine Blattfeder oder ein sich hin und her bewegender Wagen schwingen, wenn sie einmal ausgelenkt wurden, in der für sie typischen **Eigenfrequenz $f_0$.**

**Zentraler Versuch**

Wird ein Federschwinger wie im Foto rechts über den Exzenter eines sich gleichmäßig drehenden Motors zum *Mitschwingen* angeregt, so schwingt er mit derselben Frequenz $f_a$, mit der sich der anregenden Motor dreht. Der Federschwinger führt jetzt eine **erzwungene Schwingung** mit einer anderen als seiner Eigenfrequenz aus.

### Resonanz

Wird die Motordrehzahl und damit die anregende Frequenz geändert, ergeben sich für den Federschwinger je nach Frequenz ganz unterschiedliche Amplituden:

- Bei kleiner Drehzahl folgt der Federschwinger exakt der anregenden Schwingung.
- Bei mittleren Drehzahlen des Motors – in der Nähe der Eigenfrequenz – nimmt die Amplitude der erzwungenen Schwingung sehr stark zu. Sie wird maximal, wenn die Erregerfrequenz genau der Eigenfrequenz $f_0$ des Federschwingers entspricht. Dieser Anregungszustand heißt **Resonanz;** deshalb wird die Eigenfrequenz auch Resonanzfrequenz genannt.
- Bei sehr hohen Drehzahlen schafft es der träge Wagen nicht mehr, der schnellen Anregung zu folgen, er zittert nur ein wenig um seine Ruhelage.

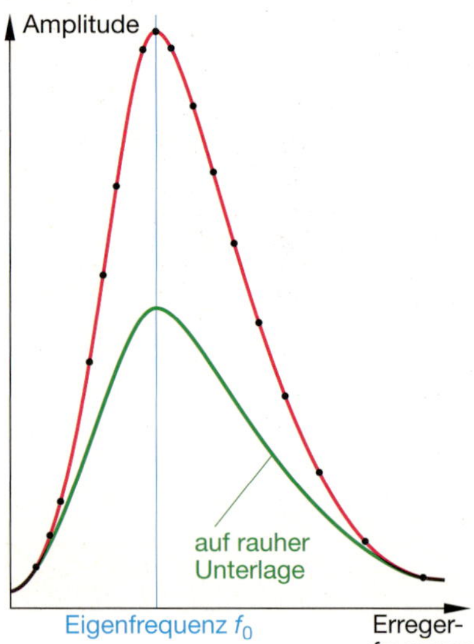


### Dämpfung

Die Größe der Amplitude hängt aber noch von einer anderen Größe ab. Stellen wir den Federschwinger auf eine raue Unterlage, so lassen sich nur noch kleine Amplituden beobachten. Besonders der Resonanzfall tritt deutlich abgeschwächt auf: Die Schwingung wird stark **gedämpft.** Umgekehrt können geringe Dämpfungen zu sehr großen Schwingungsamplituden führen.

Diese Phänomene lassen sich sehr schön mit Stimmgabeln zeigen, die auf Resonanzkästen stehen: Nach dem Anschlagen der ersten Stimmgabel wird nicht nur der Holzkasten zum Mitschwingen angeregt, sondern durch Übertragung durch die Luft sogar der zweite Kasten mit der Stimmgabel, ohne dass sie einander berühren. Die Übertragung wird schlechter, wenn die Frequenz der anregenden Stimmgabel durch zusätzliche Gewichte verändert wird oder der verstärkende Resonanzkasten weggelassen wird.

Jeder Körper hat eine Eigenfrequenz $f_0$. Mit dieser schwingt er, wenn er sich selbst überlassen ist.
Bei einer erzwungenen Schwingung schwingt der Körper mit der anregenden Frequenz $f_a$.
Ist $f_a = f_0$, dann befindet sich der Körper in Resonanz mit der anregenden Frequenz.

**Aufgaben**

**1** Erkläre die Begriffe Eigenschwingung, erzwungene Schwingung und Resonanz an einem weiteren, eigenen Beispiel.

**2** **a)** Beim Klavierspielen fängt bei einem bestimmten Ton die Glasvase auf der Vitrine an zu klirren. Erkläre.
**b)** Was geschieht wohl, wenn Wasser in die Vase gefüllt wird?

**3** Erkläre, wie es bei einer Kinderschaukel zu besonders hohen Schwüngen kommt.

**4** Früher wurden tonnenschwere Kirchenglocken von kleinen Jungs mithilfe eines Seils zum Schwingen gebracht. Wie haben sie das geschafft?

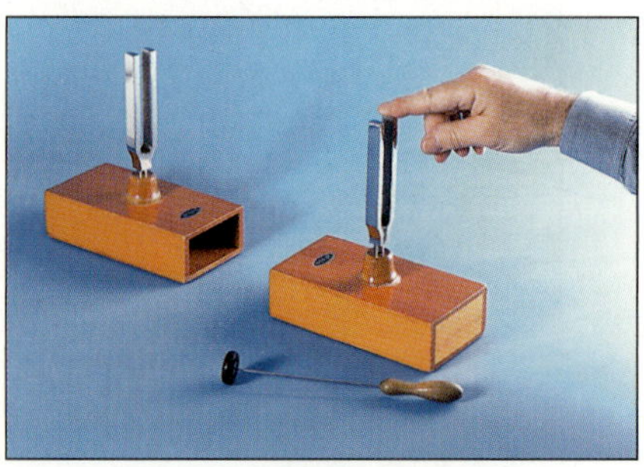

# RESONANZEN

## Resonanzkörper, die keine sind

Bei allen Saiteninstrumenten – gleichgültig ob Violine oder Klavier – laufen die Saiten über einen meist hölzernen so genannten Resonanzkasten. Dieser wird von den schwingenden Saiten zu erzwungenen Schwingungen in deren Frequenz angeregt. Wegen der großen Fläche, die den Schall abstrahlt, ist der ausgesandte Ton viel lauter als der der Saite allein.

Jeder Instrumentenbauer achtet peinlichst darauf, keinen Resonanzkasten im physikalischen Sinn zu bauen. Denn bei einem guten Instrument sollen alle Töne etwa gleich gut verstärkt werden und nicht ein Ton (der mit der Eigenfrequenz des Resonanzkastens) besonders stark.

Die Fotos zeigen, wie ein Geigenboden bei einer bestimmten Anregungsfrequenz schwingt. An den hellen Stellen ist er in Ruhe, bei den dunklen schwingt er mit großer Amplitude.

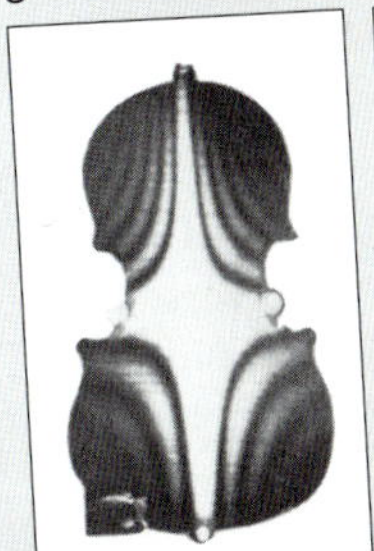
116 Hz

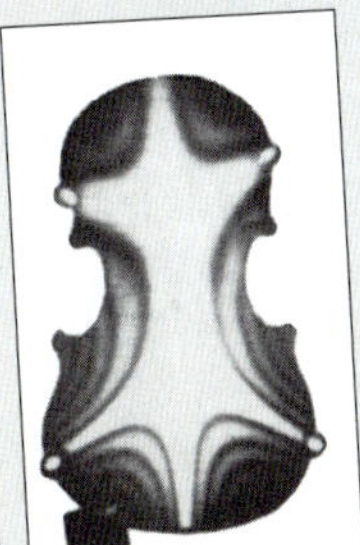
222 Hz

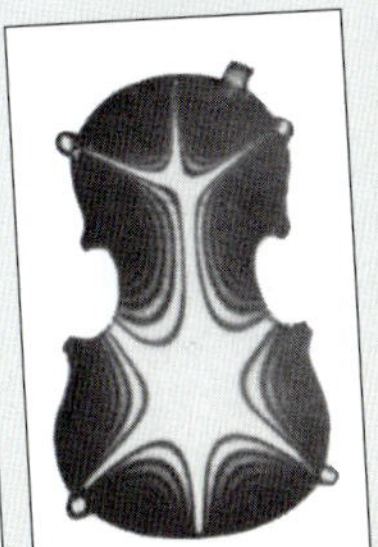
403 Hz

## *Wenn die Erde bebt...*

Besonders schlimm machen sich Resonanzen bei Erdbeben bemerkbar. Diese gewaltigen Entladungen von aufgestauten Spannungen in der Erdkruste verursachen heftige Schwingungen der Erde, die sich in alle Richtungen ausbreiten und große Schäden verursachen können.

Deshalb versuchen Architekten in gefährdeten Zonen, Häuser so zu entwerfen, dass sie möglichst wenig schwingen und schon gar nicht in Resonanz kommen. Dazu werden Häuser auf Rollen, Gummipuffern o. Ä. gelegt, um das Mitschwingen zu erschweren, oder es werden auf dem Dach große Wassertanks installiert, um die Eigenfrequenz des Gebäudes zu verändern.

Um die Effektivität derartiger Maßnahmen zu testen, wurde in Japan ein 15 x 20 m großer „Rütteltisch" gebaut, auf dem Erdbeben bis zur Stärke acht simuliert werden können.

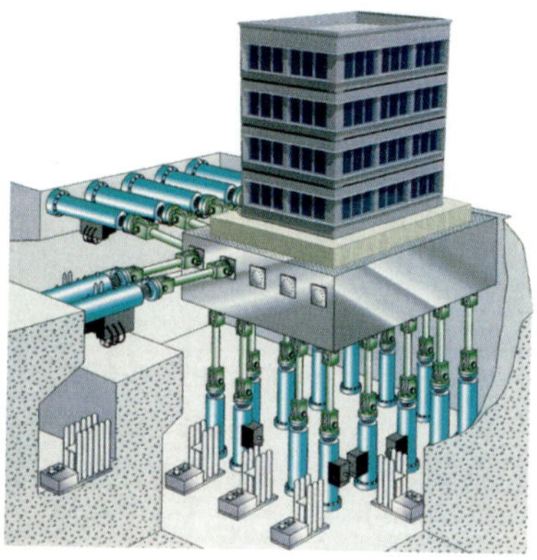
*Der stärkste Erdbebensimulator der Welt*

Leichte lange Hängebrücken können durch den Wind zu erzwungenen Schwingungen angeregt werden. Liegt die Anregungsfrequenz in der Nähe der Eigenfrequenz, kann es wie im Foto zur Resonanzkatastrophe kommen – die Brücke zerbricht buchstäblich.

## Schwingungsdämpfer

Die Räder von Autos sind an Federn aufgehängt, die Fahrbahnunebenheiten ausgleichen werden. Natürlich kann das System Federung-Reifen auch zu Schwingungen angeregt werden. Das hätte zur Folge, dass der Reifen den Kontakt zur Fahrbahn verliert und das Auto nicht mehr lenk- und bremsbar ist.

Um das Abheben des Rades von der Straße zu verhindern, wird an jedem Rad ein „Stoßdämpfer" angebracht. Das ist ein ölgefüllter Zylinder, in dem sich ein Kolben hin und her bewegen kann. Ventile und dünne Drosselspalte sorgen dafür, dass das Rad nicht hochschnellt, sondern langsam „einfedert" und anschließend nur ganz langsam „zurückfedert". Dadurch kommt das Rad erst gar nicht ins Schwingen.

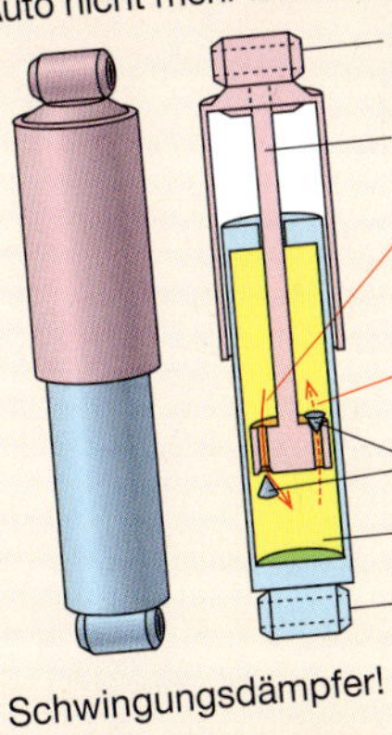


„Stoßdämpfer" sind also eigentlich Schwingungsdämpfer!

# Schall unterwegs

**Wenn jemand zu uns spricht, gelangt der Schall von der Quelle Mund direkt zum Empfänger Ohr. Der Schall kann aber auch trotz des Hindernisses „Tür“ zu uns gelangen. Und manche „Hindernisse“ lassen den Schall sogar besser vorankommen.**
**Wie kommt der Schall zu uns? Wie kommt er durch Hindernisse? Sind alle Wege für ihn gleich gut?**

## Schallträger

Legen wir eine laut bimmelnde Klingel auf einen Schwamm unter eine Glasglocke und pumpen aus ihr die Luft heraus, so verstummt das Klingeln nach und nach. Wird die Glocke langsam belüftet, so wird das Klingeln wieder hörbar und immer lauter.

**Zentraler Versuch**

Damit der Schall von der Klingel zu uns übertragen werden kann, muss etwas da sein, das ihn von der Schallquelle zum Schallempfänger gelangen lässt. Die Luft ist also zur Schallübertragung notwendig. Ohne diesen Überträger gibt es offenbar keinen Schall. Wiederholen wir den Versuch, indem wir die Klingel auf eine Metallunterlage legen, so reduziert sich die Lautstärke kaum. Der Schall kann jetzt über den festen Metallkörper zu uns gelangen.
Es ist meist die Luft, die den Schall überträgt. Aber auch jeder feste, flüssige oder gasförmige Körper kann ihn – mehr oder weniger gut – übertragen. Aus Vergleichsmessungen mit dem Träger Luft lassen sich die verschiedenen Stoffe in eine Reihenfolge sortieren. Der Grafik oben lässt sich entnehmen, wievielmal besser bestimmte Stoffe Schall übertragen im Vergleich zu Luft.

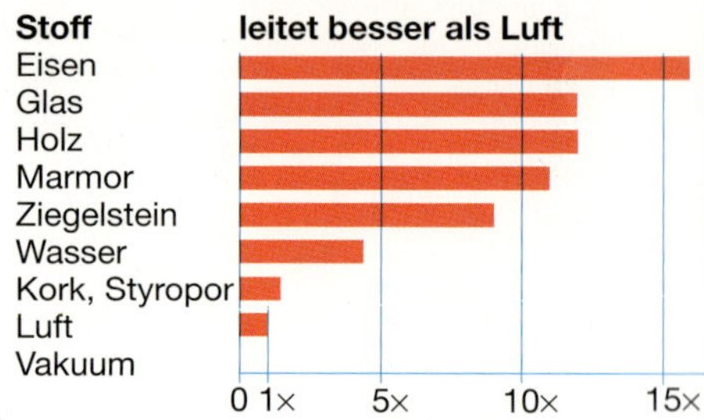


Schall braucht einen Träger, um von der Schallquelle zum Schallempfänger zu gelangen.

## Versuche und Aufträge — Schallausbreitung

**V1 a)** Lausche einer Radiosendung im Nachbarzimmer ohne Hilfsmittel.
**b)** Halte dann ein Trinkglas mit der Öffnung an die Wand und drücke dein Ohr an den Glasboden. Was stellst du fest?

**V2 a)** Befestige eine Suppenkelle aus Metall in der Mitte eines ca. 2 m langen Fadens. Wickle die beiden Enden um die Spitzen deiner Zeigefinger und lass die Kelle frei hängen. Schlage sie jetzt gegen einen Tisch. Wie hört sich der Ton an?
**b)** Stecke dann deine beiden Zeigefinger in die Ohren und wiederhole. Erkläre.

**V3 Fadentelefon:** Bohre je ein Loch in die Böden von zwei leeren Plastikbechern oder Blechdosen und verbinde sie durch eine Schnur wie im Bild oben.
**a)** Sprich in den einen Becher hinein. Kann jemand in dem anderen Becher deine Worte gut hören?
**b)** Über welche Entfernung schafft ihr eine vernünftige Telefonverbindung?
**c)** Erkläre. Warum muss die Schnur gespannt sein?

## Schallausbreitung im Teilchenmodell

Stößt in einer wartenden Personenschlange eine hinten stehende Person gegen eine vor ihr stehende, so kann die gestoßene Person nach vorn fallen und ihrerseits die vor ihr stehende umstoßen – was sich nach vorn so weiter fortsetzten kann. Die **Störung** hat sich nach vorn ausgebreitet, ohne dass sich die Personen von ihrem Platz weg bewegt hätten.

Schiebt man die Luft langsam mit der Hand vor sich her, können die Luftteilchen seitlich ausweichen. Schlägt man dagegen auf das Fell einer Pauke, werden die Luftteilchen sehr schnell angestoßen und können deshalb nicht ausweichen. Die Luft wird an dieser Stelle zusammengedrückt. Diese Luftteilchen drücken nun ihrerseits auf vor ihnen liegende Luftteilchen, die dadurch verdichtet werden. Das „verdichtete Luftpaket" wandert also immer weiter von der Pauke weg, ohne dass die einzelnen Luftteilchen ihren Platz verlassen.
Schwingt die Membran der Pauke zurück, so entsteht eine Stelle, in welcher der Luft mehr Platz zur Verfügung steht, es entsteht eine Luftverdünnung. In diese strömt Luft aus der Nachbarschicht wieder hinein. Wie die Luftverdichtung pflanzt sich auch die Luftverdünnung fort. Sie läuft hinter der Verdichtung her – wir hören den Paukenschlag.
Wie bei der Personenschlange stößt ein Luftteilchen seinen Nachbarn an, dieses das nächste und so fort – die Störung wandert durch den Träger. Dabei schwingen die einzelnen Luftteilchen nur auf der Stelle, sie verlassen ihren Ort nicht. Schall ist kein Wind!

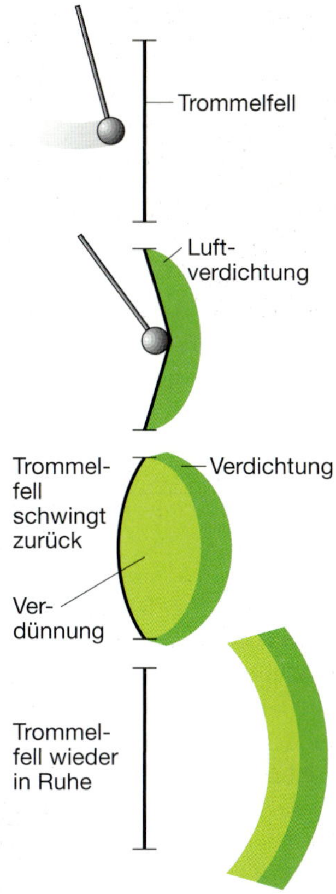


Die Luftverdichtungen und -verdünnungen laufen nicht nur geradlinig in eine Richtung weg, sondern breiten sich auch in die Bereiche daneben aus, denn die Luftteilchen stoßen nicht nur zentral die in direkter Ausbreitungsrichtung liegenden Teilchen, sondern auch seitlich die in unmittelbarer Nachbarschaft liegenden. Die Luftverdichtungen und -verdünnungen bilden Kugelschalen, die konzentrisch von der Quelle weglaufen. Das seitliche Anstoßen der Luftteilchen ist auch der Grund dafür, dass Schall auch hinter der Schallquelle zu hören ist.

Schall breitet sich als Folge von Verdichtungen und Verdünnungen im jeweiligen Träger aus.

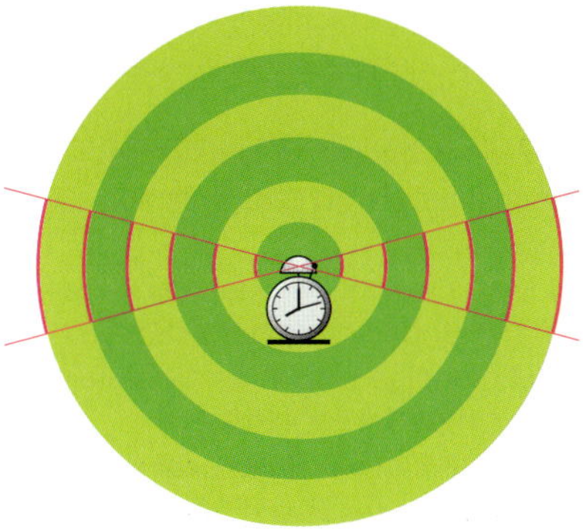

Mit zunehmender Entfernung von der Quelle nehmen die Verdichtungen und Verdünnungen immer größere Luftvolumina ein. Die Bewegungsenergie, die die Luftteilchen ursprünglich von der Schallquelle mitbekommen haben, wird auf immer mehr Luftteilchen verteilt. Das führt dazu, dass entferntere Teilchen weniger Energie bekommen als nahe. Deshalb schwingen sie weniger heftig, der Ton wird leiser.

Die Ausbreitung von Schall in anderen Materialien verläuft ganz ähnlich wie in Luft. Nur sind es jetzt nicht die Luftteilchen, die hin und her schwingen und die Störung weitergeben, sondern die Teilchen des betreffenden Stoffes. Da in flüssigen oder festen Stoffen die Teilchen viel dichter gepackt sind und fester zusammenhängen als in Luft, können sie die Störung besser weitergeben und somit den Schall viel besser leiten.

### Aufgaben

**1** Eine lange Schraubenfeder (Dinky) wird ausgestreckt hingelegt und an einer Stelle angestoßen. Beschreibe, wie sich die Störung längs der Feder ausbreitet.

**2** Beschreibe die Schallausbreitung eines sich nähernden Zuges in einer Eisenbahnschiene mit dem Teilchenmodell.

**3** **a)** Überlege, auf welchen Wegen die Töne eines Klaviers in die Nachbarwohnung transportiert werden können.
**b)** Welche Gegebenheiten begünstigen, welche behindern die Schallausbreitung?

## Schall wird umgelenkt

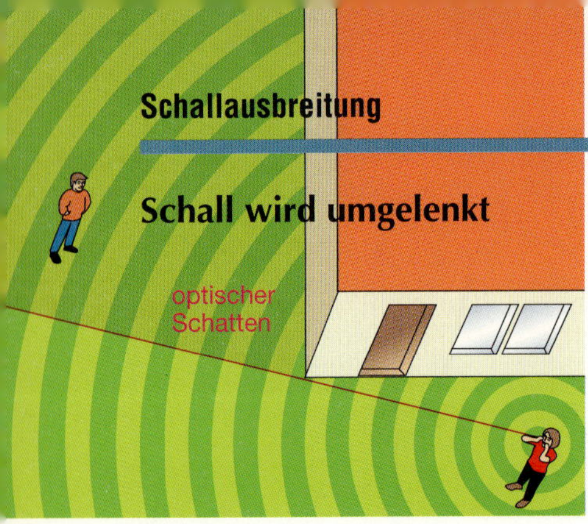


Jemand steht hinter einer Hausecke verborgen und ruft dich. Obwohl du ihn nicht sehen kannst, gelangt der Schall trotzdem an dein Ohr. Er wird um die Ecke des Hauses gelenkt. Das Eindringen von Schall in den (optischen) Schattenraum eines Hindernisses wird **Beugung** genannt.

Trifft Schall auf andere Materialien z. B. auf eine glatte Glasscheibe, so wird er nicht nur im Material weitergeleitet, sondern er wird von der Oberfläche auch wieder zurückgeworfen, **reflektiert.**

Diese Beobachtungen lassen sich leicht entsprechend dem Foto rechts überprüfen:
- Das Ticken des Weckers ist auch ohne den Spiegel zu hören, selbst wenn sich das Ohr seitlich neben dem Glaszylinder befindet – Beugung.
- Ein Spiegel in der fotografierten Stellung lässt das Ticken deutlich lauter werden – Reflexion.

Für die Stellung der Glasscheibe, bei der das Ticken am lautesten zu hören ist, ergibt sich, dass der Winkel des reflektierten Schalls zum Einfallslot genauso groß ist wie der Winkel des auf die reflektierende Fläche einfallenden Schalls. Es gilt dasselbe Gesetz wie bei der Reflexion von Licht:

**Einfallswinkel = Reflexionswinkel**

$$\alpha_E = \alpha_R$$

Treffen Verdichtungen und Verdünnungen auf ein festes Hindernis, so wird die Richtung der Dichteschwankungen an der Wand umgekehrt. Die auftreffenden Luftteilchen werden wie Gummibälle zurückgeworfen. Je härter und glatter die Wand ist, desto besser kommen sie zurück, desto genauer wird der Schall nur in eine Richtung reflektiert.

Stehen wir in den Bergen vor großen Bergwänden, so können wir unsere Rufe nach der Reflexion an der Wand als **Echo** wieder hören. In großen oder leeren Räumen kommt der reflektierte Schall wegen des kürzeren Weges so schnell zurück, dass wir nur einen unangenehmen **Nachhall** hören.

Soll die Schallreflexion an den Wänden verringert werden, müssen weiche, raue und poröse Materialien auf die Wände aufgebracht werden. Sie absorbieren große Teile des auftreffenden Schalls und streuen den Rest in alle Richtungen.

**Zentraler Versuch**

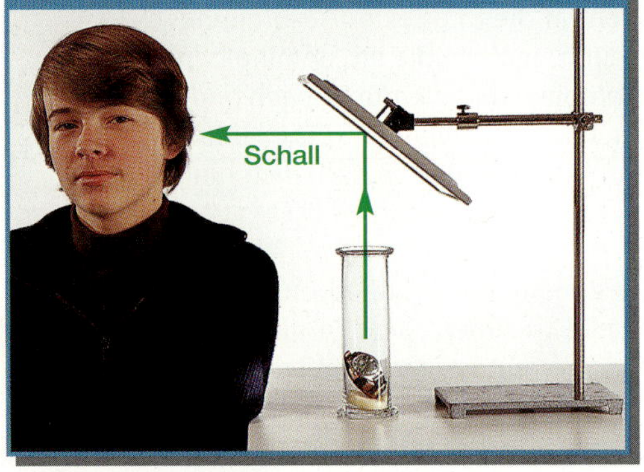


Das Eindringen von Schall in Bereiche hinter einem Hindernis heißt Beugung.
Bei der Schallreflexion gilt: Einfallswinkel gleich Reflexionswinkel.

### Aufgaben

**1** Nenne für den Versuch mit der tickenden Uhr Stoffe, bei denen du eine schlechtere Reflexion erwartest als bei einer Glasplatte.

**2** Kennst du in deiner Umgebung eine Stelle mit einem Echo?
**a)** Nenne sie und gib an, welche speziellen Gegebenheiten das Echo dort entstehen lassen.
**b)** Suche ansonsten in der Literatur nach Orten mit einem Echo.

**3** Stelle Schall und Licht in einer Tabelle gegenüber.
**a)** Welche Phänomene entsprechen sich?
**b)** Welche Unterschiede kannst du finden?
**c)** Nenne jeweils ein konkretes Beispiel dazu.

**4** Betrachte einen Konzertsaal, deinen Musiksaal und dein Klassenzimmer hinsichtlich der akustischen Gestaltung genauer.
**a)** Fertige eine Skizze an und zeichne mögliche Wege des Schalls von einem Sender an der Stirnseite des Raumes zu einem Empfänger an der Rückwand ein.
**b)** Wie verhält sich der Raum bezüglich Schallerzeugung bei den Akteuren und den Zuhörern?
**c)** Nenne Unterschiede in den Anforderungen der verschiedenen Räume.
**d)** Welche baulichen Umstände erscheinen dir günstig, welche ungünstig?
**e)** Durch welche Maßnahmen ließen sich Veränderungen herbeiführen?

**5** Erkundige dich in der Literatur über CHRISTIAN DOPPLER (1803–1853), den Entdecker des Dopplereffektes (siehe Pinnwand rechts).
**a)** Wie kam er zu seiner Entdeckung?
**b)** Wo wird sie noch angewendet?

**6** Erkläre den Satz „Schall ist kein Wind." mithilfe des Teilchenmodells.

# SCHALLAUSBREITUNG

Mit einer „Flüstertüte" kann der auseinander laufende Schall durch Reflexionen an den glatten Wänden in die gewünschte Richtung gelenkt werden. Das Sprachrohr dient somit als einfacher Schallverstärker.

Ein Hörrohr ist ein in umgekehrter Richtung verwendetes Sprachrohr.

In der Musik ist ein Nachhall in gewissen Maßen erwünscht, denn er lässt Musik weicher klingen. Zuviel Nachhall jedoch lässt sie verschwimmen und wird als störend empfunden.
In Konzertsälen können Echos und Nachhall an unpassender Stelle den Musikgenuss stark trüben. Der Schall, den Schauspieler und Orchester aussenden, soll von jedem Zuschauerplatz aus möglichst direkt und mit gleicher Qualität zu hören sein. Deshalb werden beim Bau hohe Anforderungen an die Konstruktion des Innenraumes gestellt, um eine gute Akustik zu erhalten.
Zum Beispiel sind in den meisten Opernhäusern oder Konzertsälen die Wände mit Stoff bespannt oder mit besonders rauem Putz versehen, um Reflexionen zu vermeiden; die Rückwände sind meist durch Emporen oder Ränge sehr stark zergliedert, was ebenfalls die Schallreflexion verringert.

Musikalischer Polizist entlarvte Raser durch Dopplereffekt.
Der gehörte Frequenzsprung um zwei ganze Noten ergab: Statt der erlaubten 50 km/h fuhr der Raser mit 100 km/h.

## Dopplereffekt

Beim Heranrasen von Fahrzeugen hören wir einen höheren Ton, also eine größere Frequenz als bei stehendem Fahrzeug. Ist das Fahrzeug an uns vorbei und entfernt sich von uns, so ist der Ton plötzlich tiefer, seine Frequenz also kleiner. Dieser Frequenzsprung beim Vorbeifahren ist umso größer, je schneller sich die Schallquelle bewegt.

## Überschallknall

**(AFP)** Das Bild zeigt einen Jet der US-Marine nach dem Durchbrechen der Schallmauer. Der Nebelball am Heck der Maschine entsteht durch die großen Druckunterschiede entlang der Maschine: An ihrer Spitze wird die Luft sehr stark verdichtet, was den Überschallknall erzeugt. Am Heck des Flugzeugs sinkt der Druck schlagartig ab, der Wasserdampf der Luft kondensiert. Die so entstehende Nebelwolke wird während des gesamten Überschallfluges vom Flugzeug mitgeschleppt.

# Schallempfänger

**Grundsätzlich nehmen wir einen Ton, ein Geräusch oder Sprache erst wahr, wenn der Schall in unser Ohr gelangt. Das laute Dröhnen eines Düsenjägers oder eines Presslufthammers kann uns an die Schmerzgrenze bringen. Vor allem tiefe Frequenzen bemerken wir „im Bauch", ohne dass wir sie hören.**
**Welche Frequenzen hören wir? Wann wird Schall für uns gefährlich? Wie können wir uns vor zu großen Lautstärken oder Lärm schützen?**

## Hörbereich

Die Zahl der Dichteschwankungen der Luft in einer Sekunde gibt uns die Frequenz des Schalls an, den unser Ohr empfängt. Unser Ohr kann jedoch nicht jede beliebige Frequenz verarbeiten. Am besten hören wir Frequenzen von 300 Hz bis 5000 Hz. In diesem Bereich gibt z. B. das Telefon den Schall an unser Ohr weiter.

**Zentraler Versuch**

Der wahrnehmbare Frequenzbereich kann in einem Gehörtest mit einem Tongenerator ausgemessen werden. Dabei zeigt ein Oszilloskop auch die Frequenzen, die wir nicht mehr hören können.
Frequenzen unterhalb unseres Hörvermögens heißen **Infraschall,** die oberhalb **Ultraschall.**

Der gesamte Bereich der Frequenzen, den der Mensch hören kann, der **Hörbereich,** erstreckt sich von 16 Hz bis 20 000 Hz.
Dieser Bereich gilt allerdings nur für Kinder und Jugendliche. Im Lauf des Lebens sinkt die obere Hörgrenze etwa jedes Lebensjahrzehnt infolge der nachlassenden Elastizität des Trommelfells um ca. 2000 Hz. Deshalb hören manche ältere Menschen das Zirpen der Grillen nicht mehr, weil die hohen Frequenzen des Zirpens oberhalb ihrer Hörgrenze liegen.

Der Unterschied im Hörverhalten von Mensch und Hund wird bei speziellen Pfeifen für Hunde genutzt: Der Hund hört die Töne im Ultraschallbereich der Pfeife sehr gut, der Mensch dagegen überhaupt nicht.

**Infraschall ⇐ 16 Hz Hörbereich des Menschen 21000 Hz ⇒ Ultraschall**

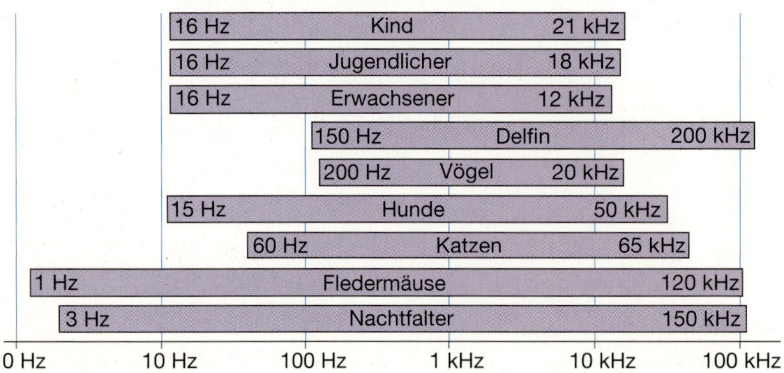


**Aufgaben**

**1** Welche Tiere können Ultraschall, welche Infraschall hören? Gibt es Tiere, die beide Bereiche hören können? Welche Tiere haben einen besonders großen (kleinen) Hörbereich? Wie schneidet bei diesem Vergleich der Mensch ab?

**2** Weshalb können wir fliegende Hummeln hören, Schmetterlinge dagegen nicht?

## Laut und leise

Wie laut ist „laut"? Ein *Schallpegelmesser* gibt uns eine Antwort über die vorliegende physikalische Lautstärke der zehn läutenden Klingeln. Er zeigt in unserem Beispiel eine Lautstärke von 66 dB (Dezibel) an. Schalten wir jetzt Klingel für Klingel aus, so zeigt das Messgerät bei nur noch einer Klingel den Wert 56 dB an. Eine Verringerung der Schallquellen um den Faktor zehn ergibt eine Abnahme der physikalischen Lautstärke um 10 dB. Dagegen empfinden wir den Unterschied zwischen zehn Klingeln und einer Klingel nur etwa halb so laut.

**Zentraler Versuch**

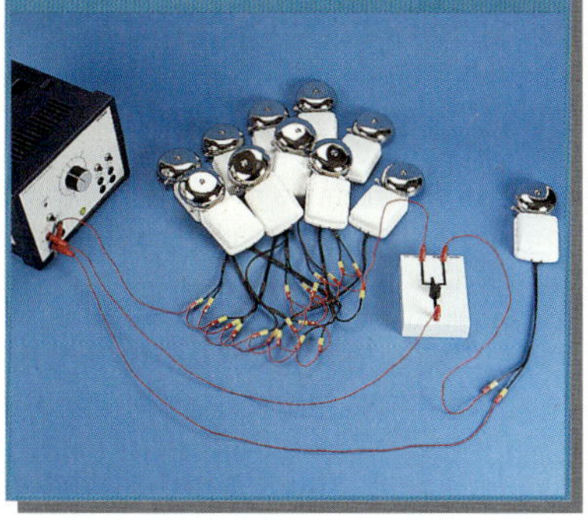

Das gilt auch für die Umkehrung. Nehmen wir als Schallquelle Flöten, so steigt die gemessene Lautstärke von 71 dB bei einer Flöte auf 81 dB bei zehn gleichzeitig angeblasenen Flöten. Wir empfinden aber nur eine Verdoppelung der Lautstärke. Bei einer weiteren Verzehnfachung auf 100 Flöten würden wir 91 dB messen.

Der Ausgangswert von 0 dB wird als **Hörschwelle** bezeichnet – ein für unser Ohr gerade noch hörbarer Ton. Ab 90 dB drohen **Hörschäden;** bei 130 dB beginnt die **Schmerzgrenze.**

Eine Verringerung der Lautstärke um 10 dB bedeutet eine Halbierung der empfundenen Lautstärke.

| Lautstärke |
|---|
| 0 dB Reiz- oder Hörschwelle |
| 10 dB sehr leises Blätterrauschen |
| 20 dB Flüstern |
| 30 dB schwacher Straßenlärm |
| 40 dB normale Unterhaltungssprache |
| 50 dB normale Lautsprechermusik |
| 60 dB laute Lautsprechermusik |
| 70 dB starker Verkehrslärm |
| 80 dB stärkerer Verkehrslärm, Schreien |
| 90 dB lautes Autohupen |
| 100 dB ungedämpftes Motorrad |
| 110 dB stärkster Fabriklärm |
| 120 dB Presslufthammer (1 m entfernt) |
| 130 dB Schmerzgrenze |

### Aufgaben

**1** Ein Baby schreit mit 70 dB. Wie viele gleich stark schreiende Babys würden dich an die Schmerzgrenze bringen?

**2** Wie viele von 100 Trillerpfeifen müssten entfernt werden, um den Schallpegel um 10 dB (20 dB) zu senken?

## Eine Schnecke kommt ins Schwingen

**Streifzug**

Der von einer Schallquelle ausgesandte Schall wird im äußeren Ohr von der trichterförmigen Ohrmuschel eingefangen und durch den Gehörgang in Richtung Trommelfell geleitet. Das Trommelfell, ein hauchdünnes Häutchen, kommt dabei richtig ins Schwingen, was sich auf der Innenseite des Trommelfells auf die Gehörknöchelchen Hammer, Amboss und Steigbügel im Mittelohr überträgt. Dadurch werden die Schwingungen verstärkt. Sie werden auf die Membran des ovalen Fensters und von dieser auf die Flüssigkeit in der Schnecke des Innenohrs übertragen.

In der Schnecke sitzen ca. 18 000 feine Haarzellen, welche die Flüssigkeitsschwingungen in elektrische Impulse umsetzen. Unterschiedliche Frequenzen des Schalls erreichen die Haarzellen an unterschiedlichen Stellen. Tiefe Töne reizen die Zellen mehr im spitzen Teil der Schnecke, hohe mehr in der Nähe des ovalen Fensters. Die elektrischen Reize werden über die Hörnerven ins Gehirn zur weiteren Informationsverarbeitung geleitet.

Lärm und zu große Lautstärken zerstören unwiederbringlich die feinen Haarzellen in der Schnecke.

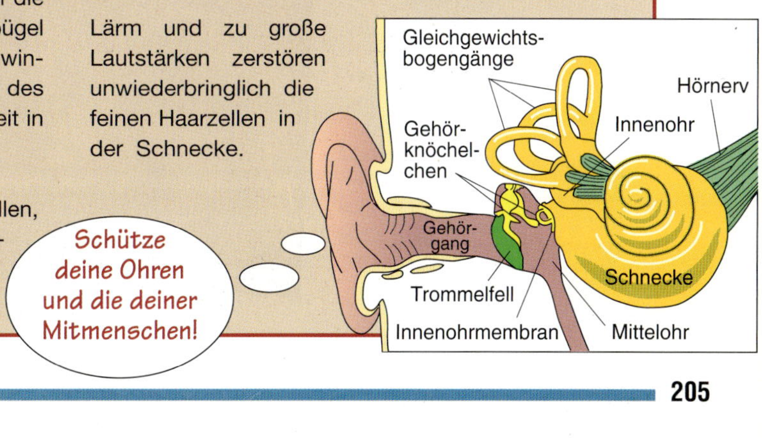

Pinnwand

## JENSEITS UNSERER HÖRGRENZEN

### *Jäger und Gejagte*

Wahre Meister im Hören von Ultraschall sind die Fledermäuse. Einige Arten können Laute bis 100 000 Hz senden und hören. Anhand der Echos können sie sehr genau Hindernisse ausmachen. Sie können dabei nicht nur Beutetiere erkennen, sondern sogar deren Bewegungsrichtung bestimmen.

Um der Gefahr durch die jagenden Fledermäuse zu entgehen, haben im Laufe von Jahrmillionen einige nacht-aktive Insekten wie Grillen und Nachtfalter „Ohren" entwickelt, die empfindlich auf die Frequenzen der Fledermäuse reagieren. Wird ein Nachtfalter von dem Suchlaut einer jagenden Fledermaus getroffen, kann er Schutzmaßnahmen ergreifen: Wenn er den Ultraschall hört, lässt er sich einfach zu Boden fallen. Dieses Verhalten des Nachtfalters lässt sich auch auslösen, indem mit einem Schlüsselbund gerasselt wird. Dabei entsteht neben dem Klimpern, das wir hören können, auch Ultraschall. Dieser veranlasst den Nachtfalter, sich auf den Boden fallen zu lassen.

### Ultraschall in der Medizin

In der Sonographie wird ein Ultraschallsender z. B. über den Bauch einer schwangeren Frau geführt. Die Ultraschallimpulse durchlaufen die verschiedenen Schichten des Körpers (Haut, Fettgewebe, Muskeln, Knochen, innere Organe, heranwachsender Fötus). Von diesen verschiedenen Substanzen wird der Schall unterschiedlich gut reflektiert. Ein Computer errechnet aus den zurückkommenden Signalen ein Bild des untersuchten Bereichs und zeigt es auf einem Monitor an. So lässt sich bereits während der Schwangerschaft das heranwachsende Kind gefahrlos untersuchen und seine Lage und sein Wachstum feststellen.

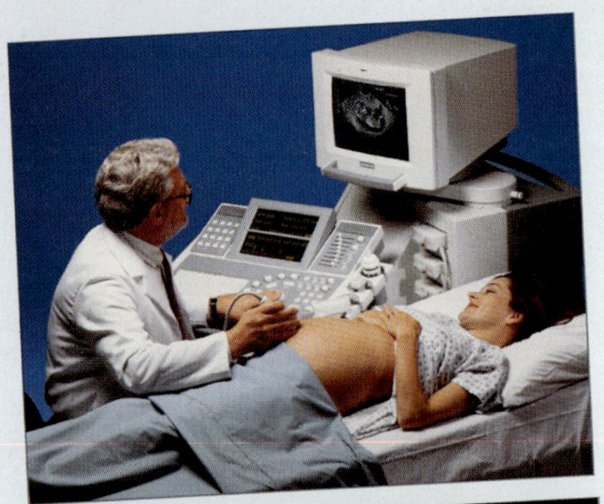

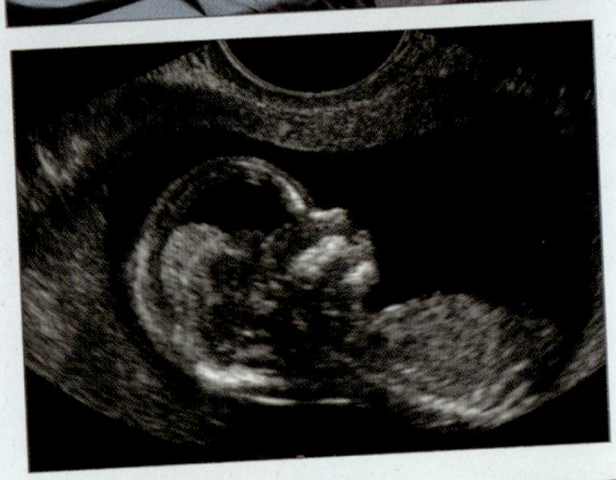

### Verständigung bei Elefanten

In ihrer sexuell besonders aktiven Phase, der Musth, stoßen Elefantenbullen einen Drohlaut aus, das so genannte Musthgrollen. Dieses Grollen liegt weit unter unserem Hörvermögen. Infraschall kann im Gegensatz zum Ultraschall über sehr große Entfernungen durch die Luft getragen werden, sodass die Elefantenbullen in einem weiten Umkreis sowohl von Weibchen wie auch von konkurrierenden Artgenossen gehört werden können. Der Brunftruf der Weibchen ist dagegen für den Menschen gut hörbar.

# Wie schnell ist der Schall?

**Wie können die Eltern sich so sicher sein? Vermutlich haben sie eine alte Bauernregel angewandt: „Zähle nach dem Blitz die Sekunden bis zum Eintreffen des Donners, teile die Zahl durch drei und du erhältst in etwa die Entfernung des Gewitters in Kilometer."**

**Ganz offensichtlich braucht der Donner Zeit, um von seinem Entstehungsort zu uns zu kommen. Wie können wir bestimmen, wie schnell sich Schall bewegt? Ist Schall in allen Stoffen gleich schnell?**

## Bewegungen – schnelle und langsame

Um uns herum ist vieles in Bewegung: Autos, Fahrräder, Fußgänger, der Zeiger der Uhr, vorbeiziehende Wolken, das fließende Wasser im Bach, ja selbst die Erde als Ganzes ist ständig in Bewegung.
Bei jeder Bewegung, also auch bei der Schallausbreitung, wird eine Strecke zurückgelegt, für die eine gewisse Zeit benötigt wird. Beim Schall ist diese Zeitdauer, wie wir aus Erfahrung wissen, sehr kurz: Wenn uns jemand aus einer größeren Entfernung etwas zuruft, müssen wir nicht erst eine Weile warten, bis wir die Worte hören. Das macht es uns schwer zu bestimmen, wie schnell sich der Schall fortbewegt.

**Zentraler Versuch**

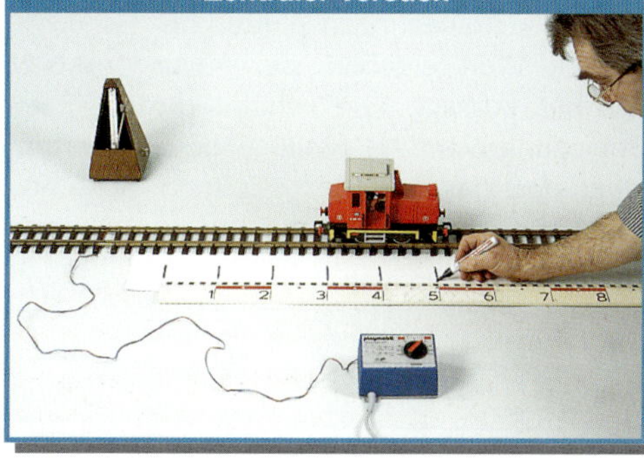


Wir betrachten deshalb zuerst Bewegungen, die langsamer ablaufen. Bei der Spielzeuglok z. B. kann die Geschwindigkeit so niedrig eingestellt werden, dass wir nach einer gewissen Anfahrtszeit im Sekundentakt die jeweilige Stellung der Lok markieren können.
Wir stellen fest: In der Zeitspanne von einer Sekunde legt die Lok jeweils gleich lange Strecken zurück. Eine solche Bewegung nennen wir eine **gleichförmige** Bewegung.
Je größer die Strecke ist, die während einer bestimmten Zeit, z. B. in einer Sekunde zurückgelegt wird, desto größer ist die Geschwindigkeit.

Im Alltag ist die gleichförmige Bewegung eher die Ausnahme: Der PKW, der vor dem Zebrastreifen abbremst, unsere Lok beim Anfahren, der Schlitten, der am Hang immer schneller wird, das alles sind **ungleichförmige** Bewegungen, also Bewegungen mit sich ändernden Geschwindigkeiten.

Wird die Bewegung im Laufe der Zeit langsamer, so heißt sie **verzögert,** wird sie immer schneller, so heißt sie **beschleunigt.**

Bei einer gleichförmigen Bewegung werden in gleichen Zeitabständen gleiche Strecken zurückgelegt.

### Aufgaben

**1** Handelt es sich bei den folgenden Beispielen eher um gleichförmige oder um ungleichförmige Bewegungen: PKW auf Autobahn, LKW beim Anfahren an der Ampel, Schiff auf hoher See, Flugzeug bei der Landung, Skater in der Halfpipe?

**2** Finde weitere Beispiele für gleichförmige bzw. ungleichförmige Bewegungen, z. B. bei verschiedenen Sportarten.

**3** Angenommen, die Markierungen bei der Lok werden während der Anfahrtszeit gemacht. Was kannst du in dem Fall über die Abstände der Markierungsstriche sagen? Woran kannst du also erkennen, ob sich die Lok gleichförmig oder ungleichförmig bewegt?

**4** Welche Lok war schneller?

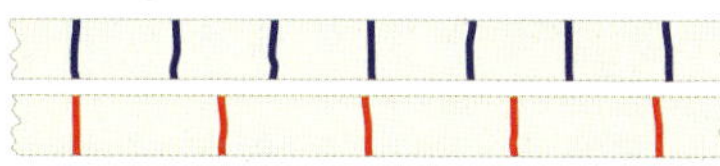

## Die Geschwindigkeit bei der gleichförmigen Bewegung

Wir stellen bei der Lok ein schnelleres Tempo ein und markieren wieder nach einer gewissen Anfahrtszeit ihren jeweiligen Ort im Sekundentakt. Die Markierungsstriche liegen jetzt zwar weiter auseinander, aber ihre Abstände untereinander sind wieder gleich, d. h. auch hier liegt eine gleichförmige Bewegung vor.
In der unten stehenden Tabelle sind beide Bewegungen der Lok im Ganzen dargestellt. Mit $t$ ist hier die Zeit gemeint, die jeweils seit dem Start verstrichen ist, $s$ ist die zugehörige Wegstrecke. Hier können wir ablesen, welche Wegstrecke $s$ nach einer bestimmten Zeit $t$ zurückgelegt worden ist. Dem Anfangspunkt der Messung wurden dabei die Werte $t$ = 0 s und $s$ = 0 cm zugeordnet.

Tragen wir die Messwerte in ein Schaubild oder Diagramm ein, so erhalten wir das **Zeit-Weg-Diagramm** der Bewegung. Für beide Bewegungen ergibt sich eine Ursprungsgerade. Die steilere Gerade zeigt die schnellere Bewegung.
Aus der Mathematik wissen wir, dass eine solche Gerade ein Zeichen dafür ist, dass die betreffenden Größen proportional zueinander sind: In der doppelten Zeit wird die doppelte Wegstrecke zurückgelegt, in der dreifachen Zeit die dreifache Wegstrecke usw.
Anders ausgedrückt: Der Quotient aus Strecke und Zeit müsste bei jeder der Bewegungen einen konstanten Wert ergeben, der etwas darüber aussagt, wie schnell die Bewegung war. Die zweite Tabelle zeigt, dass das zutrifft.

| | 1. Bewegung | 2. Bewegung |
|---|---|---|
| $t$ | $s$ | $s$ |
| 0 s | 0 cm | 0 cm |
| 1 s | 10 cm | 13 cm |
| 2 s | 20 cm | 26 cm |
| 3 s | 30 cm | 39 cm |
| 4 s | 40 cm | 52 cm |
| 5 s | 50 cm | 65 cm |

| | 1. Bewegung | 2. Bewegung |
|---|---|---|
| $t$ | $\frac{s}{t}$ | $\frac{s}{t}$ |
| 0 s | – | – |
| 1 s | 10 $\frac{cm}{s}$ | 13 $\frac{cm}{s}$ |
| 2 s | 10 $\frac{cm}{s}$ | 13 $\frac{cm}{s}$ |
| 3 s | 10 $\frac{cm}{s}$ | 13 $\frac{cm}{s}$ |
| 4 s | 10 $\frac{cm}{s}$ | 13 $\frac{cm}{s}$ |
| 5 s | 10 $\frac{cm}{s}$ | 13 $\frac{cm}{s}$ |

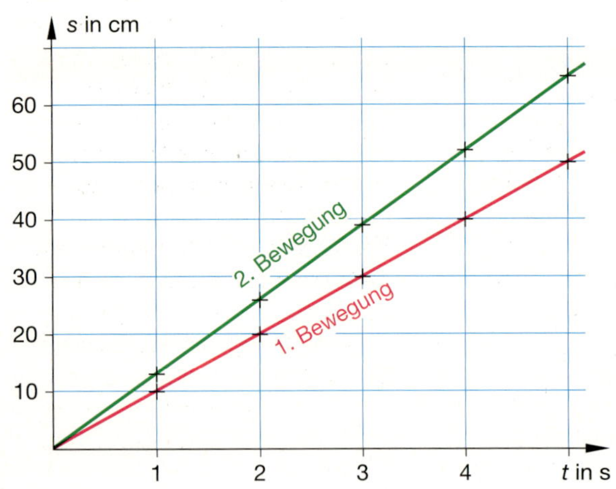


Definition / Einheiten

### Geschwindigkeit

Die Einheit ist $\frac{m}{s}$ oder $\frac{km}{h}$.
Das Formelzeichen ist $v$.

Umrechnung der Einheiten:
$\frac{km}{h} \rightarrow \frac{m}{s}$: Zahlenwert durch 3,6
200 $\frac{km}{h}$ = (200 : 3,6) $\frac{m}{s}$ = 55,6 $\frac{m}{s}$

$\frac{m}{s} \rightarrow \frac{km}{h}$: Zahlenwert mal 3,6
10 $\frac{m}{s}$ = (10 · 3,6) $\frac{km}{h}$ = 36 $\frac{km}{h}$

Den Quotienten $\frac{s}{t}$ nennen wir **Geschwindigkeit,** abgekürzt $v$. Es gilt also: $\boldsymbol{v = \frac{s}{t}}$.

Als Einheiten verwendet man meist $\frac{m}{s}$ oder $\frac{km}{h}$. Aber es ist natürlich erlaubt und in vielen Fällen praktischer, andere Längen- bzw. Zeiteinheiten zu benutzen.
In unserem Beispiel beträgt die Geschwindigkeit für die erste Bewegung der Lok 10 $\frac{cm}{s}$, für die zweite Bewegung 13 $\frac{cm}{s}$.

Für gleichförmige Bewegungen nennen wir den Quotienten aus der zurückgelegten Wegstrecke $s$ und der dafür benötigten Zeit $t$ die Geschwindigkeit $v$:
$v = \frac{s}{t}$

### Aufgaben

**1** Eine Schülerin braucht für den 1,2 km langen Schulweg zu Fuß $\frac{1}{4}$ Stunde, mit dem Fahrrad beträgt ihre Bestzeit 3 min 10 s. Berechne jeweils ihre Geschwindigkeit in $\frac{m}{s}$ und in $\frac{km}{h}$.

**2** Eine Klasse macht eine Wanderung. Zuerst geht es zwei Stunden lang in gleichmäßigem Tempo durch den Wald. Nach 9 km gibt es eine Pause von 15 min.
Für den anschließenden 2 km langen Aufstieg braucht die Gruppe eine Stunde.
**a)** Fertige ein Zeit-Weg-Diagramm der Wanderung an.
**b)** Berechne die Geschwindigkeit für jeden Abschnitt.

**3** Wandle jeweils um: **a)** in $\frac{m}{s}$: 1 $\frac{km}{h}$; 20 $\frac{cm}{s}$; 10 $\frac{mm}{min}$;
**b)** in $\frac{km}{h}$: 50 $\frac{m}{s}$; 3 $\frac{km}{s}$; 150 $\frac{m}{min}$.

## Messung der Schallgeschwindigkeit

Wenn sich Schall in Form einer Störung ausbreitet, in welcher der Reihe nach Luftteilchen ihre Schwingung an Nachbarteilchen weitergeben, so kann die Schallausbreitung nicht unendlich schnell geschehen – Schall muss für eine gewisse Entfernung eine bestimmte Zeit benötigen. Wie groß ist die Schallgeschwindigkeit?

Würde zwischen den Lautsprecher und die Mikrofone ein anderes Material als Luft gebracht (z. B. Holz, Kunststoff oder Eisen) und die Messung wiederholt, so ergäben sich wieder Geraden, aber mit anderen Steigungen. Daraus ließen sich dann die jeweiligen Schallgeschwindigkeiten in den verschiedenen Stoffen berechnen.

Wenn im Foto rechts der vom Lautsprecher ausgesandte Ton auf das linke Mikrofon trifft, wird das elektronische Kurzzeitmessgerät gestartet. Erreicht er das rechte Mikrofon, wird die Zeitmessung gestoppt. In einer Messreihe wird die Entfernung zwischen den beiden Mikrofonen verändert und jeweils die Laufzeit des Schalls bestimmt.

**Zentraler Versuch**

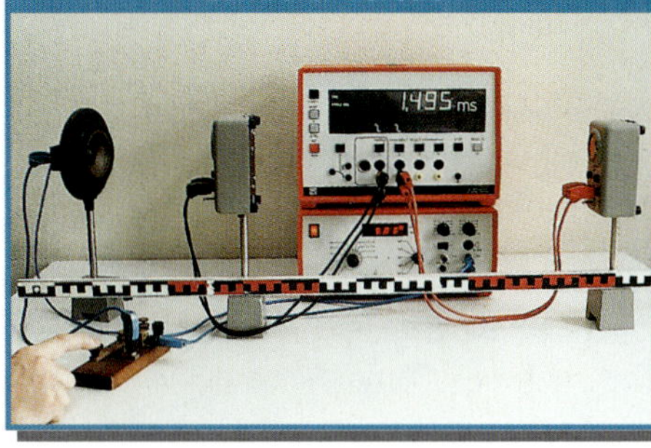


| s | t |
|---|---|
| 0,15 m | 0,4 ms |
| 0,30 m | 0,9 ms |
| 0,50 m | 1,5 ms |
| 0,75 m | 2,2 ms |
| 1,00 m | 2,9 ms |
| 1,25 m | 3,7 ms |

In einem *s*-*t*-Diagramm liegen die Messwerte näherungsweise auf einer Geraden. Es handelt sich bei der Ausbreitung von Schall also um eine gleichförmige Bewegung. Aus der Steigung der Geraden lässt sich die Schallgeschwindigkeit berechnen:

$v = \frac{s}{t} = \frac{1\,\text{m}}{2{,}9\,\text{ms}} \approx 345\ \frac{\text{m}}{\text{s}}$

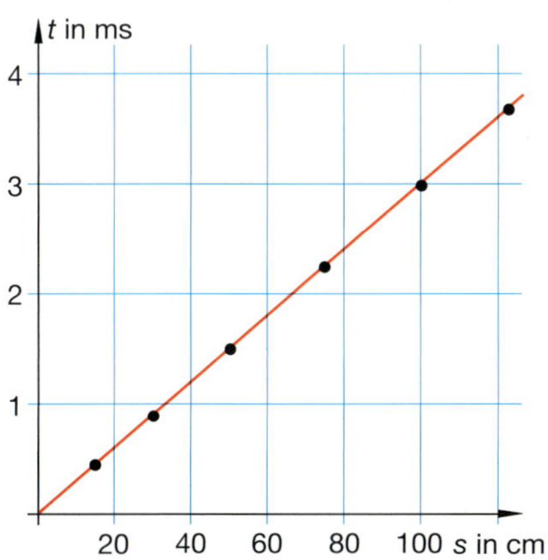


Das Ergebnis zeigt die Tabelle unten: Schall breitet sich in Festkörpern viel schneller aus als in Luft. Das ist nicht verwunderlich, denn in Festkörpern oder Wasser liegen die Teilchen ja viel enger nebeneinander als in Luft. Außerdem sind sie in Luft ja völlig frei und unabhängig voneinander beweglich, während sie in Festkörpern fest aneinander gekoppelt sind. Deshalb die große Ausbreitungsgeschwindigkeit von akustischen Signalen in Festkörpern.

| Stoff | Schallgeschwindigkeit |
|---|---|
| Gummi | 35 $\frac{\text{m}}{\text{s}}$ |
| Luft | 344 $\frac{\text{m}}{\text{s}}$ |
| Kork | 500 $\frac{\text{m}}{\text{s}}$ |
| Wasser | 1480 $\frac{\text{m}}{\text{s}}$ |
| Holz | 1300–5500 $\frac{\text{m}}{\text{s}}$ |
| Eis | 3280 $\frac{\text{m}}{\text{s}}$ |
| Beton | 3000–4500 $\frac{\text{m}}{\text{s}}$ |
| Glas | 4200–5900 $\frac{\text{m}}{\text{s}}$ |
| Eisen | 5950 $\frac{\text{m}}{\text{s}}$ |
| Marmor | 5300 $\frac{\text{m}}{\text{s}}$ |

Schall breitet sich in Luft mit der Geschwindigkeit $v = 344\ \frac{\text{m}}{\text{s}}$ aus. In festen Körpern und in Flüssigkeiten ist die Schallgeschwindigkeit deutlich größer.

### Aufgaben

**1** Eine alte Bauernregel besagt, dass man vom Sehen des Blitzes bis zum Hören des Donners die Sekunden zählen soll. Die gezählten Sekunden geteilt durch drei ergibt die Entfernung des Gewitters in km. Erkläre diese Regel.

**2** **a)** Beschreibe eine Methode, mit der sich die Schallgeschwindigkeit in Wasser und in anderen Flüssigkeiten bestimmen ließe.
**b)** Versuche die Genauigkeit abzuschätzen.
**c)** Wie ließe sich experimentell zeigen, dass die Schallgeschwindigkeit nicht von der Frequenz des ausgesandten Tones abhängt.

**3** Eine technisch einfachere Methode zur Bestimmung der Schallgeschwindigkeit ist die Startklappenmethode: Auf einem weiten Feld klappt eine Person eine Startklappe zusammen. Eine zweite Person misst die Zeit zwischen dem sichtbaren Zusammenklappen und dem hörbaren Knall.
**a)** Bei einer derartigen Bestimmung der Schallgeschwindigkeit kommt nur annähernd der richtige Wert von 344 $\frac{\text{m}}{\text{s}}$ heraus. Überlege, welche Messfehler für diese Abweichung verantwortlich sind.
**b)** Wie ließe sich diese Methode verfeinern?

**4** Bei einem Echolot beträgt die Zeit zwischen dem Aussenden und dem Empfangen eines Signals 1,3 s. Berechne die Meerestiefe an dieser Stelle.
(Hinweis: In Meerwasser beträgt die Schallgeschwindigkeit etwa 1530 $\frac{\text{m}}{\text{s}}$.)

**Streifzug**

# Fischfang mit Echolot

Licht wird von Wasser sehr schnell absorbiert. Daher spielt für Wassertiere das Sehvermögen eine viel geringere Rolle als für Landtiere. Denn spätestens ab einer Wassertiefe von 200 m ist es stockdunkel. Um sich in dieser Dunkelheit orientieren oder jagen zu können, bedienen sich Wale und Delfine des Schalls. Dazu brauchen sie natürlich Ohren. Aber wegen der notwendigen Stromlinienform sind diese nicht außen am Körper angebracht, sondern liegen innen. Der Schall trifft auf den Unterkiefer und wird von Fettgewebe zum Innenohr geleitet. Schaumgefüllte Hohlräume sorgen dafür, dass Wale und Delfine auch unter Wasser die Richtung bestimmen können, aus der der Schall kommt. Menschen können dies aufgrund der höheren Schallgeschwindigkeit im Wasser nicht.

Zusätzlich setzen Wale und Delfine ähnlich wie Fledermäuse ein Sonarsystem ein, indem sie zur Orientierung viele Male in einer Sekunde kurze Klicklaute (kürzer als 1 ms) aussenden. Die Klicklaute haben ein breites Frequenzspektrum, das zum größten Teil oberhalb des menschlichen Hörvermögens im Ultraschall liegt. Treffen diese Klicklaute auf ein Hindernis, wird ein Teil reflektiert und vom Gehör aufgefangen. Durch den besonderen Bau des Schädels wird der Schall wie bei einer Sammellinse gebündelt, um die Echos zu verstärken.

- Anhand der Laufzeit zwischen Senden des Signals und Empfangen seines Echos können die Tiere dann die Entfernung zum Objekt ermitteln.
- Aus dem Frequenzspektrum des Echos können die Tiere sogar die Form und Beschaffenheit des reflektierenden Gegenstandes oder Körpers erkennen, also feststellen ob es sich um einen Felsen im Weg oder eine wohlschmeckende Krake auf der Flucht handelt.

Die Reflexion von Schall wird genutzt, um Meerestiefen zu bestimmen, Fischschwärme oder U-Boote zu orten. Dazu sendet ein Schallsender ein Ultraschallsignal aus. Das reflektierte Signal wird vom Empfänger wieder aufgenommen. Aus der Laufzeit und der bekannten Schallgeschwindigkeit im Wasser lässt sich die Tiefe oder Entfernung berechnen.

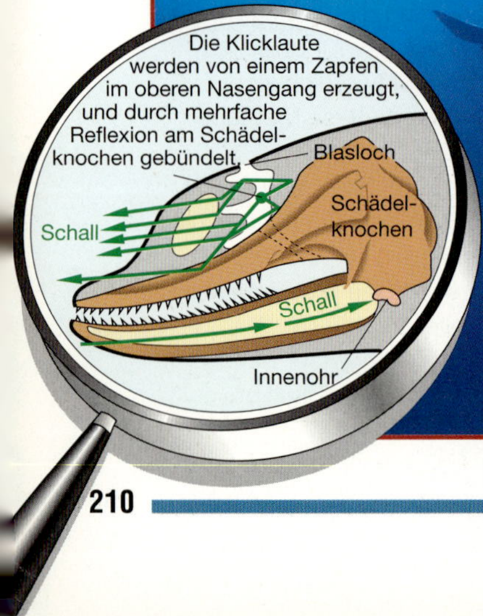


**Rechenbeispiel**

Eine Schiffsmannschaft erhält nach 3 s das Echosignal von einem Fischschwarm. In welcher Tiefe sind die Netze auszubringen?

Geg.: $t = 3\,\text{s}$, $v = 1530\,\frac{\text{m}}{\text{s}}$

Ges.: Tiefe $h$

Lösung: Aus $v = \frac{s}{t}$ folgt

$s = v \cdot t$

$s = 1530\,\frac{\text{m}}{\text{s}} \cdot 3\,\text{s}$

$= 4590\,\text{m}.$

Die Tiefe ist die halbe Strecke, also $h = \frac{s}{2} = 2295\,\text{m}$.

Die Netze müssen in etwa 2300 m Tiefe geschleppt werden.

## Noten – die Schrift der Musik

Streifzug

Musik spielen wurde seit Jahrtausenden gelernt durch Zuhören und Nachspielen. Aber wie bei der Sprache entstand schnell der Wunsch, das Gehörte dauerhaft festzuhalten. Notenschriften (Notationen) sind von vielen alten Kulturen (Indien, China, Babylon, Palästina) überliefert. In Europa gilt als älteste Notation eine nach ägyptischen Vorbild entstandene griechische Buchstaben-Notenschrift von Alpha bis Omega. Sie notierte nur die Tonhöhe, nicht die Tonlänge. Im frühen Mittelalter gaben die *Neumen,* die Notenzeichen der Kirchenmusik, durch steigende und fallende Linien die Melodie an. Die Länge der Töne war festgelegt, ihre Höhe dagegen nur ungefähr.

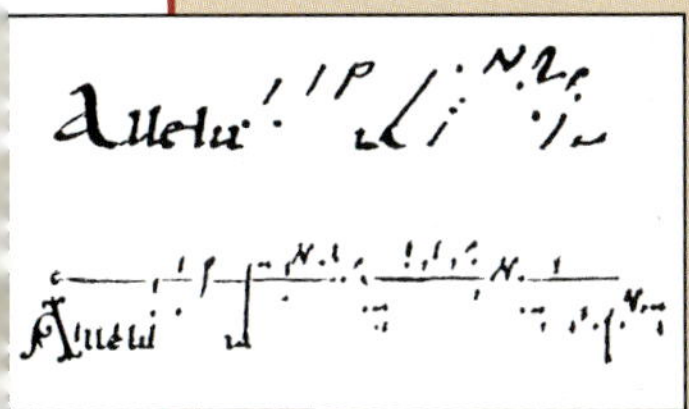

Die heutige Notenschrift der abendländischen Musik hat sich aus der Kirchenmusik des Mittelalters entwickelt. Sie basiert auf einem Liniensystem, das aus fünf *Notenlinien* besteht. Jedes Symbol namens *Note* auf einer Linie oder in einem Zwischenraum stellt einen Ton einer bestimmten Frequenz dar. Die Frequenzen der verschiedenen Töne sind ganzzahlige Vielfache eines Grundtones, des tiefen C mit $f$ = 65,4 Hz. Das sind die so genannten *Naturtöne.*

Zahlreiche weitere Symbole und (meist italienische) Beschriftungen bieten zusätzliche Möglichkeiten, das Musikstück sehr individuell zu spielen. Musiker sprechen von Verzierungen, Vortrag, Dynamik, Phrasierung und Artikulation.

In neuerer Zeit ist es durch den Einsatz von elektronischer Musik und Computern sehr schwierig oder fast unmöglich geworden, alle Facetten mit einer Notenschrift aus dem Mittelalter zu erfassen. Deshalb verwenden viele Komponisten für ihre Zwecke besser angepasste zum Teil völlig eigene Notenschriften.

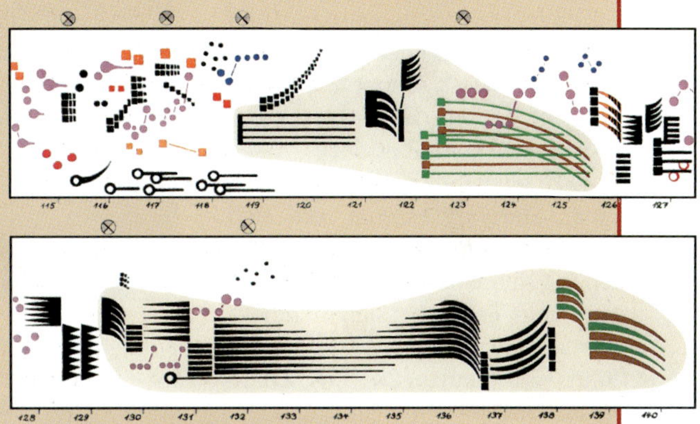

Hörpartitur zu G. Ligetis „Artikulation“

Die **zeitliche Dauer** der einzelnen Töne wird durch die Form der Noten angegeben. Die Dauer einer Pause wird durch entsprechende Pausenzeichen angezeigt.

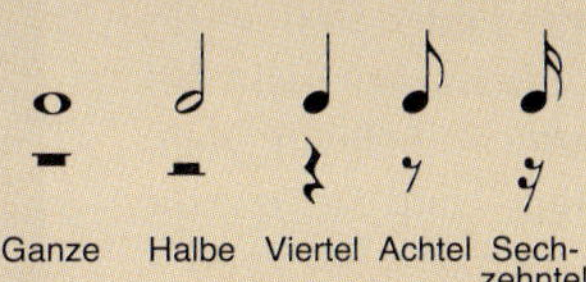

Ein vorangestellter *Notenschlüssel* zeigt die Lage eines bestimmten Tons an, von dem die anderen Tonlagen abgeleitet werden.

Der *Takt* bestimmt den Rhythmus eines Musikstücks durch Vorgabe von betonten und unbetonten Teilen.

L. v. Beethoven „Hammerklaviersonate“

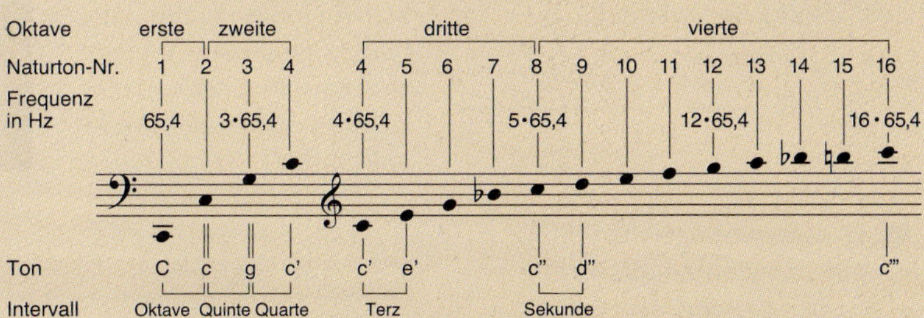


Eine Oktave umfasst 12 Halbtonschritte, die Notenlinien bieten jedoch nur Platz für sieben Töne innerhalb der Oktave. Deshalb werden weitere Symbole verwendet, welche die betreffende Note um einen Halbtonschritt erniedrigen (♭) bzw. erhöhen (♮).

Für Sehbehinderte gibt es eine eigene Notenschrift. Genau wie beim normalen Lesen können sie so geschriebene Noten ertasten und in Musik umsetzen.

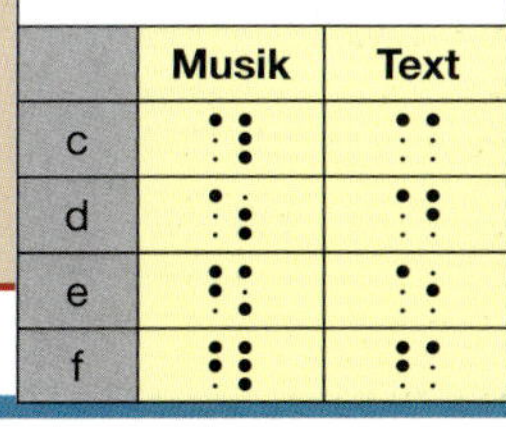

# Wellen

**Flupp fliegt der Korken ins Wasser – und dabei wollten wir damit gerade die Flasche wieder verschließen. Wellen, hervorgerufen durch Steinwürfe sollen ihn wieder zurückbringen. Aber beim genauen Beobachten können wir Merkwürdiges sehen. Die von den Einschlägen ausgehenden Wasserringe heben ihn und senken ihn, aber er bleibt auf der Stelle. Manchmal bleibt er ganz ruhig liegen, ein anderes Mal hebt er sich besonders hoch. Warum kommt er nicht ans Ufer? Warum tanzt er manchmal ganz hoch, manchmal weniger hoch?**

Wird ein Seil oder ein Federwurm an einem Ende fest eingespannt und das andere Ende hin und her bewegt, lassen sich schöne Wellen erzeugen, die auf der Feder entlang laufen. Wie kommt es dazu?
Auf der einen Seite wird periodisch eine „Störung" erzeugt, die sich längs der Feder ausbreitet. Betrachten wir den einzelnen, rot markierten Punkt: Er bewegt sich nicht vorwärts, sondern nur hin und her. Er führt eine Schwingung aus. Diese lässt sich wie bisher beschreiben.

## Versuche und Aufträge

**V1 a)** Besorge dir eine lange Schraubenfeder, einen Gummischlauch oder mehrere Kugelschreiberfedern. Spanne das eine Ende fest ein und erzeuge am anderen Ende eine kurze Querstörung und dann eine Längsstörung. Beobachte und beschreibe, wie sich die Störung jeweils ausbreitet.
**b)** Erzeuge nun eine Längs- und dann eine Querwelle. Beschreibe deren Ausbreitung.
**c)** Wiederhole die Versuche, wenn das Ende der Feder bzw. des Schlauches frei schwingen kann. Was fällt dir auf?

**Zentraler Versuch**

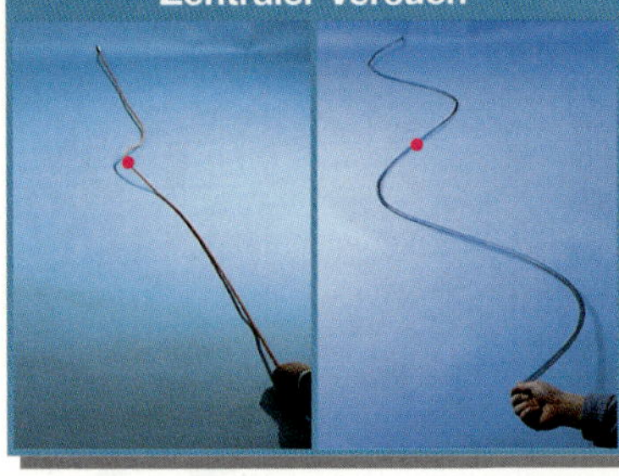

Fotos der Federwelle zeigen die momentanen Orte *aller* Punkte der Feder. Die Welle ist sozusagen „eingefroren". Mithilfe dieses Fotos können wir für jeden Punkt der Feder seine Auslenkung zum Aufnahmezeitpunkt angeben.

Ein und dieselbe Welle lässt sich unter zwei verschiedenen Gesichtspunkten beschreiben:

- Es kann die Schwingung eines einzelnen Punktes im Verlauf der Zeit beschrieben werden.

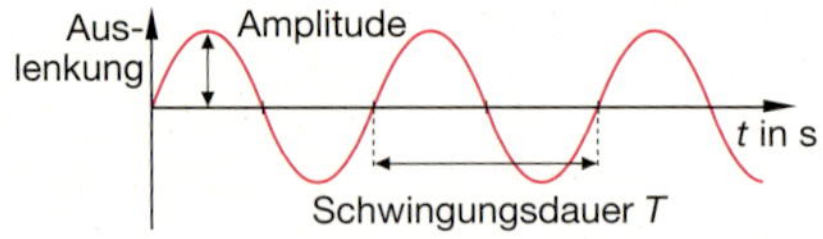


- Es kann die Lage aller Punkte zu einem festen Zeitpunkt angegeben werden.

## Überlagerung von Wellen

Was passiert, wenn sich zwei Störungen treffen? Nichts! Die beiden Störungen durchdringen sich ungestört und laufen danach weiter, als wäre nichts passiert.
Nur während des kurzen Zeitpunktes, wenn sie sich treffen, passiert Bemerkenswertes: Treffen zwei Berge bzw. zwei Täler zusammen, gibt es einen Superberg bzw. ein Supertal. Treffen dagegen Berg und Tal aufeinander, löschen sie sich aus.

Eine losgeschickte Welle wird am festen Ende reflektiert. Diese zurücklaufende Welle überlagert sich mit der hinlaufenden Welle. Dabei entstehen auf der Feder Stellen, die sich überhaupt nicht bewegen – **Schwingungsknoten** – und Stellen, die sehr heftig schwingen – **Schwingungsbäuche.** Die beiden laufenden Wellen sind verschwunden, dafür ist eine *stehende Welle* entstanden.

## Aufgaben

**1** Suche Begriffe aus dem Alltag, in denen das Wort „Welle" benutzt wird. Sind es auch immer Wellen im physikalischen Sinn?

## Wasserwellen und Schallwellen

Wir haben viele Eigenschaften von Schall kennen gelernt. Für seine Ausbreitung war wesentlich, dass eine Folge von Schwingungen, die zu Verdichtungen und Verdünnungen des Schallträgers führen, von der Schallquelle erzeugt werden und von ihr weglaufen. Weil sich dabei Schwingungszustände auf einem Träger ausbreiten – ohne dass sich die schwingenden Teilchen von ihrem Platz weg bewegen – sprechen viele Leute auch von Schallwellen. Der Unterschied zu Wasserwellen ist, dass bei diesen die Wasserteilchen quer zur Ausbreitungsrichtung der Welle schwingen. Bei Schallwellen schwingen die Teilchen in Ausbreitungsrichtung.

**Wasserwellen** | **Schallwellen**

**Ausbreitung**

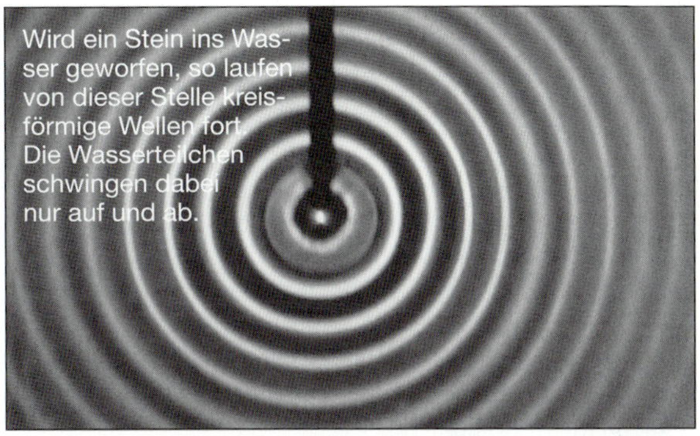

**Reflexion**

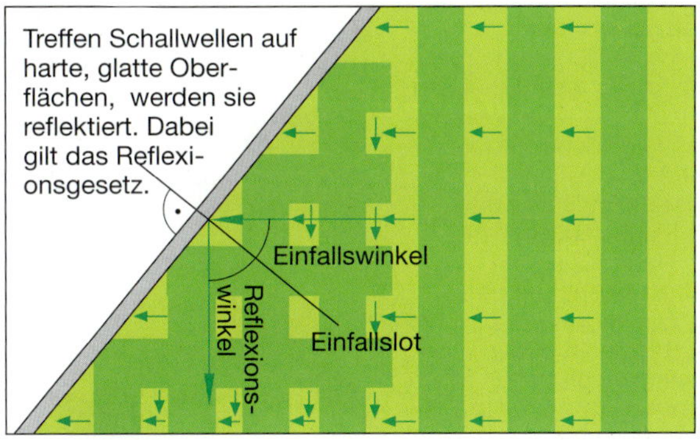


Einfallswinkel = Ausfallswinkel

**Beugung**

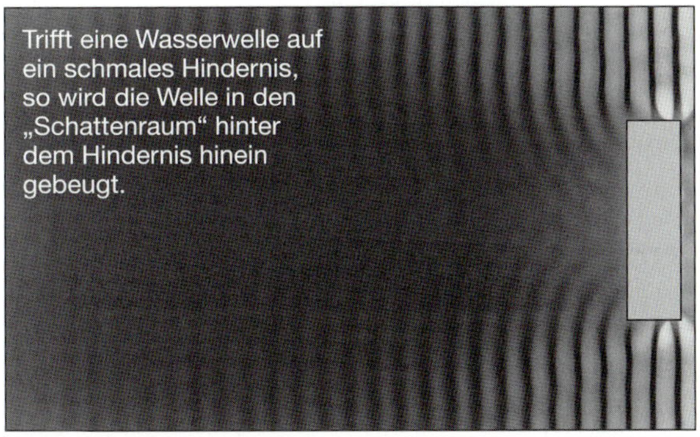

# Lärm

**Im dichtbesiedelten, verkehrsreichen und hochindustrialisierten Deutschland ist Lärm fast allgegenwärtig. Die Belästigungen durch Lärm stellen für die Menschen eine besondere Form der Umweltverschmutzung dar. Welche Arten von Lärm wirken auf uns? Wie wirkt sich Lärm aus? Welche Möglichkeiten gibt es, sich vor Lärm zu schützen? Wie wird Lärm gemessen?**

**Straßenverkehrslärm**

Er ist in vielen Ländern die am weitesten verbreitete Lärmquelle. Um die Lärmbelästigung zu reduzieren, wurden bisher verschiedene Maßnahmen ergriffen.
In erster Linie wurde der Lärm des Motors und der Hilfsaggregate gesenkt. Dazu sind die Motoren gekapselt worden, sodass der Reifenlärm auf Straßen innerhalb von Städten zur Hauptquelle von Lärm wurde. Als Maßnahme gegen die Abrollgeräusche wurden leisere Straßenoberflächen („Flüsterasphalt“) entwickelt. Auch die Entwicklung von Reifen mit geringem Abrollgeräusch wurde voran getrieben. Die Durchsetzung am Markt lässt aber noch auf sich warten.
Trotz all dieser Anstrengungen ist davon auszugehen, dass der Geräuschpegel durch den Straßenverkehr in den kommenden Jahren wegen der wachsenden Anzahl von Fahrzeugen nicht geringer wird.

**Fluglärm**

Bei ihm geht der Lärm sowohl bei Düsen- als auch bei Propellerflugzeugen vom Triebwerk aus. Moderne Flugzeugmotoren sind zwar jeder für sich leiser geworden. Aber die Gesamtbelastung für die Bevölkerung in Flughafennähe ist trotzdem gestiegen, da die Zahl der Flüge gewachsen ist. Außerdem sind Großflugzeuge zum Transport von immer mehr Personen oder Gütern lauter als kleine Maschinen, da sie höhere Triebwerksleistungen erfordern.
Die größten Belastungen für die Menschen in Flughafennähe entstehen durch Nachtflüge, weil jeder Mensch zu dieser Zeit besonders sensibel reagiert. Die Zahl der Nachtflüge hat in der jüngsten Vergangenheit trotz Nachtflugverbot durch Verspätungen und Ausnahmeregelungen zugenommen.

**Schienenverkehrslärm**

Um diesen zu verringern, wurden die modernen Hochgeschwindigkeitszüge so konstruiert, dass sie nicht lauter als ältere Züge sind. Bei der Planung und Ausführung neuer Strecken werden Lärmschutzvorkehrungen getroffen, um den Umweltnormen zu entsprechen.
Zum Schutz vor Lärm werden neue Eisenbahnstrecken heute in großen Abschnitten in Tunneln geführt. Weite Teile der Strecken verlaufen auch tiefergelegt in Trögen, um die seitliche Ausbreitung des Schalls längs der Erdoberfläche zu begrenzen.

**Baulärm**
Bauarbeiten sind sehr lärmintensiv und stören die Anwohner. Einige Lärmquellen erzeugen einen dauerhaften Lärmpegel, z. B. Kompressoren. Lärm beim Sägen oder Bohren tritt dagegen nur zeitweise auf. Bei der Bewertung von Baulärm werden die kurzen Zeitspannen der meisten Bauarbeiten berücksichtigt. Deshalb sind höhere Geräuschpegel als bei langfristiger Lärmbelästigung erlaubt.

**Industrielärm**
Die meisten Industriebetriebe erzeugen Lärm. Heute gibt es viele kleine Firmen oder Dienstleistungsbetriebe in der Nähe von Wohngebieten. Hier sind es häufig Lüftungs- oder Heizungssysteme, die Lärm verursachen, oder Gebäudeöffnungen, die ihn nach außen dringen lassen.

**Wohn- und Freizeitlärm**
Die Klagen über den Lärm von Nachbarn resultieren aus der schlechten Dämmung zwischen den Wohnungen in älteren Mehrfamilienhäusern. Unvernünftiges Verhalten führt zu starker Lärmbelästigung. Der gestiegene Anteil der Freizeit hat zu einem erhöhten Geräuschpegel in Erholungsgebieten geführt. Anwohner und andere Besucher werden deshalb stärker durch Lärm belästigt. Zu den typischen Lärmquellen gehören Motorboote, Motorräder, Autorennen, Popkonzerte, Modellflugzeuge usw. Veranstalter haben deshalb Trainingszeiten eingeführt und Behörden haben Regeln für die Planung von Geländen erlassen, um die Lärmbelästigung so gering wie möglich zu halten.

## Schädigung des Gehörs

Lärm zerstört im Innenohr empfindliche Sinneszellen. Hörminderung oder Gehörschäden beginnen ganz langsam und unmerklich. Sie werden vom Betroffenen in der Regel erst dann bemerkt, wenn es zu spät ist, wenn also schon ein beträchtlicher Schaden vorliegt. Besonders junge Menschen setzen sich in Diskotheken und zu Hause beim Hören lauter Musik hohen Lärmbelastungen aus. Ein taubes Gefühl im Ohr oder ein Ohrengeräusch nach einem lauten Schallereignis deuten auf eine Überlastung des Gehörs und eine mögliche Schädigung hin.
Nach dem Auftreten dieser Symptome benötigt das Ohr auf jeden Fall eine Erholungspause, damit die vorhandene Überreizung der Nerven möglichst abgebaut werden kann.
Untersuchungen sprechen dafür, dass bei Dauerhören von zu lauter Musik mit vielen Bässen die Rezeptoren für tiefe Frequenzen und z. B. bei Piloten durch die hohen Töne der Triebwerke die Rezeptoren für hohe Frequenzen geschädigt werden.

### Schutzmaßnahmen gegen Lärm

Um unser Gehör und das unserer Mitmenschen vor Lärm oder zu starker Schalleinwirkung zu schützen, gibt es verschiedene Ansätze.
Grundsätzlich besteht zunächst die Möglichkeit Lärm zu vermeiden. Hierbei gilt:

- Lärm in Ruhezeiten am Abend bzw. in der Mittagszeit vermeiden (z. B. Rasen mähen).
- Die Lautstärke von Musik angemessen einstellen; bei lauter Musik Fenster geschlossen halten.
- Keine Veränderungen an Schallquellen (z. B. Auspuffanlagen) vornehmen.
- Sich angemessen in Gebäuden bewegen.

In Situationen, in denen wir nicht selbst Lärm verursachen, können wir folgende Möglichkeiten nutzen:

- Die Ohren zuhalten. Die Ausübung mancher Tätigkeiten wird dadurch allerdings unmöglich.
- Einen Gehörschutz tragen. Hierbei gibt es verschiedene Möglichkeiten: Gehörstöpsel oder Kopfhörer.
- Den Abstand zur Schallquelle vergrößern. Eine Verdoppelung des Abstandes bringt eine Reduzierung des Schallpegels auf ein Viertel des ursprünglichen Wertes.
- Das Ohr nur sehr selten lauten Ereignissen aussetzen. Wenn es nicht anders geht – Gehörschutz benutzen!
- Die Ruhepausen für eine Gehörerholung nutzen. Daher sollte das Ohr in Ruhepausen nicht auch noch mit lauter Musik belastet werden.

## Lärmmessung

Ein Geräusch wird von uns als Lärm empfunden, wenn es die sprachliche Kommunikation, die Freizeitaktivitäten, die Erholung oder die Gesundheit beeinträchtigt. Dabei kommt es nicht nur auf die Lautstärke, sondern auch auf den Informationsgehalt an. Der Motorradfreak ist begeistert vom Sound seiner Maschine, während sich die Passanten die Ohren zuhalten. Auch Erfahrungen, Einstellungen, Stimmung, Gesundheitszustand, Alter und Tageszeit spielen eine Rolle bei der Lärmempfindung.

Selbst während des Schlafes nehmen wir noch akustische Signale wahr. Außergewöhnliche Geräusche können bei entsprechenden Mustern zu Alarmreaktionen führen. Eltern nehmen ungewöhnliche Geräusche, die durch ihre Kinder verursacht werden, unterbewusst im Schlaf wahr und reagieren darauf.

**Zentraler Versuch**

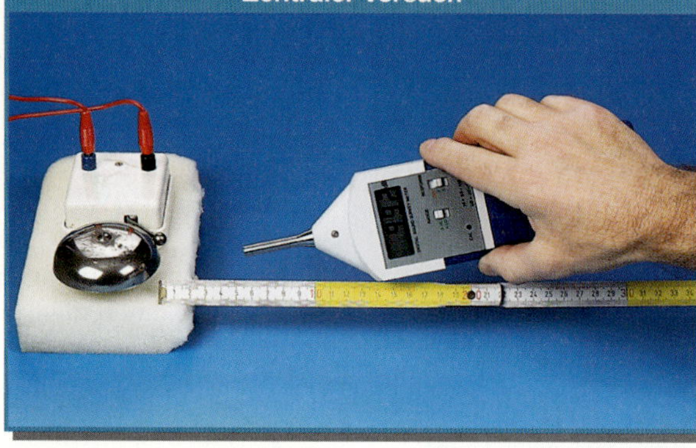

Zur Messung und zur Beurteilung von Lärm wird ein **Schallpegel-Messgerät** benutzt, denn die Lautstärkeempfindung der Menschen ist verschieden. Ein hörgeschädigter Mensch nimmt von einer lauten Schallquelle (Düsenflugzeug) wenig oder gar nichts wahr, obwohl großer Lärm zu seinen Ohren gelangt. Ein Messgerät dagegen misst die Stärke des Schalls, der auf den Messfühler am Ort der Messung einwirkt.
Die Messung erfolgt in Dezibel (dB). Dabei werden zwei Schalldrücke durch Quotientenbildung miteinander verglichen:

$$L = 20\,\text{dB} \cdot \log \frac{\text{Schalldruck}}{\text{Bezugsschalldruck}}$$

Im Nenner des Quotienten steht der Schalldruck, der auf das Ohr wirken muss, damit die Hörschwelle überschritten wird. Sie ist im Bereich zwischen 1000 und 6000 Hz am geringsten und wird bei einem Schalldruck von $2 \cdot 10^{-5}$ Pa überschritten.

Definition / Einheiten

**Schallpegel**

Die Einheit ist 1 dB (Dezibel).
Das Formelzeichen ist *L*.

Der Schalldruck in der Nähe von Disco-Lautsprechern kann 20 Pa betragen. Für den Schallpegel gilt:

$$L = 20\,\text{dB} \cdot \log \frac{20\,\text{Pa}}{0{,}00\,002\,\text{Pa}} = 20\,\text{dB} \cdot \log 10^6 = 120\,\text{dB}$$

Der Schalldruck einer Lärmquelle macht aber nicht allein die Wirkung aus. Die Dauer ist ebenfalls wichtig. In manchen Fällen tritt der Lärm in Abständen auf (z. B. der Lärm durch Flug- oder Zugverkehr), während er in anderen Fällen mehr oder weniger dauerhaft ist (z. B. bei Autobahnen oder Fabriken). Das Messgerät berücksichtigt diese Unterschiede und die Hörschwelle bei unterschiedlichen Frequenzen durch eine Bewertungskurve. Zur Kennzeichnung wird an den Dezibelwert noch die Art der Bewertungskurve angehängt. Am gebräuchlichsten ist die A-Bewertung, daher dB(A).

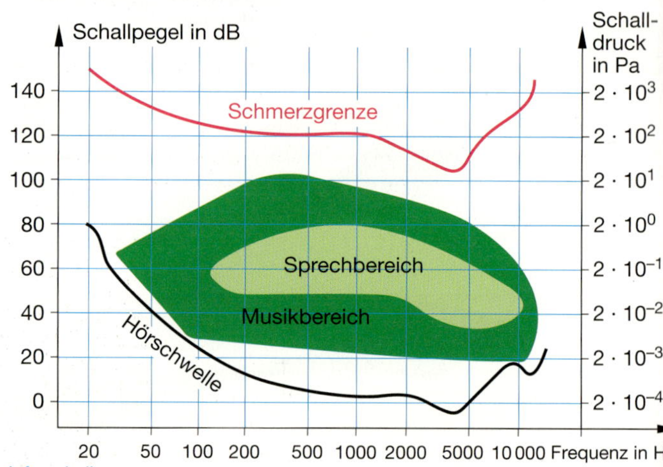


In Deutschland enthalten besondere **Lärmschutzgesetze** (z. B. Bundes-Immissionsschutzgesetz, Fluglärmgesetz, Arbeitsstättenverordnung) Regelungen und Grenzwerte zum Schutz vor Lärm.

| Schutz der Nachtruhe | Laufenlassen von Motoren | Tonwiedergabe in der Öffentlichkeit | Geräusche von Tieren | Benutzung von Musikinstrumenten | Benutzung von lauten Maschinen |
|---|---|---|---|---|---|
| 22–8 Uhr: Verbot störender Betätigungen | Regelung durch Gemeinden | keine Belästigung Unbeteiligter | Nicht mehr als nur geringfügig belästigend | keine erheblichen Belästigungen Unbeteiligter | Regelung durch Gemeinden |

## Lärmschutz

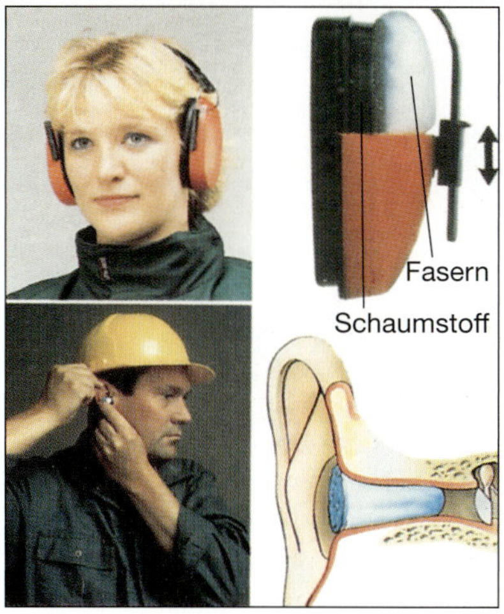


Kann die Entstehung von Lärm nicht vermieden oder der Abstand zur Schallquelle nicht vergrößert werden, müssen technische Maßnahmen ergriffen werden. Dies bedeutet z. B. einen Gehörschutz zu tragen. Für Gehörstöpsel oder Gehörschutzkapseln werden weiche Stoffe, z. B. Schaumstoff, verwendet. Diese verschlucken einen großen Teil des auf das Ohr treffenden Schalls, sodass nur noch wenig in den Gehörgang ein- und zum Trommelfell vordringen kann.

Bei den technischen Formen des Lärmschutzes kommt es darauf an, die direkte oder indirekte Ausbreitung des Schalls zu verhindern.

- Wird eine Maschine offen direkt auf eine Tischplatte gelegt, macht sie großen Lärm.
- Die Verwendung von Schaumstoff zwischen Maschine und Tischplatte lässt den Lärmpegel sinken, weil der Tisch nicht mehr zu erzwungenen Schwingungen angeregt wird. Die Tischplatte wirkt nicht mehr als große, Schall abstrahlende Fläche.
- Wenn die Maschine außerdem in einen Kasten eingebracht wird, verringert sich die direkte Schallabstrahlung. Solange der Kasten jedoch oben offen ist und nicht zusätzlich mit schalldämmendem Material ausgekleidet wird, ist die Reduzierung des Lärmpegels nicht sehr groß, weil die direkte Schallausbreitung in der Luft nicht unterbunden wird.

Bei automatisierten Arbeitsabläufen ist Bedienungspersonal oft nur an zentraler Stelle nötig. In diesem Fall erfolgen die Schallschutzmaßnahmen nicht an allen Maschinen sondern am Aufenthaltsort des Bedienungspersonals. Ihr Standort wird mit einer Schallschutzkabine versehen.

**Zentraler Versuch**

Unsere Wohnung kann durch verschiedene Maßnahmen ebenfalls zu einem „Ort der Ruhe" gemacht werden.

- Schall von äußeren Schallquellen kann durch Hindernisse (Lärmschutzwände) ferngehalten werden. Diese Hindernisse sind so konstruiert, dass sie Teile des Schalls reflektieren und möglichst große Anteile absorbieren. Grundsätzlich verhindern sie die direkte Schallausbreitung.
- Weitere Maßnahmen gegen von außen auftreffenden Schall sind der Einbau von Schallschutzfenstern und die Anbringung einer Dämmung an der Fassade.

Diese Maßnahmen sind jedoch wenig sinnvoll, wenn die Schallausbreitung innerhalb des Gebäudes nicht optimal unterbunden wird. In diesem Fall würden die Bewohner nicht mehr durch Lärm von außen sondern durch Wohnlärm belästigt.
Hierzu zählt vor allem der „Trittschall". Daher gehören zum Fußbodenaufbau schalldämpfende Materialien wie Kork oder Hartschaumplatten. Sie sind Bestandteil des Fußbodenaufbaus, um die Übertragung von Schall auf Gebäudeteile, die ihn weiterleiten, zu erschweren. Auch Teppiche können den Trittschall stark mindern.

### Aufgaben

**1** Warum ist es wichtig, die Lautstärke mit einem Messgerät zu bestimmen?

**2** In Diskotheken soll künftig nur noch ein Schallpegel von 85 dB(A) erlaubt sein. Wozu diese Einschränkung?

**3** Ab welcher Lautstärke wird Lärm gefährlich für das Gehör?

**4** Welche Vor- und Nachteile sind denkbar, wenn die Musik über einen Kopfhörer und nicht über Lautsprecherboxen gehört wird?

**5** **a)** Welche Möglichkeiten gibt es, sich vor Lärm zu schützen?
**b)** Mit welchen Materialien kann Schall besonders gut gedämmt werden?

# Übertragen von Informationen

**Warum schenkt Reiner seiner Petra ein Lebkuchenherz? Wahrscheinlich gefällt sie ihm und er möchte ihr dies zeigen. Warum sagt er das nicht? Vielleicht ist er zu schüchtern, vielleicht sprechen sie auch nicht die gleiche Sprache. Sie nimmt das Herz und lächelt Reiner freundlich an.**

**Hier ist ganz offensichtlich eine Information übertragen und verstanden worden. Wie hat die Übertragung funktioniert? Was ist dabei zu beachten?**

## Informationen, Daten, Codierung

Betrachten wir unser Beispiel aus physikalischer Sicht. Reiner will Petra eine Mitteilung machen. Diese existierte zu Anfang nur in seinen Gedanken, also in seinem Gehirn als **Information.** Zur Übertragung wählte er nicht den naheliegenden Weg der Sprache sondern ein Symbol, das Lebkuchenherz. Seine Nachricht an Petra war also verschlüsselt, **codiert.** Trotzdem wurde sie verstanden, weil Petra weiß, welche Bedeutung ein Herz hat.
Hätte Reiner seinen Arm um Petra gelegt oder ihr gesagt: „Ich mag dich.", wäre auch das eine Codierung seiner Information gewesen, die Petra zweifelsfrei verstanden hätte.

Informationen sind in unseren Gehirnen. Sollen diese Informationen im Gehirn eines anderen Menschen als Information vorhanden sein, muss die Information in das andere Gehirn übertragen werden. Dazu muss sie in übertragbare Signale umgewandelt werden, sie muss codiert werden: Zum Beispiel durch den Mund in Sprache. Die Übertragung der Signale geschieht dadurch, dass sich ein physikalischer Zustand ausbreitet. Dies kann durch direkte Berührung erfolgen, durch Schall (Sprache), durch Licht (Sehen) aber natürlich auch durch elektrische Impulse mit oder ohne Leitung. Alle diese verschiedenen Signale, Zustände oder Signalfolgen werden verallgemeinert als **Daten** bezeichnet.

Das andere Gehirn muss diese Signale nicht nur empfangen, es muss sie auch entschlüsseln **(decodieren)** können, damit ihre Bedeutung verstanden wird, also die Information im anderen Gehirn entsteht. Auch wenn wir zu jemandem etwas sagen handelt es sich um eine codierte Information. Denn wenn Reiner zu Petra gesagt hätte „Petra, ja ljublju tebja", hätte sie ihn nicht verstanden, denn sie kann kein Russisch.

Welche Möglichkeiten hat Petra, Reiner eine Antwort zu schicken, also Information zu übertragen?

Ist Reiner in Sichtweite, kann die Nachricht auch mithilfe von Lichtzeichen übertragen werden. Wenn die Sonne scheint, ist dies mit einem Taschenspiegel möglich. Nach diesem Prinzip wurden schon sehr früh Nachrichten übertragen.
Beispiele sind
- Rauchzeichen der Indianer
- Zeigertelegraf
- Signalflaggen der Schifffahrt

Doch es gibt ein Problem: Wie soll die Nachricht codiert werden? Hieran wird deutlich, dass bei Übermittlung von Zeichen vorher eine Absprache erforderlich ist.

Natürlich kann Petra Reiner auch einen Brief schreiben:
- Information wird in Form von Schrift codiert
- Transport der Daten als Brief mit der Post
- Decodieren der Daten beim Lesen; Information entsteht in Reiners Kopf

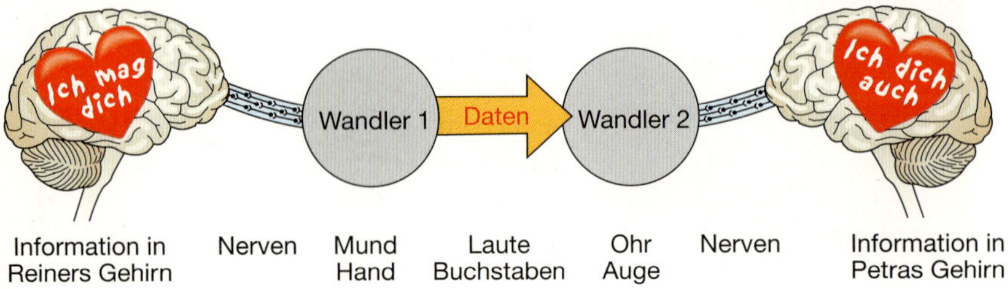

Beim Briefschreiben ist etwas Neues hinzu gekommen: Durch das Aufschreiben der Information hat gleichzeitig eine **Speicherung** der Daten und damit der Information stattgefunden. Dies hat den großen Vorteil, dass eine Weitergabe der Daten auch zu einem späteren Zeitpunkt erfolgen kann.

Eine sehr bequeme Methode zur Nachrichtenübermittlung ist das Telefon. Der Vorteil besteht darin, dass der Benutzer überhaupt nichts über Codierung von Sprache und Transport der Daten wissen muss. Petra hebt den Hörer ab, wählt die Telefonnummer von Reiner und kann sich mit ihm unterhalten:

- Information wird als Sprache codiert
- Sprache wird von Petras Telefon in elektrische Signale umgewandelt
- Die Signale werden über die Telefonleitung zu Reiner transportiert

- Reiners Telefon wandelt die elektrischen Signale wieder in Sprache um
- Reiner versteht die gesprochenen Worte; die Information ist in seinem Gehirn angekommen.

Heutzutage kann Petra beide Methoden verbinden. Sie schreibt einen Brief und schickt diesen dann als Fax oder mit dem Computer als E-Mail an Reiner.

Informationen befinden sich als Gedanken in unseren Gehirnen. Zur Übertragung in andere Gehirne müssen Informationen in Daten codiert, als solche übermittelt und schließlich vom Empfänger decodiert werden.

**Aufgaben**

**1** Wie kannst du in der Schule Informationen an Mitschülerinnen oder Mitschüler übertragen? Nenne möglichst viele Möglichkeiten.

**2** **a)** Wie codiert ein Baby Informationen (Freude, Schmerz, Hunger, ...), damit sie übertragen und verstanden werden können?
**b)** Wie geht ein Tier (z. B. Hund, Katze, Pagagei, ...) dabei vor?

**3** In einem Lokal sagt eine Gast zur Kellnerin: „Bringen Sie mir bitte die Tagessuppe und eine Apfelschorle."
**a)** Was ist dabei Information, was sind die Daten und wie sind sie codiert?
**b)** Beschreibe den Weg der Information vom Gehirn des Gastes in das Gehirn der Kellnerin unter physikalischen Gesichtspunkten.

**4** **a)** Wie erhalten wir beim Lesen von Briefen Informationen?
**b)** Welche Form haben die Daten, wenn sie als Brief übertragen werden?

**5** Wie können Menschen Informationen austauschen, die nicht die gleiche Sprache sprechen?

## Nachrichtenübermittlung früher

**Streifzug**

### Die Pfeilboten des Dschingis Khan

Im 13. Jahrhundert entstand unter der Führung des Mongolenherrschers DSCHINGIS KHAN ein Weltreich, das in seiner größten Ausdehnung von China bis Europa reichte.

Zur Übermittlung von Nachrichten wurden Reiter eingesetzt. Damit diese immer mit frischen Pferden versorgt werden konnten, waren im ganzen Mongolenreich Pferdestationen verteilt. Der Bote sprang bei der Ankunft von einem Pferd auf das nächste und ritt gleich weiter – essen und trinken musste er beim Reiten. Auf diese Weise gelangte eine Nachricht in wenigen Tagen über die riesigen Entfernungen von der Mongolei bis nach Europa.

### Frühe Telegrafie

Bereits bei den Römern bestand ein Netz von Rauchtelegrafen, das 4500 km lang war. Es konnten aber nur vorher fest vereinbarte Rauchzeichen von Turm zu Turm weitergegeben werden.

1792 wurde in Frankreich der **Flügeltelegraf** erfunden. Damit war es möglich, einzelne Buchstaben und Ziffern zu übermitteln, in die sich auch komplexe Informationen codieren ließen. In wenigen Jahren wurden um 1800 überall in Europa solche Telegrafennetze errichtet.

## Wie funktioniert das Telefon?

**Zentraler Versuch**

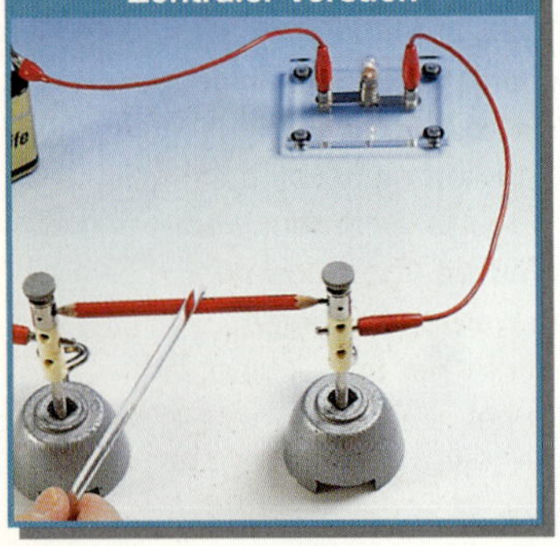

Die Bleistiftmine im Foto links liegt locker in den Metallaufhängungen.
Wird gegen die Mine geklopft, so kommt es zu Helligkeitsschwankungen der Lampe.
Dies kommt daher, dass durch die Erschütterungen der Übergangswiderstand zwischen Mine und Metallaufhängung ständig verändert wird, was zu Stromschwankungen führt. Nach diesem Prinzip arbeitete schon vor über 100 Jahren das erste funktionsfähige Mikrofon in einem Telefon. Im Grundsatz hat sich bis heute daran nichts geändert.

In der Sprechkapsel eines modernen Telefons befindet sich eine Membran, die von den beim Sprechen entstehenden Luftverdichtungen und -verdünnungen zu Schwingungen angeregt wird. Diese schwingende Membran ändert den Widerstand eines Stromkreises.
Die dadurch entstehenden Stromschwankungen werden über Funk oder Telefonkabel zum Empfänger geleitet.
In seinem Gerät befindet sich ein dynamischer Mini-Lautsprecher, der die Stromschwankungen wieder in Luftverdichtungen und -verdünnungen zurückverwandelt – wir hören den Gesprächspartner am anderen Ende der Leitung.

Hohe Töne führen zu schnellen Schwingungen und damit zu schnellen Stromänderungen. Lautes Sprechen führt zu großen Stromänderungen und wird damit auch am anderen Ende entsprechend laut gehört. Solche unmittelbaren Zusammenhänge physikalischer Größen heißen **analog.**

## Elektronische Briefe, digitale Post

Heute besteht die Möglichkeit, eine Nachricht als E-Mail zu versenden. Dazu wird die Mitteilung in den Computer getippt und mithilfe eines Modems über die Telefonleitung an den Empfänger geschickt. Sogar Bilder und Tonfilme können so übertragen werden. Wie ist das möglich, wo doch das Telefonnetz im Prinzip immer noch so funktioniert wie vor hundert Jahren?

Der „Trick" heißt **Digitalisierung** und funktioniert mit nur noch zwei Zuständen, nämlich 0 und 1: Alle Daten, die gesendet werden sollen, werden durch unterschiedliche Folgen von Nullen und Einsen dargestellt. Diese Codierung ist für uns Menschen nur schwer durchschaubar. Aber sie hat den Vorteil, dass sich Geräte relativ leicht bauen lassen, die zwar nur zwischen zwei Zuständen unterscheiden können, aber dafür ungeheuer schnell und zuverlässig arbeiten.

Wie erfolgt die Codierung bei der elektronischen Post? Eine binäre Stelle heißt **1 Bit** (englisch: binary digit). Sie kann den Zustand 0 oder 1 annehmen. Technisch kann dies durch keine Spannung (= 0) oder z. B. 5 V (= 1) realisiert werden. Zum Codieren der Zeichen unseres Alphabets, also von Ziffern, Buchstaben, Satzzeichen und Sonderzeichen werden 8-stellige binäre Worte verwendet. Mit 8 Bit = 1 Byte ist es möglich, 256 verschiedene Zeichen darzustellen (von 00000000 bis 11111111). Die Ziffer 0 hat die Codierung 00110000 (dezimal 48), der Großbuchstabe A wird durch 01000001 (dezimal 65) dargestellt. Diese international übliche Codierung wird auch **ASCII-Code** genannt.

Erinnern wir uns an Petra und Reiner. Im ASCII-Code müsste Reiner an Petra folgend Zahlenkolonne übermitteln: 73 67 72 32 77 65 71 32 68 73 67 72. In binärer Codierung sähe dies für einen Menschen sehr unübersichtlich aus: 01001001 01000001 01000111 00100000 01001101 01000001 01000111 00100000 01000100 01001001 01000011 01001000. Es sind insgesamt 66 Nullen und 30 Einsen erforderlich!

Ein entscheidender Punkt bei dieser Codierung ist, dass vereinbart sein muss, wo ein Zeichen aufhört und das nächste beginnt. In unserem Fall ist das einfach – jedes Zeichen besteht aus acht Ziffern.

| | | | | | |
|---|---|---|---|---|---|
| A (= 65)<br>01000001 | B (= 66)<br>01000010 | C (= 67)<br>01000011 | D (= 68)<br>01000100 | E (= 69)<br>01000101 | F (= 70)<br>01000110 |
| H (= 72)<br>01001000 | I (= 73)<br>01001001 | J (= 74)<br>01001010 | K (= 75)<br>01001011 | L (= 76)<br>01001100 | M (= 77)<br>01001101 |
| O (= 79)<br>01001111 | P (= 80)<br>01010000 | Q (= 81)<br>01010001 | R (= 82)<br>01010010 | S (= 83)<br>01010011 | T (= 84)<br>01010100 |
| V (= 86)<br>01010101 | W (= 87)<br>01010111 | X (= 88)<br>01011000 | Y (= 89)<br>01011001 | Z (= 90<br>01011010 | [ (= 91)<br>01011011 |



01010000 01001000 01011001 01010011 01001011 01001011 00100000 01001001 01010011 01010100 001000

## Viele Gespräche auf einer Leitung

**Streifzug**

Eigentlich wird für jedes Telefongespräch eine Leitung benötigt. Es wären also sehr viele Leitungen zu verlegen oder es könnte nur nacheinander gesprochen werden. Es gibt aber die Möglichkeit, zur Übertragung statt Gleichstrom Wechselstrom zu benutzen. Wechselstrom ist charakterisiert durch seine Frequenz. Daher ist es möglich, gleichzeitig mehrere Wechselströme mit unterschiedlichen Frequenzen auf eine Leitung zu geben und beim Empfänger durch eine entsprechende Elektronik den „richtigen“ Wechselstrom herauszufiltern. Dieses Verfahren heißt **Modulation.**

In Verbindung mit digitaler Technik ist es heute möglich, in ungeheurer Schnelligkeit Daten international auszutauschen (Internet). Der Informationsaustausch insbesondere zwischen den USA und Europa wird immer intensiver, sodass selbst Satellitenverbindungen nicht mehr ausreichen. Hier erleben Seekabel, von denen das erste 1858 Amerika mit Europa verband, eine neue Blüte. Allerdings werden heutzutage keine Metall- sondern Glasfaserkabel verwendet.

Die Informationen werden durch Lichtblitze übertragen, die durch das Glasfaserkabel rasen. Die Fasern sind aus hochreinem Spezialglas, das die Lichtausbreitung nur wenig behindert. Trotzdem müssen alle 400 km Verstärker im Kabel angebracht sein, welche die Lichtsignale „auffrischen“. Ein Seekabel besteht aus bis zu 144 Einzelfasern, die sich in einem hermetisch abgedichteten Kupferrohr befinden, das die empfindlichen Glasfasern schützt. Diese Hülle dient auch zur Stromversorgung der Verstärker. Zur Versteifung ist das Kabel noch von Stahlseilen umgeben. Der äußere Kabelmantel besteht aus Kunststoff. Trotzdem hat ein solches Kabel nur einen Durchmesser von etwa 4 cm.

Eine Steigerung der Übertragungskapazität wird durch Licht unterschiedlicher Farbe erreicht. Bei Ausnutzung aller technischen Möglichkeiten können mehrere Milliarden Telefonate gleichzeitig geführt werden.

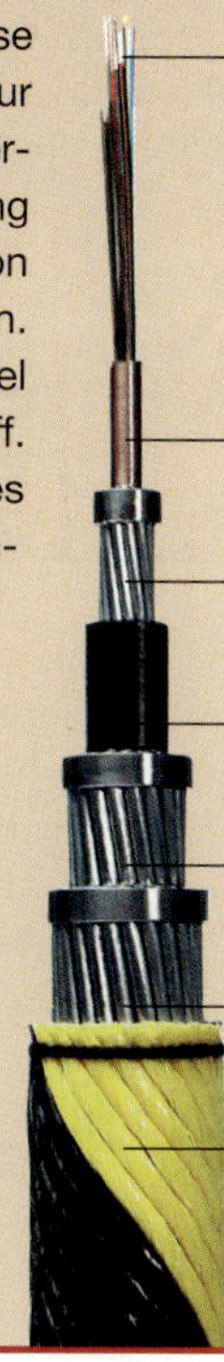


Für Computer ist es kein Problem, eine solche Folge von Nullen und Einsen in kürzester Zeit an einen anderen Computer zu übertragen. Dieser wertet die Zeichen aus und setzt sie wieder zu Bildern, Schrift oder Tönen zusammen. Nun können Menschen die Information, die in den gesendeten Daten steckt, wieder verstehen.
Mittlerweile gibt es auch Telefone, die nach dem digitalen Prinzip arbeiten. Auch Faxgeräte funktionieren so und das Bildtelefon wäre ohne digitale Technik gar nicht möglich.

Daten werden meistens in Form elektrischer Signale transportiert. Dies kann in analoger oder digitaler Form geschehen.

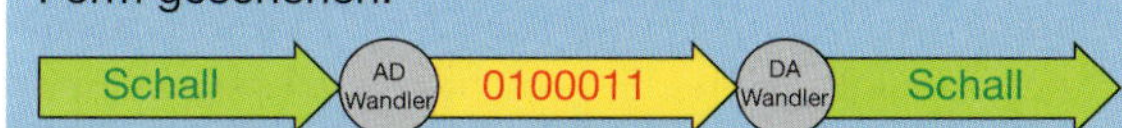


| | | | | | | |
|---|---|---|---|---|---|---|
| (= 71) 1000111 | 0 (= 48) 00110000 | 1 (= 49) 00110001 | 2 (= 50) 00110010 | 3 (= 51) 00110011 | 4 (= 52) 00110100 | 5 (= 53) 00110101 |
| (= 78) 1001110 | 6 (= 54) 00110110 | 7 (= 55) 00110111 | 8 (= 56) 00111000 | 9 (= 57) 00111001 | | Leer (= 32) 00100000 |
| (= 84) 1010101 | ! (= 33) 00100001 | , (= 44) 00101100 | - (= 45) 00101101 | . (= 46) 00101110 | : (= 58) 00111010 | = (= 61) 00111101 |
| | @ (= 62) 00111110 | ? (= 63) 00111111 | | | | |

**Aufgaben**

**1** „Mit dem Telefon werden Worte oder sogar Töne übertragen.“ Was hältst du von dieser Aussage? Was wird wirklich übertragen?

**2** Ein Kohlekörnermikrofon ist eine Kapsel, die mit Kohlegries gefüllt ist. Ihr elektrischer Widerstand ändert sich, wenn die Kapsel mehr oder weniger stark zusammengedrückt wird.
**a)** Erkläre, wie dieses Mikrofon funktioniert.
**b)** Ist der physikalische Zusammenhang analog oder digital? Begründe.

**3** Schreibe dein Geburtsdatum im Binärsystem. (Tag – Monat – Jahr)

**4** Übertrage die folgenden Binärzahlen in Dezimalzahlen: 11001101; 11000101010; 1110001

**5** Notiere den folgenden Satz im ASCII-Code (mit Dezimalzahlen): „Physik macht viel Freude.“

**6** Wie viele Nullen und Einsen sind erforderlich, um das Wort „Spektrum“ im ASCII-Code als Binärzahl zu schreiben?

**7** Ein Glasfaserkabel kann 530 Gigabit je Sekunde übertragen. Wie viele Zeichen des ASCII-Codes sind das je Sekunde?

# Speichern von Daten

**Die Inschrift gibt Auskunft über Werkzeuge und Behandlungsmethoden der Ärzte im vorchristlichen Ägypten. Ein Herz in der Baumrinde hält die Zuneigung zweier Menschen fest. Auf der CD ist das Werk eines großen Musikers verewigt. Grundverschiedene Dinge, aber in allen geht es um Eines – das Speichern von Daten.**
**Wie kann man Sprache oder sogar Musik festhalten? Welche Methoden gab es und gibt es heute? Hält all dies wirklich für die Ewigkeit?**

Informationen sind im Gehirn eines Menschen nicht nur vorübergehend da, viele sind auch gespeichert. Ein Mensch kann sie allerdings vergessen. Spätestens mit seinem Tod sind sie endgültig weg. Damit wichtige Informationen auf Dauer erhalten bleiben, können sie mündlich überliefert werden.

**Hieroglyphen**

**germanische Runen**

Sicherer aber ist es, die Informationen in Form von Bildern oder Schrift zu speichern, also als Daten zu archivieren. Das beginnt in Bildform mit den frühen Höhlenmalereien, geht weiter über die Keilschrift der Sumerer und die ägyptischen Hieroglyphen und hat seinen Höhepunkt in unserem System von Ziffern und Buchstaben gefunden.
Auch Musik kann auf diese Weise festgehalten werden durch Noten.

Damit sind wir bei der Voraussetzung für das Speichern von Daten:
- Nur wer schreiben kann bzw. Noten kennt, kann die Informationen codieren und dann speichern.
- Nur wer Schrift oder Noten lesen kann, kann diese gespeicherten Daten wieder decodieren, also in Informationen zurückverwandeln.

Auf einer Walze sind viele verschiedene Nägel so angeordnet, dass sie im richtigen Moment eine von vielen Blattfedern anzupfen und zum Schwingen bringen, sodass ein Ton entsteht. Die Kombination vieler Töne nacheinander ergibt dann eine Melodie. Die Walze der Drehorgel ist also ein mechanischer Datenspeicher.

## Schallplatte

An der Ecke einer Postkarte ist eine Stecknadel mit Klebefilm befestigt. Wird die Nadel vorsichtig in die Rille einer Schallplatte gehalten, die auf dem Plattenteller rotiert, so ist tatsächlich Musik oder Sprache hörbar!

In einer Schallplatte befindet sich eine Rille, die von außen nach innen in einer Spirale verläuft. Wird die Schallplatte in Drehungen versetzt, so bewegt sich die Rille an der Stecknadel entlang und versetzt diese durch ihre seitlichen Ausbuchtungen in Schwingungen. Diese Schwingungen werden auf die Postkarte übertragen.

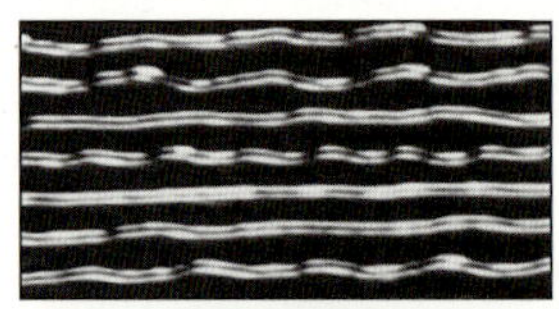

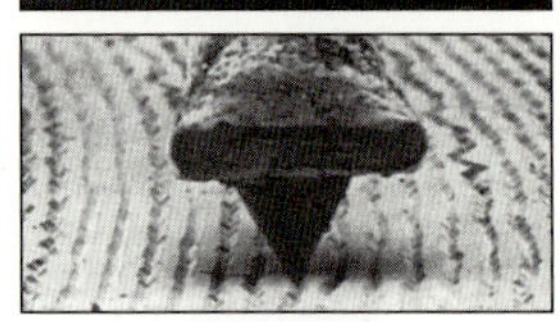

- Laute Töne entstehen durch eine größere Auslenkung der Rille und bewirken so eine größere Schwingungsamplitude bei der Nadel und damit auch bei der Postkarte.
- Hohe Töne entstehen dadurch, dass die Schlangenlinien in der Rille enger liegen und die Nadel dadurch zu schnelleren Schwingungen anregen.

Die seitlichen Auslenkungen der Rille beeinflussen unmittelbar die Schwingungen der Nadel und damit die Art der erzeugten Töne. Ein solches Verfahren der Speicherung bzw. Übertragung wird **analog** genannt.

Bei einem Plattenspieler wird ebenfalls eine „Nadel" zu Schwingungen angeregt. Sie besteht aus einem ganz harten Edelstein, einem Saphir. Seine Schwingungen werden durch Induktion in Stromschwankungen umgewandelt, die verstärkt zu den Lautsprechern übertragen und dort wieder in Schall zurückverwandelt werden.

## Magnetband

Ob Cassettenrecorder, Tonbandgerät oder Videorecorder, bei allen ist das Speichermedium ein Magnetband. Die Daten sind in den unterschiedlich magnetisierten Bereichen gespeichert. Das heißt:

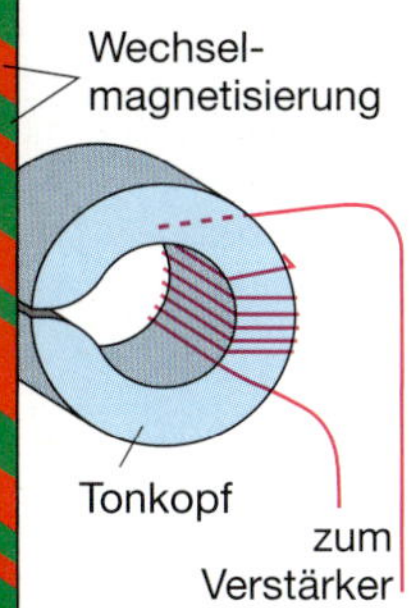


- je länger (kürzer) der Magnetisierungsbereich, desto höher (tiefer) der Ton;
- je intensiver die Magnetisierung, desto größer die Lautstärke.

Die gespeicherten physikalischen Zustände (Magnetisierung des Bandes) hängen hier analog mit den physikalischen Zuständen (Lautstärke, Tonhöhe) der Aufnahme zusammen.

Die Disketten oder Festplatten von Computern arbeiten ebenfalls nach diesem magnetischen Speicherprinzip. Zwei Unterschiede gibt es:

- Die magnetisierbare Schicht ist auf beiden Seiten einer Kunststoff-Scheibe aufgebracht; zum Schreiben oder Lesen der Daten dienen zwei Schreib-Leseköpfe;
- die Daten sind in nur zwei Zuständen codiert, nämlich in „Magnetisierung nach links" oder in „Magnetisierung nach rechts", also **digital.**

## CD

Bei einer CD sind die Daten ähnlich wie bei einer Schallplatte auf einer Spirale hintereinander angeordnet. Der entscheidende Unterschied besteht darin, dass die Daten in digitaler Form codiert sind: Statt einer Rille mit seitlichen Ausbuchtungen gibt es hier eine Folge von Vertiefungen, so genannte Pits, die in einer sonst glatten verspiegelten Kunststoffschicht liegen. Ein Laserstrahl tastet diese Spur ab. Von einem Pit wird er nicht reflektiert, von der glatten Oberfläche („kein Pit") dagegen schon.

Die reflektierten Lichtimpulse werden von einer Elektronik in eine Folge von elektrischen „Nullen" und „Einsen" übersetzt. Diese Daten werden dann von einem Digital-Analog-Wandler in die ursprüngliche Schallschwingungskurve zurückübersetzt und dann über einen Verstärker im Lautsprecher hörbar gemacht. Beim CD-Player wird also die Musik im Gerät erzeugt.

## DVD

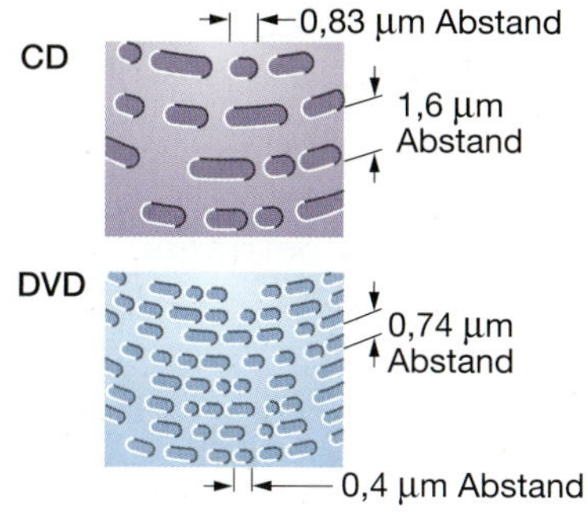


DVD stand ursprünglich für **D**igital **V**ideo **D**isc. Dieses Speichermedium sollte es möglich machen, einen kompletten Spielfilm auf einer CD unterzubringen. Durch technische Verbesserungen konnten die Pits kleiner werden, was eine dichtere Packung möglich machte. Die Natur des Laserlichts setzt dabei allerdings eine natürliche Grenze.

Um trotzdem eine große Speicherkapazität zu erzielen werden zwei übereinander liegende reflektierende Schichten verwendet, von denen die untere das Licht zur Hälfte durchlässt. Beim ersten Lesedurchgang wird der Laserstrahl für die untere Schicht scharf eingestellt, beim zweiten Durchgang für die obere.

Werden nun noch zwei Scheiben zusammengeklappt wie ein Butterbrot, so wird die Speicherkapazität noch einmal verdoppelt. Während auf herkömmlichen CDs 650 Megabyte gespeichert werden können, passen auf eine DVD bis zu 17 Gigabyte. DVDs müssen allerdings beim Abspielen nach der Hälfte herumgedreht werden.

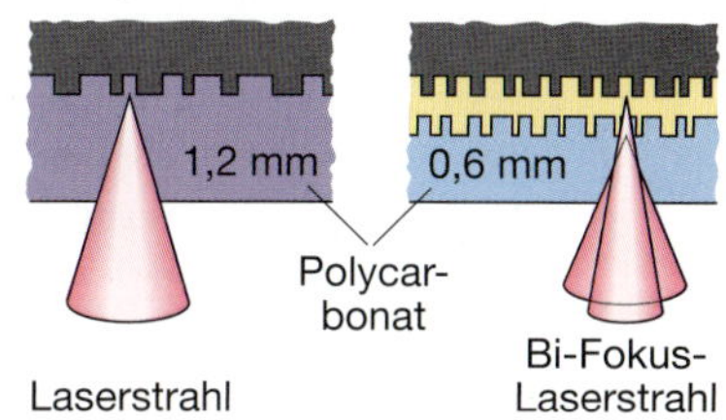


## Gespeichert für immer und ewig?

Es gibt Schallplatten, die fast 100 Jahre alt sind. Wenn sie auf alten Geräten abgespielt werden, sind die Störgeräusche so stark, dass wir nur ahnen können, wie die Musik damals geklungen haben mag. Hätte es schon damals digitale Speichermethoden gegeben, so klänge die Musik fast wie im Original, denn Kratzer oder Schmutzteilchen stören bei der digitalen Speicherung die Wiedergabe nicht. Auch Bücher halten höchstens einige Jahrhunderte, dann zerbröseln sie zu Staub.

Aber auch Kunststoffe altern! Ob Magnetbänder, Disketten oder CDs in 100 Jahren noch funktionieren, kann heute niemand sagen. Möglicherweise gibt es bald Computer, die nichts anderes tun, als gespeicherte Informationen immer wieder auf die modernsten Datenträger zu kopieren, damit die Informationen nicht verloren gehen.

Sollten etwa nur die Steintafeln mit der Keilschrift der Sumerer oder die in Stein gehauenen ägyptischen Hieroglyphen überdauern?

**Streifzug**

# Telefax und Datenkompression

## Bildübertragung Punkt für Punkt

Reiner hat Petra angerufen; aber er traut sich nicht ihr zu sagen, dass er sie mag. Er bittet sie daher, ein Schachbrett zu holen und auf die Felder, die er nennt, eine Schachfigur zu stellen. Er teilt ihr nacheinander mit: e2; d3; f3; ... g7. Wenn Petra die Figuren aufgestellt hat, sollte in ihrem Kopf die Information „Herz" entstehen. Sie kann sich sicherlich denken, was Reiner damit sagen will.

Nach diesem Prinzip kann jedes Bild übertragen werden. Dabei ist es wichtig, dass vor der Übertragung der Daten ein so genanntes *Übertragungsprotokoll* vereinbart wird. Reiner hat dies getan, indem er ein Schachbrett mit den üblichen Bezeichnungen für die Felder verwendet und gesagt hat, dass nur auf den Feldern, die er nennt, eine Figur stehen soll. Ohne diese Vereinbarung hätte Reiner 64 Zahl-Buchstaben-Kombinationen für jedes Feld nennen müssen und dazu die Angabe „Figur stellen = 1" oder „keine Figur = 0". Das hätte dann folgendermaßen ausgesehen: a8–0; b8–0 usw.

Die Menge der zu übertragenden Daten kann vermindert werden, wenn im Übertragungsprotokoll vereinbart ist, dass nacheinander die Belegung für alle 64 Felder genannt wird beginnend mit a8 und dann Zeile für Zeile. In unserem Beispiel:
0000000011011001... 000.
Eine noch stärkere Verringerung der zu übertragenden Datenmenge kann erreicht werden, indem die Anzahl der aufeinander folgenden Nullen und Einsen hintereinander gezählt und nur diese Zahlen übermittelt werden, also 9 x 0; 2 x 1; 0; 2 x 1; 2 x 0; 1;... . Dieses Verfahren nennt man Datenkomprimierung.

Bei der Übertragung werden alle Werte nacheinander mitgeteilt. Diese Übertragungsmethode wird deshalb **seriell** genannt.

## Telefax

Petra bringt den Brief an Reiner nicht zur Post, sondern schickt ihm ein Fax. Dazu legt sie den Brief in den Eingabeschlitz des Faxgerätes, wählt die Faxnummer von Reiner (das kann sogar seine Telefonnummer sein) und drückt die Starttaste. Der Brief wird durch das Gerät gezogen, gelesen und an das Empfängergerät übermittelt. Vom Empfängergerät wird der Brief wieder geschrieben, sodass Reiner ihn lesen kann. Wie funktioniert diese Datenübertragung?

Eine kleine Lampe beleuchtet gleichmäßig das Blatt, sodass eine lichtempfindliche Fotodiode daneben am reflektierten Licht erkennt, ob Schrift bzw. Linie einer Zeichnung vorliegen. Dieser dunkle Bildpunkt ergibt ein elektrisches Signal, bei weißen Bildpunkten wird kein Signal gesendet. Beim Faxgerät reichen natürlich keine 64 Bildpunkte, das Raster muss erheblich feiner sein. Eine A4-Seite wird in etwa 1700 Spalten und 1100 Zeilen zerlegt. Diese Bildpunkte heißen Pixel. Jedes Pixel ist 0,25 mm hoch und 0,12 mm breit.

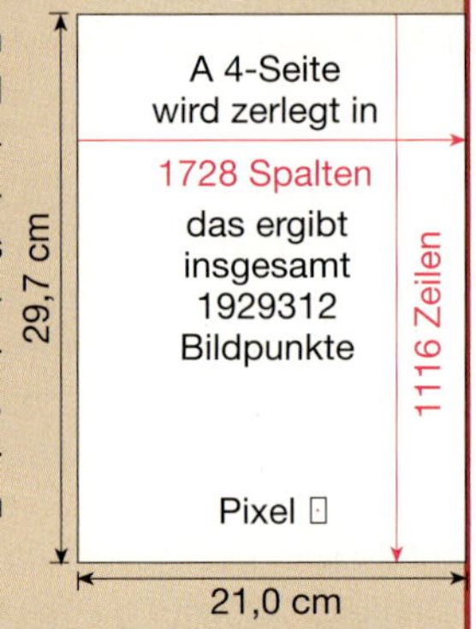


Die Übertragung dieser annähernd zwei Millionen Pixel einer einzigen Seite würde auch mit modernen Geräten sehr lange dauern. Daher werden alle Bildpunkte einer Zeile von über 1700 Fotodioden gleichzeitig gelesen (parallel). Die Daten werden im Faxgerät gespeichert und erst gesendet, wenn die ganze Seite gelesen wurde. Durch Datenkomprimierung kann der Umfang der gesendeten Datenmenge auf 5 %–20 % gesenkt werden.
Das Empfangsgerät hat eine der Spaltenzahl entsprechende Menge von Schreibstiften, unter denen das Schreibpapier durchläuft. Wird ein dunkler Bildpunkt gesendet, so bewirkt die Empfangselektronik, dass im zugehörigen Stift ein Strom fließt. Dadurch wird der Stift heiß und schwärzt ein Thermopapier an der betreffenden Stelle oder zieht Tonerteilchen an. So wird das gesendete Bild Punkt für Punkt aufgebaut.

## Bauanleitung für eine elektronische Miniorgel

**Versuche und Aufträge**

Mit der folgenden Schaltung ist es möglich, unterschiedliche Töne in verschiedener Lautstärke zu erzeugen. Mit etwas Übung kannst du sogar eine einfache Melodie spielen.

**Material:**

Transistoren $T_1$, $T_2$: BC547 o. Ä.
$T_3$: BD135
Widerstände $R_1$, $R_4$: 1,5 kΩ
$R_2$, $R_3$, $R_5$: 4,7 kΩ
Kondensatoren $C_1$, $C_2$: **150 nF**
kleiner Lautsprecher
Batterie
ca. 20 Reißzwecken
Sperrholzbrett (ca. 10 cm x 16 cm),
Draht, Lötzinn

**Werkzeug:**

Lötkolben (16 W)
Telefonzange
Seitenschneider oder kräftige Schere

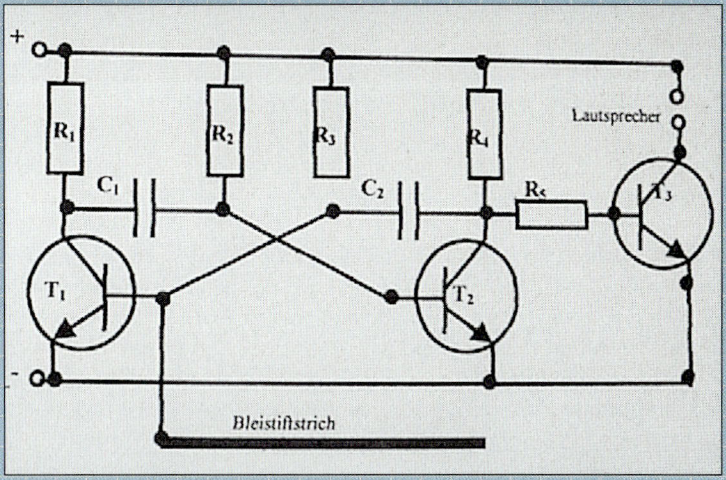


Die folgende Abbildung zeigt alle Einzelteile für die „Miniorgel“. Sie sind in jedem Elektronikfachgeschäft für ein paar Euro erhältlich.

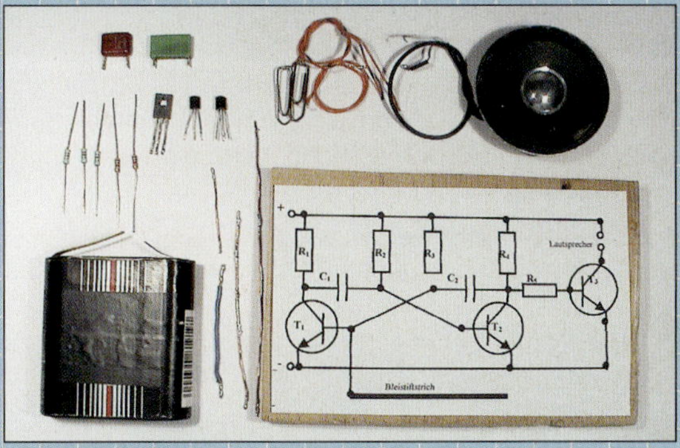

Kopiere den Schaltplan und klebe ihn auf ein passendes Sperrholzbrett (mindestens 1 cm dick). Bestücke alle schwarzen Punkte mit Reißzwecken und verzinne sie sorgfältig. Löte dann die Drahtverbindungen ein.

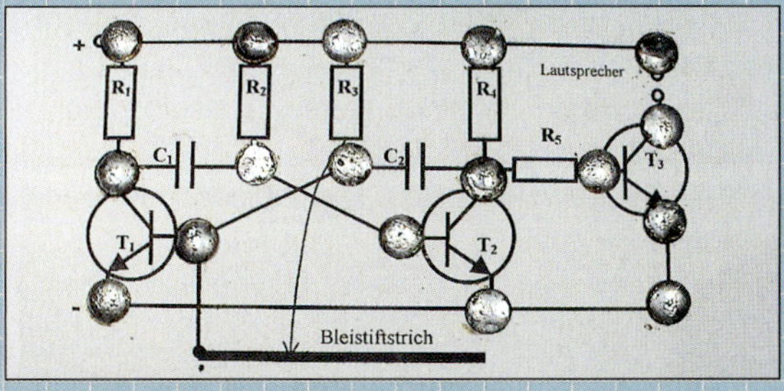


Danach werden die einzelnen Bauteile eingelötet, wie es der Schaltplan zeigt (Transistoren zuletzt).
**Vorsicht!** Die Teile können beim Löten sehr heiß werden.
Die folgende Abbildung zeigt die fertige „Miniorgel“.

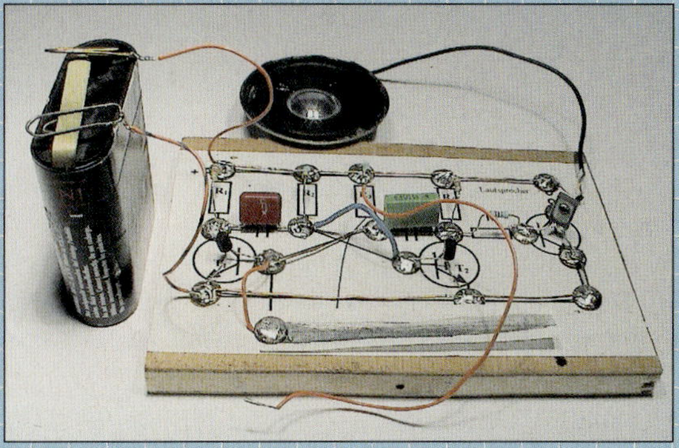

Achte darauf, dass der Bleistiftstrich kräftig ausfällt. Berührst du diese Graphitschicht mit dem Draht, der an $R_3$ angelötet ist, hörst du einen Ton. Dieser ändert seine Höhe je nach der Stelle des Bleistiftstriches, die berührt wird.

Experimentiere mit den Werten der Kondensatoren und vom Widerstand $R_3$ (aber nicht kleiner als 330 Ω). Mit $R_5$ kann die Lautstärke geregelt werden (nicht kleiner als 1 kΩ). $R_5$ kann auch durch einen Drehwiderstand (z. B. 10 kΩ) ersetzt werden.

**Prüfe dein Wissen**

## Schall; Schwingungen und Wellen

**A1** **a)** Beantworte zu den Merkzettel-Begriffen folgende Fragen: Was bedeutet der Begriff? Wie und in welcher Einheit wird diese Größe gemessen? Gibt es Formeln dafür? Gibt es sonst noch Wissenswertes über diesen Begriff?
**b)** Wenn du die Fragen nicht auf Anhieb beantworten kannst, dann lies noch einmal die entsprechenden Seiten durch.
**c)** Notiere auf der Vorderseite von Karteikarten den Begriff und auf der Rückseite die Erklärung.

**A2** Der Lichtpunkt durchläuft den Bildschirm eines Oszilloskops in 2 ms. Welche Frequenz hat eine Schwingung, wenn auf dem Bildschirm **a)** fünf, **b)** zehn Perioden zu sehen sind?

**A3** In folgender Abbildung siehst du vier übereinander liegende Abbildungen von Oszilloskopbildern.

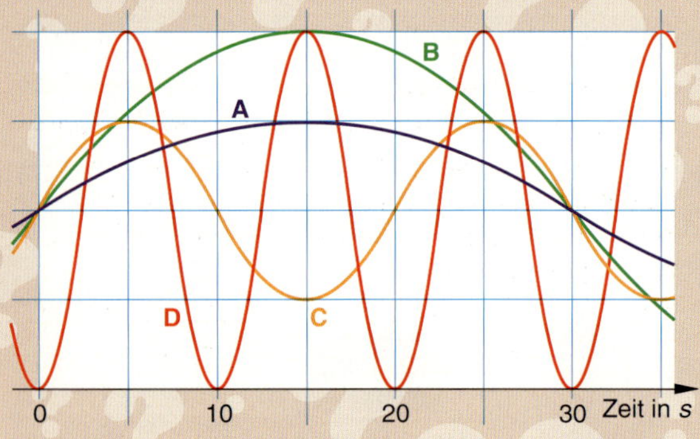


**a)** Ordne die dargestellten Töne entsprechend ihrer Lautstärke und begründe kurz deine Reihenfolge (z. B. leise D → C → B → A laut).
**b)** Ordne die dargestellten Töne entsprechend ihrer Tonhöhe und begründe kurz deine Reihenfolge (z. B. tief D → B → C → A hoch).
**c)** Bestimme aus dem Diagramm jeweils die Frequenz $f$ und die Schwingungsdauer $T$.

**A4** Stelle dir vor, ihr wandert zu zweit in einem schicken Raumanzug auf dem Mond herum. Auf einmal merkst du, dass das Funkgerät defekt ist. Gibt es eine Möglichkeit, sich trotzdem mit normaler Sprache verständlich zu machen? Erläutere.

**A5** Welchen Frequenzbereich kann das menschliche Ohr wahrnehmen? In welchem Bereich ist es am empfindlichsten? Warum können manche Menschen das Pfeifen eines Fernsehers nicht mehr hören?

**A6** Ordne den Stimmlagen Tenor, Bass, Sopran und Alt die richtigen Bereiche der Stimmbandlängen von 14–17 mm, 18–19 mm, 17–20 mm und 24–25 mm und die zugehörigen Frequenzbereiche 85–320 Hz, 170–640 Hz, 130–430 Hz und 250–1100 Hz zu. Begründe deine Zuordnung.

**A7** In einer Nacht des Jahres 1622 fand in Paris einer der vielen Versuche zur Bestimmung der Schallgeschwindigkeit in Luft statt. Auf zwei Befestigungsanlagen wurden mehrmals Kanonen gezündet. Ein Beobachter stand in einer Entfernung von 1860 m zum Geschütz und registrierte eine Zeit von 5,5 s zwischen Wahrnehmung des Feuerscheins und dem nachfolgenden Knall.
**a)** Welche Schallgeschwindigkeit konnte daraus ermittelt werden?
**b)** Woher kommen die Abweichungen zu den heutigen Werten?

**A8** Vor einer Kneipe steht ein Motorradfan und lässt – sehr zum Ärger der Anwohner – sein Motorrad aufheulen. Wie viele seiner Freunde müssten das Gleiche tun, damit die Anwohner
**a)** die doppelte
**b)** die dreifache Lautstärke empfinden?

**A9** **a)** Welche Grenzen im Wahrnehmungsvermögen unserer Ohren werden erreicht, wenn ein Ton
- immer leiser
- immer lauter wird?

**b)** Warum sollten wir unsere Ohren vor zu lautem Schall schützen?
**c)** Welche Maßnahmen stehen uns zum Schutz vor Lärm zur Verfügung?

**A10** **a)** Wir können zwei Laute nur getrennt wahrnehmen, wenn zwischen ihnen eine Pause von $\frac{1}{10}$ s besteht. Ab welcher kleinsten Entfernung ist also erst die Wahrnehmung eines Echos möglich?
**b)** Die Ohren können noch Laufzeitunterschiede von 0,000 03 s wahrnehmen. Welchen Wegunterschied in Luft bedeutet das?
**c)** Warum hören wir einen lauten Ton auf größere Entfernung als einen leisen Ton?
**d)** Warum haben leere Räume einen anderen „Klang" als möblierte Räume?
**e)** Wie ist es möglich, dass wir feststellen können, welches Instrument einen Ton spielt, ohne dass wir es sehen?

## Die wichtigsten Begriffe



**A11** Schall, der auf Hindernisse trifft, wird von ihnen reflektiert. Bei Laufzeitunterschieden von mehr als 0,05 s empfinden wir das als Nachhall.

**a)** Wie weit muss ein reflektierendes Hindernis mindestens entfernt sein, damit überhaupt ein Nachhall entstehen kann?

**b)** Wie kann in Räumen (z. B. in Tonstudios) der Nachhall reduziert werden, um die „Akustik" zu verbessern? Wie wird das erreicht?

**c)** Eine kurze Silbe wird in etwa 0,2 s ausgesprochen. Wie weit muss ein Hindernis entfernt sein, um die Silbe und ihr Echo getrennt wahrnehmen zu können? Wie weit muss ein Hindernis entfernt sein, um das Echo eines dreisilbigen Wortes hören zu können?

**A12** Geräusche in Gebäuden sind oft störend.

**a)** Welche Maßnahmen werden außerhalb und innerhalb von Gebäuden ergriffen, um eine gute Schalldämpfung zu erreichen?

**b)** Welche Materialien werden zur Schalldämpfung eingesetzt?

**A13** An einer verkehrsreichen Straße wird eine Wohnanlage durch eine Lärmschutzwand abgeschirmt.

**a)** Beschreibe ihre Wirkungsweise.

**b)** Erkläre, warum ein Bewohner im Erdgeschoss dennoch den Verkehr hören kann.

**A14 a)** Welcher grundlegende Unterschied besteht zwischen Wasserwellen und Schallwellen?

**b)** Welche Eigenschaften von Wasserwellen finden sich auch bei Schallwellen wieder?
Beschreibe die Eigenschaften und die Phänomene, die damit verbunden sind.

**c)** Beschreibe die Ausbreitung von Wasserwellen und von Schallwellen im Teilchenbild.

**A15** Bei der folgenden Mitteilung ist die Codierung völlig durcheinander geraten. Kannst du die Nachricht trotzdem entziffern?

1000001 L 76 E 32 A 0100011 1001000 TU 78 71 0101100 0100000 68 U 32 1001000 AST 32 69 83 32 1000111 E 1010011 C 1001000 1000001 1000110 1000110 84 33

**A16** Du möchtest einem Freund zum Geburtstag gratulieren und kannst für die Nachrichtenübertragung zwischen den folgenden Möglichkeiten wählen: Telefon, Brief, Fax oder E-Mail.

**a)** Beschreibe für alle Möglichkeiten, wie die Information von dir zu deinem Freund gelangt. Erkläre dazu, was in diesem Beispiel Information ist, wie sie jeweils in Daten codiert wird und wie die entsprechenden Daten übertragen werden.
Was muss bei deinem Freund, dem Empfänger passieren, damit dein Glückwunsch auch „richtig ankommt"?

**b)** Vergleiche die Vor- und Nachteile der verschiedenen Möglichkeiten.

**c)** Welchen Weg wählst du? Begründe deine Antwort.

**A17** Bei Kassettenrecordern erfolgt die Speicherung der Daten auf dem Magnetband analog, während bei einer CD die Daten immer digital gespeichert werden.

**a)** Erkläre jeweils das Prinzip dieser beiden Speichermethoden.

**b)** Welchen Vorteil hat die digitale Speicherung gegenüber der analogen?

**c)** In welcher Form sind die Daten bei einer Drehorgel gespeichert, analog oder digital? Begründe.

**A18 a)** Welche geometrische Figur will ein Schachspieler durch die folgenden Daten übermitteln?
18 x 0; 1 x 1; 6 x 0; 1 x 1; 1 x 0; 1 x 1; 4 x 0; 1 x 1; 3 x 0; 1 x 1; 4 x 0; 1 x 1; 1 x 0; 1 x 1; 6 x 0; 1 x 1; 13 x 0

**b)** Wie kannst du die Figur anordnen, um die Datenmenge zu verringern?

# Radioaktivität und Kernenergie

**Ein 2000 MW-Kohlekraftwerk verfeuert pro Jahr knapp 3 Mio. t Kohle. Ein gleich großes Kernkraftwerk benötigt dagegen nur etwas mehr als 50 t Uran. Kernkraftwerke scheinen also riesige Energiemengen praktisch aus dem Nichts zu erzeugen!**
**Woher kommen diese gewaltigen Energiemengen? Welche physikalischen Prozesse laufen in einem Kernreaktor ab? Warum sind Kernkraftwerke so umstritten? Was ist Radioaktivität überhaupt und wieso ist sie gefährlich?**

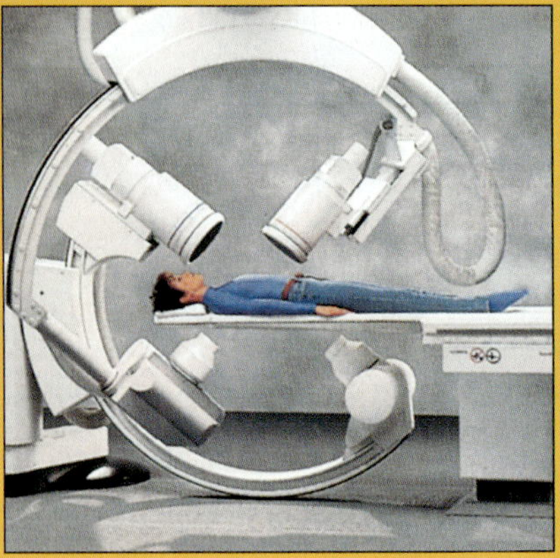

Röntgenstrahlung und radioaktive Strahlung werden heute nicht mehr nur zur Erkennung von Knochenbrüchen eingesetzt. Mit ihrer Hilfe können viele Krankheiten behandelt werden, zum Beispiel Krebs.
Wie viel Strahlung ist heilsam? Ab wann wird sie gefährlich? Welche Folgen hat zu intensive Bestrahlung? Wie kann man sich vor gefährlicher Strahlung schützen?

Etwa 1920 setzte ERNEST RUTHERFORD Stickstoff radioaktiver Strahlung aus. Die Strahlung bestand aus sehr schnell fliegenden Helium-Teilchen. Er beobachtete und fotografierte die erste Umwandlung eines Elements (Stickstoff) in ein anderes (Sauerstoff). Bei der Umwandlung entstand noch ein drittes Teilchen, dessen Spur schräg nach unten verläuft.
Wie konnte RUTHERFORD die Reaktion fotografieren, also die Teilchen nachweisen? Welche Wirkungen hat radioaktive Strahlung noch? Welche Konsequenzen ergaben sich aus seiner Beobachtung?

## Ein Blick ins Innere der Körper

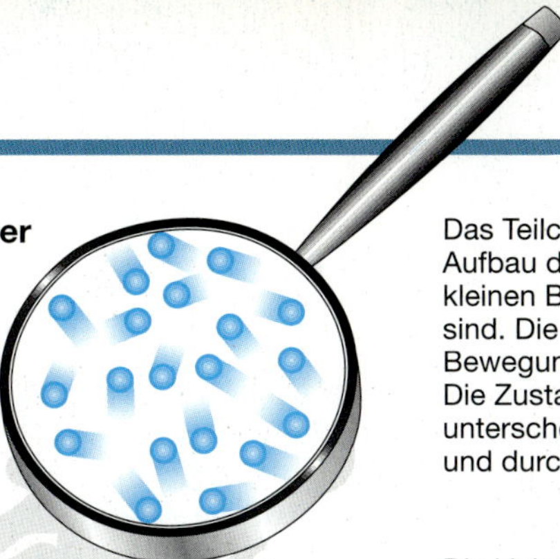

**Gase** nehmen jeden ihnen zur Verfügung stehenden Raum ein und lassen sich mit geringem Kraftaufwand zusammendrücken. Die Ursache dafür sind die sehr großen Abstände zwischen den Teilchen und ihre regellose Anordnung. Zwischen den Teilchen herrschen keine Bindungskräfte, sodass sie frei sind und sich ungehindert bewegen können.

Das Teilchenmodell liefert eine anschauliche Vorstellung vom Aufbau der Materie. Danach bestehen alle Körper aus winzig kleinen Bausteinen (Teilchen), die von Stoff zu Stoff verschieden sind. Die kleinsten Teilchen eines Körpers sind ständig in Bewegung.
Die Zustandsformen fest, flüssig und gasförmig von Körpern unterscheiden sich durch Anordnung und Abstand der Teilchen und durch die Kräfte, die zwischen ihnen wirken.

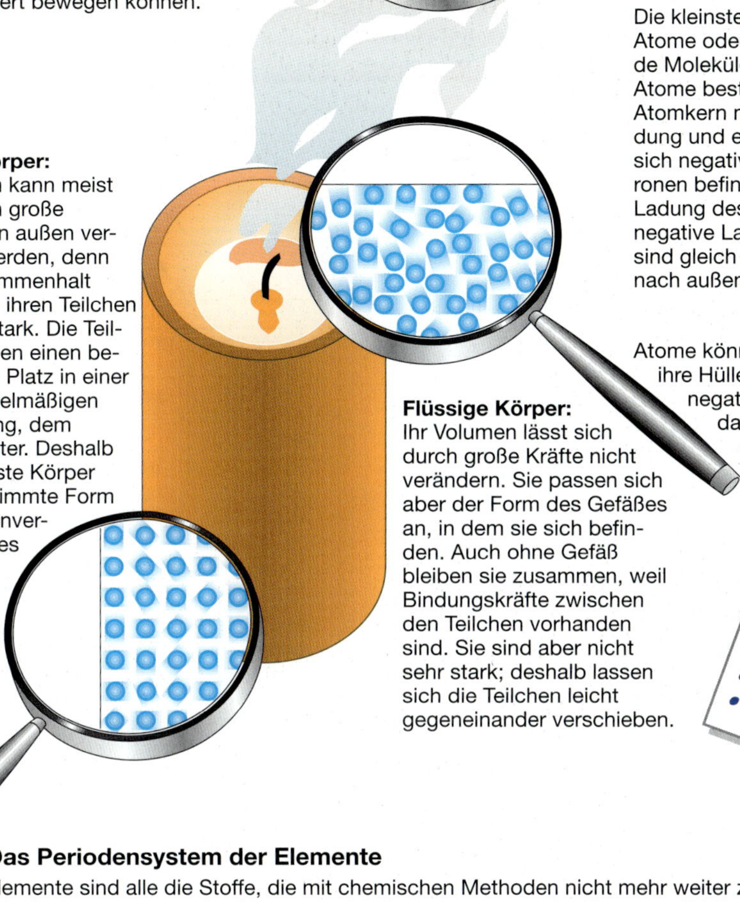

**Feste Körper:**
Ihre Form kann meist nur durch große Kräfte von außen verändert werden, denn der Zusammenhalt zwischen ihren Teilchen ist sehr stark. Die Teilchen haben einen bestimmten Platz in einer meist regelmäßigen Anordnung, dem Kristallgitter. Deshalb haben feste Körper eine bestimmte Form und ein unveränderbares Volumen.

**Flüssige Körper:**
Ihr Volumen lässt sich durch große Kräfte nicht verändern. Sie passen sich aber der Form des Gefäßes an, in dem sie sich befinden. Auch ohne Gefäß bleiben sie zusammen, weil Bindungskräfte zwischen den Teilchen vorhanden sind. Sie sind aber nicht sehr stark; deshalb lassen sich die Teilchen leicht gegeneinander verschieben.

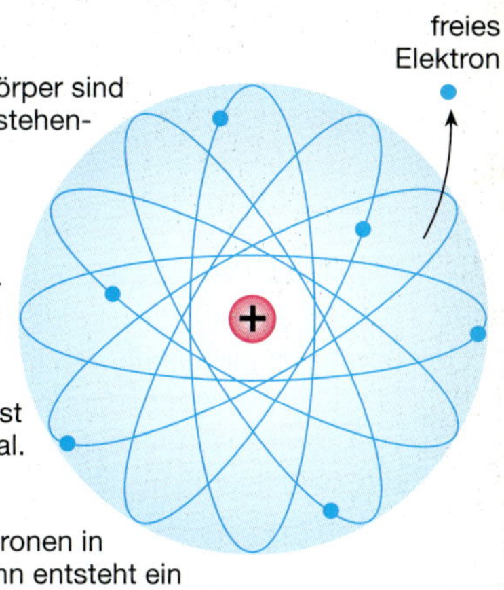


Die kleinsten Teilchen der Körper sind Atome oder aus Atomen bestehende Moleküle
Atome bestehen aus einem Atomkern mit positiver Ladung und einer Hülle, in der sich negativ geladene Elektronen befinden. Die positive Ladung des Kerns und die negative Ladung der Hülle sind gleich groß, das Atom ist nach außen elektrisch neutral.

Atome können weitere Elektronen in ihre Hülle aufnehmen, dann entsteht ein negativ geladenes Ion. Gibt ein Atom Elektronen ab, dann überwiegt die positive Ladung des Kerns, es entsteht ein positiv geladenes Ion.

**Die wichtigsten Begriffe**
- Elektronen
- Kern-Hülle-Modell des Atoms
- Element
- Atom, Molekül, Ion
- Ionisation
- Periodensystem der Elemente

## Das Periodensystem der Elemente

Elemente sind alle die Stoffe, die mit chemischen Methoden nicht mehr weiter zerlegt werden können. Das Ordnungssystem der Chemie ist das Periodensystem der Elemente (PSE).

Im PSE sind die Elemente
- nach ihren chemischen Eigenschaften in Gruppen (Spalten) angeordnet;
- in den Perioden (Zeilen) nach aufsteigender Zahl der Hüllenelektronen sortiert.

Atommasse in u — 26,98
Al — Elementsymbol
Ordnungszahl — 13
Aluminium — Elementname

| Periode | Hauptgruppen I | Hauptgruppen II | Nebengruppen (Übergangselemente) III | IV | V | VI | VII | VIII | VIII | VIII | I | II | Hauptgruppen III | IV | V | VI | VII | VIII |
|---|---|---|---|---|---|---|---|---|---|---|---|---|---|---|---|---|---|---|
| 1 K-Schale | 1,008 H 1 Wasserstoff | | | | | | | | | | | | | | | | | 4,00 He 2 Helium |
| 2 L-Schale | 6,94 Li 3 Lithium | 9,01 Be 4 Beryllium | | | | | | | | | | | 10,81 B 5 Bor | 12,01 C 6 Kohlenstoff | 14,00 N 7 Stickstoff | 16,00 O 8 Sauerstoff | 19,00 F 9 Fluor | 20,18 Ne 10 Neon |
| 3 M-Schale | 22,99 Na 11 Natrium | 24,31 Mg 12 Magnesium | | | | | | | | | | | 26,98 Al 13 Aluminium | 28,09 Si 14 Silicium | 30,97 P 15 Phosphor | 32,07 S 16 Schwefel | 35,45 Cl 17 Chlor | 39,94 Ar 18 Argon |
| 4 N-Schale | 39,10 K 19 Kalium | 40,08 Ca 20 Calcium | 44,96 Sc 21 Scandium | 47,88 Ti 22 Titan | 50,94 V 23 Vanadium | 52,00 Cr 24 Chrom | 54,94 Mn 25 Mangan | 55,85 Fe 26 Eisen | 58,93 Co 27 Cobalt | 58,69 Ni 28 Nickel | 63,55 Cu 29 Kupfer | 65,37 Zn 30 Zink | 69,72 Ga 31 Gallium | 72,61 Ge 32 Germanium | 74,92 As 33 Arsen | 78,96 Se 34 Selen | 79,90 Br 35 Brom | 83,80 Kr 36 Krypton |
| 5 O-Schale | 85,47 Rb 37 Rubidium | 87,62 Sr 38 Strontium | 88,91 Y 39 Yttrium | 91,22 Zr 40 Zirkonium | 92,91 Nb 41 Niob | 95,94 Mo 42 Molybdän | (98,91) Tc 43 Technetium | 101,07 Ru 44 Ruthenium | 102,91 Rh 45 Rhodium | 106,42 Pd 46 Palladium | 107,87 Ag 47 Silber | 112,41 Cd 48 Cadmium | 114,82 In 49 Indium | 118,71 Sn 50 Zinn | 121,75 Sb 51 Antimon | 127,60 Te 52 Tellur | 126,90 I 53 Iod | 131,29 Xe 54 Xenon |
| 6 P-Schale | 132,91 Cs 55 Cäsium | 137,33 Ba 56 Barium | La-Lu 57 bis 71 | 178,49 Hf 72 Hafnium | 180,95 Ta 73 Tantal | 183,85 W 74 Wolfram | 186,2 Re 75 Rhenium | 190,2 Os 76 Osmium | 192,22 Ir 77 Iridium | 195,08 Pt 78 Platin | 196,97 Au 79 Gold | 200,59 Hg 80 Quecksilber | 204,38 Tl 81 Thallium | 207,2 Pb 82 Blei | 208,98 Bi 83 Bismut | (208,98) Po 84 Polonium | (209,99) At 85 Astat | (222,02) Rn 86 Radon |
| 7 Q-Schale | (223,02) Fr 87 Francium | (226,03) Ra 88 Radium | Ac-Lr 89 bis 103 | (261) Rf 104 Rutherfordium | (262) Db 105 Dubnium | (263) Sg 106 Seaborgium | (264) Bh 107 Bohrium | (265) Hs 108 Hassium | (266) Mt 109 Meitnerium | (273) 110 | (272) 111 | (277) 112 | | | | | | |

| | | | | | | | | | | | | | | | |
|---|---|---|---|---|---|---|---|---|---|---|---|---|---|---|---|
| Elemente der Lanthanreihe | 138,91 La 57 Lanthan | 140,12 Ce 58 Cer | 140,91 Pr 59 Praseodym | 144,24 Nd 60 Neodym | (146,92) Pm 61 Promethium | 150,36 Sm 62 Samarium | 151,97 Eu 63 Europium | 157,25 Gd 64 Gadolinium | 158,93 Tb 65 Terbium | 162,50 Dy 66 Dysprosium | 164,93 Ho 67 Holmium | 167,26 Er 68 Erbium | 168,93 Tm 69 Thulium | 173,04 Yb 70 Ytterbium | 174,97 Lu 71 Lutetium |
| Elemente der Actiniumreihe | (227,03) Ac 89 Actinium | 232,04 Th 90 Thorium | (231,04) Pa 91 Protactinium | 238,03 U 92 Uran | (237,04) Np 93 Neptunium | (244,06) Pu 94 Plutonium | (243,06) Am 95 Americium | (247,07) Cm 96 Curium | (247,07) Bk 97 Berkelium | (251,08) Cf 98 Californium | (252,08) Es 99 Einsteinium | (257) Fm 100 Fermium | (258) Md 101 Mendelevium | (259,10) No 102 Nobelium | (260,11) Lr 103 Lawrencium |

feste Elemente: schwarz
flüssige Elemente: blau
gasförmige Elemente: rot
künstliche Elemente: weiß
natürliche radioaktive Elemente: grün

Helium-Atom

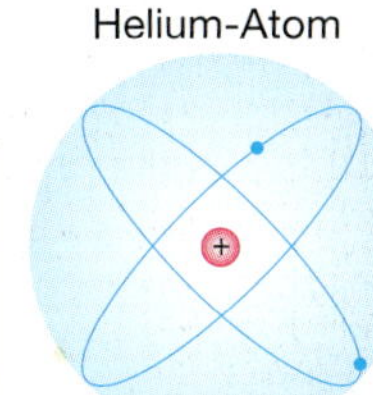

Sauerstoff-Atom

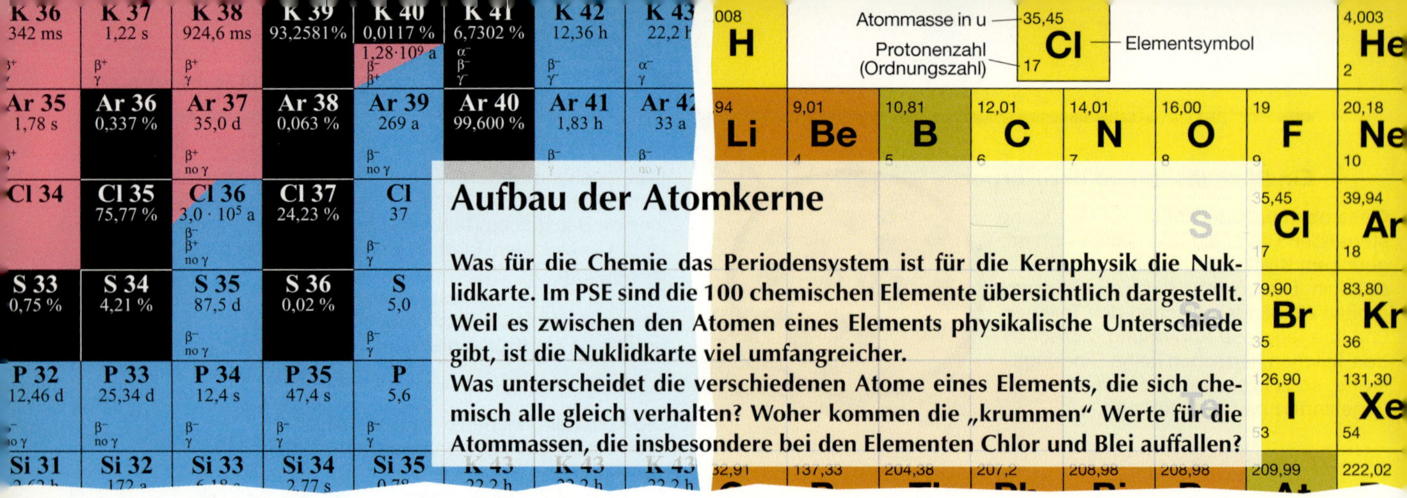


# Aufbau der Atomkerne

**Was für die Chemie das Periodensystem ist für die Kernphysik die Nuklidkarte. Im PSE sind die 100 chemischen Elemente übersichtlich dargestellt. Weil es zwischen den Atomen eines Elements physikalische Unterschiede gibt, ist die Nuklidkarte viel umfangreicher.**
**Was unterscheidet die verschiedenen Atome eines Elements, die sich chemisch alle gleich verhalten? Woher kommen die „krummen" Werte für die Atommassen, die insbesondere bei den Elementen Chlor und Blei auffallen?**

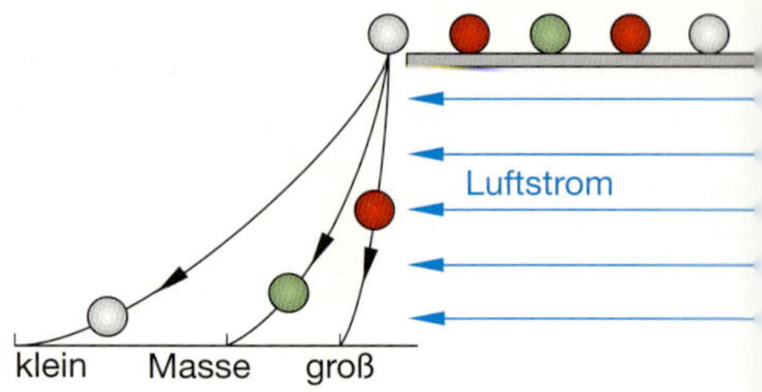


Untersuchungen mit einem **Massenspektroskop** zeigen, dass unser einfaches Kern-Hülle-Modell unzureichend ist. Das Versuchsprinzip ist rechts dargestellt: Durch den Luftstrom eines Gebläses wirkt auf alle Kugeln eine gleich große Kraft von der Seite. Schwere Kugeln werden wenig beeinflusst, während leichte Kugeln stark aus ihrer Richtung abgelenkt werden. Aus den unterschiedlichen Ablenkungen, mit denen sie auf dem Boden auftreffen, kann die Masse der Kugeln ermittelt werden.

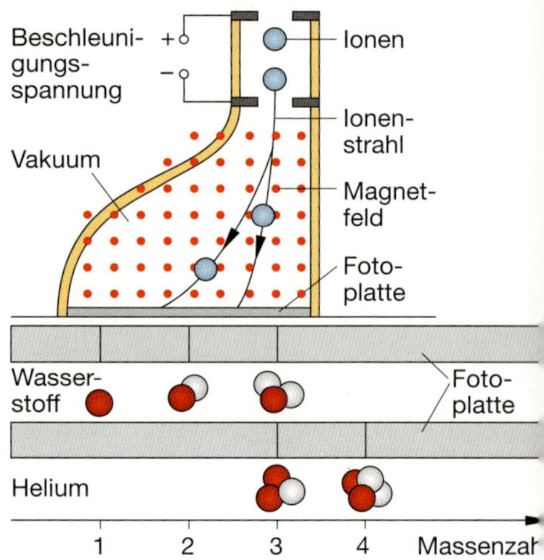


Beim Massenspektroskop werden die Atome des zu untersuchenden Elements zuerst ionisiert und dann in einem elektrischen Feld beschleunigt. Danach durchfliegen die Ionen ein Magnetfeld, in welchem sie durch die Lorentzkraft seitlich abgelenkt werden. Da fast alle Ionen die gleiche Ladung haben, hängt die Ablenkung nur von ihrer Masse ab. Die auf die Fotoplatte treffenden Ionen schwärzen diese an verschiedenen Stellen, es entsteht ein Linienmuster. Jede Linie ist charakteristisch für ein Ion mit einer bestimmten Masse.

Wird dieser Versuch mit Wasserstoff durchgeführt, so entsteht eine stark ausgeprägte Linie, die wir der kleinsten vorkommenden Masse zuordnen. Bemerkenswerterweise gibt es aber noch weitere Linien, die von Wasserstoffionen erzeugt werden. Sie sind Vielfache dieser kleinsten Masse. Wird der Versuch mit Helium wiederholt, so treten wiederum nur Vielfache der kleinsten Wasserstoffmasse auf. Das leichteste Heliumion hat sogar die gleiche Masse wie das schwerste Wasserstoffion.

Dies lässt den Schluss zu, dass die Atomkerne aus einzelnen *Kernbausteinen* zusammengesetzt sind, den **Nukleonen.** Alle Nukleonen haben etwa die gleiche Masse. Genauere Untersuchungen haben gezeigt, dass es positiv geladene Nukleonen gibt, die **Protonen,** und ungeladene **Neutronen.**
Die meisten Wasserstoffatome haben ein Proton als Kern. Es gibt aber auch Wasserstoffatome mit einem Proton und einem Neutron (Deuterium) oder mit einem Proton und zwei Neutronen (Tritium). Solche Kerne, die sich nur in der Anzahl der Neutronen unterscheiden, gibt es bei allen Elementen. Sie werden **Isotope** eines Elements genannt und sind chemisch nicht voneinander zu unterscheiden.
Die verschiedenen Isotope kommen im natürlichen Element mit unterschiedlicher Häufigkeit vor, wobei meistens ein Isotop deutlich überwiegt. Die Atommasse ist der Mittelwert der verschiedenen Isotopenmassen. Aus diesem Grund sind die Atommassen im Periodensystem keine ganzen Zahlen, sondern weichen teilweise erheblich davon ab, wie das Beispiel Chlor (Atommasse 35,45) zeigt. Es handelt sich hierbei um relative Zahlenangaben, die sich auf das Kohlenstoffisotop $^{12}_{6}C$ beziehen: Chloratome sind also im Mittel 35,45-mal so schwer wie $\frac{1}{12}$ des Isotops $^{12}_{6}C$. Aus der Chemie ist dieser Wert auch als *relative Atommasse* bekannt.

Die in der Natur vorkommenden Atome eines Elements haben die gleiche Anzahl von Protonen, unterscheiden sich aber in der Neutronenzahl. Sie heißen Isotope eines Elements.

## Schreibweisen

Zur eindeutigen Beschreibung der Kerne eines Elements sind die Kernladungszahl *Z* und die Massenzahl *A* eingeführt worden:

- Die **Kernladungszahl *Z*** gibt die Anzahl der Protonen im Kern an (in der Chemie wird sie Ordnungszahl genannt). Ein neutrales Atom hat in der Hülle genau so viele Elektronen wie Protonen im Kern.

- Die **Massenzahl *A*** ist die Summe von Protonen und Neutronen im Kern. Die Anzahl der Neutronen ist mindestens so groß wie die Anzahl der Protonen (außer bei Wasserstoff).

Die Massenzahl *A* bzw. die Protonenzahl *Z* werden oben bzw. unten an das Elementsymbol geschrieben. Für Wasserstoff ${}^{1}_{1}\text{H}$, für Helium ${}^{4}_{2}\text{He}$ und für Kohlenstoff ${}^{12}_{6}\text{C}$. Eine vereinfachte Schreibweise ergibt sich durch Weglassen der Kernladungszahl, da diese Information bereits im Namen des Elements vorhanden ist. Statt ${}^{12}\text{C}$ wird auch oft C12 geschrieben.

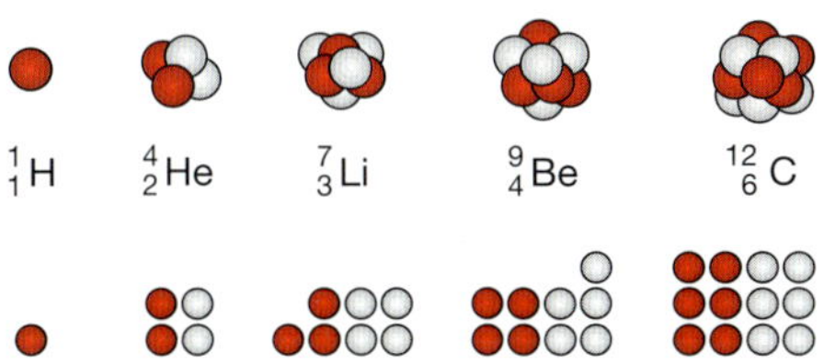


## Kernkraft und Kernbindungsenergie

Die positiv geladenen Protonen üben eine starke elektrische Abstoßungskraft aufeinander aus. Wie wird dann aus Protonen und Neutronen ein Kern, der zusammenhält?

Die Gravitationskraft kommt als anziehende Kraft nicht in Frage, denn sie ist bei so kleinen Massen verschwindend gering – trotz der minimalen Abstände. Es muss also noch eine andere Kraft existieren, die folgende Bedingungen erfüllen müsste:

- sehr geringe Reichweite, gerade bis zum nächsten Nukleon;
- deutlich stärker als die abstoßende elektrische Kraft.

Diese Kraft wird **Kernkraft** genannt. Wir können sie uns anhand des folgenden Beispiels plausibel machen: Wird eine Türe zugezogen, ohne die Klinke herunterzudrücken, muss eine Kraft gegen die Feder des Türschnappers aufgebracht werden. Erst im letzten Moment rastet der Türschnapper ein. Danach ist die Tür verriegelt und kann ohne Betätigung der Türklinke nicht geöffnet werden.
Die Kraft gegen die Feder ist vergleichbar mit der elektrischen Abstoßung der Protonen untereinander, die „Verriegelungskraft", die nur in kurzer Entfernung wirkt, mit der Kernkraft.

Der Zusammenhalt der Nukleonen ist unterschiedlich stark und hängt von der jeweiligen Kerngröße und seiner Zusammensetzung ab. Zur Charakterisierung dieser Kraft dient die Energie, die erforderlich wäre, um diesen Kern in seine Bestandteile zu zerlegen. Sie wird **Kernbindungsenergie** genannt und jeweils auf einen Kernbaustein bezogen.

Mittlerweile ist es gelungen, diese Energie für viele Kerne im Experiment zu bestimmen. Das entsprechende Diagramm zeigt, dass die Kernbindungsenergie bei Kernen mittlerer Größe (Eisen, Nickel) am größten ist. Bei kleinen Kernen ist die Wirkung der Kernkraft gering.

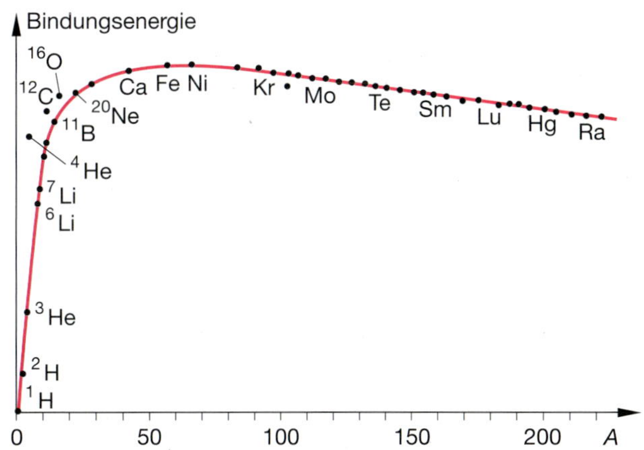


## Aufgaben

**1** **a)** In welche Richtung müssen die Feldlinien des magnetischen Feldes beim Massenspektroskop zeigen, damit die dargestellte Ablenkung zustande kommt?
**b)** Warum müssen die Ionen alle die gleiche Ladung haben?
**c)** Begründe deine Antworten.

**2** Was bedeutet die Schreibweise: ${}^{9}_{4}\text{Be}$ und ${}^{12}_{6}\text{C}$?

**3** **a)** Stelle in einer Tabelle die Namen der Elemente und die Anzahl der Neutronen und Protonen für folgende Kerne zusammen: H4, He4, O17, Co60, Ni60, Pb206, U235 und U238.
**b)** Welche Kerne sind Isotope?

**4** Warum sind die Kerne B10 und B12 Isotope des Elements Bor? Begründe.

**5** Warum ist der Aufbau eines Atomkerns aus Protonen und Neutronen nur möglich, wenn es die Kernkraft gibt? Begründe.

**6** Die Masse eines Nukleons (Proton oder Neutron) beträgt ungefähr $1{,}66 \cdot 10^{-24}$ g. Berechne die Masse eines He4-Kerns.

**7** Welches Element hat die Kerne mit der größten Bindungsenergie?

**8** Warum nimmt die Bindungsenergie bei sehr großen Kernen wieder ab, obwohl mehr Nukleonen auch mehr Kernkraft bedeuten müssten?

# Radioaktivität

**Bereits vor etwa 100 Jahren machte HENRI BECQUEREL eine erstaunliche Entdeckung: Auf einem lichtdicht verpackten Fotopapier hatte er durch Zufall einige Tage lang ein Stück Uranerz liegenlassen. Nach der Entwicklung des Films zeigte sich eine Schwärzung, die den Steinumrissen entsprach.**
**Wie war dies ohne Lichteinwirkung möglich? Warum wurde das Papier nur an den Stellen „belichtet", an denen sich das Erz befand? Lässt sich die Schwärzung des Papiers durch anderes Verpackungsmaterial verhindern?**

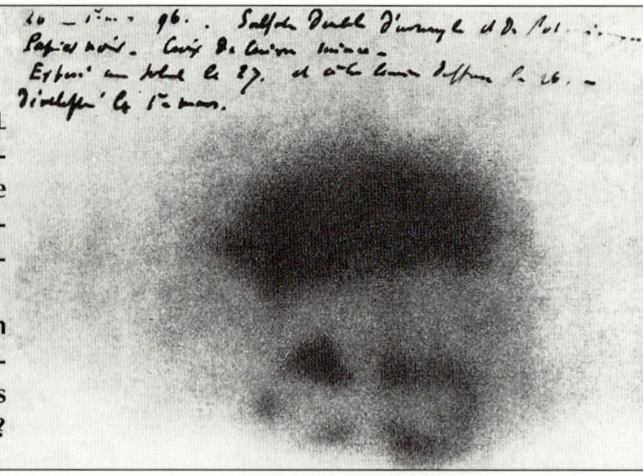

## Nachweis von Radioaktivität

Experimente mit Uran führte um 1910 auch die in Polen geborene Physikerin MARIE CURIE durch. Sie konnte die Ergebnisse nur so erklären, dass von dem Uran eine unsichtbare Strahlung ausging, die Fotopapier schwärzte und noch weitere Wirkungen hatte. Die Stoffe, die diese Strahlung aussendeten, nannte sie „radioaktiv" (Strahlung aussendend).

Im Foto rechts wird ein Strahlerstift in die Nähe eines negativ geladenen Elektroskops gebracht. Der Zeigerausschlag geht zurück – das Elektroskop wird also entladen.
Diese Entladung kann nur durch positiv oder negativ geladene Teilchen geschehen, die vorher nicht in der Luft vorhanden waren. Also muss die vom Präparat ausgehende Strahlung die Atome der Luft ionisiert haben, wodurch die Luft elektrisch leitend wird.

**Zentraler Versuch**

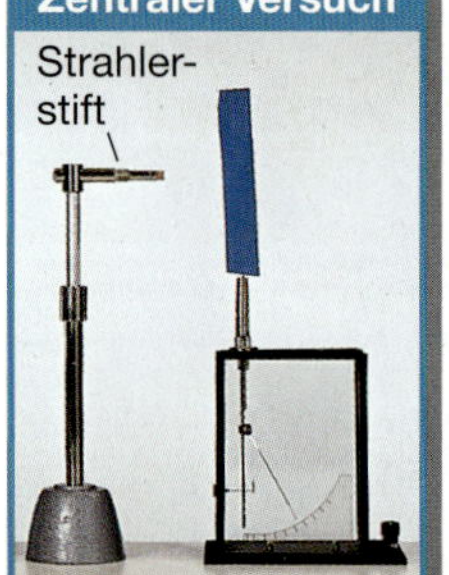


Von bestimmten Stoffen geht eine unsichtbare Strahlung aus, die Fotopapier schwärzt, Papier durchdringt und Luft ionisiert.

### Die Nebelkammer

In einer solchen Kammer befindet sich Luft, die mit Wasser- und Alkoholdampf gesättigt ist. Mit der Kammer ist ein Gummiball verbunden, der zusammendrückt werden kann. Wird dieser Gummiball nun plötzlich losgelassen, so dehnt sich die Luft in der Kammer schlagartig aus. Dadurch sinkt die Temperatur unter die Kondensationstemperatur des Alkohol-Luft-Gemisches ab.
Die Strahlung aus dem Strahlerstift, der in der Kammer angebracht ist, erzeugt Ionen, die als Kondensationskeime wirken. Durch sie bilden sich kleinste Wassertröpfchen, die von der Seite kommendes Licht streuen. Auf diese Weise kann der Weg der Strahlung sichtbar gemacht werden.

Im Foto sind Nebelstreifen von 2 bzw. 4 cm Länge zu erkennen, die Spuren der ionisierenden Strahlung. Ein Stückchen Papier als Hindernis beendet die Spuren sofort. Was schließen wir daraus?

- Die Strahlung hat eine sehr begrenzte Reichweite in Luft und kann schon durch ein Blatt Papier völlig abgeschirmt werden.
- Die unterschiedlichen Bahnlängen weisen darauf hin, dass es Strahlung unterschiedlicher Energie geben muss.
- Das Bild der Nebelspuren entsteht sofort mit dem Loslassen des Gummiballs. Dies deutet darauf hin, dass vom Strahlerstift laufend Strahlung ausgesendet wird und dass sich die Strahlung mit einer sehr hohen Geschwindigkeit ausbreitet.

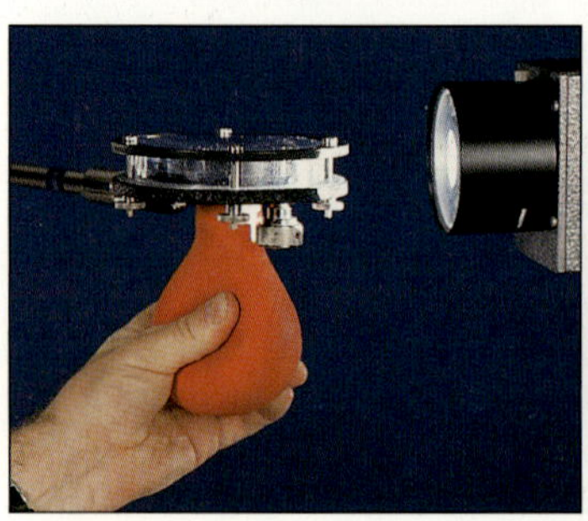

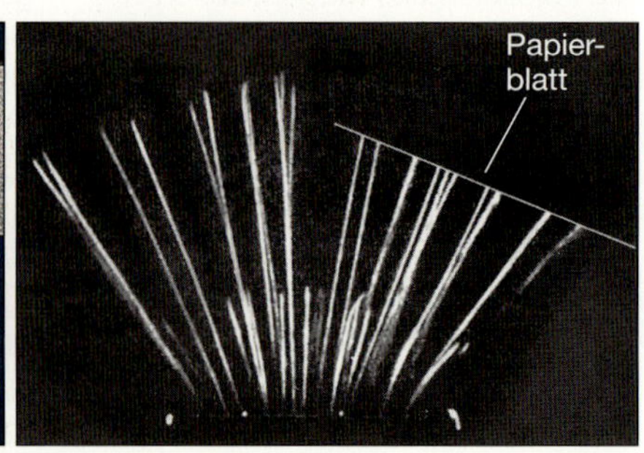

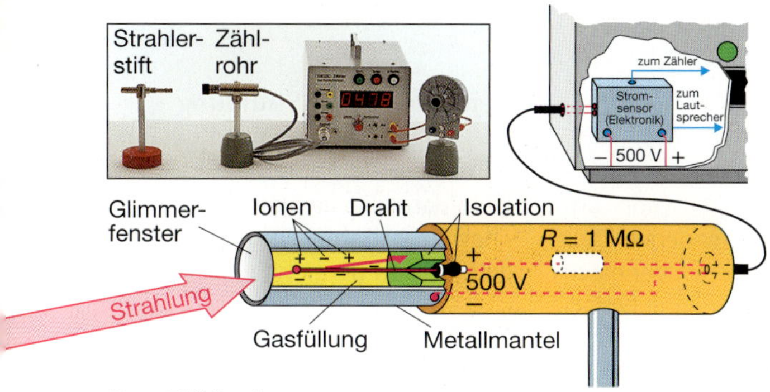


## Das Zählrohr

Das Zählrohr besteht aus einem Metallzylinder, in dessen Inneren ein Draht isoliert eingespannt ist. Auf der einen Seite ist das Metallrohr von einem Glimmerfenster und auf der anderen Seite durch eine Isolierschicht luftdicht verschlossen. Gefüllt ist das Rohr mit einem Edelgas unter geringem Druck. Zwischen Draht und Metall liegt eine Spannung von einigen 100 V.

Gelangt Strahlung durch das Glimmerfenster in das Rohr, ionisiert sie Atome der Gasfüllung. Die entstehenden Elektronen werden zum positiven Draht hin beschleunigt, die positiven Ionen zur negativen Metallwand hin. Durch die hohe Spannung werden sie so schnell, dass sie durch Stöße weitere Gasatome ionisieren können und diese wiederum andere – es kommt zur **Stoßionisation.**

Die Zahl der Ladungsträger wächst dadurch lawinenartig an, es fließt ein messbarer Strom $I$ über den Widerstand $R$ und verursacht dadurch einen Spannungsabfall $U_R = R \cdot I$. Dieser ist der Zählrohrspannung entgegengerichtet, wodurch die Spannung zwischen Draht und Wand so klein wird, dass im Zählrohr keine Stoßionisation mehr möglich ist und das Gas wieder zum Isolator wird. Die Zeit, in der keine weiteren Ereignisse gemessen werden können, heißt *Totzeit*. Sie liegt bei den meisten Zählrohren unter einer Millisekunde. Nach der Totzeit kann das Zählrohr erneut auf ionisierende Strahlung reagieren.

Die kurzen Stromstöße, die durch den Widerstand fließen, werden verstärkt und können in einem Lautsprecher ein Knacken verursachen oder von einer entsprechenden Elektronik gezählt werden.

## Zählrate und Nulleffekt

Die Anzahl der Stromstöße, die mit einem Zählrohr gemessen wird, ist die **Zählrate.** Sie ist ein Maß für die Intensität der Strahlung.

Definition / Einheiten

**Zählrate**

Die Einheit ist $\frac{\text{Imp}}{\text{s}}$.
Das Formelzeichen ist $Z$.

Die Überprüfung verschiedener radioaktiver Stoffe mit dem Zählrohr führt zu sehr unterschiedlichen Ergebnissen. Beim Strahlerstift werden in vergleichbaren Zeiten die meisten Impulse gemessen; er hat also die höchste Zählrate. Wird eine Messung wiederholt, so kann das Ergebnis deutlich abweichen (Fliese)!

| **Strahler** | Strahlerstift | Uranerz | Leuchtziffern | Fliese | Fliese |
|---|---|---|---|---|---|
| **Zeit** | 30 s | 45 s | 100 s | 60 s | 60 s |
| **Impulse** | 31 800 | 78 | 62 | 371 | 355 |
| **$Z$** | 1060 $\frac{\text{Imp}}{\text{s}}$ | 1,7 $\frac{\text{Imp}}{\text{s}}$ | 0,6 $\frac{\text{Imp}}{\text{s}}$ | 6,2 $\frac{\text{Imp}}{\text{s}}$ | 5,9 $\frac{\text{Imp}}{\text{s}}$ |

Dies liegt daran, dass Radioaktivität ein Vorgang ist, der unregelmäßig und zufällig auftritt und dadurch zu unterschiedlichen Zählraten führen kann. Dieser Effekt wird bei sehr kurzen Messzeiten besonders deutlich.

| **Zeit** | 60 s | 600 s | 600 s | 6000 s | 6000 s |
|---|---|---|---|---|---|
| **$N$** | 18 | 212 | 195 | 2067 | 2014 |
| **$Z$** | 0,3 $\frac{\text{Imp}}{\text{s}}$ | 0,35 $\frac{\text{Imp}}{\text{s}}$ | 0,33 $\frac{\text{Imp}}{\text{s}}$ | 0,34 $\frac{\text{Imp}}{\text{s}}$ | 0,34 $\frac{\text{Imp}}{\text{s}}$ |

Bei den Messungen kommt es vor, dass auch Impulse registriert werden, wenn sich kein radioaktives Material in der Nähe des Zählrohres befindet. In diesem Fall wird die natürliche Radioaktivität aus der Umwelt registriert. Dieser *Nulleffekt* ist ständig vorhanden und tritt sehr unregelmäßig auf. Erst bei Messungen über einen längeren Zeitraum gleichen sich diese zufälligen Schwankungen aus. Die auf den Nulleffekt zurückzuführende Zählrate wird **Nullrate** genannt und ist bei allen Messungen zu berücksichtigen.

Die Zählrate gibt an, wie viel Strahlung am Ort des Zählrohrs vorhanden ist.

### Aufgaben

**1** Früher gab es Uhren, von denen wurde behauptet, ihre Leuchtziffern wären radioaktiv. Wie kannst du diese Behauptung überprüfen? Beschreibe zwei Möglichkeiten.

**2** **a)** Was ist ein Zählimpuls bei einem Zählrohr? Wie kommt er zustande?
**b)** Was sagt die Impulshäufigkeit eines Zählrohrs über die radioaktive Strahlung aus?

**3** Dieses Fotopapier hat lichtdicht verpackt einige Tage auf der Fliese gelegen. Wie kommt die Schwärzung des Fotopapieres zustande? Erkläre.

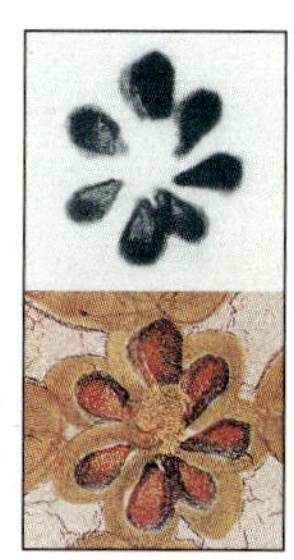

## Woraus besteht ionisierende Strahlung?

Wird zwischen Strahlerstift und Zählrohr eine Bleiplatte gehalten, so werden keine Impulse mehr registriert. Die von radioaktiven Stoffen ausgesandte Strahlung wird von Blei also abgeschirmt.

Hat die Bleiplatte ein Loch, so wirkt sie wie eine Blende in der Optik. Schieben wir ein Zählrohr hinter dem Loch hin und her, so erkennen wir, dass die Strahlung das Loch als relativ schmales, eng begrenztes Bündel geradlinig verlässt – wie wir das von der Nebelkammer her kennen.

Lassen wir das Strahlungsbündel durch das Feld eines möglichst starken Hufeisenmagneten in der fotografierten Weise laufen, so zeigen sich folgende Ergebnisse:

- Die Zählraten von Zählrohr ① werden merklich kleiner.
- Die Zählrohre ② und ③ registrieren ebenfalls Strahlung, abseits der geradlinigen Ausbreitungsrichtung!

Dies lässt den Schluss zu, dass aus dem Strahlerstift drei Arten von Strahlung austreten. Was unterscheidet diese Strahlungen? Woraus bestehen sie? Ihre Ablenkung im Magnetfeld gibt Aufschluss:

- Die Strahlung, die in der Mittelstellung ① registriert wird, wird durch das Magnetfeld nicht beeinflusst. Es handelt sich entweder um einen Strom von ungeladenen Teilchen oder um eine materielose Strahlung wie Licht. Genaue Untersuchungen haben Letzteres bestätigt. Die Strahlung wird **γ-Strahlung** genannt. Die γ-Photonen sind allerdings sehr viel energiereicher als Lichtphotonen.
- Die von Zählrohr ② registrierte Strahlung wird wie negativ geladene Teilchen abgelenkt. Die Bestimmung ihrer Masse ergab, dass die Strahlung aus Elektronen besteht. Sie wird **β-Strahlung** genannt.
- Die von Zählrohr ③ registrierte Strahlung wird wie positiv geladene Teilchen abgelenkt. Ihre Masse entspricht der von He-Kernen. Da die Strahlung **α-Strahlung** heißt, werden die He-Kerne, aus denen sie besteht, oft auch α-Teilchen genannt.

Radioaktive Stoffe senden α-, β- oder γ-Strahlung aus.
α-Strahlung besteht aus Heliumkernen,
β-Strahlung aus Elektronen,
γ-Strahlung aus Photonen.

**Zentraler Versuch**

Bei der Durchführung des Versuchs müssen sich die Zählrohre möglichst nahe am Magneten befinden. Eine deutliche Zählrate bei Zählrohr ③ ist nur bei einem sehr starken Magneten zu erwarten.

### Reichweite von Strahlung

Messungen mit einem Americium- und einem Strontium-Strahler zeigen, dass die ausgesendeten Teilchen den Strahlerstift in einem kegelförmigen Bereich verlassen.

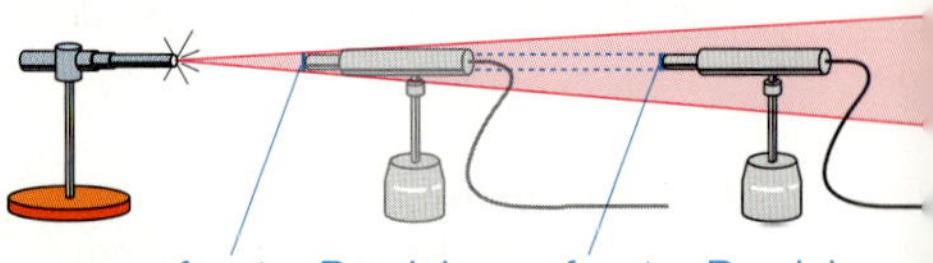


| Abstand | $Z_{Am}$ | $Z_{Sr}$ |
|---|---|---|
| 0 cm | 6800 $\frac{Imp}{s}$ | 5000 $\frac{Imp}{s}$ |
| 2 cm | 98 $\frac{Imp}{s}$ | 823 $\frac{Imp}{s}$ |
| 5 cm | 4,2 $\frac{Imp}{s}$ | 221 $\frac{Imp}{s}$ |
| 10 cm | 0,9 $\frac{Imp}{s}$ | 59 $\frac{Imp}{s}$ |
| 20 cm | 0,4 $\frac{Imp}{s}$ | 11 $\frac{Imp}{s}$ |
| 100 cm | 0,4 $\frac{Imp}{s}$ | 0,7 $\frac{Imp}{s}$ |

Wegen der Geometrie der Anordnung muss ein Zählrohr mit größer werdendem Abstand eine immer kleinere Zählrate registrieren. Dies erklärt aber nicht, warum ab einem Abstand von 10 cm beim Americium-Strahler keine Zählrate mehr messbar ist. Unterschiedliche Reichweite der Strahlung erklärt die Beobachtung:

- Der verwendetet Americium-Strahler sendet α-Teilchen aus, die in Luft offensichtlich nur eine sehr kurze Reichweite haben.
- Der Strontium-Stift sendet β-Strahlung aus. Die Messwerte zeigen, dass die Reichweite von β-Strahlung etwa doppelt so groß ist wie die von α-Strahlung.
- Außerdem sendet dieser Strahlerstift auch noch γ-Strahlung aus, die selbst in 1 m Abstand noch gut nachweisbar ist.

Die Reichweite von α- und β-Strahlung beträgt in Luft nur wenige Zentimeter bzw. Dezimeter. Die Reichweite von γ-Strahlung ist in Luft praktisch unbegrenzt.

## Durchdringungsvermögen von Strahlung

Wie verhalten sich α-, β- und γ-Strahlung beim Durchgang durch Materie? Dazu werden Platten aus Hartpapier zwischen den Strahlerstift und das Zählrohr gehalten und jeweils die Zählrate gemessen. (Dabei ist darauf zu achten, dass das Zählrohr von Beginn an weit genug vom Strahlerstift entfernt ist, damit genügend Platz zum Einfügen der Platten ist. Der Abstand Stift–Zählrohr darf sich bei diesen Messungen nicht ändern.)

**Zentraler Versuch**

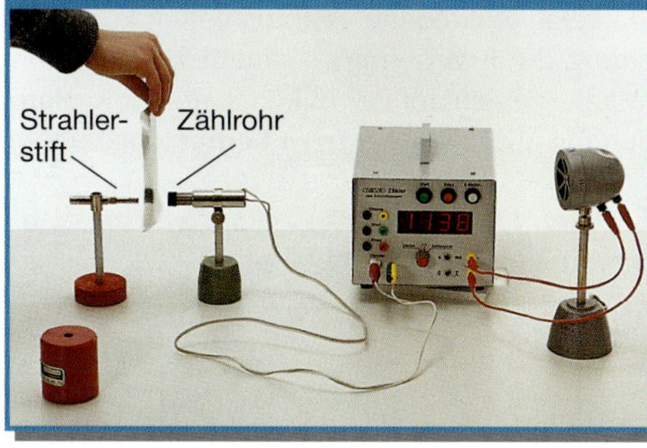


Die Ergebnisse dieser Messung sind für beide Strahlerstifte im Diagramm unten dargestellt.

- Die α-Strahlung von Am241 wird bereits durch eine Lage Papier fast völlig abgeschirmt.
- Die β-Strahlung von Sr90 wird durch die Papierschichten immer mehr geschwächt; ab 7 mm Papierdicke wird sie fast völlig abgeschirmt.
- Wird zusätzlich zur 7 mm-Papierschicht noch eine Bleiplatte von 1 mm Dicke hinzugefügt, so geht bei beiden Strahlerstiften die Zählrate noch einmal deutlich zurück. Weitere Bleiplatten führen nur noch zu einer geringen Abnahme.

*Folgerung:* Beide Präparate enthalten einen dritten Strahlungsanteil, nämlich γ-Strahlung, der erst durch dicke Bleischichten deutlich geschwächt wird.

Bei γ-Strahlung ist es üblich anzugeben, durch welche Abschirmung (Material, Dicke) die Strahlungsintensität um die Hälfte verringert wird. Diese **Halbwertsdicke** beträgt zum Beispiel für Blei 1,2 cm. Das bedeutet, dass eine Bleischicht von 6 cm (= 5 · 1,2 cm) nur noch den $\frac{1}{2} \cdot \frac{1}{2} \cdot \frac{1}{2} \cdot \frac{1}{2} \cdot \frac{1}{2} = \frac{1}{32}$ Teil der γ-Strahlung durchlässt.

Das Durchdringungsvermögen von α-Strahlung ist im Gegensatz zu β- und γ-Strahlung sehr gering.

### Aufgaben

**1** Wie kann experimentell bestimmt werden, ob eine radioaktive Probe α- oder β-Strahlung aussendet? Erläutere den Versuch.

**2** Ein radioaktives Präparat wird mit einer 4 mm dicken Aluplatte abgeschirmt und die Zählrate gemessen.
Anschließend werden Bleiplatten von 4 mm Dicke dazugenommen und die Zählraten jeweils erneut gemessen.
**a)** Erläutere den Versuchsablauf und begründe insbesondere die Verwendung der Aluplatte.
**b)** Zeichne ein Diagramm und werte es aus (Halbwertsdicke).

| *D* | 0 mm | 4 mm | 8 mm | 12 mm | 14 mm |
|---|---|---|---|---|---|
| *Z* | $\frac{446}{5\,\text{min}}$ | $\frac{313}{5\,\text{min}}$ | $\frac{276}{5\,\text{min}}$ | $\frac{226}{5\,\text{min}}$ | $\frac{167}{5\,\text{min}}$ |

**3** Warum muss bei der Messung des Durchdringungsvermögens von radioaktiver Strahlung der Abstand zwischen Strahlerstift und Zählrohr gleich bleiben?

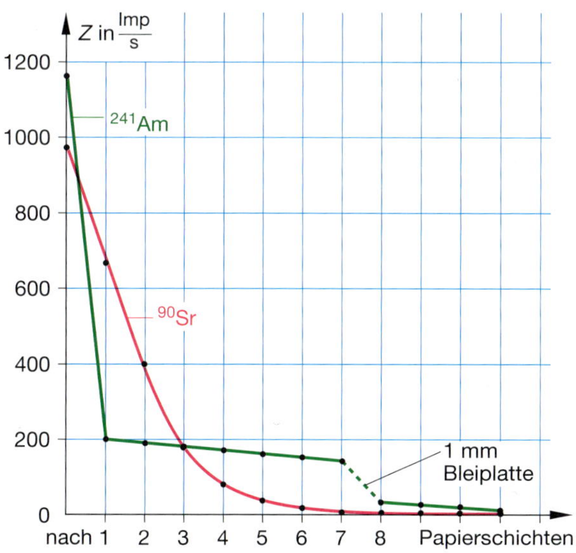


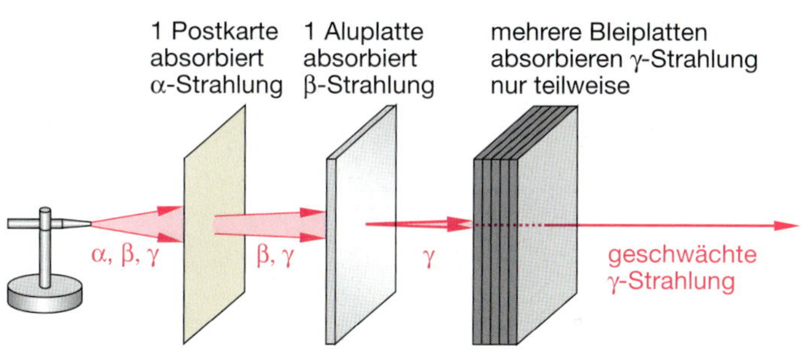


| | α-Strahlung | β-Strahlung | γ-Strahlung |
|---|---|---|---|
| **besteht aus** | He-Kernen | schnellen Elektronen | sehr energiereichen Photonen |
| **Reichweite in Luft** | einige cm | einige dm | „unendlich“ |
| **Abschirmung** | Papier | Aluplatte | dicker Bleimantel |

Streifzug

## Aus α wird Helium

Wie lässt sich nachprüfen, ob von einem α-Strahler tatsächlich Heliumatome ausgesendet werden? Dies ist insofern schwierig, als die Menge des entstehenden Heliums sehr gering ist. Erst im Jahre 1908 gelang dies ERNEST RUTHERFORD (1871–1937) und T. D. RHODES.

In einem luftleer gepumpten Glaskolben befand sich ein Radiumpräparat, welches α-Strahlung aussandte. Wegen ihrer geringen Durchdringungsfähigkeit konnten die He-Kerne den Glaskolben nicht verlassen, sondern sammelten sich in ihm. Zusammen mit Elektronen aus der Restluft entstanden neutrale Heliumatome. Die Spuren des Edelgases konnten von RUTHERFORD und RHODES nachgewiesen werden. Damit war experimentell bewiesen, dass α-Strahlung aus He-Kernen besteht.

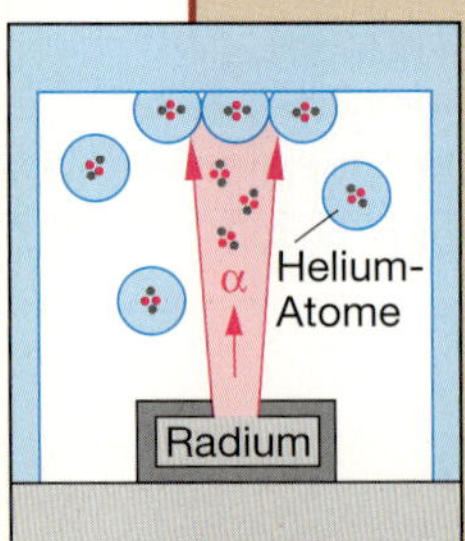


Wie viele Heliumatome entstehen in einem Zählrohr in einem Jahr?
Würde ein Zählrohr ein Jahr lang 40 Wochen täglich 5 Stunden genutzt, so wären das 1000 $\frac{h}{a}$! Bei einer Zählrate von 1000 $\frac{Imp}{s}$ (!) entstehen bestenfalls 1000 He-Atome je Sekunde. In einem Jahr ergibt das: $10^3 \cdot 10^3 \cdot 3600 = 3{,}6 \cdot 10^9$ Atome.
Zum Vergleich: 1 $cm^3$ reines Helium enthält ca. $10^{20}$ Atome.

### α-Zerfall

α-Teilchen sind Heliumkerne, die aus 2 Protonen und 2 Neutronen bestehen. Durch das Aussenden eines He-Kerns wird die Massenzahl des Restkerns um 4 und die Kernladungszahl um 2 erniedrigt. Dies lässt sich in Form einer Reaktionsgleichung darstellen.
Da keine Nukleonen verloren gehen können, muss bei einer solchen Gleichung die Bilanz immer stimmen: Die Summe aller Massen- bzw. Kernladungszahlen auf der linken Seite der Reaktionsgleichung muss gleich der Summe aller Massen- bzw. Kernladungszahlen auf der rechten Seite sein.

*Beispiel:* Durch das Aussenden von α-Strahlung wird aus dem Element Americium das Element Neptunium:

$${}^{241}_{95}Am \rightarrow {}^{237}_{93}Np + {}^{4}_{2}He$$

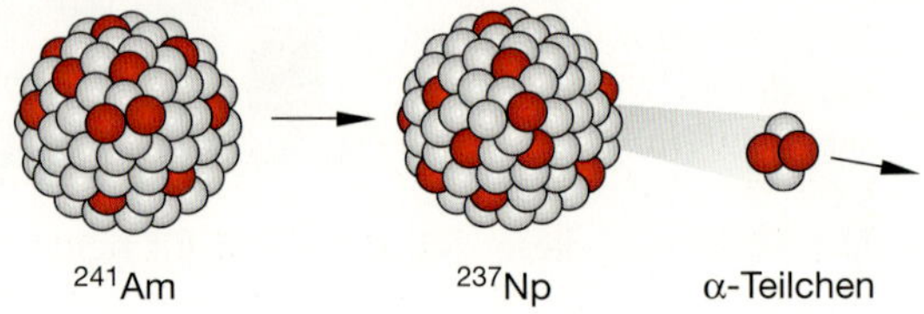


### β-Zerfall

β-Teilchen sind Elektronen, die mit großer Geschwindigkeit aus dem Kern geschleudert werden. Wie ist dies möglich, wo doch ein Atomkern nur aus Protonen und Neutronen besteht?
Ein Neutron kann sich unter bestimmten Umständen in ein Proton und ein Elektron umwandeln. Das Elektron kann im Kern nicht bleiben, sondern wird aus ihm herausgeschleudert. Zurück bleibt ein Kern mit gleicher Massenzahl, aber einer um 1 größeren Ordnungszahl, da ein Proton dazugekommen ist.
*Beispiel β-Zerfall von Strontium:* Es muss ein Element entstehen mit einem Proton mehr, aber einem Neutron weniger, also mit $Z = 39$; es ist das Element Yttrium.
Damit die Reaktionsgleichung weiterhin gilt, wird dem Elektron die Massenzahl 0 und die Kernladungszahl –1 zugeordnet (negative Ladung).

$${}^{90}_{38}Sr \rightarrow {}^{90}_{39}Y + {}^{0}_{-1}e$$

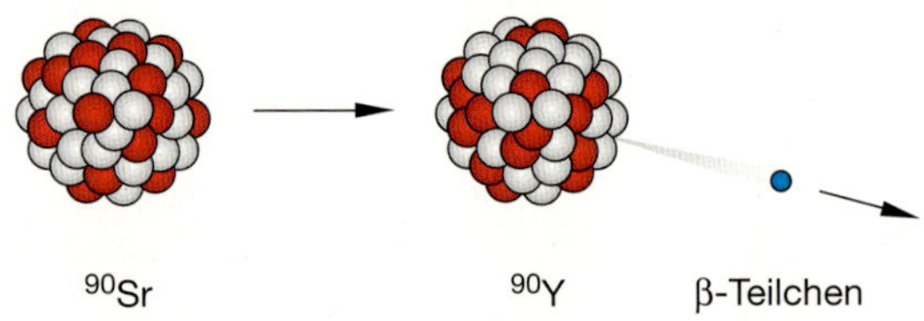


### Aufgaben

**1** Das Thoriumisotop ${}^{227}_{90}Th$ ist ein α-Strahler.
**a)** Gib die Reaktionsgleichung für die Abgabe eines α-Teilchens an.
**b)** Welche Kerne entstehen bei diesem Zerfall?

**2** Stelle die Gleichung für den Zerfall von ${}^{14}_{6}C$ auf. Er wandelt sich durch β-Zerfall in Stickstoff um.

**3** Ra226 zerfällt unter Aussendung von Strahlung in Rn222. Stelle die Zerfallsgleichung auf.

**4** Beschreibe, wie die Ablenkung von Elektronen im Magnetfeld experimentell überprüft werden kann.

**5** Warum wird bei der Ablenkung von α-Teilchen im Magnetfeld eine Bleiblende verwendet? Erläutere den Zweck dieser Maßnahme.

## Umgebungsstrahlung

Streifzug

An einen isoliert ausgespannten Draht wird eine Stunde lang eine Hochspannung von einigen kV gelegt. Danach wird der Staub mit einem sauberen Papiertuch vom Draht abgestreift. Die Messung der Zählrate des Tuchs zeigt einen gegenüber der Nullrate leicht erhöhten Wert. Der Staub in der Luft ist teilweise radioaktiv. Das liegt daran, dass Baumaterial (Ziegel, Beton, natürliches Gestein) radioaktive Stoffe enthält, die das radioaktive Edelgas Radon freisetzen.

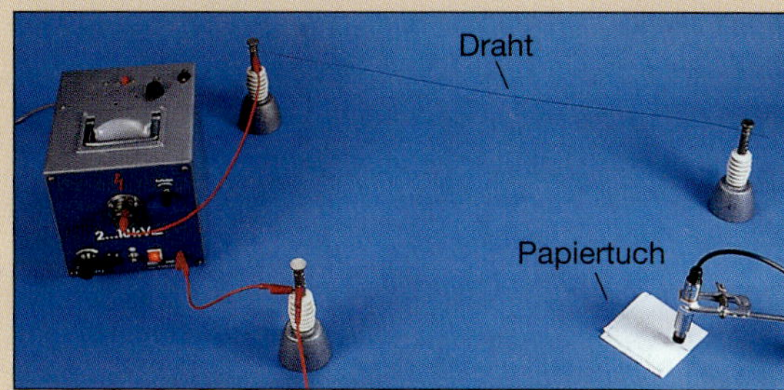


Systematische Untersuchungen haben gezeigt, dass es drei Quellen für die Strahlung in unserer Umgebung gibt:

- Viele in der Natur vorkommende Stoffe sind von Natur aus radioaktiv. Die daraus resultierende Strahlung wird unter dem Namen **terrestrische Strahlung** zusammengefasst.

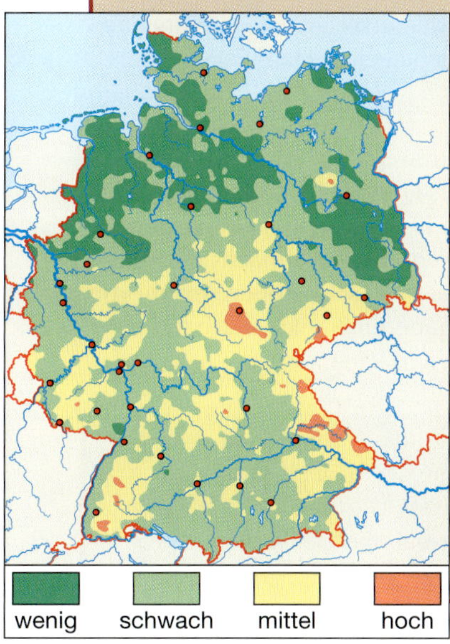


- Messungen in großer Höhe haben eine erhöhte Radioaktivität ergeben. Dies lässt den Schluss zu, dass Strahlung auch aus dem Weltraum kommt. Sie heißt **kosmische Strahlung.**
- Ein weiterer Anteil, die **künstliche Strahlung** entstammt technischen Anlagen oder medizinischen Geräten.

Alle diese Anteile zusammen ergeben die **Umgebungsstrahlung.** Sie gab es – mit Ausnahme der künstlichen Strahlungsquellen – schon immer. Sie hat keine schädlichen Auswirkungen auf Menschen, Tiere und Pflanzen. Gefährlich wird es, wenn die vom Menschen verursachte künstliche Radioaktivität zu hoch wird.

Die Belastung durch die kosmische Strahlung nimmt mit der Höhe zu. Langstreckenflüge finden heute in 10–12 km Höhe statt. Messungen haben ergeben, dass das Flugpersonal bei 500 Flugstunden einer doppelt so hohen Belastung ausgesetzt ist wie die mittlere natürliche Belastung in Meereshöhe. Im Laufe eines Berufslebens summiert sich diese Belastung zu einem um 0,4 % erhöhten Risiko, an Krebs zu erkranken. Ein einzelner Langstreckenflug ist unerheblich.

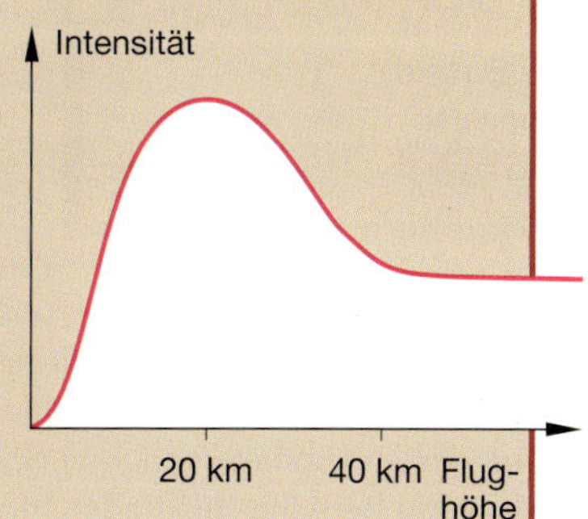


**6** Für einen $\alpha$-Strahler wird eine Zählrate von 89 $\frac{\text{Imp}}{\text{s}}$ gemessen.
**a)** Wie viele Heliumatome können dadurch maximal in einer Stunde entstehen?
**b)** Wie viele Atome befinden sich in 1 $cm^3$ Helium?
**c)** Wie lange bräuchte der $\alpha$-Strahler, um genügend Kerne für 1 $cm^3$ Helium zur Verfügung zu stellen?

**7** **a)** Wie müssen radioaktive Präparate aufbewahrt werden, um weitestgehenden Schutz vor ihrer Strahlung zu erzielen?
**b)** Vergleiche $\alpha$-, $\beta$- und $\gamma$-Strahlung und nenne konkrete Maßnahmen (Material, Dicke des Aufbewahrungsbehälters usw.).

**8** Ein $\gamma$-Strahler befindet sich genau in der Mitte eines wassergefüllten Swimmingpools (8 m x 5 m x 1,5 m). Welche Zählrate wird an der Wasseroberfläche
**a)** in der Mitte
**b)** an den Rändern des Pools gemessen, wenn die ohne Wasser direkt am Strahler gemessene Zählrate 12 800 $\frac{\text{Imp}}{\text{s}}$ beträgt?
(*Hinweis:* Die Halbwertsdicke für $\gamma$-Strahlung beträgt bei Wasser 12 cm)

## Zerfallskurve und Halbwertszeit

**Zentraler Versuch**

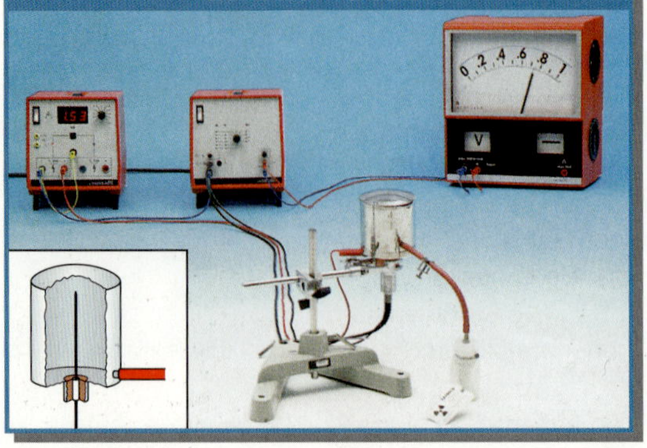

Was geschieht mit radioaktivem Material über einen längeren Zeitraum?
Im Foto rechts befindet sich in der Plastikflasche ein Thoriumsalz, aus dem das radioaktive Gas Radon entsteht. Eine bestimmte Menge dieses Gases wird in einen Metallbehälter geleitet, in dessen Mitte ein Draht gespannt ist. Wand und Draht dienen als Elektroden, zwischen denen Hochspannung liegt. Das radioaktive Radon ionisiert die Luft im Behälter, weshalb ein sehr geringer Strom (einige pA) fließt.
Je mehr Kerne zerfallen, desto mehr Gasatome werden ionisiert, desto größer ist die Stromstärke. Damit ist sie ein Maß für die Anzahl der gerade zerfallenden Kerne. Diese Zahl der Zerfälle pro Zeiteinheit ist die **Aktivität *A*:**
$A = \frac{N}{t}$

Als Einheit der Aktivität ergibt sich $\frac{1}{s}$. Um diese Einheit von anderen „$\frac{1}{s}$-Einheiten" unterscheiden zu können, hat sie einen eigenen Namen bekommen: **Becquerel (Bq).**

> Definition / Einheiten
>
> **Aktivität**
>
> Die Einheit ist 1 Bq (Becquerel) = $1 \frac{1}{s}$
> Das Formelzeichen ist *A*.
>
> Weitere Einheiten:
> Kilobecquerel: 1 kBq = 1000 Bq
> Megabecquerel: 1 MBq = 1000 kBq

Die Tabellenwerte zeigen, dass der Ionisationsstrom mit der Zeit abnimmt, die Strahlung also schwächer wird. Dies liegt daran, dass die Zahl der radioaktiven Kerne mit der Zeit immer kleiner wird. Ein *t*-*I*-Diagramm zeigt, dass die Aktivität des Radons in bestimmten Zeitspannen immer etwa auf die Hälfte ihres vorherigen Wertes zurückgeht. Die Abnahme von 3000 Bq auf 1500 Bq dauert genauso lange wie die von 1000 Bq auf 500 Bq. Diese Zeitspanne ist die **Halbwertszeit $t_{1/2}$.** Bei unserem Versuch beträgt sie etwa 55 s. Diese Halbwertszeit ist für jedes Nuklid charakteristisch.

Die Abnahme der Aktivität einer radioaktiven Substanz bedeutet, dass sich die Anzahl der radioaktiven Kerne immer nach gleichen Zeitabständen halbiert. Dieses Verhalten wird mathematisch durch eine Exponentialfunktion beschrieben:
$N = N_0 \cdot (\frac{1}{2})^n$
Dabei ist $N_0$ die Zahl der ursprünglich vorhandenen Kerne, *n* die Zahl der vergangenen Halbwertszeiten:
$n = \frac{t}{t_{1/2}}$.

Der Zerfall eines Atomkerns ist ein zufälliges Ereignis. Wir können nicht vorhersagen, welcher Kern im nächsten Moment zerfällt. Wir können auch nicht die genaue Anzahl der Kerne angeben, die in der nächsten Sekunde zerfallen wird. Erst bei einer sehr großen Anzahl von Atomkernen ist die Angabe einer Aktivität bzw. einer Halbwertszeit sinnvoll.

> Die Halbwertszeit eines radioaktiven Stoffes gibt an, nach welcher Zeitspanne die Aktivität des Elements um die Hälfte gesunken ist. Die Halbwertszeit ist charakteristisch für das betreffende Element.

| *t* | *I* |
|---|---|
| 0 s | 30,0 pA |
| 20 s | 22,5 pA |
| 40 s | 18,0 pA |
| 60 s | 14,0 pA |
| 80 s | 11,0 pA |
| 100 s | 8,0 pA |
| 120 s | 6,5 pA |
| 140 s | 5,0 pA |
| 160 s | 4,0 pA |
| 180 s | 3,5 pA |

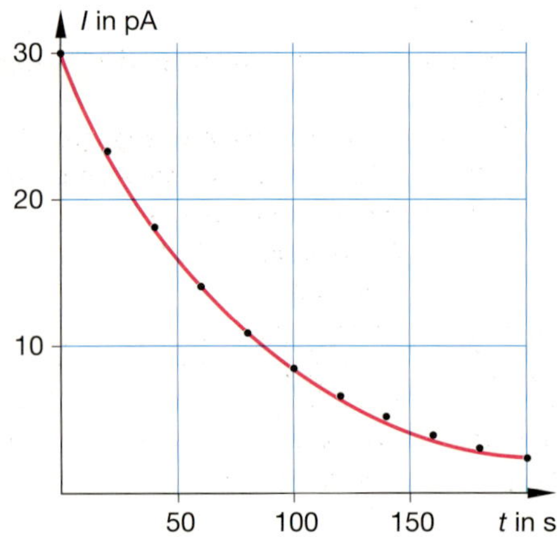


> **Rechenbeispiel**
>
> U239 hat eine Halbwertszeit von 23,5 min. Wie viele von 100 Millionen U239-Kernen sind nach zwei Stunden und 20 Minuten noch vorhanden?
>
> Geg.: $N_0 = 10^8$; $t_{1/2} = 23,5$ min; $t = 140$ min
> Ges.: $N(t)$
> Lösung: Halbwertszeiten: $n = \frac{140 \text{ min}}{23,5 \text{ min}} = 6$
> Kerne: $N(t) = 10^8 \cdot \frac{1}{2}^6 = 1,6 \cdot 10^6$
>
> Nach zwei Stunden sind noch 1 600 000 U239-Kerne vorhanden.

## Feste Körper und doch nicht stabil

Beim Zerfall eines radioaktiven Elements unter Aussendung von Strahlung sind die entstehenden neuen Elemente häufig ebenfalls radioaktiv und zerfallen weiter. Damit diese Zerfälle oder andere Kernumwandlungen besser verfolgt werden können, werden alle Elemente mit ihren unterschiedlichen Isotopen in die **Nuklidkarte** (hinterer Buchdeckel) eingeordnet.
In ihr sind nach rechts die Neutronenzahl $N$ und nach oben die Kernladungszahl $Z$ aufgetragen. He4 hat also die Koordinaten: dritte Spalte ($N$ = 2) und dritte Zeile ($Z$ = 2). Alle Kerne in einer Zeile gehören zum gleichen Element, sind also Isotope.
Die Farbe der Kästchen gibt an, welche Art von Strahlung das jeweilige Nuklid aussendet.

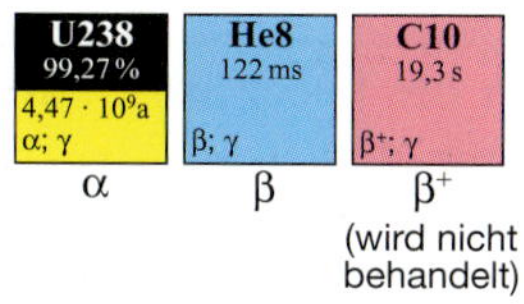


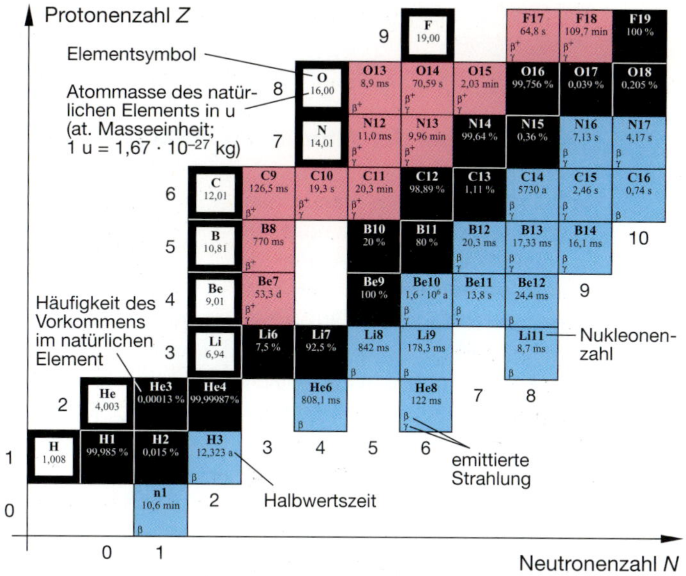


*Beispiele*

**1. β-Zerfall von $^{3}$H:** $^{3}_{1}H \rightarrow ^{3}_{2}He + ^{0}_{-1}e$
Aus dem instabilen Tritium wird das stabile Nuklid He3, in der Karte muss man nur ein Feld nach links und ein Feld nach oben gehen.

**2. Zerfall von $^{232}$Th:** Wir entnehmen der Karte α-Zerfall, d. h. das Folgenuklid ist bei $Z$–2 (zwei Felder nach unten) und $N$–2 (zwei Felder nach links) zu finden: Ra228. Hier lesen wir ab β-Zerfall und kommen damit zum Element Ac228 usw. Die vollständige Zerfallsreihe lässt sich fortsetzen bis zum stabilen Bleiisotop Pb208.

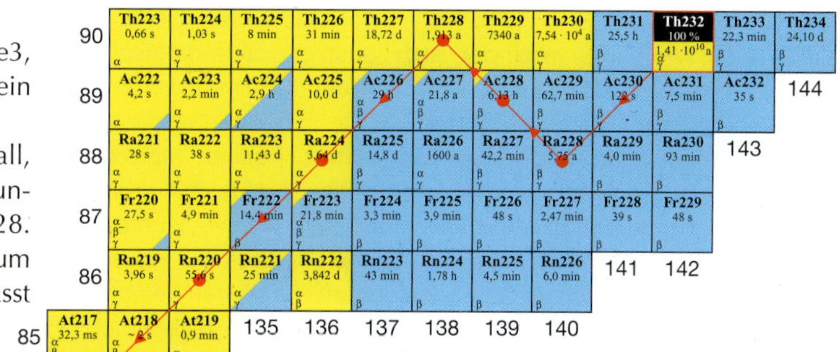

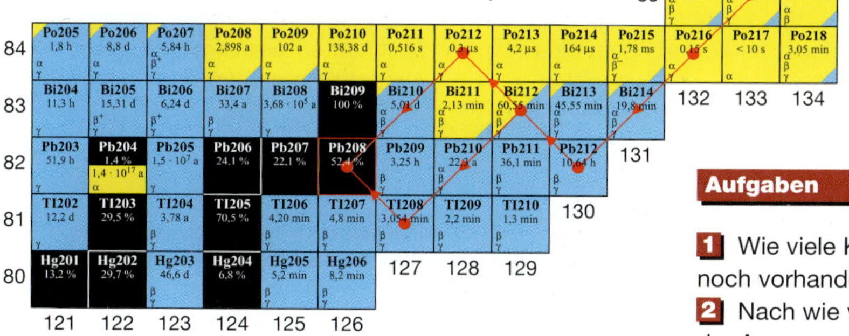

Einige Isotope zeigen eine Besonderheit, z. B. Bi212: Es kann entweder α- oder β-Strahlung aussenden – zu erkennen an der diagonalen Gelb-Blau-Färbung des Kästchens. Für einen bestimmten Bi212-Kern ist aber natürlich nur ein Zerfallsprozess möglich, entweder zu Tl208 (α) oder zu Po212 (β).

Von den weiteren Informationen, die der Nuklidkarte entnommen werden können, interessiert noch die Halbwertszeit. Besonders langlebig ist das Ausgangsprodukt Th232 mit über zehn Milliarden Jahren. Im Gegensatz dazu haben einige Folgeprodukte (z. B. Rn220 mit 56 s und Po216 mit 0,1 s) sehr kurze Halbwertszeiten.

### Aufgaben

**1** Wie viele Kerne von Pu239 sind nach 1 Mio. Jahren noch vorhanden, wenn zu Beginn 1000 Kerne da sind?

**2** Nach wie vielen Halbwertszeiten ist nur noch $\frac{1}{100}$ der Ausgangsmenge eines radioaktiven Elements vorhanden?

**3** Nach welcher Zeit sind 99 % des Isotops C11 zerfallen?

**4** U238 und U235 sind die Ausgangsisotope je einer Zerfallsreihe. Schreibe diese Reihen mithilfe der Nuklidkarte (im hinteren Buchdeckel) auf.

**5** Die Tabelle zeigt den zeitlichen Verlauf der Aktivität einer Bariumverbindung:

| *T* | 0 min | 1 min | 2 min | 3 min | 4 min | 5 min |
|---|---|---|---|---|---|---|
| *A* | 735 $\frac{Imp}{s}$ | 555 $\frac{Imp}{s}$ | 420 $\frac{Imp}{s}$ | 323 $\frac{Imp}{s}$ | 240 $\frac{Imp}{s}$ | 180 $\frac{Imp}{s}$ |

**a)** Stelle den Zusammenhang in einem Diagramm dar.
**b)** Ermittle die Halbwertszeit.

Streifzug

# Wie alt ist Ötzi?

## C14 hilft bei der Altersbestimmung

Durch den Einfluss der Höhenstrahlung auf die Atmosphäre entsteht ständig das radioaktive Isotop C14, welches mit einer Halbwertszeit von 5730 Jahren wieder zerfällt. Dieser Vorgang ist seit vielen Jahrtausenden gleichbleibend; dadurch hat sich ein Gleichgewicht eingestellt: Bei Luft kommt ein radioaktives C14-Atom auf $10^{12}$ C12-Atome. Bei einer Probe, die 1 g Kohlenstoff enthält, werden durchschnittlich 14 $\frac{\text{Imp}}{\text{min}}$ gemessen.

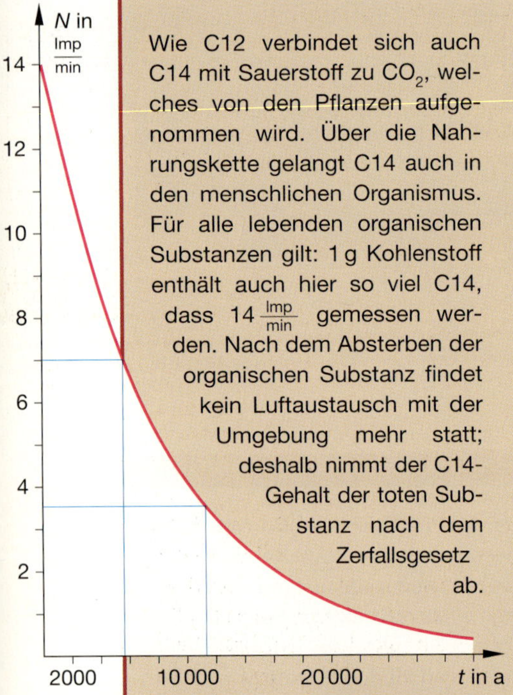


Wie C12 verbindet sich auch C14 mit Sauerstoff zu $CO_2$, welches von den Pflanzen aufgenommen wird. Über die Nahrungskette gelangt C14 auch in den menschlichen Organismus. Für alle lebenden organischen Substanzen gilt: 1 g Kohlenstoff enthält auch hier so viel C14, dass 14 $\frac{\text{Imp}}{\text{min}}$ gemessen werden. Nach dem Absterben der organischen Substanz findet kein Luftaustausch mit der Umgebung mehr statt; deshalb nimmt der C14-Gehalt der toten Substanz nach dem Zerfallsgesetz ab.

Für 1 g Kohlenstoff gilt:

$N = 14 \cdot (\frac{1}{2})^{t/5730\,\text{a}}$

Das bedeutet: 5730 Jahre nach dem Absterben wird nur noch eine Zählrate von 7 $\frac{\text{Imp}}{\text{min}}$ gemessen. Wird bei einem Knochen z. B. die Zählrate 3,5 $\frac{\text{Imp}}{\text{min}}$ für 1 g Kohlenstoff festgestellt, so sagt das Diagramm: Das Lebewesen, zu dem der Knochen gehört hat, ist vor etwa 11 500 Jahren gestorben.

Mit dieser Methode kann also mit guter Genauigkeit das Alter von archäologischen Fundstücken bestimmt werden. Voraussetzung ist allerdings, dass das Fundstück organisches Material enthält. Für „Ötzi", eine im Ötztal gefundene Gletscherleiche, ist nach dieser Methode festgestellt worden, dass er vor 6500 Jahren gelebt haben muss.

Die C14-Methode ist allerdings nur geeignet für Datierungen, die maximal 60 000 Jahre zurückreichen, weil die Zählrate nach einem noch längerem Zeitraum kaum noch messbar ist. Es muss auch vorausgesetzt werden, dass das Kohlenstoffgleichgewicht zu dieser Zeit so war wie heute. Damit die sehr geringen Zählraten nicht zu stark vom Nulleffekt verfälscht werden, finden alle diese Messungen in einem dickwandigen Bleibehälter statt.

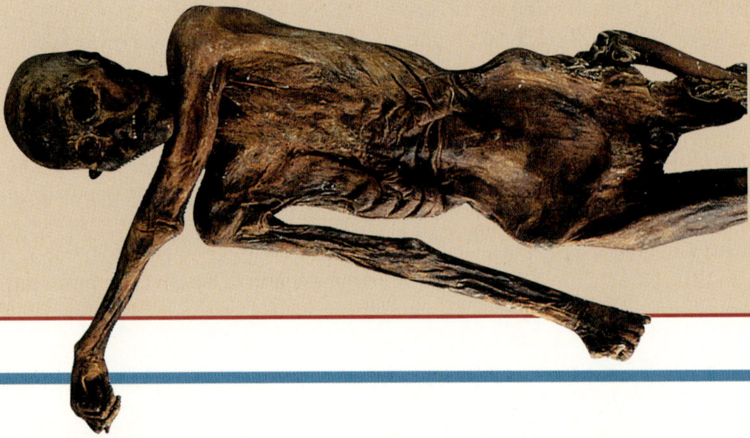

## Die Uran-Blei-Methode

Die natürlichen Isotope U238 und U235 zerfallen über viele Zwischenstationen in die stabilen Isotope Pb206, Pb207 und Pb208. In vielen Versteinerungen sind auch diese Isotope vorhanden. Durch aufwändige Messungen ist es möglich, das Verhältnis der Anteile der verschiedenen Bleiisotope im Vergleich zum Uranisotop zu bestimmen. Aus diesem Mischungsverhältnis kann über die Zerfallsreihen das Alter von Gesteinsproben berechnet werden.
Die ältesten mit dieser Methode bestimmten Gesteine wurden in Australien gefunden. Sie hatten ein Alter von etwa vier Milliarden Jahren – das Alter der Erde.

### Aufgaben

**1** In einer Höhle wurden Bärenknochen gefunden, deren C14-Gehalt im Vergleich zu lebendem Gewebe noch 12,5 % betrug. Wann hat dieser Bär gelebt?

**2** Für eine Materialprobe (1 g) eines Bibeltextes wurde eine Zählrate von 11,1 $\frac{\text{Imp}}{\text{min}}$ bestimmt. Berechne das Alter des Textes.

**3** Messungen an Uranerzen aus großer Tiefe haben ergeben, dass etwa $\frac{1}{3}$ der U238-Kerne zerfallen sind. Welches Mindestalter lässt sich daraus berechnen?

## Radioaktivität

**Versuche und Aufträge**

**V1** Bierschaum zerfällt ähnlich wie radioaktives Material.
**a)** Gieße alkoholfreies Bier mit möglichst großer Schaumkrone in ein zylindrisches Glas und miss alle 10 s die Schaumhöhe *h* (indirekt durch Messung der Biermenge: $h = a - x$). Trage in einem Diagramm die Schaumhöhe gegen die Zeit auf.
**b)** Bestimme die Halbwertszeit.

**V2** **a)** Lege in einen flachen Kasten mindestens 100 Münzen mit der Zahl nach unten und decke den Kasten mit einem Brett ab. Drehe den Kasten nun mehrfach um und lege ihn auf den Tisch. Zähle nun die Münzen, die sich gedreht haben (sie gelten als zerfallen) und nehme sie heraus. Wiederhole den Vorgang so oft wie möglich. Werte aus wie bei V1.
**b)** Du kannst auch Reißzwecken nehmen und auf einen Tisch ausschütten. Zustände: $\perp$ = zerfallen; ⅄ = nicht zerfallen.

**V3** **a)** Teile ein Blatt Fotopapier. Hebe eine Hälfte gut geschützt auf; packe die andere Hälfte lichtdicht ein und klebe sie auf eine alte farbige Küchenfliese. Nimm das Papier nach 2–3 Tagen ab. Entwickle beide Hälften. Beschreibe das Versuchsergebnis.
**b)** Führe den Versuch auch mit anderen Materialien durch, z. B. mit Paranüssen, Uhr mit Leuchtziffern usw.

**Hinweis zur Papierentwicklung:**
- Belichtetes Bild etwa 2 Minuten in den Entwickler legen
- Bild im Wasserbad abspülen
- Zum Schluss 10 Minuten ins Fixierbad legen

Achtung: Arbeite sorgfältig und achte darauf, dass du nicht unnötig mit den Chemikalien in Berührung kommst.

## MARIE CURIE

**Streifzug**

MARIE SKLODOWSKA wurde am 7. November 1867 in Warschau geboren. Ihr Vater war Physiklehrer. Sie ging 1891 nach Paris und schrieb sich an der Sorbonne ein. Zwei Jahre später bestand sie die Abschlussprüfung für Physik. 1895 heiratete sie PIERRE CURIE. MARIE CURIE interessierte sich für die jüngsten Entdeckungen von Strahlung durch HENRI BECQUEREL und begann, diese Strahlung des Urans zu untersuchen. Als sie feststellte, dass die Strahlung des Erzes Pechblende intensiver war als die des Urans, folgerte sie, dass im Erz noch unbekannte Elemente vorhanden sein müssen, deren Strahlung die des Urans übersteigt.
Marie Curie war die erste, die den Begriff „radioaktiv" zur Beschreibung von Elementen verwendete. Innerhalb von vier Jahren verarbeiteten die CURIES eine Tonne Pechblende, aus der sie in mühsamer Kleinarbeit den Bruchteil eines Gramms Radium isolierten. 1903 erhielten sie gemeinsam mit BECQUEREL den Nobelpreis für Physik für die Entdeckung der Radioaktivität.

MARIE CURIE war damit die erste Frau, die einen Nobelpreis entgegennehmen konnte.
PIERRE CURIE wurde 1904 als Professor für Physik an die Sorbonne berufen und 1905 zum Mitglied der französischen Akademie der Wissenschaften ernannt. Nach PIERRE CURIES Tod übernahm MARIE CURIE 1906 seinen Lehrstuhl an der Universität. 1911 erhielt sie – ein noch nie da gewesener Fall – einen zweiten Nobelpreis, dieses Mal in Chemie für ihre Arbeiten zu Radium und Radiumverbindungen.

Die CURIES hatten zwei Töchter, von denen eine ebenfalls Nobelpreisträgerin wurde: IRÈNE JOLIOT-CURIE und ihr Ehemann FRÉDÉRIC erhielten 1935 den Nobelpreis für Chemie für die Synthese neuer radioaktiver Elemente.
Im Jahr 1934 erkrankte MARIE CURIE an Anämie, die durch ständiges Arbeiten ohne Schutz vor Strahlung ausgelöst worden war. Sie starb am 4. Juli 1934.

# Strahlenwirkungen und Strahlenschutz

**Strahlenschutzsymbole sind an vielen Stellen zu finden, z. B. an Röntgengeräten, Aufbewahrungsbehältern von radioaktiven Substanzen und natürlich an Kernkraftwerken. Das Symbol weist darauf hin, dass im Umgang mit den gekennzeichneten Geräten oder Gegenständen höchste Vorsicht geboten ist, denn von ihnen geht ionisierende Strahlung aus.**
**Welche Wirkungen hat die Strahlung auf den menschlichen Körper? Sind die Wirkungen immer und für jede Strahlung gleich? Wie kann sich der Mensch schützen? Gibt es auch Anwendungsmöglichkeiten in Medizin oder Technik?**

## Wirkungen von Strahlung

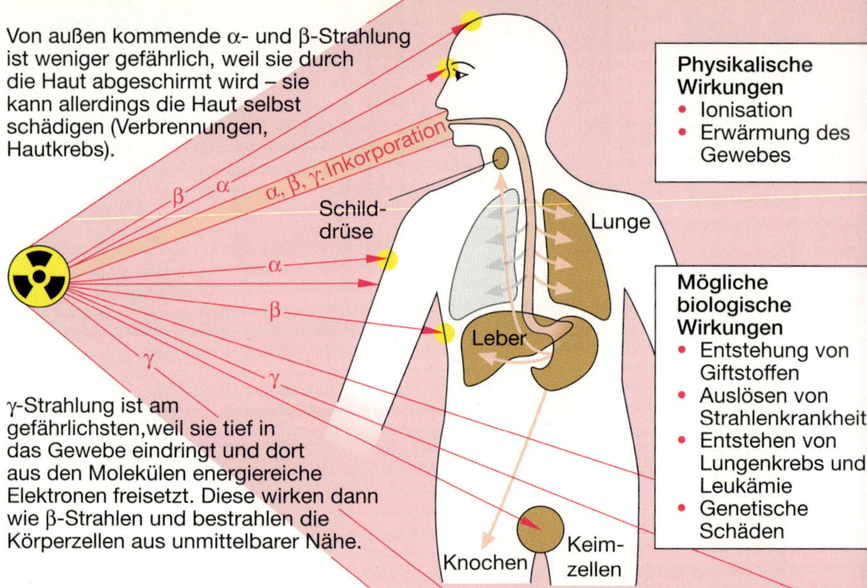


Wenn α-, β- oder γ-Strahlung auf den menschlichen Körper trifft, kommt es zu Wechselwirkungen der Strahlung mit Materie. Die physikalischen Effekte sind Ionisation und Anregung von Atomen und Molekülen. Diese Effekte können chemische oder biologische Änderungen in einzelnen Organen auslösen, was den gesamten Organismus erheblich stören kann:

- Intensive Strahlung kann zu Hautveränderungen wie bei einem starken Sonnenbrand führen;
- Moleküle bzw. Atome können als Folge der aufgenommenen Energie zerbrechen;
- Moleküle bzw. Atome zeigen Reaktionen, die sich vom Verhalten nichtionisierter Moleküle oder Atome drastisch unterscheiden. Entstehende Giftstoffe können die natürlichen Abläufe in den Zellen stören oder ihre Funktion dauerhaft lahm legen.

Dies gilt sowohl für Strahlung, die von außen, als auch für Strahlung, die durch **Inkorporation** (Aufnahme radioaktiver Substanzen in den Körper) von innen auf den Organismus wirkt. Einige radioaktive Stoffe verteilen sich gleichmäßig im Körper (z. B. Caesium), andere werden bevorzugt in bestimmten Organen abgelagert, z. B. Iod in der Schilddrüse oder Strontium im Knochenmark.

Die bei der Absorption frei werdende Energie führt zu einer Temperaturerhöhung der getroffenen Körperstellen, die bei geringen Strahlungsintensitäten unschädlich ist.

Die Wirkung ionisierender Strahlung auf Lebewesen ist unabhängig davon, ob sich die Strahlungsquelle außerhalb des Organismus oder im Körperinneren befindet. Folgende Faktoren spielen eine wichtige Rolle:

- α-, β- oder γ-Strahlung haben unterschiedliche biologischen Wirkungen.
- Die Bestrahlungsstärke, die zeitliche Dauer einer Bestrahlung und die Größe des bestrahlten Körpervolumens beeinflusst die mögliche Wirkung ebenfalls.
- Die einzelnen Organe sind unterschiedlich empfindlich.
- Auch Milieufaktoren (z. B. die Art der Ernährung) oder der Gesundheitszustand spielen eine Rolle.

Wenn Strahlung auf Körperzellen trifft, führt die absorbierte Energie zur Erwärmung des Gewebes und zu Ionisationen. Diese können chemische und biologische Prozesse auslösen, die zu Gesundheitsschäden führen können.

## Schäden durch ionisierende Strahlung

Die biologischen Wirkungen ionisierender Strahlung lassen sich in drei Kategorien einteilen:

- **Somatische** (körperliche) **Frühschäden** sind an den bestrahlten Personen selbst erkennbar. Die Menschen leiden nach starker Bestrahlung an **vorübergehender** oder **schwerer Strahlenkrankheit.**
- Wenn durch die Bestrahlung Krebs, z. B. Leukämie, ausgelöst wird, sind dies **somatische Spätschäden.**
- Die ionisierende Strahlung kann auch eine Schädigung von Zellen bewirken, die Erbinformationen enthalten. Die gespeicherten Erbinformationen werden verändert, was dann in der Folge zu genetischen Schäden **(Mutationen)** führt.

Während somatische Schäden an den bestrahlten Menschen selbst auftreten, wirken sich genetische Schäden an den Keimzellen erst bei den direkten Nachkommen oder in den Folgegenerationen aus.

Wird der Körper von Strahlung getroffen, stehen zwei sehr wirksame **Abwehrmechanismen** bereit, welche auf Schädigungen sofort mit erhöhter Aktivität reagieren, das *Reparatursystem* und das *Immunsystem.* Sie schaffen es, dass eine vorübergehende Strahlenkrankheit im Normalfall rasch überwunden wird, wenn der Körper des Menschen gesund und widerstandsfähig ist.
Schädigungen durch Strahlung können dagegen nur teilweise oder gar nicht abgewendet werden, wenn die körpereigenen Abwehrsysteme überlastet sind, weil das Immunsystem z. B. gleichzeitig gegen eine Virusinfektion ankämpfen muss. Sehr starke Strahlung kann die Abwehrmechanismen selbst so schwächen, dass sie ganz versagen.

Aber nicht jede Bestrahlung verursacht zwangsläufig Schäden. Das Risiko, an Lungenkrebs oder Leukämie zu erkranken, wird auch von Umweltfaktoren, den Erbanlagen, dem Alter und der Lebensweise einer Person stark beeinflusst.

Die Absorption von ionisierender Strahlung kann bei Körperzellen zu somatischen und bei Keimzellen zu genetischen Schäden führen.
Immun- und Reparatursystem können Schäden – wenn sie nicht zu schwer sind – beheben.

### Abwehrmechanismen

- **Das Reparatursystem** behebt Molekül- und Zellschäden. Dadurch werden somatische Schäden verhindert oder begrenzt. Mutationen können allerdings bestehen bleiben oder sogar durch fehlerhafte Reparaturen an DNS-Molekülen neu entstehen.
- **Das Immunsystem** entfernt veränderte, also mutierte Zellen aus dem Gewebe und sorgt für neue Zellen durch Beschleunigung der Zellteilung. Deshalb ist eine Mutation nicht immer gleichbedeutend mit einem somatischen oder genetischen Schaden.

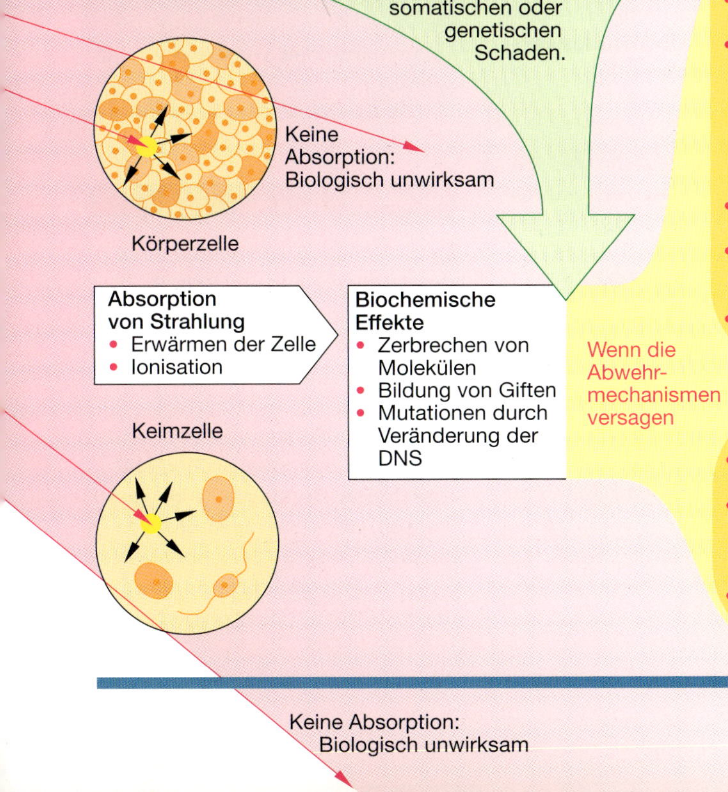


### Vorübergehende Strahlenkrankheit

- Die Schutz- und Abwehrfunktionen des Körpers sind geschwächt.
- Die Anzahl der Zellverluste ist höher als die Zellneubildungen. Die Zahl der weißen Blutkörperchen nimmt rapide ab.
- Zwei bis drei Wochen nach der Bestrahlung kommt es zu Appetitlosigkeit, Entzündungen im Bereich der Luft- und Speisewege, Haarausfall, kleinen Hautflecken und allgemeinem Unwohlsein. Die Abwehrkräfte erlahmen und Verletzungen heilen nur noch schwer.

### Schwere Strahlenkrankheit

- Immer mehr Zellen verlieren die Fähigkeit, sich zu teilen, oder sterben sogar ab.
- Dramatische Blutveränderungen als Folge der Zellbeeinträchtigungen führen nach 10 bis 14 Tagen zu schweren Entzündungen und inneren Blutungen.
- Bei Männern kann vorübergehende oder lebenslange Unfruchtbarkeit eintreten.

### Genetische Schäden

- Körperzellen können z. B. zu unkontrolliertem Wachstum und damit zu Krebsbildungen angeregt werden.
- Wenn Samen oder Eizellen von Mutationen betroffen sind, wirkt sich das auf die Entwicklung des ungeborenen Kindes aus. Zum Beispiel können Missbildungen oder Mongolismus bei Neugeborenen auftreten.
- Gestörte Erbinformationen können an die Nachkommen weitergegeben werden, was dann zu Erbkrankheiten führt.

## Die Strahlenbelastung

Die radioaktive Strahlung, die von Natur aus und auch durch Strahlenmedizin, Kerntechnik oder Kernwaffenexplosionen ein Bestandteil unserer Umwelt ist, lässt sich mit unseren Sinnesorganen nicht erfassen. Sie kann nur mithilfe spezieller Messeinrichtungen nachgewiesen werden. Die Aktivität der Probe eines radioaktiven Stoffes allein erlaubt aber noch keine Aussage darüber, welche Wirkungen die Absorption der Strahlung auf den Menschen hat.

● Zur Angabe der Strahlenwirkung dient die **Energiedosis *D*.** Sie gibt an, wie viel Energie pro Kilogramm eines bestrahlten Stoffes absorbiert wird:

$$D = \frac{\text{absorbierte Energie}}{\text{Masse}} = \frac{E}{m}$$

Die Energiedosis ist von der Masse des bestrahlten Gewebes abhängig. Daher macht es einen Unterschied, ob die absorbierte Energie vom ganzen Körper oder z. B. nur von einer Hand aufgenommen wird.

● Die Wirkung der ionisierenden Strahlung auf lebende Organismen ist von der **Art** der hauptsächlich absorbierten Strahlung abhängig. Jede Strahlungsart wirkt unterschiedlich auf das Körpergewebe und führt zu verschieden starken biologischen Folgen. Die biologische Wirkung der gleichen Energiedosis ist bei α-Strahlung viel größer als bei β- oder γ-Strahlung. Daher reicht die Angabe der Energiedosis für eine Abschätzung der Wirkung nicht aus. Die Energiedosis muss mit einem *Bewertungsfaktor Q* multipliziert werden; das ergibt die ***Äquivalentdosis H:***

$$H = Q \cdot D$$

Die Bewertungsfaktoren sind Erfahrungswerte aus Experimenten:

$Q = 1$ für β- und γ-Strahlung,
$Q = 10$ für Neutronenstrahlung,
$Q = 20$ für α-Strahlung.

Um Äquivalentdosen von Energiedosen unterscheiden zu können, wird als spezielle Einheit das **Sievert (Sv)** verwendet:
$1\ \text{Sv} = \frac{1\ \text{J}}{\text{kg}}$.

● Mit der Angabe einer reinen Äquivalentdosis – also der absorbierten Strahlungsart und Energie – kann die biologische Wirkung der Strahlung auf das lebende Gewebe allerdings immer noch nicht vollständig erfasst werden. Zusätzliche Bedeutung hat der Faktor Zeit: Es ist ein erheblicher Unterschied, ob die gleiche Strahlendosis in einem längeren oder kürzeren Zeitraum einwirkt. Die Dosismenge pro Zeiteinheit ist die **Äquivalentdosisleistung *E*** (kurz *Dosisleistung*):

$$E = \frac{H}{t}.$$

Als Einheit ergibt sich $\frac{\text{Sv}}{\text{s}}$. Für Vergleichszwecke ist die „Jahresdosis" $\frac{\text{mSv}}{\text{a}}$ gebräuchlich.

| Dosis | **Symptome** (in der Mehrzahl der Fälle) |
|---|---|
| 0–0,3 Sv | äußerlich keine Symptome erkennbar |
| ab 0,3 Sv | gelegentlich Übelkeit und Erbrechen; erste Veränderungen im Blutbild |
| ab 1 Sv | **vorübergehende Strahlenkrankheit:** nach 2 Stunden Erbrechen; Kopfschmerzen; nach 2 Wochen Haarausfall; nach Jahren Trübungen der Augenlinse |
| ab 3 Sv | **schwere Strahlenkrankheit:** nach 30 Minuten Erbrechen; ständige Kopfschmerzen; später Fieber, Entzündungen im Mund/Rachen; blutiger Durchfall; in 50 % der Fälle Tod |
| ab 8 Sv | **tödliche Strahlenkrankheit:** nach Minuten Erbrechen und Fieber; innere und äußere Blutungen; Bewusstseinstrübung; schneller Kräfteverfall; ohne Therapie in 100 % der Fälle Tod |

Definition / Einheiten

**Energiedosis**

Die Einheit ist $1\ \frac{\text{J}}{\text{kg}}$.
Das Formelzeichen ist *D*.

**Äquivalentdosis**

Die Einheit ist $1\ \text{Sv} = 1\ \frac{\text{J}}{\text{kg}}$.
Das Formelzeichen ist *H*.

**Äquivalentdosisleistung**

Die Einheit ist $1\ \frac{\text{Sv}}{\text{s}} = 1\ \frac{\text{J}}{\text{kg} \cdot \text{s}}$.
Das Formelzeichen ist *E*.
Weitere Einheit:
Jahresdosis: $\frac{\text{mSv}}{\text{a}}$

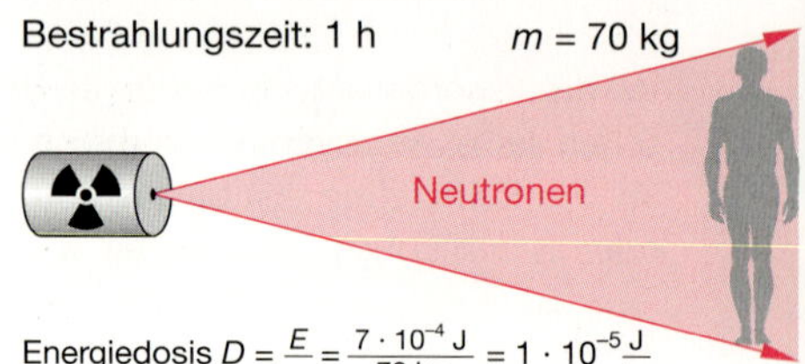


Energiedosis $D = \frac{E}{m} = \frac{7 \cdot 10^{-4}\ \text{J}}{70\ \text{kg}} = 1 \cdot 10^{-5}\ \frac{\text{J}}{\text{kg}}$

Äquivalentdosis $H = Q \cdot D = 10 \cdot 10^{-5}\ \frac{\text{J}}{\text{kg}} = 10^{-4}\ \text{Sv}$

Äquivalentdosisleistung $E = \frac{H}{t} = \frac{10^{-4}\ \text{Sv}}{1\ \text{h}} = 10^{-4}\ \frac{\text{Sv}}{\text{h}}$

Die Äquivalentdosis gibt an, wie stark organisches Gewebe von Strahlung geschädigt wird. α-Strahlung wirkt zwanzigmal stärker, Neutronenstrahlung zehnmal stärker als β- und γ-Strahlung.

**Aufgaben**

**1** α-Strahlung wird schon durch eine Postkarte abgeschirmt. Erkläre, warum sie unter bestimmten Bedingungen trotzdem größeren Schaden anrichten kann als γ-Strahlung.

**2** In einem Forschungslabor wird bei einem Neutronen-Experiment eine Dosisleistung von $20\ \frac{\text{mSv}}{\text{h}}$ gemessen. Nach wie vielen Stunden muss ein Forscher das Labor verlassen, wenn die Äquivalentdosis maximal 1 mSv betragen darf?

## Strahlenschutz

Das Leben auf der Erde hat sich von Anbeginn an unter Einwirkung von kosmischer und terrestrischer Strahlung entwickelt. Für die Einwohner in Deutschland ergibt sich im Durchschnitt eine Jahresdosis von $2{,}4\,\frac{\mathrm{mSv}}{\mathrm{a}}$. Den größten Beitrag liefert das eingeatmete Radon und seine Folgeprodukte.
Neben der natürlichen Strahlenbelastung sind die Menschen zusätzlich zivilisationsbedingten Strahlenbelastungen ausgesetzt. Hierzu zählen die Anwendung von ionisierender Strahlung in Wissenschaft und Technik, bei der Strahlendiagnostik oder -therapie, der Betrieb von kerntechnischen Anlagen, Kernwaffenversuche usw. Im Bereich der zivilisatorisch bedingten Strahlenbelastungen steht die Belastung durch die Röntgendiagnostik mit durchschnittlich $1{,}5\,\frac{\mathrm{mSv}}{\mathrm{a}}$ an erster Stelle.

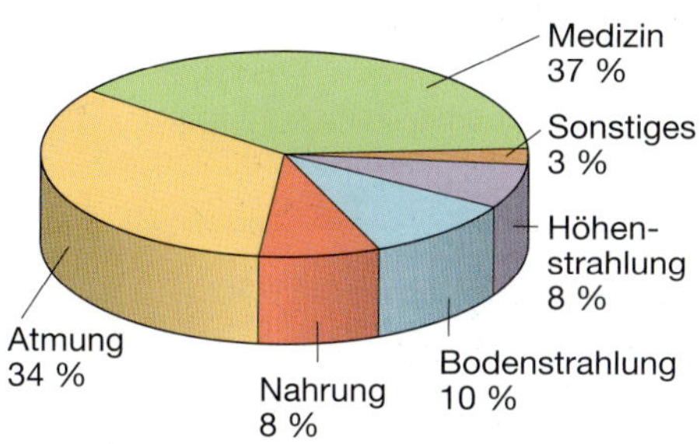


Für den Strahlenschutz kommen folgende Maßnahmen in Frage:

- **Abstand halten:** Je größer die Entfernung von der Strahlungsquelle desto schwächer ist die Strahlung. Bei doppelter Entfernung nimmt die Strahlungsintensität auf ein Viertel ab.
- **Nur kurzer Aufenthalt** in der Nähe einer Strahlungsquelle: Die vom Körpergewebe absorbierte Energiedosis ist proportional zur Bestrahlungszeit. Eine Halbierung der Bestrahlungszeit bedeutet daher auch eine Halbierung der Strahlendosis.
- **Keine Nahrung zu sich nehmen** während des Umgangs mit radioaktiven Stoffen: Durch die Nahrungsaufnahme können radioaktive Stoffe in den Körper gelangen und sich dort in einzelnen Organen ablagern. Dadurch sind die Körperbereiche in der Nähe der betroffenen Organe einer verstärkten Bestrahlung ausgesetzt.

**Grenzwerte für die Bestrahlung**

| Körperbereich | Erwachsene maximal | Jugendliche maximal | Bevölkerung im Schnitt |
|---|---|---|---|
| ganzer Körper | $50\,\frac{\mathrm{mSv}}{\mathrm{a}}$ | $5\,\frac{\mathrm{mSv}}{\mathrm{a}}$ | $1{,}5\,\frac{\mathrm{mSv}}{\mathrm{a}}$ |
| Alle Organe, falls nicht im Folgenden genannt | $150\,\frac{\mathrm{mSv}}{\mathrm{a}}$ | $15\,\frac{\mathrm{mSv}}{\mathrm{a}}$ | $0{,}9\,\frac{\mathrm{mSv}}{\mathrm{a}}$ |
| Keimdrüsen; Gebärmutter; Knochenmark | $50\,\frac{\mathrm{mSv}}{\mathrm{a}}$ | $5\,\frac{\mathrm{mSv}}{\mathrm{a}}$ | $0{,}3\,\frac{\mathrm{mSv}}{\mathrm{a}}$ |
| Schilddrüse; Knochenoberfläche; Haut | $300\,\frac{\mathrm{mSv}}{\mathrm{a}}$ | $30\,\frac{\mathrm{mSv}}{\mathrm{a}}$ | $1{,}8\,\frac{\mathrm{mSv}}{\mathrm{a}}$ |
| Hände/Arme; Füße/Beine samt zugehöriger Haut | $500\,\frac{\mathrm{mSv}}{\mathrm{a}}$ | $50\,\frac{\mathrm{mSv}}{\mathrm{a}}$ | $0{,}9\,\frac{\mathrm{mSv}}{\mathrm{a}}$ |

Die Grenzwerte für die Bevölkerung und beruflich strahlenexponierte Personen sind in der **Strahlenschutzverordnung (StrlSchV)** festgelegt. Sie schreibt zum Beispiel folgende vorbeugende Maßnahmen vor:

- die Strahlendosis so gering wie möglich halten;
- Grenzwerte kontrollieren und einhalten;
- Strahlungsquellen so abschirmen, dass die Grenzwerte eingehalten werden.

In Deutschland sind ca. 300 000 Menschen an Arbeitsplätzen beschäftigt, an denen sie Strahlung ausgesetzt sind. Damit eine Kontrolle möglich ist und die festgelegten Obergrenzen für die aufgenommene Strahlendosis auf keinen Fall überschritten werden, wird die Dosis mit Stab-, Taschen- oder Film-**Dosimetern** gemessen.

Überschreitet eine Person z. B. in einem Kernkraftwerk den für sie geltenden Grenzwert für die Jahresdosis, darf sie nicht länger an einem Arbeitsplatz tätig sein, an dem sie Strahlung ausgesetzt ist.

### Aufgaben

**1** Wovon hängt die schädigende Wirkung radioaktiver Strahlung ab?

**2** Begründe die Grundregeln des Strahlenschutzes mithilfe der Eigenschaften und Wirkungen radioaktiver Strahlung.

**3** Nenne einige Strahlenbelastungen, denen der Mensch ständig ausgesetzt ist.

**Taschendosimeter:** Die Messeinrichtungen befinden sich im Gehäuse. Ihr Träger kann auf einer Skala jederzeit kontrollieren, wie hoch die von ihm aufgenommene „persönliche“ Dosis seit der letzten Nullstellung ist.

**Filmdosimeter** enthalten in einem flachen Gehäuse ein Stück Film, das an manchen Stellen durch Metallfilter abgeschirmt ist. Wenn ein Filmdosimeter z. B. einen Monat lang getragen wird, „sammelt“ der Film die Energie und wird je nach Stärke und Art der absorbierten Strahlung mehr oder weniger geschwärzt. Die Schwärzung gibt Aufschluss über die aufgenommene Dosis. Die Summe aus zwölf Monaten ergibt die Jahresdosis.

Pinnwand

# MEDIZINISCHE ANWENDUNG VON STRAHLUNG

## Strahlentherapie

Ionisierende Strahlung hat nicht nur schädigende Wirkungen auf den menschlichen Organismus, sondern kann auch gezielt zur Heilung bestimmter Krankheiten eingesetzt werden, z. B. von Krebs. Dazu wird das erkrankte Körperteil ionisierender Strahlung ausgesetzt. Als Strahlenquelle werden häufig Cobaltisotope verwendet, die starke $\gamma$-Strahlung emittieren, oder Röntgenröhren.

Die Strahlung verursacht Zellschäden, wodurch eine normale Zellteilung verhindert oder die Erbsubstanz durch Mutationen direkt verändert wird, sodass es zu Störungen in der Zellfunktion kommt. Die Folge ist die gewünschte Abtötung der Krebszellen.

Diese Art der Krebsbehandlung wirkt allerdings nicht nur auf das kranke Gewebe. Auch normale, nicht bösartige Zellen werden von der Strahlung auf dem Weg zum Tumor zwangsweise geschädigt. Durch die Bewegung der Strahlungsquelle auf einer kreisförmigen Bahn um den Patienten herum wird erreicht, dass nur eine geringe Energiedosis auf das gesunde Gewebe und gleichzeitig eine gleichbleibend hohe Strahlendosis auf den Tumor trifft.

Eine Strahlentherapie kann nicht nur Krebs bekämpfen, sondern ihn auch auslösen. Besonders bei Kindern, die frühzeitig hohen Strahlendosen ausgesetzt waren, wurde später die Entwicklung bösartiger Schilddrüsengeschwüre festgestellt. Viele Leukämien (Blutkrebs) im Kindesalter lassen sich ebenfalls auf Strahlenbehandlungen wegen anderer Krebserkrankungen zurückführen.

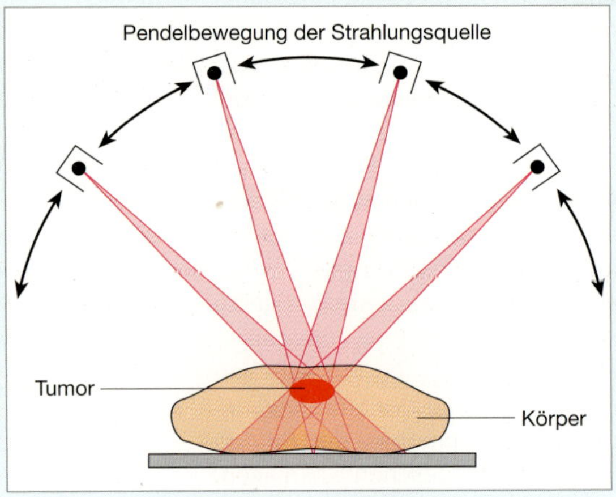


Wie eine Chemotherapie ist auch eine Strahlentherapie mit starken Nebenwirkungen verbunden. Dazu zählen z.B. Interessenlosigkeit und Appetitmangel, Übelkeit und Erbrechen. Auch Hautstörungen wie Rötung, Abschuppung und Juckreiz sind beobachtet worden. Eine Strahlentherapie führt insgesamt zu einer Schwächung der Abwehrkräfte.

## Strahlendiagnostik

Es gibt eine große Anzahl von Anwendungsgebieten, bei denen die nuklearmedizinische Diagnostik den anderen Untersuchungsmethoden überlegen ist:

Bestimmte Erkrankungen können gegenüber anderen Untersuchungsverfahren früher erkannt werden und somit frühzeitig behandelt werden. Die Beobachtung der Verteilung radioaktiver Substanzen oder ihre bevorzugte Anlagerung in Gewebe- oder Körperteilen bietet die Möglichkeit, funktionale Zusammenhänge oder Informationen über Verteilungs-, Durchblutungs- und Stoffwechselvorgänge genauer zu erfassen als mit anderen Verfahren.

Ein Hauptanwendungsgebiet ist die Funktions- und Lokalisationsuntersuchung von Drüsen, z.B. die Bestimmung von Lage, Größe und Funktion der Schilddrüse, der Nebennieren u. a.

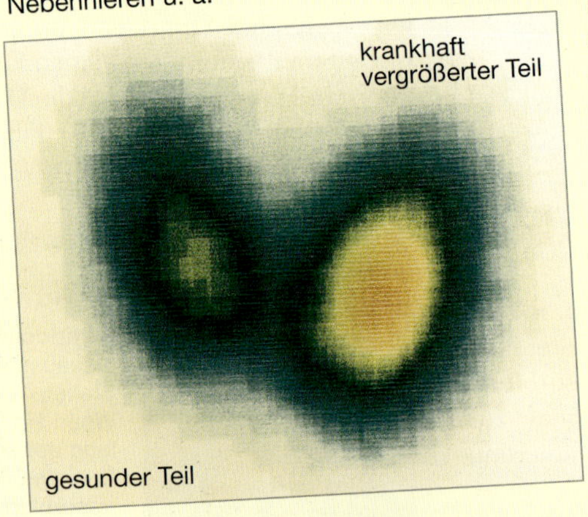


Dazu wird ungefährlichen Flüssigkeiten radioaktives Technetium oder Iod beigemischt. Diese Flüssigkeit wird dann in das Blut des Patienten gespritzt. Weil Iod oder Technetium bevorzugt in den kranken Bereichen der Schilddrüse abgelagert werden, senden diese Teile mehr Strahlung aus als die gesunden. Die Strahlung wird von einem Detektor aufgefangen und von einem Computer zu einem Strahlungsbild (Szintigramm) der Schilddrüse umgewandelt.

# TECHNISCHE ANWENDUNG VON STRAHLUNG

## Materialprüfung

Bei der Dickenmessung und zerstörungsfreien Werkstoffprüfung wird die Abnahme der Intensität einer γ-Strahlung mit der Dicke der durchdrungenen Materialschicht genutzt.

Der zu untersuchende Gegenstand befindet sich zwischen der Strahlungsquelle und einem Nachweisgerät, z. B einem Film oder einem Zählrohr. Je nach Dicke der Schicht bzw. des eingebrachten Gegenstandes wird die Strahlung geschwächt. Unterschiede in der Zusammensetzung des Materials, Risse oder Hohlräume zeigen sich durch verschiedene Schwärzungsgrade auf dem Film oder unterschiedliche Zählraten. Auf diese Art erfolgt die Untersuchung von hochbelasteten und sicherheitsrelevanten Bauteilen. Drahtseile für Seilbahnen oder Aufzüge und gegossene Felgen z. B. von Pkws oder die Radreifen bei der Eisenbahn werden so mit Röntgenstrahlung zerstörungsfrei untersucht.

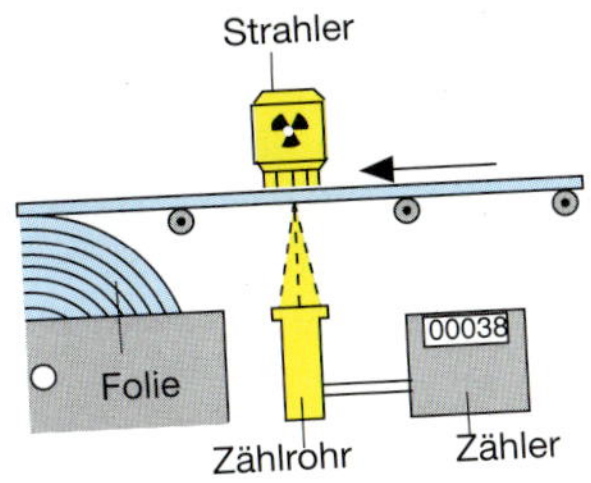


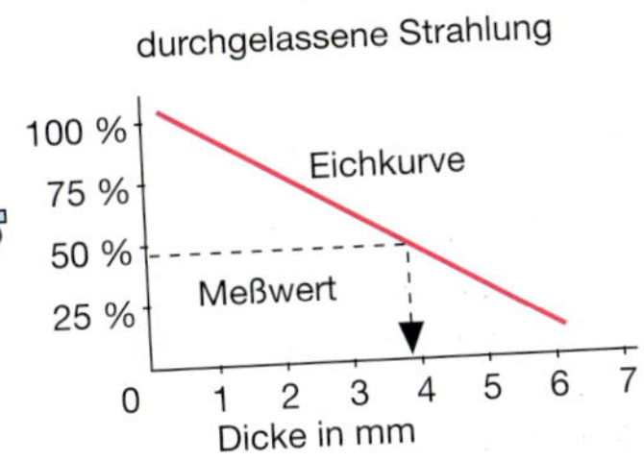


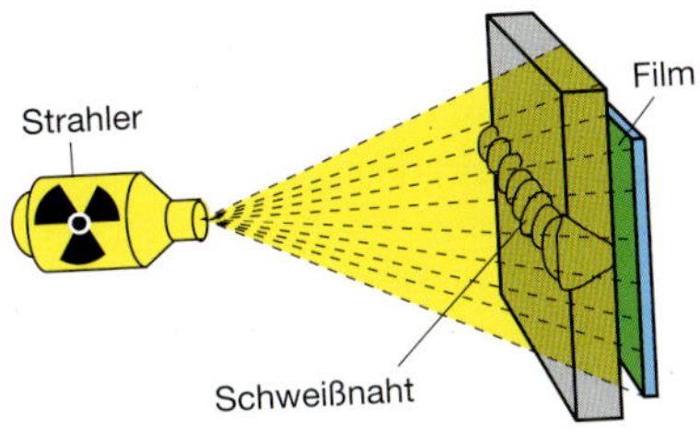


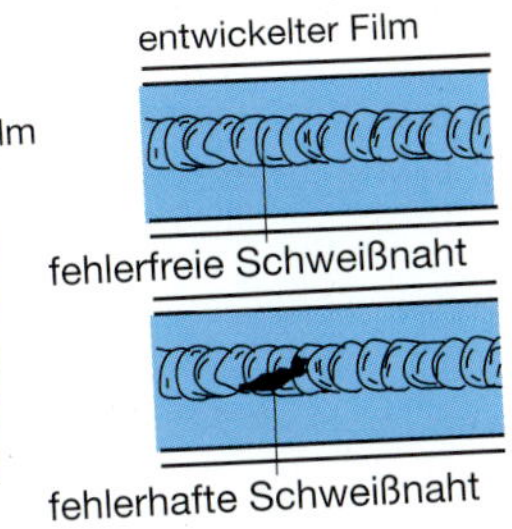


## Verschleißprüfung

Bei der Herstellung von Maschinenteilen durch Gießen, Schmelzen oder Pressen werden radioaktive Stoffe in das Werkstück eingebaut. Beim Betrieb geraten radioaktive Partikel durch den Materialverschleiß in das Schmiermittel. Durch Messung der Aktivität des Schmiermittels lässt sich der Grad der Abnutzung der Maschinenteile bestimmen, um notwendige Wartungsmaßnahmen einzuleiten.

## Materialbeeinflussung

In der Industrie werden Kunststoffe veredelt, indem sie für eine bestimmte Zeit β-Strahlung ausgesetzt werden. Dadurch vernetzen sich die Molekülketten im Kunststoff. Dieser wird dadurch z. B. beständiger gegen Hitze und Chemikalien.

## Konservierung von Lebensmitteln

In einigen Ländern (auch in der EU) werden ganze Paletten mit Lebensmitteln ionisierender Strahlung ausgesetzt, um sie dadurch zu konservieren (haltbarer zu machen). Das Bestrahlen von Lebensmitteln ist nicht unumstritten und in Deutschland zur Zeit nicht erlaubt.

## Sterilisation

Zur Sterilisation (Entkeimung) werden medizinische Instrumente, hitzeempfindliche Arzneimittel, Schläuche, Verbandsstoffe u. Ä. ionisierender Strahlung ausgesetzt. Durch die Bestrahlung mit hohen Energiedosen werden Bakterien, Sporen oder Viren getötet.
Auch der Klärschlamm aus Kläranlagen wird ionisierender Strahlung ausgesetzt, um ihn anschließend als keimfreien Dünger verwenden zu können.

## Brandmelder

In einen Brandmelder ist ein radioaktives Präparat eingebaut, welches die Luft, die von außen in die Messkammer eindringt, permanent ionisiert. Dadurch kann ein elektrischer Strom durch die Messkammer fließen. Wenn Rauchpartikel in die Kammer gelangen, lagern sich die ionisierten Luftmoleküle an den Rauchpartikeln an. Die so entstandenen großen und schweren „Rauch"-Ionen sind nahezu ungeladen, die Stromstärke sinkt. Die Abnahme der Stromstärke kann elektronisch registriert werden und Alarm auslösen.

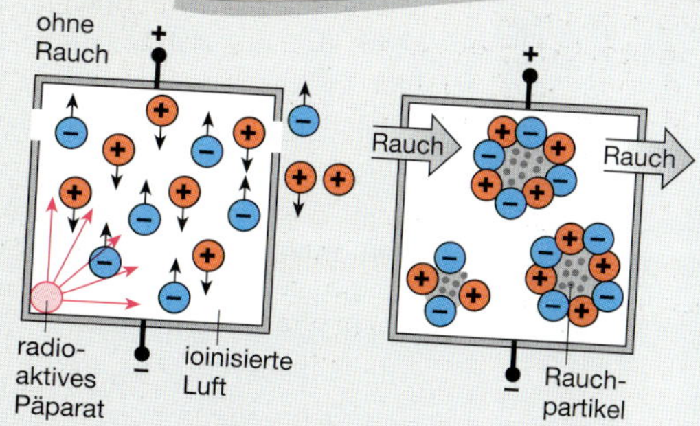

Streifzug

## Röntgendiagnostik

Röntgenstrahlung ist γ-Strahlung mit relativ eng begrenzten Energien. Sie wurde 1895 von WILHELM CONRAD RÖNTGEN (1845–1923) entdeckt, also etwa ein Jahrzehnt vor der Radioaktivität. Die Röntgenstrahlung (im Englischen X-Rays genannt) entsteht nicht im Kern, sondern in der Atomhülle. Sie kann aber ähnliche Wirkungen wie radioaktive Strahlung haben.

In Röntgenröhren werden die aus der Katode durch Glühemission austretenden Elektronen durch hohe Spannungen (bis zu 150 kV) zur Anode hin beschleunigt. Ihre Bewegungsenergie wird beim Auftreffen auf die Anode nur zu ca. 1 % in Röntgenstrahlung umgewandelt. Der Rest führt zur Erhöhung der inneren Energie der Anode. Diese muss daher beim Betrieb ständig gekühlt werden.

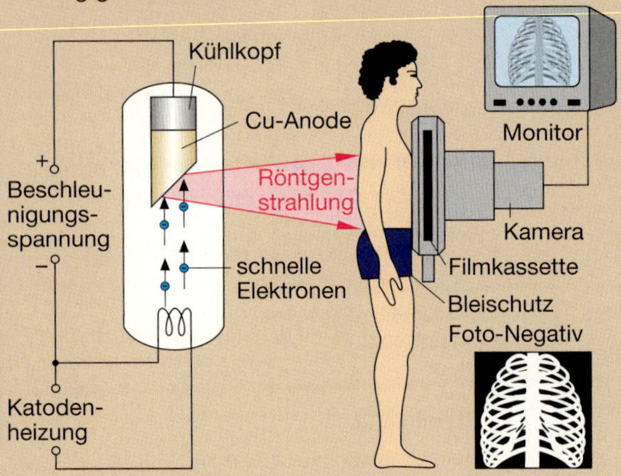


Röntgenstrahlung wird in der Medizin zur Diagnose und Therapie eingesetzt. Die Röntgenuntersuchung bietet den Vorteil, einen erkrankten oder verletzten Körperteil „betrachten“ zu können ohne zu operieren. Die künstlich erzeugte γ-Strahlung wird von den verschiedenen Stoffen des Körpers (Knochen, Gewebe, Organe) unterschiedlich stark absorbiert. Ein Film oder eine Kamera mit Monitor liefert dadurch unterschiedliche Schwärzungen des Bildes.

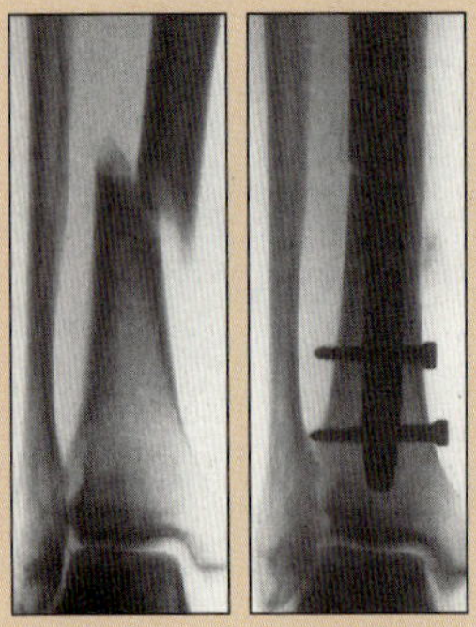

Die Fotos links zeigen einen Schienbeinbruch und seine Behebung durch einen Stahlnagel und Schrauben.

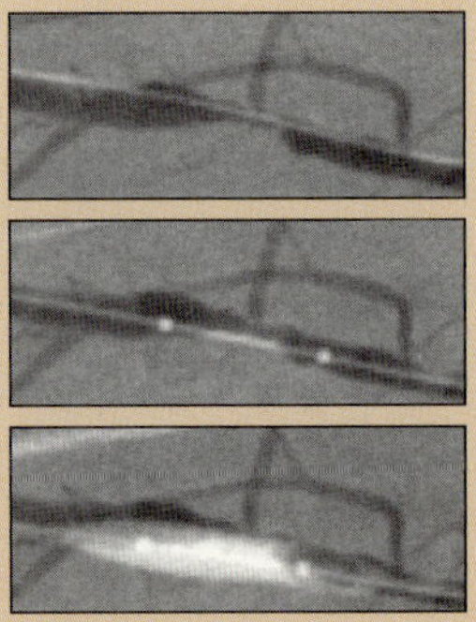

In den Fotos rechts wird eine Arterienverengung durch einen Ballonkatheder beseitigt, indem der Ballon an der betreffenden Stelle „aufgeblasen“ und die Verengung praktisch weggesprengt wird.

Auch gesundes oder krankes Gewebe von Organen wie Lunge oder Niere lässt die Röntgenstrahlung unterschiedlich gut durch. Mithilfe von Kontrastmitteln, welche der Patient vor der Röntgenaufnahme einnehmen muss, werden diese natürlichen Unterschiede noch vergrößert. Deshalb ist es möglich, Röntgenaufnahmen auch von inneren Organen zu machen.

Beim „Durchleuchten“ können Ärzte oder Ärztinnen das zu untersuchende Organ direkt am Bildschirm betrachten, weil die Röntgenkamera auch mit einem Monitor verbunden werden kann. Während das Gewebe bei einer Röntgenaufnahme aber nur einmal kurz durchstrahlt wird, dauert das Durchleuchten länger. Es muss deshalb sorgfältig abgewogen werden, ob geröntgt oder durchleuchtet wird, denn Röntgenstrahlung ist ja eine ionisierende Strahlung. Sie kann Zellen, die von ihr getroffen werden, schädigen. Die Dosis ist bei modernen Röntgengeräten allerdings sehr klein.

In Deutschland werden pro Person und Jahr im Durchschnitt zwei Röntgenuntersuchungen durchgeführt. Die sich hierdurch für die einzelne Person ergebende Strahlenbelastung ist ein großer Teil der gesamten üblichen ungefährlichen Jahresdosis.

Röntgenstrahlung tritt auch bei Geräten im Alltag auf, bei denen schnelle Elektronen abgebremst werden. Hierzu zählen vor allem Fernsehbildschirme und Computermonitore. Diese Geräte unterliegen daher einer Prüfnorm im Hinblick auf die von ihnen abgegebene Strahlung.

**Bauart-Zulassung**
Die in diesem Gerät entstehende Röntgenstrahlung ist ausreichend abgeschirmt:
Ortsdosis in 0,1 m Abstand kleiner als 1,0 mSv pro Stunde.
Die Beschleunigungsspannung beträt maximal 28 kV.

## Nahrungsketten und Belastungspfade

**Streifzug**

Die Strahlung, die aus der Luft von außen auf den Körper einwirkt, ist kaum ein Anlass zur Beunruhigung, denn die Reichweite der ionisierenden Strahlung ist gering. $\alpha$- und $\beta$-Strahlung wird bereits durch die oberen Hautschichten zurückgehalten. Bedeutender ist die Tatsache, dass radioaktive Stoffe aus der Luft, dem Wasser und dem Boden direkt mit der Atemluft oder dem Trinkwasser oder indirekt über eine Nahrungskette in den menschlichen Körper gelangen.
Werden radioaktive Stoffe in den Körper aufgenommen, zerfallen sie und ihre Strahlung trifft das Zellgewebe ohne „schützende" Luft- bzw. Hautschicht direkt. Dies unterscheidet die künstlich verursachte Radioaktivität auch von der natürlichen. Ein großer Teil der natürlichen Strahlung wird nicht direkt oder indirekt in den Körper eingebracht und ist daher relativ ungefährlich.

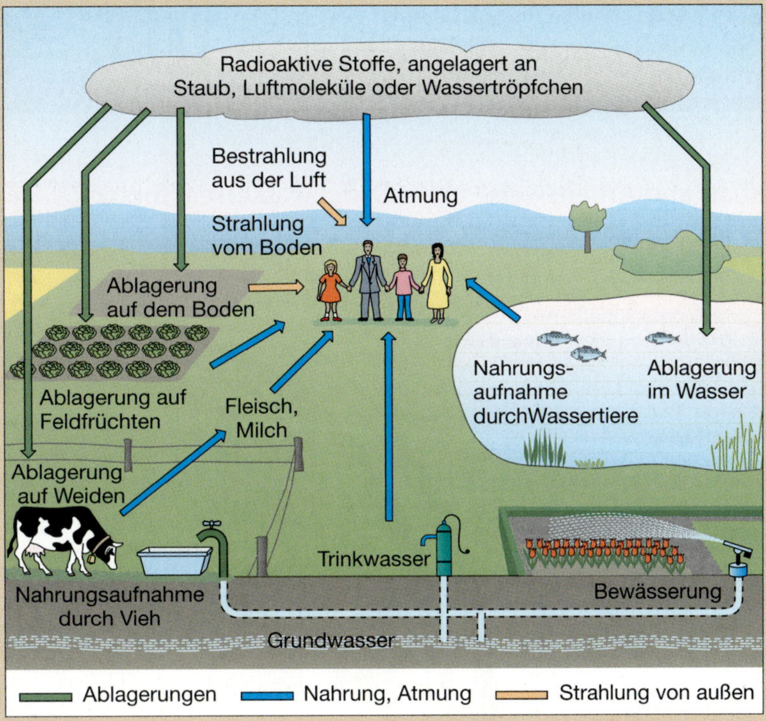


Werden radioaktive Stoffe an irgendeiner Stelle in die Luft freigesetzt, so lagern sie sich an Staubteilchen oder Wassertröpfchen an. Durch die Winde werden die radioaktiven Stoffe anschließend weltweit verteilt. Dann geschieht Folgendes:

- Mit Niederschlägen oder infolge ihres Gewichts fallen die radioaktiven Stoffe auf die Erdoberfläche. Dadurch verringern sich zwar bei Störfällen mit Freisetzung von radioaktiven Substanzen die gemessenen Aktivitätswerte in der unmittelbaren Umgebungsluft, aber es kommt zu einer Anreicherung am Boden – eventuell in ganz anderen Regionen.
- Die radioaktiven Stoffe bleiben nicht an der Oberfläche von Pflanzen oder Böden. Durch Niederschläge werden sie abgewaschen und dringen in das Erdreich ein. Von dort gelangen sie in Grund- und Trinkwasser.
- Durch Wurzeln oder die Blattoberflächen werden die radioaktiven Stoffe in das Innere der Pflanzen transportiert.
- Als Nahrung (eventuell über die Zwischenstation „Tier") oder als Trinkwasser werden die radioaktiven Stoffe schließlich vom Menschen inkorporiert.

Gefährlich ist, dass manche radioaktiven Stoffe von Pflanzen genau so „verarbeitet" werden wie ungefährliche chemische Elemente oder Verbindungen, die durch diese „Doppelgänger" ersetzt werden. Dadurch reichern sich die radioaktiven Stoffe in Pflanzen, Tieren oder Menschen stark an. Einige zerfallen schnell entsprechend ihrer Halbwertszeit in ungefährliche Folgeprodukte (z. B. Iod oder Caesium), andere dagegen bleiben lange Zeit im Körper gespeichert. Strontium zum Beispiel mit einer Halbwertszeit von rund 30 Jahren bleibt praktisch ein Leben lang in den Knochen eingelagert. Es bestrahlt das Knochenmark, in dem die roten Blutkörperchen gebildet werden, dauernd aus nächster Nähe.

Die Herkunft der Nahrungs- und Genussmittel, des Wassers und der Luft sowie die Lebens- und Ernährungsgewohnheiten bestimmen die Menge der vom Körper aufgenommenen radioaktiven Stoffe.

## Wie funktionieren Kernkraftwerke?

**Kernkraftwerke sind Wärmekraftwerke, die sich nur in der Art der Wärmeerzeugung von Kohle-, Öl- und Gaskraftwerken unterscheiden. Während in Kohle-, Öl- und Gaskraftwerken fossile Brennstoffe verbrannt werden, wird in Kernkraftwerken die bei der Spaltung von Atomkernen frei werdende Energie genutzt.**
**Welche Vorteile bietet die Kernenergienutzung?**
**Welche Prozesse laufen in einem Kernkraftwerk ab?**
**Was geschieht bei der Kernspaltung?**
**Welche Sicherheitsvorkehrungen schützen uns vor den Gefahren radioaktiver Strahlung?**
**Wie geschieht die Ver- und Entsorgung der Kernkraftwerke mit Kernbrennstoff?**

### Aufbau und Arbeitsweise eines Druckwasserreaktors

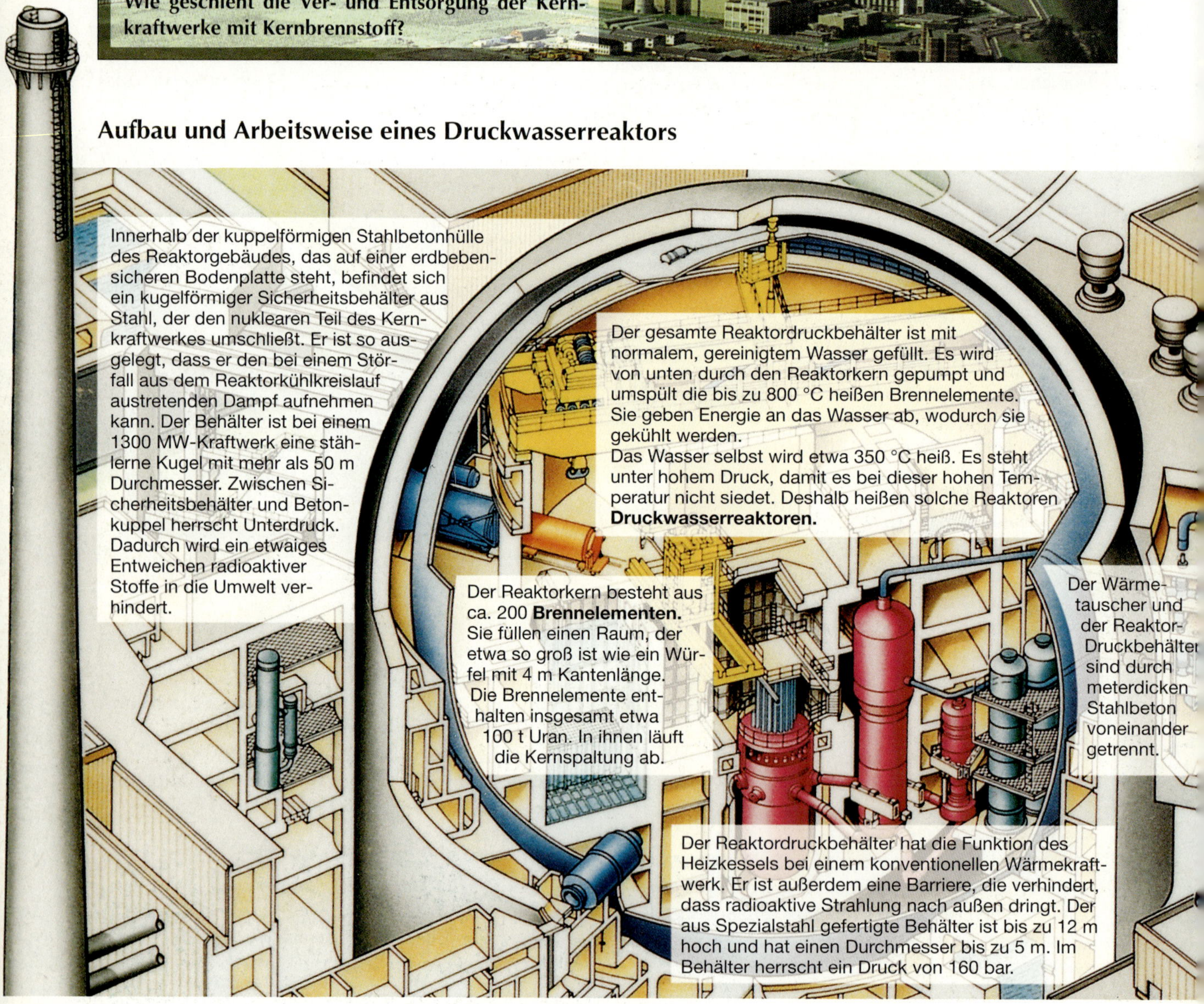

Innerhalb der kuppelförmigen Stahlbetonhülle des Reaktorgebäudes, das auf einer erdbebensicheren Bodenplatte steht, befindet sich ein kugelförmiger Sicherheitsbehälter aus Stahl, der den nuklearen Teil des Kernkraftwerkes umschließt. Er ist so ausgelegt, dass er den bei einem Störfall aus dem Reaktorkühlkreislauf austretenden Dampf aufnehmen kann. Der Behälter ist bei einem 1300 MW-Kraftwerk eine stählerne Kugel mit mehr als 50 m Durchmesser. Zwischen Sicherheitsbehälter und Betonkuppel herrscht Unterdruck. Dadurch wird ein etwaiges Entweichen radioaktiver Stoffe in die Umwelt verhindert.

Der gesamte Reaktordruckbehälter ist mit normalem, gereinigtem Wasser gefüllt. Es wird von unten durch den Reaktorkern gepumpt und umspült die bis zu 800 °C heißen Brennelemente. Sie geben Energie an das Wasser ab, wodurch sie gekühlt werden.
Das Wasser selbst wird etwa 350 °C heiß. Es steht unter hohem Druck, damit es bei dieser hohen Temperatur nicht siedet. Deshalb heißen solche Reaktoren **Druckwasserreaktoren.**

Der Reaktorkern besteht aus ca. 200 **Brennelementen.** Sie füllen einen Raum, der etwa so groß ist wie ein Würfel mit 4 m Kantenlänge. Die Brennelemente enthalten insgesamt etwa 100 t Uran. In ihnen läuft die Kernspaltung ab.

Der Wärmetauscher und der Reaktor-Druckbehälter sind durch meterdicken Stahlbeton voneinander getrennt.

Der Reaktordruckbehälter hat die Funktion des Heizkessels bei einem konventionellen Wärmekraftwerk. Er ist außerdem eine Barriere, die verhindert, dass radioaktive Strahlung nach außen dringt. Der aus Spezialstahl gefertigte Behälter ist bis zu 12 m hoch und hat einen Durchmesser bis zu 5 m. Im Behälter herrscht ein Druck von 160 bar.

Das Wasser des Primärkreislaufs enthält radioaktive Stoffe. Die von ihm im Reaktorkern aufgenommene Energie wird im **Wärmetauscher** an das Wasser im Sekundärkreislauf übertragen.
Dieses wird so heiß, dass es verdampft. Der Wasserdampf wird zur Turbine geleitet und treibt sie an. Über eine gemeinsame Welle wird die Drehung der Turbine auf den Generator übertragen. Nach dem Austritt aus der Turbine strömt der Dampf in den Kondensator. Dort wird er verflüssigt und wieder in den Wärmetauscher zurückgepumpt. Neben Wärmeenergie entstehen bei der Kernspaltung noch verschiedene Arten von Strahlung. Wärme und Strahlung treten also immer auf, wenn ein Kernkraftwerk in Betrieb ist. Die beim Betrieb entstehende Wärmeenergie wird überwiegend in elektrische Energie umgewandelt.
Auf der ganzen Welt sind heute mehr als 440 Reaktoren in Kernkraftwerken in Betrieb.

## Die Kernspaltung

Von den vielen Arten Atomkernen, aus denen die Elemente in der Natur bestehen, sind es nur einige wenige Kerne schwerer Elemente, die bei einer Kernspaltung durch ein Neutron wiederum mehrere Neutronen freisetzen, z. B. Uran. Die freigesetzten Neutronen können unterschiedlich mit dem Spaltmaterial in Wechselwirkung treten:

- Ein Neutron kann von einem Kern eingefangen werden, worauf sich der Kern nur umwandelt aber nicht spaltet.
- Ein Neutron kann mit hoher Geschwindigkeit auf einen Kern prallen. Dabei wird es nur abgelenkt und abgebremst.
- Ein Neutron kann in einen Kern eindringen und bei geeigneter Geschwindigkeit die Spaltung des Kerns auslösen.

Die technische Nutzung der Kernenergie in Kernkraftwerken ist nur möglich, wenn bei jeder Spaltung mehrere Neutronen freigesetzt werden, die eine für weitere Spaltungen geeignete Geschwindigkeit haben oder auf diese Geschwindigkeit abgebremst werden. Nur diese können durch andere spaltbare Kerne absorbiert werden, Spaltungen auslösen und weitere Neutronen freisetzen. So entsteht eine **Kettenreaktion.**

Die Kernreaktoren nutzen die bei der Spaltung von Atomkernen frei werdende Energie. Ein Teil der Kernbindungsenergie wird in Bewegungsenergie der bei der Kernspaltung auseinanderfliegenden Kerntrümmer, der Spaltprodukte umgewandelt. Die Spaltprodukte ihrerseits stoßen dann die benachbarten Atome an, übertragen ihre Bewegungsenergie auf sie und versetzen sie dadurch in stärkere Schwingungen: Die Temperatur des Kernbrennstoffs steigt.

| Spaltbares Uran235 aus der Natur | Zwischenprodukt | Spaltprodukte | Neutronen für weitere Spaltungen |
|---|---|---|---|
| thermisches Neutron; stabiler $^{235}_{92}$U-Kern | instabiler $^{236}_{92}$U-Kern | $^{139}_{56}$Ba, $^{137}_{55}$Cs, $^{90}_{38}$Sr, $^{94}_{36}$Kr, $^{96}_{37}$Rb, $^{144}_{54}$Xe | schnelle Neutronen |
| Ein thermisches Neutron (geringe Geschwindigkeit) und ein U235-Kern treffen aufeinander | Ein instabiler Uran236-Kern ist entstanden. Der Zerfall erfolgt nach sehr kurzer Zeit (1 billionstel Sekunde) | Der U236-Kern zerfällt z. B. in die beiden Spaltprodukte Krypton94 und Barium139. Die Spaltprodukte stoßen sich wegen ihrer gleichen Ladung ab und fliegen mit hoher Geschwindigkeit auseinander. Dabei geben sie ihre Energie an die umgebende Materie ab. | Bei jeder Kernspaltung werden 2–3 schnelle Neutronen frei, die weitere Kernspaltungen auslösen können. |

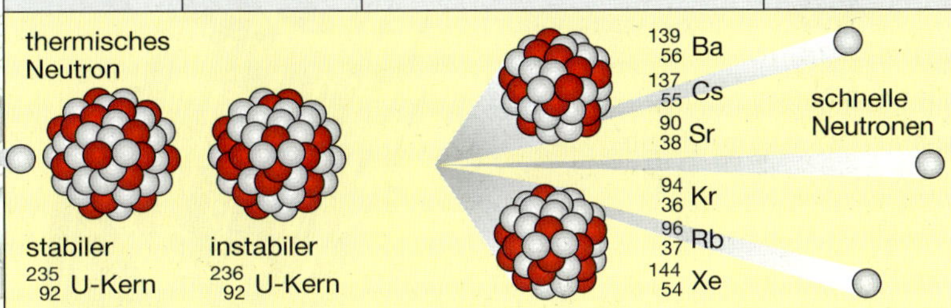

U235-Kerne können Neutronen einfangen und sich dann spalten.
Dadurch entstehen Spaltprodukte und freie Neutronen.
Ein Teil der frei werdenden Kernbindungsenergie wird in Bewegungsenergie der Spaltprodukte umgewandelt und an die umgebende Materie abgegeben.

## Im Reaktordruckgefäß

Die im natürlichen Uran enthaltenen Isotope verhalten sich sehr unterschiedlich, wenn sie mit Neutronen in Wechselwirkung treten.

Beim U238-Isotop treten folgende Fälle auf:

- Sehr schnelle Neutronen lösen eine Spaltung der Kerne aus.
- Mittelschnelle Neutronen werden von den Kernen eingefangen und eingebaut.
- Langsame Neutronen reagieren nicht.

Beim Isotop U235 tritt die Kernspaltung ein, wenn ein Neutron mit geringer Geschwindigkeit auf den Kern trifft und von diesem eingefangen wird. Die notwendigen geringen Geschwindigkeiten der Neutronen liegen im Bereich der Wärmebewegung. Daher heißen sie auch *thermische Neutronen.*

Eine Kettenreaktion kann einerseits durch die fortlaufende Spaltung von U238 nicht aufrechterhalten werden, da nur wenige sehr schnelle Neutronen entstehen, die weitere U238-Spaltungen auslösen. Andererseits ist der Anteil von U235-Kernen im Natururan zu gering, um eine Kettenreaktion aus sich selbst heraus zu erhalten. Deshalb wird natürliches Uran, wenn es als Brennstoff für Kernreaktoren verwendet werden soll, mit U235 **angereichert.**

Auch wenn der Anteil der U235-Kerne 3 % beträgt, gibt es immer noch keine Kettenreaktion, da die bei den Spaltungen entstehenden Neutronen

- aus dem Reaktor entweichen (ca. $\frac{1}{5}$);
- von U238-Kernen absorbiert werden (ca. $\frac{2}{5}$);
- von anderen im Reaktor vorhandenen Materialien oder vom Kühlmittel absorbiert werden.

Im Reaktor werden daher nur Stoffe verwendet, die möglichst wenig Neutronen absorbieren. Außerdem müssen die bei den Kernspaltungen freigesetzten Neutronen auf die für die Spaltung von U235 geeignete geringe Geschwindigkeit abgebremst werden. Dazu werden zwischen die Brennstäbe besondere Materialien, **Moderatoren** genannt als „Bremsmittel" gebracht. Durch Zusammenstöße mit deren Atomen werden die Neutronen auf „thermische" Geschwindigkeit abgebremst.

### Kontrollierte Kettenreaktion

Wenn die Bedingungen für eine Kernspaltungs-Kettenreaktion erfüllt sind, würde ohne eine geeignete Kontrolle

- die Zahl der Kernspaltungen und der Neutronen immer mehr ansteigen, wodurch die freigesetzte Energie ständig zunehmen würde;
- die erzeugte Wärmeenergie schließlich nicht mehr vom Kühlsystem ausreichend abgeführt werden können. Dadurch könnte es zur Überhitzung des Kernbrennstoffes kommen. Der Brennstoff und die Inneneinbauten des Reaktors würden schließlich schmelzen.

Dies wäre der **G**rößte **A**nzunehmende **U**nfall („**GAU**") beim Betrieb eines Kernkraftwerkes. Die Kettenreaktion muss deshalb **kontrolliert** werden:

Die bei der Spaltung erzeugten Neutronen verlassen die Brennstäbe und bewegen sich durch das Kühlmittel. Bei den Zusammenstößen mit dessen Molekülen geben die bis dahin schnellen Neutronen einen großen Teil ihrer kinetischen Energie an diese ab. Sie werden dadurch langsamer und können, wenn sie wieder in die Brennstäbe eindringen, von U235-Kernen eingefangen werden und deren Spaltung bewirken.

Damit bei der Kettenreaktion nicht mehr Wärmeenergie entsteht als durch das Kühlwasser abgeführt werden kann, darf jeweils nur eines der frei werdenden Neutronen wieder eine weitere Spaltung auslösen. Alle übrigen Neutronen müssen absorbiert werden. Dazu gibt es zwei Möglichkeiten:

Urandioxid (Yellow Cake)

**Brennstab:** Der Kernbrennstoff Urandioxid wird zu kleinen zylindrischen Tabletten (Pellets) gepresst. Sie werden in ein Rohr aus einer Zirkon-Legierung eingebracht. Diese Legierung lässt Neutronen, die zur Auslösung der Kernspaltung benötigt werden, weitgehend ungehindert passieren.

Pellet (Originalgröße)

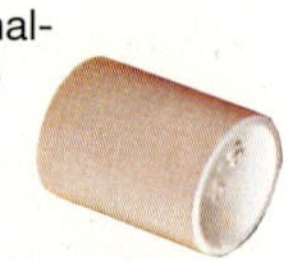

Brennstab (4 m lang)

**Brennelement:** Die einzelnen Brennstäbe werden luft- und wasserdicht verschweißt. Das spaltbare Material und die Spaltprodukte sind dadurch sicher eingeschlossen. Verbleibende Hohlräume in den Brennstäben sind mit Helium gefüllt. Das Brennelement eines Reaktors wird aus bis zu 300 Brennstäben zusammengesetzt. Die Brennstäbe werden in einer besonderen Halterung von Federn fixiert.

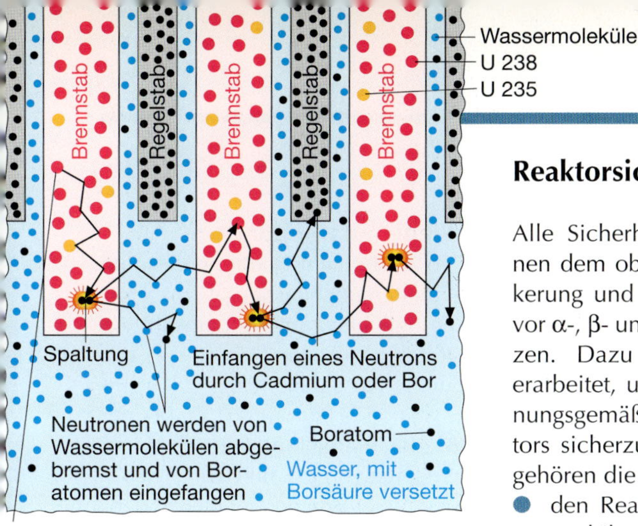


- Bor, das dem Kühlwasser in Form von Borsäure zugesetzt ist, fängt Neutronen sehr begierig ein, ohne dass irgendwelche weiteren Reaktionen ablaufen. Die Konzentration der Borsäure im Kühlwasser wird laufend kontrolliert und so eingestellt, dass im Mittel nur eines der zwei bis drei bei einer Spaltung freigesetzten Neutronen eine weitere Spaltung auslöst.
- In jedem Brennelement befinden sich Leerrohre. In diese können so genannte **Regelstäbe** aus Cadmium oder Bor mehr oder weniger tief eingeschoben werden. Cadmium verhält sich Neutronen gegenüber wie Bor, es fängt sie begierig ein. Im Normalbetrieb des Reaktors sind die Regelstäbe allerdings fast völlig aus den Brennelementen herausgezogen.

Für kurzfristige Veränderungen der Neutronenzahl werden die Regelstäbe teilweise eingeschoben. Wenn sie ganz eingefahren sind, werden fast alle entstehenden Neutronen weggefangen. Die Kettenreaktion kommt zum Erliegen; der Reaktor wird heruntergefahren.

Während des Betriebs ändert sich das Verhältnis der spaltbaren zu den nicht spaltbaren Atomkernen. Dies muss bei der Regelung berücksichtigt werden. Bei wassermoderierten Reaktoren wird dieser Langzeiteffekt ausgeglichen, indem dem Wasser am Anfang mehr und später weniger neutronenabsorbierendes Bor zugesetzt wird.

## Reaktorsicherheit

Alle Sicherheitsvorkehrungen dienen dem obersten Ziel, die Bevölkerung und das Kraftwerkpersonal vor $\alpha$-, $\beta$- und $\gamma$-Strahlung zu schützen. Dazu wurde ein Konzept erarbeitet, um jederzeit einen ordnungsgemäßen Betrieb des Reaktors sicherzustellen. Zum Konzept gehören die Möglichkeiten:

- den Reaktor jederzeit abschalten und ihn im abgeschalteten Zustand halten zu können;
- die im Reaktorkern anfallende Wärmeenergie während des Betriebs und im abgeschalteten Zustand (Nachwärme) jederzeit abführen zu können;
- die radioaktiven Stoffe im Kern in jedem Betriebszustand des Reaktors sicher eingeschlossen zu halten.

Der Einschluss soll durch mehrere hintereinander angeordnete Barrieren, die sich zwischen den radioaktiven Stoffen und der Umgebung befinden, sichergestellt werden.

In den Kernkraftwerken sind daher Kontroll- und Steuereinrichtungen in mehrfacher Ausführung und technisch verschieden vorhanden. Sie sind räumlich voneinander getrennt untergebracht. Damit existiert bei Ausfall eines Systems mindestens ein funktionsfähiges zweites System.

Die **Sicherheitsbarrieren** müssen auch dann funktionieren, wenn Einwirkungen von außen eintreten wie Brände, Erdbeben oder Flugzeugabstürze. Mögliche Vorkommnisse dieser Art werden bei Konstruktion und Bau von Kernkraftwerken berücksichtigt.

> Im Reaktor eines Kernkraftwerks läuft eine kontrollierte Kettenreaktion ab. Die Energieabgabe des Reaktors wird durch Wegfangen von Neutronen gesteuert.

**Aufgaben**

**1** Beschreibe den Ablauf einer Kernspaltung am Beispiel von U235.

**2** **a)** Was geschieht bei einer Kettenreaktion? Beschreibe den Vorgang.
**b)** Wie lässt sich eine Kettenreaktion kontrollieren?
**c)** Beschreibe die Unterschiede zwischen kontrollierten und unkontrollierten Kettenreaktionen.

**3** Welche Energieumwandlungen finden bei einer Kernspaltung statt?

**4** Wodurch wird sichergestellt, dass keine radioaktiven Stoffe aus einem Reaktor in die Umwelt gelangen?

Das 5 Barrieren-Sicherheitssystem

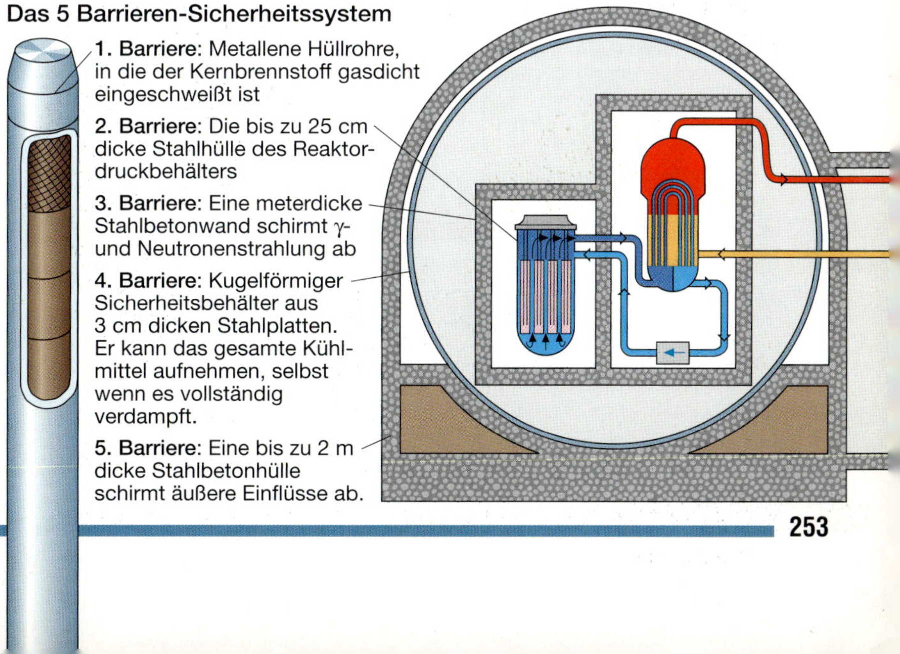

## Der Brennstoffkreislauf

Der Ausgangspunkt der Kernenergienutzung ist die Versorgung mit Uran. Der Urangehalt der abgebauten Erze beträgt typischerweise 0,2 %. In einem Aufbereitungsverfahren wird das Uran aus dem Erz gelöst. Es liegt dann als Uranoxid ($UO_2$) vor mit der natürlichen Isotopenzusammensetzung von 0,7 % U235 und 99,3 % U238. Zum Betrieb eines Kernkraftwerks wird jedoch Uran mit einem Anteil von rund 3 % des spaltbaren Isotops U235 benötigt. Daher muss das Natururan mit dem Isotop U235 „angereichert" werden.

In der Brennelementfabrik werden dann aus $UO_2$-Pulver Tabletten gepresst, die in Hüllrohre gefüllt und gasdicht verschlossen werden. Dadurch entstehen einzelne Brennstäbe, die zu den Brennelementen zusammengesetzt werden.

Während der Einsatzzeit (3–4 Jahre) der Brennelemente im Reaktor sinkt durch die Vielzahl der Kernspaltungen der Anteil des spaltbaren U235. Es entstehen zum Teil radioaktive Spaltprodukte sowie größere Mengen des neuen Kernbrennstoffs Plutonium. Die ausgedienten Brennelemente, die noch etwa $\frac{1}{4}$ des ursprünglich vorhandenen Uran235 enthalten, müssen ausgetauscht werden. Während der jährlichen Überprüfung der Kernkraftwerke erfolgt auch der Brennelementwechsel.

Die ausgewechselten Brennelemente werden zunächst in das *Abklingbecken* befördert, wo sie mindestens ein Jahr lang verbleiben. Während dieser Zeit geht die Strahlungsintensität und die Wärmeentwicklung erheblich zurück. Anschließend sind zwei Arten der Entsorgung möglich:

- **Wiederaufarbeitung** mit Rückgewinnung und Wiederverwendung der nutzbaren Anteile Plutonium und Uran;
- **direkte Endlagerung,** bei der die ausgedienten Brennelemente insgesamt als Abfälle deponiert werden.

Der Transport zu einer Wiederaufarbeitungsanlage oder zur Endlagerung erfolgt in speziellen Behältern.

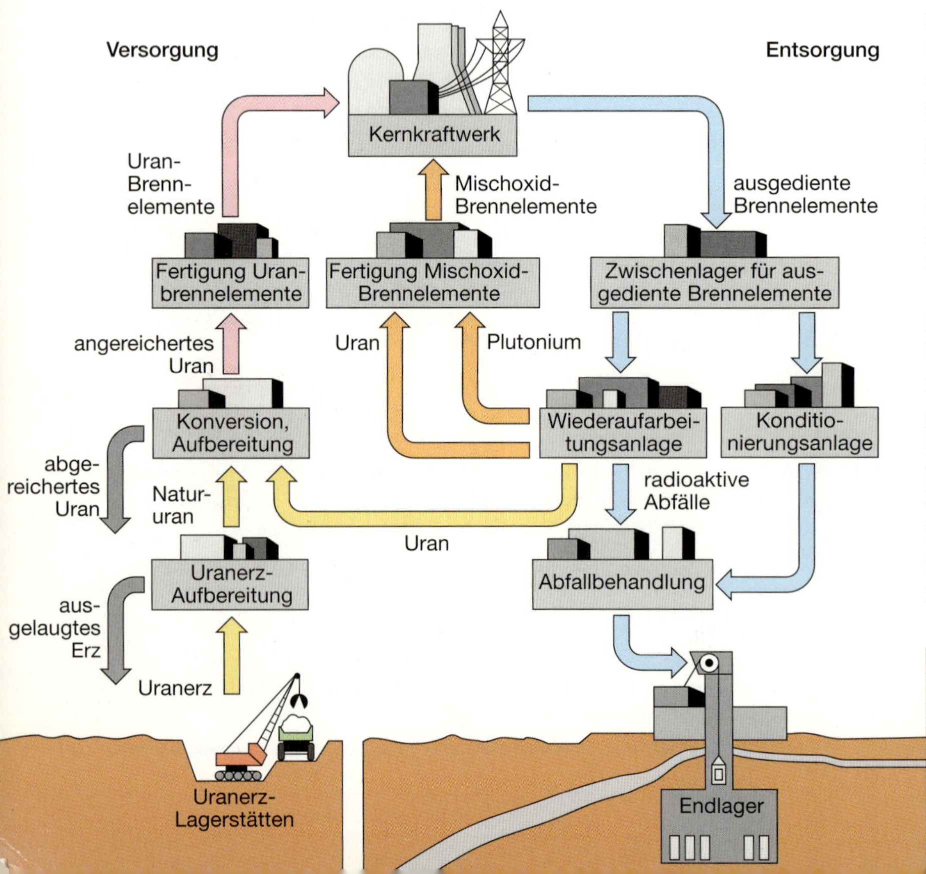


### Wiederaufarbeitung

Die verbrauchten Brennelemente enthalten noch fast das gesamte ursprüngliche Uran238, ungefähr ein Drittel des Uran235 sowie das durch Neutroneneinfang aus U238 entstandene Plutonium239. Bei der Wiederaufarbeitung wird das Uran wiedergewonnen und zur Herstellung neuer Brennelemente verwendet. Das neu entstandene Plutonium239 kann anstelle von Uran235 in Brennelementen verwendet werden – oder aber für die Produktion von Atombomben! Daher ist die Wiederaufarbeitung politisch umstritten, denn die Risiken der heimlichen Produktion und unerlaubten Verbreitung von Plutonium239 für den Bau von Kernwaffen sind groß. Europäische Wiederaufarbeitungsanlagen stehen in La Hague (Frankreich) und in Windscale/Sellafield (Großbritannien). Dort lässt auch Deutschland, das keine eigene Anlage besitzt, seine Abfälle aufarbeiten.

Im gesamten Brennstoffkreislauf, insbesondere beim Betrieb von Kernkraftwerken und bei der Wiederaufarbeitung entstehen feste, flüssige oder gasförmige radioaktive Abfälle. Bei der Vorbereitung für die Wiederaufarbeitung oder Endlagerung wird nach schwach-, mittel- und hochaktiven Abfällen unterschieden.

Die radioaktiven Abfälle aus Kernkraftwerken werden je nach Art und Beschaffenheit besonders aufgearbeitet. Im Hinblick auf die Endlagerung wird zwischen zwei Abfallarten unterschieden:

- radioaktive Abfälle, die viel Wärmeenergie abgeben;
- radioaktive Abfälle, deren Wärmeabgabe zu vernachlässigen ist.

| Radioaktive Betriebsabfälle | | |
|---|---|---|
| **Art und Herkunft** | **Behandlungsart** | **Typische jährliche Mengen eines 1300 MW-KKW** |
| **Flüssige Abfälle** Rückstände aus der Reinigung der Kühlkreisläufe; Filterschlämme; Reinigungslösungen | Entwässern und Eindampfen bis zur Herstellung eines trockenen Salzkuchens oder Ausfällen der aktiven Inhaltsstoffe, Zementieren der verbleibenden Rückstände | ca. 70 $m^3$ (Konzentrat) |
| **Brennbare Abfälle** Schutzkleidung; Handschuhe; Plastiküberschuhe; Kunststoffe; Folien; Filter | Verbrennen zur Volumenreduzierung Verpressen oder Zementieren der Asche | ca. 190 $m^3$ Asche/Zement |
| **Nichtbrennbare Abfälle** Instandhaltungsabfälle wie Schrotte, Metallbehälter, Rohrleitungsteile, Kabel, Motoren etc. | Zerkleinern und Verpressen, soweit nicht schadlos verwertbar (Metalle) Zementieren in Beton- oder Gussbehälter | ca. 70 $m^3$ Zement |

Zu den wärmeentwickelnden Abfällen gehören zum Beispiel hochaktive Konzentrate von Spaltprodukten, die bei der Wiederaufarbeitung der Brennelemente anfallen. Ebenso zählen zu dieser Abfallart ausgediente Brennelemente, wenn sie ohne Aufarbeitung zur Endlagerung gebracht würden.

Als geeignete Methode, die hochaktiven Abfälle in ein lagerfähiges Produkt umzuwandeln, hat sich die *Verglasung* erwiesen. Dabei wird die Flüssigkeit verdampft und die radioaktiven Feststoffe in die Glasschmelze eingelagert. Die Glasschmelze wird anschließend in Stahlbehälter gefüllt. Die Wärmeproduktion eines solchen Behälters beträgt aufgrund des radioaktiven Zerfalls der Inhaltsstoffe 1,5 bis 2 kW.

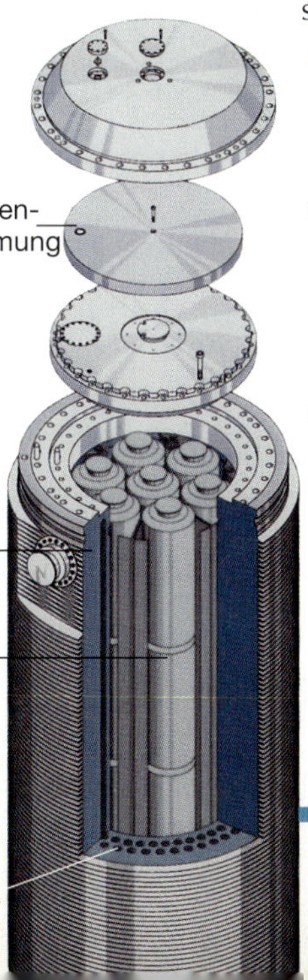


Der gesamte Behälter ist 6 m lang, hat einen Durchmesser von 2,5 m und wiegt leer rund 100 t. Die Wand ist ca. 40 cm dick.

Der weitaus größte Anteil der Abfälle besteht aus schwach- oder mittelaktiven Stoffen, deren Wärmeentwicklung so minimal ist, dass sie vernachlässigt werden kann. Hierzu gehören fast ausnahmslos alle radioaktiven Betriebsabfälle, die in den Kernkraftwerken direkt entstehen.

Bei der Aufarbeitung dieser Abfälle geht es vor allem darum, das Volumen zu reduzieren, damit die Anzahl der Behälter für die Endlagerung klein bleibt. Die Abfälle werden dazu eingedampft, gepresst oder verbrannt. Anschließend werden sie in Zement oder Beton eingebunden und in Stahlfässer oder Gusseisenbehälter gefüllt.

Da für diese Gebinde gegenwärtig noch kein Endlager verfügbar ist, werden sie meist auf dem Gelände der Kraftwerke in speziellen Hallen zwischengelagert. Als Sammelstation wurde die Möglichkeit einer kontrollierten Zwischenlagerung geschaffen. Die erste Anlage ist seit 1988 im niedersächsischen Gorleben (Lagerkapazität 3800 t) betriebsbereit; ein weiteres Zwischenlager existiert im Nordrhein-Westfälischen Ahaus.

## Endlagerung

Der letzte Schritt der Entsorgung ist die Endlagerung der hochradioaktiven Abfälle, die wegen ihrer langen Halbwertszeiten über Tausende von Jahren für Lebewesen gefährlich bleiben. Bisherige Planungen technischer Anlagen bewegten sich stets – was die Garantie ihrer Funktionsfähigkeit betrifft – in sehr viel kürzeren Zeiträumen. Allein deshalb können alle vorgeschlagenen Lösungen keine völlige Sicherheit garantieren. Der wichtigste Gesichtspunkt ist dabei nicht so sehr die derzeitige Gefahr, sondern die Gefahr für zukünftige Generationen.

Die Technologie der Abfallverpackung zur Vermeidung gegenwärtiger Gefahren ist relativ sicher. Die derzeit favorisierte Lösung sieht eine Umwandlung in stabile Verbindungen vor, die in Keramik oder Glas eingeschlossen und anschließend in Behälter aus rostfreiem Stahl verpackt werden. Für die endgültige unterirdische Lagerung sind nur geologisch langfristig stabile Formationen mit sicherem Abschluss geeignet. Das Problem besteht darin, dass für keinen Ort in der Erdkruste absolute Stabilität sicher vorhersagbar ist. Für Deutschland wird die Endlagerung in unterirdischen Salzlagerstätten (Gorleben) diskutiert.

### Aufgaben

**1** **a)** Was geschieht mit den Betriebsabfällen von Kernkraftwerken?
**b)** Welche Möglichkeiten zur Entsorgung von Brennelementen gibt es? Vergleiche.

**2** Warum werden ausgewechselte Brennelemente zunächst in einem Wasserbecken im Kernkraftwerk zwischengelagert?

**3** Was geschieht am Ende des Wiederaufarbeitungprozesses zurzeit mit den hochaktiven Stoffen? Welche Alternativen dazu gäbe es?

## Vergleich von Kohlekraftwerken und Kernkraftwerken

Die Erzeugung von elektrischer Energie in Kernkraftwerken gibt immer wieder Anlass für heftige und kontroverse Diskussionen. Dabei werden von Befürwortern und Gegnern der Kernenergie immer wieder Argumente im Hinblick auf die Notwendigkeit, den Nutzen, das Risiko und die möglichen Alternativen ausgetauscht. Je nach Interessenlage der Diskussionsteilnehmer werden dabei ganz verschiedene Daten und Fakten vorgetragen, sodass es schwierig ist, die einzelnen Argumente einzuschätzen und zu einer möglichst objektiven Betrachtungsweise zu kommen.

Kernkraftwerke wie Philipsburg 2 (in Betrieb seit 1984) oder Brokdorf (in Betrieb seit 1986) haben eine elektrische Leistung von etwa 1400 MW. Sie erzeugen im Mittel ca. 6500 Stunden im Jahr elektrische Energie. An der Erzeugung elektrischer Energie sind sie in Deutschland mit etwa 30 % beteiligt.

Die Leistung eines Kraftwerkblocks beträgt bei Kohlekraftwerken ca. 500 MW (Steinkohle) bzw. 800 MW (Braunkohle). Mehrere Blöcke an einem Standort werden zu einem Kraftwerk mit einer Gesamtleistung von einigen Tausend MW zusammengekoppelt. Ihre mittlere jährliche Betriebsdauer beträgt knapp 4500 h bei Steinkohlekraftwerken und ca. 7000 h bei Braunkohlekraftwerken. Zusammen liefern die Kohlekraftwerke ca. 60 % der in Deutschland erzeugten elektrischen Energie.

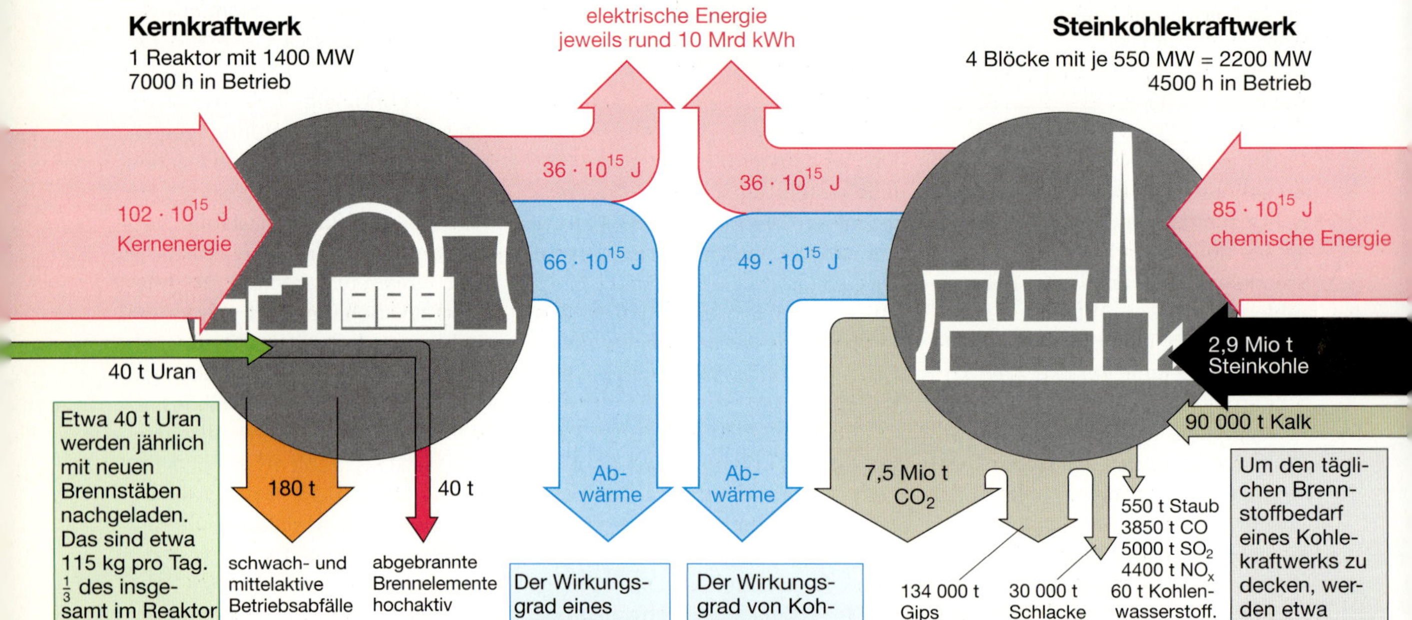


Etwa 40 t Uran werden jährlich mit neuen Brennstäben nachgeladen. Das sind etwa 115 kg pro Tag. $\frac{1}{3}$ des insgesamt im Reaktor vorhandenen Brennstoffs wird jährlich ausgetauscht.

Die radioaktiven Abfälle aus einem KKW setzen noch Tausende von Jahren Strahlung frei und müssen daher besonders entsorgt werden. Zurzeit steht noch nicht fest, wo sie endgültig gelagert werden sollen.

Der Wirkungsgrad eines KKW liegt bei maximal 35 %, also deutlich unter dem von Kohlekraftwerken.

Der Wirkungsgrad von Kohlekraftwerken liegt maximal bei 45 %. Mindestens 55 % der in der Kohle steckenden Energie werden nicht in elektrische Energie umgewandelt, sondern gehen als Abwärme in die Luft oder mit dem Kühlwasser in Flüsse, wenn sie nicht für „Fernwärme" verwendet werden.

Hauptabfallprodukt eines Kohlekraftwerkes ist Kohlenstoffdioxid ($CO_2$). Die Kraftwerke, in denen fossile Brennstoffe verbrannt werden, belasten mit den riesigen Mengen $CO_2$ die Umwelt extrem und tragen durch ihre Emissionen stark zum Treibhauseffekt bei. Die Abgase enthalten außerdem Schwefeldioxid ($SO_2$) und Stickoxide ($NO_x$), die zu Smog und saurem Regen führen, und weiterhin Staub, giftiges Kohlenstoffmonoxid (CO) und Krebs erregende Kohlenwasserstoffe. Außerdem etwa so viele radioaktive Nuklide (z. B. Ra226 oder Rn222), wie mit der Abluft aus einem KKW freigesetzt werden.
Entstaubungs-, Entschwefelungs- und Entstickungsanlagen haben in den letzten Jahren eine erhebliche Verminderung des Schadstoffausstoßes bewirkt.

Um den täglichen Brennstoffbedarf eines Kohlekraftwerks zu decken, werden etwa 14 500 t Steinkohle benötigt. Dieser Tagesbedarf ergibt einen Güterzug mit ungefähr 450 Waggons. Daher werden Kohlekraftwerke in die Nähe der Fördergebiete gebaut.

Zur Kenspaltung wird keine Luft benötigt. Daher erfolgt durch Kernkraftwerke keine $CO_2$-Emission in die Atmosphäre. Sie leisten deshalb einen erheblichen Beitrag zur Verminderung des $CO_2$-Ausstoßes bei der Erzeugung elektrischer Energie.
Kernkraftwerke geben aber – im Rahmen der gesetzlichen vorgeschriebenen Grenzwerte – gasförmige radioaktive Stoffe wie z. B. I113, Kr85, Sr90 oder H3 mit der Abluft an die Umwelt ab.

## Risiken und Umweltbelastungen

Wenn die Umweltbelastungen von Kernkraftwerken und Kohlekraftwerken miteinander verglichen werden sollen, darf nicht nur der Prozess der Energieerzeugung in den Kraftwerken selbst betrachtet werden. Ein ganz wichtiger Punkt bei der Diskussion ist, dass die Vorräte an fossilen Energieträgern nicht beliebig lange reichen, wenn so weitergewirtschaftet wird wie bisher oder wenn sich der Energiehunger der Menschheit sogar erhöht.

Außerdem müssen auch die Maßnahmen vor, während und nach dem Betrieb berücksichtigt werden. Hierzu zählen der Abbau von Uran bzw. Kohle, die Aufbereitung des Urans zu fertigen Brennelementen bzw. von geförderter zu einsatzfähiger Kesselkohle, der Transport der Brennstoffe usw. Weiterhin ist zu beachten, was mit den Abfällen geschieht.

- **KKW:** Beim Abbau von Uranerz werden große Bodenflächen zerstört, weil das geförderte Gestein nur ca. 0,2–0,5 % Uran enthält. Auch die Gewinnung des Erzes aus dem Gestein, die Urananreicherung und die Brennelementherstellung belasten die Umwelt.
**Kohle:** Bei der Kohlegewinnung in Tagebau-Revieren werden Landschaften zerstört und der Grundwasserspiegel abgesenkt. Die Bewohner müssen umgesiedelt werden; große Flächen bleiben trotz Renaturierung auf Jahrzehnte unbewohnbar.

- **KKW:** In den Uranminen atmen die Arbeiter das aus dem Uranerz austretende Gas Radon222 ein.
**Kohle:** Der eingeatmete Kohlenstaub und z.B. mögliche Schlagwetterexplosionen gefährden die Gesundheit und das Leben der Bergarbeiter.

- **KKW:** Die Beschäftigten in Kernkraftwerken und Wiederaufarbeitungsanlagen sind auch bei Normalbetrieb einer geringen zusätzlichen Strahlendosis ausgesetzt. Sie kann bei Störfällen gefährlich groß werden und Strahlenschäden hervorrufen.

- **Kohle:** Die Entsorgung der Abfälle (Schlacke, Flugasche und Gips) aus Kohlekraftwerken ist unproblematisch. Hauptproblem ist die Entstehung und Emission des Treibhausgases $CO_2$, das zur globalen Erwärmung der Erde beiträgt.
**KKW:** Die radioaktiven Abfälle aus Kernkraftwerken und Wiederaufarbeitungsanlagen sind wegen ihrer schädigenden Wirkung ein Risiko. Sowohl die Transporte zur Wiederaufarbeitung, Zwischenlagerung etc. als auch die Lagerung selbst sind nicht unproblematisch. Für die Endlagerung gibt es bisher nur Pläne, aber keine endgültige Lösung. Das gilt auch für Verfahren zur Stilllegung von Kernkraftwerken. Sie sind zur Zeit noch kaum erprobt.

- **KKW:** Eine Gefährdung der Gesundheit der Bevölkerung lässt sich nicht hundertprozentig ausschließen, denn menschliches Versagen kann trotz aller Sicherheitsvorkehrungen zu außergewöhnlichen, gefährlichen Situationen führen.
Schadstoffe aus Kernkraftwerken tragen zu einer Belastung oder gar Veränderung der natürlichen Umwelt des Menschen bei. Trotz modernster Erkenntnisse und Untersuchungen ist nicht sicher, wie Menschen, Tiere und Pflanzen auf diese zusätzlichen Belastungen langfristig reagieren werden. Insbesondere ist umstritten, ob und in welchem Umfang sehr niedrige Strahlendosen schädlich sind. Es ist nicht auszuschließen, dass bei einzelnen Menschen zusätzlich zur natürlichen Strahlung aufgenommene Dosen Langzeitschädigungen zur Folge haben. Sie werden eventuell durch andere Umweltschadstoffe noch verstärkt.

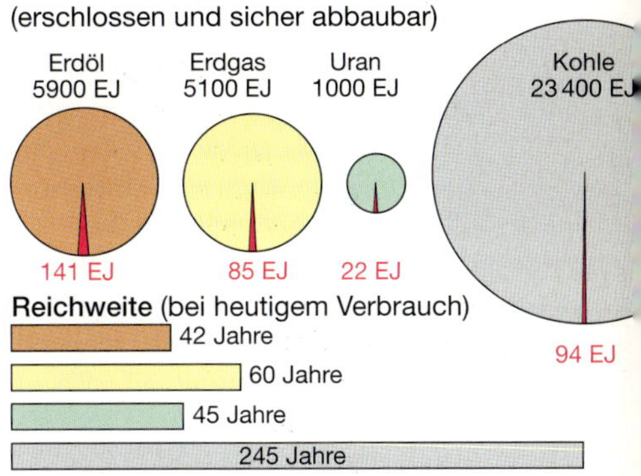


### Fazit

Jede Art der Erzeugung elektrischer Energie in Wärmekraftwerken beeinträchtigt die Umwelt. Wärmekraftwerke stellen durch die unvermeidliche Emission von $CO_2$ und radioaktiven Stoffen ein Risiko für die Gesundheit der Menschen dar. Elektrische Energie hat eben ihren Preis. Wie hoch er genau ist, ist derzeit nur sehr schwer oder gar nicht abzuschätzen. Letztlich ist zu entscheiden, ob die Gesellschaft das verbleibende Risiko akzeptieren will.

Eine absolut sichere Energieerzeugung in der Größenordnung, in der sie in Deutschland tagtäglich benötig wird, gibt es zurzeit nicht. Das zeigen Störfälle und Unfälle in kerntechnischen Anlagen, in Kohlekraftwerken und Bergwerken. Dennoch liegt die Gefährdung der Bevölkerung durch Kraftwerke im Normalbetrieb, also ohne außergewöhnliche Unfälle, die bislang bei uns glücklicherweise noch nicht aufgetreten sind, sicher im unteren Bereich auf einer Skala von Risiken, denen Menschen durch Naturkatastrophen, Feuer, Dammbrüche, Chemieunfälle oder im Verkehr und im Beruf ausgesetzt sind.

Die großtechnische Erzeugung von elektrischer Energie hat ein hohes Risiko bezüglich der unvermeidlichen Folgen und Gefahren für Mensch und Umwelt.

## Historische Entwicklung der Atom- und Kernphysik

Schon in der Antike kamen die griechischen Naturphilosophen LEUKIPP und DEMOKRIT zu der Überzeugung, dass es kleinste, unteilbare Teilchen geben müsse, aus denen sich alle Stoffe zusammensetzen, die Atome. Aus dem griechischen Wort „atomos“ für unteilbar wurde der heute übliche Begriff „Atom“ abgeleitet.

Es dauerte mehr als 2000 Jahre, bis Forscher in der Lage waren, diese Thesen auch im Experiment zu untersuchen. Im 19. Jahrhundert stellte JOHN DALTON fest, dass sich chemische Elemente immer in ganz bestimmten einfachen Zahlenverhältnissen verbinden. Dies begründete er damit, dass es Stoffe gibt, die aus nur einer Atomsorte bestehen, die chemischen Elemente. Die Entdeckung des Periodensystems durch DMITRIJ IVANOVIČ MENDELEEW und JULIUS LOTHAR MEYER deutete daraufhin, dass Atome aus gleichartigen Bauteilen zusammengesetzt sein mussten.

Noch bevor JOSEPH JOHN THOMSON die elektrischen Eigenschaften des Atoms herausfand, das Elektron entdeckte und sein Atommodell aufstellte, entdeckte HENRI BECQUEREL 1896 die Radioaktivität. Bereits wenige Jahre später (1902) gelang MARIE CURIE die Isolierung des Elementes Radium.

Weitere zehn Jahre später machte ERNEST RUTHERFORD seine berühmten Versuche zur Entdeckung des Atomkerns. Auf ihn geht das auch heute noch gültige Kern-Hülle-Modell für die Atome zurück. Von da an nahm die weitere Erforschung der Atome und ihrer Kerne einen rasanten Verlauf.

RUTHERFORDS Streuversuche: RUTHERFORD schießt α-Teilchen auf eine Goldfolie. Die Teilchen durchdringen die Folie nahezu ungestört; die Folie selbst wird nicht zerstört.

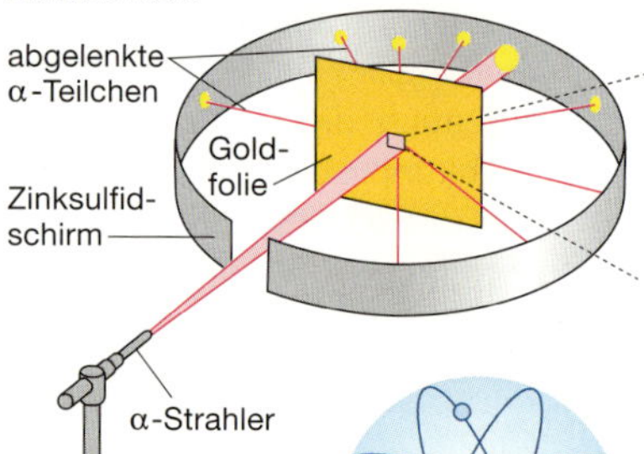


OTTO HAHNS Arbeitstisch

Kern-Hülle-Modell: Atome bestehen aus negativ geladener Hülle und positiv geladenem Kern; fast die gesamte Masse des Atoms ist im Kern konzentriert.

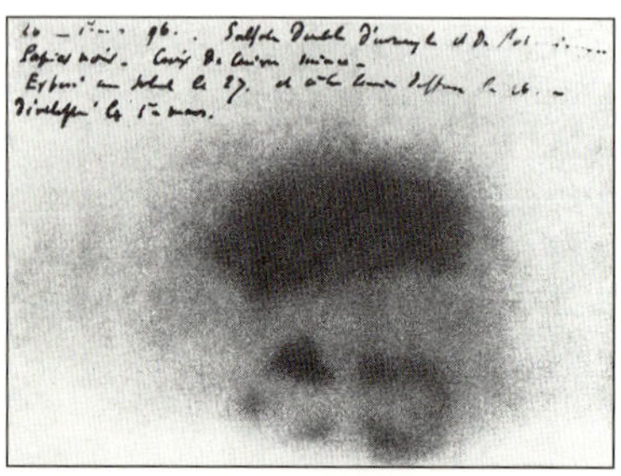

Um 450 vor Chr.

LEUKIPP (um 450)
DEMOKRIT (460–370)
Erstes Atommodell:
Alle Körper bestehen aus winzigen, nicht weiter teilbaren Bausteinen

1803 – J. DALTON (1766-1844)
Elemente bestehen aus leichten Atomen und verbinden sich mit anderen Elementen immer in einfachen Zahlenverhältnissen
($2\,H + 1\,O \rightarrow H_2O$)

Dalton Atommodell:
Atome sind kugelförmig und vollständig mit Materie gefüllt

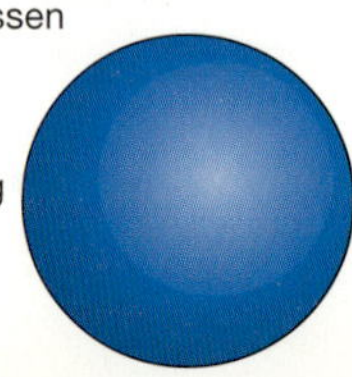

1869 – Periodensystem
D. MENDELEEW (1834–1907)
J. L. MEYER (1830–1895)

1896 – H. BECQUEREL (1852–1908)
Entdeckung der Radioaktivität

1902 – M. CURIE (1867–1934)
Isolierung des Radiums

1903 – Sir J. THOMSON (1856–1940)
Entdeckung des Elektrons

Thomson Atommodell:
Positiver „Kuchen“ mit negativen „Rosinen“

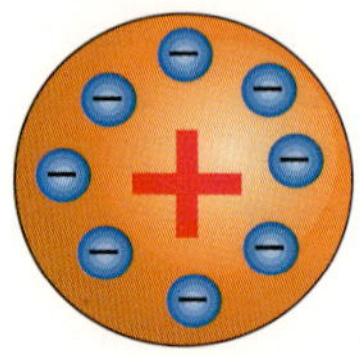

1911 – E. RUTHERFORD (1871–1937)
Entdeckung des Atomkerns
Kern-Hülle-Modell

1923 – NIELS BOHR (1885–1962)
Bohr'sches Atommodell:
Schalenstruktur der Atomhülle

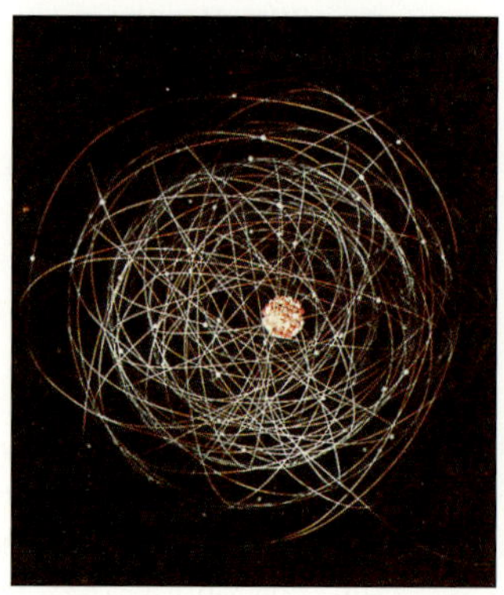

1932 – J. CHADWICK 1891–1974)
Nachweis des Neutrons

1938 – L. MEITNER (1878–1968)
F. STRASSMANN (1902–1980)
O. HAHN (1879–1968)
Erste Kernspaltung

## Die friedliche Nutzung der Kernenergie

Mit der Entwicklung von Kernkraftwerken schien das Energieproblem für alle Zeiten gelöst. Der praktische Betrieb macht jedoch deutlich:

- Das Restrisiko von Kernkraftwerken ist technisch minimiert worden und statistisch sehr gering. Die Beinahe-Katastrophe 1979 in Harrisburg (USA) und der schreckliche GAU 1986 in Tschernobyl haben aber gezeigt, dass auch diese unwahrscheinliche Situation eintreten kann und dann eine Katastrophe auslöst, die alle anderen durch Menschen verursachten Unfälle um ein Vielfaches übersteigt.
- Für die endgültige Lagerung der strahlenden Abfälle ist noch keine allgemein akzeptierte Lösung gefunden. Die Belastung der Umwelt auf Jahrtausende mit den Abfällen heutiger Energiegewinnung wird von vielen als unverantwortbar angesehen.

Ist die Energiegewinnung aus Kernspaltung, die physikalisch so sinnvoll und elegant erscheint, eine technologische Sackgasse?

1991 Kernfusionsversuchsreaktor (Jet in England)

1974 Entdeckung der Quarks

## Zu neuen Ufern!

Mit Hilfe riesiger Elementarteilchenbeschleuniger (z. B. CERN in der Schweiz oder DESY in Hamburg) wird heute nicht nur der Blick in das Innere des Atomkerns ermöglicht sondern auch der Aufbau der Kernbausteine untersucht. Seit 1974 sind sich die Physiker sicher, dass Proton, Neutron und Elektron nicht die kleinsten Bausteine der Materie sind, sondern selbst aus noch kleineren Teilchen, den Quarks zusammengesetzt sind. Diese tiefen Einblicke in das Innere der Materie haben viele wichtige Erkenntnisse in der Chemie, Geologie, Biologie und Medizin gebracht.

Die Elementarteilchenforschung ermöglicht aber auch den Blick zurück:

- Wie ist unser Universum entstanden?
- Wie sieht der Bauplan des Weltalls aus?

1952 Erster Kernreaktor liefert Strom in den USA

E. FERMI (1901–1954) erste kontrollierte Kettenreaktion 1942

1956 1. KKW in Europa (Calder Hal, England)

1968 1. KKW in Deutschland: Obrigheim (Druckwasserreaktor)

1979 Harrisburg – fast ein „Supergau“

1986 Der Supergau von Tschernobyl am 26.04.

2000 rund 440 KKW am Netz

1945 Manhattan-Projekt: 1. Atombombe gezündet in Alamogordo (USA)

1945 Atombombenabwurf auf Hiroshima und Nagasaki

1952 1. H-Bombe (Kernfusion) gezündet

1955 Mainauer Erklärung führender Naturwissenschaftler zur Gefahr durch Kernwaffen

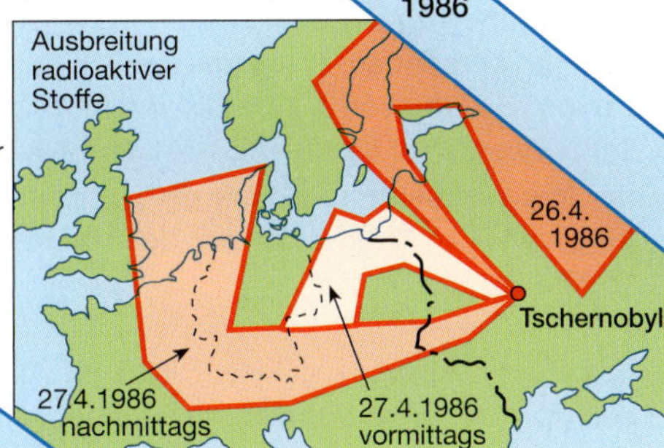


## Der „Wettlauf“ zur Atombombe

In Deutschland forschten WEIZSÄCKER, HEISENBERG usw., in den USA FERMI, TELLER, OPPENHEIMER usw. (Manhattan Projekt). Das entsetzliche Ergebnis: Am 6. 8. 1945 fiel die erste Atombombe auf Hiroshima; wenige Tage später wurde auch Nagasaki durch eine Atombombe vernichtet. Dabei fanden hunderttausend Menschen sofort den Tod; viel mehr noch starben bis heute an den Spätfolgen. Nicht zu vergessen Zehntausende von Zivilisten und Soldaten, denen der unfassbar naive Umgang bei Tests von Kernwaffen in den 50er Jahren des 20. Jahrhunderts die Gesundheit oder sogar das Leben kostete.
Anfang der Fünfziger Jahre dann die Wasserstoffbombe mit einer noch viel größeren zerstörerischen Wirkung.
Das Zeitalter der atomaren Bedrohung in der zweiten Hälfte des 20. Jahrhunderts brachte das Wettrüsten, den „kalten Krieg“ und unvorstellbare Waffenarsenale, die heute mit immensem Aufwand wieder abgebaut werden müssen. Das „Verschrotten“ der Nuklearsprengköpfe, der Abbruch der Nuklearwaffen-Fabriken und die Rekultivierung von Lagerstätten und Fabrikgeländen stellt selbst so leistungsfähige Volkswirtschaften wie die der USA vor gewaltige Probleme.

1968 Atomwaffen-Sperrvertrag

1990 Ende des „Kalten Krieges“ und des atomaren Wettrüstens

Streifzug

# Kernfusion

In jeder Sekunde strahlt die Sonne ungeheuer große Energiemengen in den Weltraum – und zwar seit rund drei Milliarden Jahren! Davon trifft weniger als der zwei milliardste Teil, nämlich 178 · $10^{15}$ W die Erde. Offensichtlich ist die Sonne eine beinahe unerschöpfliche Energiequelle, die auch in den nächsten Jahrmilliarden nicht erlöschen wird.

Eine derart große Energiemenge könnte durch die Verbrennung von Stoffen höchstens 150 Jahre lang erzeugt werden, selbst wenn die Sonne ausschließlich aus Kohlenstoff und Sauerstoff bestehen würde. Die Vorgänge, die in ihrem Innern ablaufen, müssen also anderer Natur sein. Auch die Kernspaltung scheidet als Energie-Erzeugungs-Prozess aus, denn dazu wären Elemente mit hohen Massenzahlen (wie Uran oder Plutonium) nötig. Die Sonne besteht aber vor allem aus Wasserstoff und Helium, also aus Elementen mit sehr kleinen Massenzahlen.

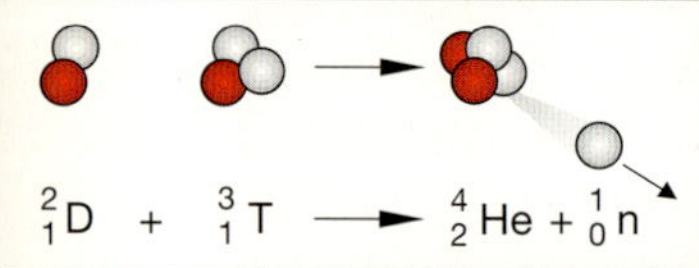


Die Energie der Sonne – wie auch aller anderen Sterne – stammt aus einem anderen Prozess, der **Kernfusion.** Dabei verschmelzen Atomkerne mit kleinen Massenzahlen, z. B. Deuterium und Tritium zu schwereren Elementen. Da deren Kernbindungsenergie je Nukleon kleiner ist als bei den Ausgangsstoffen, wird bei der Verschmelzung Energie frei. Die frei werdenden Energiemengen sind sehr groß: Bei der Bildung von 1 kg Helium aus Deuterium und Tritium werden etwa 120 Mio. kWh frei. Dies entspricht der freigesetzten Energie bei der vollständigen Spaltung von 1 kg Uran bzw. bei der Verbrennung von 15 Mio. kg Steinkohle.

Um Kernfusionen einzuleiten, ist eine Aktivierungsenergie nötig. Zwei Atomkerne können nur dann verschmelzen, wenn sie sich extrem nahe kommen. Dazu müssen große abstoßende elektrische Kräfte überwunden werden, denn beide Atomkerne sind ja positiv geladen. Erst wenn sie in den Bereich der sehr starken Kernkräfte kommen, verschmelzen sie miteinander. Schon 1957 nannte der amerikanische Physiker JOHN D. LAWSON die Bedingungen für eine Kernfusion:

- Die Wasserstoffisotope Deuterium und Tritium sind geeignet.
- Die Temperatur des Reaktionsgemisches muss etwa 100 000 000 °C betragen. Erst dann besitzen die Kerne ausreichend hohe Geschwindigkeit, um die elektrischen Abstoßungskräfte zu überwinden. Die Elektronen sind bei solchen Temperaturen nicht mehr an die Kerne gebunden, sondern es existiert ein Gemisch aus Elektronen und völlig ionisierten Kernen, ein **Plasma.**
- Das Plasma muss auf eine Dichte von 100 Milliarden Teilchen pro $cm^3$ komprimiert werden.

**Wie viel Energie wird bei der Fusion frei?**
Etwa 4 g Helium bestehen aus 6,022 · $10^{23}$ Atomen (Loschmidt-Zahl). Also besteht 1 kg Helium aus 1,505 · $10^{26}$ Atomen. Die Bindungsenergie je Heliumatom beträgt etwa 4,5 · $10^{-12}$ J, also je Kilogramm Helium etwa 6,7 · $10^{14}$ J. Zur Deckung des Jahresenergiebedarfs der Welt (1998 ca. 400 · $10^{18}$ J) würde die Verschmelzung von rund 600 t Wasserstoff zu Helium reichen.

Die technische Nutzung der Kernfusion hätte den Vorteil, dass die notwendigen Brennstoffe praktisch in unbegrenzter Menge zur Verfügung ständen oder erzeugt werden könnten. Deuterium ist in erheblichen Mengen in den Weltmeeren vorhanden. Tritium kommt zwar in der Natur sehr selten vor, könnte aber durch Neutronenbeschuss des Alkalimetalls Lithium hergestellt werden. Lithium ist in ausreichender Menge in der Erdkruste enthalten.

Man glaubte zu Beginn der Fusionsforschung in den 50er-Jahren des 20. Jahrhunderts, im Laufe von 20 bis 25 Jahren **Fusionsreaktoren** entwickeln zu können. Aus heutiger Sicht liegt ihr Bau allerdings noch in weiter Ferne. Die technischen Probleme sind noch nicht gelöst, sondern weit größer als erwartet:

- Bisher wurden „nur“ Temperaturen von 40 000 000 °C erreicht und das auch nur kurzfristig. Kein Behälter hält so hohen Temperaturen Stand. Das heiße Plasma muss daher von den Behälterwänden ferngehalten werden – und das ist sehr kompliziert.
- Bei der Fusion werden Neutronen frei, die mit hoher Geschwindigkeit den Reaktorraum verlassen und mit anderen Stoffen reagieren.

Nach heutigen Schätzungen wird es noch Jahrzehnte dauern, bis alle Probleme gelöst sind. Die Kernfusion kann also in nächster Zukunft nicht zur Energieversorgung beitragen.

## Radioaktivität und Kernenergie

**Prüfe dein Wissen**

**A1 a)** Beantworte zu den Merkzettel-Begriffen folgende Fragen: Was bedeutet der Begriff? Wie und in welcher Einheit wird diese Größe gemessen? Gibt es Formeln dafür? Gibt es sonst noch Wissenswertes über diesen Begriff?
**b)** Wenn du die Fragen nicht auf Anhieb beantworten kannst, dann lies die entsprechenden Seiten im Buch noch einmal gründlich durch.
**c)** Notiere auf der Vorderseite von Karteikarten den Begriff, auf der Rückseite die Erläuterung.

**A2 a)** Wie viele H-Atome befinden sich in 1 g Wasserstoff? ($m_{Kern} = m_{Atom}$)
**b)** Wie viele Atome bekäme jeder Mensch, wenn sie unter allen Menschen gleichmäßig verteilt würden?
**c)** Der Durchmesser eines H-Atoms beträgt ca. $10^{-10}$ m. Wie lang wäre eine Kette, wenn alle Atome von 1 g Wasserstoff hintereinander aufgereiht würden?

**A3** Die stabilen Isotope des Elements Magnesium sind $^{24}$Mg (78,7 %); $^{25}$Mg (10,1 %) und $^{26}$Mg (11,2 %). Berechne das Atomgewicht des Elements.

**A4 a)** Nenne alle Möglichkeiten zum Nachweis von Radioaktivität und beschreibe sie kurz.
**b)** Stelle die Verfahren in einer Tabelle zusammen und verdeutliche die wesentlichen Unterschiede.
**c)** Welche Vor- und Nachteile haben die Verfahren?

**A5** Bei einer Messung mit dem Zählrohr werden für ein radioaktives Präparat in 20 Sekunden 560 Impulse gemessen. Ohne Präparat werden mit dem Zählrohr 120 Impulse in 5 Minuten registriert. Erkläre das Versuchsergebnis und berechne die Zählraten.

**A6** Das Kohlenstoffisotop C14 sendet β-Strahlung aus. Stelle die Reaktionsgleichung auf.

**A7** Ergänze die folgende Zerfallsreihe:
$X \xrightarrow{\alpha} Y \xrightarrow{\alpha} \text{Ra225} \xrightarrow{?} Z \xrightarrow{\alpha} \text{Fr221}$

**A8** In Südfrankreich gibt es Höhlen (Lascaux, Altamira), in denen wunderbare steinzeitliche Wandmalereien zu bewundern sind. Messungen an Holzkohleresten aus diesen Höhlen ergeben eine C14-Aktivität von $2\,\frac{\text{Imp}}{\text{min}}$. Wie alt ist die Holzkohle?

**A9 a)** Warum müssen radioaktive Abfälle anders als Hausmüll behandelt werden?
**b)** Warum ist es schwierig, radioaktiven Abfall zu beseitigen? Welche Möglichkeiten für „abgebrannte“ Brennelemente gibt es?
**c)** Welche Vor- und Nachteile der Wiederaufarbeitung und der direkten Endlagerung von Brennelementen gibt es? Welche Endlagerung ist für radioaktive Abfälle vorgesehen?

**A10 a)** Wie wird eine Kernspaltung ausgelöst?
**b)** Welche Maßnahmen sind notwendig, um eine Kettenreaktion aufrecht zu erhalten?
**c)** Wie wird die Kettenreaktion in einem Kernkraftwerk kontrolliert? Wie kann ein Kernkraftwerk „abgeschaltet“ werden?
**d)** Welche Energieumwandlungen finden in einem Kernkraftwerk statt?

**A11** Bei der Kernspaltung in einem Kernkraftwerk entsteht radioaktive Strahlung. Durch welche Sicherheitseinrichtungen wird verhindert, das diese nach außen dringt?

**A12 a)** Welche möglichen Wirkungen hat ionisierende Strahlung auf den Organismus? Welche Symptome treten dabei auf?
**b)** Führt jede Bestrahlung zu Strahlenschäden? Ist jede Art ionisierender Strahlung gleich schädlich?
**c)** Welche Möglichkeiten zum Schutz gibt es?

**A13 a)** Die Strahlenbelastung eines Menschen ist unterschiedlich und kann unter oder über den Durchschnittswerten für die Gesamtbevölkerung liegen. Wodurch sind solche Unterschiede zu erklären?
**b)** Beschreibe an einem Beispiel, was mit dem Begriff „Strahlendosis“ gemeint ist.

**Die wichtigsten Begriffe**

- Isotop S. 232
- Kernbau S. 232
- Nachweis von Strahlung S. 234
- Zählrohr, Zählrate S. 235
- Nulleffekt S. 235
- α, β und γ-Strahlung S. 236/237
- Zerfallskurve S. 240
- Halbwertszeit S. 240, 242
- Nuklidkarte S. 241
- Strahlenwirkungen S. 244–246
- Strahlenschutz S. 247
- Kernspaltung S. 253
- Kernkraftwerk S. 252–254
- Reaktorsicherheit S. 255
- Kettenreaktion S. 253/254
- Entsorgung von radioaktivem Abfall S. 256/257

Elemente — B 10,81 — Elementsymbol, Atommasse in u

α-Zerfall: Ra226 1600 a, α γ ← $t_{1/2}$

$\beta^-$-Zerfall: Pb214 26,8 min, $\beta^-$ γ ← $t_{1/2}$ →

$\beta^+$-Zerfall: Na22 2,60 a, $\beta^+$ γ

Stabile Nuklide — Pb208 52,4 % — Elementsymbol und Nukleonenzahl, Häufigkeit des Vorkommens im natürlichen Element

Häufigkeit der Zerfallsarten — Ac226 29 h, α $\beta^-$ — Die farbigen Flächen sind ein Maß für die Häufigkeit der jeweiligen Zerfälle

## $\beta^-$-Zerfall (heißt im Buch β-Zerfall)

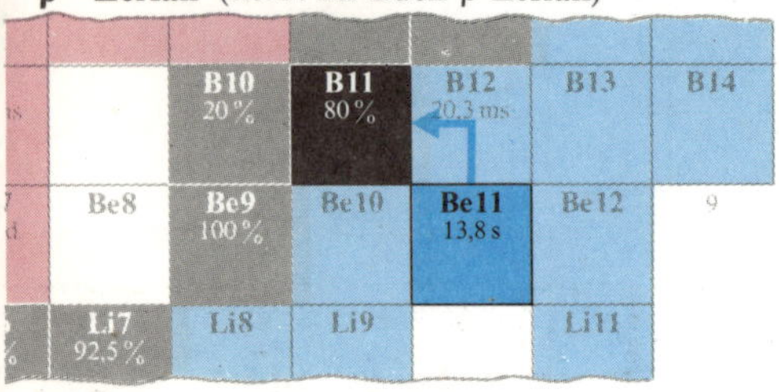


## α-Zerfall

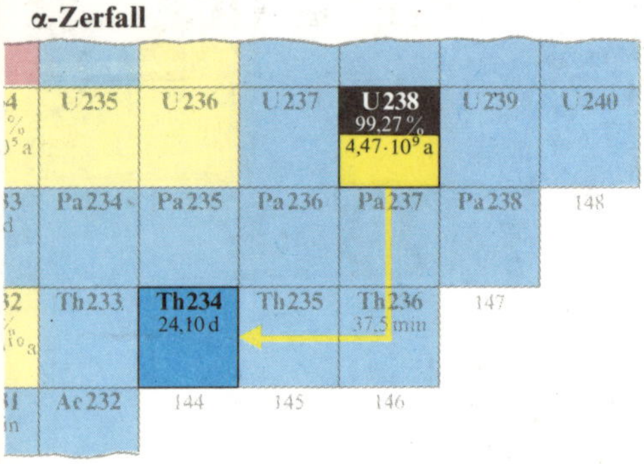


## $\beta^+$-Zerfall (wird im Buch nicht erklärt)

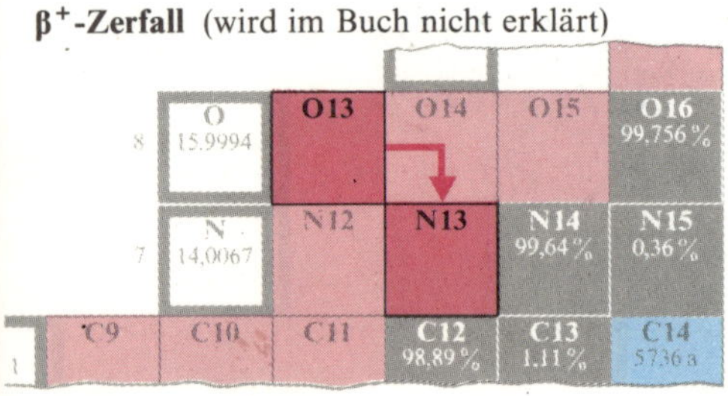